SUPERVISION TECHNOLOGY
FOR POWER GRID ENGINEERING

电网工程监理技术

高来先　姜继双　主编

内 容 提 要

为进一步提高电网工程监理人员基本技能，深入解读《电力建设工程监理规范》（DL/T 5434—2021）、《电网工程监理导则》（T/CEC 5089—2023）、《电力建设工程监理文件管理导则》（T/CEC 3249—2020）、《电力建设工程监理工作评价导则》（T/CEC 5097—2023）等系列标准，广东创成建设监理咨询有限公司、浙江电力建设工程咨询有限公司组织编著了《电网工程监理技术》。

本书共分八章，以图文并茂的形式从电网工程监理人员专业技术角度阐述了施工图纸审查、施工组织设计和施工方案审查、工程测量管理、质量控制、安全生产管理的监理工作及报审报验表、监理文件编制等内容。

本书适用于电力工程监理、建设、设计、施工、运行、维护、检修、质监、咨询、造价及相关科研、制造单位的从业人员、大专院校师生。

图书在版编目（CIP）数据

电网工程监理技术 / 高来先，姜继双主编. -- 北京：中国电力出版社，2024. 9. -- ISBN 978-7-5198-9244-9

Ⅰ. TM727

中国国家版本馆 CIP 数据核字第 2024MZ6255 号

出版发行：中国电力出版社
地　　址：北京市东城区北京站西街 19 号（邮政编码 100005）
网　　址：http://www.cepp.sgcc.com.cn
责任编辑：赵鸣志（010-63412385）　马雪倩
责任校对：黄　蓓　王海南　张晨荻
装帧设计：赵丽媛
责任印制：吴　迪

印　　刷：三河市万龙印装有限公司
版　　次：2024 年 9 月第一版
印　　次：2024 年 9 月北京第一次印刷
开　　本：787 毫米×1092 毫米　16 开本
印　　张：28.75
字　　数：606 千字
印　　数：0001—2500 册
定　　价：180.00 元

《电网工程监理技术》

编写人员

主　编：高来先　姜继双

成　员：谢榕昌　许东方　陈保刚　谢　良　喻骏南　蔡利民
陈　大　陈继军　温应力　万宏伟　李林高　方童生
张永炘　刘志强　吴　熙　袁　星　梁运杰　唐云凤
廖元辉　曾李飞　段　文　胡群丰　杨　灿　李　斌
侯铁铸　钱成龙　韦　志　张国标　林光辉　张春虎
朱梦柯　贺　磊　金　韬　张春宁　廖　新

编写单位

广东创成建设监理咨询有限公司
浙江电力建设工程咨询有限公司
中电建协电力工程监理咨询专委会
中国南方电网有限责任公司输配电部
贵州电力建设监理咨询有限责任公司
珠海电力工程监理有限责任公司
广西振安电力工程监理有限公司
国网江苏省电力工程咨询有限公司
湖南电力工程咨询有限公司
广东律诚工程咨询有限公司
江门明浩电力工程监理有限公司

前言

电力工程监理行业深入贯彻落实习近平总书记强调的“高质量发展是‘十四五’乃至更长时期我国经济社会发展的主题”重要指示精神，在安全、质量、进度和投资等方面发挥了巨大的作用，已经成为电力工程建设不可或缺的“保障网”、电力工程建设高质量发展的“守护者”，赢得了建设单位的信任，也为行业自身高质量发展创造了契机，为形成电力工程监理的新质生产力提供了坚实基础。

电力工程监理高质量发展的重要途径就是要不断提高监理人员的专业技术能力，提升服务质量，更好地为业主提供专业化服务。近年来国家电网有限公司（以下简称“国家电网公司”）、中国南方电网有限责任公司（以下简称“南方电网公司”）一直致力于“三基建设”（基层、基础、基本功），对于电力工程监理来说，“基层”就是监理项目部，“基础”就是监理服务专业技术，“基本功”就是监理人员要具有扎实的专业技术服务能力、管理能力和信息处理能力。

电力工程监理行业已经建立了以《电力建设工程监理规范》（DL/T 5434—2021）为龙头的标准体系，《电网工程监理技术》是在深入解读《电力建设工程监理规范》（DL/T 5434—2021）、《电网工程监理导则》（T/CEC 5089—2023）、《电力建设工程监理文件管理导则》（T/CEC 3249—2020）、《电力建设工程监理工作评价导则》（T/CEC 5097—2023）等系列标准基础上，综合电网工程监理工作典型实践经验以及监理转型发展趋势编著而成的。

本书共分八章，以图文并茂的方式从电网工程监理人员专业技术角度阐述了施工图纸审查、施工组织设计和施工方案审查、工程测量管理、质量控制、安全生产管理的监理工作及报审报验表、监理文件编制等内容。全书由高来先、姜继双担任主编，负责本书的总体设计、编写组织、全文审查把关和统稿校稿，并编写前言；第一章由谢榕昌、陈保刚、侯铁铸、曾李飞、张国标编写；第二章第一、三～五节由蔡利民、刘志强、林光辉、张春虎编写，第二节由蔡利民、陈继军、贺磊编写，第六节由陈继军、刘志强、林光辉编写；第三章第一节由谢良、陈大、廖元辉、李林高编写，第二节由李林高、廖元辉、方童生、梁运杰编写；第四章第一～三节由喻骏南、方童生、梁运杰、韦志编写，第四～六节由张永炘、方童生、梁运杰、韦志编写；第五章第一～四、六、十节由吴熙、金韬、胡群丰编写，第五、七节由温应力、段文、廖新编写，第八、九节由金韬、胡群丰、段文、廖新编写；第六章第一～三、六节由万宏伟、李林高、唐云凤、朱梦柯编写，第四、五节由张永炘、袁星、唐云凤编写；第七章由许东方、袁星、李斌、钱成龙、张春宁编写；第八章由陈继军、贺磊、杨灿编写。

本书可供从事电力工程监理、建设、设计、施工、运行、维护、检修、质监、咨询、造价等工作的技术人员学习使用，也可作为相关科研、制造单位从业人员、大专院校师生参考资料。

在此，向所有关心、支持专著编著的领导、专家表示衷心的感谢！

由于编者水平所限，疏漏之处在所难免，敬请读者批评斧正。

编者

2024 年 6 月

目录

第一章 概　　论

本章主要内容包括电网工程概述、电网工程监理实践和电力工程监理标准体系，阐述了电网工程的基本概念、特点及建设形势，电网工程监理及技术的发展历史、实践，电力工程监理标准体系建立背景、建立情况及电网工程监理相关标准内容。

第一节　电网工程概述

电网是指由各种电压等级的变电站和输配电线路组成的整体系统，其主要任务是输送与分配电能，并在需要时改变电压。电网是电力系统中连接发电厂与电力用户的桥梁，确保电能的有效传输与分配。

电网工程则是指涉及电力系统建设、改造、维护的所有工程活动，它涵盖了从发电之后的变电、输电、配电直至最终用户的所有环节。电网工程具体可以分为以下几类：

（1）变电站换流站工程。包括新建、扩建或改建变电站。这些工程涉及变压器、开关设备、保护装置等设施的安装与调试，目的是提升电网的电压变换能力，保障电能质量与系统稳定。

（2）架空线路工程。指架设在高空的输电线路工程。架空线路工程包括线路基础、铁塔架设、导线、光缆和避雷线的架设等，是电能传输的通道之一。

（3）电缆线路工程。使用地下或水下电缆进行电能传输的工程。电缆线路工程适用于城市或地形复杂地区，以减少视觉和环境影响。

（4）配网工程。包括中压和低压配电网的建设和改造。配网工程负责将高压电降压并分配至终端用户，如居民区、商业区和工业区的电力供应。

电网工程的电压等级分类广泛，根据国际和国内标准，主要分为交流和直流两大类，依托于特高压输电技术的突破与发展，中国电网已成为全球资源配置能力最强的电网，涵盖从 10kV 到 1100kV 各个电压等级，具体分类如下：

1. 直流电压等级

直流电压等级一般分为±1100（特高压直流）、±800、±500kV 等，主要用于长距离、大容量输电。

（1）±1100kV（特高压直流）。属于超特高压直流，用于超远距离电力传输，大幅降低输电损耗。例如±1100kV昌吉—古泉特高压直流输电工程，是目前世界电压等级最高、输电容量最大、输电距离最远、技术水平最先进的特高压输电工程。

（2）±800kV（特高压直流）。同样属于特高压直流范畴，广泛应用于跨国、跨区域输电项目。中国目前建成特高压直流输电工程有20余项，对新能源的消纳、区域能源结构的互补发挥巨大作用。

（3）±500kV（超高压直流）。属于较早的超高压直流，一些地区仍在使用。

2. 交流电压等级

交流电压等级一般分为1000（特高压交流）、750、500、330、220、110、35、10kV等，覆盖了从主干网到配电网的各个层级。

（1）1000kV（特高压交流）：中国和世界其他部分地区采用的交流输电最高电压等级。

（2）750kV：适用于大区域内部的电力传输，在我国西北地区常用。

（3）500、330kV：广泛应用于国家主干电网，承担大量电能的长距离传输。

（4）220、110kV：作为区域电网的主干或次主干网络，负责较大区域内的电力分配。

（5）35、10kV：通常用于城市配电网，直接向用户或配电变压器供电。

每个电压等级对应不同的传输距离、功率容量和应用场合，他们共同构成了我国庞大而坚强电网系统。

一、电网工程特点

电网工程作为电力系统建设的核心构成部分，是一项高度复杂且技术密集的系统工程，其从多个维度体现了现代工程技术与社会经济发展的深度融合。

（一）多元化的专业集成性

电网工程主要涉及技术和管理两大专业领域，涵盖多种专业内容。

（1）土建工程。变电站、换流站和输电线路等建（构）筑物及配套基础设施的设计与施工，包括设备与构支架基础、线路基础、电缆隧道、场内外道路、设备与生产用房、水池和构支架等构筑物。

（2）环境工程。为降低电网建设对环境影响而制定的环保措施的设计与施工，比如噪声控制、生态恢复、电磁辐射防护等，以减轻工程对自然环境和社会环境的影响。

（3）给排水工程。变电站、换流站的供水、排水系统的设计与施工，保证生产生活用水供给和消防需求，同时处理和排放污水及雨水。

（4）电气工程。涵盖高低压电气设备的安装与调试、继电保护、电力系统自动化、电气试验等。

（5）通信与信息系统工程。电网的通信网络设计与施工，包括光纤通信、数据传输、监控与数据采集系统、自动化控制系统等。

（6）自动化控制与仪表工程。电网的自动化监控系统安装与调试，包括远程控制、数据采集分析、故障预警等。

电网工程建设需要各专业高度协同，只有实现各专业知识的有效集成与协调，才能确保电网工程规划、设计、建设和运维各阶段工作科学地进行。

（二）高度的技术复杂性

电网工程建设具有高度的技术复杂性，主要体现在电气设备的精密安装与调试工作上。电气设备安装调试是电网工程建设和运行至关重要的环节。在电气设备的安装过程中，需要确保电气设备按照设计与规范要求正确安装、接线，以保证设备的安全可靠运行。而调试过程则需要完成设备的电气连接测试、保护装置的设置和测试、系统运行参数的调整等工作，以确保设备和系统的正常运行。

电气设备安装调试的专业性要求体现在以下几个方面：

（1）熟悉电气设备的技术特性。不同类型电气设备有不同的工作原理和技术特性，安装调试需要深入了解设备的技术参数和工作原理。

（2）掌握电气连接和接线方法。正确的电气连接和接线是设备安装的基础，安装调试需要掌握各种设备的接线方法和标准。

（3）熟悉电气保护装置的设置和测试。安装调试需要熟悉各种保护装置的设置方法和测试流程。

（4）具备故障诊断和排除能力。在设备调试过程中可能会出现各种故障，安装调试需要具备快速准确地诊断故障并进行排除的能力。

因此，电气设备安装调试的施工与管理人员均需有专业的技术知识和丰富的实践经验，针对电气设备安装调试需要有健全完备的管控、校核机制，才能确保设备和系统的正常运行和可靠安全。

（三）复杂的外部环境敏感性

电网工程的建设涉及复杂和动态变化的外部环境，包括地理与自然条件、社会与人文条件、政策与地域条件、投资与运行需求条件、技术与装备条件等。

（1）地理与自然条件。地形地貌、地质构造、气候条件等自然因素直接影响线路走向、施工难度和建设成本。例如，山区、水域、冻土层等需要特殊技术方案、施工技术和装备，极端天气则可能延误工期。同时电网工程需避开生态敏感区，如自然保护区、湿地、候鸟和陆上动物迁徙通道等。此外还需采取措施减少对生态环境的影响，如植被恢复、野生动物保护计划等。架空线路工程尤其是特高压输电工程，线路长度跨越上千公里，将会涉及各种类型的地质、气候、环境条件，难度极大。

（2）社会与人文条件。公众对电网设施的接受度、对电磁辐射的担忧、对景观和居住环境影响的疑虑，以及面向公众需要开展的拆迁、征地、赔偿等，都是重要的社会因素。电网工程需进行充分的社会沟通，处理好与当地居民的关系，减少或避免产生社会矛盾。

（3）政策与地域条件。电网工程需符合国家和地方的政策法规，包括土地使用、环境保护、城市规划、文物保护等方面规定。获取建设许可、环评审批等手续，且政策的变动将影响工程进度和成本。电网工程还常常跨越不同行政区域，需要多层级、多部门间的协调合作，包括地方政府、电力企业、交通、林业等多个部门的沟通与协作，对统筹把控和协调推进的能力要求较高。

（4）投资与运行需求。资金筹集、投资回报率、年度投资计划等经济因素影响电网项目的决策以及建设工期。电力市场需求变化对电网工程建设投产的时间影响较大，电力紧缺之后容易造成同期大规模电网工程建设以及迎峰度夏（冬）的集中投产要求。电网运行调度决定了电网涉及停电施工的时序和窗口期，运行单位的技术要求影响电网工程设计方案。

（5）技术与装备条件。电网技术的快速发展要求工程设计和建设需不断适应新技术标准；同时，技术选择和创新（如智能电网、特高压输电）的决策对工程的长远效益至关重要。电气设备原材料价格波动、汇率变动等也可能增加项目成本，设备质量和供货周期则影响着工程投产目标能否实现。

上述外部环境因素对电网工程的规划与建设提出了更高的要求，尤其是电网工程项目管理人员要具备高度的责任心、规范性、灵活性与创新性，以有效应对各类外部干扰，保障工程顺利推进。

（四）安全风险的多样性

电网作为国家关键基础设施，其高质量建设和安全稳定运行直接关系到国家安全和社会稳定，电网工程的施工及运行过程伴随着多方面的安全风险。

（1）高处坠落风险。电网建设中涉及大量高处作业，如输电线路塔架安装、维修等，作业人员面临高处坠落风险。

（2）电气安全风险。直接操作高压电力设备时，如进行设备安装、电气试验等，存在触电、电弧烧伤、电气爆炸等风险。

（3）机械伤害风险。使用大型施工机械如吊车、挖掘机等存在挤压、碰撞、切割等机械伤害风险。

（4）环境与地质风险。复杂的地理环境（如山地、水下、城市密集区）和异常的气候条件（如极端天气、自然灾害），增加了施工难度和风险，存在人身伤亡风险。

（5）化学物质风险。在使用绝缘油、清洁剂、防腐剂等化学物质时，存在火灾、中毒等安全风险。

（6）交叉作业风险。多工种、多工序交叉作业时，沟通不畅或协同不当易导致事故。

（7）运行安全风险。因电力设备质量、电力设备安装调试缺陷、电力运行操作错误等存在电网运行中断、负荷损失，甚至人员伤亡风险。

因此，电网工程要始终紧绷安全这根弦，建立健全安全管理体系，实施严格的现场安全管理，确保各类安全风险可控、能控、在控。

（五）质量管理的严谨性

电网工程的质量直接关系到电网运行安全，进而影响电力供应的安全稳定，对民生保障和社会经济发展具有深远影响。

（1）场地标高与排水。电网设施选址需考虑地形标高，避免洪水淹没；同时，场地需有良好的排水系统，防止发生内涝影响设备安全运行。

（2）地基与基础的承载力。变电站、输电铁塔等建筑物的基础设计要基于地质勘察结果，确保能够承受设备重量、风荷载、冰荷载、地震等外力作用，避免基础下沉或结构失稳。一般主要设备及建构筑物的基础都以桩基础为主，防止发生不均匀沉降或沉降值超标。

（3）建筑物防水。特别是地下设施和重要设备室，需采用可靠的防水结构、防水材料和施工工艺，确保具备长期防水性能，防止水分侵蚀设备，影响电气设备安全和运行寿命。

（4）防雷接地。电网工程应配备完善的防雷系统，包括避雷针、避雷线、接地装置等，以保护设备免受雷击损害、避免运行人员受感应电伤害，确保电网稳定运行。

（5）建筑抗震。位于地震带的电网设施，其设计和建造需符合相应的抗震标准。通过抗震计算、结构加固等措施，提高电网设施的抗震能力，减少地震灾害的影响。

（6）设备本体质量。从设备采购、运输、安装到运行，每个环节都要严格执行质量控制程序，确保设备性能可靠，减少故障率，延长使用寿命。

（7）安装调试质量。电网设备需经过严格测试，确保其在额定及极限条件下均能安全运行，无火灾、爆炸等风险。包括变压器、开关柜、断路器、避雷器等关键设备的选型、安装及调试都需符合相关标准。

（六）合规性与社会责任性

电网工程建设的合规性与社会责任性体现在多个层面，尤其是在当前社会背景下，要求更加严格。

（1）社会关注度高。随着社会对环境保护、公共安全及生活质量意识的提升，电网建设项目受到社会各界的高度关注。公众不仅关心电网工程的必要性、安全性，也关注其对环境、景观的影响，要求项目实施公开透明、依法合规。

（2）维护电力行业内质外形。电网工程作为国家基础设施的重要组成部分，其建设和运营状况直接关系到电力行业的社会形象。合法合规进行项目建设，不仅能保障工程质量和安全，也是展现行业责任感和专业水平的重要窗口。

（3）有限的廊道资源。随着城镇化进程加快，可用于架设输电线路的土地和空间资源日益紧张，尤其是城市和人口密集地区。这意味着电网工程在规划时必须更加精细，确保项目在法律框架内高效利用有限的廊道资源，避免不必要的纠纷和环境影响。

（4）用地紧张。电网设施建设，特别是变电站、换流站等大型设施，需要占用一定的土地资源。面对土地资源的紧张局面，电网工程必须严格遵守土地管理和使用法规要求。合理规划，避免违法占地，同时尽量减少占用农业用地、生态用地。

(5) 环境保护法规严格。随着环保法规的不断完善和执行力度加大，电网工程在选址、设计、施工及运营各阶段都必须严格遵守环保法规，进行环境影响评价，采取有效措施减少对生态环境的影响。

因此，电网工程依法合规建设，不仅可以满足法律法规的基本要求，更可以在复杂的社会环境中获得公众的理解和支持，确保项目的顺利实施和电力系统的可持续发展。

二、电网工程建设形势

在碳达峰、碳中和背景下，随着高质量发展的持续推进和新质生产力的进一步拓展，电网工程建设也面临前所未有的机遇和挑战，清洁能源大量的并网需求、新一轮大规模特高压工程的规划与建设、电气设备国产化的全面深入、施工技术的持续转型升级、参建队伍的结构性缺员等，都深刻影响着电网工程的建设发展。

（一）清洁能源大量接入带来电网建设趋紧，网架优化需求迫切

全球范围内，清洁能源（如太阳能、风能等）正以前所未有的速度发展，分布式电源（尤其是可再生能源发电设施）大量接入配电网中。然而，清洁能源的随机性和波动性对电网的稳定性管理提出了新的挑战，要求电网从系统设计上具备更高的灵活性和智能调控能力。

我国风能、太阳能资源主要集中在西北、华北、东北以及沿海地区，而负荷中心则主要集中在中部、东部和南部地区。因此，必须依托远距离输电将清洁能源送到负荷中心，势必要求加快骨干网架建设，使其具备更强大的输电能力。

同时，为了有效接纳高比例的清洁能源，需要采用更先进的预测和调度系统，提高电网的自动化和智能化水平，以及实施需求响应策略。电力系统安全运行的复杂性增加，对网络安全、系统稳定性的要求也随之提升，推动后续区域性网架优化工程的有序逐步开展。

结合近年来核电、抽水蓄能、燃气发电等送出工程建设经验发现，由于清洁能源建设的刚性并网要求以及确定的关门工期，往往在电源建设后期压力都传递到电网工程建设上，普遍存在超常规的建设力量投入以及压缩合理工期的现象。

（二）特高压工程大规模快速上马，要求加快各级网架配套建设

特高压建设需要各级电网的配套支持。随着特高压工程的快速推进，各级电网也在加快配套建设，以满足特高压工程的接入和输送需求。同时，随着特高压工程的快速推进，电网建设任务将进一步加大，技术难度持续升级，线路廊道改造需求增多，以及同期建设承载力提升等一系列挑战也将随之而来。

推进建设特高压工程，要求提高设计和施工技术；作为下一代电力输送技术的柔性直流输电，对电网强度要求低，适用于各种电网条件，但其换流元件等核心技术却带来更高的技术挑战。另外，线路廊道的改造增加，不同电压等级线路需要交叉钻越或跨越，带来大量的线路升高或拆除改造工程、复杂的停电方案和高风险施工作业，这不仅增加了电网建设的成本，也对环境保护、土地利用以及过程中的技术、质量和安全管理提出更高要求。

最后则是随着区域性、全国性电网工程建设体量的持续增加，即使是统筹全国一盘棋的宏观视角下也会出现建设队伍不够、设备供货进度难以满足工期要求等问题，东部沿海地区的建设资源紧张局面更甚。

（三）电气设备全面国产化形势，倒逼设备全过程管控做深做实

随着国家日益重视能源安全和科技创新，电气设备全面国产化已成必然趋势。这不仅是响应国家“自主可控、安全可靠”的号召，也是推动产业升级、提升国际竞争力的必由之路。全面国产化意味着从设计、制造到运行维护等各个环节，都需要国内企业具备自主研发和生产能力。电网可靠事关国家战略安全，设备国产化被视为保障能源电网安全的关键措施；面对设备国产化比例的持续提高，电网建设全寿命期管理体系也需适应性升级。

一是要加强设备设计阶段的管控。企业应充分考虑设备的性能、质量、安全等因素，确保设备设计满足全面国产化的要求。同时，加强与设备制造商沟通协作，确保设计方案的可行性和有效性。

二是强化设备制造阶段的监管。应加强对设备生产过程的监管，确保设备制造符合相关标准和规范。同时，加强对设备原材料、零部件的检查和验收，确保设备质量可靠。

三是更加重视设备开箱、安装及试验环节。进一步规范设备到场开箱验收工作，认真核查出厂合格证以及制造阶段质量管控资料，建立完善更加细致的设备安装和试验管控机制。

四是推进设备信息化管理。利用物联网、大数据等技术，实现设备的远程监控、数据分析等功能，通过信息化手段提高设备管理的效率，实现设备全寿命周期数据集成管理。

（四）施工技术转型发展推动设计方案和管理机制的优化提升

随着持续推进电网高质量建设，为了更好应对电网建设新形势，要求施工技术加快发展转型。

一是提高机械化与智能化施工水平。为了提高施工效率、降低成本并确保作业安全，逐步从传统的手工劳动转向机械化、智能化施工。

二是推进数字化与信息化管理。通过建筑信息模型（BIM）、地理信息系统（GIS）、大数据、云计算等信息技术的应用，电网工程施工策划变得更加精细和系统，有助于提高施工过程的可视化管理、资源的优化配置和施工的科学组织。

三是模块化与预制化转型。为了加快施工进度、降低现场作业复杂性，越来越多采用模块化和预制化组件。做到在工厂预先生产，现场组装，既提高建设效率，又减少现场施工对环境的影响。

四是标准化和绿色化转型。随着工程建设典型经验的积累，形成统一的施工标准，提高施工流程标准化程度。同时，在施工过程中注重减少对环境的影响，包括采用低噪声、低排放的施工设备，采用绿色施工技术如生态修复、节能减排等，可以减少对环境的破坏和污染，实现电网建设与生态环境的和谐共生。

电网施工技术的发展推动建设上下游环节的优化提升，通过更新设计理念、提高设计精度、促进设计与施工的协同，实现标准化、信息化、智能化管理并优化风险管理机制。

（五）建设承载和综合素质提高，推动产业队伍逐步发展

目前电网建设参建队伍数量和综合素质难以满足持续增加的工程建设工作任务和高质量要求，尤其是电气设备安装、高空组塔架线施工等作业人员已经面临断档危机，各级管理人员也呈现明显的经验欠缺情况。这要求电网建设急需培养一大批既懂技术、又懂管理的产业队伍。

第二节　电网工程监理实践

一、概述

（一）工程监理制度的形成

建设工程监理是指监理单位受项目法人委托，依据国家批准的工程项目建设文件、有关工程建设的法律、法规和工程建设监理合同及其他工程建设合同，对工程建设实施的监督管理。工程监理是我国工程建设领域的重要组成部分，是工程监理制度实践取得的重要成果，具有服务性、公平性、独立性、科学性等特点，对工程建设质量、进度、投资控制和安全、合同、信息管理及工程协调起到了至关重要的作用，为工程建设的顺利实施、实现既定目标保驾护航。

我国工程监理制度的发展经历了起步、发展、成熟等几个重要阶段。

我国工程监理制度的起源可以追溯到云南鲁布革水电站建设，这是我国第一个利用世界银行贷款、实行国际公开招标的水电工程。在该项目中，首次引入了国际通行的菲迪克（FIDIC）管理模式，即咨询工程师制度，后在我国逐步发展形成具有中国特色的建设工程监理制度。

1988 年，我国开始试点实施建设工程监理制度，标志着我国工程建设管理向社会化、市场化、专业化方向的转变。1997 年颁布的《中华人民共和国建筑法》，以法规形式将建设工程监理制度固定并推行下来，随着一系列相关法律法规和规章的不断完善，为建设工程监理在确保工程质量、规范建设行为等方面发挥了重要作用。

进入 21 世纪，我国工程建设监理制度开始迎来新的发展机遇，在《建设工程质量管理条例》（中华人民共和国国务院令第 714 号）、《建设工程安全生产管理条例》（中华人民共和国国务院令第 393 号）等法律法规的支撑下，监理制度逐步完善，加强了对监理机构的管理和监督，推动了监理机构的专业化和规模化发展。2017 年以来，随着国家对全过程工程咨询服务的推广，工程监理行业被鼓励向项目管理公司的方向发展，提供全方位、全过程的工程咨询服务。

当前，我国工程监理行业已经全面跨入了全过程工程咨询服务发展的新阶段，这一模式合理降低了项目建设管理风险，提升了投资效益、缩短了建设周期、提高了工程建设的质量与效率。随着科技的不断进步和市场需求的变化，工程监理行业也在不断创新和进步，以适应新时代的发展需求。

（二）电网工程监理的发展

电网工程监理是监理领域的重要组成部分，电网工程监理与电网的发展紧密联系。大多数电网工程监理单位成立于 20 世纪 90 年代，经过近三十年专业化和规范化发展，完善了电网工程监理管理制度，培养了一大批稳定的专业技术人才，提升了专业服务能力，在电网工程建设中充分发挥了监理作用，成为电网工程质量安全不可或缺的“保障网”，提高电网工程建设水平、投资效益的“助推器”，电网工程建设高质量发展的“守护者”。

电网工程监理发展规模不断扩大。据不完全统计，目前从事电网工程的监理单位已超过 200 家，从业人数超过万人，其中专业技术人员超过 60%，人均年产值超过 45 万元。

与建筑工程监理相比，电网工程监理专业服务能力更高、规范性更强。电力工程监理领域先后编制了《电力建设工程监理规范》（DL/T 5434—2021）、《电网工程监理导则》（T/CEC 5089—2023）、《电网工程数字化监理导则》（2023 年 9 月报批）、《电力建设工程监理工作评价导则》（T/CEC 5097—2023）等一系列技术标准，深入融合了国家电网公司、南方电网公司等建设单位的要求，形成了具有电网工程特色的监理模式。监理人员履职能力强、效率高，工程质量安全事故明显减少，监理作用凸显，获得了建设单位支持和社会广泛认可。

人才队伍建设更加稳定。与其他行业监理相比，电网工程监理具有专业多、技术强、门槛高的特点，人员素质高，行业自律做得好，竞争虽然激烈，但恶意低价竞争情况较少，为稳定的专业技术队伍建设提供了良好的条件。

（三）电网工程监理发展面临的挑战和机遇

随着国家经济发展进入高质量发展阶段，供给侧结构性改革、构建现代能源体系、提高特高压输电通道利用率、实施城乡配电网建设和智能升级、推进农村电网升级改造、加快数字化发展、推动智能化建造等一系列改革措施的推行，电网工程监理也面临新的挑战和机遇。

1. 电网工程监理面临的挑战

（1）建设单位的要求越来越高。随着电力体制改革的不断深化，建设单位对工程质量、安全、进度等方面的要求越来越高，电网工程监理的专业服务需求日益增长，要求电网监理企业不断提升监理服务水平。

（2）高质量发展需要监理技术转型和升级。随着电网工程技术的不断发展，特高压、智能电网、数字电网等新技术的广泛应用，要求电网工程监理企业不断加强技术研发，不断更新技术装备和提升技术能力，以适应监理技术发展的需求。传统的工程监理模式需要进行相应的调整和升级，创造监理新业态和新模式，塑造新质生产力，以适应新的市场需求和提高监理工作效率。

（3）专业人才短缺制约了电网工程监理行业发展。当前电网工程监理人才储备不平衡、不协调、不可持续的问题比较突出，需要监理企业建立人才培养的长效机制，培育精通电网工程技术、熟悉电网工程建设各项规定和要求、善于沟通协调管理、综合素质高的人才队伍，将人才资源转化为市场资源，将人才优势转化为发展优势，提升企业核心竞争力，为高质量发展提供有力支撑。

（4）市场竞争日益激烈。电网工程监理市场的逐步开放致使竞争加剧，需要监理企业不断提升自身的竞争力和适应能力。

2. 电网工程监理面临的机遇

（1）市场需求为电网工程监理的发展提供保障。电网工程建设仍将保持一定的规模，在特高压输电通道、主网架建设、配电网建设方面仍有较大的市场空间，国家电网公司和南方电网公司坚持点面结合，全面推进新型电力系统建设和电网转型升级，电网建设向特高压和智能配电网快速发展，此外大量的用户工程也存在全过程工程咨询的需求，为电网工程监理企业的发展带来新的机遇。

（2）创新驱动发展，向科技要效率、向管理要效益、向人才要效能，提升核心竞争力。依靠创新工作方式和手段来解决监理传统工作模式存在的科技引领能力不足、管理手段单一、工作价值无法完整体现等问题；BIM 技术、物联网、大数据等的应用，数字化转型创造监理业务新模式新业态为工程监理行业带来了新的增长点。

（3）推进全过程工程咨询服务，向项目管理企业转型。积极拓展多元化咨询服务业务，培育全过程工程咨询服务能力，为客户提供“1+*N* 菜单式”咨询服务，成为企业新的业务增长点，保证企业规模效益持续稳定增长全过程工程咨询的服务费将远远高于监理费用，企业的效益也会大幅提高。

（4）服务专业化更加突出。传统监理的单一服务向多元化、定制化服务发展，监理企业将提供更加专业、全面的服务，为多元化发展和转型升级提供机会。

（5）市场化竞争加剧促使行业集中度提高。电网工程监理市场开放促进市场竞争更加激烈，兼并重组将不断发生，行业资源不断向优势企业集中，监理企业综合服务能力不断提升。

二、电网工程监理技术的发展

（一）电网工程监理技术发展历程

电网工程监理技术的发展历程可以概括为早期发展、技术规范化和专业化发展、数字化和智能化发展三个阶段。

（1）早期发展阶段。电网工程监理技术的早期发展阶段主要集中在电网工程建设监理的初始期，这一时期监理技术发展还不完善，监理工作侧重于质量控制和安全管理，确保电网工程建设的基本质量和安全。

（2）技术规范化和专业化阶段。随着电网需求的增长和技术的进步，电网工程监理开始逐步规范化和专业化。在《中华人民共和国建筑法》《建设工程质量管理条例》（中华人民共和国国务院令第 714 号）、《建设工程安全生产管理条例》（中华人民共和国国务院令第 395 号）等法律法规的支撑下，《电力建设工程监理规范》（DL/T 5434—2021）、《电网工程监理导则》（T/CEC 5089—2023）等一系列的监理技术标准体系的形成，电网工程监理技术取得了快速发展和长足进步，不断规范化和专业化，为专业人才的培养和技术创新的推动发挥了至关重要的作用。

（3）数字化和智能化阶段。进入 21 世纪，大数据、人工智能和物联网等数字化技术在电网工程监理中得到广泛应用，提高了监理效率，帮助实现实时数据分析、风险管理、质量判定，标志着电网工程监理技术向智能化方向的转变。在《电网工程数字化监理导则》（2023 年 9 月报批）的支撑下，监理技术势必塑造新质生产力，不断向数字化、智能化深入，不断适应新的市场需求和技术挑战。

（二）电网工程监理技术简介

传统的电网工程监理技术是指监理项目部依据合同及相关规程规范的要求，履行监理职责的方法和措施。

（1）编制监理策划。监理项目部根据工程监理内容和要求，编制监理大纲、监理规划、监理实施细则等策划文件，明确实施流程、方法和措施，用以指导监理人员开展监理工作。

（2）规范工作流程。依据《电力建设工程监理规范》（DL/T 5434—2021）等标准明确监理工作内容及实施流程，进一步规范了监理行为。

（3）设置标准表单。依据《电力建设工程监理文件管理导则》（T/CEC 324—2020）将监理记录、检查内容、检查标准等通过表单形式固化，促进监理行为标准化、规范化。

（4）开展文件审查。监理项目部通过对设计、施工、检测等参建单位的文件审查，判断工程策划、实施及结果的符合性、规范性、合理性。

（5）开展过程巡视。监理人员对施工现场定期或不定期地进行检查，判断施工行为、施工工艺、施工技术实施及安全管理行为的符合性，实体质量的合格程度。

（6）设置控制点。监理项目部为保证工程质量安全，对工程重要部位、关键工序、主要试验检验项目所设置的检查、监督环节。

（7）开展见证。监理人员对涉及工程结构安全、设备性能、工艺系统安全的试块试件、主要工程材料及构配件的取样送样环节，工程现场试验检验过程，以及工序施工作业过程进行现场检查、监督的方式。

（8）进行见证取样。监理人员对施工单位进行的涉及工程结构安全和设备性能、工艺系统安全的试块试件、主要工程材料及构配件的取样、封样、送样等环节进行监督的方式。

（9）开展旁站。监理人员对工程重要部位、关键工序、主要试验检验项目作业全过程进行监督的方式。

（10）停工待检验收。针对工程关键工序，在施工单位自检合格的基础上，监理人员在约定的时间内在工程现场进行检查验收的方式，检查验收合格后方允许进入下一道工序。

（11）开展平行检验。在施工单位自检的同时，监理人员按有关规定、建设工程监理合同约定对同一检验项目进行检测试验。

（12）开展验收。在施工单位自检合格后，监理人员对工程实体质量进行过程、阶段及竣工检查，通过现场观感质量检查和质量文件审查，判断工程实体质量是否合格。

（13）召开会议。由监理项目部主持或参加，在工程实施过程中针对工程质量、进度、造价及安全生产管理、合同管理、信息管理等事宜召开的协调会议，解决工程实施过程中的问题。

（14）进行工程计量。根据工程设计文件及施工合同约定，监理人员对施工单位申报的已完合格工程的工程量进行核验和签认。

（15）进行安全风险分级管控。监理人员督促施工单位按照相关要求开展安全风险辨识、制定风险控制措施，并按照到位标准开展风险管控工作。

（16）开展隐患排查治理。监理人员督促施工单位按照要求开展隐患排查、制定隐患治理措施，开展隐患治理，避免安全事故事件的发生。

（17）编制监理文件。监理项目部在履行建设工程监理合同过程中，按规范要求形成一系列记录和文件，是监理的重要成果之一。

（18）发出监理指令。监理人员在履职过程中，发现工程实施存在的问题，针对责任单位发出的口头或书面指令，并督促责任单位落实。

（19）进行监理报告。监理项目部针对重大问题和隐患，按照法律法规的要求，向建设单位及上级主管部门书面报告。

（20）记录监理日志。项目监理机构在实施电力建设工程监理过程中每日形成的文件，由专业监理工程师负责记录，可使用计算机编辑并打印，编制人签字确认。

电网工程监理技术的革新是保障电网工程建设质量和安全的关键，近年来各监理企业在数字化监理平台研发、数字化和智能化技术应用、实时数据采集与监测、现场视频监控、无人机应用、AI识别、数据统计分析与报告生成等方面取得了显著的进步，数字监理技术的应用提高了电网工程监理的质量和效率，为电网数字新质生产力的塑造、电网工程建设现代化管理提供了强有力的技术支撑。

（三）电网工程监理技术发展趋势

随着电网工程技术和监理技术的不断发展，电网工程监理企业面临数字化转型与智慧升级的必然趋势，监理企业需要紧跟技术创新的步伐，采取有效的转型升级策略，塑造监理数智化新质生产力，以适应能源结构的变化和市场需求的演变，实现可持续发展。

电网工程监理在数字化转型中将面临技术、数据管理、人才和文化、成本和投资回报、安全和隐私、标准化和规范化、客户接受度和市场适应性等新的挑战，需要企业采取综合性的策略和措施来应对，积极适应未来监理技术的发展趋势。未来电网工程监理技术的发展趋势主要体现在以下几个方面：

（1）数智化监理平台建设。监理企业运用数智化新技术，需要建设符合要求的数智化监理平台，集成远程监控、视频管理、标准化监理等多项功能，实现监理信息的实时采集、处理和共享，提高监理工作的协同性和智能化程度。

（2）数智直采技术应用。通过手机、布控球、记录仪等设备运用数字化和智能化技术，自动采集现场监理需要的数据，自动生成表单，确保数据来源的真实性、唯一性、及时性，为电网工程建设管理和决策提供强有力的支撑。

（3）智能化设备应用。运用无人机、机器人、AI 等智能化设备开展现场巡视、旁站、检查等工作，提升监理效率和服务质量。

（4）实时监控和远程监理。在规程规范的支撑下，运用视频实时监控、传感器、建模和仿真物联网等技术，实现工程现场实时监控，从而能够及时发现和解决问题。

（5）识别与预警。建立有效的数据池，运用 AI 识别、数字建模等技术，自动实现文件审查、现场预警功能，将监理控制技术和关口前移。

（6）数据驱动决策。运用大数据和云计算等技术，形成海量的数据资产，实现数据共享和实时有效监测，促进数据驱动的决策支持，提高决策的科学性和准确性。

（7）标准化和规范化推进。将工作标准和规范流程化、表单化、结构化，通过数智监理平台和现场数智设备，促进流程线上跑动，监理工作实施规范统一。

（8）电子档案移交。运用数智化监理平台，自动生成电子化监理档案，建立数字化监理档案馆，实现一键式电子化移交。

三、电网工程监理实践

（一）监理项目部设置

工程监理单位实施电网建设工程监理时，应在工程现场派驻监理项目部，实行总监理工程师负责制。

电网工程监理项目部设置可根据监理合同约定的服务内容、服务期限，以及电网工程类型、规模、特点、技术复杂程度、环境等因素确定。一般由总监理工程师、专业监理工程师、监理员组成，且专业配套、人员数量应满足工程监理工作需要，必要时可设总监理工程师代表。

监理项目部应配备满足监理工作需要的办公、监理工作工器具、交通、通信、生活等设施。

监理项目部应组织编制监理规划、专业监理实施细则、专项监理实施细则等策划文件，指导监理人员开展监理工作。

（二）监理人员基本素质要求

电网工程具有点多面广、工程类型及专业复杂的特点，从事电网工程建设的监理人员往往单兵作战。不仅要具备一定的电网工程技术和经济方面的专业知识，能够履行工程建设审查、检查、监督管理的职责，提出建设性、指导性意见，而且要熟悉电网工程建设和相关管理制度、具有一定的组织协调能力，有效地推动电网工程建设顺利实施。因此，电网工程监理人员应具备以下基本素质：

（1）较强的电网工程建设相关专业能力和专业知识储备。

1）监理人员应具备一定的法律知识，了解相关的法律法规，包括建筑法、电力法、环保法等，以确保项目的合法合规。

2）监理人员具备相应的专业能力，掌握变电、输电线路、配网等专业工程知识，相关建筑、结构、机电、给排水、暖通等方面的专业理论知识及工程测量技术；了解相关施工流程；熟悉工程经济、安全管理、建设程序、管理制度等方面的要求。

3）监理人员应具备一定的项目管理能力，能够有效地进行项目计划管理、进度控制、质量控制、安全管理等工作，能够开展巡视、检查、验收等现场工作，确保施工活动和结果符合设计和规范要求。

4）监理人员应具备一定风险管理能力，能够识别和评估项目中的潜在风险，并采取相应的措施进行管控。

5）监理人员应具备一定的沟通能力，与参建各方进行有效沟通和协调，确保信息的准确传达和问题的及时解决。

6）监理人员应具备发现问题和解决问题的能力，能够及时发现工程建设存在的问题，分析制定解决方案和实施措施，督促问题及时解决。

（2）良好的品德和较强的责任心。主要表现以下几个方面：

1）有较强的责任心，热爱本职工作。

2）具有实事求是、科学严谨的工作态度。

3）为人廉洁、正直，能够公正公平地处理问题。

4）性格稳重，能够听取不同意见，冷静客观地分析问题。

5）热爱学习，能够较快地接受新技术、新事物。

（3）丰富的电网工程建设实践经验。实践经验是电网工程监理人员重要素质之一。实践经验可以提升监理人员预控、在控能力，及时发现及处理工程存在的问题，减少工作失误，避免工程投入、返工等损失，为工程协调创造良好条件，提升监理服务能力和效果，顺利推进工程实施。

（三）电网工程监理的主要内容和方法

《电力建设工程监理规范》（DL/T 5434—2021）明确规定，工程监理单位受建设单位委托，根据法律法规、工程建设标准、勘察设计文件及合同，在施工阶段对建设工程质量、造价、进度进行控制，对合同、信息进行管理，对工程建设相关方进行协调，并履行建设工程安全生产管理法定职责的服务活动。电网工程监理主要内容和方法应包括以下内容：

（1）设计文件审查。监理人员应对施工图纸进行详细审查，确保设计方案的合理性和可实施性，预防潜在的设计问题。

（2）施工方案审查。监理人员应对施工方案程序的符合性，内容的完整性、可行性和合理性进行审查，确保方案有效施工，施工有序进行。

（3）人员资质审查及过程管理。监理人员应对施工管理人员、特种作业人员进行资质审查，要督促施工单位加强技能培训及安全技术交底，在施工过程中加强作业人员管理，确保人员安全和按要求施工。

（4）施工机械、安全工器具、检测仪器管理。监理人员应对主要施工机械、安全工器具、检测仪器的资质、检测报告进行审查，施工过程进行动态管理。

（5）主要原材料、构配件、设备管理。监理人员应对主要原材料、构配件、设备质量证明文件进行审查，需要复试的主要原材料、构配件应按规定进行复试和见证取样，审查试验报告，符合要求后方允许使用；按规定参加设备开箱验收，确保工程原材料、构配件和设备合格。

（6）开展工程进度控制。监理人员应审查施工进度计划与工程进度目标的符合性，审查施工人员、机具等施工资源与进度计划的匹配程度，动态跟踪进度实施情况，分析进度偏差，及时采取有效纠偏措施，确保工程按时完成。

（7）开展过程巡视、见证和旁站。按照设置的控制点和到位要求开展施工过程质量安全巡视、见证和旁站，及时发现工程实施过程中存在的问题，督促整改和纠正，确保工程质量安全始终处于受控状态。

（8）督促安全风险分级管控和隐患排查治理双重预防机制的落地。按照电网工程类别和基准风险管控要求，督促施工单位开展安全风险辨识和场景式风险评估，督促各参建单位按照到位标准到场管控；督促施工单位开展隐患排查，按隐患等级采取相应的治理措施，确保安全风险分级管控到位和隐患排查治理及时有效。

（9）开展过程验收、阶段验收和竣工验收。按照电网工程质量安全的相关要求，过程验收、阶段验收和竣工验收，对工程量进行客观签认，对工程质量安全进行客观评估。

（10）加强信息沟通和协调。按要求收集、整理、分析工程信息，采取各种形式进行沟通协调，确保工程施工中存在的问题合理合规解决，确保电网工程建设程序符合要求。

第三节 电力工程监理标准体系

一、监理标准体系建立背景

我国电力工程监理最早于 1988 年在云南鲁布革水电站工程中实施，1993 后开始在大型电力工程中实施监理工作，1996 年后开始大规模实施，之后将配网工程、技术改造工程也纳入监理范围。

随着改革开放的进一步深化，以及国家对高质量发展的要求，电力工程对质量及安全的要求日益提高，也要求电力工程监理在原基础上更加专业化、规范化、现代化。

随着电力工程监理行业规模日益增大，但以下问题的存在阻碍其进一步发展：

（1）电力工程监理行业诚信体制不够完善。目前，规范监理行业市场竞争主要依靠相关协会的指导及企业间的自律，存在部分监理单位恶意竞争，低价中标，中标后通过降低项目监理人员数量和素质减少成本，造成项目监理效果差，未能有效起到各项管理和控制作用。

（2）部分监理人员的素质不高，专业水平未能达到要求。电力监理相关专业较多，需要复合型知识结构的专业技术人员，要求其具备各专业施工流程、施工关键质量、安全控制点的丰富知识和经验，部分素质不高的监理人员难以对电力工程各专业施工的质量和安全进行有效控制。

（3）部分项目监理人员在质量、造价、进度控制以及对安全生产、合同、信息管理等具体工作上的深度和效果未能达到建设单位的期望，一定程度上造成建设单位对监理的信任不足、不授权或少授权，导致监理对项目的管理受限，进一步令监理在项目的履职表现变差，形成一个恶性循环，阻碍了监理向专业化、规范化、现代化的发展。

电力工程监理行业也在不停地探索和深思如何解决这个问题，其中的一个途径就是建立监理工作的标准体系，通过标准来规范、约束监理人员的工作，也使得建设单位、监理单位考核监理人员的工作时有据可依。

电力工程监理行业一直致力于监理工作的标准化、规范化、信息化，2009 年国家能源局颁布的《电力建设工程监理规范》（DL/T 5434—2009），在火电工程、电网工程、风电工程及太阳能发电工程等工程中监理工作得到了广泛应用，但是该规范只是解决了电力工程监理人员 “做什么”的问题，而面对千差万别的电力工程类型，还要深入解决“怎么做”，也就是要求建立系统性的电力建设工程监理标准体系。随着近年来国家推行工程建设全过程咨询，在电力工程咨询方面也有必要形成电力建设工程咨询的标准体系。

2015 年，国务院发布的《深化标准化工作改革方案》，即提出培育发展团体标准，2017 年，在《关于开展质量提升行动的指导意见》中，提出加快推进工程质量管理标准化。住房和城乡建设部在《关于印发工程质量安全提升行动方案的通知》中要求制定并推广应用简洁、适用、易执行的岗位标准化手册，将质量责任落实到人，完善工程质量管控体系，推进质量行为管理标准化和工程实体质量控制标准化，推进工程质量管理标准化。而研究建立并编制、施行电力建设工程监理咨询标准体系正是推进质量管理标准化的最佳手段。

电力工程监理咨询行业响应国务院及住建部的政策和管理要求，结合行业现状需求，研究建立电力建设工程监理咨询标准体系，并编制配套系列标准，以实现“做什么”和“怎么做”，提高监理咨询人员的履职能力，以实现电力建设工程监理咨询行业的可持续、健康、高质量发展。

二、监理标准体系建立目的

1. 实现电力工程监理高质量发展

建立多维度、立体化的电力建设工程监理咨询标准框架体系，可以促使电力工程监理在现有基础上进一步专业化、规范化、流程化和现代化，实现电力工程高质量发展。

2. 助推电力工程监理行业转型升级

国家已为工程监理行业指明向“菜单式”咨询服务、全过程工程咨询的转型升级方向，构建电力建设工程咨询标准框架体系，确立咨询服务工作的一般性规范，可以为电力工程监理行业向“菜单式”咨询服务、全过程工程咨询打下制度和标准基础，推助电力工程监理行业转型升级。

3. 促进电力工程监理行业长期健康发展

构建电力建设工程监理咨询标准框架体系的其中一项内容是编制规范性标准文件，目的是在一定程度上规范电力工程监理市场竞争，有利于形成市场良性循环，促进电力工程监理行业长期健康发展。

4. 减少因监理人员素质不高带来的负面影响

构建电力建设工程监理咨询标准框架体系，一方面，可建立具有可操作性的电力工程监理、咨询标准，规范素质不高的监理人员的行为；另一方面，可建立各类监理人员的职业标准，从源头上阻止素质不高的监理人员进入项目，减少由于监理人员素质不高带来的负面影响。

5. 完善目前监理咨询服务相关标准的内容

电力建设工程监理咨询标准体系以《建设工程监理规范》（GB/T 50319—2013）为基础，一方面，对于已有相关标准的，且发布时间距今较长的，考虑根据目前电力工程发展的实际情况进行修订，保证其可操作性和指导性得以延续；另一方面，对于无相关标准的，可考虑向相关部门提交立项申请书，申请立项编制，形成可对较大范围的对象具有指导性意义的、多维度的监理服务和咨询服务相关标准体系。

三、监理标准体系建立原则

为有效促进电力建设工程监理咨询标准的不断完善，推动电力工程监理行业持续、健康发展，最终实现电力工程监理业务的高质量转型，电力工程监理行业必须建立起多维度、立体化的电力工程监理标准体系，其建立原则如下：

（1）在现行标准的基础上进一步专业化、规范化、流程化和现代化，为电力工程监理行业向“菜单式”咨询服务、全过程工程咨询打下标准规范基础，从而达到助推电力工程监理行业转型升级发展的目的。

（2）充分考虑电力行业监理咨询人员素质参差不齐的现状，建立具有高可操作性的电力工程监理、咨询标准，为行业全专业人员提供行为规范。

（3）建立各专业监理人员的专业职责标准，从源头确保监理人员的专业能力。

四、监理标准体系架构

1. 总体架构

电力工程监理标准体系分三个层级，以《建设工程监理规范》（GB/T 50319—2013）为基础，依据行业标准《电力建设工程监理规范》（DL/T 5434—2021），从监理咨询人员管理标准、监理工作标准、咨询工作标准三个方面构建，如图 1-1 所示。

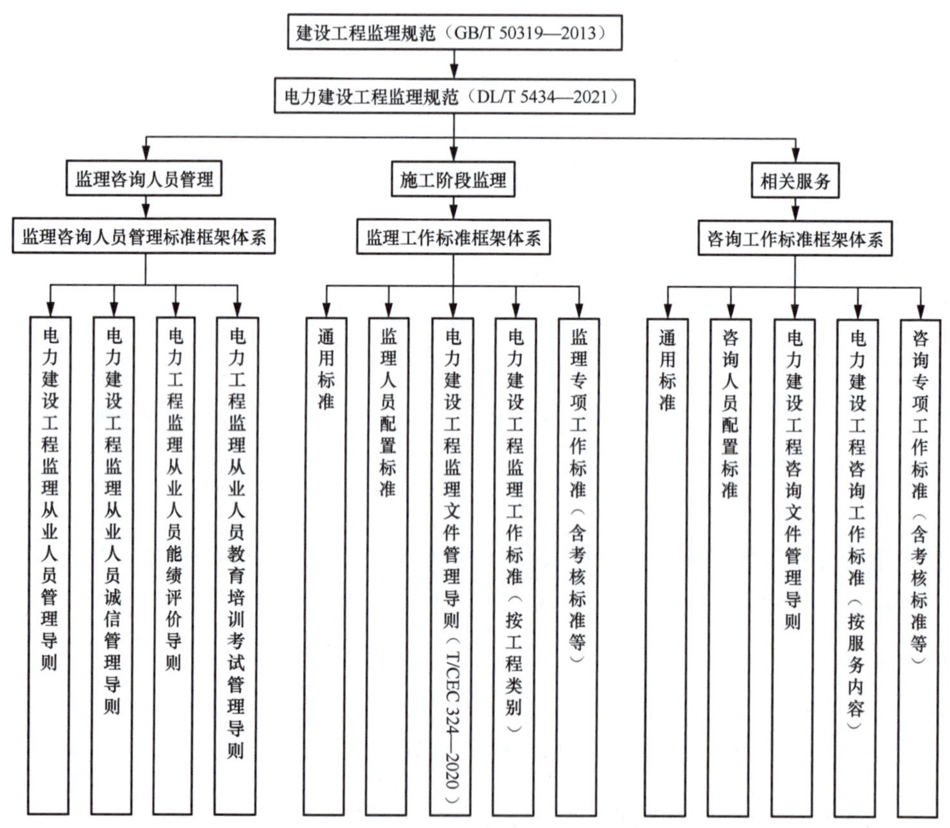

图 1-1 电力工程监理标准体系整体架构

2. 监理工作标准体系及咨询工作标准体系

在上述整体架构的基础上，经过更深入的研究，并细化形成了监理工作标准体系及咨询工作标准体系。

监理工作标准体系（见图 1-2）主要是按照工程类别进行分类，共分为 14 大类，并与通用标准、监理人员配置标准、电力建设工程监理文件管理导则、电力建设工程监理工作考核评价导则等形成“1314”架构（即 1 个通用标准，3 个辅助标准、14 个导则）。

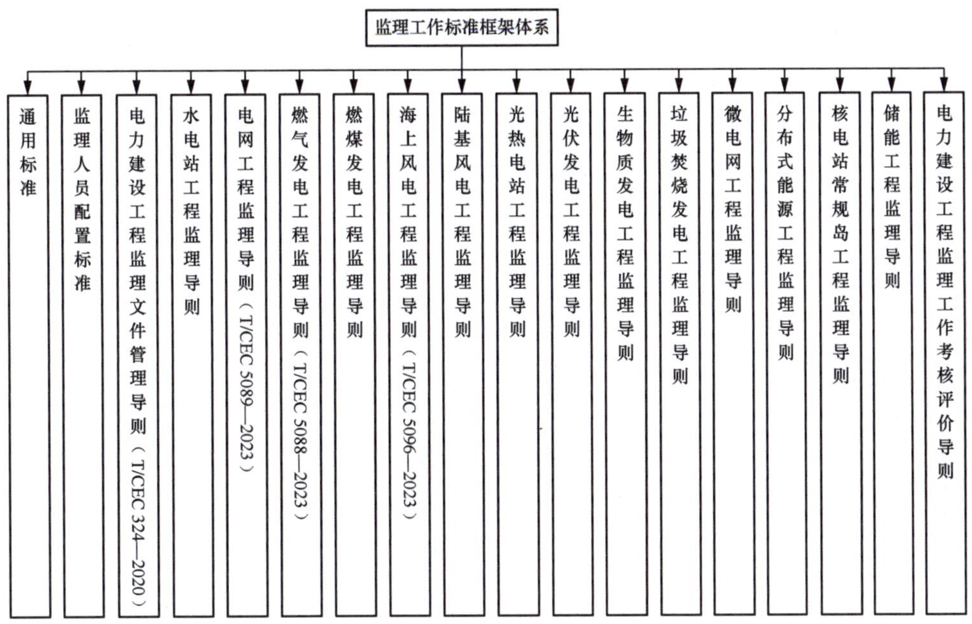

图 1-2 监理工作标准体系

咨询工作标准体系（见图 1-3）由通用标准、咨询人员配置标准、勘察设计咨询服务导则、造价咨询服务导则、环境保护咨询服务导则、水土保持咨询服务导则、电力建设工程咨询工作考核评价导则等组成。

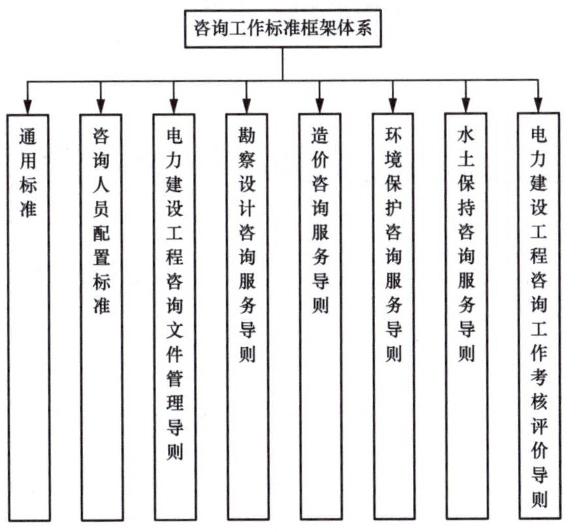

图 1-3 咨询工作标准体系

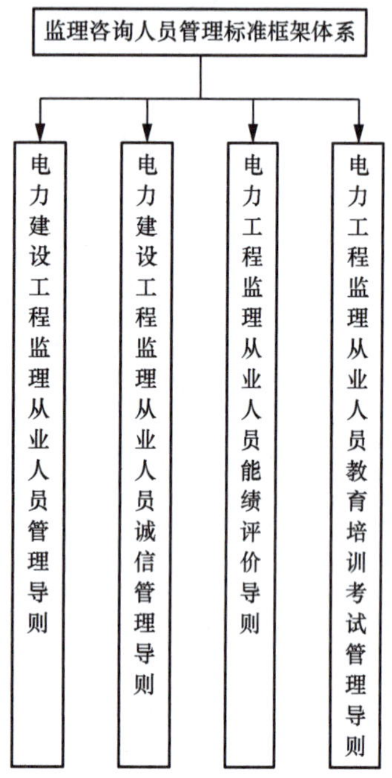

图 1-4　监理咨询人员管理标准体系

3. 监理咨询人员管理标准体系

监理咨询人员管理标准体系（见图 1-4）从监理咨询人员的总体管理、诚信管理、能绩评价、教育培训考试等方面进行构建，包含电力建设工程监理从业人员管理导则、电力建设工程监理从业人员诚信管理导则、电力工程监理从业人员能绩评价导则、电力工程监理从业人员教育培训考试管理导则等。

五、监理标准体系中各标准编制情况

电力工程监理标准体系在标准编制和实施过程中不断补充和完善，从修订《电力建设工程监理规范》（DL/T 5434—2009）开始，完成了《电力建设工程监理规范》（DL/T 5434—2021）、《电力建设工程监理文件管理导则》（T/CEC 324—2020）、《电网工程监理导则》（T/CEC 5089—2023）、《燃气发电工程监理导则》（T/CEC 5088—2023）、《海上风力发电工程监理导则》（T/CEC 5096—2023）、《电力建设工程监理工作评价导则》（T/CEC 5097—2023）、《电网工程数字化监理导则》（2023 年 9 月报批）等标准的编制工作，正在编制电力行业标准《太阳能光热发电工程监理规范》，见图 1-5。

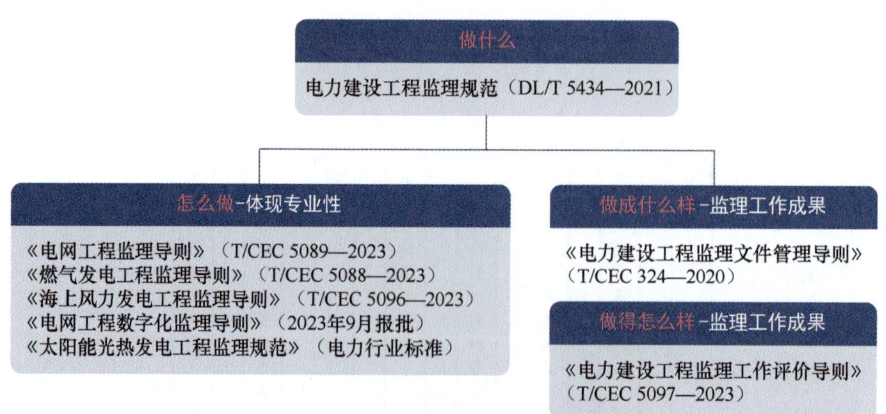

图 1-5　电力工程监理标准体系编制情况

在电力工程监理标准体系中，《电力建设工程监理规范》（DL/T 5434—2009）解答“做什么”的问题，涉及监理工作的内容和目标，定义了监理的职责和范围，即为“三控两管一协调一履行”等。通过明确监理的目标和任务，确保监理工作能够按照既定标准进行。

《电网工程监理导则》（T/CEC 5089—2023）《燃气发电工程监理导则》（T/CEC 5088—2023）《海上风力发电工程监理导则》（T/CEC 5096—2023）等，主要解决电力工程中监理工作“怎么做”的问题，详细阐述了监理工作的方法和流程，体现其专业性。

为贯彻落实国家数字化转型战略，基于《电力建设工程监理规范》（DL/T 5434—2021）、《电网工程监理导则》（T/CEC 5089—2023）的监理工作内容，《电网工程数字化监理导则》（2023 年 9 月报批）解决数字化监理工作“怎么做”的问题。通过规范数字化、信息化和智能化监理工作内容，指导数字监理履职行为，增强监理服务手段，提升监理工作效率，以期达到智能高效、提质增效的目的。

《电力建设工程监理工作评价导则》（T/CEC 5097—2023）主要解决在电力建设工程中监理工作“做得怎么样”的问题，可以科学、客观、全面地评价监理项目部及监理人员履约履职情况，规范了电力建设工程监理工作的评价方法，量化评价监理工作服务质量，进而促进电力工程监理工作水平的提高。

六、各标准简介

1.《电网工程监理导则》（T/CEC 5089—2023）简介

《电网工程监理导则》（T/CEC 5089—2023）包括总则、基本规定、项目监理机构人员及监理设施配置、监理工作策划、施工准备阶段质量控制、施工阶段质量控制、调试阶段质量控制、工程竣工验收与移交阶段质量控制、工程保修阶段质量控制、安全生产管理的监理工作 10 章。主要内容如下：

（1）明确了电网工程各电压等级各工程类型的监理人员及设施配置要求。

（2）明确了电网工程监理工作策划应开展的工作内容，明确了应建立的监理工作制度，应编制的监理实施细则等工作文件。

（3）对施工准备阶段质量控制提出了具体的监理工作内容，如变电（换流）站工程、架空线路工程、电缆线路工程、35kV 以下电网工程的图纸审查要点、方案审查要点等，对监理工作提出了明确指导。

（4）对施工阶段质量控制提出了具体的监理工作内容，如设备开箱验收主要检查内容、工程巡视、旁站检查主要工作内容，为电网工程监理工作重点关注内容提供了指导。

（5）对监理在电网工程调试阶段、工程竣工验收与移交阶段、工程保修阶段质量控制工作提供了具体指导。

（6）明确了各类型电网工程危险性较大的分部分项工程范围清单，提出了电网工程监理旁站、巡视的主要作业项及检查内容。

2.《电网工程数字化监理导则》（2023 年 9 月报批）简介

《电网工程数字化监理导则》（2023 年 9 月报批）包括总则，术语，基本规定，数字化项目监理机构及监理工作策划，硬件、软件与网络应用要求，数字化监理的质量控制，数字化监理的进度控制，数字化监理的造价控制，数字化监理的安全管理，数字化监理的合同管理，组织协调，数字化监理成果 12 章。主要内容如下：

（1）明确了数字化项目监理机构人员由现场监理人员和远程监理人员组成。

（2）明确了监理规划和数字化监理实施细则内容。

（3）明确了硬件、软件与网络应用要求。

（4）明确了质量、进度、造价控制数字化工作场景、工作方式、数据关联要求。

（5）明确了安全生产管理的数字化工作场景、工作方式、数据关联要求。

（6）明确了数字化监理成果数字化监理文件、过程影像及电子签章要求。

（7）明确了监理日志、监理月报、文件归档要求。

3.《电力建设工程监理文件管理导则》（T/CEC 324—2020）简介

《电力建设工程监理文件管理导则》（T/CEC 324—2020）包括范围、规范性引用文件、术语和定义、总则、编制类、签发类、审核类、验收类、检查记录类、其他类、附录 11 章。主要内容如下：

（1）明确了各类型电力建设工程项目的各阶段监理文件管理的基本要求。

（2）明确监理文件管理的流程。

（3）对于审核类表格、编制类给出范例。

（4）提供了监理技术性表格，如巡视检查、停工待检、验收、旁站等每个监理行为都有对应的表格。

（5）固化各种表格的填写内容，避免五花八门的结果，为移动应用打下基础。

（6）细化监理文件的收集、日常管理和保存，直至竣工后的档案分类整理、组卷、装订、交付及归档和电子化移交等具体要求。

（7）建立电力建设工程监理文件标准化目录清单。

4.《电力建设工程监理工作评价导则》（T/CEC 5097—2023）简介

《电力建设工程监理工作评价导则》（T/CEC 5097—2023）包括总则、基本规定、监理工作策划评价、工程质量控制评价、工程进度控制评价、工程造价控制评价、安全生产管理的监理工作评价、合同管理评价、监理文件及信息管理评价、组织协调评价 10 章。主要内容如下：

（1）对监理机构及设施配置对未按要求配齐监理人员、监理设施的，提供量化评分标准。

（2）对质量控制明确了审查、验收工作的评价要点和评分标准。

（3）对进度、造价控制对评价项目进行定量评价。

（4）对安全生产管理明确评价要点，列出评价项目，如隐患排查治理，包括督促开展隐患排查治理工作和问题处置，明确了评分标准。

第二章　施工图纸审查

施工图纸是工程施工的重要依据，施工图纸的质量直接关系到工程质量、安全、造价和工期的目标能否实现，一套完整的电网工程施工图纸在建设过程中的作用是使工程形象更加直观具体，有利于施工计划的合理安排，是预算及造价控制的重要依据，因此进行施工图纸审查是工程建设必不可少的一个环节。

本章从施工图纸审查的基本要求、审查要点、常见问题方面阐述施工图纸审查的基本知识、方法及注意事项等，帮助监理人员高效开展工程施工图纸审查，提高审图质量。

施工图纸审查主要依据《电力建设工程监理规范》（DL/T 5434—2021）第 6.1.1 条及《电网工程监理导则》（T/CEC 5089—2023）第 5.1 节等要求进行。

第一节　施工图纸审查基本要求

一、施工图纸基本知识

为设备采购、材料采购和加工、非标准设备制造、建（构）筑物施工、设备安装、工艺系统安装、生产准备等由设计单位编制的图纸、施工说明统称为施工图纸文件。

施工图纸审查前，监理人员应了解施工图纸最新制图标准，熟悉土建、电气、架空线路、电缆线路等各专业工程及常用术语、图例知识，掌握施工图纸识图及审查的基本要领。

（一）制图标准

设计单位编制施工图执行的主要标准包括《建筑电气制图标准》（GB/T 50786—2012）、《建筑制图标准》（GB/T 50104—2010）、《电气工程 CAD 制图规则》（GB/T 18135—2008）等。

（1）施工图绘制的图纸幅面及图框尺寸符合的要求见表 2-1。

表 2-1　　图纸幅面及图框尺寸　　（mm）

幅面代号	尺寸代号				
	A0	A1	A2	A3	A4
$b \times l$	841×1189	594×841	420×594	297×420	210×297
c	10			5	
a	25				

注　表中 b 为幅面短边尺寸，l 为幅面长边尺寸，c 为图框线与幅面线间宽度，a 为图框线与装订边间宽度。

（2）制图采用的比例符合表 2-2 的规定。

表 2-2 制图比例 （mm）

图名	比例
现状图	1∶500、1∶1000、1∶2000
地理交通位置图	1∶25000～1∶200000
总体规划、总体布置、区域位置图	1∶2000、1∶5000、1∶10000、1∶25000、1∶50000
总平面图、竖向布置图、管线综合图、土方图、道路平面图	1∶300、1∶500、1∶1000、1∶2000
道路纵断面图	垂直：1∶100、1∶200、1∶500 水平：1∶1000、1∶2000、1∶5000
道路横断面图	1∶20、1∶50、1∶100、1∶200
场地断面图	1∶100、1∶200、1∶500、1∶1000
详图	1∶1、1∶2、1∶5、1∶10、1∶20、 1∶50、1∶100、1∶200

（二）识图示例

1. 建筑基础详图的识图

某建筑物独立基础底板配筋如图 2-1 所示。以 B 代表各种独立基础底板配筋，X 向配筋以 X 开头、Y 向配筋以 Y 开头注写；当两向配筋相同时，则以 X&Y 开头注写。当独立基础底板配筋标注为：B：X⌀16@150，Y⌀16@200；表示基础底板配置 HRB400 级钢筋，X 向钢筋直径为 16mm，间距 150mm；Y 向钢筋直径为 16mm，间距 200mm。

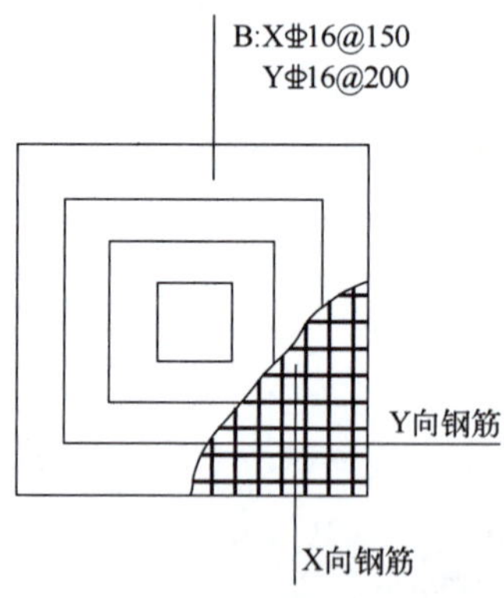

图 2-1 建筑基础底板配筋详图（单位：mm）

2. 110kV 主变压器进线间隔断面图的识图

某变电站 110kV 主变压器进线间隔断面图如图 2-2 所示。从图中可以看出主变压器通过钢芯铝绞线跳线与 110kV 配电装置连接，查看图中设备材料表可知相应设备材料名称和数量；与主变压器连接需使用铜铝过渡设备线夹，主变压器 110kV 出线套管的相间距为 1375mm，悬垂绝缘子串的相间距为 2200mm。

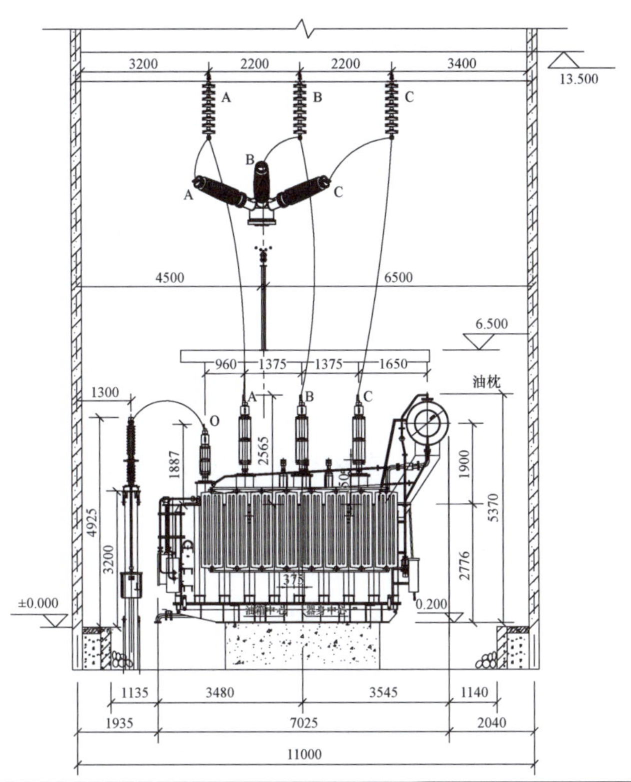

设备材料表					
序号	名　称	型号及规范	单位	数量	备　注
1	110kV GIS组合电器	主变架空进线间隔	套	1	
2	钢芯铝绞线	JL/G1A-400/35	m	45	以实际用量为准
3	铜铝过渡设备线夹	SYG-400/35B(80×80)，钎焊型	套	3	
4	设备线夹	SY-400/35A(150×110)	套	3	
5	悬垂绝缘子串	FC70PL/146，最小公称爬电距离为450mm	串	3	每串11片
6	悬垂线夹	XCH-6	套	3	
7	穿墙封堵铝板	1100×550×5	块	2	
8	角钢框架	L50×50×5	m	4.4	
9	螺栓	M12	套	18	

公司			工程	施工图	设计阶段
批　准		设　计		110kV 1、3号主变压器进线间隔断面图	
审　核		制　图			
		比　例	1∶100		
校　核		日　期		图号	-D0102A-05

图 2-2　110kV 主变压器进线间隔断面图（单位：mm）

二、施工图纸审查流程与要求

施工图纸是设计单位具体落实初步设计的成果文件，提供的施工图纸要便于现场施工，保证工程顺利达标投产并安全运行，便于维护检修。监理单位应组织施工图纸内部审查，参加由业主项目部组织的施工图会审会议，负责相关工作的落实，并参与工程变更的审查和处理。

（一）施工图纸审查流程

1. 文件接收

项目开工前，参建各方需要到建设单位领取设计单位提交的施工图纸和其他相关文件，这些文件应主要包括设计说明、图纸、计算书、预算、初步设计批复等。

2. 审查前准备

监理单位收到施工图纸文件后，以监理项目部为主导，需要进行一系列的准备工作，主要包括了解项目的规模、性质和要求，熟悉相关的设计规范和标准，组建审查团队并分配任务，确保准备工作充分，提高图纸审查效率和准确性。

3. 初步审查

初步审查是对设计文件进行快速、全面的检查，以确定是否存在明显的错误或问题，审查内容应包括：图纸的完整性、一致性以及是否符合初步设计批复、规范要求，初步审查的目的是快速筛选出需要重点关注的问题，为后续的详细审查提供方向。

4. 详细审查

详细审查是对设计文件进行深入、细致的检查，以发现并解决潜在的问题，并形成施工图审查意见表。在详细审查过程中，需要充分利用团队的专业知识和经验。

5. 图纸批准

经过初步和详细审查后，监理项目部应汇总施工项目部施工图审查意见，形成施工图审查记录表，在施工图会审前提交至业主项目部。参加业主项目部组织各参建单位人员召开的施工图纸会审会议，设计单位应对参会各方提出的审图意见进行相应书面回复，监理项目部负责起草施工图会审纪要，由建设单位正式行文进行确认和发布，建设单位、监理单位、设计单位、施工单位共同会签并盖章，由监理项目部督促落实会议纪要的执行情况。

会审纪要中应明确以下内容：

（1）会审图纸卷册号及名称，会审各方提出问题及设计答复，施工图符合强制性标准、标准工艺、质量通病防治等要求的情况。

（2）会审纪要中所涉及变更内容均应执行设计变更管理流程。

批准后的施工图纸作为施工依据，用于指导项目的建设和实施，并作为工程结算的依据。

（二）施工图纸审查要求

参建单位应熟悉设计图纸，了解工程特点和设计意图，找出需要解决的技术难题，并制定解决方案，解决图纸中存在的问题，减少图纸的差错。监理人员应按照有关法律法规，对施工图涉及公共利益、公众安全和工程建设强制性标准的内容进行审查。

施工图纸未经会审的，现场不得组织施工。

1. 符合性审查

审查施工图纸是否符合初步设计批复、国家相关规范和行业标准要求，包括建筑、结构、电气、给排水、暖通、线路等专业的现行规范，图纸中使用的材料、设备是否符合现行标准和规范；施工图纸与前期取得的环境影响评价、水土保持评价、地质灾害危险性评价、地震安全性评价、文物勘探等相关批复文件的符合性；施工图纸与地质、勘测、水文、气象报告的符合性。

2. 设计深度审查

审查施工图纸的设计深度是否满足施工要求，各节点大样图是否齐全，各专业图纸是否齐全，是否满足施工图预算编制和施工图审查的需要，图纸中的标注是否清晰、准确，是否满足施工要求。

3. 施工可行性审查

审查施工图纸中的构造、节点、细部等是否符合施工实际，是否便于施工，是否存在影响施工进度的因素。图纸中的材料、设备是否易于采购，施工工艺是否成熟可靠。

4. 安全性审查

对施工图纸进行安全性评估，重点对涉及危大工程及超一定规模的危大工程进行审查，审查图纸中的建筑、结构、消防、电气、线路等安全措施是否合理可靠，是否存在安全隐患，图纸中的紧急逃生指示、疏散通道等是否符合安全规定。

5. 经济性审查

对施工图纸进行经济性分析，审查图纸中的材料、设备是否经济合理，是否存在浪费现象，图纸中的工程量是否准确，是否存在漏项或重复计算。预算编制依据的时效性和合规性，设备、材料价格来源的真实性；施工图预算和可行性研究估算、初步设计概算之间的对比分析及差异原因说明；各单位、单项工程造价是否合理，对于单位造价或单项定额（包括补充定额）比较特殊的内容是否经过专业评审讨论并已确定原则；单项工程与限额控制指标、典型造价的对比分析，造成差异的主要原因说明。

6. 节能环保审查

对施工图纸进行节能环保评估，审查图纸中的节能措施是否到位，是否符合环保要求。使用的材料是否环保，是否存在环境污染和噪声影响。

7. 其他特殊性审查

对施工图纸进行特殊要求考虑，如特殊地质条件、特殊环境等，审查图纸中的处理措施是否合理可靠，对特殊要求的设备、材料是否满足其特殊要求。

8. 图纸完整性审查

审查施工图纸的完整性，各专业图纸是否协调一致，是否存在矛盾或遗漏，图纸中的文字说明、标注等是否清晰准确，是否存在错别字或语义不清的情况。

（三）施工图纸会审人员

（1）建设单位项目负责人及其他技术人员。

（2）设计单位项目负责人及各专业设计负责人。

（3）监理单位项目总监、副总监及各专业监理工程师。

（4）施工单位项目经理、项目副经理、项目总工程师及各专业技术负责人。

（5）其他相关单位的技术负责人。

三、施工图纸分类

（一）变电（换流）站工程

1. 土建部分

指导施工图使用者了解变电（换流）站土建设计情况，便于土建施工的组织。根据其专业内容或作用的不同，一般包括土建施工图总说明、三通一平施工图、全站桩基（基础处理、天然地基等）施工图、建筑施工图、结构施工图、户外基础施工图、设备构支架施工图。

2. 水暖部分

水暖部分施工图纸主要描述变电（换流）站内所有功能性建筑物内空调、暖气、通风排风管道或通风设备的构造情况，站内排水、给水及消防水系统的具体做法、管道位置、大小尺寸、埋设要求等内容，一般包括通风空调施工图和给排水与消防系统图。

3. 电气部分

一般包括电气一次、电气二次及通信。为施工图使用者了解整体电气一次、电气二次及通信设计的情况，对项目实施重点、难点及需要进一步了解的问题做初步判断。

（1）电气一次施工图纸主要包括施工图说明书，电气主接线图，电气平面布置图、断面图，电力变压器及各级电压配电装置，无功补偿装置，交流站用电源系统，防雷与接地装置，动力与照明，电缆敷设及电缆防火，电气主要设备材料清册，施工用电及备用电源。

（2）电气二次施工图纸主要包括电气二次施工图说明书，二次系统公用部分，变电站自动化系统，配电装置保护及二次线，母线保护及公用二次线，线路保护及二次线，母联、分段、母线保护及二次线，主变压器保护及二次线，低压部分（35、10kV）二次线，安全自动装置，电能计量系统，时间同步系统，交直流一体化电源系统（UPS），智能辅助控制系统，电缆、光缆清册，电气二次主要设备材料清册。

（3）通信施工图纸主要包括系统及站内通信施工图、余缆箱安装施工图、光纤通信设备施工图。

（二）架空线路工程

1. 综合部分

施工图总说明书：为施工图设计的指导性文件，让参建各方快速了解工程概况、建设规模、设计原则、设计深度、具体技术要求。

设备材料清册：分类统计，列出材料名称、型号与规格、数量（材料表中应说明是否考虑了损耗量和试验量）。

工程水文气象报告：对工程水文气象进行全面、系统的说明和评价，为防风、防洪、抗冰等设计提供科学依据。

工程地质勘探报告：对工程地质条件进行全面、系统的说明和评价，为施工区域地质风险防范、安全施工、基础选型等提供科学依据。

2. 土建部分

指导施工单位按图开展铁塔基础分坑定位、开挖支护、钢筋绑扎、预埋件定位、混凝土浇筑、基坑回填施工。土建部分施工图包括施工图说明及基础配置表、各式基础施工图、承台连梁施工图、基坑回填图等。

3. 电气部分

电气施工图指导施工单位导线展放、导线压接、弧垂控制、绝缘子及金具安装、引流线、防振锤、间隔棒、光纤复合架空地线（OPGW）/全介质自承式光缆（ADSS）及其附件安装。电气施工图包括施工图说明书、架线安装图、防雷保护装置及接地装置图等。

杆塔施工图指导施工单位杆塔组立施工，确保施工过程的顺利进行。为厂家生产杆塔的构件尺寸、材料和连接方式等提供设计要求。杆塔施工图包括杆塔施工图说明书、各类型铁塔分解组立工艺设计图等。

4. 大跨越部分

大跨越部分施工图包括施工图说明书、跨越段平面布置及塔位图、跨越段平断面定位图、基础施工图、直线及耐张跨越塔施工图、高塔附属设施施工图、机电施工图等。

5. 通信保护、在线监测、视频监控

主要列出受影响通信线路的计算结果，提出采取的保护措施，列出在线监测及视频监控点位设置、信号传输、后台接入方式。该部分施工图包括施工图说明书、通信保护施工图、在线监测施工图、视频监控施工图等。

（三）电缆线路工程

电缆线路工程施工图纸主要包括施工图设计总说明书，电缆土建施工图，介绍电缆路径、标高、邻近地下管线及市政设施等内容的电缆线路平断面图，介绍电缆的选型、相序布置、电缆分盘要求、电缆夹具、立柱、支架式样、电缆牵引及敷设要求、弯曲半径要求等内容的电缆敷设及机电施工图，电缆在线监测，通信部分，电缆隧道（顶管、盾构、明挖隧道）配套附属设施图纸，地质勘察报告等。

（四）配网工程

配网工程施工图纸主要包括 10kV 配电房、10kV 台架变压器、10kV 架空线路、10kV 户外箱式设备、10kV 电缆线路、10kV 配网自动化、低压部分、配网通信、20kV 配网工程、电动汽车充电设施、智能配电网等，指导施工图使用者按照图纸要求编制施工方案及措施，完成施工。

四、施工图纸审查方法与技巧

（一）土建工程

1. 初步审查

先看平、立、剖面图，对整个工程的规模及整体情况有一个轮廓性的了解，对建（构）筑物长宽尺寸、轴线尺寸、标高、层高、总高有一个大体的印象。

2. 详细审查

仔细审查每一张施工图，主要读懂：

（1）设计说明。建（构）筑物的概况、位置、标高、材料要求、质量标准、施工注意事项以及一些特殊的技术要求。

（2）平面图。建（构）筑物的平面形状、开间、进深、柱网尺寸，各种房间的安排和交通布置，以及门窗位置，对建（构）筑物形成一个平面概念。

（3）立面图。建（构）筑物的朝向、层数和层高的变化，以及门窗、外装饰的要求等。

（4）剖面图。各部位标高变化和室内情况。

（5）结构图。平面图、立面图、剖面图等建筑图与结构图之间的关系。

（6）根据平面图、立面图、剖面图等图中的索引符号，详细阅读所指的大样图或节点图。

（7）对照安装图，核对清楚预留孔、洞、沟、槽、预埋件等。

3. 主要技巧

（1）先看总图，对整个工程全面了解设计的意图，对总的长、宽尺寸、轴线尺寸、标高、层高、总高有一个大体的印象；然后再看细部做法，核对总尺寸与细部尺寸。

（2）先看小样图再看大样图，核对在平、立、剖面图中标注的细部做法与大样图的做法是否相符，所采用的标准构配件图集编号、类型、型号与设计图纸有无矛盾，索引符号是否存在漏标，大样图是否齐全等。

（3）先建筑后结构。先看建筑图，后看结构图；并把建筑图与结构图相互对照，核对其轴线尺寸、标高是否相符，有无矛盾，查对有无遗漏尺寸，有无构造不合理之处。

（4）先一般后特殊。先看一般的部位和要求，后看特殊的部位和要求。特殊部位一般包括地基处理方法，变形缝的设置，防水处理要求和抗震、防火、保温、隔热、隔声、防尘、特殊装修等技术要求。

（5）图纸与说明结合。看图纸时应对照设计总说明和图中的细部说明，核对图纸和说明有无矛盾，规定是否明确，要求是否可行，做法是否合理等。

（6）土建与安装结合。看土建图时，应有针对性地看一些安装图，并核对与土建有关的安装图有无矛盾，预埋件、预留洞、槽的位置、尺寸是否一致，了解安装对土建的要求，以便考虑在施工中的协作问题。

（7）图纸要求与实际情况结合。核对图纸有无不切合实际之处，如建筑物相对位置、场地标高，地质情况等是否与设计图纸相符；对一些特殊的施工工艺现场能否实施等。

（8）借力 BIM、AI 等数字化、智能化工具进行审图。在模型合标性检查、模型合规性审查、图模自动叠图、图模相符性智能审查、二维及三维构件级联动、工程建设标准强制性条文等方面进行审查。

（二）电气工程

1. 初步审查

将施工图总体浏览一遍，主要了解工程的概况，做到心中有数，主要是阅读电气总平面布置图、电气主接线图（系统图）、主要设备材料表和设计说明。

2. 详细审查

仔细审查每一张施工图，主要读懂：

（1）主要电气设备的安装位置及要求。

（2）每条管线、电缆的走向、布置及敷设要求。

（3）线路路径、杆塔型式、所用绝缘子串和金具的要求。

（4）所有线缆连接部位及接线要求。

（5）所有控制、调节、信号、报警工作原理及参数。

（6）系统图、平面图及关联图标注一致、无差错。

（7）各专业图纸的界面和衔接。

3. 主要技巧

（1）先一次，后二次。当图中有一次接线和二次接线同时存在时，应先看一次部分，再看二次部分，弄清是什么设备和工作原理，再看对一次部分起监控作用的二次部分，具体起什么监控作用。

（2）先交流后直流。当图中有交流和直流两回路同时存在时，应先看交流回路，再看直流回路，因为交流一般由电流互感器和电压互感器二次绕组引出，直接反映一次接线的运行状况，而直流回路则是对交流回路各参数的变化所产生的反映。

（3）先电源后接线。不论在交流回路还是直流回路中，二次设备的动作都是由电源驱动，因此在看图时，应先找到电源（交流回路的电流互感器和电压互感器的二次绕组）再由此顺回路接线往后看，交流沿闭合回路依次分析设备的动作，直流从正电源沿接线找到负电源，并分析各设备的动作。

（4）先线圈后触点。先找到继电器装置的线圈，再找到其相应的触点，因为只有线圈通电（并达到其动作值）其相应触点才会动作，由触点的通断引起回路的变化，进一步分析整个回路的动作过程。

（5）先上后下、先左后右。一次接线的母线在上而负荷在下；在二次接线的展开图中，交流回路的互感器二次侧线圈在上，其负载线圈在下；直流回路正电源在上，负电源在下，驱动触点在上，被启动的线圈在下，端子排图、屏背面接线图一般也是由上到下，单元设备编号一般由左到右顺序排列。

（6）联络看端子排图。控制保护屏柜内设备相隔较远时的连接，屏柜与屏柜间及屏柜内外设备、连接电缆等的接线，都是通过屏柜内接线端子的过渡来完成，接线端子组合在一起便构成端子排，一个或多个控制保护屏柜内的端子排画在一起就构成端子排图。

五、典型设计简介

电网公司为规范工程设计，指导工程建设，促进重大关键技术攻关、新设备应用及试点示范项目建设成果转化，推动建设世界一流的“安全、可靠、绿色、高效、智能”的现代化电网，联合多家设计单位形成了一套完整的标准设计。

（一）配网变电站典型设计简介

配网变电站结构较为简单，占地面积较小，一般配置 1～2 台变压器，10kV 或 35kV 开关柜若干。变压器布置在室外，采用油浸式自循环冷却，开关柜采用“一字形”布置于配电室内，根据负荷的分布情况还会布置对应容量的无功补偿装置（电容、电抗）。

智能配电站标准设计包含建筑、电气、配电自动化以及智能化 4 个部分。

（二）主网变电站典型设计简介

主网变电站主要指 110～500kV 电压等级的变电站，该类型的变电站布置形式基本采用南北向布置，电气设备按照电压等级高低排列，变电站中间部分为主变压器及无功补偿装置区域，南北侧为对应电压等级的配电装置区域。

电网公司主网变电站建设推行标准化设计，110～500kV 变电站均有通用设计方案，以常规 220kV 变电站为例，共计 22 种通用设计方案。

电网公司 35～500kV 智能变电站标准设计共 6 个典型方案，其中空气绝缘开关设备（AIS）方案 2 个，气体绝缘金属封闭开关设备（GIS）方案 2 个，开关柜方案 1 个，预置舱方案 1 个。

（三）特高压变电站典型设计简介

特高压变电站与主网变电站的布置形式类似，也基本采用南北向布置，并按照设备电压等级分层布置，中部为主变压器及无功补偿装置区域，南北侧为对应配电装置区域。与常规变电站不同，由于输电线路较长，为解决线路对地电容问题，变电站内会在 750kV 和 1000kV 配电装置进线区域设置 1～2 组高压电抗器。

（四）特高压换流站典型设计简介

常规换流站工程布置方式与交流变电站类似，采取设备分层布置，即交流区、换流区、滤波场、直流场。交流区域与常规交流变电站相同，设置配电装置、主变压器及无功补偿装置等，一般接入当地电网电压等级在 500～1000kV。换流区设置换流变压器与换流阀，是换流站核心区域，主要承担整流（逆变）功能需求；滤波场配置在高端换流阀厅一侧，由交流滤波器（电容器、电抗器）和相应配电装置构成，负责过滤整流（逆变）过程中产生的谐波提高交流电能质量；直流场设置在换流站换流区域上部，由直流配电装置和直流滤波器组成，内设直流断路器、隔离开关、光电 TA、直流分压器、避雷器、电抗器、电阻器、电容器、平波电抗器等设备，电能从此处经过直流滤波后向外输送。

六、施工图纸审查的基本内容

根据《电网工程监理导则》（T/CEC 5089—2023），施工图纸审查应包括下列基本内容：

（1）图纸卷册齐全，卷册目录与图纸卷册一致。

（2）蓝图正式出版，三级校审签字、专业间会审签字、盖章齐全。

（3）施工图设计符合初步设计，设计依据的标准、所引用的图例及图册规范有效。

（4）落实环境影响报告书、水土保持方案报告书及批复文件要求。

（5）不同卷册、总图与分图之间，相关建（构）筑物、设备、管道等的纵横向分尺寸、总尺寸、坐标、标高等一致。材料表中列出的数量、材质、尺寸与图纸一致。

（6）轴线坐标准确，总平图是否与建筑工程规划许可图坐标一致；管道及设备的布置及间距符合要求，无错漏碰缺，设备基础、预留孔洞、预埋件定位与厂家设备技术文件要求一致。

（7）注明危险性较大的分部分项工程的重点部位和环节，安全施工保障措施明确。

（8）施工图纸的设计深度满足现场施工需要。施工图设计分界和接口与设备技术协议书一致。

（9）落实反事故措施要求。

（10）满足生产运行维护和检修作业要求。

（11）涉及消防的施工图纸经消防相关部门认可。

第二节　变电（换流）站工程施工图纸审查要点

一、土建部分

1. 总图

（1）施工图纸中执行工程建设强制性标准及标准工艺、质量通病防治、创优策划、反事故措施等有关规定的做法是否统一，同一卷册施工图每卷册后是否附有单独说明。

（2）总平布置是否满足设计已选择的通用设计要求。

（3）总平布置图中的红线是否与政府征地批文一致。

（4）政府部门在环保、水保批复文件中所要求的措施、设施是否已经落实在图纸中。

（5）是否根据地勘报告进行地基与基础设计。

（6）站区竖向布置是否考虑电缆沟与电缆沟、电缆沟与道路、建筑物与道路或电缆沟所围封闭区间的设计。

（7）隔离开关、接地开关、电压互感器、避雷器设备区域是否设计硬化检修通道。

（8）电缆沟进建筑物与散水交汇处、电缆沟及其盖板、路灯、端子箱等设备基础与操作小道等各类基础及其附属设施总体布置，不得出现相互冲突、干涉、分割情况。

（9）地下综合管线布置特别是过道路、过电缆沟等处是否存在管线碰撞。

（10）场地内建（构）筑物的绝对标高和相对标高是否统一。

（11）场地道路转弯半径是否满足主变压器、气体绝缘金属封闭开关设备（GIS）大型设备运输。500kV 变电站道路现场施工后如图 2-3 所示。

（12）电缆沟出线与道路交叉处是否设置沉降伸缩缝。

图 2-3　500kV 变电站道路现场施工后

2. 三通一平

（1）进站道路应满足土方作业时施工车辆顺利进出的条件。

（2）施工临时电源的容量、布置方式等选择应充分考虑施工的可行性，根据施工阶段的负荷变化设置合理的电源。

（3）终平标高应充分考虑纠正土方方格网的测量误差（实际初平与设计初平比较并更正），基础余土计算应考虑实际开挖标高和土方膨胀系数等因素。

（4）对于挖、填土方不能平衡导致的土方外购回填或外运弃土设计单位是否有预案，预案中是否考虑到测算的误差。

（5）边坡挡墙类型应根据边坡实际高度、坡比等因素确定，是否通过相应计算选用合适的挡墙形式。

3. 桩基

（1）依据勘察报告，站区内地基承载力不足的区域应当设计桩基础，桩基础的桩深、桩径和桩型应根据设计的承载力、稳定性验算结果进行确定。

（2）对于固定桩深的桩基，根据地质勘察报告中土层的分布情况，判断是否能够达到规定的持力层。

（3）桩基的定位是否和基础施工图纸配合，桩基应均匀分布在基础的底部。

（4）对于成孔困难的复杂土质，是否考虑桩基础的施工措施，如钢护筒、泥浆护壁、混凝土护壁等。

（5）在特殊土质环境下，是否根据勘察报告考虑混凝土的抗渗、防腐性能及盐碱地区的相关措施。

（6）地基处理方案是否与地质详细勘察报告中提出的建议相对应，检查基础处理方案合理性。

（7）灌注桩基础混凝土充盈系数是否与地质情况匹配。

（8）灌注桩设计列出的泥浆比重、二次清孔含沙率、泥浆稠度等数据是否齐全。

（9）同一建筑物内灌注桩截面尺寸是否统一，桩型是否一致。

（10）静压桩是否有考虑工程试验桩和设计试验桩。检查试验桩检测标准及时间（休止期是多久）是否满足要求。

（11）锤击桩最后三阵贯入度是否满足要求。

（12）锤击桩收锤标准是否满足规范要求。

（13）锤击桩设计焊接工艺要求，二氧化碳气体保护焊冷却时间是否满足要求。

（14）天然地基中设计列出的回填土压实系数能否达到。

（15）天然地基的检测方法是否符合国家标准及其他相关标准。

（16）水泥土搅拌桩设计列出的每米水泥用量是否满足要求。

（17）水泥土搅拌桩设计采用几搅几喷工艺，是否满足要求。

4. 基础

（1）图纸中应明确不同部位地基承载力要求和地基处理方式。

（2）对于超深、土质松软、地下水丰富等需进行支护处理的基坑，应检查基坑支护系统设计是否进行稳定性计算，支撑材料、结构是否满足要求。

（3）核对基础标高、轴线、平面布置、预埋件位置、预留孔洞等信息是否与电气设备图纸一致。

（4）核查基础钢筋布置是否根据不同荷载情况，进行了抗剪、抗拔钢筋设计。

（5）针对有地下结构的是否有抗浮设计。

（6）基坑支护支撑材料是否满足要求。

5. 主要建筑结构

（1）抗震设防烈度为6度及以上地区的建筑，必须进行抗震设计。

（2）核查结构布置、外形尺寸与建筑图是否一致，孔洞、埋件位置是否符合安装要求。

（3）审查钢筋混凝土现浇楼板的设计厚度，不得小于120mm（浴、厕、阳台板不得小于90mm）。

（4）在现浇板转角急剧变化处、开洞削弱处等易引起收缩应力集中处，钢筋间距不应大于100mm，直径不应小于8mm，在板的上部纵横两个方向布置温度钢筋。

（5）混凝土小型空心砌块、蒸压加气混凝土砌块等轻质隔墙，墙长大于5m，应增设间距不大于3m的构造柱，墙高大于4m，每层墙高的中部应增设高度为120mm与墙体同宽的混凝土圈梁。

（6）变电站建筑物伸缩缝设置应根据 《混凝土结构设计规范》（GB/T 50010—2010）要求设置，现浇混凝土框架结构最大间距55m。

（7）楼板内的埋管直径不应大于楼板厚度的1/3。

（8）钢筋混凝土结构纵向受力普通钢筋不低于HRB400E、HRB500E钢筋，箍筋采用HPB300钢筋。

（9）钢筋连接方式有绑扎式连接、焊接式连接、机械式连接等，应根据设计及规范要求选择连接方式，机械连接应满足《钢筋机械连接技术规程》（JGJ 107—2016）要求。

（10）采用钢结构时，应根据《厂房建筑模数协调标准》（GB/T 50006—2010）要求，统一钢柱、柱间支撑、系杆等构配件的类型及规格。

（11）阀厅、户内直流场、GIS室、备品备件库、空冷棚等建筑钢结构节点连接方式应采用螺栓连接。

（12）钢结构节点螺栓连接方式应考虑由于钢构件制作环境温度与现场安装环境温度差导致的构件热胀冷缩产生的现场钢构件组装、安装等施工困难问题。

6. 主要建筑

（1）检查建筑物各功能间的材料、做法及工艺是否齐全，是否有部分功能房间未注明或未涉及。

（2）检查配电装置楼各设备间门洞口高宽净尺寸是否满足设备运输要求（设备高度、设备不可拆卸的最宽与门净宽尺寸）。

（3）检查门、窗、楼梯、电缆竖井、电梯井、预留洞口等构件在建筑平、立面图上的位置、尺寸是否明确并检查与其他构筑物间的位置关系；核对在平、立、剖面图中标注的细部做法与大样图的做法是否相符，大样图是否齐全等。

（4）平屋面采用结构找坡不小于3%，采用材料找坡不小于2%。屋面施工图如图2-4所示，现场施工后如图2-5所示。

（5）管道井、通风道和垃圾管道应分别独立设置，不得使用同一管道系统，制作材料应为非燃烧体。

（6）防火墙内不得设置排气道。

（7）寒冷、严寒地区建筑物外墙应采用保温砂浆、复合保温材料等外墙外保温措施。建筑物外墙保温如图 2-6 所示。

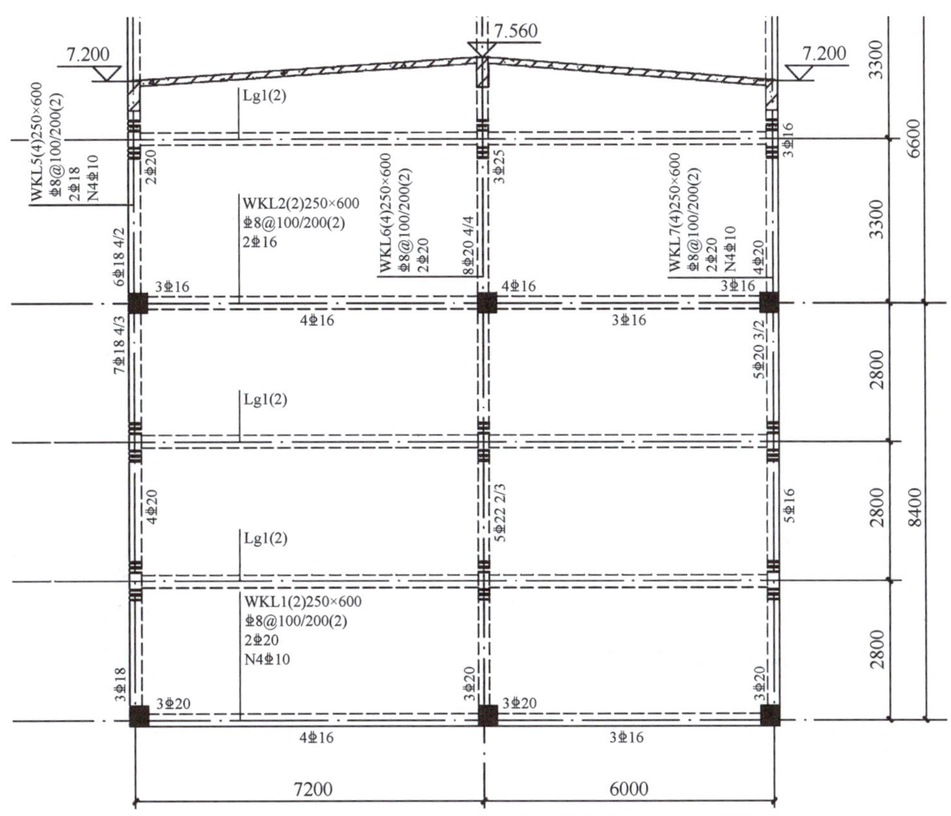

图 2-4　屋面施工图（单位：mm）

图 2-5　屋面放坡现场施工后

图 2-6　建筑物外墙保温

（8）混凝土屋面需采用防渗抗裂混凝土，避免建筑屋面漏水等隐患发生。

（9）卷材防水基层与突出屋面结构（女儿墙、立墙、屋顶设备基础、风道等）应做成圆弧，圆弧半径不小于 100mm。

（10）柔性与刚性防水层复合使用时，应将柔性防水层放在刚性防水层下部，并应在两防水层间设置隔离层。柔性防水层及隔离层如图 2-7 所示。

（11）浴、厕和环氧自流平地面等其他有防水要求的建筑地面必须设置防水隔离层。防水隔离层如图 2-8 所示。

（12）处于地基土上的地面，应采取防潮、防基土冻胀、湿陷，防不均匀沉降等措施。

（13）浴、厕、室外楼梯和其他有防水要求的楼板周边除门洞外，向上做一道高度不小于 200mm 的混凝土翻边，与楼板一同浇筑，地面标高应比室内其他房间地面低 20～30mm。

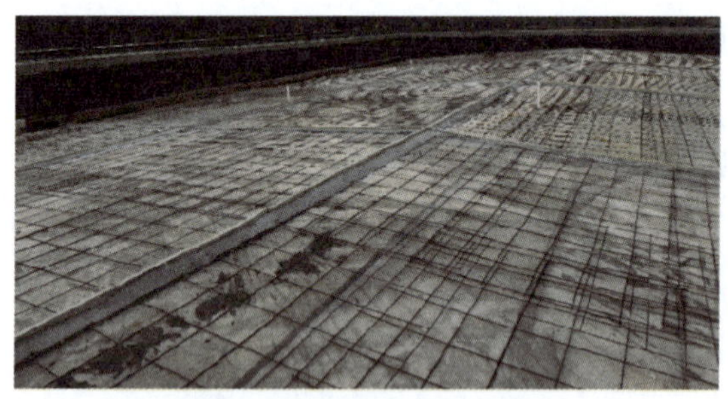

图 2-7　柔性防水层及隔离层

图 2-8　防水隔离层

（14）海绵设施中，建筑物四周输水渠经过门口及电缆沟时，是否有单独的排水管及排水走向，防止雨水管穿越电缆沟。

（15）海绵设施中，雨水花园位置是否存在与其他建（构）筑物位置冲突，需要调整雨水花园位置或者尺寸。

（16）GIS 室靠近主变压器侧结构梁是否满足 GIS 套管预留尺寸，如不满足则需要调整结构梁高度位置。

（17）水泵房是否有设置吊装孔洞或设备运输吊钩。

（18）消防水池是否设计有排空管及检修洞口。

（19）主变压器油池壁高度是否与地面平。

（20）主变压器油池排油口是否设置观察口。

（21）主变压器端子箱基础是否预留足够位置，基础尺寸与端子箱设备是否同样大小，是否有考虑安装后接地铜排安装。

（22）500kV GIS 区域、220kV GIS 区域、110kV GIS 区域、35kV 区域检查布局是否合理，特别是 500kV GIS 区域、220kV GIS 区域整体构架是否处于地质相对稳定的一侧。

（23）设备基础深浅布置是否满足先构架再支架或设备基础。

7. 设备构支架

（1）构架爬梯应设接地装置，便于接地（含室内外所有钢爬梯）。

（2）爬梯整个攀登高度上所有的踏棍相互平行且水平设置，垂直间距应相等，相邻踏棍垂直间距统一为 250 mm±5.0mm，爬梯下端第一级踏棍距基准面距离统一为距离场平地面 450mm。

（3）钢爬梯梯段圆形踏棍直径不应小于 20mm。

（4）爬梯应固定在承重结构上，不得通过自攻螺钉固定在檩条上，爬梯应热浸镀锌（或其他防腐措施）。

（5）全站直爬梯梯段高度大于 3m 时应设置安全护笼，护笼底部距梯段下端基准面统一为距离场平地面 2200mm。护笼采用圆形结构，应包括一组水平笼箍和至少 5 根立杆，安全护笼的水平笼箍垂直间距不应大于 1500mm。立杆间距不应大于 300mm，均匀分布。

（6）安全护笼内侧深度由梯步中心线起不应小于 650mm，不大于 800mm，护笼内侧应无任何突出物，如图 2-9 所示。

图 2-9 安全护笼

8. 换流站高、低端阀厅

（1）阀厅建筑（结构）应采用钢结构，阀厅钢柱柱脚在地面以下部分用 C20 混凝土包裹，保护层厚度不小于 100mm，高出地面 150mm。图纸中应明确钢结构柱、梁跨接形式及接地引下要求。

（2）钢结构屋架中间的水平交叉支撑与水平系杆之间的角度不小于 15°。

（3）每极阀厅±0.00m 层均设有两个出入口。其中一个出入口通向户外，另一个通向控制楼，所有通向阀厅的门均采用钢制电磁屏蔽防火隔声门。

（4）通向控制楼的出入口门洞尺寸必须充分考虑各类大、中型检修车辆能够正常进出。

（5）阀厅与换流变压器之间的防火墙上套管开孔应进行防火封堵，材料应满足 3h 耐火极限要求。

（6）阀厅屋面基本风压按 100 年一遇标准取值，阀厅设计应根据当地历史气候记录，适当提高阀厅屋顶的设计与施工标准，应有防止大风掀翻屋顶措施。

（7）对于阀厅屋面屋檐、天沟、落水管设计应考虑雨季雨量，保证排水畅通。在冬季寒冷、大雪地区，设计应考虑排水系统的抗冰措施，防止管道、天沟覆冰。

（8）设计应明确防火墙混凝土保护液涂刷质量及外观要求，保护液配比颜色要求：防火墙涂完保护液后外观颜色应保持混凝土原色，或不与混凝土原色有明显色差，每片防火墙保护液涂刷应整墙涂刷，不留板缝、接缝、接茬等。

二、水暖部分

1. 通风空调

（1）所有空调风管需考虑保温，防止风管内外温差造成凝露。

（2）对于风沙较大地区，风机出风口和百叶窗进风口外均设置双层防风沙百叶窗，且百叶窗和风机连锁，当风机启动时百叶窗先启动，风机关闭后百叶窗关闭。双层防沙百叶窗应密闭严实，防止雨水、风沙进入室内。

（3）选用多联型空调，各房间选用空调室内机的形式应和各房间功能相协调。冷凝水管布置路径不在电气屏柜上方，冷凝水宜通过管网排出至室外管网。空调室外机屋面布置需要在屋面留空，满足空调铜管、电缆穿过屋面，留空位置应能减少铜管和电缆用量，空调室外机风口应避免正对站址主导风向。

（4）室外空调主机安装在空调飘板时，装饰百叶间距不宜太密，影响空调散热。

（5）风管不宜设置安装在设备的正上方。

（6）继保室、380V 配电室、10kV 高压室等设备室内空调通风口避免正对设备屏柜。

（7）空调室外机与室内机冷媒管尽量路径最短，室内冷媒管外露部分是否设置槽盒。

（8）走廊通风管道是否有防火包裹，燃烧性能采用不燃 A 级、耐火性能大于或等于 1.0h。

（9）通风管道是否设置抗震支架。

（10）走廊通风管道与消防管道、七氟丙烷管道、电缆桥架、电缆竖井之间等是否有碰撞，是否存在冲突。

（11）室外风机防雨罩及装饰架安装是否有加固措施（特别是沿海地区）。

（12）GIS 室内通风管道采用单边支架时是否有加强措施。

（13）室内通风系统是否有进风口和排风口达到对流效果。

（14）空调排水管是否有单独排水系统，汇入雨水井。

（15）风机选用型号及产生噪声对周围环境的影响，特别注意离住宅较近的变电站风机选型。

2. 给排水与消防系统

（1）给水管道不得设置在混凝土基础下或硬化地面下方，给水管道应考虑采取保护措施，便于日常检修维护。

（2）生活水池、工业水池与消防水池分开设置。

（3）在生产消防水池的池壁上应明装液位计，便于运行人员就地直接观测水池水位。消防水池应安装液位传感器，实现就地控制屏显示和远传功能。

（4）建筑物开门处入户小道与雨水口、阀门井等不冲突，雨水井、检查井不得设置在道路上、巡视小道上、散水及坡道上。

（5）泵站（包括污水处理及雨水提升泵站）、成品消防水池等应设置设备基础。生活污水处理基础施工图及装置安装后如图 2-10 所示。

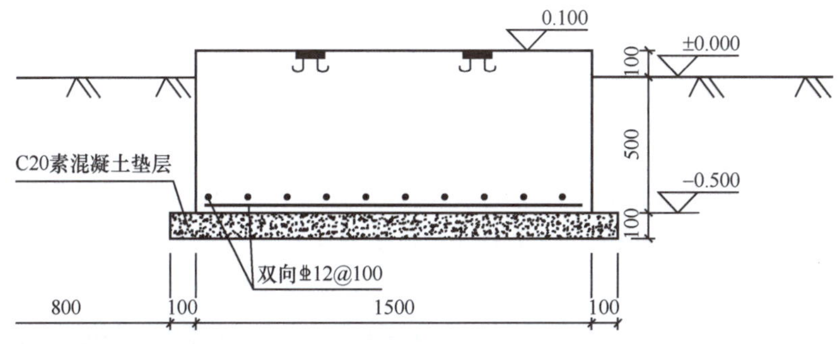

图 2-10 生活水处理基础施工图及装置安装后（单位：mm）

（6）穿越建（构）筑物基础或外墙的管道或沟道应预留套管，管道与套管净空用柔性防水材料封堵，防止建筑物沉降损坏管道。

（7）在建筑物、主变压器、高压电抗器、电缆夹层、活动地板等处均设置火灾报警装置，设备附近建设消防小间，配置手推车式干粉灭火器、沙箱及消防铲；所有室内需配备手提式干粉灭火器。主变压器区域消防沙箱布置如图 2-11 所示，主变压器区域消防沙箱布置如图 2-12 所示。

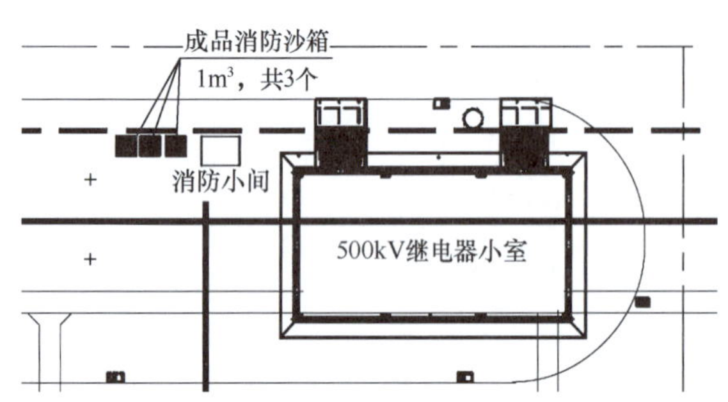

图 2-11　主变压器区域消防沙箱布置

图 2-12　主变压器区域消防沙箱布置

（8）总排水图、雨污水井编号是否连续，相邻井标高是否有倒置情况。

（9）雨污水井图中是否要求明确采用预制件。

（10）主变压器消防喷淋管与中性点隔离开关之间的安全距离是否满足要求。

（11）屋面排水是否设置溢流孔或溢流设施，且排水不得危及建筑设施及行人安全。

（12）屋面排水口设置位置是否便于排水管安装。

（13）屋面排水管是否穿过吊装平台及室外楼梯等，不便于施工的地方。

（14）排水总平面图与道路平面图中的雨、污水井位置是否存在井中心坐标位于道路（操作小道等）与绿化中间。

3. 消防火灾报警系统

（1）系统应由监控主机、报警模块、采集终端（包括烟感探头、红紫外探头、感温电缆、摄像头等）组成，并按照防火等级设置防火分区。

（2）系统应具备消防火灾告警、消防切断非火灾区域、消防联动等基本功能。

（3）全站火警报警箱应有标识，并接地，全站烟感探头、红紫外探头应编号。

（4）七氟丙烷气体灭火系统材料表中是否有对管道、配件、接头、喷头材料材质、型号要求。

（5）七氟丙烷气体灭火系统管道安装说明中是否对穿墙套管进行说明。

（6）预埋管线说明中镀锌管连接处是否有跨接要求。

（7）火灾自动报警系统中，图中是否有报警探头安装位置及距离标注，是否有与照明管线交叉处理情况的说明。

三、电气部分

1. 电气一次

（1）电气主接线图。

1）主接线与系统资料内容是否一致，有无遗漏。

2）各回路设备型号是否正确合理（无淘汰产品），特殊环境下是否考虑相关要求（如防污、切除空载长线、系统稳定要求等）。

3）电流互感器是否满足保护及测量要求，是否与近期及远期的最大负荷电流相配合。主变压器 TA 布置图如图 2-13 所示。

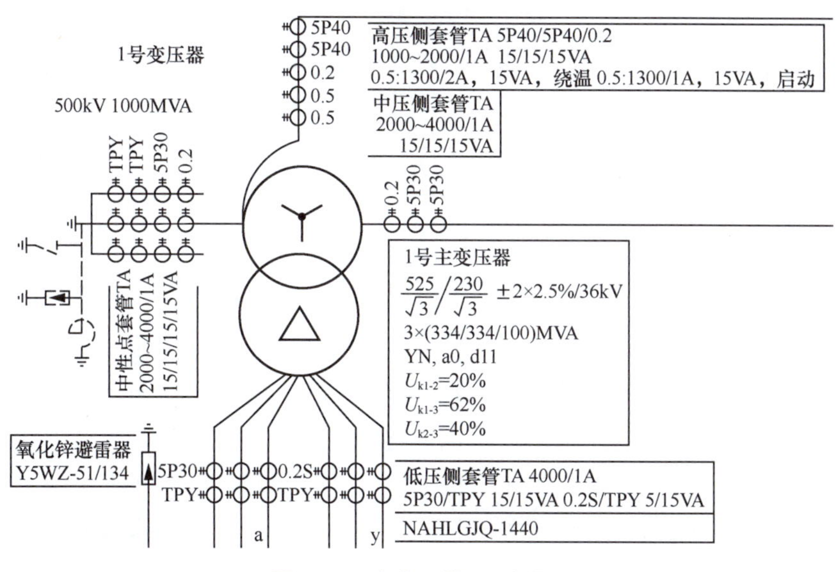

图 2-13　主变压器 TA 布置图

（2）电气平面布置图、断面图。

1）站内交通运输是否方便，是否方便运行、维护、检修。与土建专业配合情况：道路转弯半径、宽度是否满足大件运输的需要，设备区的地坪做法是否满足扩建、抢修等要求。500kV 区域道路布置图如图 2-14 所示。

2）各回进出线排列及相序是否正确，与线路的界面是否清晰，是否与线路入站终端相互匹配。500kV 区域进线构架相序如图 2-15 所示。

（3）电力变压器及各级电压配电装置图。

1）施工说明：审查是否对图纸上没有或者无法反映出来的但对工程实施有重大影响的事项进行明确规定，例如设计范围及分界、建设规模、电气安全距离要求、设备外绝缘设计标准、设备订货注意事项、施工安装注意事项、出线构架允许荷载以及出线导线最大允许偏角等。

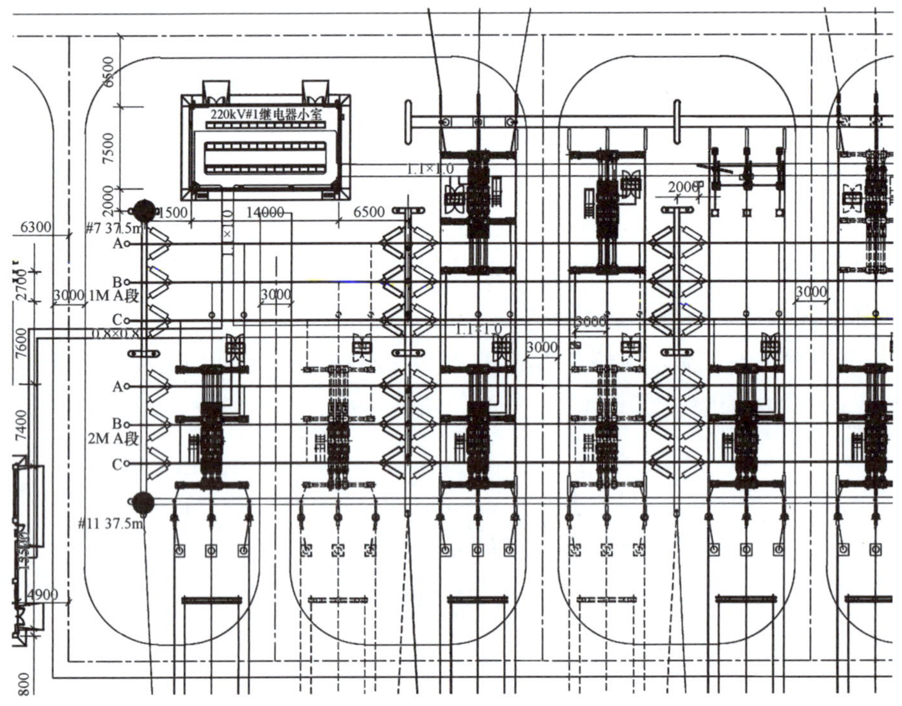

图 2-14 500kV 区域道路布置图（单位：mm）

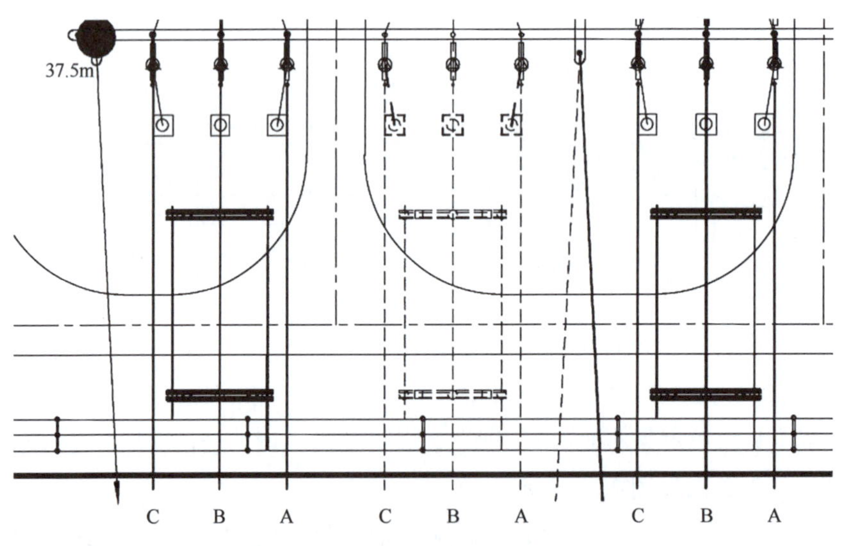

图 2-15 500kV 区域进线构架相序

2）审查主要设计依据及对初步设计方案与施工图的一致性，电气主接线图、平面布置图、断面图、安装施工图之间一致性。

3）断面图：应准确定位并标注变压器、构架、导线挂点、道路的位置，应注明设备、构架、道路的中心线，设备间距以及间隔的总体尺寸，应开列设备材料表，图中设备应标明“编号”，该编号应与“设备材料表”中的“编号”一致，“编号”应连续并从主要设备到次要设备依次编号，相同设备的编号应连续。主变压器断面图如图 2-16 所示。

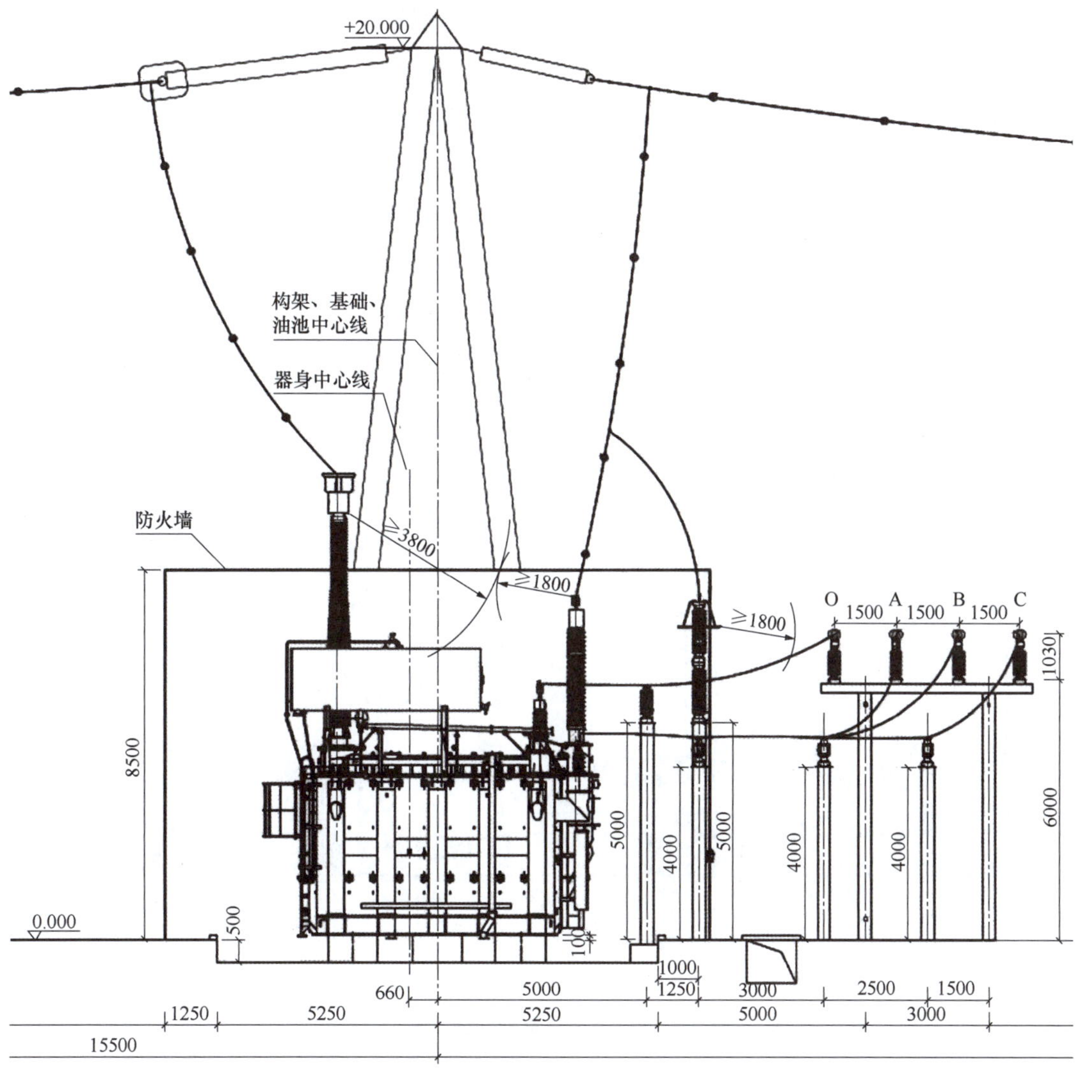

图 2-16　主变压器断面图（单位：mm）

4）带电距离：对全站带电部位的带电距离进行仔细校核。尤其是换流变压器消防管道与换流变压器进线避雷器之间、交流滤波器场路灯与过路管母之间、继电器室屋面对带电体之间、直流转换开关并联避雷器与操作围栏之间的带电距离等。

5）导线安装：应以表格的形式表示各跨导线在不同温度下的水平拉力、导线弧垂、导线长度，并用示意图说明导线跨的位置。

6）设备安装：设备安装图应详细标明设备的安装尺寸、安装方式、安装要求以及与安装有关的设备总体外形尺寸等。

7）平面布置图：定位并标注设备、导线、构架、导线挂点、道路、防火墙和阀厅的位置；应注明设备、构架、道路的中心线、设备间距以及配电装置的总体尺寸；应标明配电装置的方位，必要时标明配电装置断面图的视图位置。

8）配电装置图：审核其与主接线中设备、导体的型号、参数的一致性，是否标注各间隔名称、相序、母线编号等；要求有安全净距校验，包括设备带电部分与运输通道、相邻建（构）筑物、相邻带电体等的安全净距；审核软导线跨线“温度—弧垂—张力”关系的放线表；审核母线架构高度、母线高度、母线固定支持金具、母线滑动支持金具、母线伸缩线夹、母线接地器、隔离开关静触头安装位置；设备安装图要表示设备外形及尺寸、设备基础及设备支架高度、设备底部安装孔径间距、一次接线板（材质、外形尺寸、孔径及孔间距）， 并说明安装件的加工要求，设备接地引线安装要求，对于有二次电缆进入的设备应标明二次电缆位置。500kV 配电装置断面图如图 2-17 所示。

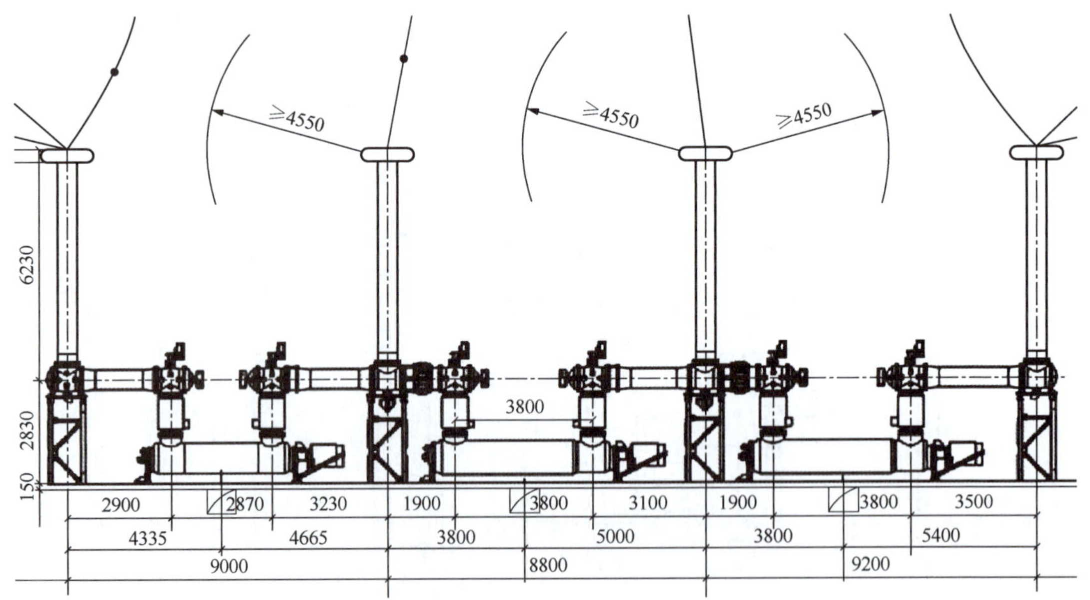

图 2-17　500kV 配电装置断面图（单位：mm）

（4）无功补偿装置图。

1）干式空心电抗器的基础内钢筋、底层绝缘子的接地线，以及所采用的金属围栏，不应通过自身和接地线构成闭合回路。基础内钢筋安装如图 2-18 所示。

2）连线金具应按照现场实际情况考虑不同角度，对于距离短、高差大的设备连接处，不能简单考虑通用金具应进行异型金具设计。电缆头连接金具改进如图 2-19 所示。

（5）交流站用电源系统图。

1）审查各站用变压器引接电源、高压侧、中压侧设备参数、低压侧的接线及运行方式是否与主接线图对应。

2）站用电系统至控制楼空调、各动力箱（屏）、照明箱、消防泵等重要负荷的电源配置是否符合负荷的要求（空气开关容量、导体线径、回路额定电流等）。

图 2-18　电抗器基础钢筋施工

图 2-19　电缆头连接金具改进

3）各段母线回路排列、回路名称、设备的型号规格及参数、电缆编号，开关柜的选型、外形尺寸是否正确合理。

4）核查变压器、高压电抗器（含备用相）动力电缆容量，确保满足所有冷却器同时启动的要求。

5）核查确定哪些回路有消防切非要求，动力屏或动力箱是否有消防切非回路并设置切非装置。消防切非设计如图 2-20 所示。

屏内设备	断路器过电流脱扣器整定电流（I_n） 短路瞬时/短路短延时/过载长延时		$10I_n/5I_n/I_n$	$10I_n/5I_n/I_n$	$10I_n/5I_n/I_n$
屏内设备	交流接触器或分励跳闸线圈		MX	MX	MX
屏内设备	电流互感器型号及变比（A/A）	LMZ1-0.66 1600/1A 5P10/0.5			
屏内设备	电压互感器型号及变比（V/V）	JDG1-0.5 380V/100V			
屏内设备	电源防雷器	RPM-80/4P（配R015-32A）			
屏内设备	零序电流互感器	BH-0.66 500/1 5P20			
YJV22电缆芯数×截面（mm²）			3×16+2×10	3×16+2×10	3×16+2×10
电缆编号			ZM11-J1	ZM10-J1	ZM3-J1
就地安装的设备					
设备名称			水泵房照明箱	值守室照明箱	户外照明箱一
设备编号			ZM11	ZM10	ZM3

图 2-20　消防切非设计

（6）防雷与接地装置图。

1）接地体敷设、安装详图是否满足主要电气设备双接地要求，是否与主接地网两根不同干线连接。

2）GIS、混合气体绝缘开关设备（HGIS ）设备快速接地开关接地是否直接与主地网相连，不得通过本体或其他间接方式接地。

3）接地引线搭接面积及螺栓尺寸是否满足《电气装置安装工程接地装置施工及验收规范》（GB 50169—2016）搭接要求。线路 OPGW 引下接地是否满足规定，等电位接地网的走向布置、与主接地网的连接点及连接方式是否满足反事故措施要求。

4）变电站地质详细勘查报告中，土壤电阻率较大（地质条件为黏土或全风化层较厚、地下水位较高）时是否设计有独立的接地网设计或增加地网面积等措施。

5）卫生间、厨房等是否有设计等电位箱及接地线详图。

6）防雷接地点通信监控箱在室内、屋顶及围墙处是否有接地详图。

7）屋面防雷接地引下线（扁钢刷黄绿漆）是否明敷。

（7）动力与照明图。

1）各配电箱名称、型号、进线回路工作容量、工作电流、开关规格和型号、导体规格和型号等是否能够满足回路负荷需求；照明箱、灯具位置，照明回路、照明灯数量、容量、安装高度、导线和电缆敷设路径、导线根数及截面，穿管及电缆敷设的图例说明应完整。

2）站区照明方式是否与初步设计审批文件一致；站内各个区域的照明方式及照明种类设置是否合理，是否兼顾了远期规模；站内各个区域的光源、照明器的选择是否合理，是否满足照度、功率的要求。

3）站内各个区域的照明是否均进行了设计，不能遗漏，尤其是大门的照明。

4）对于有远控功能需求的照明系统，照明的远方控制回路相关的接触器及辅助触点应配备齐全。

5）水电安装预埋位置是否合理（太集中影响结构，太零散不方便施工）。

6）综合布线合理性，是否全覆盖变电站全部建筑物及强弱电的布置。

7）管道光缆进入变电站后的通道是否有相关的预埋管线，是否有预留备用管。

8）过场地道路是否有预留电缆通道（围墙照明及其他）。

9）每个配电箱至交流屏的动力电缆走向及敷设方式是否明确。

10）交流屏出线至各个配电箱的下级开关安培数是否存在下级大于上级控制开关。

11）各个照明、动力、风机空调等回路是否与配电箱开关数量一致，控制回路电缆型号是否匹配。

12）每个配电箱位置是否合理，有无设置在门窗、消防管、消防箱边，位置是否满足要求。

13）动力线槽穿越楼板时是否有预留洞口相匹配。

14）主控室电缆夹层至屋面全球定位系统（GPS）对时天线、监控等是否有预埋管线。

15）厨房插座数量是否满足保安人员生活需求。

16）装配式围墙、大门是否有预留监控、户外照明、红外报警系统、门铃等管线。

（8）电缆敷设及电缆防火图。

1）不同电压等级电力电缆、控制电缆、通信电缆排列顺序及工艺控制应当符合《电气装置安装工程电缆线路施工及验收标准》（GB 50168—2018）的要求。

2）电缆沟“+”“T”形接口处是否采取支架加强设施。

3）电缆清册中应注明每根电缆的编号、规格、始点位置、终点位置、长度，并计列厂家供货的电缆（单独计列）。

4）至电缆层的所有孔洞、各电缆竖井在电缆层入口处应设置防火阻隔墙；电缆沟进入建筑物设置防火墙及防鼠墙，电缆沟长不超过100m设置一处防火墙。

（9）电气主要设备材料清册。核对主要甲供设备、材料清单与各册汇总数量是否一致。

（10）施工用电及备用电源图。备用电源投入控制方式、电源点选取等应符合初步设计方案要求。

2. 电气二次

（1）一般要求。

1）屏柜布置：各控制室内屏柜应统一规划布置，是否留有足够的备用，不仅要考虑最终规模的要求，还要考虑扩建的可能；端子排、屏柜颜色、尺寸、屏眉等应统一，基础型钢应有明显且不少于两点的可靠接地。

2）监控系统：审查监控系统配置是否满足要求，与各电气二次专业子系统的接口是否满足要求，主要包括控制、保护、防误闭锁装置、SF_6气体含量监测设施、采暖、通风、制冷、除湿设施、消防设施、安防设施、防汛排水系统、照明设施、视频监控系统、在线监测装置和智能辅助设施平台等。

3）核查站用公用系统如时钟同步系统、直流系统、监控系统交换机等是否按远期规模在新建工程时一次上齐。

4）非电量保护信号：非电量保护跳闸信号和模拟量信号采样不应经过中间元件转接，应直接接入控制保护系统或直接接入非电量保护屏；应预留足够的开关量信号触点位置，便于后期辅助系统的扩容等。

5）动力、控制电缆敷设：变电（换流）站内动力、控制电缆应不同沟分开敷设，如果同沟宜不同侧，如果同侧应采用防火墙隔板等措施。

6）二次回路与主接线：核实电压互感器、电流互感器配置应与二次要求一致，包括次级数、额定变比、次级精度、容量等，应满足保护、测量、计量及调度部门的有关要求，对于电流互感器还需注意P1、P2极性应与电气二次的要求一致。

7）电流互感器：核查电流互感器的二次回路应只有一点接地，宜在就地端子箱接地，几组电流互感器有电路直接联系的保护回路，应在保护屏上经端子排接地。

8）电压互感器：核查电压互感器的一次侧隔离开关断开后，其二次回路应有防止反充电的措施。

9）保护双重化：电力系统重要设备的继电保护应采用双重化配置，两套保护装置的跳闸回路应与断路器的两个跳闸线圈分别一一对应。两套保护装置的交流电流，应分别取自电流互感器相互独立的绕组，交流电压分别取自电压互感器相互独立的绕组，其保护范围应交叉重叠，避免死区。两套保护装置的直流电源，应取自不同蓄电池组供电的直流母线段。

（2）变电（换流）站保护。

1）线路保护。①220kV 及以上线路应按双重化要求配置两套纵联电流差动保护装置，每套装置具备完整的主保护、后备保护、重合闸、三相不一致功能和双通道接入能力。②除四端及以上线路，110kV 线路配置一套纵联电流差动保护装置，装置包括完整的主保护、后备保护、重合闸功能。③线路保护采用专用通道，其长度不宜超过 80km；线路保护采用复用通道，其电压等级不应低于 110kV，传输时间不大于 12ms，传输网络的中间节点数不超过 5 个。

2）母联（分段）保护。①母联（分段）断路器按断路器配置专用的母联（分段）保护装置。智能变电站按双重化要求配置两套装置，常规变电站单套配置。②母联（分段）断路器专用，则母联（分段）保护装置和操作箱共屏配置；母联兼作旁路断路器，则母联（分段）保护装置配置在母联测控屏，操作箱配置在旁路保护屏。

3）母线保护。①单母线、单母分段、双母线、双母单分段接线按双重化要求配置两套含母差保护和失灵保护功能的母线保护；双母双分段接线，以分段断路器为界，每两段母线均按双重化要求配置两套含母差保护和失灵保护功能的母线保护，共 4 套保护装置。②常规变电站母线保护变压器支路启动失灵和解除失灵电压闭锁采用变压器保护不同继电器的跳闸触点；智能变电站母线保护变压器支路启动失灵和解除失灵电压闭锁共用变压器保护跳闸面向通用对象的变电站事件（GOOSE）输入。

4）主变压器保护。①变压器按双重化要求配置两套主、后备保护一体电气量保护和一套非电量保护，非电量保护应同时作用于两个跳闸线圈。②变压器非电量保护应具有独立的电源回路和跳闸出口回路，智能变电站变压器非电量保护应采用本体智能终端就地直接跳闸。③过负荷启动冷却器功能、冷却器全停延时跳闸功能、过载闭锁调压功能等由变压器本体或相关回路完成。

（3）二次接线。

1）一致性：电流互感器、电压互感器的数量、变比、准确等级，二次绕组数量、装设位置是否与主接线图一致，是否满足保护、自动装置和测量仪表的要求。

2）控制回路：跳、合闸回路是否与一次设备操作机构一致，是否设有防跳回路，防跳回路在机构箱与操作箱内是否重复设置，控制图是否有电源监视、跳合闸回路完整性监视回路。

3）寄生回路：核查触点开闭位置应正确，无寄生回路。

4）回路接地：电流互感器、电压互感器二次回路接地是否正确。电流回路、电压回路电缆截面选择是否满足要求。

5）回路设计：审查图纸间端子排电缆联系是否正确；联锁回路是否采用继电器动合触点，以防在熔断器熔断时造成联锁回路误动作；变电（换流）站内端子箱、机构箱、智能控制柜、汇控柜等屏柜内的交直流接线不应接在同一段端子排上。

（4）站用直流系统。

1）设备布置：不同的蓄电池组之间应有防火墙进行隔离。

2）蓄电池室：酸性蓄电池室照明、采暖通风和空气调节设施均应为防爆型，开关和插座等应装在蓄电池室的门外。

3）一致性：直流系统图与计算书内容是否一致，信号、测量等与监控系统的接口是否满足要求，电缆清册内电缆截面、芯数、去向是否与图纸一致。

4）级差配合：断路器（熔断器）级差配合是否符合跳闸保护逻辑，不得越级跳闸。

5）直流电缆：电缆截面的选择是否满足压降要求；蓄电池组正极和负极引出电缆不得共用一根电缆，并采用单根多股铜芯阻燃电缆。

（5）交流不停电电源系统。

1）负荷计算：根据施工图阶段的 UPS 负荷资料进行 UPS 系统设备负荷计算。旁路输入应经过隔离变压器（交流 220V）或降压变压器（交流 380V）。UPS 单机负载率不应高于 40%。外供交流电消失后 UPS 电池满载供电时间不应小于 2h。UPS 应至少具备两路独立的交流供电电源，且每台 UPS 的供电开关应独立。

2）一致性：UPS 系统各图与厂家资料是否一致，UPS 系统三路电源的引接，应满足反事故措施要求。

3）切换装置：核实 UPS 两段母线间不配置自动切换装置，避免当一段馈线故障时，自动切换装置将运行正常的母线切换至故障馈线，导致两路 UPS 均失电。

（6）计算机监控系统。

1）接口：审查计算机监控系统与各二次系统接口是否满足要求。

2）电缆、光缆：审查是否明确计算机监控系统所有网络电缆、继电器室到主控制室光缆的技术要求，继电器室到主控制室的光缆应留有备用芯并要求穿保护管或通过光缆槽盒敷设。

（7）时间同步对时系统。

1）裕度：审查主时钟柜及扩展柜配置是否满足本期工程需要；主时钟柜及扩展柜上的对时输出量是否满足控制及保护设备的需要，并留有一定的备用。

2）信号接收：时间同步系统应能同时接收北斗基准时间信号和 GPS 基准时间信号。

（8）直流测量接口装置二次线。

1）接口：审查各测量是否满足保护系统及故障录波的接入要求。

2）电缆：不同的输出量共用一根电缆时应采用双对芯屏蔽电缆。

3）电源：审查双套系统或三套系统的电源及输入/输出回路是否完全独立。

（9）电缆及光缆清册。

1）电缆清册应完整齐备，特别是二次专业提供的相关电缆。

2）电缆清册内电缆截面、芯数、去向是否与图纸一致，无遗漏。

3）审查电缆清册电缆总量是否与初步设计评审结果一致。

（10）五防系统。

五防系统指防止误分、合断路器，防止带负荷分、合隔离开关，防止带电挂（合）接地线（接地开关），防止带接地线（接地开关）合断路器（隔离开关），防止误入带电间隔。

1）五防系统应由站控层防误和间隔层防误两层构成。站控层防误与间隔层防误均应能独立完成相应功能，不相互依赖。

2）站控层防误和间隔层防误的闭锁逻辑应保持一致，且具备检查两层防误闭锁逻辑是否一致的功能。

3）站控层防误由防误闭锁软件系统、电脑钥匙和锁具构成，防误软件应用采用单独设立一台微机五防工作站的方式。

4）防误闭锁软件应与自动化系统具有统一的数据库。

5）间隔层防误功能应由测控装置完成，可使用变电站内任一断路器、隔离开关等实施采集的信息与任一点的控制闭锁。

6）防误闭锁逻辑分散于相应的测控装置内，与站控层计算机系统无关，在站控层系统故障退出运行时也可以独立实现全站的控制闭锁。

3. 通信

（1）审查通信管线布局弱电、强电是否同沟。

（2）审查通信管线与其他管道或设施是否冲突。

（3）核查通信系统直流电源的正极是否在电源侧和通信设备侧均接地，负极在电源侧、通信设备侧接压敏电阻。

第三节　架空线路工程施工图纸审查要点

一、土建部分

1. 施工图说明及基础配置表

（1）基础明细表应包括编号、塔型及呼高、转角度数、基础型式、定位高差（降基值）、长短腿配置等内容。

（2）对于不同的基础型式，应根据各自特点增加详图。例如，对于预制基础增加铁件制造图；现浇基础增加地脚螺栓或插入角钢定位尺寸图；桩基础增加承台详图及桩与承台的连接构造详图、地脚螺栓或插入角钢定位尺寸图、锚固件加工图等。

（3）护坡、排水沟等防护设施施工图应包括平、立、剖面图，配筋图，外形尺寸，埋置深度，材料表和必要的施工说明。

（4）特殊塔位单独出图。

（5）基础配置表应包括基础根开、地脚螺栓规格及材质、地脚螺栓布置形式及间距等参数。基础配置表见表 2-3。

（6）基础施工说明应包括沿线地形地貌、水文、地质概况，基础型式种类和采用新技术的基础型式特点及要求，基础材料种类及等级，基面开方和放坡要求，基础内外边坡要求，基础开挖和回填要求，基础浇筑与养护要求，不良地质条件地段的地基和基础处理措施，基础防护措施、处理方案，基础工程验收标准，基础施工和运行注意事项等。

2. 底、拉盘基础加工图

应有平、剖面及配筋图、材料表和加工时的必要说明；核对拉线盘、卡盘、底盘零件与预留孔是否一致。

3. 各型现浇基础施工图

（1）基础平、立、剖面及配筋图、外形尺寸，埋置深度，材料表和必要的施工说明。

（2）平面布置图、立面图中的尺寸是否与上部杆塔结构图相吻合。

（3）核对基础图所绘材料与材料表是否一致，包括主筋、箍筋、地脚螺栓等的规格、数量、长度等。

（4）核对基础配筋是否具有方向性、其方向是否与杆塔受力方向一致。

（5）核对每个基础的混凝土用量，材料表上所列是否正确无误。

（6）应明确有哪些杆塔中心桩需要位移，位移方向、位移值是否明确。

（7）转角塔及终端杆塔的基础是否需要预偏，预偏值是多少。基础配置表预偏值如图 2-21 所示。

（8）铁塔基础保护帽的尺寸设计应做出明确规定。地质有较强腐蚀性区域还应该考虑基础防腐设计。

（9）审查基础根开尺寸，对角线尺寸，连梁外形尺寸，地脚螺栓埋设位置尺寸、配筋图等是否与配置表、明细表吻合。

表 2-3　　基础配置表

序号	杆塔号	塔型	转角	相对中心桩高差（m）	铁塔				基础												备注
					A	B	C	D	A			B			C			D			
					呼称高（m）				型号	基面（m）	埋深（m）	型号	基面（m）	埋深（m）	型号	基面（m）	埋深（m）	型号	基面（m）	埋深（m）	
					基础半极开（mn）						立柱高（m）			立柱高（m）			立柱高（m）			立柱高（m）	
1	JA1	2F2W6-J0-23/24/26	右 66°7'19"	−1.0	26.0-2.0	26.0-0.0	26.0-0.0	26.0-3.0	K16B110U40	0.5	11.0	K16B110U40	−2.0	11.0	K16B90U36	−2.0	9.0	K16B90U36	−1.0	9.0	塔基上坡侧 20m 排水沟
					5370	5710	5710	5200	8N52D33 (5.6 毂)		1.0	8N52D33 (5.6 毂)		1.0	8N52D33 (5.6 毂)		1.0	8N52D33 (5.6 毂)		1.0	
2	JB3	2F1W6-J4-23/24	左 57°48'21"	−0.5	24.0-0.0	24.0-0.0	24.0-10	24.0-1.0	G16A120U36	−1.0	12.0	G16A120U36	−1.0	12.0	G16B120U36	−0.5	12.0	G16A120U36	0.0	12.0	水沟回填土方 $80m^3$ 须地质补钻地质情况后由设计确认才能施工
					4695	4695	4545	4545	4N52D30 (5.6 毂)		0.5	4N52D30 (5.6 毂)		0.5	4N52D30 (5.6 毂)		1.0	4N52D30 (5.6 毂)		0.5	
3	GB4	2F1W6-ZH1-30		0.5	30.0-0.0	30.0-0.0	30.0-0.0	30.0-0.0	G12B120U20	−0.5	12.0	G12B120U20	−0.5	12.0	G12B120U20	−0.5	12.0	G12B120U20	−0.5	12.0	频地质补钻地质情况后由设计确认才能施工
					3415	3415	3415	3415	4N27D20 (5.6 毂)		1.0	4N27D20 (5.6 毂)		1.0	4N27D20 (5.6 毂)		1.0	4N27D20 (5.6 毂)		1.0	
4	GJB5	2F1W6-J4-22/23	左 38°0'20"	0.0	23.0-1.0	23.0-0.0	23.0-0.0	23.0-1.0	G12C90U20	−0.5	9.0	G12C90U20	−1.5	9.0	G12C110U24	−1.5	11.0	G12C110U24	−0.5	11.0	
					4395	4545	4545	4395	4N52D30 (5.6 毂)		1.5	4N52D30 (5.6 毂)		1.5	4N52D30 (5.6 毂)		1.5	4N52D30 (5.6 毂)		1.5	

基　础　配　置　表																					共4张，第3张
设计杆号	杆塔型号	高低腿配置				转角	中心桩高程	基础出土高度（m）				地脚螺栓（根数 M 直径 × 间距）	基础配置				基础顶面预偏值（mm）				备注
		Ⅰ	Ⅱ	Ⅲ	Ⅳ			Ⅰ	Ⅱ	Ⅲ	Ⅳ		Ⅰ	Ⅱ	Ⅲ	Ⅳ	Ⅰ	Ⅱ	Ⅲ	Ⅳ	
AB1	1F2W6-J4-30	0.0	−1.0	−2.0	0.0	右 71°19′17″	45.7	1.3	0.3	0.5	0.3	4M64×350	WD90D	WD90D	WD90D	WD90D	190	95		95	Ⅱ、Ⅲ、Ⅳ腿侧新建排水沟长 40m
AB2	1F2W6-Z3-48	−1.0	0.0	−3.0	−3.0		85.7	1.0	1.2	0.6	0.3	4M36×240	WA50E	WA50D	WA50E	WA50C					
AB3	1F2W6-Z3-30	0.0	−1.0	−1.0	0.0		112.7	0.6	0.6	0.4	0.3	4M36×240	WA50D	WA50C	WA50C	WA50D					
AB4	1F2W6-J4-30	−2.0	−3.0	−1.0	0.0	左 68°06′01″	48.8	0.8	0.4	0.3	2.1	4M64×350	WD85F	WD85F	WD85C	WD85D			120	120	Ⅰ、Ⅱ、Ⅲ腿侧新建排水沟长 50m
AB5	1F2W6-J4-30	0.0	0.0	0.0	0.0	左 12°40′59″	54.9	0.3	0.6	1.2	0.7	4M64×350	WD85C	WD85F	WD85G	WD85C					Ⅱ、Ⅲ腿侧砌筑挡土墙长 13m，高 2.0m
AB6	1F2W6-Z3-42	−2.0	0.0	0.0	−2.0		36.2	0.4	2.3	0.8	0.3	4M36×240	WA50E	WA50F	WA50E	WA50E					新建排水沟长 40m

图 2-21　基础配置表预偏值（截图）

二、电气部分

1. 施工图总说明书及设备材料清册

（1）对于改建、“T 接”“Π接”等线路工程的改造、过渡方案及注意事项是否交代清楚。

（2）线路路径图中线路路径是否符合初步设计要求；线路与易燃、易爆及重要设施的距离是否满足国家标准和有关规程、规范；线路及其他设施的名称和标注是否准确，有无遗漏现象；是否经其他专业会签。

（3）杆塔一览图中杆塔型号及呼称高是否齐全；塔型代号、名称是否正确；图面主要尺寸正确无误，比例适宜，图面清晰美观。

（4）两端变电站（电厂）进出线平面布置图中本线路进入的变电站（电厂）间隔是否正确；图上标注的塔型塔号距离与平断面图和杆塔明细表是否一致；与相邻线路的关系是否标注清楚；图纸是否经过发变电电气专业会签。

（5）全线相序图上标注的两端变电站（电厂）的相序及线路变换的相序是否正确，换位方式是否合适；图纸是否经过发变电电气专业会签。

（6）设备材料清册的工程概况及说明是否与总说明书一致。

（7）材料表中的名称、型号是否正确；设备、材料的型号是否与施工图设计中选型一致。

（8）材料数量是否与计算书一致，有无异常现象。对于重要的材料，如导线、地线、绝缘子间隔棒等应进一步核实数量是否准确。

（9）材料有无漏项现象，特别是图中未反映的材料，例如：接续管、补修管、跳线间隔棒等金具及通信线、低压线保护用的材料。

（10）设备材料清册材料表中是否考虑了损耗量。设备材料清册材料表见表 2-4。

表 2-4　　设备材料清册材料表

序号	名称	型号	数量	单位	损耗（%）	总数量	单重（kg）	总重（kg）
一	导地线							
1	铝包钢芯耐热铝合金型线绞线	JNRLH1X1/LB14-350/45	382.60	km	0.8	385.6	1285.2	495607
2	铝包钢地线	JLB20A-80	28.00	km	0.8	28.2	528.4	14914
3	48 芯光缆	OPGW-150	1.30	km	0.8	1.3	747	979
4	48 芯光缆	OPGW-120	16.20	km	0.8	16.3	700	11431
二	绝缘子							
1	玻璃绝缘子	U300BP/195T	3864	片	2	3941	10.2	40201
2	复合绝缘子	FXBW4-500/160-D	120	支	2	122	25.2	3084
3	复合绝缘子	FXBW4-500/100-D	66	支	2	67	20.0	1346
三	导地线金具串							
1	双联导线 V 型悬垂串	5V-2E2S-16P(H)445	16	串	1	16	259.2	4189

2. 平断面定位图

（1）断面图和杆塔明细表中的内容是否一致。

（2）平断面定位图应从线路始端起，逐基画出每个杆塔的排位（或最低导线悬点高），并顺序编号和写出杆塔名称及标高，依次标出档距、高差、耐张段长度等；逐档应画出最大弧垂时的地面线或者实际悬高的导线最大弧垂线。耐张绝缘子串倒挂时，在倒挂侧写明“倒挂”字样；画出施工基面降低并注明降低深度；风偏校验要画出所校验处的边导线风偏校验图，如需开方可用斜线画出开方范围并注明尺寸；凡与公用铁路、主要公路和通信线交叉，应注明跨越处里程或杆号；被交叉物的改迁，气象区分界点等也应在图中相应的位置注明。

3. 杆塔明细表

（1）塔号、塔型、档距、转角度数、基础降基面及塔位里程与平断面定位图中各项是否一致；对地距离的危险点复测时检查设计资料是否正确，有无漏测点。

（2）绝缘子串应当倒挂的杆塔号是否明确。

（3）交叉跨越、迁改及低压和电线保护措施、砍树降基面及开方等是否写全和写清楚；设计有无特殊要求（如被跨物改造等），施工实施中有无困难。

（4）电力线路下方有无设计未注明而需要搬迁的设施。输电线路不应跨越屋顶为可燃材料的建筑物；对耐火屋顶的建筑物，如需跨越时应与有关方面协商同意，500kV 及以上输电线路不应跨越长期住人的建筑物。导线与建筑物之间的距离应符合以下规定：

1）在最大计算弧垂情况下，导线与建筑物之间的最小垂直距离，应符合规定的数值。导线与建筑物之间的最小垂直距离见表 2-5。

表 2-5　　导线与建筑物之间的最小垂直距离

标称电压（kV）	110	220	330	500	750
垂直距离（m）	5.0	6.0	7.0	9.0	11.5

2）在最大计算风偏情况下，边导线与建筑物（规划建筑物）之间的最小净空距离，应符合规定的数值。导线与建筑物（规划建筑物）之间的最小净空距离见表 2-6。

表 2-6　　导线与建筑物（规划建筑物）之间的最小净空距离

标称电压（kV）	110	220	330	500	750
距离（m）	4.0	5.0	6.0	8.5	11.0

3）在无风情况下，边导线与建筑物之间的水平距离，应符合规定的数值。边导线与建筑物之间的水平距离见表 2-7。

表 2-7　　边导线与建筑物之间的水平距离

标称电压（kV）	110	220	330	500	750
距离（m）	2.0	2.5	3.0	5.0	6.0

（5）500kV 及以上输电线路跨越非长期住人的建筑物或邻近民房时，房屋所在位置离地面 1.5m 处的未畸变电场不得超过 4kV/m。

（6）输电线路与铁路、道路、河流、管道、索道及各种架空线路交叉或接近的基本要求应符合规定。

4. 交叉跨越分图

线路跨越重要的被交叉物，如 220kV 及以上电力线、铁路、公路、航道、Ⅰ级和Ⅱ级通信线等均需出交叉跨越分图。图中应有跨越段平断面、跨越塔号、塔型、档距、导线弧垂线、交叉跨越距离、交叉角等，还应有被交叉物的高度及交叉跨越位置铁路公路里程或塔号杆号。交叉跨越距离是否标注并满足要求；被交叉跨越物处地点（里程或杆号）是否注明；交叉处被交叉物的高度（或标高通航河流的各种水位高及船桅高等）是否注明齐全；交叉角是否满足要求。

5. 铁塔结构图

（1）图面清晰美观，尺寸齐全正确，符合制图要求；比例合适，螺栓符号表示正确；控制尺寸单线图与设计成果单线图相符。

（2）明细表中构件无漏列、错列、加工长度与重量统计正确；图面所表示的构件规格、螺栓数量与明细表中的材料编号、规格、数量与单线图中所标注的一致；几何尺寸计算正确齐全，上下段结构图接口尺寸准确，接头螺栓排列一致合理，数量符合单线图。

（3）横担结构图挂线孔符合电气要求并有会签。

（4）钢结构的构造应简单，并使结构受力明确。各构件的重心线（或螺栓准线）应交于一点，以减少偏心。

（5）钢结构采用热镀锌防腐。

6. 机电施工图

（1）架线安装图。

1）导线、地线的机械特性曲线图：应标明临界档距，并应有物理特性表和单位比载表。物理特性表应包括截面积、外径、弹性系数、膨胀系数、计算拉断力、最大使用应力与平均运行应力。单位比载表应包括自重、冰重、风荷重及综合荷重。

2）导线、地线的放线曲线和放线弧垂表。图中导线、地线的型号是否正确，结果是否与计算书一致；补偿塑性伸长的方法是否交代清楚；曲线是否光滑符合规律，数字是否准确无误；计算观测弧垂的公式是否正确。张力弧垂放线及计算公式表见表 2-8。

变电站（电厂）进出线档导线及地线型号、进出线档长度、架线气温是否正确；施工和验收弧垂是否和计算书一致。

连续倾斜档导线、地线安装弧垂及悬垂线夹安装位置调整表中导线及地线型号、架线气温、杆塔编号、档距及代表档距是否正确，线夹安装位置的调整距离及导线、地线安装弧垂是否与计算书一致。调整值正负号所代表的偏移方向是否图示清楚。

表 2-8

张力弧垂放线及计算公式表

电线型号及参数

型号	JL/LB20A-300/40
截面积	338.99 mm^2
外径	23.94 mm
重量	1085.50 kg/km
计算拉断力	94690 N
弹性系数	69000 N/mm^2
线膨胀系数	20.60 $\times10^{-6}$ 1/℃
保证率	0.95
年平均运行应力	66.34 N/mm^2（25.00%）

气象条件

序号	工况名称	冰厚（mm）	风建（m/s）	气温（℃）
1	低温	0	0.0	0
2	大风（基准高）	0	31.0	20
3	大风（线平均高）	0	33.1	20
4	年平	0	0.0	20
5	覆冰	0	0.0	0
6	高温	0	0.0	40
7	雷电	0	10.0	15
8	操作	0	15.0	20
9	带电作业	0	10.0	15
10	校验	0	0.0	15
11	安装	0	10.0	5

注：本工程为 B 类地面粗糙度。

比载表

符号	比载×10^{-3}（N/mm^2m）
γ^1	31.402
γ^2	0.000
γ^3	31.402
γ^4（, 10.0）	4.855
γ^4（, 15.0）	10.924
γ^4（, 33.1）	39.842
γ^5（0, 0.0）	0.000
γ^6（, 10.0）	31.776
γ^6（, 15.0）	33.248
γ^6（, 33.1）	50.730
γ^7（0, 0.0）	31.402

JL/LB20A-300/40 架线张力弧垂表　安全系数：2.800

①表中数据说明，括号外：张力 T，单位：N，括号内：弧垂，单位：m。
②控制条件：大风控制由 397.9m 到 600.0m。年平控制由 80.0m 到 397.9m。
③根据-设计规苑-的规定，考虑电线的塑性伸长对弧垂的影响，采用降温法补偿，已降温 20℃。

温度 \ 代表档距	80(2.8)	100(2.8)	120(2.8)	140(2.8)	160(2.8)	180(2.8)	200(2.8)
−10(−30)	45524.38(0.19)	44943.95(0.3)	44248.63(0.43)	43447.57(0.6)	42552.09(0.8)	41575.84(1.04)	40534.77(1.31)
0(−20)	40789.75(0.21)	40260.16(0.33)	39630.56(0.48)	38912.06(0.67)	38118.08(0.89)	37264.19(1.16)	36367.79(1.46)
10(−10)	36089.22(0.24)	35630.33(0.37)	35091.08(0.55)	34484.34(0.76)	33824.95(1.01)	33129.18(1.3)	32413.92(1.64)
20(0)	31443.04(0.27)	31084.94(0.43)	30671.67(0.62)	30216.46(0.86)	29733.43(1.15)	29236.69(1.47)	28739.41(1.85)
30(10)	26887.42(0.32)	26675.61(0.5)	26438.03(0.72)	26184.41(1)	25923.95(1.31)	25664.64(1.68)	25412.88(2.09)
40(20)	22488.88(0.38)	22488.88(0.59)	22488.88(0.85)	22488.88(1.16)	22488.88(1.51)	22488.88(1.92)	22488.88(2.37)

温度 \ 代表档距	220(2.8)	240(2.8)	260(2.8)	280(2.8)	300(2.8)	320(2.8)	340(2.8)
−10(−30)	39446.98(1.63)	38332.19(2)	37210.94(2.42)	26103.48(2.89)	35028.48(3.42)	34001.81(4.01)	33035.65(4.66)
0(−20)	35447.48(1.82)	34522.14(2.22)	33609.83(2.68)	32726.63(3.19)	31885.67(3.76)	31096.56(4.38)	30365.25(5.07)
10(−10)	31695.75(2.03)	30989.87(2.47)	30309.23(2.97)	29663.82(3.52)	29060.51(4.12)	28503.16(4.78)	27993.03(5.5)
20(0)	28253.03(2.28)	27786.67(2.76)	27346.87(3.29)	26937.75(3.87)	26561.23(4.51)	26217.57(5.2)	25905.77(5.94)
30(10)	25173.33(2.56)	24949.02(3.07)	24741.57(3.64)	24551.51(4.25)	24378.56(4.91)	24221.94(5.63)	24080.53(6.39)
40(20)	22488.88(2.86)	22488.88(3.41)	22488.88(4)	22488.88(4.64)	22488.88(5.33)	22488.88(6.06)	22488.88(6.84)

温度 \ 代表档距	360(2.8)	380(2.8)	398(2.8)	400(2.8)	420(2.8)	440(2.8)	460(2.8)
−10(−30)	32138.04(5.37)	31313.03(6.14)	30636.91(6.88)	30515.58(6.98)	29439.04(7.98)	28493.11(9.05)	27664.79(10.18)
0(−20)	29694.34(5.81)	29083.67(6.61)	28586.56(7.37)	28490.55(7.48)	27640.74(8.5)	26895.78(9.58)	26243.44(10.74)
10(−10)	27529.4(6.27)	27110.14(7.09)	26770.18(7.87)	26696.44(7.98)	26044.27(9.02)	25472.55(10.12)	24971.05(11.28)
20(0)	25624.05(6.73)	25370.15(7.58)	25164.57(8.38)	25109.97(8.48)	24626.93(9.54)	24202.7(10.65)	23829.46(11.83)
30(10)	23953.09(7.2)	23838.32(8.07)	23745.34(8.88)	23706.94(8.99)	2336.73(10.05)	23067(11.18)	22802.29(12.36)
40(20)	22488.88(7.67)	22488.88(8.55)	22488.88(9.37)	22464.01(9.48)	22243.35(10.56)	22048.16(11.7)	21875.03(12.88)

温度 \ 代表档距	480(2.8)	500(2.8)	520(2.8)	540(2.8)	560(2.8)	580(2.8)	6000(2.8)
−10(−30)	26940.24(11.39)	26306(12.66)	25749.74(13.99)	25260.5(15.38)	24828.77(16.83)	24446.43(18.33)	24106.56(19.9)
0(−20)	25671.85(11.95)	25170.08(13.23)	24728.44(14.57)	24338.47(15.96)	23992.93(17.41)	23685.65(18.93)	23411.41(20.49)
10(−10)	24530.35(12.51)	24142.1(13.79)	23798.99(15.14)	23494.76(16.54)	23224.07(17.99)	22982.36(19.51)	22765.77(21.08)
20(0)	23500.27(13.06)	23209.06(14.35)	22950.61(15.7)	22720.48(17.1)	22514.84(18.56)	22330.49(20.08)	22164.66(21.65)
30(10)	22567.84(13.6)	22359.53(14.9)	22173.86(16.25)	22007.81(17.66)	21858.84(19.12)	21724.75(20.64)	21603.69(22.21)
40(20)	21721(14.13)	21583.54(15.43)	21460.48(16.79)	21349.97(18.2)	21250.43(19.67)	21160.49(21.19)	21079(22.77)

任一观测档的架线弧垂 f 的计算公式：

$$f = f_p \times \left(\frac{L}{L_p}\right)^2 \times \left[1 + \frac{4f_p^2L^2}{3L_p^4}\right] + \cos\beta$$

其中：f_p 为代表档距下的弧垂，m；　L_p 为代表档距，m；
L 为观测档距，m；　β为悬挂点的高差角，(°)。

设计院有限公司				新建 工程 施工图 阶段
批准		校核		JL/LB20A-300/40 架线张力弧垂表(31m/s风区)
审核		设计/绘图		
日期		比例	/	图号 SJ21023XS-D0102-10

孤立档（档距较小时）、进出线档均应给出两侧挂有绝缘子串的竣工验收弧垂、挂有绝缘子串的架线观测弧垂，还应在图中标明允许的过牵引长度。

变电站（电厂）进出线档放线弧垂表，应注明构架允许拉力与在计算时是否考虑了在档距内悬挂有阻波器，引下线等集中荷载及单相上人检修的条件。

不同金属、不同规格、不同绞制方向的导线或架空地线严禁在一个耐张段内连接。

3）导线换位示意图。选择的换位方式是否经济合理，换位区段的长度、换位采用的型式是否正确，换位杆塔的透视图和导线换位相序在塔上的连接示意是否清晰准确。

两端变电站（电厂）名称，相序排列方式，导线在换位前后与两端变电站（电厂）的相序是否一致。

换位杆塔的编号和杆塔型式及位移方向和距离，是否与线路平断面图、杆塔明细表及换位计算书一致。

4）绝缘地线换位示意图中应给出绝缘地线换位的平面布置图，标出各换位段长度及总长度，换位点的塔号、塔型；图中应标明绝缘地线上是否有接地点或引下线以及接地点或引下线的具体位置；图中还需对应绝缘地线平面换位图画出导线平面换位相序图，同样也标出导线换位长度及各点的相序。

5）地线分段绝缘安装示意图应给出每根绝缘地线全线绝缘区间分段的位置、分段处的塔号塔型和接地点的位置、接地点的塔号塔型；给出绝缘分段各段的长度，是否超出规定值。地线绝缘点和接地点的布置是否正确，有无一段地线全部对地绝缘或两点接地（除了进出线档）的现象。

6）耐张塔跳线施工弧垂及线长表中的塔号、塔型、转角度数是否与平断面定位图和杆塔明细表一致，跳线施工弧垂、线长及加跳线绝缘子串有无异常现象；如需要加装跳线绝缘子串，则应在表中注明哪一基杆塔的哪一相加跳线绝缘子串，并给出跳线绝缘子串施工允许偏角。

7）绝缘地线引下线装置施工图中，应表示出引下线装置（包括消弧线图、滤波器、开关等）在塔上安装的位置和方法，给出安装位置的详细尺寸，在塔材上安装孔的孔距和孔径，装置设备之间的接线；还应列出材料表，包括引下线装置设备和其他材料的名称、型号、数量。图中还应有必要的施工和技术要求说明。接地引下线施工图中，用简图表示引下线在塔上引下时的安装方法及安装尺寸，还应有支撑引下线针式绝缘子的型号和数量，引下线的型号和数量。

8）导线间隔棒安装距离列表根据不同的档距范围给出一档中每相安装导线间隔棒的数量及间隔棒安装的次档距。间隔棒的安装应分为开阔地区和非开阔地区两类，采取不等距安装。

9）跳线间隔棒安装示意图应标明各种跳线方式中跳线间隔棒的安装方法，包括安装尺寸及跳线间隔棒的安装数量。导线跳线安装示意图如图 2-22 所示。

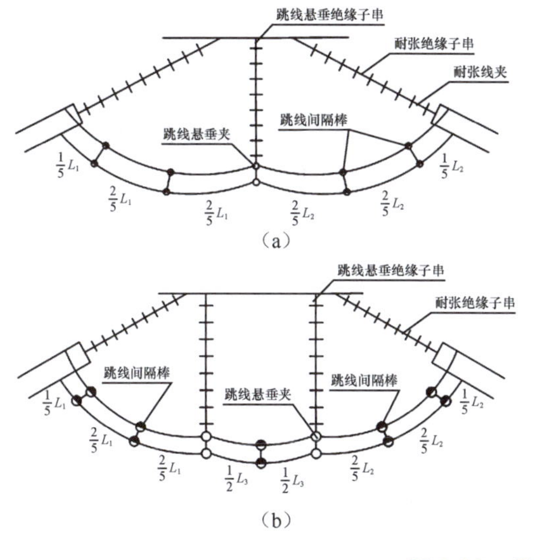

材料表

图示	名称	型号	图号	每组个数	每个重（kg）	总重（kg）
(a)	跳线间隔棒	FJG-450/36	SA19941S-D0302-11	4	6.4	25.6
(b)	跳线间隔棒	FJG-450/36	SA19941S-D0302-11	5	6.4	32.0

说明：

1. 跳线间隔棒的安装位置根据各段跳线长度确定，如图（a）及图（b）。其中，图（a）中前后侧耐张线夹至跳线悬垂夹之间的跳线长度分别计为L_1、L_2，则耐张线夹与最近的跳线间隔棒间的距离为该段跳线长度的1/5，间隔棒之间及第二只间隔棒至跳线悬垂夹的距离均为2/5；图（b）中两个跳线悬垂串之间的间隔棒则装在中间位置。
2. 所有跳线对铁塔构件的间隙尺寸均需满足各种工况下的规定要求。
3. 本图适用于4×JNRLH1/LB20A-720/50铝包钢芯耐热铝合金绞线，最高运行温度150℃。
4. 要求跳线间隔棒的橡胶垫适用温度为150℃。

图 2-22　导线跳线安装示意图

10）导线、地线防振锤安装示意图应给出耐张段杆号和防振锤的型号及安装数量；用图示意直线杆塔和耐张杆塔上防振锤的安装距离（从线夹出口算起）并应分别标明各个防振锤的安装距离。采用特殊型式的防振锤时，应说明防振锤的安装方法。

11）导线耐张绝缘子串长度调整表。图中用表分别列出每基耐张转角塔的塔号、塔型、转角度数、绝缘子串补偿长度及补偿时采用的金具名称型号，图中还应画出简图和写出说明，说明图中符号的意义、施工注意事项及技术要求。

12）转角杆塔位移表。转角杆塔的编号、塔型、线路转角方向和转角度数是否与杆塔明细表一致，转角杆塔的位移方向及距离是否和计算书一致。

13）风偏开方图。给出开方点的具体位置，开方点的三维剖面图（图中应有详细的开方尺寸）及开方量。

（2）绝缘子金具串组装图。

1）绝缘子、金具的选型核对是否属于国家标准产品。

2）绝缘子片数是否符合线路绝缘配置的原则。

3）线夹的选型是否与工程使用的导、地线相匹配。

4）材料表中，绝缘子、金具的名称、型号、数量、重量是否正确无误。

5）图中所标注的各个尺寸及连接后的整串总长度是否正确。

6）绝缘子连接金具的强度配合是否合理；绝缘子金具之间的连接方式是否合适（要避免点接触）。

7）挂线方式是否合理，绝缘子串中的挂线金具与杆塔上相应的挂线孔是否匹配。

8）在大高差、大转角位置的杆塔，绝缘子串有无特殊连接措施，电气间隙能否满足规程要求。

9）核对绝缘子的订货有无特殊要求。特别是绝缘子的开口销，目前厂家有两种，一种为钢质，一种为铜质，应明确使用哪一种。

（3）非标金具加工图。按照每个需加工的金具分别出图，图中应有金具加工的细部尺寸，应标明金具的材质、强度和重量，应有必要的加工要求和说明。

（4）防雷保护装置及接地装置图。

1）接地装置图应注明每种接地装置适用的塔型与地区（居民区或非居民区），接地装置的射线、长度、埋深、材料规格及与杆塔的连接方式是否正确。土壤电阻率的取用范围和验收工频电阻值是否合适；埋设接地装置开方量是否正确。铁塔接地装置形式简图如图 2-23 所示。

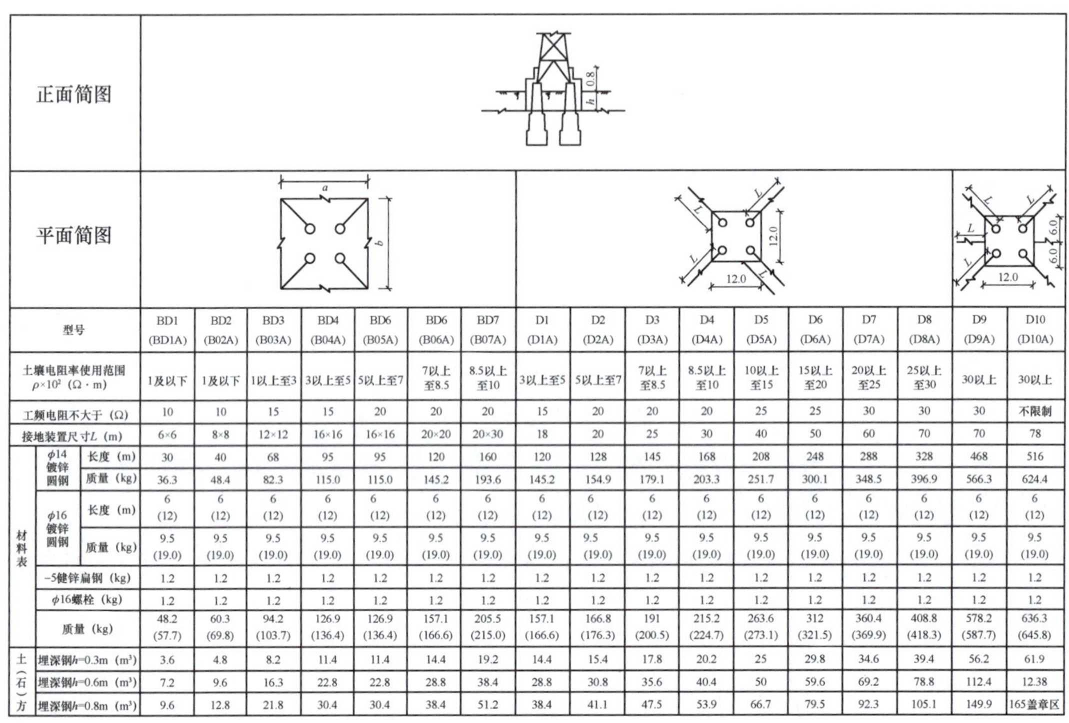

项目	BD1 (BD1A)	BD2 (B02A)	BD3 (B03A)	BD4 (B04A)	BD6 (B05A)	BD6 (B06A)	BD7 (B07A)	D1 (D1A)	D2 (D2A)	D3 (D3A)	D4 (D4A)	D5 (D5A)	D6 (D6A)	D7 (D7A)	D8 (D8A)	D9 (D9A)	D10 (D10A)
正面简图																	
平面简图																	
土壤电阻率使用范围 $\rho\times10^2$（Ω·m）	1及以下	1及以下	1以上至3	3以上至5	5以上至7	7以上至8.5	8.5以上至10	3以上至5	5以上至7	7以上至8.5	8.5以上至10	10以上至15	15以上至20	20以上至25	25以上至30	30以上	30以上
工频电阻不大于（Ω）	10	10	15	15	20	20	20	15	20	20	20	25	25	30	30	30	不限制
接地装置尺寸L（m）	6×6	8×8	12×12	16×16	16×16	20×20	20×30	18	20	25	30	40	50	60	70	70	78
材料表 φ14镀锌圆钢 长度（m）	30	40	68	95	95	120	160	120	128	145	168	208	248	288	328	468	516
材料表 φ14镀锌圆钢 质量（kg）	36.3	48.4	82.3	115.0	115.0	145.2	193.6	145.2	154.9	179.1	203.3	251.7	300.1	348.5	396.9	566.3	624.4
材料表 φ16镀锌圆钢 长度（m）	6 (12)	6 (12)	6 (12)	6 (12)	6 (12)	6 (12)	6 (12)	6 (12)	6 (12)	6 (12)	6 (12)	6 (12)	6 (12)	6 (12)	6 (12)	6 (12)	6 (12)
材料表 φ16镀锌圆钢 质量（kg）	9.5 (19.0)	9.5 (19.0)	9.5 (19.0)	9.5 (19.0)	9.5 (19.0)	9.5 (19.0)	9.5 (19.0)	9.5 (19.0)	9.5 (19.0)	9.5 (19.0)	9.5 (19.0)	9.5 (19.0)	9.5 (19.0)	9.5 (19.0)	9.5 (19.0)	9.5 (19.0)	9.5 (19.0)
材料表 -5健锌扁钢（kg）	1.2	1.2	1.2	1.2	1.2	1.2	1.2	1.2	1.2	1.2	1.2	1.2	1.2	1.2	1.2	1.2	1.2
材料表 φ16螺栓（kg）	1.2	1.2	1.2	1.2	1.2	1.2	1.2	1.2	1.2	1.2	1.2	1.2	1.2	1.2	1.2	1.2	1.2
材料表 质量（kg）	48.2 (57.7)	60.3 (69.8)	94.2 (103.7)	126.9 (136.4)	126.9 (136.4)	157.1 (166.6)	205.5 (215.0)	157.1 (166.6)	166.8 (176.3)	191 (200.5)	215.2 (224.7)	263.6 (273.1)	312 (321.5)	360.4 (369.9)	408.8 (418.3)	578.2 (587.7)	636.3 (645.8)
土（石）方 埋深钢h=0.3m（m³）	3.6	4.8	8.2	11.4	11.4	14.4	19.2	14.4	15.4	17.8	20.2	25	29.8	34.6	39.4	56.2	61.9
土（石）方 埋深钢h=0.6m（m³）	7.2	9.6	16.3	22.8	22.8	28.8	38.4	28.8	30.8	35.6	40.4	50	59.6	69.2	78.8	112.4	12.38
土（石）方 埋深钢h=0.8m（m³）	9.6	12.8	21.8	30.4	30.4	38.4	51.2	38.4	41.1	47.5	53.9	66.7	79.5	92.3	105.1	149.9	165盖章区

图 2-23 铁塔接地装置形式简图

2）弱电线路或低压线路保护间隙安装图中应有弱电线和低压线的木杆、水泥杆保护间隙及引下线安装详图；杆塔保护间隙接地装置的施工尺寸；接地装置的技术要求包括接地装置适用的土壤电阻率，施工后应满足的工频电阻值，接地装置射线的长度，材料的名称、规格和重量，接地槽开方量；保护间隙所需的材料表，包括材料名称、规格、数量、重量；必要的施工要求和技术要求。

三、大跨越部分

（1）跨越段平面图中立塔位置、档距值，跨越耐张塔的转角度数、方向，与平断面定位图是否相符；各塔导线悬挂点高度、导线弧垂、最高通航水位、最大船舱高度净空距离及高程系统是否正确。

（2）导线、地线机械特性表及放线弧垂表中数值是否与计算书中原始数据及计算结果相符。

（3）导线、地线金具绝缘子串组装图及非标准金具图。结合金具产品样本及杆（塔）荷载条件，检查各部件的连接方式（包括与横担或塔身的连接）、安装尺寸以及机械强度是否满足要求；非标准金具选材合理、制造方便，并注明需经试制、试验、试组装；核对多联绝缘子串绝缘子是否相碰，跳线引流板方向是否正确，悬垂线夹的方向是否正确。

（4）防振措施图中有防振措施及临时防振措施，并说明临时防振措施使用情况；是否标明防振锤及阻尼线安装间距及阻尼线弧垂；是否标明阻尼线夹橡胶垫层及短接一只阻尼线夹。

（5）航空障碍灯。照明及接地装置图中安装图纸与电气接线图应统一，各部件安装图与接地装置需提供在塔身、横担及支架上的预留孔位、接地钢筋连接、预埋件等有关资料。

（6）各类跨越塔塔型总图与各结构图是否一致，包括具体尺寸、呼称高、材料表，说明部分是否齐全、完整，与有关专业提供的原始资料是否符合。

（7）各类跨越塔结构图上所选用的材料规格、材质、数量、结构件的计算尺寸是否与计算书中的结果一致；各分部单线图和结构图、详图是否一致；各部件的连接计算必须完整，图中连接件的螺栓规格、个数、级别是否与计算一致，导线、地线的挂线方式、挂线点是否与金具适配，是否有碰撞现象，上部结构与基础部分是否配合一致，与附属设施的安装连接必须一致，必要的说明有无遗漏。

（8）各类跨越塔基础平面布置中基础的布置位置、根开尺寸、转角度数与有关专业提供的原始资料和上部结构的要求是否一致，耐张塔如有拉压基础，其布置位置是否正确。

（9）各类跨越塔基础施工图的基础、平立面图的具体尺寸是否与计算书一致，所选用材料规格是否和计算书相同，基础与上部结构的连接部分是否符合，所有几何尺寸、埋设深度、材料表、说明等是否正确。

（10）附属设施施工图中各附属设施与塔体结构部分的连接是否布置合理，有无碰撞现象，各构造设置构件是否满足使用要求，各分图与安装总图是否配合一致。

四、通信保护、在线监测、视频监控

（1）相对位置图中的距离线和注明数字是否正确，图中各段大地导电率分布是否合理，图中必要文字说明是否齐全。

（2）短路电流曲线是否齐全。

（3）放电器安装图中通信线来去方向、中途变化、安装地点等是否正确。

（4）图中距离、材料、数量等是否正确，能否满足订货、备料和施工要求。

（5）在线监测采购的设备型号是否满足使用环境要求，是否根据设备厂家图纸深化为施工图，视频监控布控点是否有遗漏，环境数据采集点是否满足项目需求，摄像头的选型是否满足运行要求。

第四节　电缆线路工程施工图纸审查要点

一、土建部分

1. 电缆路径

（1）电缆土建施工坐标及标高与邻近的建（构）筑物、邻近的管线、市政道路等是否冲突，路径是否占用其他权属单位红线区域，是否与政府规划冲突。

（2）工井、接头井等地基承载力、地基处理措施与地质勘查报告是否一致。

2. 电缆沟、井、隧道工程

（1）电缆沟（顶管、隧道）支架材质、支架承载力是否满足要求。电缆支架采用不锈钢材质，如图 2-24 所示。

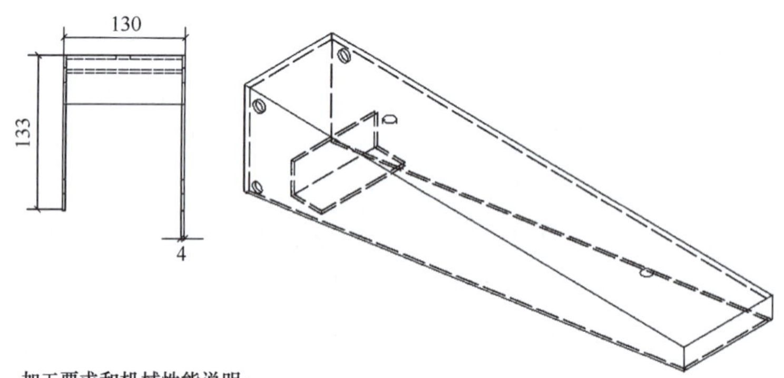

加工要求和机械性能说明：
1. 应符合GB/T 706—2016。
2. 电缆支架和连接配件材质均采用奥氏体304L不锈钢（0Cr18Ni9），配套无间隙垫圈和相应不锈钢螺丝。
3. 支架要求满焊，焊接尺寸不应小于母材厚度，所有焊缝要求无夹渣、气孔等缺陷，焊渣清理干净。
4. 锐边尖角倒钝并打磨光滑，倒角R=10。

图 2-24　电缆支架采用不锈钢材质（单位：mm）

（2）电缆沟（顶管、隧道）金属支架、竖井金属支撑件是否设置全长且可靠的接地。

（3）电缆沟（排管、顶管）的工井、接头井、竖井等开挖，是否有基坑支护措施。基坑采用钢板桩支护图纸及基坑支护施工如图 2-25 所示。

（4）电缆沟是否考虑排水措施（坡度、集水坑等）。集水井施工图纸及现场设置集水井施工后如图 2-26 所示。

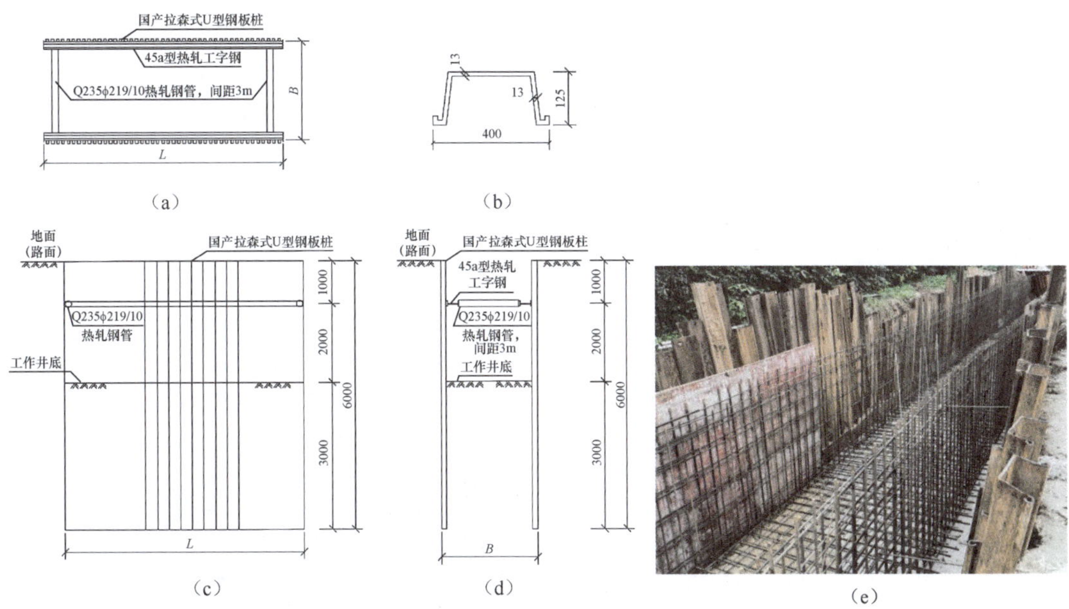

图 2-25　基坑采用钢板桩支护图纸及基坑支护施工（单位：mm）

（a）钢板桩支护平面图；（b）国产拉森式（U 型）钢板桩大样图；（c）钢板桩支护正立面图；（d）钢板桩支护侧立面图；（e）基坑支护施工

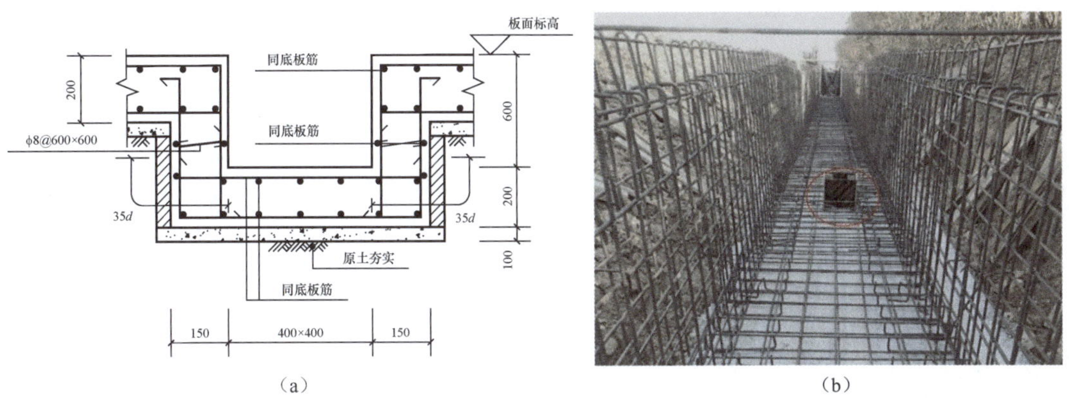

图 2-26　集水井施工图纸及现场设置集水井施工（单位：mm）

（a）集水井施工图纸；（b）现场设置集水井施工

（5）电缆沟（隧道内）支架的层间距是否满足规范要求（层间净距不应小于 2 倍电缆外径加 10mm，35kV 及以上高压电缆不应小于 2 倍电缆外径加 50mm）。

（6）电缆沟（顶管、隧道）支架最上层及最下层至沟顶、楼板或沟底、地面的距离是否满足规范要求。

3. 电缆管道工程

（1）电缆排管管材内径能否满足工程电缆使用要求，管材内径与电缆外径之比不得小于 1.5。

（2）非开挖埋管设计，是否标注拟穿越地段的建（构）筑物底部标高、地下障碍物及各类管线的平面位置和走向、类型名称、埋设深度、材料和尺寸等。

（3）电缆排管的埋深及排列方式是否满足规范要求。排管施工图纸及排管施工开挖深度检查如图 2-27 所示。

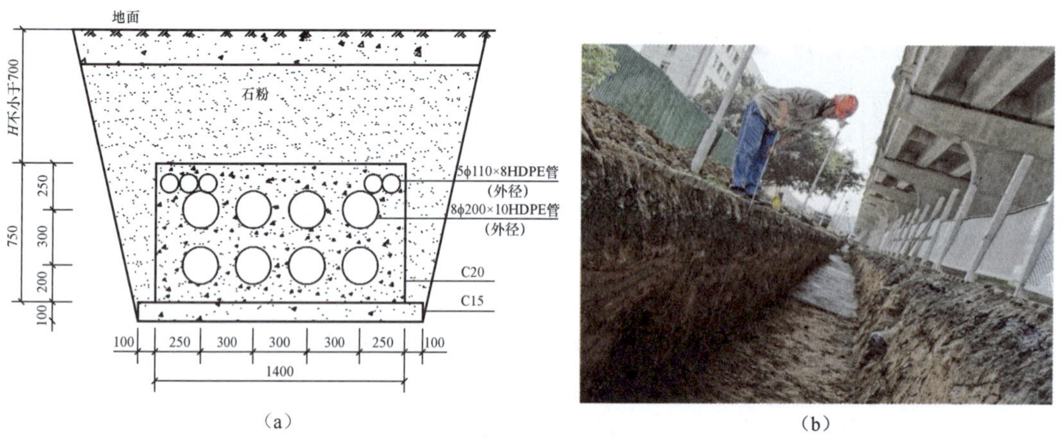

图 2-27　排管施工图纸及排管施工开挖深度检查（单位：mm）

（a）两回路排管断面图；（b）排管施工开挖深度检查

（4）电缆顶管所用的混凝土管材强度是否符合规范要求。管材的混凝土强度等级不得低于 C40；管材接头钢圈所用钢板的材料等级不应小于 Q235。管材混凝土强度为 C50 图纸如图 2-28 所示。

（5）电缆顶管井、地下连续墙井厚度是否满足规范要求（地下连续墙井的最小厚度不应小于 600mm）。地下连续墙厚度 1000mm 如图 2-29 所示。

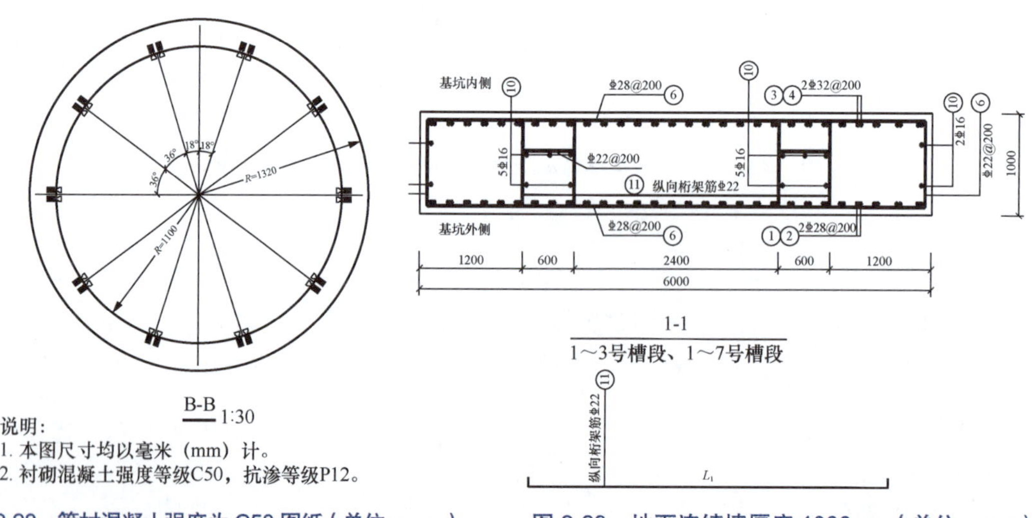

图 2-28　管材混凝土强度为 C50 图纸（单位：mm）

图 2-29　地下连续墙厚度 1000mm（单位：mm）

二、电气部分

1. 电缆敷设

（1）电缆线路进站路径与站内间隔布置是否冲突，运行方式是否满足属地供电局要求。

（2）变电站内电缆进入 GIS 仓，电缆是否顺畅，终端头下部 1m 位置能否保持垂直。

（3）同一电缆通道内若存在不同回路、不同电压等级、不同功能用途电缆时，排列是否合理。

（4）电力电缆在支架上敷设层数是否满足规范要求。控制电缆在普通支架上，不宜超过两层，桥架上不宜超过三层；交流三芯电力电缆，在普通支吊架上不宜超过一层，桥架上不宜超过两层；交流单芯电力电缆，应布置在同侧支架上，并应限位、固定，当按紧贴品字形（三叶形）排列时，除固定位置外，其余应每隔一定的距离用电缆夹具、绑带扎牢，以免松散。

（5）电缆弯曲半径。电缆在转弯工井以及进入建（构）筑物等，弯曲半径是否满足规范要求（塑料绝缘电缆最小弯曲半径：有铠装的多芯 12*D*、单芯 15*D*；无铠装的多芯 15*D*、单芯 20*D*，*D* 为电缆直径）。电缆弯曲半径如图 2-30 所示。

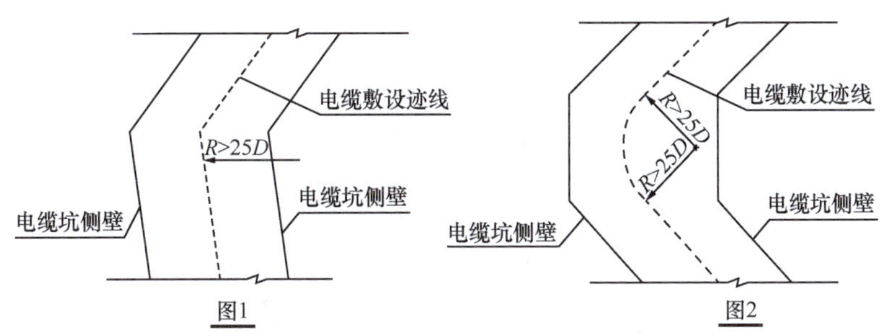

说明：
1. 电缆任何敷设方式及其全部路径条件的上下左右改变部位均应满足允许半径*R*>25*D*的要求。
2. 图1与图2是在电缆转角时对电缆沟的要求，当角度小于或等于30°时采用图1，当大于30°且小于90°时采用图2。
3. 图中字母*D*表示电缆直径。

图 2-30 电缆弯曲半径

（6）电缆明敷时，是否采用支架、桥架等进行固定。电缆采用不锈钢支架支撑如图 2-31 所示，隧道电缆采用不锈钢支架支撑如图 2-32 所示。

（7）电缆支吊架的距离是否满足要求。35kV 及以上电缆支吊架允许跨距：水平敷设为 1500mm，垂直敷设为 3000mm。

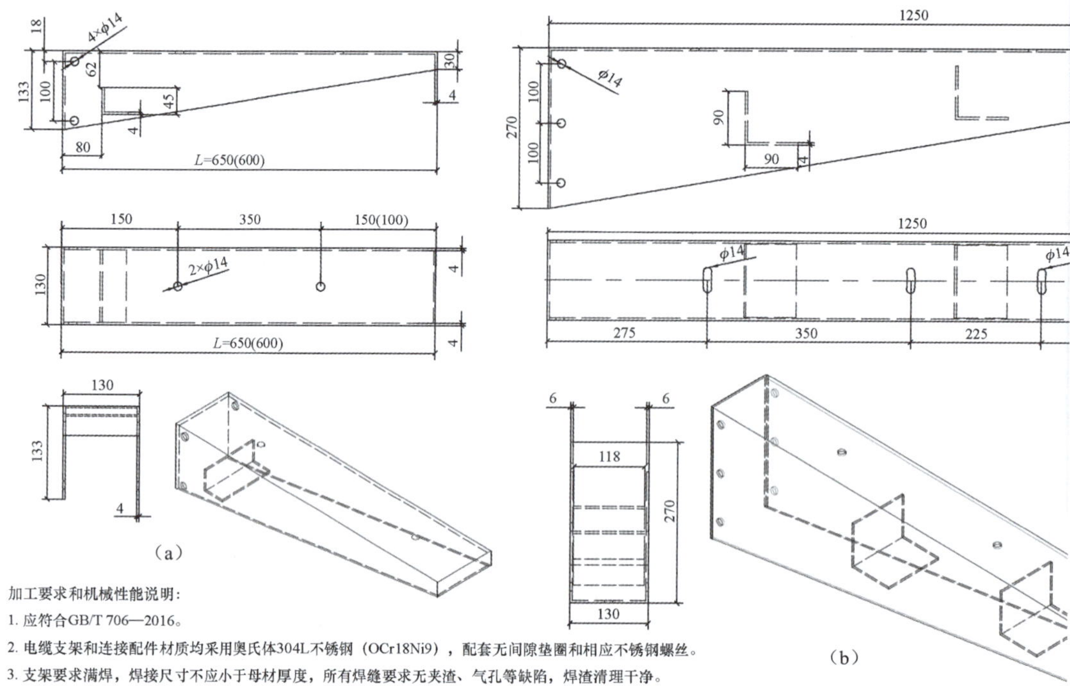

图 2-31　电缆采用不锈钢支架支撑

（a）650/600m 短支架加工大样图；（b）1250mm 长支架加工大样图

图 2-32　隧道电缆采用不锈钢支架支撑

（8）电缆明敷时，电缆在转弯、垂直、斜坡等位置时，是否按要求设置适当的固定措施。电缆转弯处采用刚性固定如图 2-33 所示。

（9）蛇形敷设的电缆，图纸内是否对电缆的挠性固定和刚性固定进行明确。

（10）电缆绑扎材料是否符合要求（除交流单芯电力电缆外，可采用经防腐处理的扁钢制夹具、尼龙扎带或镀塑金属扎带；强腐蚀环境应采用尼龙扎带或镀塑金属扎带；交流单芯电力电缆的刚性固定宜采用铝合金等不构成磁性闭合回路的夹具，其他固定方式可采用尼龙扎带或绳索，不得采用铁丝直接捆扎电缆）。

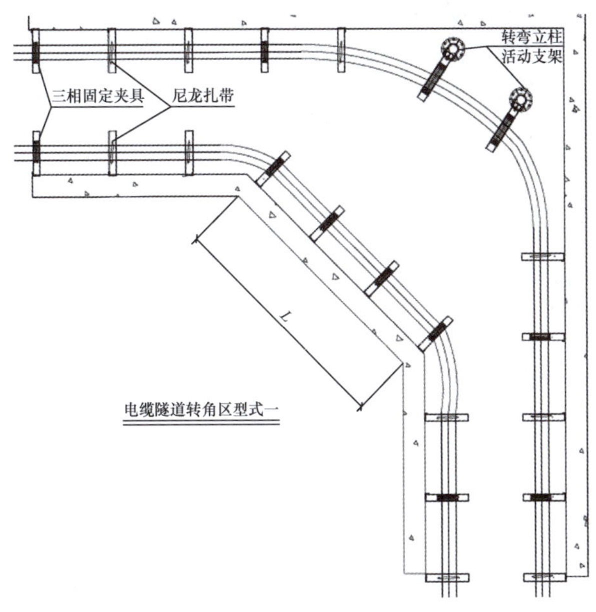

说明：
1. 电缆隧道转角处电缆不采用蛇形敷设，转角处采用刚性固定。
2. 可根据不同隧道现场转弯情况调整立柱支架型式布置电缆，电缆转弯半径不应小于20D。

图 2-33　电缆转弯处采用刚性固定

（11）电缆敷设于直流牵引的电气化铁路附近，电缆金属抱箍内是否配有绝缘垫。

（12）单芯电缆固定夹具是否采用非铁磁性材料。电缆夹具采用金属铝材料如图 2-34 所示，施工现场电缆夹具采用金属铝材料如图 2-35 所示。

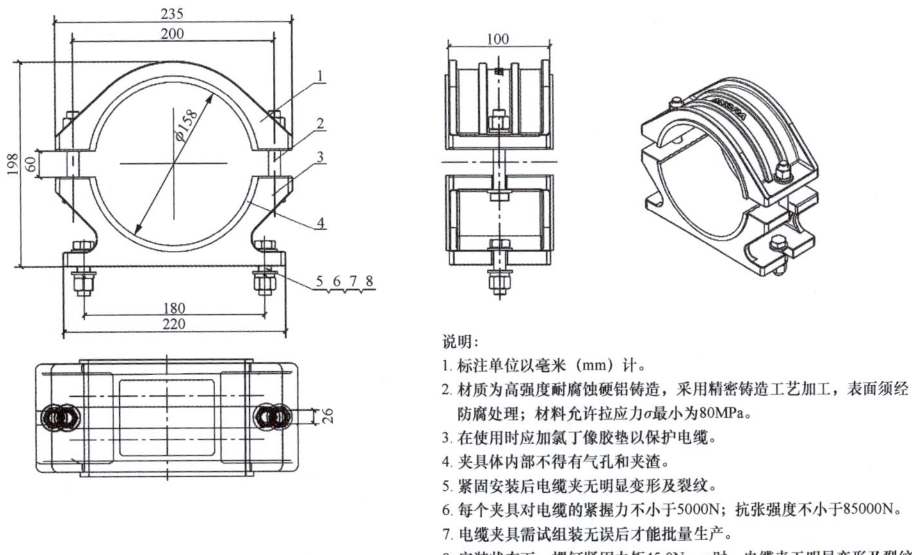

说明：
1. 标注单位以毫米（mm）计。
2. 材质为高强度耐腐蚀硬铝铸造，采用精密铸造工艺加工，表面须经防腐处理；材料允许拉应力σ最小为80MPa。
3. 在使用时应加氯丁像胶垫以保护电缆。
4. 夹具体内部不得有气孔和夹渣。
5. 紧固安装后电缆夹无明显变形及裂纹。
6. 每个夹具对电缆的紧握力不小于5000N；抗张强度不小于85000N。
7. 电缆夹具需试组装无误后才能批量生产。
8. 安装状态下，螺钉紧固力矩45.0N · m时，电缆夹无明显变形及裂纹。

图 2-34　电缆夹具采用金属铝材料图纸（单位：mm）

图 2-35　施工现场电缆夹具采用金属铝材料

（13）直埋敷设的电缆不得平行敷设于管道的正上方或正下方。

（14）水下电缆不得交叉、重叠，电缆之间的安全距离是否满足规范要求。

（15）电缆进出屏柜、孔洞处是否采取防火封堵措施。出入口采用防火堵料如图 2-36 所示，电缆层内电缆涂刷防火涂料如图 2-37 所示。

（16）电缆沟、电缆隧道内电缆敷设，是否按要求设置防火墙。电缆隧道、电缆沟设置防火墙如图 2-38 所示。

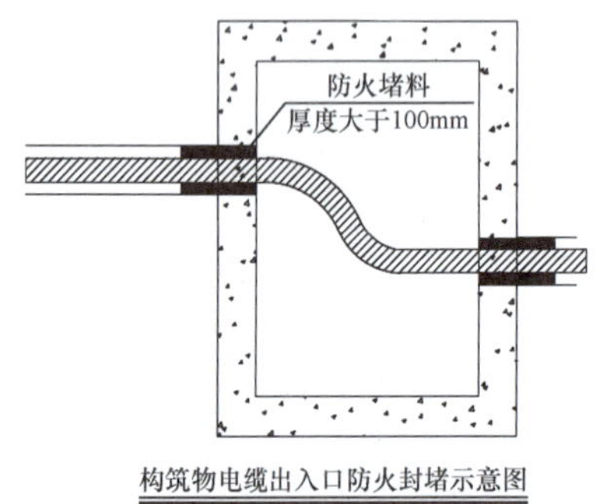

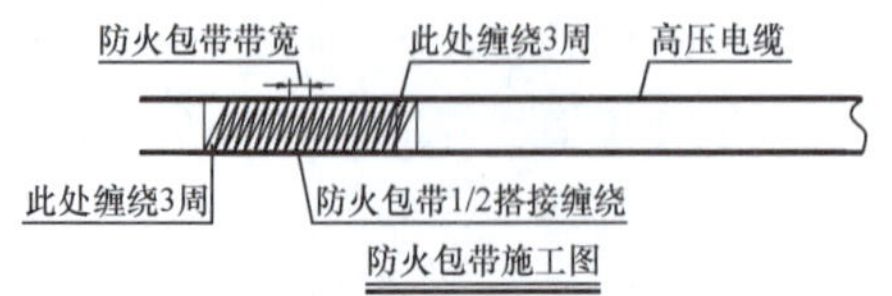

图 2-36　出入口采用防火堵料

图 2-37　电缆层内电缆涂刷防火涂料

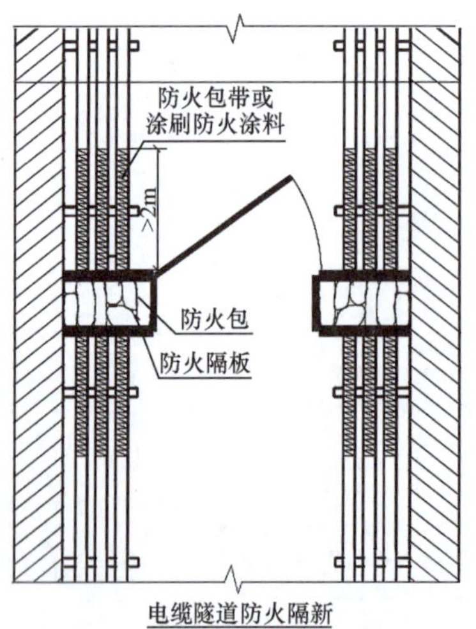

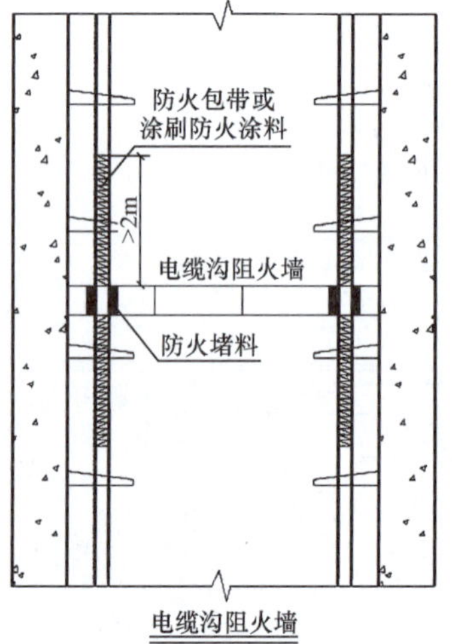

图 2-38　电缆隧道、电缆沟设置防火墙

（17）与电缆同通道敷设的控制电缆、通信光缆等，是否采取保护措施。电缆隧道控制电缆、通信光缆槽盒如图 2-39 所示。

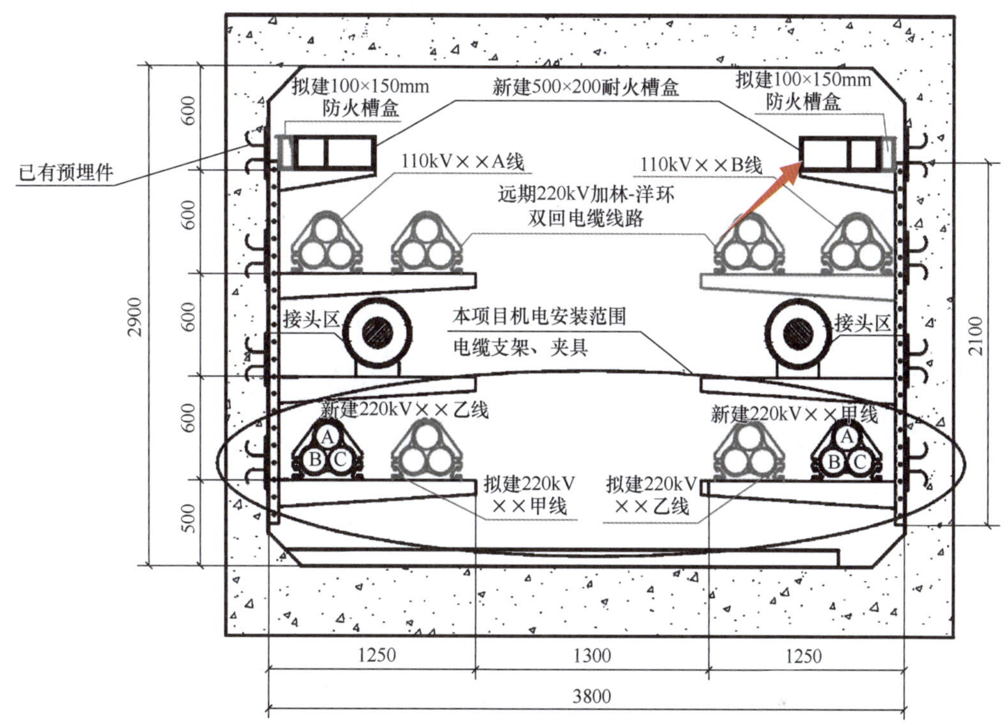

图 2-39　电缆隧道控制电缆、通信光缆槽盒（单位：mm）

（18）非阻燃电缆明敷时，电缆头两侧约 3m 区段和该范围内邻近并行敷设的其他线缆是否采取防火措施。

（19）电缆接地形式是否满足规范要求。交叉互联接地系统中电缆分段长度是否合理。回流线配置是否符合要求。

（20）电缆桥架的接地系统设计是否满足规范要求（沿电缆桥架敷设铜绞线、镀锌扁钢等设计方案）。

2. 电缆头制作

（1）电缆中间头布置是否相互错开，是否采用托板固定（电缆明敷接头，应用托板托置固定，接头宜采用防火隔板或防爆盒进行隔离）。电缆中间接头错开布置如图 2-40 所示，电缆中间接头采用防火隔板如图 2-41 所示。

（2）35kV 以上高压电缆接头处两侧电缆是否进行刚性固定或采用蛇形敷设。电缆头两侧刚性固定如图 2-42 所示。

（3）电缆隧道、电缆沟内电缆头摆放是否合理，高落差地段的电缆隧道中，通道不宜呈阶梯状，且纵向坡度不宜大于 15°，电缆接头不宜设置在倾斜位置上。

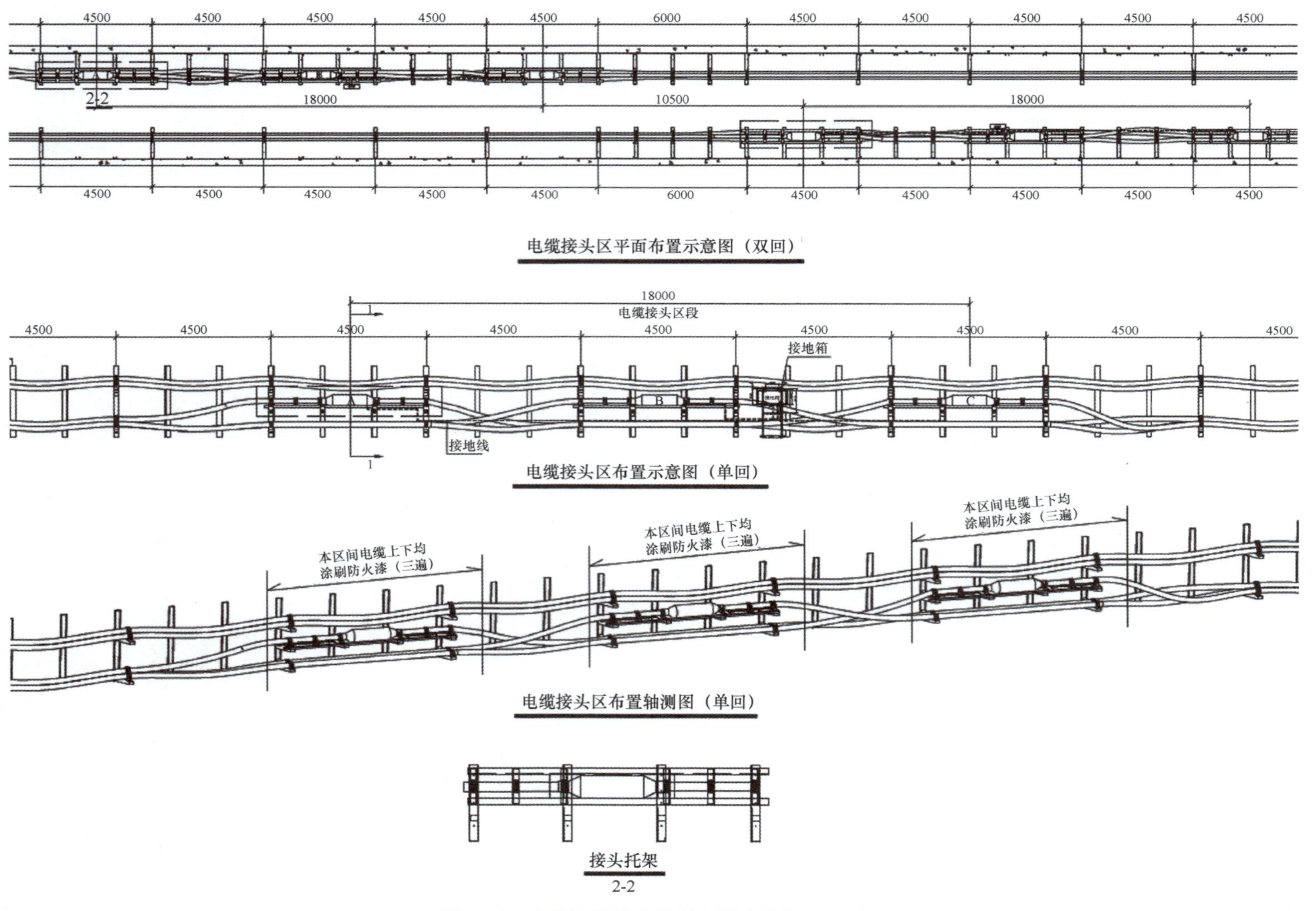

图 2-40 电缆中间接头错开布置（单位：mm）

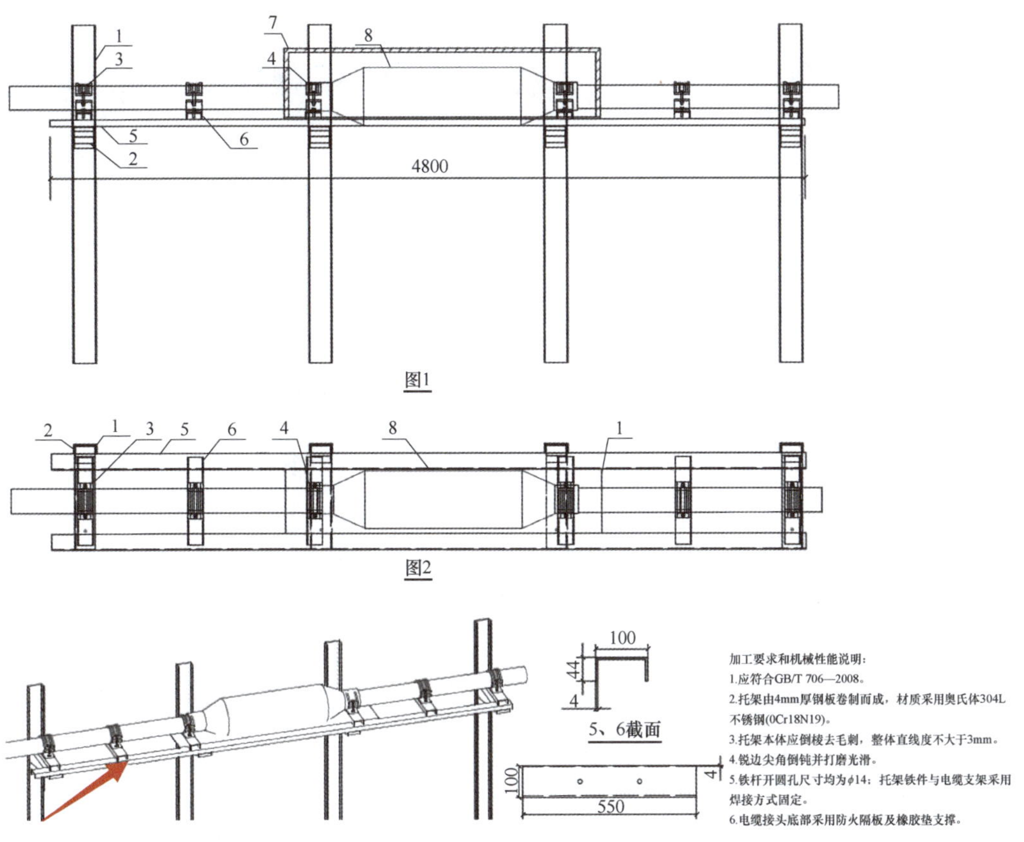

图 2-41　电缆中间接头采用防火隔板（单位：mm）

1—U 型立柱；2—电缆支架；3—单相电缆夹具；4—电缆接头夹具；5—托架支撑件；6—托架连接件；7—防火板；8—电缆接头总线

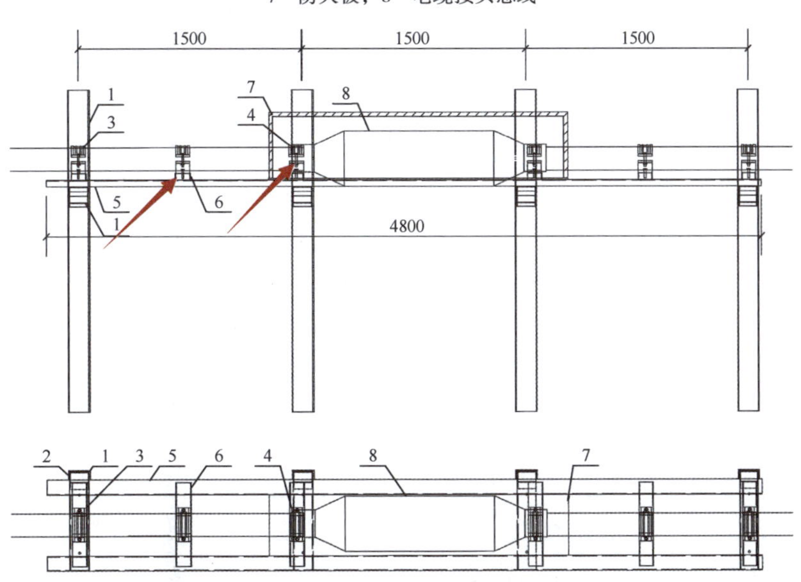

图 2-42　电缆头两侧刚性固定（单位：mm）

1—U 型立柱；2—电缆支架；3—单相电缆夹具；4—电缆接头夹具；5—托架支撑件；6—托架连接件；7—防火板；8—电缆接头总线

第五节　配网工程施工图纸审查要点

一、土建部分

1. 配电房

（1）配电房选址是否合理。核查位于涌边、水塘边、边坡等存在水土流失风险的地方，是否需要采取防止水土流失措施。

（2）土方开挖放坡、支护是否明确，放坡是否具备实施条件。

（3）设备基础、预留洞、预埋件位置与厂家设备技术文件要求是否一致。

（4）接地网的平面布置与现场条件是否相适应，是否具备实施条件。

（5）配电房是否满足结构安全、防火、防水、通风、采光、防小动物等要求。

（6）配电房门尺寸是否满足设备运输要求。

（7）油浸变压器外廓与变压器室墙壁和门的最小净距是否符合规范要求。

（8）配电室内各种通道的最小宽度是否符合规范要求。

（9）配电房沉降观测设置要求是否明确。

2. 架空线路

（1）基础配置表与基础施工图中的地脚螺栓规格是否一致。

（2）基础配置表与杆塔配置表中的杆塔型号是否一致。

（3）拉线、地盘、卡盘、防振锤等设置是否有遗漏。

3. 电缆线路

（1）电缆沟伸缩缝设置是否明确。

（2）电缆沟/井的金属支架是否有接地措施。

（3）原有的电缆管道是否满足电缆敷设的条件，是否有通管记录。

（4）电缆沟/工作井尺寸是否满足电缆转弯半径的要求，电缆允许最小弯曲半径见表 2-9。

表 2-9　　电缆允许最小弯曲半径

<table>
<tr><th colspan="3" rowspan="2">电缆类型</th><th colspan="2">允许最小弯曲半径</th></tr>
<tr><th>单芯</th><th>多芯</th></tr>
<tr><td rowspan="2">交联聚乙烯绝缘电缆</td><td colspan="2">无铠装</td><td>20D</td><td>15D</td></tr>
<tr><td colspan="2">有铠装</td><td>15D</td><td>12D</td></tr>
<tr><td rowspan="3">油浸纸绝缘电缆</td><td colspan="2">铅包</td><td colspan="2">30D</td></tr>
<tr><td rowspan="2">铅包</td><td>有铠装</td><td>20D</td><td>15D</td></tr>
<tr><td>无铠装</td><td colspan="2">20D</td></tr>
</table>

注　*D* 表示电缆直径，单位为 mm。

（5）水平定向钻工程穿越段周围管线在走向、深度及相对空间位置的设计参数与勘察报告是否一致。

（6）水平定向钻机的角度变化范围、摆放场地的大小及入土点和出土点位置，与实际施工地形是否适应。

（7）水平定向钻工程施工中管线曲率半径、弯曲应力和拖管摩阻力平衡性是否明确。

二、电气部分

1. 配电房

（1）配电变压器安装方式、对地距离、安全净距、引下线截面、变压器熔丝的选择符合规范要求且与现场条件相适应。

（2）配电房门窗、风机等接地是否明确。

（3）环形接地母线固定方式是否明确。

（4）防火封堵措施是否齐全。

（5）设备外壳接地是否利用设备原有接地端子。

2. 架空线路

（1）对于跨越铁路、公路、通航河道等的架空线路，是否采用独立耐张段或跨越段改电缆，以及跨越档内采用带钢芯的导线。

（2）安装设备的杆塔是否具备安装条件，是否满足安全距离要求。

（3）线路接火点是否明确、是否具备接火条件。

（4）杆塔型式及档距、交叉跨越与现场条件是否相适应。

（5）路边的杆塔、拉线、设备等是否有防撞措施，如图 2-43 所示。

（6）接地引上线固定方式是否明确。接地引上线固定方式大样图（未明确固定方式）如图 2-44 所示。

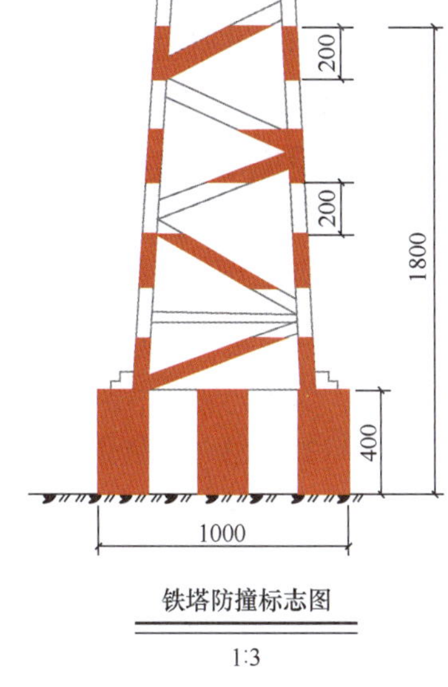

图 2-43　图纸明确铁塔防撞措施（单位：mm）

3. 台架变压器

（1）核查下列电杆不宜装设变压器台架：转角杆、分支杆，设有中压接户线或中压电缆的电杆，设有线路开关设备的电杆，交叉路口的电杆等。

（2）台架与周围建筑物是否满足安全距离要求。

（3）低压电力线路跨越道路是否设置限高标志。

（4）重复接地的位置、数量设置是否合理，是否具备实施条件。

（5）低压电力线路与建筑物的距离是否符合规范要求。

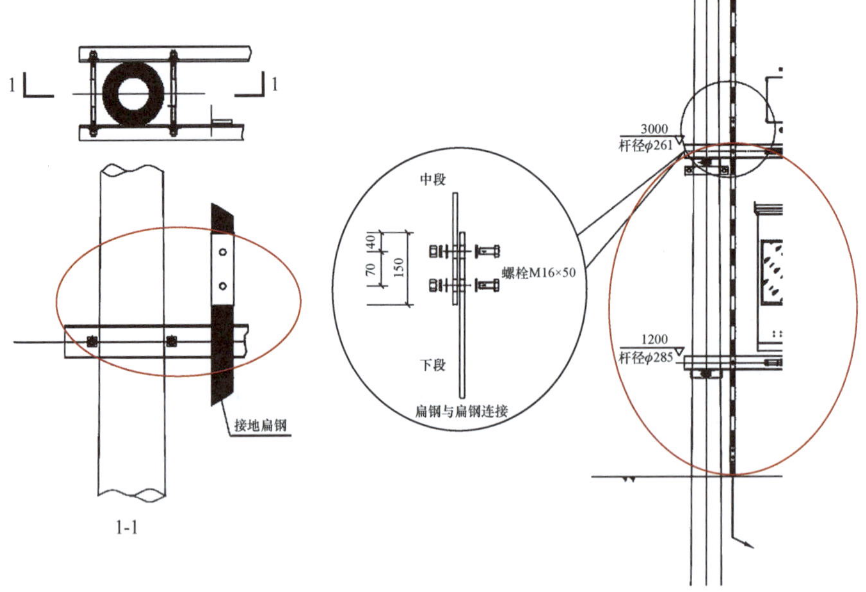

图 2-44　接地引上线固定方式大样图（未明确固定方式）（单位：mm）

（6）低压电力线路以最大弧垂计算以及最大风偏计算，对平行或交叉跨越物的最小安全距离应符合规范要求。

（7）新建和改造的低压台区绝缘导线，是否预装接地挂环。

4. 配网自动化

（1）通信、智能网关等设备电源取电是否明确，空气开关、熔断器容量是否配套。

（2）配套互感器容量是否满足要求。

（3）屏柜接地、孔洞封堵是否明确。

（4）光缆管道固定要求是否明确。

（5）光缆余长部分固定方式及现场条件是否允许实施。

（6）智能网关安装位置、高度是否与原有箱体统一协调。

（7）各类传感器安装位置、高度是否明确、统一，特别是水浸传感器安装位置是否合理。

第六节　施工图纸常见问题

一、变电（换流）站工程施工图纸常见问题

1. 各专业之间的配合问题

（1）消防管沟与避雷线塔基础碰撞，导致避雷线塔无法预留接地引出点，消防管沟与避雷线塔基础碰撞如图 2-45 所示。

（2）全站变压器牵引孔过多，增加了不必要的施工量，且影响换流变压器广场整洁美观。变压器牵引孔过多如图 2-46 所示。

（3）GIS 设备支架与基础方向不匹配（10 个基础），导致设备支架无法安装。GIS 设备支架与基础方向不匹配如图 2-47 所示。

图 2-45　消防管沟与避雷线塔基础碰撞

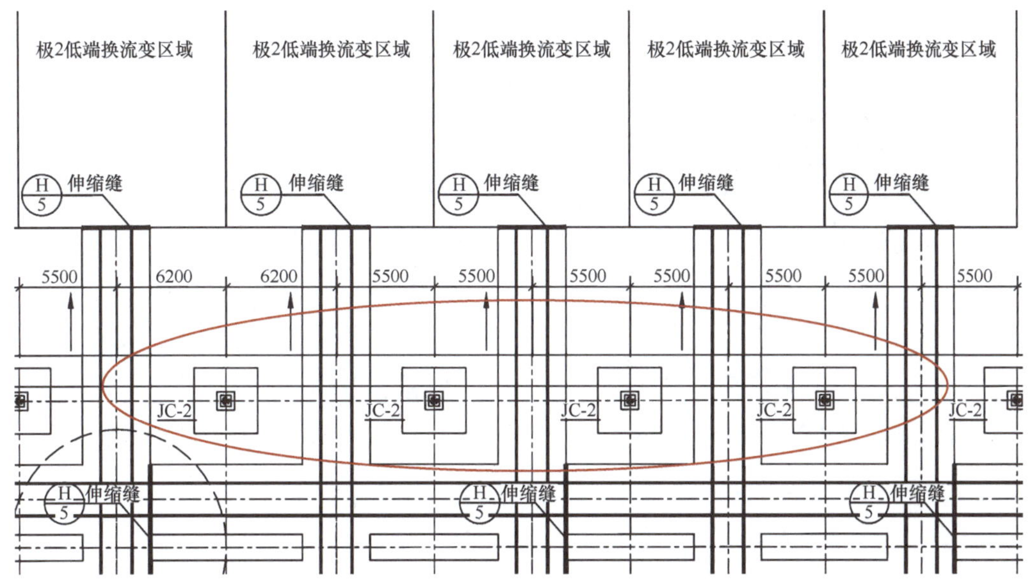

图 2-46　变压器牵引孔过多

（4）设备基础与建筑物之间距离过近，导致与散水交叉。基础相互碰撞如图 2-48 所示。

图 2-47　GIS 设备支架与基础方向不匹配

图 2-48　基础相互碰撞

（5）未遵循先地下后地上的出图原则，未优先出污水、消防、给排水等管道施工图，导致后期管道施工穿越其他建（构）筑物基础。管道穿越基础如图 2-49 所示。

（6）建筑物落水管与钢结构杯口基础碰撞。落水管与钢结构杯口基础碰撞如图 2-50 所示。

图 2-49　管道穿越基础

图 2-50　落水管与钢结构杯口基础碰撞

（7）室内消火栓与消防管压力表碰撞。消火栓与消防管压力表碰撞如图 2-51 所示。

（8）端子箱与围栏碰撞，端子箱门无法开启。端子箱门无法开启如图 2-52 所示。

图 2-51　消火栓与消防管压力表碰撞

图 2-52　端子箱门无法开启

监理意见：设计单位各专业深度配合，确保各专业施工能有序衔接。

2. 违反工艺要求的问题

（1）站区主道路侧未设计综合管沟，将消防管、生活给水管、工业给水管等统一考虑布置，导致现场施工反复开挖，且不利于后期打压查漏。未设计综合管沟如图 2-53 所示。

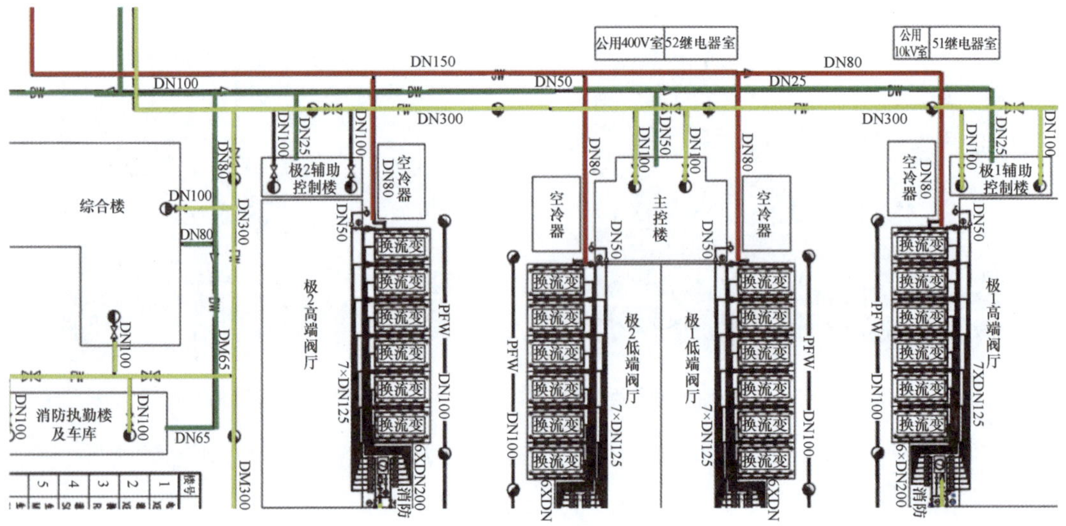

图 2-53　未设计综合管沟

（2）10kV 电缆沟设计不合理，V 字形下穿较多，土建施工难度大，不利于后期电缆敷设，且容易积水。电缆沟设计不合理如图 2-54 所示。

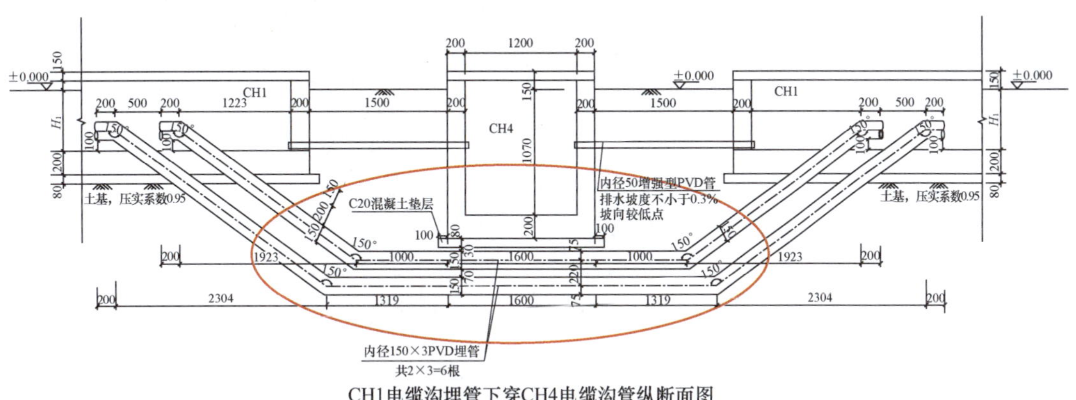

图 2-54　电缆沟设计不合理（单位：mm）

（3）交流场电缆支沟多，主电缆沟局部埋管过长，不利于断路器、隔离开关等设备本体端子箱与汇控柜间电缆敷设。交流场电缆埋管过长如图 2-55 所示。

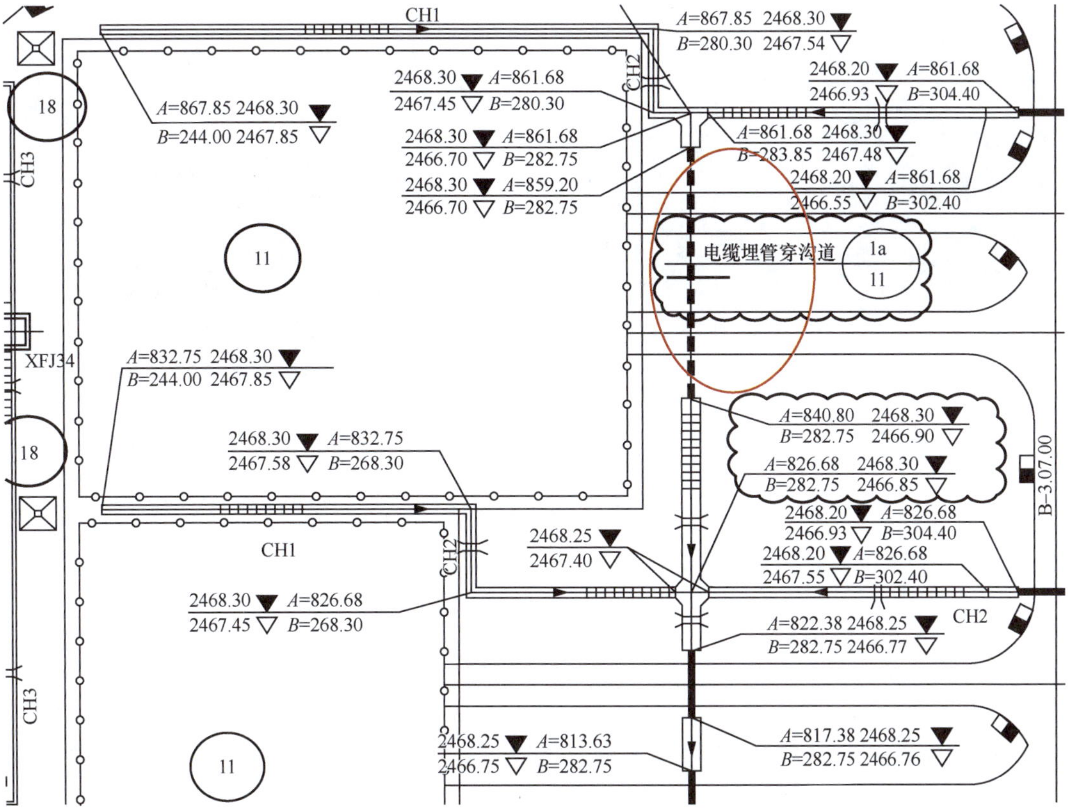

图 2-55　交流场电缆埋管过长（单位：mm）

（4）交流滤波器场光互感器设备基础埋管部分方向错误。光互感器设备基础埋管方向错误如图 2-56 所示。

图 2-56 光互感器设备基础埋管方向错误

（5）控制楼走廊吊顶内未设计桥架，导致吊顶内穿线混乱。吊顶内未设计桥架如图 2-57 所示。

（6）500kV 罐式断路器套管桩头侧设备线夹按照图纸型号为 30°，抵住均压环无法安装，线夹角度需更换成 0°。设备线夹角度错误如图 2-58 所示。

图 2-57 吊顶内未设计桥架

图 2-58 设备线夹角度错误

（7）500kV 避雷器底座引下至计数器设计图纸为–40mm×5mm 铜排，但是避雷器底座接线板宽度为 80mm，开 4-ϕ14 孔，与–40mm×5mm 铜排不匹配。接线板孔距有误如图 2-59 所示。

（8）500kV 降压变避雷器泄气孔朝向检修通道，不符合规范要求。避雷器泄气孔朝向检修通道如图 2-60 所示。

（9）35kV 低抗中间的支撑绝缘子为双接地，导致投运后，其接地处发热。电抗接地形成环路如图 2-61 所示。

监理意见：设计应充分了解变电相关施工工艺要求，在设计阶段将对应内容明确在图纸中。

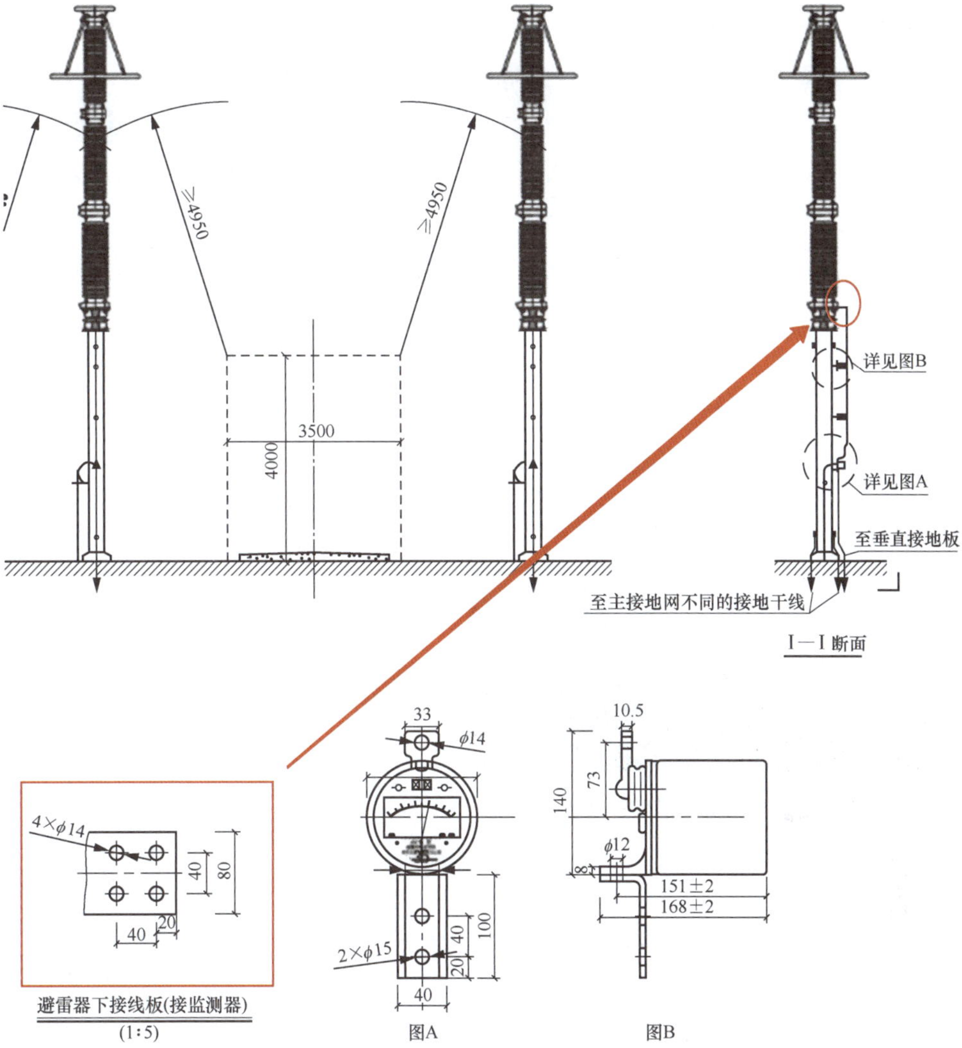

≥4950
≥4950
3500
4000
详见图B
详见图A
至垂直接地板
至主接地网不同的接地干线
I—I 断面
4×φ14
40
80
40
20
避雷器下接线板(接监测器)
(1:5)
33
φ14
2×φ15
40
20
100
40
图A
10.5
73
140
φ12
8
151±2
168±2
图B

图 2-59　接线板孔距有误（单位：mm）

图 2-60　避雷器泄气孔朝向检修通道

631 摄氏度
181
22
FLIR
FLIR0032

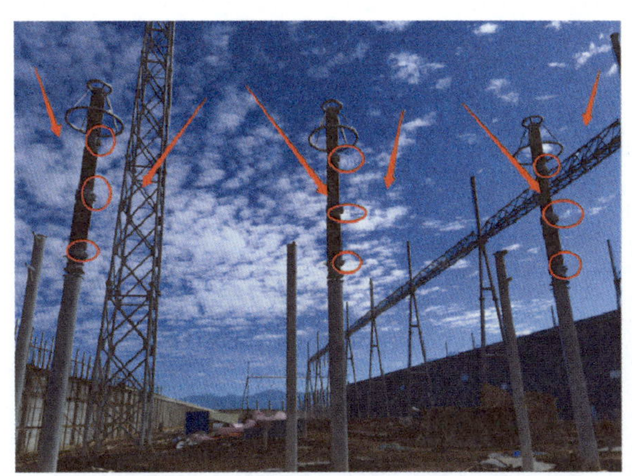

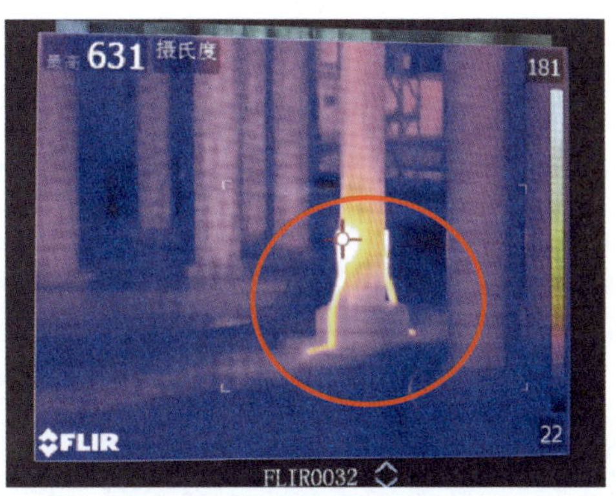

图 2-61　电抗接地形成环路

3. 违反设计要求和反措问题

（1）换流变压器存在双重化保护共用电缆的情况，网侧套管升高座共计 6 个绕组，升高座 TA 接线盒至本体 TA 端子箱之间共 4 根电缆，存在 A 套的 1S 绕组和 B 套的 2S 绕组共用 1 根电缆；A 套的 5S 绕组和 B 套的 4S 绕组共用 1 根电缆；本体 CT 接线盒至汇控箱之间共 1 根电缆，存在 A 套和 B 套共用 1 根电缆。

（2）布置于防火墙上的连接变网侧中性点管母安装跨距为 16m，管母的扰度为 0.8*D*（*D* 为管母外径）。依据《高压配电装置设计规范》（DL/T 5352—2018）第 5.3.9 条规定：支持式管形母线在无冰无风状态下的扰度不宜大于 0.5～1.0 倍的导体直径。某工程计算得到的管母扰度已接近 1.0 倍的导体直径，使得安装后下垂比较明显。管母设计安装跨距过大如图 2-62 所示。

图 2-62　管母设计安装跨距过大

监理意见：

（1）设计单位应对图纸设计内容是否符合反措要求进行核查，确保满足相关要求。

（2）采用支撑式管母时，注意校核管母扰度；对于规程规范中给出适用范围的，设计时从严考虑，并应适当预留裕度，可以适当增加托架。

二、架空线路工程施工图纸常见问题

1. 违反行业标准的问题

（1）施工图总说明书内未列表说明线路跨越铁路、公路、河流、电力线（分电压等级统计）、通信广播线、重要管道、林场等障碍物的次数或长度。某工程重要交叉跨越一览表见表 2-10。

表 2-10　某工程重要交叉跨越一览表

内容	被跨越物名称	备注
高速	S28 从莞深高速、S28 从莞深高速匝道、G94 珠三角环线高速	跨越
一级公路	G220 国道、公常路、樟木头大道	跨越
二级公路	罗马路	跨越
高速或城际铁路	赣深高速铁路、广深城际铁路、广深高速铁路	跨越
电气化铁路	广九线	跨越
±800kV 线路	新东直流	跨越

续表

内容	被跨越物名称	备注
±500kV 线路	兴安直流	跨越
500kV 线路	纵莞甲乙线	跨越
220kV 线路	220kV 东角丙丁线（共塔）、220kV 樟角甲乙线、220kV 樟莆甲乙线（共塔）、220kV 裕羽线、220kV 纵莆甲乙线（共塔）、220kV 纵冠（原纵白）甲乙线、拟建 220kV 纵江至高端线路、220kV 东角甲乙线路	跨越
110kV 线路	110kV 古布甲线、110kV 古布乙线、110kV 金太线、110kV 旗上线	跨越

监理意见：提高勘察深度，逐档列表说明该档内被跨越物名称、跨越次数等。

（2）施工图总说明书附图线路路径图信息不全，如图 2-63 所示。

图 2-63 路径图信息不全

监理意见：一般宜采用 1∶50000 比例地形图，图中应标出两端变电站（终端站）的实际平面位置，图中应标出与线路走向及路径协议有关的规划区、厂矿设施、自然保护区及新修公路等。

2. 违反反措问题

（1）耐张线夹未采用耐热型线夹。耐张线夹过热如图 2-64 所示。

监理意见：通过经济电流密度计算与系统提资要求，选用合适截面的耐热导线，参照国家、行业标准选取适用于该工程耐热导线的线夹。

（2）未考虑导线换相。经实测Ⅰ线、Ⅱ线原相序下的负序不平衡度已超过 5%限值，可能会引起保护误动作，甚至影响发电机、电动机安全运行，严重时可能发生事故，导致设备损坏，影响整个电网的安全、稳定运行。原相序布置图如图 2-65 所示，最终相序布置图如图 2-66 所示。

材料表

序号	名称	型号	每组个数	每个质量（kg）	共计质量（kg）	总重（kg）
1	U型挂环	UZ-12	1	1.40	1.40	
2	U型挂环	U-12	1	1.00	1.00	
3	调整板（DB型）	DB-12	1	4.00	4.00	
4	挂板（Z型）	Z-12	1	1.32	1.32	
5	联板（L型）	L-1240	2	4.66	9.32	
6	U型挂环	U-7	4	0.50	2.00	131.82
7	球头挂环	QP-7	2	0.27	0.54	
8	玻璃绝缘子	U70BLP-2	18	5.9	106.2	
9	碗头挂板（WS型）	WS-7	2	0.97	1.94	
10	U型挂环	Y-10	1	0.60	0.60	
11	耐张线夹（液压型）	NY-300/258G	1	3.50	3.50	

图 2-64　耐张线夹过热

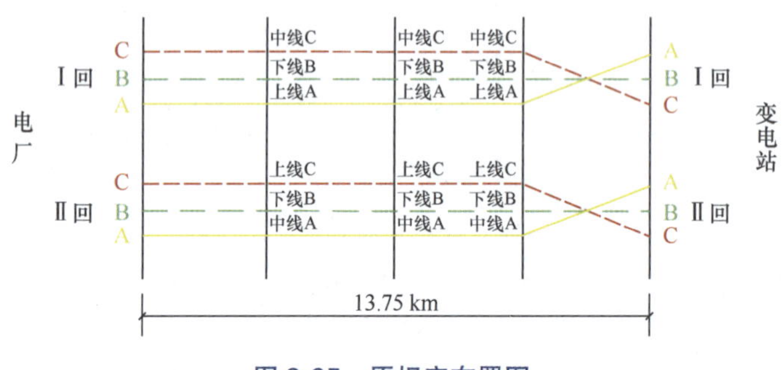

图 2-65　原相序布置图

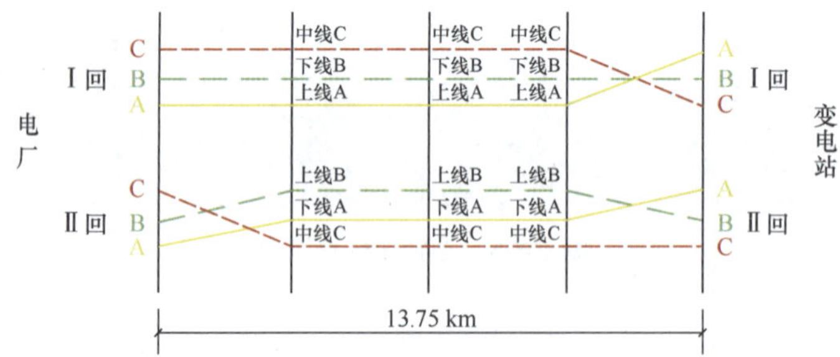

图 2-66　最终相序布置图

监理意见：无论线路长度是否超过 100km，均应计算线路不平衡度，以决定线路换位设计方案。对改接线路，务必到相关部门收集到准确的相序资料，了解线路是否有过技术改造、调相等，核实相序排列。对于 π 接线路应该校验不平衡度，必要时进行换位。

3. 各专业之间的配合问题

（1）未经论证，直接将单次极端气象条件作为设计依据，全线简单提高设计风速、覆冰厚度等级，气象条件取值不合理，造成工程投资大幅增加。

监理意见：加强基础气象资料收集，所选气象站台距离线路距离不宜过大，资料应具有可参考性；收资时间段应完整，包含建站至设计前一年的资料；收集项目应完整、准确。现场踏勘应细致、有针对性，对局部微气象区、强风区、典型风口及频繁发生风偏等特殊区域做细致的调查，掌握实际气象条件。设计气象条件应根据现行的标准、规范，对输电线路沿线气象资料进行梳理统计，必要时还宜按稀有风速条件、覆冰条件进行验算。

（2）地脚螺栓垫块与塔脚加劲板碰撞导致安装受限。地脚螺栓安装受限如图 2-67 所示。

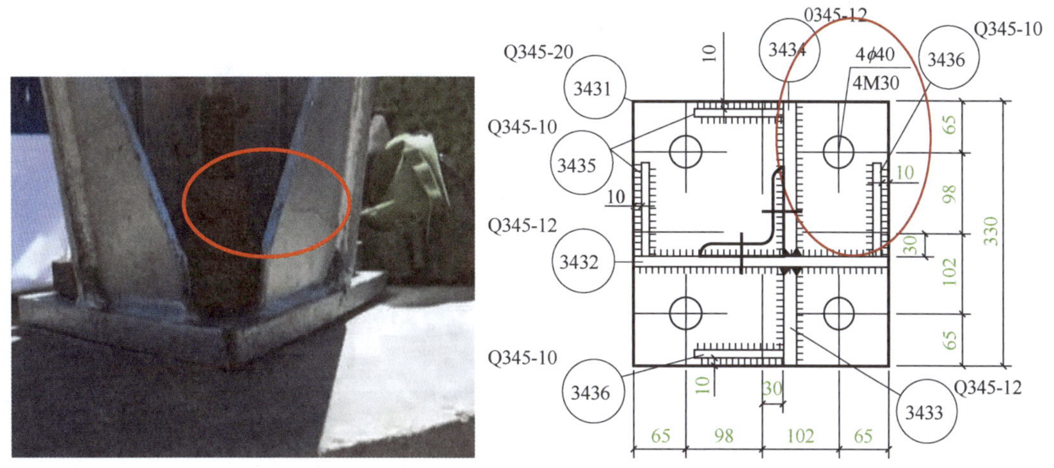

图 2-67　地脚螺栓安装受限（单位：mm）

监理意见：塔脚板设计时应校验地脚螺栓及垫板所占空间。

（3）架线完成后发现直线转角塔 OPGW 与地线支架有磕碰现象。设计该直线转角塔时，对地线悬垂串在不同转角度数和工况的情况下的偏角计算有误，地线横担悬臂长度按 600mm 设计，造成地线横担偏短。地线横担偏短如图 2-68 所示。

监理意见：依据《输电线路杆塔制图和构造规定》（DL/T 5442—2020），杆塔挂点布置应按照杆塔使用条件和电气金具进行塔串配合后设计。绝缘子及金具应按照工程金具施工图执行。设计直线转角时，充分校验地线悬垂串偏距，保证地线悬垂串与铁塔之间的必要空间距离。

（4）设计污染源现场调查不细致，污区等级划分不准确。绝缘子污染严重如图 2-69 所示。

图 2-68　地线横担偏短

图 2-69　绝缘子污染严重

监理意见：现场踏勘时着重调查线路沿线环境类型、污秽类型、污秽严重程度，为绝缘配置提供可靠的基础资料；收资应细致，考虑规划中重大污染源对线路绝缘配置的影响。实时关注当地网省公司特殊区域分布图的更新，掌握最新资料，按最新的污区分布图开展设计。

4. 总图与分图的问题

平断面定位图与杆塔明细表转角度数信息不一致。平断面定位图转角度数如图 2-70 所示，杆塔明细表转角度数如图 2-71 所示。

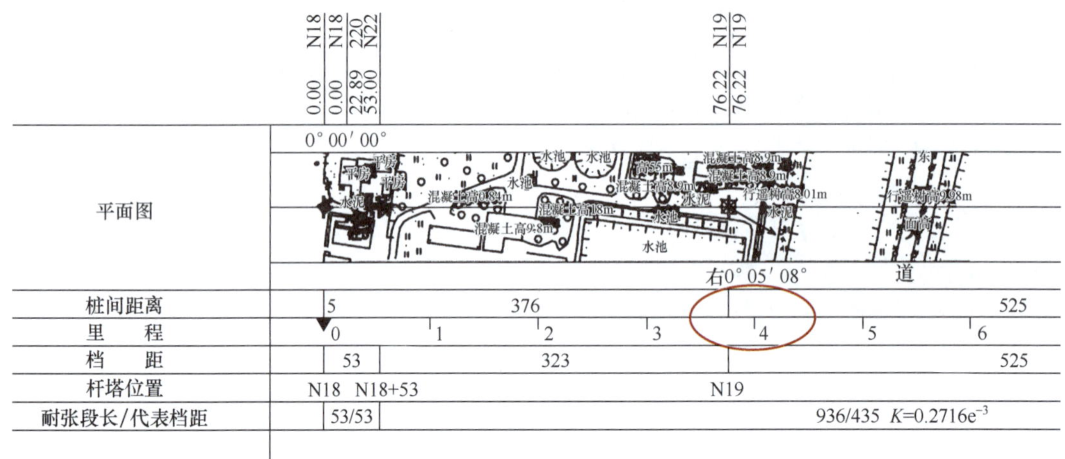

图 2-70　平断面定位图转角度数

序号	杆号	杆塔桩号	杆型塔式	档距(m)	水平档距(m)	垂直档距(m)	耐张段长(m) 代表档距(m) 转角度数	杆塔组装图号
1	#18	#18	原塔-18	69	63	22	53/53 左00°00′00″	原塔
2	GN1	J1	1C2W6-J4-21	53	188	108		1C2W6-J4-1
3	#19	#19	原塔-51	323	422	574	936/435	原塔
4	#20	#20	原塔-45	525	308	609		原塔
5	#21	#21	原塔-24	92	46	-265	右00°00′00″ 97/97	原塔

图 2-71　杆塔明细表转角度数

监理意见：平断面定位图与杆塔明细表中序号、塔号、塔位点、塔型及呼称高、塔位桩顶高程及定位高差（或施工基面）、档距、耐张段长与代表档距、转角度数等信息应前后对应。

5. 违反工艺要求的问题

（1）新技术应用不合理，在淤泥地质选择使用新型基础型式“挤扩支盘桩基础”。

监理意见：挤扩支盘桩适用于黏性土、中密～密实的粉土、中等密实及以上砂土、砂砾石、卵石层、强风化岩层，但不宜在流塑、软塑的淤泥质土、受大气影响内的膨胀土、自重湿陷性黄土及液化的土层中成盘。此外，在孤石和障碍物多的地层、有坚硬夹层、石灰岩地层中也不宜采用。

（2）线路塔基水土流失情况严重。水土流失情况如图 2-72 所示。

图 2-72 水土流失情况

监理意见：线路本体设计时进行路径、塔基类型优化，减少占地及土石方量。提出塔基防护措施并支列相应费用；必要时增加排水沟、挡土墙等专项设计。

（3）杆塔结构构件的抗力设计值过小。杆塔结构构件的抗力设计值过小导致倒塔如图 2-73 所示。

监理意见：充分考虑杆塔可变荷载的影响因素，特别是杆塔的纵横向荷载的验算均需要考虑：中、重度覆冰区域的覆冰不平衡张力，风荷载、断线张力等。相邻塔位高差较大时，还应校验耐张型杆塔横担受扭情况。

（4）杆塔结构螺栓被盗。塔腿螺栓被盗如图 2-74 所示。

图 2-73 杆塔结构构件的抗力设计值过小导致倒塔

图 2-74 塔腿螺栓被盗

监理意见：根据《110kV～750kV 架空输电线路设计规范》（GB 50545—2010）规定：受拉螺栓及位于横担、顶架等易振动部位的螺栓应采取防松措施。靠近地面的塔腿和拉线上的连接螺栓，宜采取防卸措施。

6. 基础选址问题

杆塔基础及接地射线敷设施工因青苗赔偿无法一致受阻。经济作物青苗赔偿太高如图 2-75 所示。

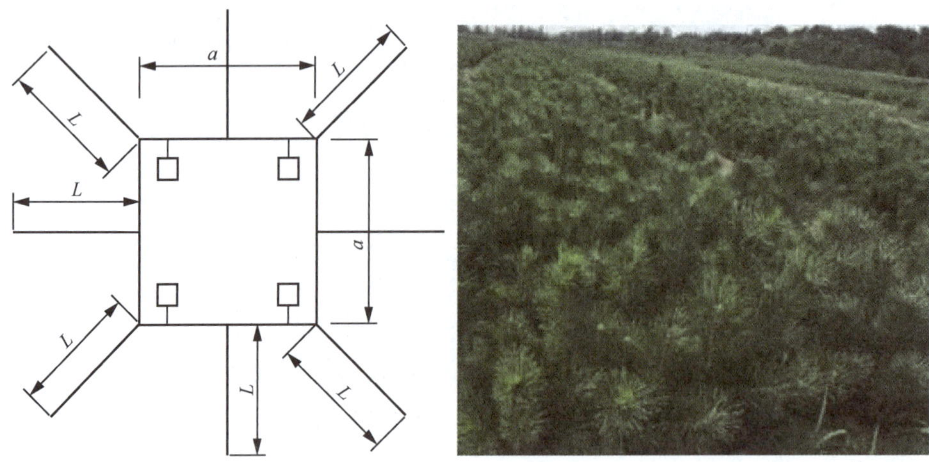

图 2-75 经济作物青苗赔偿太高

监理意见：设计过程中应考虑塔基周边地形地貌、地质条件、障碍物、青苗赔偿等因素对施工的影响。塔位选择兼顾施工便利性，避免将塔位立于征地困难、青苗赔偿困难的位置。灵活应用相关规程、规范，设计过程中采用多种接地形式，如常规环线、垂直接地、铜覆钢、石墨等特殊接地形式，并满足要求。

7. 违反设计强制性标准的问题

线路通道对地距离及交叉跨越安全距离不足，居民阻工导线架设。线路通道对地距离及交叉跨越安全距离不足如图 2-76 所示。

监理意见：根据《110kV～750kV 架空输电线路设计规范》（GB 50545—2010）第 13.0.4 条规定：输电线路不应跨越屋顶为可燃材料的建筑物。对耐火屋顶的建筑物，如需跨越时应与有关方面协商同意，500kV 及以上输电线路不应跨越长期住人的建筑物。

8. 设计深度不足问题

设计方案缺少停电迁改的临时过渡等方案，在 π 触点设计了两基双回路终端塔解口线路，该方案需双回线路同时停电，才能进行 π 接线路施工。未考虑两回线路轮停如图 2-77 所示。

图 2-76 线路通道对地距离及交叉跨越安全距离不足

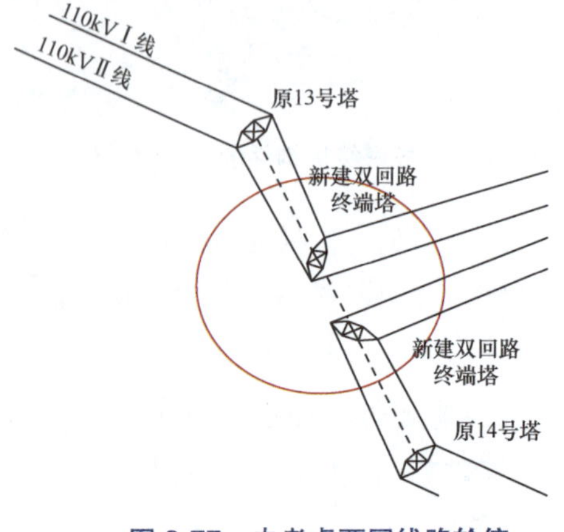

图 2-77 未考虑两回线路轮停

监理意见：增加 π 接停电过渡方案，实现两回线路轮停。

三、电缆线路工程施工图纸常见问题

1. 违反行业标准的问题

工井、电缆沟地基承载力、地基处理措施未做相关要求，导致建（构）筑物沉降。违反《建筑地基处理技术规范》（JGJ 79—2012）。灌注桩承台基础如图 2-78 所示。

图 2-78　灌注桩承台基础

监理意见：根据地质勘查报告以及路径断面图，部分区域如果地质差，要求设计提出地基承载力要求。如果地基承载力不满足，应采取地基处理措施，对邻近建（构）筑物处设置沉降、位移观测点。

2. 设计深度不足问题

（1）电缆防火阻燃措施未进行设计，隧道内的电缆阻燃等级未按要求设计。中间电缆头增加防火隔板如图 2-79 所示。

图 2-79　中间电缆头增加防火隔板

监理意见：按照属地供电局运行要求，注意电缆的阻燃等级，不满足时应及时调整。如果不是阻燃电缆，应注意电缆附件位置的防火处理措施。

（2）接地方式选择错误，尤其是交叉互联接地系统，三段电缆长度不均等。接地方式相关设计图纸如图 2-80 所示，直接接地如图 2-81 所示。

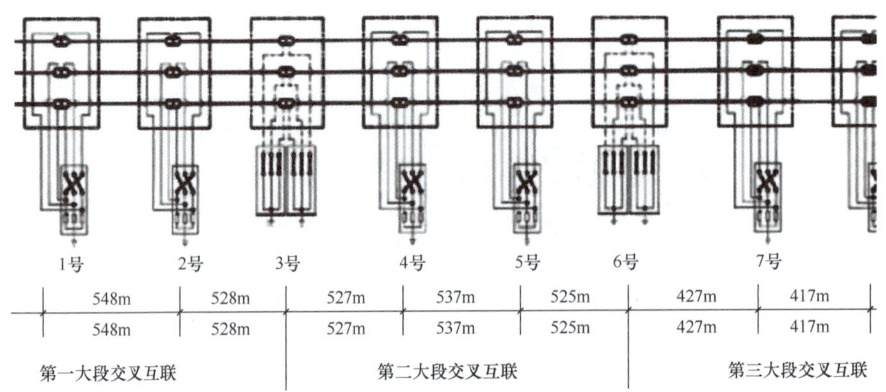

图 2-80 接地方式相关设计图纸

图 2-81 直接接地

监理意见：图纸中电缆长度与设计的接地方式不合理，应根据电缆敷设实际情况，修改接地方式。

（3）地质勘查报告、路径断面图有误，现场地下管线冲突。电缆平断面图如图 2-82 所示。

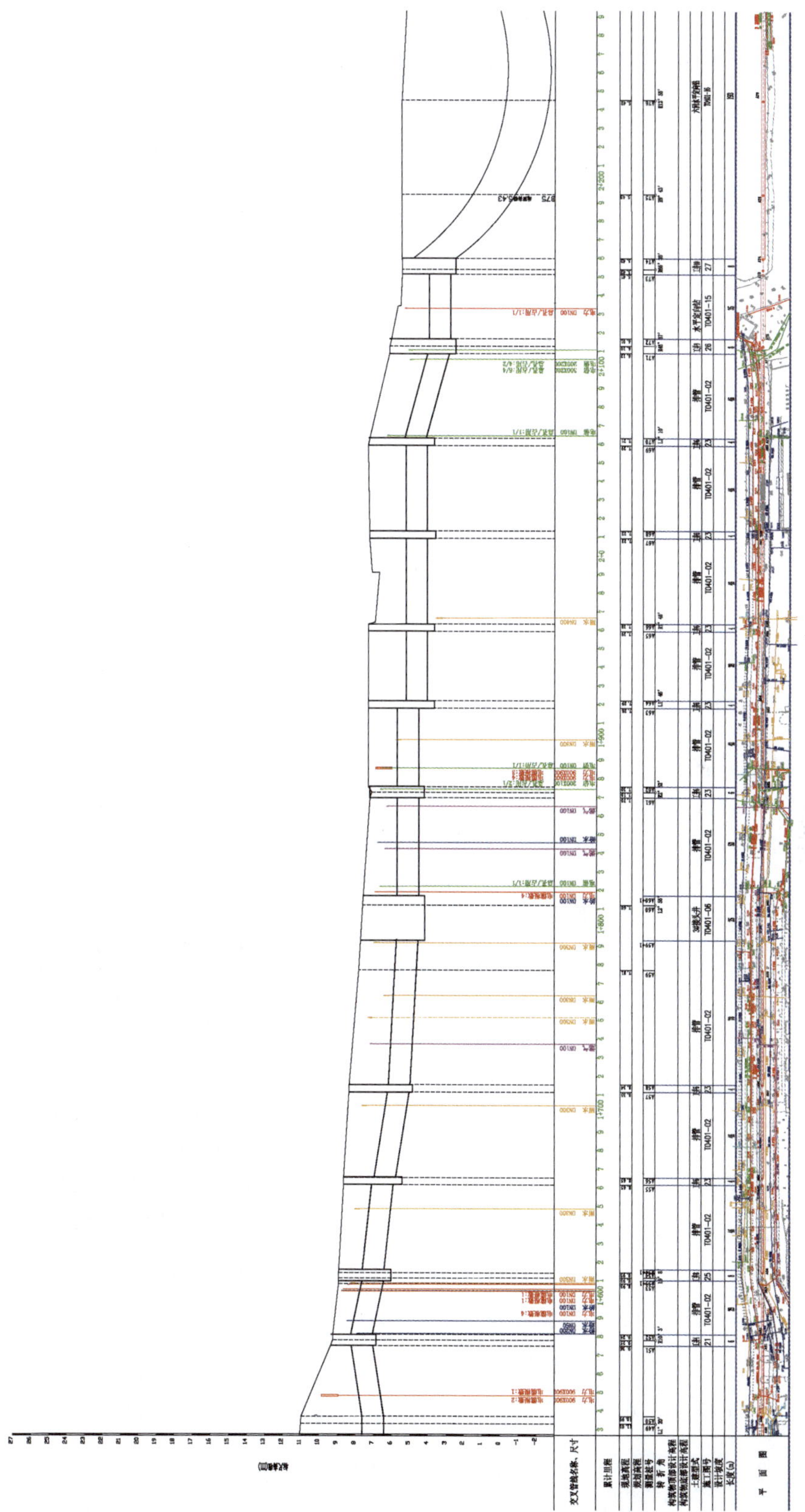

图 2-82　电缆平断面图

监理意见：应先查明电缆路径地段的建筑物、地下障碍物及各类管线的平面位置和走向、类型名称、埋设深度、材料和尺寸等。应查明土层构造、分布特征和工程地质性质，地震设防烈度，提供土的物理力学性能指标。

（4）电缆进出管口位置未配备封堵材料。排管管口封堵如图 2-83 所示，排管管口已按要求封堵如图 2-84 所示。

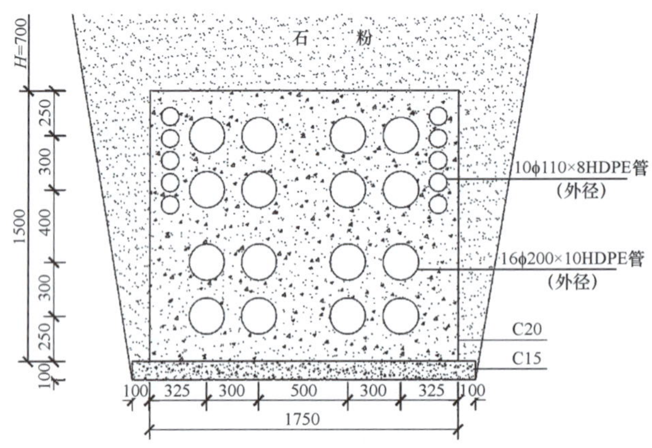

说明：

1. 电缆保护管采用16根ϕ200×10HDPE（PE100、外径）管材，通信光缆采用10根ϕ110×8HDPE（PE100、外径）管，要求管道内壁光滑。
2. HDPE管采用熔接的连接方式。
3. 施工过程中要确保管材内部清洁无沙石等异物，施工完成后两端需用配套管塞密封。
4. 为保证排管不挪位，排管之间采用配套管枕定位，两排管枕间距不超过2.0m。
5. 沿路径长度方向，间隔30m设置一道伸缩缝，缝宽25mm，采用沥青麻丝填充，伸缩缝处混凝土断开，管材不断开。
6. 管材外全部采用C20混凝土包封，混凝土要分层浇筑，并回填石粉至路面，再按市政要求恢复路面。

图 2-83　排管管口封堵（单位：mm）

监理意见：图纸中应增加有机堵料、无机堵料，封堵模块等工程量，管材施工完成后及时封堵，尤其是备用管，以免泥沙堵塞管道，影响后续电缆敷设。

（5）行车类电缆工井盖板未考虑保护措施。盖板相关设计图纸如图 2-85 所示，加固后的行车盖板如图 2-86 所示。

监理意见：提高强度，采用全钢材包封，刚性固定。

图 2-84　排管管口已按要求封堵

（6）电缆竖井内电缆位置设置不合理，电缆无法顺直进入 GIS。电缆终端头顺直如图 2-87 所示，电缆竖井处存在电缆交叉问题如图 2-88 所示。

监理意见：审核图纸时，重点关注变电站竖井与 GIS 仓是否对应，电缆摆放位置是否合理，若不合理，应在电缆层进行调整，确保电缆进入 GIS 顺畅，终端头以下约 1m 电缆应顺直。

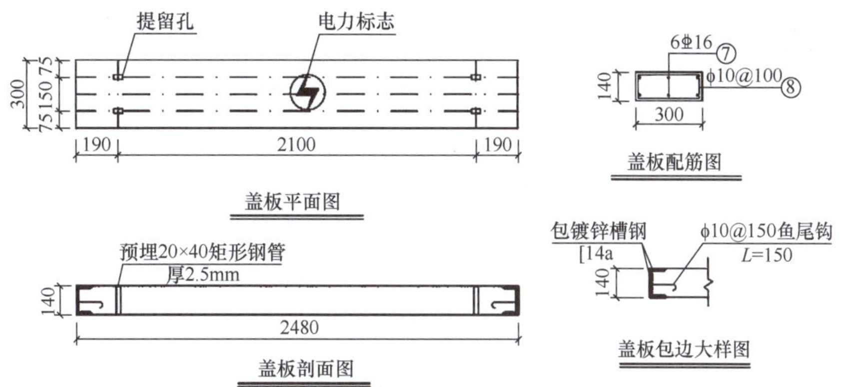

图 2-85　盖板相关设计图纸（单位：mm）

图 2-86　加固后的行车盖板

图 2-87　电缆终端头顺直

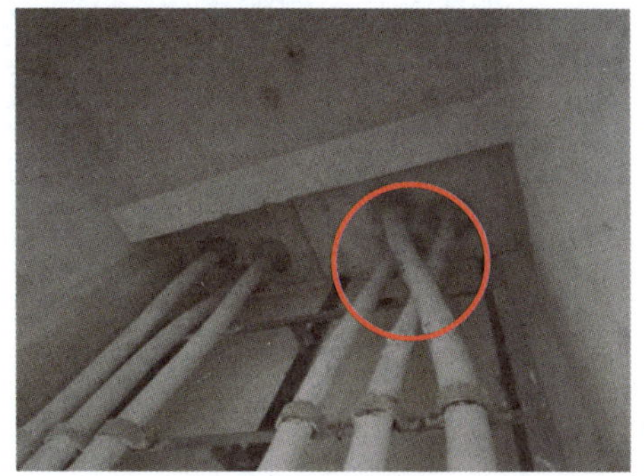

图 2-88　电缆竖井处存在电缆交叉问题

四、配网工程施工图纸常见问题

1．设计深度不足问题

（1）水平定向钻入土点和出土点位置不明确，管道深度不明确。水平定向钻示意图（入土点、出土点位置、管道深度不明确）如图 2-89 所示。

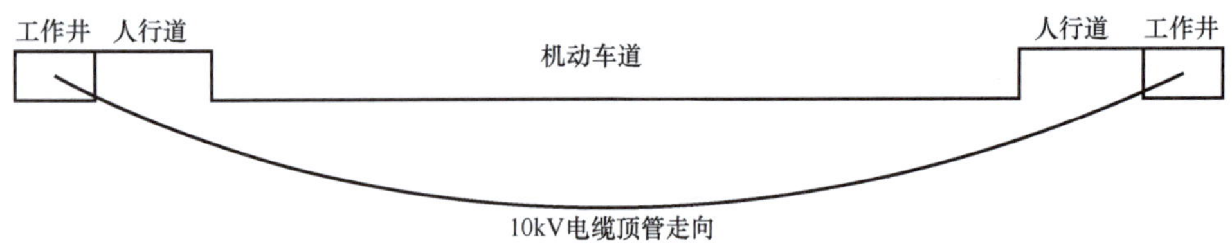

说明：
1. 在开挖施工无法进行或不允许开挖施工的场合（如穿越河流，湖泊，重要交通干线，重要建筑物的地下管线），宜采用顶管的敷设方式。
2. 电缆顶管施工时，采用HDPE管或MPP管。
3. 施工前应进行复测，核实地下管线的数据是否准确，如数据有误应及时通知设计。
4. 施工时应控制好电缆管与其他管线的净距，避免破坏其他地下管线。
5. 施工单位也可根据实际情况提出可行的施工方案，施工前提交设计确认。
6. 工作井根据实际要求施工。

图 2-89　水平定向钻示意图（入土点、出土点位置、管道深度不明确）

（2）直线电缆工作井尺寸小，电缆转弯半径不足。直线工作井剖面图（不满足电缆转弯半径要求）如图 2-90 所示。

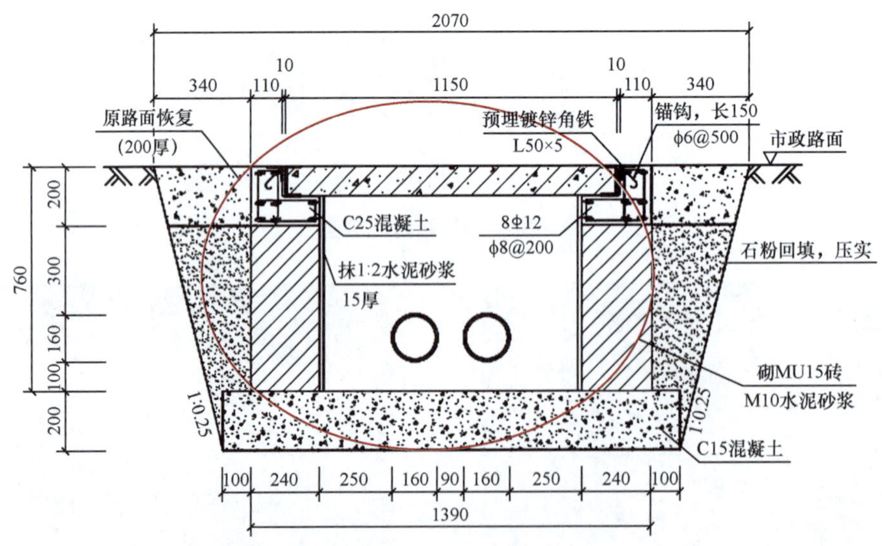

图 2-90　直线工作井剖面图（不满足电缆转弯半径要求）（单位：mm）

（3）户外开关箱基础内部空间小，电缆转弯半径不足。户外开关箱基础剖面图（不满足电缆转弯半径要求）如图 2-91 所示。

（4）行车排管/行车电缆工作井土方开挖现场实际不具备放坡条件。行车埋管剖面图（现场实际不具备放坡条件）如图 2-92 所示。

（5）设计文件未明确对开挖出运行电缆的保护措施。开挖出运行电缆无保护措施如图 2-93 所示。

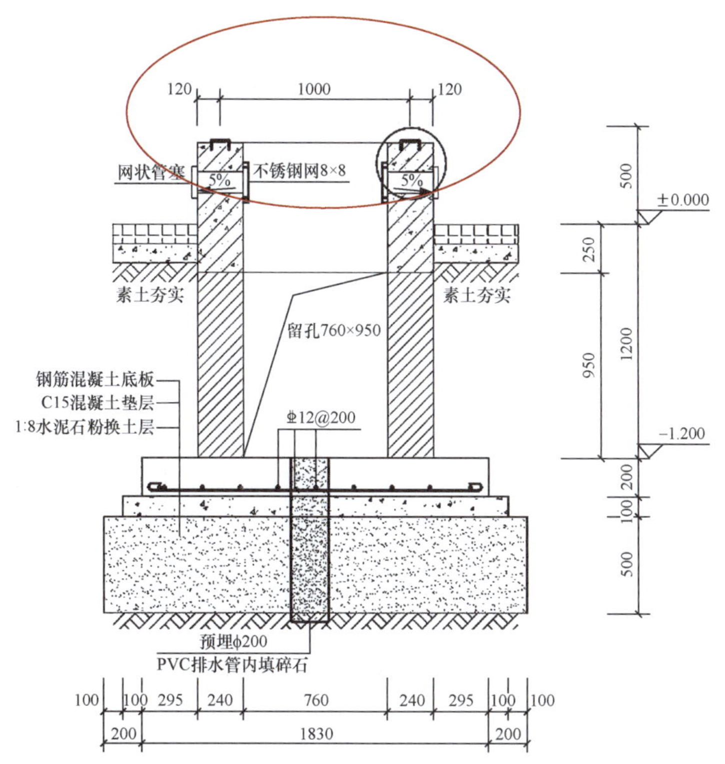

图 2-91　户外开关箱基础剖面图（不满足电缆转弯半径要求）（单位：mm）

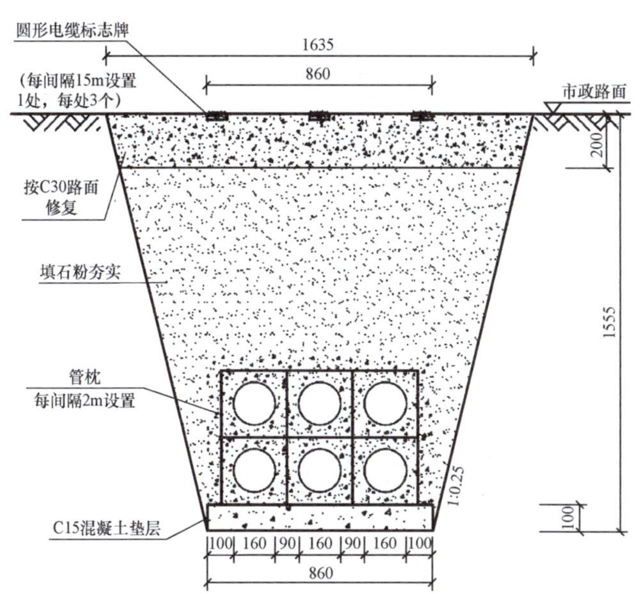

图 2-92　行车埋管剖面图（现场实际不具备放坡条件）（单位：mm）

图 2-93　开挖出运行电缆无保护措施

（6）户外设备基础与配套工作井等预留孔洞位置、尺寸不明确。预留孔洞尺寸不明确如图 2-94 所示。

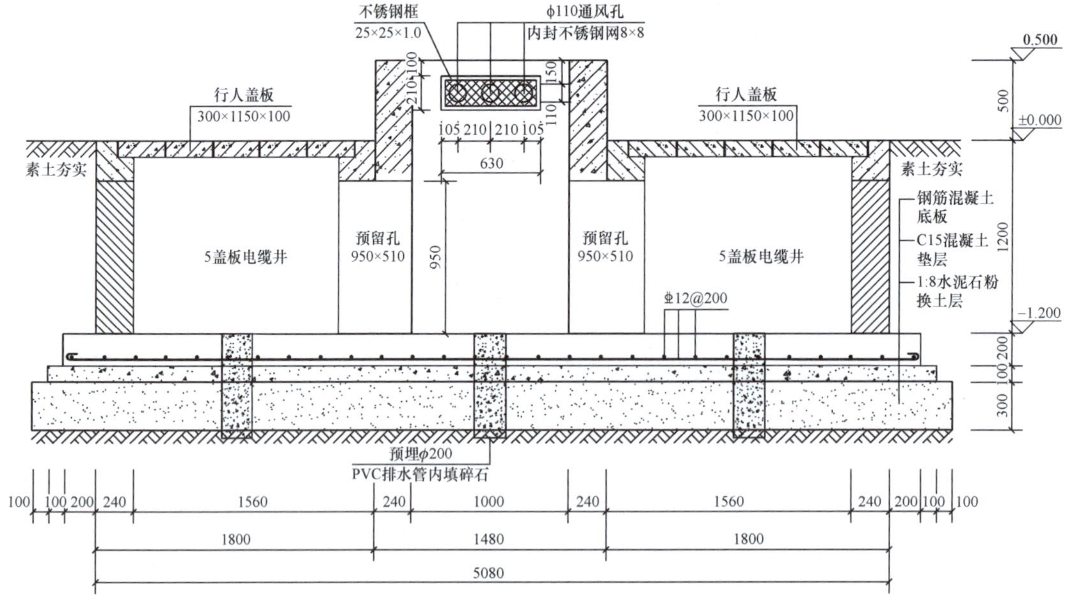

图 2-94　预留孔洞尺寸不明确

（7）配电房空调无安装图纸。配电房立面图（未标注空调外机位置）如图 2-95 所示。

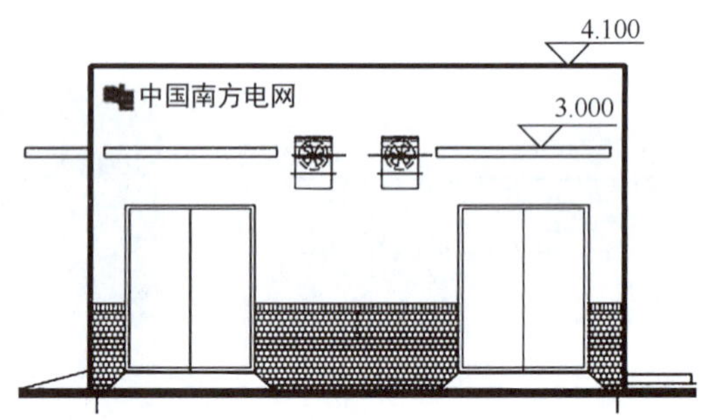

图 2-95　配电房立面图（未标注空调外机位置）（单位：m）

（8）潮湿环境下，配电房未配置抽湿机。设备平面布置图（未配置抽湿机）如图 2-96 所示。

（9）电缆工作井尺寸小，造成中间头两侧电缆弯曲。工作井尺寸小，电缆中间头两侧未能摆直如图 2-97 所示。

（10）低压架空导线跨越道路无限高标志。低压架空导线跨越道路无限高标志如图 2-98 所示。

（11）充电桩接地网按单体独立设计。充电桩接地网图（未整体设计接地网）如图 2-99 所示。

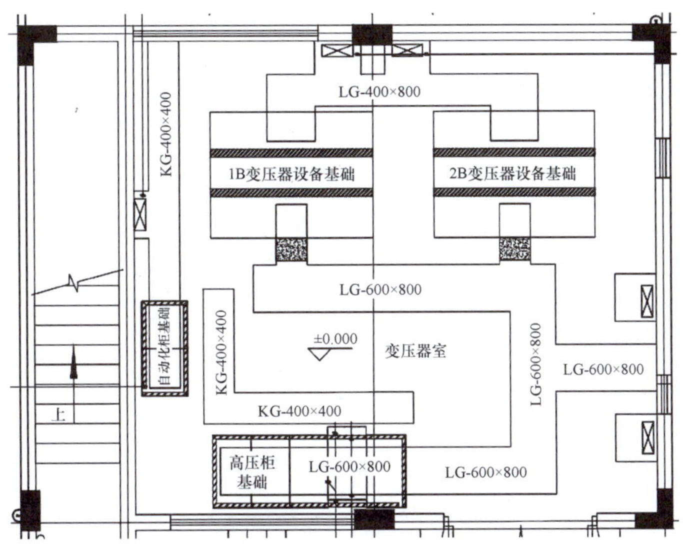

图 2-96　设备平面布置图（未配置抽湿机）（单位：mm）

图 2-97　工作井尺寸小，电缆中间头两侧未能摆直

图 2-98　低压架空导线跨越道路无限高标志

材料表

符号	名称	规格	单位	数量	总质量（kg）	备注
o	角钢垂直地极	∟50×5, L=2.5m	条	6		热度锌
⁄·⁄	圆钢水平地极	ϕ16	m	35		热度锌
⟋	圆钢引出线	ϕ16, L=1.5m	条	1		热度锌

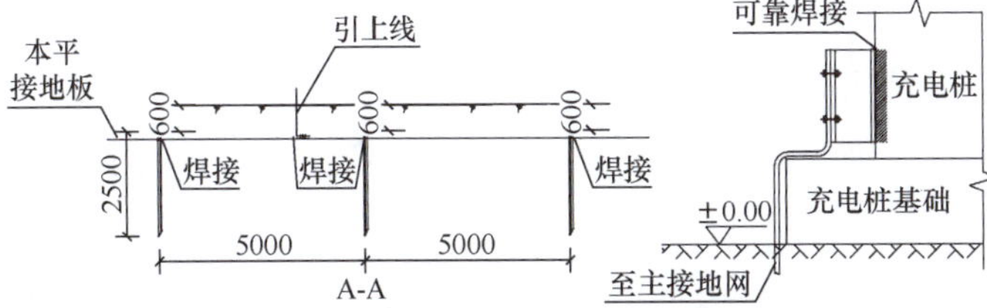

图 2-99　充电桩接地网图（未整体设计接地网）（单位：mm）

（12）充电桩外壳接地未利用充电桩预留接地端子。充电桩外壳接地图（未利用充电桩预留接地端子）如图 2-100 所示。

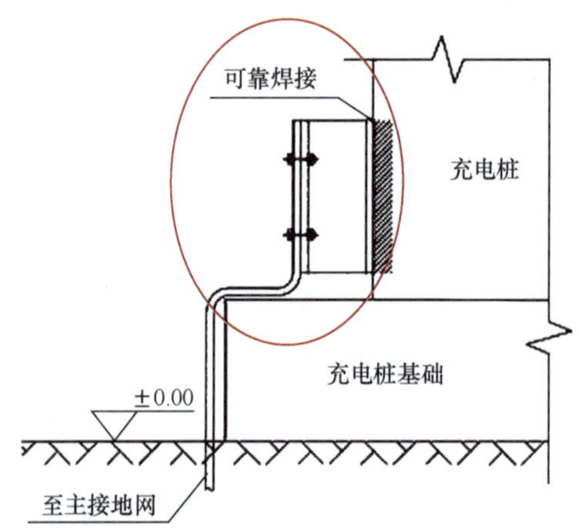

图 2-100　充电桩外壳接地图（未利用充电桩预留接地端子）

（13）位于城区的户外开关箱接地网，没有工作面按图纸开挖埋设。户外开关箱接地网图（开挖面积过大，现场不具备实施条件）如图 2-101 所示。

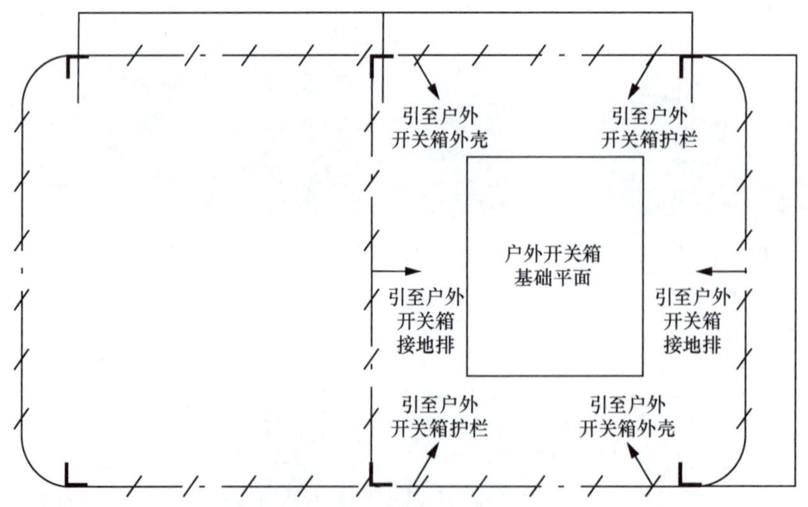

图 2-101　户外开关箱接地网图（开挖面积过大，现场不具备实施条件）

（14）充电桩雨棚接地未明确。雨棚图未明确接地如图 2-102 所示。

（15）户外开关箱智能监控供电未明确取电位置。户外开关箱智能监控供电系统图（取电位置不明确）如图 2-103 所示。

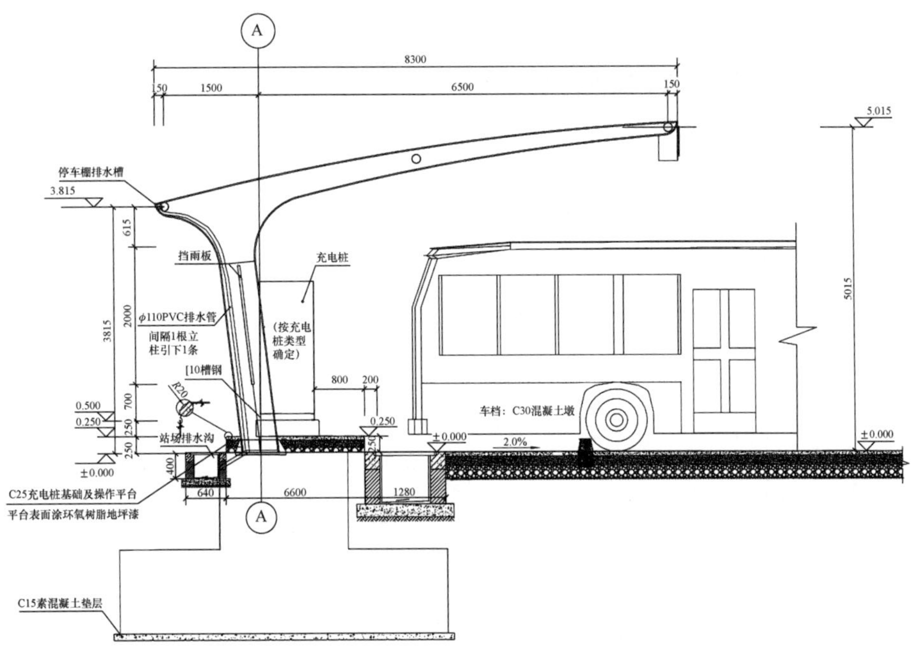

说明：
1. 所有外露铁件均须作接地处理，本设计未体现之处，另见本工程电气设计文件。
2. 所有外露铁件均采用热镀锌防腐（热镀锌最小平均厚度105μm），现场焊接镀锌破坏处统一采用冷喷锌处理（冷喷锌最小平均厚度120μm），并外涂聚氨酯封闭面漆一道厚度不小于20μm。焊条：E43××型，焊缝厚度不小于6mm，焊缝长度：满焊。
3. 未尽事宜须严格按照国家有关规程、规范及强制性标准文件执行。

图 2-102 雨棚图未明确接地（单位：mm）

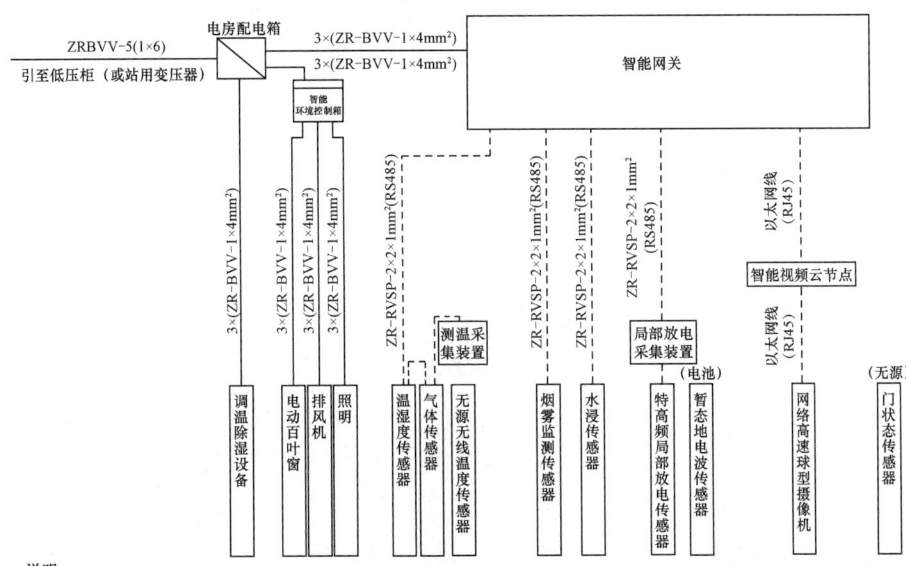

说明：
1. 智能网关宜采用双电源供电，其中主电源由配电站内配电箱交流220V电源供电；后备电源为电池或站内直流系统供电。正常情况下，智能网关由配电站内配电箱交流电源供电，当交流电源断电，智能网关应在无扰动情况下切换到后备电源供电。
2. 感知层设备中各类传感装置、传感终端设备宜采用直流24V或12V供电，统一从智能网关接取直流电源。
3. 照明、电动百叶窗、排风机、调温除湿设备采用交流220V供电，其中调温除湿设备由电房配电箱直接取电；照明、电动百叶窗、排风机通过接入智能环境控制箱再从电房配电箱取电。
注：智能环境控制箱为可选设备，为地区专用。

图 2-103 户外开关箱智能监控供电系统图（取电位置不明确）

（16）智能配电房网关箱体安装位置不明确。智能网关安装正视图如图 2-104 所示。

监理意见：根据现场勘察情况开展设计，明确具体做法。

2. 违反行业标准的问题

接地扁钢螺栓连接不符合《电气装置安装工程接地装置施工及验收规范》（GB 50169—2016）要求。台架变接地扁铁安装图（未明确安装位置）如图 2-105 所示。

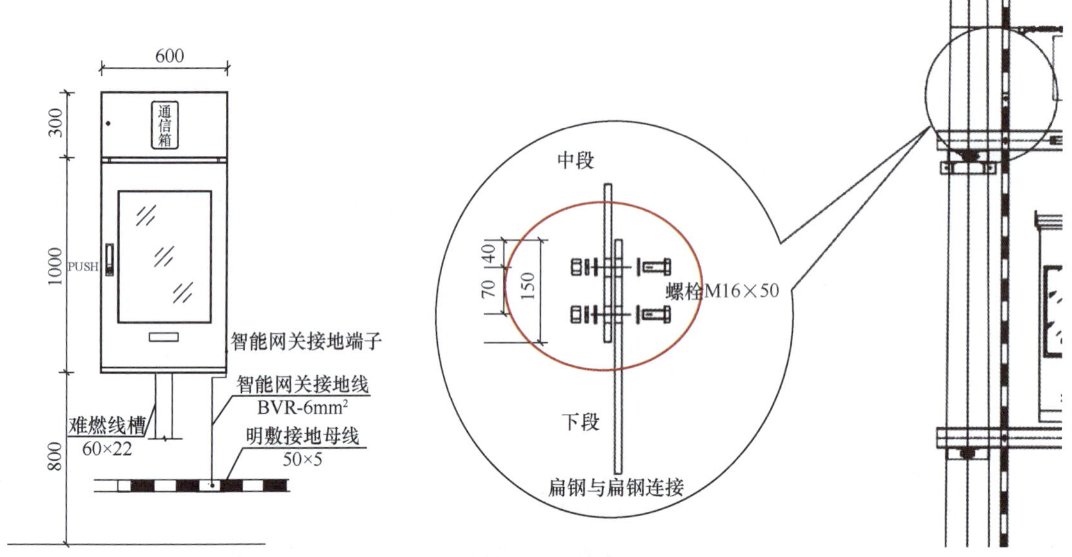

图 2-104　智能网关安装正视图（单位：mm）

图 2-105　台架变接地扁铁安装图（未明确安装位置）（单位：mm）

监理意见：按行业标准的要求开展设计。

3. 基础选址问题

（1）邻近电杆土方开挖未落实防倒杆措施，如图 2-106 所示。

（2）电杆设置在边坡上无防止水土流失措施，如图 2-107 所示。

图 2-106　邻近电杆土方开挖

图 2-107　电杆无防止水土流失措施

监理意见：做好现场勘察，明确具体做法。

第三章　施工组织设计和施工方案审查

施工组织设计和施工方案在工程项目施工中扮演着至关重要的角色，它不仅是提高施工效率、保证施工质量、保障施工安全的关键技术文件，也是提升项目管理水平、优化资源配置、协调施工各方关系的重要工具。因此，在工程项目建设中，重视施工组织设计和施工方案的编制策划工作，制定合理的施工计划，充分利用相关资源，对于提高工程质量、节约成本、保障安全具有决定性意义。

电网工程施工组织设计一般按照变电（换流）站、架空输电线路、电缆、配网等单项工程编制。不同的施工单位进行不同标段施工时，各施工单位应根据所承包的施工范围编制相应的施工组织设计。施工组织设计编制应符合《建筑施工组织设计规范》（GB/T 50502—2009）的规定。

电网工程施工方案一般是按照专项工程或分部分项工程编制，用以指导专项工程或分部分项工程具体实施的技术文件，分为专项施工方案和一般施工方案。专项施工方案是施工单位在编制施工组织设计的基础上，针对危险性较大的分部分项工程或技术复杂的分部分项工程单独编制、用以保障施工技术安全的措施文件，专项施工方案编制应符合《危险性较大的分部分项工程安全管理规定》（住房和城乡建设部令第 37 号）的要求。一般施工方案是施工单位针对危险性一般的分部分项工程进行编制，用以指导该分部分项工程具体实施过程的技术文件。

施工组织设计和施工方案完成施工单位内部编审批后，应报监理单位审查同意方可实施。《建设工程安全生产管理条例》（中华人民共和国国务院令第 393 号）第十四条规定：工程监理单位应当审查施工组织设计中的安全技术措施或者专项施工方案是否符合工程建设强制性标准。《危险性较大的分部分项工程安全管理规定》（住房和城乡建设部令第 37 号）第十一条规定：专项施工方案应当由施工单位技术负责人审核签字、加盖单位公章，并由总监理工程师审查签字、加盖执业印章后方可实施。施工组织设计和施工方案审查是监理单位的法定责任和义务，是项目施工准备阶段监理工作的重要内容。通过审查，监理单位可以客观评估施工质量、安全、进度等保障程度，同时也促进施工单位资源投入和组织能力、管理水平的提升，为工程顺利建设提供有力保障。监理人员也可依据施工组织设计和施工方案，结合监理技术，编制针对性较强的监理策划文件，更好地开展监理服务工作。

在实践过程中，由于监理人员技术能力参差不齐、经验不足、方法欠缺等原因，对施工组织设计和施工方案审查把关不严，审核通过的技术文件针对性较差，操作性不强，指导作用有限。因此，本章主要围绕施工组织设计和施工方案监理审查工作，介绍监理审查流程、内容、要点、结论及审查常见问题解析等内容，供电网工程监理人员参考。

施工组织设计、施工方案审查应依据《电力建设工程监理规范》(DL/T 5434—2021)第 6.1.2 条、6.1.8 条及《电网工程监理导则》(T/CEC 5089—2023)第 5.2 节、第 5.8 节进行。

第一节 施工组织设计审查

一、施工组织设计通用审查

施工组织设计是用来指导施工项目全过程各项活动技术、经济和组织的综合性文件，是施工技术与施工项目管理有机结合的产物，是施工单位组织工程施工的重要策划文件，促进施工活动有序、高效、科学合理地进行，对工程施工具有规划、组织、协调和指导作用。施工单位可按项目编制施工组织总设计，也可以按照单项工程、单位工程编制专项施工组织设计。

1. 审查前的准备工作

（1）熟悉施工组织设计审查流程和要点。

（2）熟悉设计文件及相关要求，领会设计意图。

（3）熟悉现行施工技术规程规范、标准和建设单位电网工程建设的相关要求。

（4）了解与项目有关的地质资料、水文资料、气象资料，了解工程地形地貌、现有建（构）筑物情况、交通运输、施工供水供电、通信、地下管线及文物等工程实施条件。

（5）了解主要施工机械、劳动力组织和主要设备、工程材料、构配件的供应条件。

（6）熟悉与工程项目有关的合同要求及施工内容，分析工程特点和难点。

2. 程序性审查

（1）施工组织设计应在开工前编制完成。由施工项目负责人组织施工安全、技术、质量、造价等专业技术人员编制，经施工单位质量安全技术相关职能部门审核，施工单位技术负责人审批并加盖单位公章。

（2）专业分包单位编制的施工组织设计经专业分包单位技术负责人审批后，需报施工总承包单位审查，由施工总承包单位技术负责人审批后，向监理项目部报审。

（3）监理项目部审查施工组织设计时，先由专业监理工程师签署专业审查意见，再由总监理工程师签署总体审查意见，合格后报业主项目部审批。需要补充修改的施工组织设计，由监理项目部提出书面意见，退回施工项目部补充修改，再按照规定程序重新报审。

（4）在实施过程中，发生以下情况之一时，施工组织设计应及时进行修改调整，并按照规定程序重新报审：

1）发生重大工程设计修改。

2）主要法律、法规、规范和标准实施、修订和废止。

3）主要施工方法有重大调整。

4）主要施工资源配置有重大调整或施工环境有重大改变。

（5）施工组织设计审批流程图如图 3-1 所示。

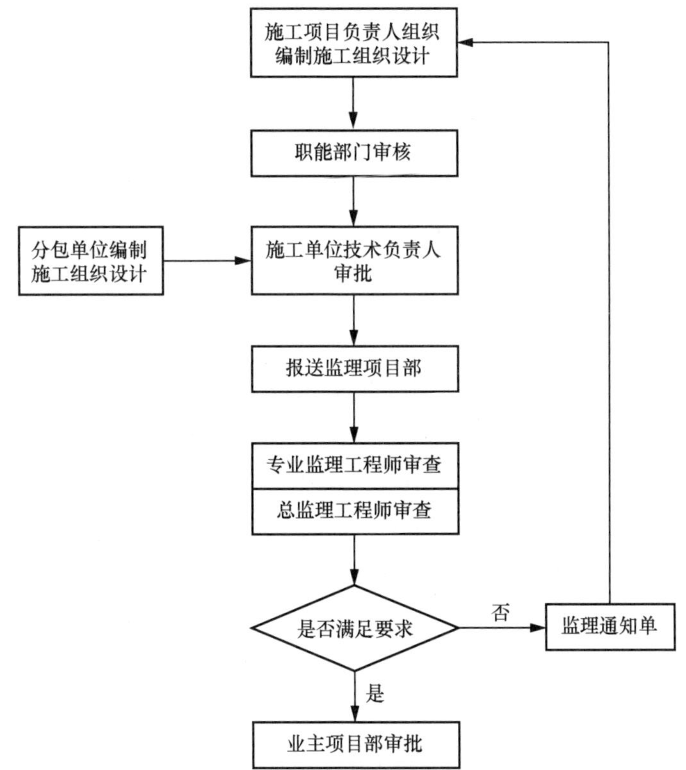

图 3-1　施工组织设计审批流程图

3. 内容完整性审查要点

监理项目部应对施工组织设计内容的完整性进行审查。施工组织设计应包括编制依据、工程概况、施工准备及施工总体部署、进度计划、物资计划、施工组织及劳动力安排、主要施工方法、质量管理、安全生产、文明施工、成品保护、施工管理体系及管理制度、施工现场平面布置等内容。

4. 内容符合性审查要点

监理项目部应对施工组织设计内容的符合性进行审查。

（1）编制依据齐全、完整，属于现行有效版本。应包括与工程建设有关的法律、法规、标准，工程所在地区行政主管部门的批准文件，工程施工合同及招投标文件，工程设计文件，建设单位电网工程建设要求等。

（2）工程质量、安全、进度、成本、环境保护等施工目标、施工内容符合工程勘察设计文件和施工承包合同的约定。

（3）拟定的施工项目管理机构人员符合施工合同及投标文件要求，配备齐全，岗位设置合理，职责明确；管理人员和特种作业人员应持有相应的资格证书及上岗证。

（4）施工进度计划节点工期符合合同约定，并满足里程碑计划要求。

（5）内容符合电网工程建设相关规定，无违反强制性标准的内容，质量验收及管理标准不低于国家标准或合同约定的标准。

（6）项目组织、技术、质量、安全、环境及职业健康等管理体系健全。

（7）现场管理制度完善。

5. 可行性及合理性审查要点

（1）工程特点、重点、难点分析准确，针对性制定可行的质量安全技术措施。

（2）施工资源配置合理。施工准备充分，施工管理人员配备满足要求，主要施工机械设备、劳动力等资源配置计划满足工程建设需要，施工现场平面布置合理。

（3）施工进度计划安排合理、有序。进度节点安排符合施工合同及里程碑进度计划要求，并逐级分解，通过阶段性目标的实现保证工期目标的完成；施工资源与施工方法匹配，对应的劳动力、设备和材料投入情况满足进度节点控制要求。充分考虑设备原材料到场时间、交通运输、青苗赔偿、季节性施工、停电、跨越、交叉施工、民风民俗等客观因素和施工条件对施工进度的影响，并制定针对性工期控制预防措施。进度计划可采用横道图或网络图表示，横道图要标明各项主要工程的工程量及起止时间，网络图要明确关键工序和关键路径，对主要分部分项工程施工做出合理统筹安排，进度跟踪、纠偏等管理措施可行。

（4）主要施工方法及技术措施可行。各分部分项工程涉及的施工方法要进行简要说明，对工程量大、施工技术复杂或工程质量关键的分部分项工程要进行全面分析，选用合理可行、技术先进的施工方法，并拟定相应的组织管理和施工技术措施。

（5）主要施工工艺控制措施可行。主要分部分项工程应明确施工工艺措施，对易发生质量通病、施工难度大、技术含量高的分项工程应做出重点说明，对季节性施工应提出相应的技术和管理要求。

（6）安全管理措施可行。危险性较大分部分项工程安全风险辨识清晰，符合工程实际，专项施工方案清单明确，安全技术交底、站班会、风险分级管控、隐患排查治理、危险作业、违章管理、文明施工、环境保护等安全技术措施可行。

（7）“四新”技术应用应通过必要的试验或者论证，对工程施工中使用的新技术、新工艺应制定应用措施，对新材料和新设备的使用应提出技术和管理要求。

（8）工程实行分包的，应对分包单位的选择、资质、能力和管理提出明确的要求。

（9）管理体系和管理制度健全。制度应包括施工安全、进度、质量、环境、绿色施工、创优策划、成本控制、施工资源、应急响应、合同控制、组织协调、奖惩考核等，各项管理制度的内容应明确目标、指标、具体管理要求和实施措施等。

（10）应急体系建立健全、针对性强，应急物资储备齐全，应急救治方法及措施完善、科学，应急机构及响应程序可行。

6. 审查结论及填写意见

施工组织设计审查后监理项目部应签署书面审查意见。

（1）施工组织设计审查不符合要求时，监理审查意见中要明确指出不符合要求的内容，并提出补充修改完善的意见。如“经审核你方申报的施工组织设计不符合要求（详见××号审查意见书），不同意按此施工组织设计指导施工，请你方按要求补充完善重新报审”。

（2）施工组织设计审查符合要求时，专业监理工程师应签署“经审查，该《施工组织设计》技术方案可行，工期安排合理，施工机械、人员、材料进场满足要求，施工管理机构设置及人员分工明确，符合工程建设强制性标准的要求”的意见。总监理工程师“该施工组织设计可行，同意按此施工组织设计进行控制、指导施工，施工过程中应根据实际情况，及时调整施工进度计划，确保施工质量”的审查意见。

二、变电（换流）站工程施工组织设计审查

1. 工程施工特点

变电（换流）站工程由土建、设备安装及调试工程组成，土建工程包含场地平整、主控综合楼、继电保护室、主变压器区域、屋外配电装置等单位工程，设备安装工程包含电气、通信、自动化、继电保护等专业工程。具有工程量大、工序复杂、安全风险大、专业性强、施工人员多、交叉作业多等特点。

2. 审查技术要点

（1）工程概况应描述清晰、信息基本齐全，它是确定施工部署、资源配置、计划安排等施工组织的重要基础，重点描述以下主要内容：

1）项目名称、性质、地理位置和建设规模（包括主变压器容量、主接线型式、进出线方式、主要设备选型）、建设重要性等。

2）施工合同或招标文件对项目施工的重点要求。

3）计划开竣工时间、项目参建单位等。

4）项目地水文、地质状况，气候条件等。

（2）施工组织设计应对项目总体施工做出进行全面部署，应包括以下主要内容：

1）明确进度、质量、安全、环境、成本等施工总目标，根据项目施工总目标的要求，明确五通一平、基础、建筑、进站及站内道路、土建交安、一次设备安装、二次接线、调试、启动验收等分阶段（期）节点控制计划。

2）按施工合同设置项目管理组织，设岗定责。

3）确定项目施工的合理顺序及空间组织。对项目施工的重点和难点进行施工技术和组织分析。

（3）施工总进度计划应编制网络图或横道图，五通一平、基础、主体结构、建筑装饰装修、消防、建筑给排水及采暖、通风与空调、电气安装等工程及电气调试、启动等阶段进度计划明确合理。

（4）主要资源配置与施工进度计划匹配。

1）技术准备、现场准备和资金准备应满足土建、安装、调试各阶段施工的需要。各单位工程、专业工程工序先后安排合理，交叉施工安排有序。

2）劳动力配置计划应明确土建、电气安装、调试人员需求数量，并确定各施工阶段（期）的劳动力配置计划。

3）主要施工机械设备配置满足施工方法的需求。

4）主要工程材料和构配件进场计划应分解，满足各单位工程施工的需要。

5）设备到场需求计划明确，与厂家生产供货计划匹配。

（5）主要施工方法选择应技术可行、可靠安全、经济合理。

1）主控综合楼、配电装置室、水泵房与水池、屋外配电装置、主变压器系统设备安装、保护控制及直流设备安装、配电装置安装、封闭式组合电器安装等重要单位（子单位）工程施工方法明确。

2）深基坑工程、脚手架工程、起重吊装工程等危险性较大分部分项工程及临时用电、季节性施工等专项施工方案应编制清单，主要安全管理措施应进行说明。

3）地基处理、结构工程、钢筋安装、混凝土浇筑、管线预埋、防水、设备安装、电缆敷设、二次接线、防雷接地等主要施工工艺措施应明确，预埋件实施措施可行。

（6）主要施工管理措施应科学合理、针对性强、操作性好。场地平整、基础工程、挡墙、护坡、建筑结构、装修、设备安装、调试等主要分部分项工程质量安全技术管理措施可行，符合强制性标准要求。工程材料进场、设备开箱及保管措施满足要求。

（7）施工现场平面布置要紧凑合理，尽量减少施工用地，应满足以下要求：

1）合理组织运输，保证现场运输道路畅通，尽量减少二次搬运。

2）各项施工设施布置都要满足方便施工、安全防火、环境保护和劳动保护的要求。

3）在平面交通上，要尽量避免土建、安装以及其他各专业施工相互干扰。

4）满足半成品、原材料、周转材料堆放及钢筋加工需要，满足不同阶段、各作业队伍宿舍、办公场所及材料储存、加工场地的需要，符合施工现场卫生、安全技术和防火规范等要求。

（8）施工临时用电方案设计和路径选择满足总平面布置及场地施工的要求，尽量避免在施工过程中产生路径变化。

三、架空输电线路工程施工组织设计审查

1. 工程施工特点

架空输电线路工程由土石方、基础、杆塔、架线、接地等分部工程组成，具有施工环境条件差、高空作业多、交叉跨越多、施工战线长、安全技术风险不确定性等特点。

2. 审查技术要点

（1）工程概况应包括建设地点、项目路径、电压等级、线路长度、杆塔数量、基础形式、杆塔主要类型、导地线规格型号、所处冰区、地形地貌、地质状况、参建各方责任主体单位等。

（2）施工部署合理，施工项目部、施工班组、材料站等设置合理，与线路路径、地形地貌、交通运输条件契合。施工现场平面布置应明确项目路径，项目部及施工班组、工程材料场地、基础原材料供应点、重要交叉跨越点、牵引场、张力场等位置。

（3）进度计划满足合同及工期目标要求，可采用网络图或横道图表示，并附必要说明。土石方、基础、杆塔、架线、接地等分部工程计划安排衔接合理，放线流程划分科学，不存在违背工艺流程、工程质量标准的错误，充分考虑跨越、停电、青培等客观条件对施工进度的影响。

（4）施工资源配置计划合理，资源配置计划包括劳动力配置计划、施工机具配置计划、设备材料到货需求计划、大运小运计划等。

1）主要施工机械设备配置满足施工方法的需要，与施工进度计划相匹配。

2）施工班组的设置和投入满足各分部工程施工计划的要求。

3）管理人员、特种作业人员数量与项目施工部署、进度计划匹配。

4）材料、构配件到货需求计划满足进度要求。

5）交通运输计划结合工程实际，大运小运资源投入满足要求。

6）申请停电施工计划及施工内容安排科学合理。

（5）各分部工程的主要工艺流程和措施描述清晰，主要施工方法具有针对性，与工程实际相符。

（6）各分部工程质量管理措施可行，检查验收程序及方法符合标准规范的要求。

（7）安全风险辨识清晰，危险性较大的分部分项工程专项方案清单明确，交叉跨越、邻近带电、高处作业、吊装等安全管理措施合理可行。

（8）土方开挖、挡墙、护坡、排水沟、树木砍伐等环境保护及水土保持管理措施满足工程实际需求，符合相关规范要求。

四、电缆工程施工组织设计审查

1. 工程施工特点

电缆工程由土建、安装、电气试验等分部工程组成。工程一般建设在人口密集的城（郊）区、工业园区、厂区、旅游景区、海底等位置，电缆一般采取直埋或管廊、沟道、隧道等方式布置，受施工工艺、环境场所等要求影响较大，具有施工难度大、技术要求高，安全风险大的特点。

2. 审查技术要点

（1）工程概况应重点描述建设规模、工程路径、电缆参数、敷设方式、建设管廊（沟道及隧道）现状、与工程施工有关环境状况（道路、桥梁、河流）、地形地貌情况等。

（2）电缆工程总体施工部署主要审查应包括以下主要内容：

1）电缆工程施工安全、质量、进度、成本、绿色施工及环境管理等目标，目标应与承包合同一致。

2）结合项目规模、复杂程度、专业特点、人员素质和地域范围及施工总承包合同设定项目管理机构。

3）对电缆工程施工中的重点、难点进行简要分析，对过程中使用的新技术、新工艺作出部署，管理及技术措施满足工期、安全、质量、进度、造价等要求。

4）施工工序和空间组织应明确，电缆工程一般按施工标段确定，如：管廊、沟道、隧道施工段。

5）明确各分部工程阶段（分期）验收及交付计划。

（3）施工进度计划应根据总体施工部署要求，应考虑以下要求：

1）明确各分部工程之间的施工顺序和计划时间，时间及相关衔接应科学、合理，根据工期长短、工程量大小考虑使用横道图或网络计划图。

2）应充分考虑利用原有管廊、沟道、隧道对各工序施工的影响。

3）关键线路上的工序进度保障措施可行。场地协调及审批较长、技术复杂、施工周期较长、施工困难较多的工程，亦应安排提前施工，避免影响后续施工。

4）满足建设单位进度计划和施工合同工期要求，采用依次、平行、流水何种施工方式，应考虑人力、材料供给、施工机械在整个施工周期的合理均衡以及季节性天气的影响，避免材料浪费、人员窝工、机械闲置，保证主要工种和主要施工机械能连续施工。

（4）主要施工方法应技术可行、安全可靠、经济合理。

1）土方开挖、回填、电缆沟砌筑、设备材料吊装等主要施工方法符合现场实际。

2）支架安装、电缆敷设及固定等主要施工方法可行，工艺技术先进。

3）主要施工管理措施应科学合理、有针对性、可操作性强，包括技术保证措施、质量保证措施、现场安全保证措施及组织措施的描述。

（5）施工现场平面布置。

1）施工现场平面布置应依据工程特点及现场实际状况布置，应设置办公区、生活区、施工区域等。根据线路长短绘制布置图，施工区域布置应包括路径图、材料堆放区、加工区、施工通道、吊装场所等内容，相邻地下地上管道、建（构）筑物等平面布置比例、尺寸应标注及说明。

2）原则上应科学、合理且占地面积小、互不干扰，减少二次搬运，节能、环保、安全、消防等满足要求，符合安全文明施工及相关管理要求。

五、配网工程施工组织设计审查

1. 工程施工特点

配网项目单项工程多，分布广，班组数量众多，人员流动性强，施工管理难度较大。施工环境复杂，停电频繁，容易受青苗赔偿、阻工、物资供应、停送电等因素影响，施工进度控制难。配网工程邻近带电施工多，穿越、跨越、高低压同杆架设的安全风险高。

2. 审查技术要点

（1）工程概况的主要内容包括工程名称、单项工程建设规模、地理位置，施工合同或者招标文件对项目施工的重点要求，项目开竣工计划日期及参建单位情况，工程特点、难点分析等。

（2）施工组织机构和人员配置是否与投标文件一致，施工组织形式、施工班组配置合理，各班组施工范围与内容分配科学，与资源配置匹配。

（3）进度目标符合合同及建设单位里程碑计划要求，进度计划编制可行。各单项工程进度计划明确、相互协调合理，与施工资源、物资材料供应、停电计划等相匹配，满足总进度计划的要求。

（4）物资供应计划与单项工程进度计划匹配，需求时间和数量应清晰，施工材料站设置合理，物资领用、利库、退库等管理措施可行。

（5）安全风险分析清晰，现场踏勘仔细准确，各风险点对应到各单项工程，对同杆架设、邻近带电、交叉跨越等参数描述详细，专项施工方案清单明确。安全管理措施结合风险点和风险等级制定，针对性强；需要带电施工、停电施工范围描述清晰，防触电、反送电的措施可行，带电作业措施满足要求，吊装安全措施可行，防人身安全、防电网安全管理措施可行。

（6）隐患排查治理、违章管理、站班会及安全交底措施符合要求，具有可操作性。

（7）环境保护及水土保持管理措施满足工程实际需求，邻近村庄、城市、公路、河流、水库等地施工安全防护及环保措施可行，符合相关规范要求。

（8）质量管理措施可行，原材料检验、基坑开挖、杆塔组立、金具安装、架线施工流程和工艺措施符合要求，主要施工方法可行。

（9）设备试验符合要求，试验项目齐全，试验方法和标准正确。

（10）工程验收符合规范要求。单项工程启动验收、工程量验收、竣工验收的方法和措施符合规定。

（11）应急组织体系完善，应急人员职责明确，针对现场分布广的现场处置措施、通信措施、应急救援措施合理可行。

六、施工组织设计审查常见问题

1. 程序性审查常见问题

（1）**常见问题一：**施工组织设计编审批流程或签字人员不符合《建筑施工组织设计规范》（GB/T 50502—2009）的规定。

案例：220kV ××变电站新建工程施工组织设计由资料员吴某某编制，项目总工李某某审核，项目经理张某某批准。程序性审查常见问题如图 3-2 所示。

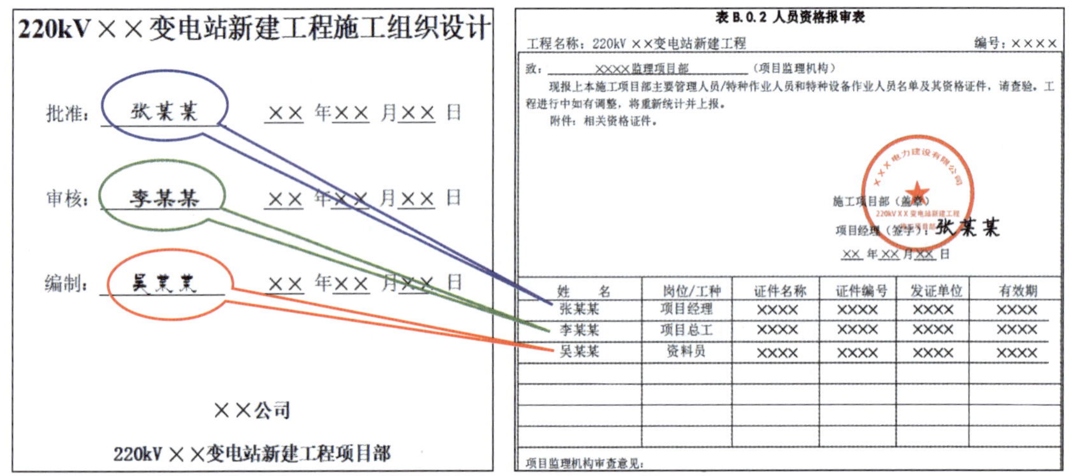

220kV××变电站新建工程施工组织设计

批准：张某某　××年××月××日

审核：李某某　××年××月××日

编制：吴某某　××年××月××日

××公司

220kV××变电站新建工程项目部

表 B.0.2 人员资格报审表

工程名称：220kV ××变电站新建工程　编号：××××

致：XXXX监理项目部（项目监理机构）

现报上本施工项目部主要管理人员/特种作业人员和特种设备作业人员名单及其资格证件，请查验。工程进行中如有调整，将重新统计并上报。

附件：相关资格证件。

施工项目部（盖章）

项目经理（签字）：张某某

XX 年 XX 月 XX 日

姓　名	岗位/工种	证件名称	证件编号	发证单位	有效期
张某某	项目经理	XXXX	XXXX	XXXX	XXXX
李某某	项目总工	XXXX	XXXX	XXXX	XXXX
吴某某	资料员	XXXX	XXXX	XXXX	XXXX

项目监理机构审查意见：

图 3-2　程序性审查常见问题一

监理审查注意事项：施工组织设计应由施工单位任命的项目负责人组织编制，职能管理部门（工程部、技术部、安质部等）审核，公司技术负责人审批。

（2）**常见问题二：**施工组织设计签字页盖施工项目部印章，不符合《建筑施工组织设计规范》（GB/T 50502—2009）的规定。

案例：220kV ××变电站新建工程施工组织设计盖施工项目章。程序性审查常见问题如图 3-3 所示。

监理审查注意事项：施工组织设计封面或报审表应签盖施工单位印章。

（3）**常见问题三：**施工组织设计编、审、批时间逻辑关系混乱，签字扉页无施工组织设计名称。

案例：220kV ××变电站新建工程施工组织设计无施工组织设计名称，俗称“万能签”，可以用于其他任何报审文件，且编、审、批时间逻辑关系混乱。程序性审查常见问题如图 3-4 所示。

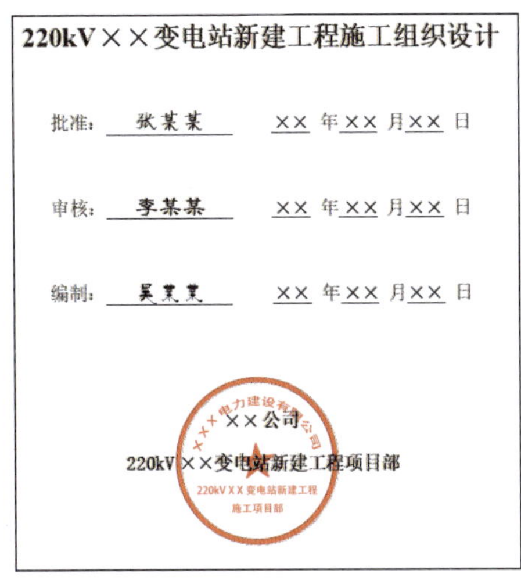

220kV××变电站新建工程施工组织设计

批准：张某某　××年××月××日

审核：李某某　××年××月××日

编制：吴某某　××年××月××日

××公司

220kV××变电站新建工程项目部

图 3-3　程序性审查常见问题二

批准：张某某　××年12月17日

审核：李某某　××年12月18日

编制：吴某某　××年12月19日

×××电力建设有限公司

220kV××变电站新建工程项目部

图 3-4　程序性审查常见问题三

监理审查注意事项：施工组织设计签字扉页应注明文件名称，时间上应先编、后审、再批。

（4）**常见问题四：**分包单位施工组织设计审查后未经施工总承包单位技术负责人审批。

案例：220kV ××变电站新建工程施工组织设计未经施工总承包单位技术负责人批准就报监理项目部。程序性审查常见问题四如图 3-5 所示。

监理审查注意事项：专业分包单位编制的施工组织设计经专业施工单位技术负责人审批并加盖公章后，报施工总承包单位审查，经施工总承包单位技术负责人审批并加盖公章后方可报监理项目部。

220kV××变电站新建工程施工组织设计

批准：________　××年××月××日

审核：李某某　××年12月19日

编制：吴某某　××年12月19日

×××电力建设有限公司

220kV××变电站新建工程项目部

图 3-5　程序性审查常见问题四

2. 内容完整性审查常见问题

（1）**常见问题一：**施工组织设计内容不完整。

案例：220kV ××变电站新建工程施工组织设计缺少施工总进度计划、总体施工准备与资源配置计划、主要施工管理计划等内容。内容完整性审查常见问题如图 3-6 所示。

目　录

第一章　工程概况及特点 1
1.1 工程简述 1
1.2 工程建设规模和设计范围 4
1.2.1 建设规模 4
1.2.2 设计范围 4
1.2.3 分工配合 5
1.2.4 站址概况 5
1.2.5 施工特点 5
1.3 主要技术原则及技术标准 6
1.3.1 主要设计技术原则 6
1.4 工期要求 8
1.5 站区总布置与交通运输 8
1.6 工程涉及的主要单位 11
1.7 施工依据 11
第二章　施工现场组织机构 16
2.1 施工现场组织机构 16
2.2 施工现场组织原则 16
2.3 项目管理机构人员及部门职责 17
第三章　施工现场平面布置 21
3.1 施工现场总体平面布置 21
3.2 施工现场临时用电、临时用水总体布置 24
3.3 施工现场消防总体布置 25

第四章　施工方案 26
4.1 施工技术和资料准备 26
4.2 材料准备 27
4.3 施工机具准备 29
4.4 施工力量配置 32
4.5 施工工序总体安排 33
4.6 主要工序和特殊工序的施工方法 34
4.7 工程成本的控制措施 81
第五章　质量管理目标、质量保证体系及技术组织措施 87
5.1 质量目标、管理组织机构及职责 87
5.2 质量管理措施 91
5.3 质量体系及管理方针 109
5.4 质量管理及检验的标准 110
5.5 质量保证技术措施 114
第六章　安全管理 117
6.1 安全目标承诺 117
6.2 安全管理组织机构 117
6.3 安全管理主要职责 118
6.4 安全管理制度及方法 121
6.5 安全组织技术措施 127
6.6 重要施工方案及特殊施工工序的安全过程控制 132

图 3-6　内容完整性审查常见问题一

监理审查注意事项：施工组织设计框架内容应符合《建筑施工组织设计规范》（GB/T 50502—2009）的规定，主要包括编制依据、工程概况、施工准备及施工总体部署、进度计划、物资计划、施工组织及劳动力安排、主要施工方法、质量管理、安全生产、文明施工、成品保护、施工管理体系及管理制度、施工现场平面布置等内容。

（2）**常见问题二：**工程概况遗漏重要的"项目承包范围及预分包计划""施工合同或招标文件对项目施工的重点要求"等内容。

案例：××变电站新建工程施工组织设计中"工程概况"内容不全。内容完整性审查常见问题如图 3-7 所示。

监理审查注意事项：审查概况时，重点关注重要的、关键的信息是否齐全。

3. 内容符合性审查常见问题

（1）**常见问题一：**工程特点、难点分析无针对性。

案例：220kV ××变电站新建工程施工组织设计中施工特点分析不全面，缺少工程难点分析等内容。内容符合性审查常见问题如图 3-8 所示。

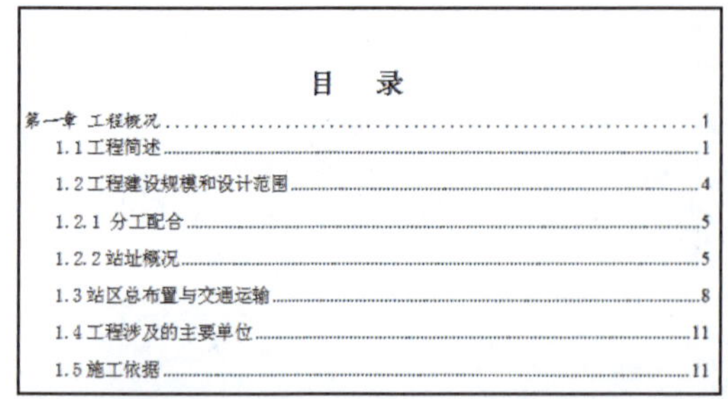
目　录

第一章　工程概况 1
1.1 工程简述 1
1.2 工程建设规模和设计范围 4
1.2.1 分工配合 5
1.2.2 站址概况 5
1.3 站区总布置与交通运输 8
1.4 工程涉及的主要单位 11
1.5 施工依据 11

图 3-7　内容完整性审查常见问题二

1.2.5 施工特点

1）墙体采用节能环保型材料，不采用粘土实心砖。除卫生间、控制室采用瓷砖地面外，其余房间全部采用水泥地面，PVC 卷材柔性防水平屋面，不采用花岗岩装修，以免产生氡污染。

2）提前策划，合理安排施工计划，减少土建电气交叉作业，为设备到货放置提供良好的条件。

1.3 主要技术原则及技术标准

1.3.1 主要设计技术原则

图 3-8　内容符合性审查常见问题一

监理审查注意事项：施工组织设计应认真分析工程特点、难点，包括外部环境、地质状况及施工条件、工期要求、气候条件、材料供应、工艺流程要求、风险分析等，为后期施工方案选择、工期安排、措施制定提供依据。

（2）**常见问题二：**工程概况对项目设计以及项目水文、地质、气候特点描述不准确，导致后续组织设计的施工部署、方法、措施缺少针对性。比如：基础形式、地质条件描述不清，在施工组织设计中基坑开挖的施工部署、施工方法、施工进度和机具选择等不具有针对性和操作性。

案例：220kV ××变电站新建工程施工组织设计工程概况中未对站址项目水文、地质、气候特点进行描述。内容符合性审查常见问题如图 3-9 所示。

监理审查注意事项：审查概况时，应详细核对水文、地质和项目设计描述是否与项目地勘设计资料相符一致。

（3）**常见问题三：**主要依据不全，并且引用与本项目无关的依据，存在过期版本。

案例：220kV ××变电站新建工程施工组织设计编制依据存在过期版本。内容符合性审查常见问题如图 3-10 所示。

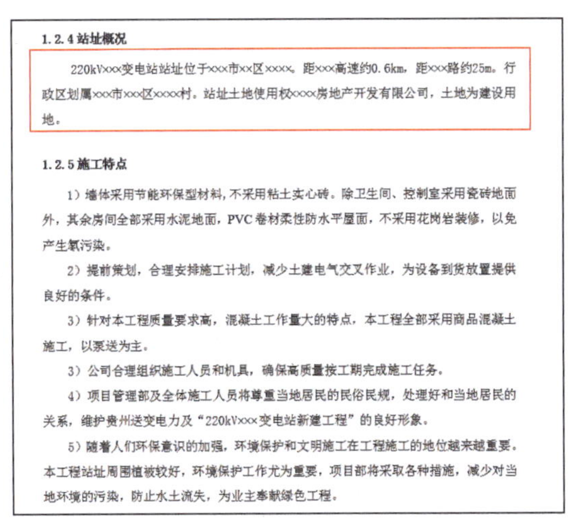

1.2.4 站址概况

220kV×××变电站站址位于×××市××区××××。距×××高速约0.6km，距×××路约25m。行政区划属×××市×××区××××村。站址土地使用权××××房地产开发有限公司，土地为建设用地。

1.2.5 施工特点

1）墙体采用节能环保型材料，不采用粘土实心砖。除卫生间、控制室采用瓷砖地面外，其余房间全部采用水泥地面，PVC 卷材柔性防水平屋面，不采用花岗岩装修，以免产生氡污染。

2）提前策划，合理安排施工计划，减少土建电气交叉作业，为设备到货放置提供良好的条件。

3）针对本工程质量要求高，混凝土工作量大的特点，本工程全部采用商品混凝土施工，以泵送为主。

3）公司合理组织施工人员和机具，确保高质量按工期完成施工任务。

4）项目管理部及全体施工人员将尊重当地居民的民俗民规，处理好和当地居民的关系，维护贵州送变电力及“220kV×××变电站新建工程”的良好形象。

5）随着人们环保意识的加强，环境保护和文明施工在工程施工的地位越来越重要。本工程站址周围植被较好，环境保护工作尤为重要，项目部将采取各种措施，减少对当地环境的污染，防止水土流失，为业主奉献绿色工程。

图 3-9 内容符合性审查常见问题二

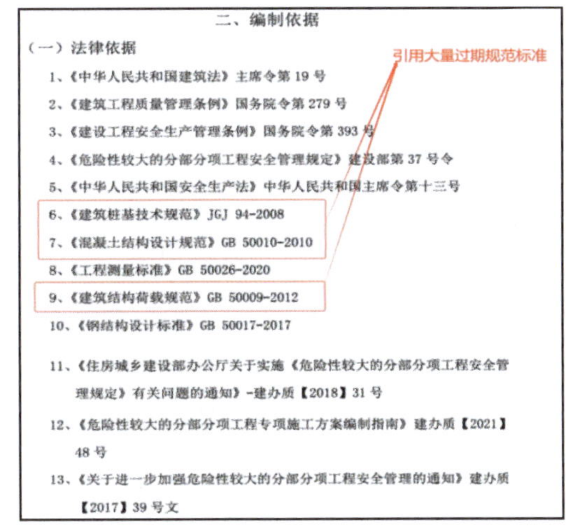

二、编制依据

（一）法律依据

1、《中华人民共和国建筑法》主席令第 19 号

2、《建筑工程质量管理条例》国务院令第 279 号

3、《建设工程安全生产管理条例》国务院令第 393 号

4、《危险性较大的分部分项工程安全管理规定》建设部第 37 号令

5、《中华人民共和国安全生产法》中华人民共和国主席令第十三号

6、《建筑桩基技术规范》JGJ 94-2008

7、《混凝土结构设计规范》GB 50010-2010

8、《工程测量标准》GB 50026-2020

9、《建筑结构荷载规范》GB 50009-2012

10、《钢结构设计标准》GB 50017-2017

11、《住房城乡建设部办公厅关于实施《危险性较大的分部分项工程安全管理规定》有关问题的通知》-建办质【2018】31 号

12、《危险性较大的分部分项工程专项施工方案编制指南》建办质【2021】48 号

13、《关于进一步加强危险性较大的分部分项工程安全管理的通知》建办质【2017】39 号文

图 3-10 内容符合性审查常见问题三

监理审查注意事项：主要依据应有法规、国家标准规范、行业标准规范、工程设计文件、合同文件，建设单位、施工单位企业相关标准及制度等。对带有年号的法规、标准规范可在网上查询。应结合工程特点，施工内容分析引用相关标准规范。

（4）**常见问题四：**施工总目标与施工合同目标不一致，或施工总体目标不齐全。

案例：××变电站新建工程项目施工总目标应包括质量、进度、成本、安全等多个方面。在施工单位报送的施工组织设计中仅涉及质量、安全、文明施工及环境保护三方面目标。内容符合性审查常见问题如图 3-11 所示。

监理审查注意事项：根据招投标文件和施工合同审查施工总目标及工程质量、安全、进度、成本、文明施工及环境保护等各项分目标是否符合要求。

（5）**常见问题五：**施工项目组织机构人员设置不合规，主要管理人员（项目经理、项目技术负责人）未按施工合同要求配置，未办理变更手续。

案例：××变电站新建工程施工组织设计中项目经理是刘某某，但是根据施工合同要求项目经理是张某某。内容符合性审查常见问题五如图 3-12 所示。

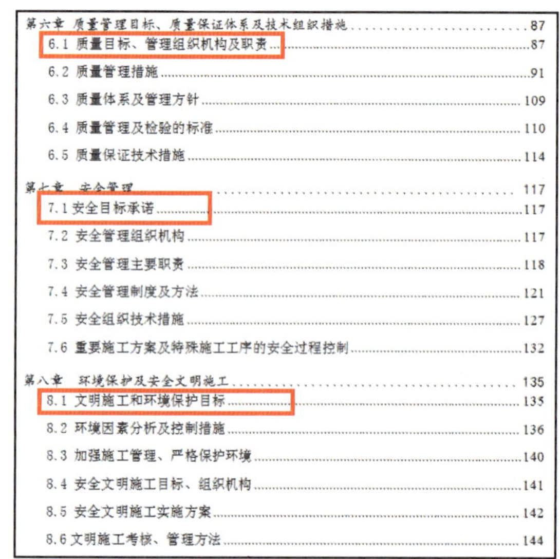

图 3-11 内容符合性审查常见问题四

2.3 项目管理机构人员及部门职责

2.3.1 项目管理机构人员

2.3.1.1 项目经理

合同中是张某某

姓名	岗位/工种	证件名称	证件编号	发证单位	有效期截止日期
刘某某	项目	一级建造	XXXX	中华人民共和国住房和城乡	XXXXX

2.3.1.2 主要岗位负责人

姓名	岗位/工种	证件名称	证件编号	发证单位	有效期截止日期
李某某	项目	一级建造	XXXX	中华人民共和国住房和城乡	XXXX
周某某	技术员	二级建造师	XXXX	贵州省住房和城乡建设厅	XXXX
王某某	专职安全员	专职安全管理员	XXXX	贵阳市住房和城乡建设局	XXXX
苏某某	质量员	质量员证	XXXX	贵州省住房和城乡建设厅	XXXX
古某某	资料	资料员证	XXXX	贵州省住房和城乡建设厅	XXXX
陈某某	材料	材料员证	XXXX	贵州省住房和城乡建设厅	XXXX
庞某某	档案	档案员证	XXXX	贵州省档案局	XXXX
龙某某	造价	造价员证	XXXX	中国建设工程造价管理协会	XXXX

图 3-12 内容符合性审查常见问题五

监理审查注意事项：应按施工合同明确的主要管理人员审查，主要管理人员需变更时应征得建设单位书面同意，不得擅自变更。

（6）**常见问题六：**施工项目组织机构岗位设置不齐全，一般管理人员（施工员、质检员、安全员、材料管理员、档案资料员）存在缺失。

案例：××变电站新建工程施工组织设计施工项目组织机构岗位设置中缺少安全员等人员。内容符合性审查常见问题如图 3-13 所示。

监理审查注意事项：应审查施工管理人员配置是否齐全和满足招投标文件和施工合同要求。

（7）**常见问题七：**管理人员岗位职责定位不清，关键职责不全，或部分人员职责越权。

案例：××变电站新建工程项目经理、项目总工职责不清晰，存在缺失。内容符合性审查常见问题如图 3-14 所示：

监理审查注意事项：项目经理职责应符合《建筑施工项目经理质量安全责任十项规定（试行）》规定，项目负责人、安全管理人员职责应符合《建筑施工企业主要负责人、项目负责人和专职安全生产管理人员安全生产管理规定》，其他管理人员职责应符合《建筑与市政工程施工现场专业人员职业标准》。

（8）**常见问题八：**危险性较大分部分项工程范围分析不全不细，分部分项工程描述错误，专项施工方案简要说明及清单不全。

2.3 项目管理机构人员及部门职责

2.3.1 项目管理机构人员

2.3.1.1 项目经理

姓名	岗位/工种	证件名称	证件编号	发证单位	有效期截止日期
张某某	项目	一级建造	××××	中华人民共和国住房和城乡	×××××

2.3.1.2 主要岗位负责人

姓名	岗位/工种	证件名称	证件编号	发证单位	有效期截止日期
李某某	项目	一级建造	××××	中华人民共和国住房和城乡	××××
周某某	技术员	二级建造师	××××	贵州省住房和城乡建设厅	××××
苏某某	质量员	质量员证	××××	贵州省住房和城乡建设厅	××××
古某某	资料	资料员证	××××	贵州省住房和城乡建设厅	××××
陈某某	材料	材料员证	××××	贵州省住房和城乡建设厅	××××
龙某某	造价	造价员证	××××	中国建设工程造价管理协会	××××

图 3-13 内容符合性审查常见问题六

2.3.2.1 项目经理

（1）项目经理是施工现场管理职责的第一责任人，在授权范围内代表施工单位全面履行施工承包合同；对施工生产和组织调度实施全过程管理；确保工程施工顺利进行。

（2）组织建立相关施工责任制和各种专业管理体系并组织落实各项管理组织和资源配备，监督有效地运行，负责项目部员工管理职责的考核及奖惩，进行利益分配。

（3）组织编制符合工程项目实际的《项目管理实施规划》、《工程创优施工实施细则》、《安全文明施工实施细则》、《应急预案》和《输变电工程施工强制性条文执行计划》等实施性文件，并负责落实和监督。

2.3.2.2 项目总工程师

（1）认真贯彻执行上级和施工单位颁发的规章制度、技术规范、标准。组织编制符合变电站工程实际的实施性文件和重大施工方案，并在施工过程中负责技术指导和把关。

（2）组织对施工图及时预审，接受业主项目部组织的交底活动。对施工图纸和工程变更的有效性执行负责，在施工过程中发现施工图纸中存在问题，负责向监理项目部提出书面资料。

（3）组织相关施工作业指导书、安全技术措施的编审工作，组织项目部安全、质量、技术及环保等专业交底工作。负责对承担的施工方案进行技术经济分析与评价。

2.3.2.3 技术员

（1）认真贯彻执行有关技术管理规定，积极协助项目经理或项目总工做好各项技术管理工作。

（2）认真阅读有关设计文件和施工图纸，在施工过程中发现设计文件和施工图纸存在问题及时向项目总工提出。施工过程中加强对设计文件等资料做到闭环管理。

图 3-14 内容符合性审查常见问题七

案例：500kV ××新建变电站工程，危险性较大分部分项工程范围及专项施工方案清单如图 3-15 所示。本工程施工组织设计设备安装明确采用机械吊装，危险性较大分部分项工程清单中无“采用起重机械进行安装的工程”，土质高度超过 10m 或岩质高度超过 15m 的高边坡工程、爆破作业不属于危险性较大分部分项工程。内容符合性审查常见问题如图 3-15 所示。

分部分项工程名称	危险性较大的分部分项工程范围	超过一定规模的危险性较大的分部分项工程范围
一、基坑工程	（一）开挖深度超过 3m（含 3m）的基坑（槽）的土方开挖、支护、降水工程	（一）开挖深度超过 5m（含 5m）的基坑（槽）的土方开挖、支护、降水工程
	（二）开挖深度虽未超过 3m，但地质条件、周围环境和地下管线复杂，或影响毗邻建、构筑物安全的基坑（槽）的土方开挖、支护、降水工程	（二）开挖深度虽未超过 5m，但地质条件、周围环境和地下管线复杂，或影响毗邻建筑（构筑物）安全基坑（槽）的土方开挖、高边坡、支护、降水工程
二、模板工程及支撑体系	（二）混凝土模板支撑工程：搭设高度 5m 及以上，或搭设跨度 10m 及以上，或施工总荷载（荷载效应基本组合的设计值，以下简称设计值）10kN/m² 及以上，或集中线荷载（设计值）15kN/m 及以上，或高度大于支撑水平投影宽度且相对独立无联系构件的混凝土模板支撑工程	（二）混凝土模板支撑工程：搭设高度 8m 及以上，或搭设跨度 18m 及以上，或施工总荷载（设计值）15kN/m² 及以上，或集中线荷载（设计值）20kN/m 及以上
五、拆除工程	（一）采用爆破拆除的工程	（一）采用爆破拆除的工程
九、其他	（八）边坡支护工程	（四）高度在 30m 及以上的高边坡支护工程

序号	专业	专项施工内容	危大工程判定			拟编制的专项施工方案名称	专项施工方案计划报审时间
			危大工程名称	是否属超过一定规模危大工程	危大工程范围		
1	土建专业	边坡支护工程	边坡工程	是	土质高度超过10m或岩质高度超过15m的高边坡工程	高边坡支护专项施工方案	2023.05.20
2	土建专业	土石方爆破施工	土石方爆破	是	爆破作业	土石方爆破专项施工方案	2023.05.20
3	土建专业	基坑开挖	深基坑工程	是	超3米深度的事故油池基坑（槽）的土方开挖、支护、降水工程	深基坑开挖专项施工方案	2023.06.10
4	土建专业	模板工程及支撑	混凝土模板支撑	是	混凝土模板支撑工程：搭设高度8m及以上；搭设跨度18m及以上；施工总荷载（设计值）15kN/m2及以上；集中线荷载（设计值）20kN/m及以上模板支撑工程	高支模专项施工方案（需专家论证）	2023.07.20

图 3-15 内容符合性审查常见问题八

监理审查注意事项：应组织查阅图纸，划分清楚工程的分部分项工程，审查时仔细审核分部分项工程描述、危险性较大分部分项工程范围描述以及对应的专项施工方案是否满足规章、规范要求。

4. 可行性及合理性审查常见问题

（1）**常见问题一：**项目施工顺序及空间组织不合理，不能正常实施。

案例 A: 220kV ××变电站新建工程施工组织设计中施工顺序要求先进行站内道路施工及站区排水施工完成后再进行电缆沟施工。可行性及合理性审查常见问题如图 3-16 所示。

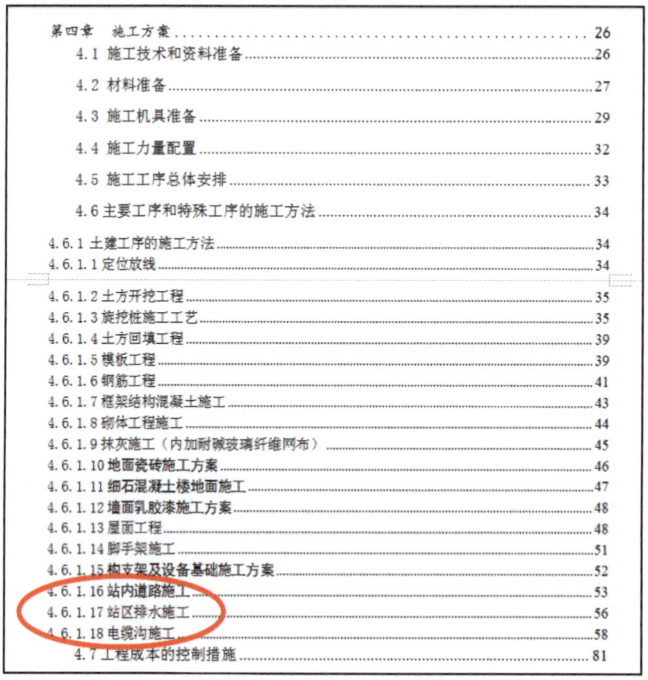

图 3-16 可行性及合理性审查常见问题一

监理审查注意事项：各前后工序搭接有序，上下同时施工应有足够交叉作业面。

（2）**常见问题二：**主要工程材料和设备、施工周转材料和施工机具的配置部署不合理。

案例：××变电站新建工程施工组织设计中施工机具配置部署不合理。可行性及合理性审查常见问题如图 3-17 所示。

监理审查注意事项：应结合施工部署、工程进度计划审查主要工程材料和设备、施工周转材料和施工机具的配置，是否满足正常施工要求。

（3）**常见问题三：**施工进度计划不满足要求。

案例：××变电站新建工程施工总进度计划不满足建设单位二级进度计划和合同工期要求，关键线路不明确，各单位工程、分部工程进度计划前后搭接逻辑不清晰，不能形成流水作业。可行性及合理性审查常见问题如图 3-18 所示。

主要施工机械设备表（电气部分）

表4-2

序号	名称	规格	数量
1	载重汽车	5t	1辆
2	砂轮机		2台
3	平刨机		1台
4	压刨机		2台
5	压钳	YJC-200T	2台
6	电动绞磨	10t	1台
7	真空滤油机	9000l/h	1台
8	压力滤油机	120L/h	4台
9	变压器储油罐	50t	2个
10	变压器储油罐	30t	2个
11	变压器残油罐	30t	1个
12	真空泵	ZKJ-70	1台
13	真空机组	北京颇尔HVG2000WC	1台
14	防尘棚	自制	1个
15	烘箱	GZX-9070MBE	2台
16	干湿度温度计		5台
17	含氧量测试仪	SEN168	1台
18	空气粉尘检测仪	HBDS SPM4210	1台
19	SF_6气体回收装置	LH-22Y/18L/180G	1台
20	电焊机		4台
21	平立弯一体机	OK-205	2台
22	弯管机	OKT-202	2台
23	电缆牌打印机	C-450P	2台
24	吸尘器		2台
25	等离子切割机		1台

图 3-17　可行性及合理性审查常见问题二

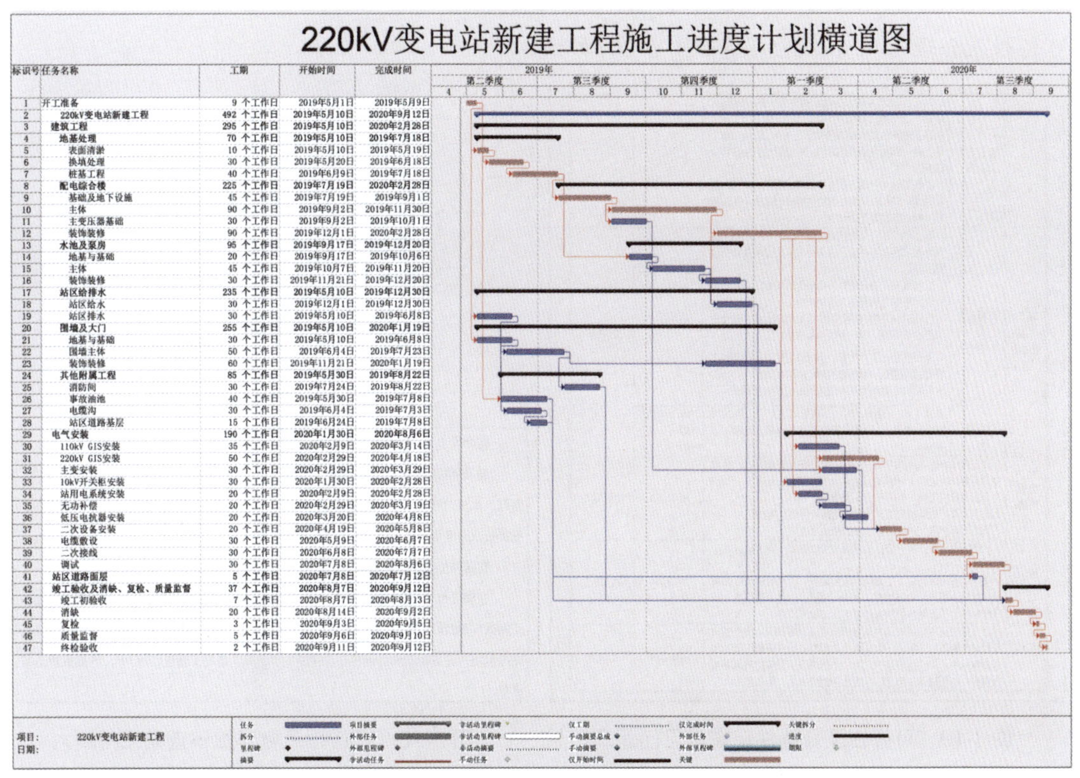

220kV变电站新建工程施工进度计划横道图

标识号	任务名称	工期	开始时间	完成时间
1	开工准备	9 个工作日	2019年5月1日	2019年5月9日
2	220kV变电站新建工程	492 个工作日	2019年5月10日	2020年9月12日
3	建筑工程	295 个工作日	2019年5月10日	2020年2月28日
4	地基处理	70 个工作日	2019年5月10日	2019年7月18日
5	表面清淤	10 个工作日	2019年5月10日	2019年5月19日
6	换填处理	30 个工作日	2019年5月20日	2019年6月18日
7	桩基工程	40 个工作日	2019年6月9日	2019年7月18日
8	配电综合楼	225 个工作日	2019年7月19日	2020年2月28日
9	基础及地下设施	45 个工作日	2019年7月19日	2019年9月1日
10	主体	90 个工作日	2019年9月2日	2019年11月30日
11	主变压器基础	30 个工作日	2019年9月2日	2019年10月1日
12	装饰装修	90 个工作日	2019年12月1日	2020年2月28日
13	水池及泵房	95 个工作日	2019年9月17日	2019年12月20日
14	地基与基础	20 个工作日	2019年9月17日	2019年10月6日
15	主体	45 个工作日	2019年10月7日	2019年11月20日
16	装饰装修	30 个工作日	2019年11月21日	2019年12月20日
17	站区给排水	235 个工作日	2019年5月10日	2019年12月30日
18	站区给水	30 个工作日	2019年12月1日	2019年12月30日
19	站区排水	30 个工作日	2019年5月10日	2019年6月8日
20	围墙及大门	255 个工作日	2019年5月10日	2020年1月19日
21	地基与基础	30 个工作日	2019年5月10日	2019年6月8日
22	围墙主体	50 个工作日	2019年6月4日	2019年7月23日
23	装饰装修	60 个工作日	2019年11月21日	2020年1月19日
24	其他附属工程	85 个工作日	2019年5月30日	2019年8月22日
25	消防间	30 个工作日	2019年7月24日	2019年8月22日
26	事故油池	40 个工作日	2019年5月30日	2019年7月8日
27	电缆沟	30 个工作日	2019年6月4日	2019年7月3日
28	站区道路基层	15 个工作日	2019年6月24日	2019年7月8日
29	电气安装	190 个工作日	2020年1月30日	2020年8月6日
30	110kV GIS安装	35 个工作日	2020年2月9日	2020年3月14日
31	220kV GIS安装	50 个工作日	2020年2月29日	2020年4月18日
32	主变安装	30 个工作日	2020年2月29日	2020年3月29日
33	10kV开关柜安装	30 个工作日	2020年1月30日	2020年2月28日
34	站用电系统安装	20 个工作日	2020年2月9日	2020年2月28日
35	无功补偿	20 个工作日	2020年2月29日	2020年3月19日
36	低压电抗器安装	20 个工作日	2020年3月20日	2020年4月8日
37	二次设备安装	20 个工作日	2020年4月19日	2020年5月8日
38	电缆敷设	30 个工作日	2020年5月9日	2020年6月7日
39	二次接线	30 个工作日	2020年6月8日	2020年7月7日
40	调试	30 个工作日	2020年7月8日	2020年8月6日
41	站区道路面层	5 个工作日	2020年7月8日	2020年7月12日
42	竣工验收及消缺、复检、质量监督	37 个工作日	2020年8月7日	2020年9月12日
43	竣工初验收	7 个工作日	2020年8月7日	2020年8月13日
44	消缺	20 个工作日	2020年8月14日	2020年9月2日
45	复检	3 个工作日	2020年9月3日	2020年9月5日
46	质量监督	5 个工作日	2020年9月6日	2020年9月10日
47	终检验收	2 个工作日	2020年9月11日	2020年9月12日

图 3-18　可行性及合理性审查常见问题三

监理审查注意事项：施工总进度计划开竣工时间是否满足二级进度计划和合同工期要求，各单位工程进度计划是否明确且满足关键线路工期，工序相互搭接是否合理。

（4）**常见问题四**：技术准备、现场准备和资金准备不能满足项目分阶段（期）施工的需要。各施工阶段（期）的用工量分析不细，劳动力配置计划与进度计划不相符。

案例：××线路工程 4 月份开工，建设场地用地征用，机械设备和现场准备为 4 月份，不满足分阶段施工需求。可行性及合理性审查常见问题如图 3-19 所示。

监理审查注意事项：关注施工单位主要资源配置、施工方法与进度计划的匹配程度。

（5）**常见问题五**：物资配置计划不符合总体施工部署和施工总进度计划要求。

案例：××变电站新建工程某批次电气设备采购采用的计划采购时间短于实际需求时间，导致设备到货时间节点延后，影响设备按期安装、调试，最终影响工程工期。

监理审查注意事项：物资或者设备到货需求与施工进度计划的匹配程度。

（6）**常见问题六**：施工方法选择不合理，影响工程进度、质量、安全。

案例：500kV ××变电站新建工程构架组立施工，采取分区域一次性组立校正构架后临时加固，然后二次灌浆形成永久工程的施工方法，构架吊装完成当晚遇大风气候条件，临时加固措施失效，导致已组立完成 500kV 构架全部倾倒。本变电站建于两边山坡中间平缓处，中间呈峡谷状，大风气候时，峡谷内风力加剧，编制施工组织设计时施工单位未考虑站区特殊位置风力对施工的影响，未认真进行特点分析，未针对性地制定防风加固措施。可行性及合理性审查常见问题如图 3-20 所示。

<table>
<tr><td></td><td>建设场地征用</td><td>1. 开工前就本工程施工建设有关情况向地方政府报告，取得地方政府的支持；
2. 开工前大力宣传解释国家相关法律、法规和本工程的有关线路通道清理政策、补偿标准，做好群众思想工作；
3. 对线路经过行政归属进行调查，提前做好地方关系协调，及时按政府补偿文件对临时占地、青苗赔偿、树木砍伐等工作补偿。</td><td>2023.04</td><td></td></tr>
<tr><td rowspan="2">施工机械的配置</td><td>机械设备</td><td>1. 施工项目部在公司自有机具中选用机械设备，按实际需求提起工程施工设备计划，小型设备做好自购准备；
2. 机械设备租赁公司做好设备出库检验工作，绝不允许“带病”机械进入现场；
3. 在项目部所在地设立机具设备临时仓库，并设置机具设备专责，统一进行设备管理。
4. 为提高施工生产效率，确保按期完工，保证施工质量，要对施工机械进行全面投入，做到科学合理、装备精良，同时要有一定数量的机械设备储备。</td><td>2023.04</td><td rowspan="2">物供部</td></tr>
<tr><td>工器具</td><td>基础（A）、组塔（B）、架线（C）等各工序合理的安排机具入场时间，确保机具设备供应及时、不闲置。</td><td>2023.04（A）
2023.06（B）
2023.08（C）</td></tr>
<tr><td>施工力量的配置</td><td colspan="2">1. 本工程所有施工人员在各工序开工前均进行岗前培训，经考试合格后方可上岗，所有特殊工种（包括测工、液压工、焊接工、机械操作工等）均由专业人员持证上岗；
2. 在开工前，将所有施工人员安排就绪，保证正常施工；
3. 选派有丰富施工经验的技术人员参加本次施工。</td><td>2023.04</td><td>项目总工</td></tr>
<tr><td>施工驻地</td><td colspan="2">1. 根据交通、通讯和具体工程特点选定项目部、施工队驻点、材料站；
2. 材料站要满足材料、工器具的使用面积，在材料进场前应做到“四通一平”（场地平整、水通、路通、电通、通讯通），按照材料、工器具存放要求搭设工具房和材料库。</td><td>2023.04</td><td>项目总工</td></tr>
<tr><td>生活设施</td><td colspan="2">由办公室根据现场实际情况制定现场生活保障措施，建立健全各项规章制度；为各施工队配备生活用车，解决各施工队的生活供给问题。同时配备夏季防暑、防蚊等设施及餐饮厨具等生活物品；为项目部、施工队等配置必要的生活、娱乐设施。</td><td>2023.04</td><td>办公室</td></tr>
</table>

图 3-19　可行性及合理性审查常见问题四

（4）构架吊装

揽风绳的绑扎及固定：固定揽风绳采用打入桩式地锚，将木桩（可用钢管代替）斜打入土中，桩长 1.5～2.0m，入土深度不大于 1.2m，距地面 0.4m 处埋入 1 根挡木，根据荷载需要也可打入 2 根或 3 根桩连在一起。

（5）构架柱的校正及最后固定

柱校正后立即进行最后固定，其方法是在柱脚与杯口的空隙中浇筑细石混凝土或灌浆料(据设计要求而定)。且分两次进行，第一次浇至楔块底面，待混凝土强度达 25%拔去楔块，再将混凝土浇满杯口，待第二次浇筑的混凝土强度达到 70%，方能安装上部设备。

图 3-20　可行性及合理性审查常见问题六

监理审查注意事项：审查施工组织设计施工方法前，监理项目部应进行现场踏勘，分析外部环境气候等对施工的影响，审查施工方法是否采取针对性防范措施，是否满足工程进度、质量、安全的要求。

（7）**常见问题七：**施工技术可行性差，无法实施。

案例：500kV ××输电线路工程，线路为单回架设，全部采用单回 500kV 铁塔，铁塔组立时采用内悬浮内/外拉线抱杆的施工工艺技术，在组立跨越 500kV 线路两端的跨越塔时，发现内悬浮内拉线抱杆施工工艺不适用，原计划 6 天完成的工作，历时 15 天施工完成，超期 9 天，施工工艺技术可行性差。可行性及合理性审查常见问题如图 3-21 所示。

4.4.3 组塔工序施工技术

（1）铁塔特点：本工程采用单回路自立式铁塔，

（2）施工工艺：参照本工程地形条件及我公司多年在贵州地区的施工经验，依据塔型分析、塔段重量及地形情况，经过综合比对分析，选用 500mm×500mm×21m 钢抱杆采用内/外拉线内悬浮抱杆（地形条件允许优先使用外拉线）分解组塔的方法进行组塔可满足要求。

图 3-21　可行性及合理性审查常见问题七

监理审查注意事项：审查施工组织设计施工技术工艺前，监理项目部应组织查阅图纸，需要按照大跨越施工等特殊工艺的还应组织交底会，结合监理项目部现场踏勘情况，审查施工工艺技术与现场结合的可行性。

（8）**常见问题八：**主要施工管理措施与本工程关联度不多，无针对性和操作性。

案例：××新建变电站工程，施工组织设计质量管理措施仅描述质量管控执行哪些标准，安全管理措施仅描述部分安全施工规定，具体措施未明确，可操作性较差。可行性及合理性审查常见问题如图 3-22 所示。

7.3 质量管理的措施

我公司将严格执行电网公司《基建质量管理业务指导书》和《基建工程质量控制及量化评价标准》、施工作业指导书和质量检验与评定标准等作业标准，推行作业精细化管理，严格执行施工三级质量检验制度。

7.4　安全管理措施

7.4.1 基础施工

基坑开挖时，应随时监视土质情况，坑口堆土要及时清理，不得在坑内休息。

7.4.2 组塔施工

施工队技术员严格把关，若需要更改方案，须报上级技术部门、项目总工审批。

施工前仔细核对吊装重量及抱杆参数，严格按作业指导书规定的进行吊装。

带电体附近进行高空作业时，距离带电体的最小安全距离必须满足《作业指导书》的规定。

7.4.3 架线工程

严格按规程要求的安全距离搭设，监护人随时检查搭设情况，施工作业票上明确监护人。

放线过程中，线路沿线须配备足够的通讯设备和人员，各塔位人员坚守岗位，严格监视放线过程，对话要简明，通讯未接通不准施工。

图 3-22　可行性及合理性审查常见问题八

监理审查注意事项：审查时仔细核对措施是否齐全，施工组织设计必须编制进度管理措施、质量管理措施、安全管理措施、环境管理措施 、水土保持管理措施、成本管理措施、档案管理措施，工程选择分包的还须编制分包管理措施。措施应根据工程实际制定，针对性强，具有可操作性。

（9）**常见问题九：**主要施工技术措施违反强制性标准。

案例一：××变电站新建工程，施工组织设计砌体工程施工技术措施（节选）依据《砌体结构通用规范》（GB 55007—2021）要求，砌体与构造柱连接处应采用先砌墙后浇柱的施工顺序，施工组织设计中采用同步进行方式违反强制性标准。可行性及合理性审查常见问题如图 3-23 所示。

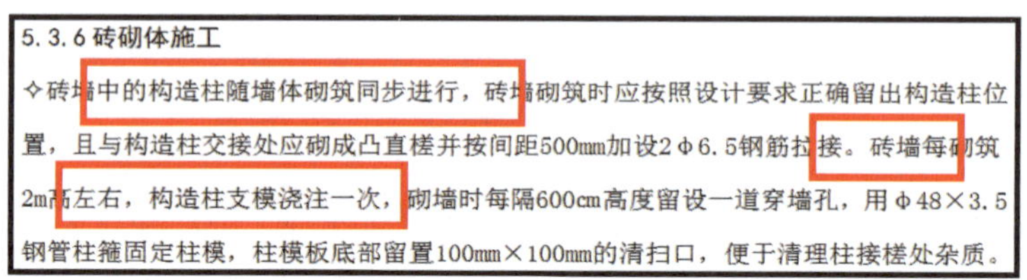
5.3.6 砖砌体施工

令砖墙中的构造柱随墙体砌筑同步进行，砖墙砌筑时应按照设计要求正确留出构造柱位置，且与构造柱交接处应砌成凸直槎并按间距500mm加设2φ6.5钢筋拉接。砖墙每砌筑2m高左右，构造柱支模浇注一次，砌墙时每隔600cm高度留设一道穿墙孔，用φ48×3.5钢管柱箍固定柱模，柱模板底部留置100mm×100mm的清扫口，便于清理柱接槎处杂质。

图 3-23 可行性及合理性审查常见问题九（1）

案例二：××新建变电站工程，施工组织设计脚手架工程技术措施（节选）中描述每层设置一道连墙件，但未考虑在架体的转角处设置连墙件，违反《施工脚手架通用规范》（GB 55023—2022）要求。可行性及合理性审查常见问题如图 3-24 所示。

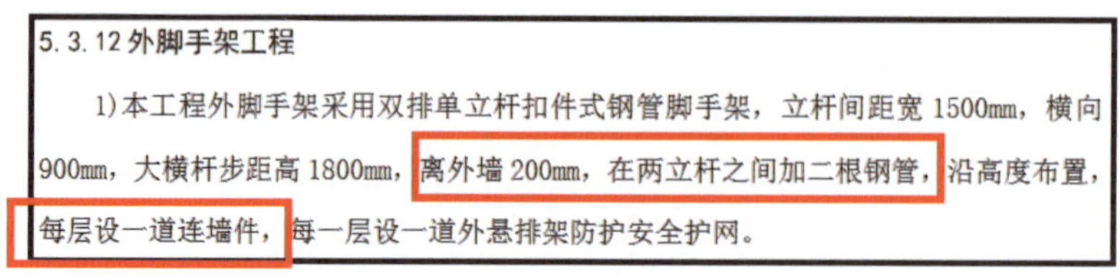
5.3.12 外脚手架工程

1）本工程外脚手架采用双排单立杆扣件式钢管脚手架，立杆间距宽 1500mm，横向900mm，大横杆步距高 1800mm，离外墙 200mm，在两立杆之间加二根钢管，沿高度布置，每层设一道连墙件，每一层设一道外悬排架防护安全护网。

图 3-24 可行性及合理性审查常见问题九（2）

监理审查注意事项：应熟悉强制性标准，审查施工组织设计安全技术措施时，应仔细审查措施、数据等是否符合工程建设强制性标准的要求。

（10）**常见问题十：**总平面和施工通道布置不合理，存在专业交叉、相互干扰情况。

案例：××变电站新建工程施工组织设计中，只设计一条从大门到主控楼的长形施工通道，未设计环形施工通道。由于主干道设计过于狭窄（3m），施工临时材料库及加工棚设在主控制楼和220kV 配电装置之间，施工时经常发生堵塞，影响了施工进度。

监理审查注意事项：施工总平面布置应分区合理，施工通道满足高峰期施工要求，尽量永临结合。

（11）**常见问题十一：**半成品、原材料、周转材料堆放及钢筋加工场地布置不科学，存在大量二次搬运。

案例：××变电站新建工程，施工组织设计中先期将材料堆放和加工区域设置在东北角的电抗器区域，离变电站中心施工区域较远，需要频繁使用吊车、运输小车等工具进行转运，在电抗器施工时又进行二次搬迁。

监理审查注意事项：半成品、原材料、周转材料堆放及钢筋加工场地布置应合理，按材料、堆放、加工、半成品、出库工序流程布置，尽量避免二次转运和多次搬迁。

（12）**常见问题十二：**临建设施不满足安全要求。

案例：位于山区的××变电站新建工程，施工项目部办公室住宿等临建设施依山而建，未对外部环境进行安全评估，在一场暴雨中山体滑坡，造成了安全事故。

监理审查注意事项：施工临时设施应考虑防洪防汛、山体滑坡等风险，满足防火、用电、环境保护和劳动保护的要求。

第二节 施工方案审查

一、施工方案通用审查

1. 电网工程危险性较大分部分项工程范围

电网工程危险性较大分部分项工程范围除符合住房和城乡建设部办公厅《关于实施〈危险性较大的分部分项工程安全管理规定〉有关问题的通知》（建办质〔2018〕31号文）的要求外，还应结合电网工程建设实际特点和风险程度，拟定电网工程建设特有的危险性较大的分部分项工程（参考表6-2～表6-5）。

2. 专项施工方案编制范围

电网工程需要编制专项施工方案的范围参见表3-1，其中超过一定规模危险性较大的分部分项工程专项施工方案应通过专家论证。其他危险性一般的分部分项工程可根据需要编制一般施工方案或施工作业指导书。

表3-1 电网工程专项施工方案编制范围

序号	专业	专项施工内容	编制范围
1	通用	危险性较大的分部分项工程	（1）危险性较大的分部分项工程范围
			（2）超过一定规模的危险性较大的分部分项工程范围（专家论证）
2	变电站土建工程	季节性施工	冬期施工专项方案（当气温低于0℃或连续5天平均气温低于5℃即进入冬季施工）
3		土石方爆破	土石方工程
4		特殊地形的土石方开挖	建筑物、电杆、铁塔、铁路、架空管道支架等附近进行土石方挖掘时
5		强夯施工	地基强夯作业

续表

序号	专业	专项施工内容	编制范围
6	变电站电气安装工程	构支架吊装	户外布置变电站构支架吊装
7		吊装施工	（1）被吊重量达到起重作业额定起重量的 90%
			（2）两台及以上起重机械联合作业
			（3）起吊精密物件、不易吊装的大件或在复杂场所进行大件吊装
			（4）起重机械在架空输电线路导线下方或距带电体较近时
			（5）易燃易爆品必须起吊时
8		变压器现场施焊	变压器引线局部焊接不良需在现场进行补焊时
9		运行屏柜内作业	在运行交、直流及二次屏柜内作业（含与运行部分相关回路电缆接线的退出及搭接作业）
10		构架拆除	220kV 及以上构架的拆除工程
11	线路工程	季节性施工	冬季施工（架空线路基础分部工程；电缆线路土建单位工程）
12		土石方爆破	土石方工程
13		水上运输	主要原材料或杆塔构件、导线金具等使用船舶运输
14		直升机组塔	使用直升机组立杆塔
15		导引绳展放	（1）有人驾驶直升机展放导引绳（专家论证）
16			（2）大截面导线（800mm^2 及以上）张力架线、碳纤维导线等新型复合材料导线、大长电缆敷设（110kV 及以上电压等级，按常规设计需要制作两组及以上中间接头的电缆段敷设）
17	配网工程	顶管（水平定向钻）施工	地质条件或管线复杂（邻近或交叉燃气、输油管线、电力、通信、水管等）区域顶管作业
18		起重吊装及安装拆卸工程	（1）邻近电力运行设备吊装，吊机旋转半径可能到达运行安全距离的吊装作业
			（2）邻近交通道路、裸露运行管线、铁路等重要建（构）筑物及人员密集区域吊装，吊机旋转半径可能到达毗邻区域安全距离的吊装作业
19	其他	高风险和特高风险的作业	风险评估等级为高风险和特高风险的作业

3. 监理审查前准备工作

（1）熟悉施工图纸等设计文件、设备技术文件。

（2）熟悉该项工程的现行施工技术规范和标准，特别是行业、建设单位电网工程建设相关要求。

（3）详细了解专业工程现场状况和施工环境，分析工程施工特点。危险性较大的分部分项工程应对现场进行踏勘，了解地形地貌、交通运输、跨穿越、邻近带电、施工环境、影响施工的其他客观因素，必要时应进行数据测量或复核，开展场景式风险评估。

1）涉及邻近带电施工作业、需电网停电的跨（穿）越作业，应了解跨（穿）越、邻近带电的线路名称、杆号、距离、运行方式及涉及停电施工范围及相关要求。

2）涉及跨越铁路、高速公路、城市快速公路及通航江河施工作业，应了解跨越位置、地形地貌、被跨越物通行流量及交通安全管理的相关要求，督促向有关管理部门申请办理审批手续。

3）熟悉勘察设计文件，涉及建筑、地下管线、文物施工作业的，应了解施工与被保护物之间位置、相关保护的要求。

4. 程序性审查要点

（1）施工方案应根据审批流程预计时间安排编制，原则上在实施前一周完成所有编审批流程。一般施工方案由施工项目部技术员编制、质检员和安全人员审核，技术负责人批准并加盖施工项目部公章；专项施工方案由项目技术负责人组织编制，施工单位质量安全技术职能部门审核；技术负责人审批并加盖单位公章。

（2）专业分包单位编制的施工方案先履行内部编审批流程，再报施工总承包单位履行审批流程。

（3）一般施工方案报监理项目部后，由专业监理工程师审查、总监理工程师审批；专项施工方案由专业监理工程师、总监理工程师审查并签署意见，报业主项目部审批。需要补充修改的施工方案，由监理项目部退回施工项目部补充修改完善后，按照规定程序重新报审。

（4）在实施过程中，当现场客观因素发生重大变化导致施工方法有重大调整时，应及时进行修订，并按照规定程序重新报审。

（5）超过一定规模的危险性较大分部分项工程，专项施工方案经监理项目部审查后还应由施工单位组织专家论证。

1）参加论证的专家应从地级及以上住房城乡建设主管部门建立的专家库抽取，从事电网工程建设相关专业工作 15 年以上或具有丰富的专业经验，具有中级及以上技术职称。

2）参加专家论证会的人员应当包括：

a．论证专家，一般由 3～5 名组成。

b．建设单位项目负责人。

c．有关勘察、设计单位项目技术负责人及相关人员。

d．总承包单位和分包单位技术负责人或授权委派的专业技术人员、项目负责人、项目技术负责人、专项施工方案编制人员、项目专职安全生产管理人员及相关人员。

e．项目总监理工程师及专业监理工程师。

3）专家论证的主要内容应当包括：

a．专项施工方案内容是否完整、可行。

b．专项施工方案计算书和验算依据、施工图是否符合有关标准规范。

c．专项施工方案是否满足现场实际情况，并能够确保施工安全。

4）专家论证意见一般为“通过”“修改后通过”“不通过”。专家论证意见为“通过”

的，按照专项施工方案实施；专家论证意见为“修改后通过”的，施工单位应按照专家意见逐条修改，并注明修改后的位置，由专家组长复核同意后方可实施；专家论证意见为“不通过”的，施工单位应按照专家意见补充、修改、完善，并重新履行报审和专家论证流程。

5. 内容完整性审查要点

监理项目部应对施工方案内容的完整性进行审查。施工方案应包括工程实施内容及范围、编制依据、施工计划、施工工艺技术、风险分析、施工质量安全保证措施、施工管理及作业人员配置和分工、验收要求、应急处置措施、计算书及相关施工图纸等内容。

6. 内容符合性及可行性审查要点

监理项目部应对施工方案内容的符合性、可行性进行审查，主要审查要点如下：

（1）工程概况描述本方案施工内容清晰、范围明确、重点突出，施工特点分析透彻。

（2）编制依据齐全、有效，符合工程实施要求。

（3）方案内容符合法律、法规、标准的规定，无违反强制性标准内容。

（4）施工工期安排合理，满足进度计划节点要求，与施工资源匹配；停电计划、交通管制计划时间符合相关要求。

（5）施工拟投入的资源配置合理。施工管理及作业人员配备合理、齐全，分工明确，人员持证上岗满足要求；施工机械机具选择合理，满足工艺流程及施工方法要求；原材料、构配件、设备到场满足工程需要。

（6）安全风险分析透彻、符合分部分项工程实际，安全管理措施针对性强。

（7）技术参数明确，工艺流程合理，施工方法得当，操作要求可行，充分考虑施工客观因素及环境的影响。

（8）质量控制措施有效，符合规程规范要求；质量验收标准及验收条件符合国家标准及合同约定要求，验收程序及验收人员清晰，验收内容明确。

（9）应急组织、应急流程、处置措施可行。

（10）计算参数完整，计算正确，相关图纸表达清晰、直观、满足施工需求。

7. 审查结论及填写意见

（1）一般施工方案审查完成后由专业监理工程师签署审查意见。

1）一般施工方案审查不符合要求时，监理审查意见中要明确指出不符合要求的内容，并提出补充修改完善的具体要求。如“经审核你方申报的施工方案不符合以下要求（具体指出哪些方面不符合要求），不同意按此施工方案指导施工，请你方按照审查意见补充修改完善重新进行报审”。

2）一般施工方案审查符合要求时，专业监理工程师签署的审查意见应为“经审查，该施工方案内容完整，具有针对性和可操作性，同意按此方案组织实施”。

（2）专项施工方案审查完成后由监理项目部签署书面审查意见。

1）专项施工方案审查不符合要求时，监理审查意见中要明确指出不符合要求的内容，并提出补充修改完善的具体要求。如“经审核你方申报的专项施工方案不符合要求（详见××号审查意见书），不同意按此专项施工方案指导施工，请你方按照要求补充修改完善后重新进行报审”。

2）专项施工方案审查符合要求时，专业监理工程师签署的审查意见应为“经审查，该专项施工方案审批手续齐全，内容完整，具有针对性和可操作性，能满足施工需要”。总监理工程师的审查意见应为“该专项施工方案可行，同意按此方案组织实施”。

二、变电（换流）站工程典型专项施工方案审查

（一）施工临时用电专项方案审查

1. 施工临时用电特点

变电（换流）站施工一般为外接专用电源，输电线路及配网工程一般使用自有发电机电源。电网工程施工用电具有临时性强、负荷组成复杂、用电量变化大、移动性用电设备多、使用环境恶劣、习惯性违章频繁、难以管理等特点。

根据《施工现场临时用电安全技术规范》（JGJ 46—2018）的规定，施工现场临时用电设备在 5 台及以上或设备总容量在 50kW 及以上，应编制施工临时用电组织设计或施工临时用电专项施工方案。

监理项目部审查方案前应进行现场勘察，了解施工现场用电设备、照明用电负荷、用电电源接入等情况。

2. 主要内容

监理项目部应对施工临时用电专项施工方案内容的完整性进行审查。临时用电专项施工方案应包括工程概述、编制依据、现场勘测、负荷计算、临时用电设计、变压器选择、配电系统设计（包括设计配电线路、选择导线或电缆、选择配电箱开关箱与电器、绘制临时用电工程图纸等）、接地装置设计、防雷装置设计、安全用电措施和电气防火措施等内容。

3. 审查技术要点

（1）现场勘测工作：调查测绘用电现场的地形地貌；主体工程的位置；给排水等地上、地下管线和管沟的位置；建筑材料、器具堆放位置；生产、生活临时搭设的建筑物位置；用电设备装设位置以及现场周围环境等，为电源路径确定和敷设方式提供依据。

（2）负荷计算：负荷罗列的完整性，用电设备容量确定及计算的正确性，设备与配电箱分配的合理性。

（3）临时用电设计：

1）线路走向、配电方式（架空线或埋地电缆等）、敷设要求、导线排列、配线型号、规格、周围的防护设施等选择应经济、合理，满足施工现场用电需求。

2）变压器及配电箱设置及位置、各种箱体之间的电气联系、各种电气开关参数、熔断器的整定及熔断值、用电设备的名称及容量选择应合理、合规。

3）专用电源中性点直接接地的220/380V三相四线制低压电力系统，必须符合下列规定：① 采用三级配电系统；② 采用TN-S接零保护系统；③ 采用二级漏电保护系统。

4）配电柜或总配电箱分配电箱、开关箱设置合理，符合规范要求。配电箱应根据用电负荷状态选择合适的剩余电流动作保护器，并定期检查和试验。

总配电箱中剩余电流动作保护器的额定漏电动作电流应大于30mA，额定漏电动作时间应大于0.1s，但其额定漏电动作电流与额定漏电动作时间的乘积不应大于30mA·s。开关箱中剩余电流动作保护器的额定漏电动作电流不应大于30mA，额定漏电动作时间不应大于0.1s。

5）动力配电箱与照明配电箱宜分别设置，当合并设置为同一配电箱时，动力和照明应分路配电；动力开关箱与照明开关箱必须分设。

6）应绘制临时供电平面图，标注路径、配电箱、用电设备等相关信息。

（4）变压器及配电系统选择：变压器及配电箱容量选择；配电箱与开关箱的设计包括选择箱体材料、确定箱体结构尺寸、确定箱内电器配置和规格、确定箱内电气接线方式和电气保护措施等。

（5）接地与接地装置设计：

1）接地体选择、接地电阻值满足配电系统工作和基本保护方式的需求。

2）接地体的材料规格选择、敷设方式、连接、埋深、土壤处理明确，符合规范要求。

3）施工现场与外电线路共用同一供电系统时，电气设备的接地、接零保护与原系统保持一致。特别注意不得一部分设备做保护接零，另一部分设备做保护接地。

4）配电系统PE线上严禁装设开关或熔断器，严禁通过工作电流，且严禁断线。

5）在TN系统中，保护中性线每一处重复接地装置的接地电阻值不应大于10Ω。在工作接地电阻值允许达到10Ω的电力系统中，所有重复接地的等效电阻值不应大于10Ω。

（6）防雷装置设计：

1）防雷装置装设位置、型号选择符合规定，设置的防雷装置能对雷电起到有效的防护作用，能覆盖施工现场。

2）需要防雷接地的电气设备，所连接的PE线必须同时做重复接地，接地电阻符合要求。

（7）安全用电措施：

1）应设置专用电工进行施工临时用电日常维护和管理，电工必须按规定持证上岗。

2）安装、巡检、维修或拆除临时用电设备和线路，必须由专用电工完成，并应有人监护。

3）应制定用电安全管理措施，基本要求符合下列规定：

a. 各类用电人员应通过安全教育培训和技术交底，掌握安全用电基本知识和所用设备的性能。

b. 使用电气设备前必须按规定穿戴和配备好相应的劳动防护用品，检查电气装置和保护设施，严禁设备带“缺陷”运转。

d. 开展日常保管和维护，确保用电设备的完好性。

e. 暂时停用设备的开关箱必须分断电源隔离开关，并应关门上锁。

f. 移动电气设备时，必须经电工切断电源并做妥善处理后进行。

g. 电气设备现场周围不得存放易燃易爆物、污染源和腐蚀介质，否则应予清除或做防护处置，其防护等级必须与环境条件相适应。

h. 电气设备设置场所应避免物体打击和机械损伤，必要时设置防护处置。

i. 每台用电设备必须有各自专用的开关箱，严禁用同一个开关箱直接控制 2 台及 2 台以上用电设备及插座。

（二）雨季施工专项方案审查

1. 雨季施工特点

雨季施工对工程质量、施工安全带来不确定性，施工难度增大、容易带来坍塌、泥石流、下沉、水淹等风险。雨水及受潮影响工程质量，容易带来安全质量隐患，造成人身和财产损失。

2. 审查技术要点

（1）雨季施工特点分析透彻，应了解当地历年的雨季气象数据，包括降雨量、降雨频率、降雨强度分布等，描述施工环境、气候特点、雨季施工风险分析、对工程质量管理造成的难点等。

（2）资源配置合理。劳动力配置合理，雨季施工职责明确；施工材料、设备、机具、防护用品满足雨季施工需要。

（3）施工进度安排合理、灵活，加强调配、合理组织施工。对不适宜雨季施工的分部分项工程要做好统筹安排，雨季施工期间要跟踪掌握当地气象情况，按照“晴外雨内”的原则，雨天尽量缩短室外作业时间。遇到暴雨等恶劣天气，要灵活调整施工进度，尽量避免在恶劣天气安排重大吊装、高空作业、组塔、大体积混凝土浇筑等危险作业。

（4）安全管理措施可行。

1）雨季施工风险辨识清晰。根据施工点辨识对可能产生的山体滑坡、泥石流、坍塌、地基下沉、水淹等风险点，针对性安全管理措施可行。

2）施工人员防寒、防潮、防淋保护措施，防止人员受到伤害。

3）施工机械使用操作规程有效，雨季期间应有防雨措施，加强检查。

4）施工道路平整坚实，防滑、防坍塌措施有效。

5）基坑开挖放坡和土方堆放要符合要求，排水设施畅通、有效；排洪沟管设施满足要求，防积水措施可行。

6）模板、脚手架、跨越架支撑牢固，防坍塌措施有效。

7）雨季施工临时用电措施有效，保证绝缘良好，所有配电箱、用电设备、电缆接头等应有防雨措施，避免浸水受潮造成漏电或设备事故。

（5）质量管理措施有效。

1）材料设备堆放和保管符合要求，钢筋、水泥、电气设备等易受潮物资应做好防雨防潮措施。

2）土方回填要分层碾实，避免土质松软下沉，明确裂缝和塌方监测措施，容易发生裂缝和塌方的部位要采取加固措施，防止基础及设备下沉。

3）基础、混凝土、砌体、钢筋、屋面、装饰等土建工程施工应制定防雨、防潮、防锈、降水等质量防护措施。

4）设备就位安装尽量安排在天气较好的情况下进行，防锈措施有效；油气、电气元件防潮措施可行。

5）充分考虑雨季施工对施工工艺的影响，针对性制定工艺防范措施。

6）雨季成品保护措施可行。

（6）应急措施可行。

1）气候监测、根据现场实际情况对现场积水、降水、排水、沉降、遮雨等方面采取监测手段，防坍塌、防滑坡、防洪等监测措施可行。

2）雨季施工、暴雨天气应急措施针对性强。

3）应急物资准备充分，满足现场防洪、防汛、防坍塌等应急工作的需要，交通、照明、通信等工具配备及备用食物满足应急要求。

（三）冬季施工专项方案审查

1. 冬季施工特点

冬季施工是指当地室外日平均气温连续 5 天稳定低于 5° 的情况下进行施工，气温对施工环境和工程实体质量产生较大影响。

2. 审查技术要点

（1）冬季施工特点应分析透彻，包括施工当地冬季气候特点、对冬季施工内容的影响程度、质量管理的难点分析等。

（2）根据总体施工进度安排，分解冬季施工内容，冬季施工工期安排科学，施工资源配置要合理。

（3）安全管理措施可行。结合冬季施工内容，开展冬季施工风险辨识，防火、防冻、防滑、防坠落等安全管理措施针对性强；施工及消防道路畅通；管道保温措施有效。

（4）施工工艺符合规范要求，质量管理措施有效。

1）冬季施工材料准备满足施工要求，材料防潮及保温措施有效。

2）温度、湿度等监测措施满足施工需要。

3）工程测量仪器要及时校正，采取降低天气对测量精度和结果影响的管理措施。

4）钢筋焊接等受温度影响的施工工艺要满足规范要求。

5）施工前应清除模板表面污物、冰雪等，模板填充符合要求。

6）材料构配件控制严格，遭水浸和受冻后表面结冰污染材料构配件不得使用。

7）砌体施工、屋面施工、装饰工程等施工冬季质量技术措施可行。

8）混凝土冬季施工质量技术措施可行。混凝土原材料选用、配合比设计、搅拌、运输、振捣、保温、养护、监测、检测等工艺流程和施工方法满足规程规范要求，保温措施有效。

9）设备及电气元件安装防低温、防冻管理措施有效。

（5）应急措施有效。防寒防冻防滑等应急物资满足要求，极端天气、凝冻天气等应急措施可行。

（四）基坑工程专项施工方案审查

1. 基坑工程施工特点

电网工程的基坑工程分布广、类型多，主要有房屋建筑基础、设备基础、构支架基础、构筑物基础、杆塔基础、地下电缆井、地下事故油池等基坑工程。电网基坑工程可分为有支护基坑、无支护基坑，具有坍塌、垮塌、高坠、物体打击、触电、机械伤害等危害因素，当基坑开挖深度（H）超过 3m 或周边地质条件极其复杂，应按照危险性较大分部分项工程编制专项施工方案。基坑工程图如图 3-25 所示。

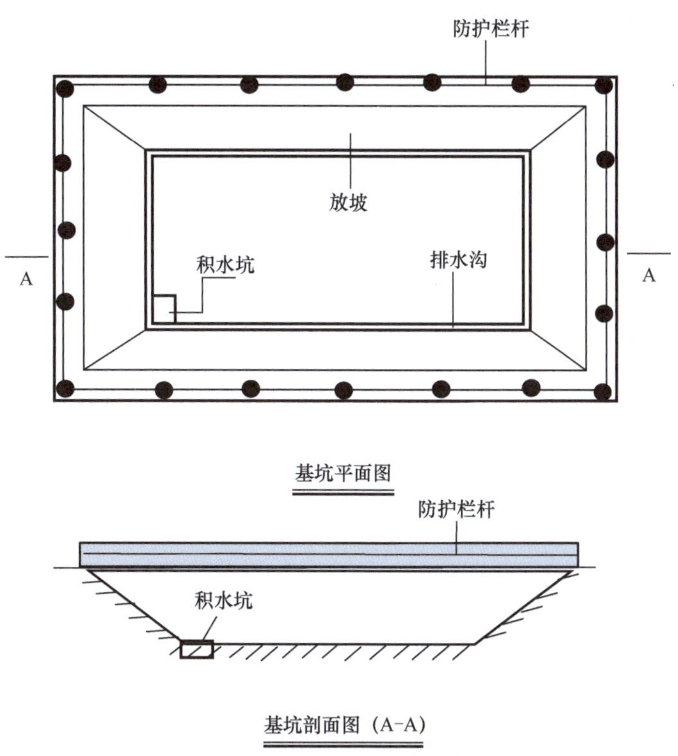

图 3-25　基坑工程图

2. 审查技术要点

（1）工程概况应描述清晰、信息基本齐全，主要包括以下内容：

1）基坑工程概况和特点应分析基坑尺寸、安全等级、地质条件、水文条件、主要设计工程量等。

2）基坑邻近建（构）筑物、道路及地下管线等周边环境调查应全面、清楚。

3）基坑支护、地下水控制及土方开挖设计（包括基坑支护平面、剖面布置，施工降水、帷幕隔水，土方开挖方式及布置，土方开挖与加撑的关系）。

4）基坑围护结构施工及土方开挖阶段的施工总平面布置（含临水、临电、安全文明施工现场要求及危大工程标识等）及说明，基坑周边使用条件。

（2）编制主要依据应包括以下现行法规、标准和文件。

1）基坑工程所依据的相关法律法规、标准规范等。

2）项目文件主要包括施工合同（施工承包模式）、施工组织设计、勘察文件、基坑设计施工图纸、现状地形及影响范围管线探测或查询资料、相关设计文件、地质灾害危险性评价报告、业主相关规定、管线图等。

（3）施工计划主要节点安排合理，并分解到各基坑工程，满足施工组织设计和里程碑进度计划要求。

（4）施工资源配置合理。劳动力、机械设备配置与工程进度计划匹配，主要材料需求计划、检测复试计划满足施工需求。

（5）安全管理措施可行。开挖、爆破、监测、通风、放坡、土方运输及堆放、人员上下、支护、降水排水、施工临时用电等安全管理措施符合工程实际和规范要求。建筑物、管线、文物等保护措施可行。

（6）施工工艺技术合理。工艺流程合理，基坑开挖、支护、模板安装等施工方法科学、符合规范要求。

（7）基坑质量控制标准、验收要求、验收内容和验收流程明确。

（8）必要时可对基坑工程计算书进行复核，核算数据安全性。

（五）边坡施工专项方案审查

1. 边坡施工特点

电网工程边坡施工分为道路边坡和建筑边坡，按照地质条件又分为土质挖方边坡、岩质挖方边坡及填方边坡。施工方法主要有锚杆支护、喷浆防护、挡墙支护、植物防护等，施工过程中具有坍塌、滑坡、高坠及支护结构失效等安全风险。

2.审查技术要点

（1）工程概况应描述清晰、信息基本齐全，主要包括以下内容：

1）施工段边坡高度、长度、边坡坡比、边坡坡角等参数。

2）地形地貌、地质条件、地表水、地表水排泄情况、不良地质作用和近年地质灾害情况等。

3）施工特点难点分析。

（2）编制主要依据应包括勘察文件、设计图纸、现状地形及地质条件资料、地质灾害危险性评价报告等。

（3）边坡施工主要节点进度计划满足施工组织设计和里程碑进度要求。劳动力安排、机械设备配置与进度计划、施工方法匹配。

（4）施工方法合理。结合现场工程量要求、地形地貌、地质情况选用的开挖、锚固、支护、运输等主要施工方法选择科学、合理，满足规范要求。

（5）施工工艺技术应实用、可靠。

1）边坡坡率、选用材料的规格及型号、锚杆长度、浆体强度等级等工艺技术参数符合要求。

2）边坡施工顺序安排合理。

3）锚杆支护、喷浆防护、挡墙支护或植物防护等操作方法和工艺控制措施可行，常见问题预防、处理措施得当。

（6）质量控制措施有效。边坡施工主要材料质量证明文件、产品、锚具及承载体的连接锚固性能抽样检验、质量验收内容方法和流程满足规范要求。

（7）边坡监测措施可行。监测仪器设备的名称、型号和精度等级符合要求，监测点设置、预警值及控制值、巡视检查、监测信息收集、统计、分析等符合要求。

（8）安全管理措施针对性强。围栏、防护网、脚手架搭设措施符合实际和要求，防坍塌、滑坡等措施有效。

（9）安全文明施工保证措施、环境保护措施满足要求。

（六）脚手架工程专项施工方案审查

1. 脚手架工程施工特点

电网工程的脚手架工程应用较广，主要使用钢管材质的脚手架。分为落地式钢管脚手架工程、附着式升降脚手架工程、悬挑式脚手架工程、高处作业吊篮、卸料平台、操作平台工程、异型脚手架工程等。脚手架工程在搭设和使用过程中存在整体或局部坍塌、高坠、物体打击等主要安全风险。

2. 审查技术要点

（1）工程概况描述清晰、特点分析透彻，应包括脚手架搭设类型、区域、高度、跨度等重要参数及施工条件。

（2）架体设计符合要求。静荷载和动荷载计算正确，脚手架的选择、几何尺寸的确定、地基基础的做法、立杆稳定性及构造设计满足规范要求。

（3）施工资源配置合理，满足搭设进度计划安排，特种作业人员按要求持证上岗。

（4）架设材料的规格型号、数量符合设计及规范要求。

（5）搭设施工工序、方法可行，工艺要求和流程合理，拆除方法、步骤要求明确。

（6）连墙件、剪刀撑、安全装置、扫地杆、连接件、钢管间距等设置满足规范要求。

（7）搭设、拆除及使用过程安全管理措施针对性强。

（8）安全防护设施满足规范要求。

（9）防雷接地装置设置合理、有效。

（10）脚手架监测及应急措施可行。

（11）验收标准有效，验收程序符合要求，验收内容应包括进场材料及构配件规格型号，构造要求，组装质量，连墙件及附着支撑结构，防倾覆、防坠落、荷载控制系统及动力系统等。

（12）计算书准确，相关施工图纸完整，应包括以下内容：

1）落地脚手架计算书：受弯构件的强度和连接扣件的抗滑移、立杆稳定性、连墙件的强度、稳定性和连接强度；落地架立杆地基承载力；悬挑架钢梁挠度。

2）附着式脚手架计算书：架体结构的稳定计算、支撑结构穿墙螺栓及螺栓孔混凝土局部承压计算、连接节点计算。

3）吊篮计算：吊篮基础支撑结构承载力核算、抗倾覆验算、加高支架稳定性验算。

4）脚手架平面布置、立（剖）面图（含剪刀撑布置），脚手架基础节点图，连墙件布置图及节点详图，塔机、施工升降机及其他特殊部位布置及构造图等。

5）吊篮平面布置、全剖面图，非标吊篮节点图（包括非标支腿、支腿固定稳定措施、钢丝绳非正常固定措施），施工升降机及其他特殊部位（电梯间、高低跨、流水段）布置及构造图等。

6）架体与建筑物拉结、预留通道及材料运输通道、洞口防护示意图、局部搭设示意图、结构平面、立（剖）面图等清晰明了。

（七）混凝土模板支撑工程专项施工方案审查

1. 混凝土模板支撑工程特点

电网工程的混凝土模板支撑工程主要应用变电站的警传室、事故油池、主控楼、围墙等混凝土结构工程中，其施工流程主要包括板模制作、支撑搭设、钢筋绑扎、混凝土浇筑等步骤。在施工过程中，存在高处坠落、物体打击、混凝土坍塌、支撑体系垮塌等安全风险。

2. 审查技术要点

（1）工程概况应描述清晰、信息基本齐全，主要包括以下内容：

1）本工程及混凝土模板支撑体系工程概况，具体明确模板支撑体系的区域及梁板结构概况，混凝土模板支撑体系的地基基础情况等。

2）本工程施工总体平面布置情况、混凝土模板支撑体系区域的结构平面图及剖面图。

3）明确质量安全目标要求，工期要求（工程开工日期、计划竣工日期），混凝土模板支撑体系工程搭设日期及拆除日期。

（2）施工计划主要节点安排的人员、设备、材料及施工内容合理，应包含以下内容：

1）混凝土模板支撑体系施工进度安排，具体到各分项工程的进度安排。

2）混凝土模板支撑体系选用的材料和设备进出场明细表。

3）混凝土模板支撑工程各时间段分项工程安排的人员数量。

（3）施工工艺技术实用、可靠，应包含以下内容：

1）混凝土模板支撑体系的所用材料选型、规格及品质要求，模架体系设计、构造措施等技术参数。

2）混凝土模板支撑体系搭设、使用及拆除工艺流程支架预压方案。

3）混凝土模板支撑体系搭设前施工准备、基础处理、混凝土模板支撑体系搭设方法、构造措施（剪刀撑、周边拉结、后浇带支撑设计等）、混凝土模板支撑体系拆除方法等。

4）混凝土浇筑方式、顺序、模架使用安全要求等。

5）混凝土模板支撑体系主要材料进场质量检查，施工过程中对照专项施工方案有关检查内容等。

（4）施工管理措施应科学、合理、齐全，应包括以下内容：

1）混凝土施工及支撑安全保证措施、质量技术保证措施、文明施工保证措施、环境保护措施、季节性施工保证措施针对性强。

2）监测点的设置合理，监测仪器设备和人员配备满足要求，监测方式方法、信息反馈及预警措施可行。

（5）施工管理人员、特种作业人员及其他主要作业人员分工明确，人员持证上岗。

（6）验收标准及程序符合要求，验收内容含有材料构配件及质量、搭设场地及支撑结构的稳定性、阶段搭设质量、支撑体系的构造措施等，验收合格后应挂牌。

（7）计算书计算准确，相关施工图纸完整，应包括以下内容：

1）支撑架构配件的力学特性及几何参数，荷载组合包括永久荷载、施工荷载、风荷载，混凝土模板支撑体系的强度、刚度及稳定性的计算，支撑体系基础承载力、变形计算等。

2）支撑体系平面布置、立（剖）面图（含剪刀撑布置），梁模板支撑节点详图与结构拉结节点图，支撑体系监测平面布置图等。

（八）起重机械安装和拆卸工程专项施工方案审查

1. 起重机械安装和拆卸工程特点

（1）起重机械在电网工程施工最为常见，有桥式起重机（包括冶金起重机）、门式起重机、装卸桥、缆索起重机、汽车起重机、轮胎起重机、履带起重机、铁路起重机、塔式起重机、门座起重机、桅杆起重机、升降机、电葫芦及简易起重设备和辅具。

（2）安装和拆卸施工受环境、天气、人员状态及机械自身型号大小的影响，因此必须严格执行专项施工方案要求开展安装和拆卸，且安装和拆卸必须由具有相应资质及安装许可证书的单位进行，由使用单位委托有资质的第三方机构进行检测。

2. 审查技术要点

（1）工程概况应描述清晰、信息基本齐全，主要包括以下内容。

1）起重机械安装和拆卸工程概况及特点。

2）起重机械类型一览表、安装和拆卸平面布置、外观图、施工要求和技术保证条件等。

3）工程所在位置、场地及其周边环境［包括邻近建（构）筑物、道路及地下地上管线、高压线路、基坑的位置关系］、装配式建筑构件的运输及堆场情况等。

4）邻近建（构）筑物、道路及地下管线的现况（包括基坑深度、层数、高度、结构型式等）。

（2）施工计划时间节点应符合施工组织设计要求，劳动力、材料、设备配置计划等应与工程进度匹配。

1）施工进度计划安排应合理、科学，施工进度应与材料、设备、机具、劳动力等相匹配，机械的安装和拆卸安全措施满足进度要求。

2）安拆场地（含基础、接地、拉线、连墙件）、水源、电源具备施工条件，起重机及其附件进场等符合总体施工计划安排。

3）起重吊装及安装、加臂增高起升高度、拆卸工程施工进度安排，具体到各分项工程的进度安排。

4）起重吊装及安装拆卸工程选用的材料、机械设备、劳动力等进出场明细表。

（3）施工工艺技术满足要求。

1）起重机械安拆的规格、型号，起重量、起升高度、跨度、幅度及工作速率、起重性能等设备参数明确，荷载值、接地电阻值等技术参数清晰。安装方式是整机分级安装还是结构或机械零件分级安装，明确合理。

2）起重吊装及安装拆卸工程施工工艺流程图，吊装或拆卸程序与步骤，二次运输路径图，批量设备运输顺序排布。

3）安装整机分级的机械应检查基础的承载、旋转半径、安全距离、起升高度及周边环境，结构或附件分级应先安装结构后附件施工方法，拆除施工顺序相反。

4）安装和拆卸人员应具备资格；吊装与拆卸过程中临时稳固、稳定措施，涉及临时支撑的，应有相应的施工工艺；吊装、拆卸的有关操作满足规程要求；运输、摆放、胎架、拼装、吊运、安装、拆卸明确工艺要求。

5）机械电路、水路、气路检查及测试措施有效，爬梯、电机外壳接地可靠，电动机械性能良好，旋转部位设置防护罩，各部位螺栓齐全紧固等。

6）进出口围挡警示标识设置合理。

7）吊装与拆卸过程主要材料、机械设备进场质量检查、抽检，试吊内容和方法可行。

（4）施工管理措施应科学、合理、齐全。

1）安全保证措施、质量技术保证措施、文明施工保证措施、环境保护措施、季节性施工保证措施等应合理、可行，并满足工程建设强制性标准要求。

2）安全、质量、进度保证控制程序及控制目标与施工合同一致，建立相关的考核机制。

3）电器类防护的相关措施，如接地、牵引电机、临时用电配电箱等。

4）监测点的设置合理，监测仪器、设备和人员的配备满足要求，监测方式、方法、频率及信息反馈可行。

（5）施工管理及作业人员配备和分工合理。

1）明确管理人员清单，特别是专职安全生产管理人员应在岗在位，岗位职责明确，界限清晰。

2）特种（设备）作业及辅助人员满足进场报审管理要求，并经过相关业务培训考试合格，视作业情况配置对讲设备及现场专职指挥人员、专职辅助指挥人员的数量。

3）起重机械装拆作业内容、作业顺序、人员分工等明确。

（6）质量措施可行，验收满足要求。

1）不同起重机械类型验收内容及标准有所差异，但验收应包含承载基础、金属结构、主要零部件、电气设备、安全防护装置及接地电阻等。

2）起重吊装及起重机械设备、设施安装，过程中各工序、节点的验收标准和验收条件，验收资料完整、齐全，委托的第三方检测报告真实有效，主动接受有关部门的监督。

3）进场材料、机械设备、设施验收标准及验收表，吊装与拆卸作业全过程安全技术控制的关键环节，基础承载力满足要求，起重性能符合，吊、索、卡、具完好，被吊物重心确认，焊缝强度满足设计要求，吊运轨迹正确，信号指挥方式确定。

4）作业中起吊、运行、安装的设备与被吊物前期验收，过程监控（测）措施验收等流程（可用图、表表示）。

（7）计算书及相关施工图纸齐全。

1）计算内容完整、齐全，计算及验算结果正确，如基础最小尺寸计算、设备基础承载力计算、地基基础承载力计算、辅助起重设备起重能力的验算、倾覆计算等。

2）安装及拆卸施工图、施工总平面和现场临时设施布置图等。

（九）钢结构安装工程专项施工方案审查

1. 钢结构安装工程特点

钢结构在电网工程建设广泛使用，钢结构自重较轻、准确快速装配，钢结构安装方法主要有高空散料法、分段安装法、高空滑移法、整体吊装法、整体提升法、整体提升法等，每种安装方式都有自己的特点，需要根据现场施工环境等因素进行选择合适的安装方式。

2. 审查技术要点

（1）工程概况应描述清晰、信息基本齐全，主要包括以下内容：

1）钢结构安装高度、层数、结构形式、主要难点和特点、施工平面及立面布置。

2）邻近建（构）筑物、道路及地下管线等周边环境资料齐全。

3）施工要求、安装面积及工期、风险辨识与分级、参建各方责任主体单位。

（2）施工计划时间节点符合施工组织设计要求，劳动力、材料、设备配置计划等应与工程进度匹配。

1）钢结构施工的总体安排及分段施工计划，钢结构安装工程的施工进度安排，具体到各分项工程的进度安排。

2）钢结构施工所需的材料设备及进场计划；机械设备配置、施工辅助材料需求和进场计划，相关测量、检测仪器需求计划，施工用电计划，必要的检验试验计划。

（3）安装施工工艺技术可行。

1）钢构件的规格尺寸、重量、安装就位位置（平面距离和立面高度）等技术参数明确。

2）选择塔吊及移动吊装设备的性能、数量、安装位置可行；吊索具选择满足要求。

3）绘制切实可行的工艺施工流程。

4）明确主要施工方法及操作要求，包括施工前准备、现场组拼、安装顺序及就位、校正、焊接、卸载和涂装等施工方法。

5）描述钢构件及其他材料进场质量检查措施和内容。

6）钢结构工程安装各工序所采取的安全技术措施（操作平台、拼装胎架、临时承重支撑架体及相关设施、设备等的搭设和拆除方法）可行，防高坠、触电、打击等常见安全问题的控制措施清晰。

（4）施工管理措施应科学、合理、齐全，施工管理及作业人员配备和分工合理。

（5）高空作业、焊接作业、吊装司索等特种作业人员应持证上岗。

（6）质量管理措施可行。

1）根据施工专项施工方案、钢结构施工图纸、钢结构工程施工质量验收标准、安全技术规范、标准、规程、检测试验标准以及其他验收标准。

2）确定验收内容，明确验收程序、验收单位及验收成员。

3）焊接、铆钉、组装、螺栓紧固等主要工序质量技术保证措施明确。

4）构件吊装时的变形控制措施可行。

5）工艺需要的结构加固补强措施有效。

（7）计算书及相关施工图纸齐全。

1）钢结构计算书应包含荷载、依据、参数、计算简图、指标及结果；缆风绳设置及地锚进行安全验算等。

2）有安全防护设施图、操作平台及爬梯、吊装设备位置图等。

（十）主变压器/GIS组合电器局部放电及耐压试验专项施工方案审查

1. 主变压器/GIS组合电器局部放电及耐压试验特点

交流耐压试验能有效发现设备的危险性、集中性缺陷，它是鉴定高压电气设备内电气绝缘强度最直接的方法；局部放电试验是检测高压电气设备绝缘内部存在的放电影响绝缘老化或劣化情况的重要手段，是保证电力设备长期安全运行的重要措施。主变压器/GIS组合电器局部放电及耐压试验的专业性较强，对环境、技术要求较高，操作不当易造成人身和设备安全事故，具有技术性强、安全风险高的特点。

2. 审查技术要点

（1）被试设备试验范围、参数及技术要求描述准确。

（2）试验设备、工器具配置应满足要求。

1）局部放电设备、局部放电测试仪、绝缘电阻表、放电棒等试验设备配置参数及数量满足主变压器/GIS组合电器局部放电及耐压试验技术要求。

2）施工机械设备、安全工器具、个人防护用品配置满足试验要求。

3）接入试验的电源稳定性满足要求，电源容量选择满足试验需要。

（3）试验人员配置满足要求。

1）试验人员须具备必要的电气知识和高压试验技能，试验负责人应从事主变压器/GIS组合电器局部放电及耐压试验工作三年以上，具有类似的工作经验。

2）试验人员须持相应的特种作业操作证（如电气试验作业证、高空作业证等）。

3）必要时可要求厂家人员到场指导。

（4）试验条件明确清晰。

1）耐压试验应在天气良好且被试设备及仪器周围温度不低于5℃，空气相对湿度不高于80%的条件下进行，雷雨及六级以上大风应停止试验。

2）局部放电试验前主变压器/GIS组合电器应完成全部常规试验，绝缘油色谱、SF_6气体试验合格，静置时间满足要求，排放各侧套管、散热器顶端等处沉积气体。

3）套管内电流互感器二次端子均已短接接地，主变压器/GIS组合电器外壳、铁芯及铁芯夹件应可靠接地。

4）被试设备周围电气施工尽量停止，特别是电焊作业，减少对试验的干扰。

5）试验场地周围无大型机械设备施工，避免振动造成局部放电测试仪背景信号过大。

6）试验部分与非试验部分要明显电气断开，相邻处应可靠接地。

7）试验电源、升压变压器、补偿电抗器外壳接地线应分别引至被试设备外箱的接地引线上，避免地线环流产生干扰。

（5）试验质量控制措施可行，满足技术要求。

1）试验电压及电源容量正确，满足规程规范及技术文件的要求。

2）试验步骤及流程详细、正确，技术要求明确。

3）升压设备试验引线应选用无电晕大直径导线，避免电晕对试验波形及数据的影响。

4）变压器高压套管顶部装上均压罩，并与导电杆连接可靠，防止套管顶端电晕放电。

5）局部放电测试回路应保证一点接地。

6）局部放电试验前有载调压分接应按厂家技术要求调整。

7）被试设备附近的栏杆、油箱等可能电位悬浮的导体均应可靠接地，防止因杂散电容耦合而产生悬浮点位放电。

8）试验电压值符合出厂试验电压值80%的要求，试验合格标准明确，符合规范及技术文件的要求。

9）试验记录及报告内容齐全、格式规范。

10）局部放电耐压试验后油色谱与试验前无明显区别。

（6）试验安全风险分析清晰，管理措施可行。

1）风险辨识及预防措施详细、可行，安全技术交底内容针对性强。

2）试验区域设置明确，符合规范要求，安全围栏和标识带设置符合要求，并设专人看护。

3）试验人员个人防护用品配置符合要求。

4）试验现场消防设施配置满足要求。

5）试验过程高空作业、吊车吊装等工作安全防护措施符合规范要求，防触电、防高坠安全措施可行，接地可靠牢固。

6）试验后残余电压放电措施明确，符合要求。

（7）触电及高坠应急管理措施可行。

（十一）构支架吊装专项施工方案审查

1. 构支架吊装特点

变电（换流）站构支架多为钢构件、螺栓连接，吊装工程量大，构件数量多种类繁杂，体积大、重量重、高度高，是集高空、起重作业为一体的危险性较大的施工项目，存在高空坠落、物体打击等安全风险。当构支架重量较大、吊装高度较高或横梁跨度超过一定限值时，应当编制专项施工方案，严格制定安全技术措施。

2. 审查技术要点

（1）工程概况应描述清晰、信息基本齐全，重点描述以下内容：

1）构支架类型、重量、高度、数量及布置形式。

2）构支架材料组成种类、长度、重量、连接方式等内容。

3）构支架基础形式及固定方式等。

4）构支架组装、吊装施工特点难点分析及注意事项。

（2）施工组织机构设置是否合理，人员分工及职责是否明确，劳动力、机械设备、工器具、材料资源配置是否满足施工方法及进度计划的需求。

（3）施工计划安排是否满足总体计划要求，是否按区域、按分项细化到各部位，组装、吊装顺序及作业流程安排是否合理。

（4）施工总平面布置及说明详细，平面图、立面图应注明起重吊装的构支架与邻近建（构）筑物、道路及地下管线、基坑、高压线路之间的平、立面关系及相关形、位尺寸（条件复杂时，应附剖面图）。

（5）吊点选择及受力分析详细，支撑面承载能力、辅助起重设备起重能力、吊索具受力、被吊物受力、临时固定措施受力等验算正确。吊车等机械设备选型合理，臂杆长度、臂杆最大倾斜角度、计算荷载、吊装距离、限位距离等参数选择合理、满足要求；必要时可附图。

（6）吊装施工方法可行，主要步骤安排合理，描述详细，多机联吊的步骤和操作方法满足要求。施工工艺措施有效，必要时附吊装施工工艺流程图。

（7）质量控制措施满足规范及设计文件要求。

1）基础验收合格，吊装前基础杯口清理措施、标识、轴线高程复测措施是否满足吊装需要。

2）构件运输和堆放措施可行，组装前质量检查措施具体，满足规范要求。

3）构件拼装步骤正确，标识准确可行，螺栓连接及紧固措施是否符合规范要求，扰度、弯曲度等参数是否满足要求。

4）吊装防碰撞、刮擦等损坏措施是否可行，轴线、垂直度、标高、预起拱、偏差等质量控制措施是否满足要求。

5）验收标准现行有效，验收程序符合要求，验收内容含有构件进场、构件组装、螺栓紧固、焊接、吊装校正、灌浆等环节。

（8）安全风险分析透彻，针对性强，安全管理措施有效。

1）人员持证是否满足要求，司索人员、高空作业等特种作业人员应持证上岗。

2）现场负责人、安全监护人、起重指挥人员分工明确，满足统一指挥的要求。

3）起重机械检查措施有效，钢丝绳选择合理，是否有检查无断股及破损措施。

4）缆风绳设置、选择满足吊装实际，固定牢固。

5）吊装区域围栏、警示标志有效，起吊区域内通行、逗留管控措施可行。

6）自锁装置有效，防脱落、防高坠措施明确。

7）安全帽、安全带、手套等个人防护用品配置齐全，使用正确。

（9）起重伤害、机械伤害、高处坠落等应急救援物资准备及实施措施可行。

（十二）机械化专项施工方案审查

1. 机械化施工特点

机械化施工是工程建设生产技术进步的重要标志之一，是工程建设工业化的重要内容。机械化施工有利于提高劳动生产率，节约劳动量；有利于加快工程进度，缩短建设工期；

有利于提升工艺水平和工程质量，降低工程成本；有利于保证和降低施工安全风险，减少环境污染。在电网工程建设中，变电站工程及交通条件较好的平原地区输电线路工程机械化施工应用较早，随着机械技术应用的不断进步，各大电网公司不断加大推广力度，使用机械化施工程度越来越高，运用范围越来越广泛，对机械化施工的规范管理显得更加重要。对运用程度较高、使用环境复杂、设备众多、机械设备技术含量高的电网工程建设应编制机械化施工专项方案。本节以输电线路工程为例阐述机械化专项施工方案审查要点。

2. 审查技术要点

（1）施工单位应认真研究招标及设计文件，组织现场踏勘，核实和收集现场有关数据资料，在工程概况和特点分析中应重点描述各施工点地理位置、地质条件、作业环境、临时施工道路、机械化施工安全风险辨析（如临时施工道路上方带电线路状况、桥梁、隧道等）等情况，分析各塔基中各分部分项工程适用机械化施工的可能性和技术要求。

（2）根据现场踏勘及分析结果，秉着因地制宜，按照技术先进、经济合理、施工适用、性能可靠、使用安全、操作简单、维修方便的原则，综合拟定各塔基机械化施工方案。建立系列化施工参数，选择适合的机械设备，明确各分部分项工程机械化设备配置方案，合理组织机械化施工。

（3）各施工工序选用的机械设备性能应满足施工需求，设备名称、型号、数量、参数、用途应明确。

（4）结合工程量、进度目标、质量安全管理要求、现场施工条件，拟定劳动力、施工材料、施工机械配置和进出场计划，制订满足工期要求的施工进度计划；尽量减少机械的组合数量，避免机械故障引起的停工影响工程整体进度。

（5）建立有效的机械管理和调度制度，提高机械使用效率，消除因机械管理因素对施工进度滞后的影响。

（6）机械施工质量管理措施可行。

1）详细分析基础、组塔、放线等各分部工程机械化施工特点，制定清晰的机械化施工流程、技术方案。

2）明确物料运输、土方开挖、钢筋加工、基础混凝土浇筑、铁塔组立、线路架设等重要工序的施工标准和工艺控制要点。

3）根据不同的施工环境和地形特点、质量安全管理要求，各施工部位选择合适的施工方法。

4）明确主要施工机械的操作方法和技术要点。

5）对轴线、位置、高程、深度等数据制定过程严格控制的方法和验收流程。

6）明确各分部分项工程验收标准、流程、要求和要点。

（7）机械施工安全管理措施针对性强。

1）结合施工方案，开展人的不安全因素、物的不安全因素、环境潜在危险因素风险分析，针对性地制定预控措施，满足施工机械对道路、场地使用、作业环境的要求。

2）依照沿途的地质情况，修建简易的临时道路，宽度、平整度、坡度、转弯半径等应满足机械进场的要求，道路应易于恢复，尽量减少对环境和水土流失的影响。

3）人员安排及资格条件应满足工程施工需要，操作人员具备相应的专业技能，特种作业人员持证上岗。

4）建立有效的维修保养、定期检查制度，落实维保职责。

5）主要施工机械应建立安全操作规程，加强施工过程安全操作管理。

6）对机械化施工过程的行为性违章、装置性违章、管理性违章制定针对性安全管理措施。

7）结合机械化施工特点，制定可行的安全文明施工、水土保持和环境保护措施。

（8）分析机械化施工事故事件，制定可行的应急处置措施，储备必要的应急物资，明确应急人员职责及相关要求。

三、架空输电线路工程典型专项施工方案

（一）人工挖孔桩专项施工方案审查

1. 人工挖孔桩施工特点

人工挖孔桩工程是采用人工开挖方式进行基桩成孔，在电网工程中输电线路基础使用较多。人工挖孔桩具有施工作业面小、有限空间作业的特点，易发生坍塌、物体打击、窒息、中毒、触电等人身伤害，危害性较大。人工挖孔桩属于限制性施工工艺；地下水丰富、软弱土层、流沙等不良地质条件的区域，孔内空气污染物超标准，机械成孔设备可以到达的区域不得采用。

2. 审查技术要点

（1）工程概况主要内容要描述清晰、齐全。

1）人工挖孔桩的基本情况，包括桩数、桩长、桩径、分布情况等。

2）工程地质、水文地质情况及桩与地层关系，包括地形地貌、地层岩性、土层分布、地下水、地层渗透性，桩与典型地层剖面图关系等情况。

3）工程环境情况，包括工程所在位置、场地及其周边环境情况，地表水、洪水的影响等情况。

（2）劳动力、开挖工器具配置及班组设置是否结合地质情况和开挖工程量进行，是否满足基础工程进度计划要求。

（3）施工工艺技术参数标准满足要求。

1）应在桩外设置基准桩。

2）混凝土护壁厚度、搭接长度及构造钢筋应符合设计要求；当无设计要求时，护壁厚度不应小于100mm，护壁搭接长度不得小于50mm，护壁构造钢筋直径不应小于8mm。

3）井圈顶面应符合设计要求；当无设计要求时，井圈顶面应比场地高出100～150mm，

壁厚应比下面井壁厚度增加100～150mm。

4）每节挖孔的深度不宜大于1m；每节挖土应按先中间，后周边的次序进行。

5）扩孔段施工应分节进行，应边挖、边扩、边做护壁，严禁将扩大端一次挖至桩底后再进行扩孔施工。

6）上节护壁混凝土强度大于3.0MPa后，方可进行下节土方开挖施工。

7）当渗水量过大时，应采取截水、降水等有效措施，严禁在桩孔中边抽水边开挖。

（4）施工安全管理措施可行。

1）孔内必须设置应急软爬梯供人员上下；使用的电动葫芦、吊笼等应安全可靠，并配有自动卡紧闭锁保护装置，不得使用麻绳和尼龙绳吊挂或脚踏井壁凸缘上下。电动葫芦宜用按钮式开关，使用前必须检验其安全起吊能力。

2）每日开工前必须检测井下的有毒、有害气体，遵守“先通风、后检测、再作业”的原则，并应有足够的安全防范措施。当孔深开挖深度超过10m时，应有专门向井下送风设备，风量不宜少于25L/s。

3）孔口四周必须设置护栏，护栏高度宜为0.8m。

4）挖出的土石方应及时运离孔口，不得堆放在孔口周边1m范围内。

5）施工现场的一切电源、电路的安装和拆除应符合《施工现场临时用电安全技术规范》（JGJ 46—2018）的规定。

6）孔内通讯联络应保持畅通；施工时孔口应设专门监护人员。

7）应有塌方、涌水、涌沙等常见问题的预防、处理措施。

（5）设备工器具配备型号、规格、数量应满足现场施工需求。

（6）应有明确的质量标准和验收要求，明确验收内容和验收流程。

（7）应急处置措施应明确应急小组组成与职责、应急救援小组组成与职责，相应应急措施，应急物资等。

（8）对人工挖孔桩工程计算书进行复核，核算数据安全性。

（二）80M以上高塔组立专项施工方案审查

1. 高塔组立施工特点

电网输电线路工程中80m以上高塔组立一般位于高跨越、大档距位置，属于超过一定规模的危险性较大分部分项工程，组塔位置高、安全风险大、技术性强。

2. 审查技术要点

（1）工程概况应描述清晰、信息基本齐全。

1）工程概况及基本特点、线路路径、工程设计特点、铁塔组立分部工程主要工程量、各种塔型数量及一览表、铁塔腿号等。

2）风险因素辨识及特点分析。

（2）施工计划时间节点应符合施工组织设计要求，劳动力、材料、设备配置计划等应与工程进度匹配。

1）高塔组立施工计划应满足总体施工计划，主要施工力量满足阶段施工要求。

2）计划应包含塔材、设备及进场计划；组塔辅助工具需求和进场计划；施工用电计划，必要的检验试验计划。

（3）基坑工程施工工艺技术应包括技术参数、工艺流程、施工方法及操作要求、各工序检验内容及检验标准等。

1）明确高塔组立采用何种方法组塔，根据组立方法明确作业流程。

2）受力工具器、仪器规格、型号及技术参数的选择，应满足现行的规范标准、安规要求，并经有资质的单位检验合格。

3）组塔用的起重机械、牵引机械及抱杆规格、型号及性能及外观满足要求，安装位置、牵引方向或起重机械旋转半径、起升下降高度应明确，机械应明确操作规程。

（4）施工管理措施应科学、合理、齐全。

1）安全组织机构、安全保证体系及相应人员安全职责等，特别是专职安全人员应到岗到位，明确制度性的安全管理措施，包括人员培训考试、技术交底、安全检查等要求。

2）高塔组立现场设置专职指挥人员及辅助指挥人员，专职安全管理人员到岗到位。

3）高塔组立现场应配备相应的风测速仪，确保吊装安全，接地自开始组立第一段塔材时候连接。

4）其他人身意外防高坠、触电、打击等安全保证措施，明确设置垂直攀登自锁器，上下及水平行走必须携带自锁器。邻近带电体作业应确保作业距离满足安规要求。

5）起重设配、拉线、传递绳、起吊绳等工具器规格型号满足要求，严禁以小带大，拉线地锚必须经过验收合格。

6）塔材、连接件、螺栓（帽）施工质量管理、技术保证措施是否符合要求。

（5）施工管理及作业人员配备和分工合理。

1）施工管理人员应包含项目经理、项目技术负责人、安全员、施工员、质量员等岗位，并明确职责范围。

2）专职安全管理人员应明确其专职安全生产管理的工作职责。

3）施工人员配置应配置现场指挥、安全监督、塔上特种作业、地面组织辅助、起重机械或绞磨操作、缆绳控制等人员，具备资格并经培训教育及考试合格。

（6）质量管理技术措施可行。

1）明确质量验收标准、检测试验标准等。

2）明确验收程序、验收单位及验收成员。

3）确定验收内容，如构件组装完整性、偏差值、紧固件力矩、接地电阻等条件。

（7）计算书及相关施工图纸齐全。

1）计算书应对主要工器具受力及结构强度的验收，工器具包括机动绞磨、抱杆、抱杆拉线、起吊绳（包括起吊滑车组、吊点绳、牵引绳等）、承托绳和控制绳等。

2）工具受力计算先将全塔各次的吊重及相应的抱杆倾角、控制绳及拉线对地夹角进行组合，计算各工器具受力，取其最大值作为选择相应工器具的依据。

（三）组立/拆除铁塔作业专项施工方案审查

1. 组立/拆除工程特点

输电线路铁塔主要由钢结构部件现场组装而成，组塔方法多，专业性强。易受基础质量、钢结构部件加工质量、作业环境、地形地貌、气候条件的影响。在组塔过程中频繁吊装，高空作业多、材料输运困难，存在高空坠落、物体打击等安全风险。铁塔拆除主要采用整体式放倒，安全风险高。

2. 审查技术要点

（1）工程概况主要描述铁塔型式、数量、重量、分布、地形地貌、作业环境、临时道路、大运小运等情况，特殊塔型应做详细描述，为组塔方法选择和机械化施工提供依据。

（2）组塔进度计划安排合理，满足工程整体进度计划的要求。组塔进度计划应分解到每一基塔基，充分考虑材料运输、地形地貌、机械化施工、组塔方法选择、组塔班组设置、气候特点等多种因素。

1）铁塔构配件到场需求及大运小运组织满足组塔进度的需要。

2）施工机械、安全工器具配置满足施工方法和进度的需要。

3）组塔劳动力配置、组塔班组设置满足进度要求。

（3）施工方法和工艺流程合理。

1）主要组塔施工方法选择合理。结合现场地形地貌、铁塔型式等因素选择合适的组塔方法，能选择机械化施工的尽量选择机械化施工。

2）选用各项组塔（铁塔组装、整体组立铁塔、内悬浮拉线抱杆分解组塔、座地摇臂抱杆分解组塔、起重机组塔等）方法、施工工艺要求和流程应详细描述，满足规范的要求。

（4）质量控制措施可行。应明确质量控制目标，制定相应的技术交底、关键工序质量管理要点、质量检查内容和验收措施。

1）铁塔构件运输、堆放措施符合要求，锌层无脱落或磨损防范措施可行，对构件不产生污染和损坏。

2）明确构件标记措施，构件规格、数量、组装位置满足要求。

3）螺栓穿向、紧固、出扣、防松防盗管理措施可行，满足质量标准。

4）相邻主材节点间弯曲度、铁塔倾斜度控制及检查措施可行。

（5）安全风险分析到位，安全管理措施有效。

1）明确组塔难点，进行主要安全风险辨识，制定倒塔、高空坠物、人员高空坠落、起重伤害、触电、物体打击等针对性的管理防范措施。

2）施工负责人、安全监护人、机械操作人员、高空作业人员、地面配合人员职责清晰，配置满足组塔需要，针对岗位职责制定安全技术交底措施。

3）高空作业、机械操作、起吊指挥、司索等特种作业人员持证上岗，并满足铁塔组立/拆除施工的需要。

4）设备、机械、机具、工器具配置满足施工要求，维护保养及使用检查制度可行。

5）结合塔型、组塔地形地貌和施工方法设置合理的临时锚固措施。采用埋土地锚时，地锚绳套引出位置应开挖马道，马道与受力方向应一致；采用铁桩或钢管桩时，一组桩的主桩上应控制一根拉绳；临时地锚应采取避免被雨水浸泡的措施。

（6）铁塔拆除方法选择合理，符合现场实际情况，爆破拆除、机械拆除、液压拆除、人工拆除安全技术措施可行，临时锚固措施满足要求。

（四）索道运输工程专项施工方案审查

1. 索道运输工程特点

架空输电线路施工专用货运索道是一种将钢丝绳架设在支承结构上作为运行轨道，用于施工运输物料的专用运输系统，由支架、鞍座、运行小车、工作索、牵引装置、地锚、高速转向滑车、辅助工器具等部件组成。索道运输爬坡能力大，可以以最短的距离连接起点、终点，占地少，可适应各塔位卸载。具有架设效率高、运输效率高和安全性高的特点。

2. 审查技术要点

（1）索道运输采取的运输方式及索道结构形式与现场实际地形地貌相符。

（2）索道路径及索道载荷级别选择满足工程运输的实际需要。

1）1000kg 级单承载索道，运载能力不大于 1000kg；多跨最大长度为 3000m，相邻支架间的最大跨距不宜超过 600m，相邻支架最大弦倾角不大于 50°；单跨最大跨距不宜超过 1000m，相邻支架最大弦倾角不大于 50°。

2）2000kg 级双承载索道，运载能力不大于 2000kg；多跨最大长度为 2000m，相邻支架间的最大跨距不宜超过 600m，相邻支架最大弦倾角不大于 50°；单跨最大跨距不宜超过 1000m，相邻支架最大弦倾角不大于 50°。

3）4000kg 级双承载索索道，运载能力不大于 4000kg；多跨最大长度为 1500m，相邻支架间的最大跨距不宜超过 600m，相邻支架最大弦倾角不大于 50°；单跨最大跨距不宜超过 1000m，相邻支架最大弦倾角不大于 35°。

（3）索道承载索、返空索、提升索应符合以下规定：

1）索道承载索、返空索、提升索应采用整根钢丝绳。

2）承载索选用的最大直径不宜超过 26mm，不得有接头。

3）返空索钢丝绳规格不应小于ϕ12。

4）提升索钢丝绳规格不应小于ϕ13。

5）承载索、返空索选用线接触或面接触 6×36mm 同向捻钢丝绳，钢丝公称抗拉强度不宜小于 1670MPa。

6）牵引索选用线接触或面接触同向捻钢丝绳，其钢丝公称抗拉强度不宜小于 1670MPa，抗拉安全系数不应小于 5，钢丝绳套插接长度不小于钢丝绳直径的 15 倍，且不得小于 300mm。承载索、牵引索的数量、规格及初始张力应符合要求，见表 3-2。

表 3-2　　承载索、牵引索的数量、规格及初始张力

索道载荷级别（kg）	承载索数量	承载索规格（mm）	初始张力设定（kN）	牵引索规格（mm）
1000	1	>ϕ18	15～34	>ϕ13
2000	1（2）	>ϕ24（ϕ18）	25～55	>ϕ16
4000	2	>ϕ26	25～55	>ϕ16

注　承载索在空载情况下，最大档距弧垂宜按档距的 2.5%~5%考虑；满载情况下，最大档距弧垂宜按档距的 4%～8%考虑。

（4）2000kg 级及以上索道的牵引机不应使用后桥式牵引设备，应使用双卷筒的牵引装置、机械式牵引装置应具有正反向各自独立制动装置。牵引装置不应设置在索道正下方及沿线上；牵引装置应可靠锚固，良好接地。

（5）地锚锚固方式应满足设计要求，可采取单联、双联或多联的形式。

1）地锚坑的位置应避开不良的地理条件，地锚坑开挖深度满足计算书设计要求。

2）马道坡度应与受力方向一致，马道与地面的夹角小于或等于 45°。

3）承载索锚固力大于 200kN 宜采用群锚型式或设计特殊的现浇锚桩锚固。

4）地锚坑的回填土必须分层夯实，回填高度应高出原地面 200mm，同时要在表面做好防雨水措施，验收后应设置标牌标注。

（6）索道在运行前需进行相关的检查、试验，并进行索道验收合格后方可使用。

（7）索道严禁跨越高压电力线路、铁路、航道、生活区、厂区；不宜跨越公路。若确需跨越应制定安全防护措施。

（8）高速转向滑车宜采用圆柱轴承；槽底轮径与牵引索直径的比值不应小于 15，包络角不宜大于 90°。

（9）应制定索道维护、监测、保养措施，设置专人进行日常检查、维护，确保索道使用过程安全。

（10）计算书类的计算结果与选择的设备是否相符。

1）所选支架型号满足计算书结果。

2）2000、4000kg 索道材料及支架材质满足要求，严禁使用木质支架。

3）金属支架需设置临时接地，接地线规格不应小于 16mm²。

4）鞍座结构形式计算，符合强度和刚度要求。

5）运行小车规格应满足承载绳根数、承载力（单件最重物件重量）的要求。

6）审查索道牵引机的牵引力、牵引速度、制动可靠和使用性能符合要求。

7）机械式索道牵引机上应配备彼此独立的正、反向制动装置，牵引机的额定载荷时牵引速度不应大于 32m/min。

8）索道牵引装置牵引索在磨芯上的缠绕圈数不应少于 5 圈，进出牵引索方向、角度应正确。

（五）跨越铁路/高速公路/带电线路专项施工方案审查

1. 跨越施工特点

输电线路在导地线展放过程中，常常需跨越正在运行的铁路、高速公路、带电线路。跨越施工情况复杂，存在车辆伤害、机械伤害、物体打击、高处坠落、触电等安全风险，易发生重大安全事故，应按照跨越点针对性的编制专项施工方案。根据跨越高度、跨越宽度、跨越点地形以及被跨越物重要程度不同，所采取的跨越方式及安全防护措施也不一样，目前主要采取的跨越方式有封网跨越、跨越架跨越，如图 3-26 和图 3-27 所示。

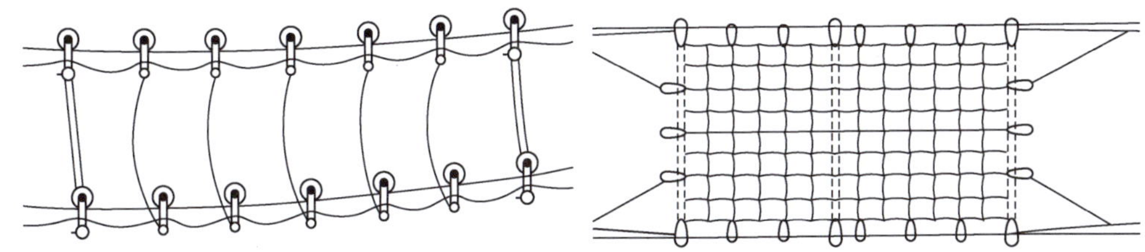

图 3-26 绳索式跨越（封网跨越）

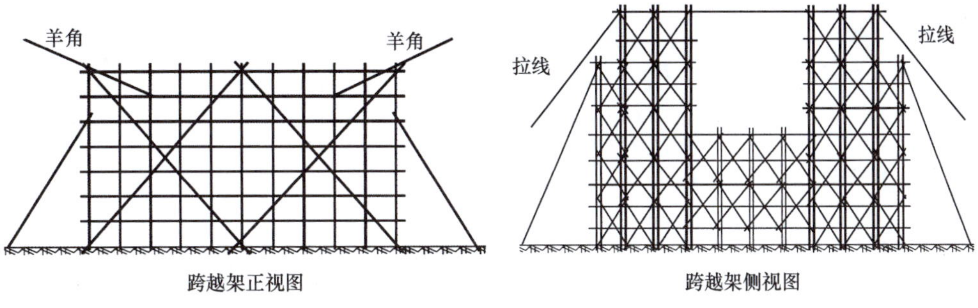

图 3-27 跨越架跨越

2. 审查技术要点

（1）施工单位应组织现场踏勘，跨越点情况信息应齐全，描述准确。

1）明确跨越放线段基本情况，包括放线流程的长度、塔型、张力场及牵引场的设置位置等。

2）跨越点地形地貌情况。

3）跨越档两边铁塔塔型、档距、挂点高差、高程等数据描述清晰。

4）跨越档放线过程中弧垂与被跨越物的距离、跨越档与被跨越物的交叉角、跨越宽度等数据应齐全、准确。

5）多种交叉跨越并存时，应分别分析各交叉跨越特点，整体跨越措施应保证所有交叉安全。

6）跨越带电线路明确跨越方式停电或带电跨越方式。

7）架线流程段施工平面布置图、跨越档跨越平面布置图及说明详细，必要时附示意图或照片。

（2）施工计划编制合理，满足架线分部工程及整体进度计划要求。

1）施工计划应综合考虑停电计划、交通管制时间、跨越架搭设时间。

2）施工进度计划应细化到各施工工序，按天细化工作内容，分工及职责明确。

3）材料、设备、工器具、劳动力配置满足进度计划要求，与施工内容安排匹配。

（3）施工工艺技术明确，施工方法可行。

1）跨越架（网）宽度、长度、位置、弧垂（跨越网至高速路面/被跨越线路最小距离、至铁路接触网最小距离、架线过程中牵引绳及导线与封网的距离）、跨越架排架数等技术参数明确，采用的施工方法符合现场实际。

2）跨越架（网）施工工艺、架线施工工艺、紧线施工工艺流程及要求明确。

3）跨越准备工作要求描述完整，跨越架（网）搭设、架线、跨越拆除施工方法可行、合理。

（4）质量管理措施完整，放线、紧线、附件安装等质量关键点管控措施可行，符合规程规范要求。

（5）组织机构完善，人员分工及职责明确。牵引场、张力场、跨越点人员分工合理，信息通畅。

（6）安全风险分析清晰，安全管理措施针对性强。

1）安全风险辨析清晰，数据具体、齐全，分级准确，跨越带电线路应明确电网运行风险分级。

2）高空作业、起重等特种作业人员持证上岗，施工人员安全教育培训合格，按岗位和分工进行安全技术交底。

3）施工机具配置数量、型号满足要求，使用前维修、保养、检查措施可行。

4）跨越安全措施可行，跨越架（网）材料选择、搭设方式、间距、固定方式、高度、宽度等满足规程要求。

5）临时锚固及接地措施满足要求。

6）展放导地线距离跨越网、跨越架（网）的距离预警值及控制值设置明确，信息传递及控制方式有效，监测地点选择、监测措施及人员安排可行。

7）跨越架（网）验收程序、内容、记录要求完整、可行，验收合格后应挂牌。

（7）对跨越架（网）坍塌、触电、高坠等主要安全风险制定针对性应急处置措施，应急响应程序、应急物资储备满足要求。

（8）跨越架（网）计算、跨越点平面布置、断面图等完整。

四、电缆工程典型专项施工方案审查

（一）顶管施工专项施工方案审查

1. 顶管施工特点

1）顶管施工技术是常见的定向钻敷设管线的技术之一，设备质量可靠，自动化程度高，操作方便。

2）由水平定向钻、定向仪、先导仪、导向仪、钻孔泥浆、各类聚乙烯管及钢管组成，通过测量、计算出入土角度及出土角度，以相对于地面的较小的入土角钻入地层形成先导孔，然后将先导孔扩径至所需大小并铺设管道（线）的一项技术（如图 3-28 所示），电网工程常用于穿越铁路、高速公路、城市主要干道及水电煤气管道进行管线敷设的施工方式。

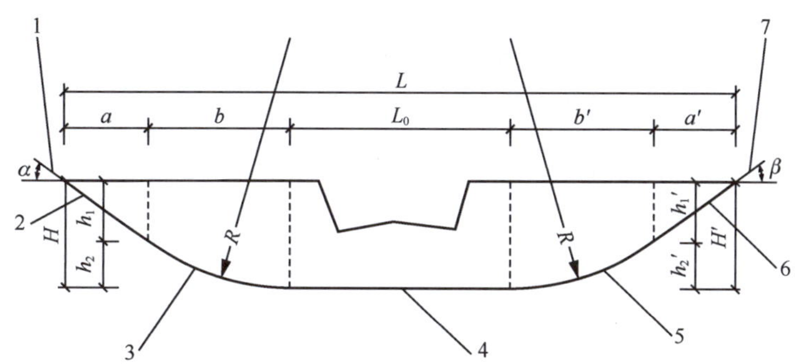

图 3-28　水平定向钻轨迹纵断面图

1—入土端；2—入土端斜直线段；3—入土端曲线段；4—水平直线段；
5—出土端曲线段；6—出土端斜直线段；7—出土端

注：断面图来源《水平定向钻敷设电力管线技术规定》。

2. 审查技术要点

（1）工程概况应描述清晰、信息基本齐全，应包括以下主要内容。

1）工程概况和特点应分析顶管长度、地质条件、水文条件等。

2）邻近建（构）筑物、道路及地下管线等周边环境资料齐全。

（2）施工计划符合施工组织设计要求。

1）施工计划应分解到每一个顶管施工点，测量定位放线、管材运输、组对焊接、场地平整机钻机就位、导向回扩、管道回拖、施压验收等工序施工计划时间明确，满足节点计划要求。

2）劳动力、材料、顶管设备配置计划应与每个顶管施工点需求匹配，充分考虑流水作业及设备转场合理安排的时间。

（3）顶管施工工艺技术可行。

1）有详细的施工工艺流程图，地下管线探测及放线、设备进场调试、导向、回扩（焊管）、回拖、管口处理等主要工序工艺控制措施明确。

2）水平定向钻机及辅助设备泥浆泵、泥浆搅拌机、泥浆净化器、挖掘机、汽车式起重机、电焊机及电热熔焊机等功率、规格、型号的选择满足相关技术标准及施工要求。

3）涉及穿越的水、电、通信、燃气管以及建（构）筑物基础等障碍物的位置、深度、类型技术参数，水平定时钻管行走路线长度、弧角度并在施工轨道上进行标记。

4）膨润土、化学泥浆和添加剂的配比参数，拖管压力参数明确。

5）明确预扩孔等级，如第一级、第二级、第三级采用的扩孔器。

（4）施工管理措施应科学、合理、齐全。

1）设施工组织机构岗位及职责，明确制度性的安全管理措施，安全体系应健全。

2）对进场人员开展培训考试、图纸及技术交底、安全检查等要求。

3）对关键工序导向孔钻进、特殊过程回拉铺管等实施过程的控制措施，明确控制标准、实施措施、检查办法及检查责任人，如导向孔施工时，应全程监控记录钻头轨迹。

4）施工中出现塌孔，备用方案的调整措施应满足要求。

5）路径选择合理，减少对堤坝、河床、巷道的影响。

6）有效缩短工序转移时间、提高时间利用率；采用先进施工技术等技术措施。

（5）施工管理及作业人员配备和分工合理。

1）施工管理人员应包含项目经理、项目技术负责人、安全员、施工员、质量员等岗位，并明确职责范围。

2）作业人员应包含测量工、试验工、特种设备操作（挖掘机、吊车、顶管机等）司机、电工及辅助工人数及工作内容。

（6）质量管理措施可行，验收要求明确。

1）相关竣工资料完整，使用管材合格证、技术质量证明文件齐全。

2）管道质量检查措施可行，管道外观无缺陷、裂纹、弯曲、变形；管材截面均匀，内壁光滑、无毛刺。

3）保护管熔接、钢管焊接机防腐措施满足相关验收标准要求。

4）采用尼龙绳牵引对保护管定径通棒通管实验，管道是否有堵塞。

（7）计算书及相关施工图纸齐全。

1）应有水平定向钻回拖力、水平定向钻施工对附近土体产生的应力、黏性土层中土体损失引起的地面沉降及竖向附加应力等计算。

2）有水平定向路径图、平面图纸图、管道熔接图等施工图。

（二）隧道盾构专项施工方案审查

1. 隧道盾构施工特点

盾构法施工以其高效、对城市生活影响较小的特点，在近年来得到了广泛的应用。该方法的主要优点包括施工速度快、对地面建筑物和地下管线网的拆迁需求小、施工期间产生的噪声和震动小，从而不影响地面交通。然而，盾构法也存在一定的局限性，比如随地层变化可能产生的不适应性以及断面不易改变等。

2. 审查技术要点

（1）地质情况评价准确。地质描述与评价全面且准确，足以支持盾构施工的安全与稳定性分析。

（2）设备选型合理性。盾构机及工器具的选型是否适应工程地质条件，设备安装与调试计划是否周全。

（3）施工测量精确。测量原则、方法和频率是否科学、合理，能否满足施工精度的要求。

（4）施工环境与辅助设施安全。工作井和隧道盾构施工的各项准备工作是否到位，特别是通风、照明和通信等设施是否满足安全生产标准。

（5）电缆牵引及制作工艺规范。电缆牵引流程、接头制作工艺等符合相关行业标准和规范。

（6）计算书齐全完整。应包括盾构、支撑结构以及电缆牵引等计算书，并验证其结构设计的合理性及安全性。

（三）暗挖工程（隧道工程）专项施工方案审查

1. 暗挖工程施工特点

浅埋暗挖法是在地表下较浅的位置进行隧道施工的一种方法。此方法依赖于精细的地质勘察，通过量测信息反馈指导施工设计，施工过程中常采用超前支护、地层改良、注浆加固等技术手段。该方法适用于城市地下空间开发，特别是对环境保护要求高、地表空间受限的区域。

2. 审查技术要点

（1）工程概况应重点描述线路暗挖工程路径、工程地质、水文地质条件，包括地形地貌、地层结构、地下水分布等。

（2）资源配置应满足要求。施工管理人员配备齐全，分工合理；劳动力组织、施工机械配备、材料供应、开挖土方运输满足进度要求。

（3）施工进度计划满足总体进度要求。开挖速度、土方运输、支护、地下排水各工序衔接合理，时间安排满足节点计划要求。

（4）主要施工方法可行，工艺控制措施满足要求。

1）主要施工方法符合实际，施工作业流程清晰，主要设备选择符合施工方法要求。

2）测量控制措施符合实际。接桩复测、进出口线路测量、地下控制测量、平面测量、施工放样测量措施可行，测量精度的保障措施满足工程施工的需要。

3）土石方开挖、模板支护、降水排水、喷射注浆、固化土壤、立钢筋架、铺钢筋网、混凝土浇筑、防水等主要工序施工工艺措施详细、可行。

（5）质量管理措施满足要求。

1）土方开挖、支护、钢筋安装、防水层施工、混凝土浇筑等质量控制措施可行，验收标准和程序明确。

2）隧道衬砌渗漏水、混凝土接缝不平顺、混凝土浇筑表面露筋蜂窝麻面气孔、施工缝变形缝处理等预防措施可行。

3）测量放线、土方开挖、喷射注浆、钢筋安装、防水层施工、混凝土浇筑等质量验收标准和程序明确。

（6）风险分析清晰，安全管理措施针对性强。

1）土方开挖及运输、喷射注浆、钢筋安装、混凝土浇筑、防水等主要工序安全管理措施针对性强。

2）施工通风措施明确，洞内气体监测措施可行，防尘防有害气体管理措施有效。

3）脚手架搭设安全措施满足要求。

4）安全支护措施有效，支护结构稳定。

5）地表下沉、管线下沉、拱顶下沉、洞内收敛等监测点设置合理，监测方法明确，监测实施措施可行。

6）地表下沉、周边建筑物变形超限、隧道坍塌、洞内涌水涌砂、触电、机械伤害、火灾、窒息等预防措施有效，应急管理措施可行。

7）机械设备操作规程齐全，操作保证措施可行。

8）现场布置合理，施工区域、物资摆放、标识警示设置合理，充分利用现场条件。

（7）图纸及相关受力计算书齐全。

五、配网工程典型专项施工方案审查

（一）邻近带电专项施工方案审查

1. 邻近带电施工特点

配网工程临近带电施工主要包括邻近带电组立杆塔及架线施工、高低压同杆架设、跨（穿）越带电线路施工、邻近电力运行线路吊装、带电运行线路跨越架搭拆作业等。具有邻近带电多、施工环境复杂、停电困难、安全风险大的特点，容易发生安全事故，应按照邻近带电风险点或施工流程针对性地编制专项施工方案。

2. 技术审查要点

（1）施工单位应组织邻近带电风险点现场勘测，工程概况应重点描述现场作业环境、带电体的名称、杆号、运行方式、邻近距离、需停电施工范围等现场情况，必要时附踏勘记录、相关照片、现场位置草图和相关数据。

（2）需要停电施工的应编制施工“四措”（组织、技术、质量、安全保证措施），报运行部门审批同意。

（3）施工计划应按施工流程编制，充分考虑停电计划时间，工作内容应按天分解。

（4）施工人员、施工机械、工器具、材料等施工资源配置合理，与施工计划匹配。

（5）人员分工明确，岗位职责清晰，安全技术交底落实到岗位。

（6）主要施工方法可行，施工工艺流程明确，质量管理措施符合要求。

（7）风险辨识准确，安全管理措施针对性强，控制有效。

1）高空作业、带电作业人员等应持证上岗，满足工程施工需要。

2）防触电安全防护用品配备齐全、有效。

3）需停电施工的，停电范围明确，停电手续齐全。停电后，验电、挂接地线措施及方法满足规定。

4）带电施工的，带电防护措施可行，防护设施合格。

5）跨越架、封网等隔离措施有效，搭设过程及拆除措施、流程满足要求，安全距离满足安全规定，安排专人监护。

6）作业人员、工器具、机械设备与邻近带电线路安全距离管理措施有效。

7）邻近电力运行设备的吊装作业，吊机旋转半径可能到达电力运行安全距离的吊装作业，起重机臂架、吊具、辅具、钢丝绳及吊物等与电力运行设备应确保足够的安全距离，不能满足时应办理停电后施工。

8）高低压运行线路同杆架设的线路架线（拆除）作业、中低压线路交叉跨（穿）越、越带电线路施工应采取隔离措施，安排专人监护，确保足够的安全距离，不能满足时办理停电后施工。

9）电力电缆管线2m以内的土石方人工或机械开挖作业，应对电缆管线采取保护措施。

（8）针对触电、高坠建立现场应急处置措施，现场施工人员应具备触电应急救援知识。

（二）钢管杆吊装专项施工方案审查

1. 钢管杆吊装施工特点

配网工程钢管杆常使用邻近公路、城市快速道路、村庄人员密集区域，采用螺栓连接或插接式连接的方式进行钢管杆杆身连接，再整体或分级进行吊装。具有重量重、高度高、施工环境复杂、安全风险大的特点。

2. 技术审查要点

（1）施工单位应组织现场吊装环境调查，工程概况及特点要重点分析起重吊装周边环境，包括起重吊装机械布置位置、组装场地设置、邻近公路、建筑物、带电及通信线路、地下管线等情况。

（2）吊装荷载计算准确，吊车的型号选用、吊点绳的选择要满足场地及钢管吊装的技术要求。

（3）施工计划应按天分解到每基，满足单项工程整体进度计划目标。劳动力、吊装设备、工器具、材料配置要满足施工计划要求。

（4）人员分工明确，管理人员、组装人员、起重指挥人员、司索等岗位职责清晰。起重司机、高空作业人员等按要求持证上岗。

（5）组装及吊车位置选择合理，避免损坏供水、排水、燃气、供电、通信、消防等地下管线、公路、邻近带电线路及建筑物。

（6）工艺流程符合要求，焊接工艺、连接紧固工艺、吊装工艺满足规程规范要求，吊装程序与操作步骤内容完整，符合相关规定。

（7）钢管杆组装及吊装质量控制措施可行。

1）构件运输及堆放保护措施、吊装过程垫护措施可行，避免钢管杆外观受损。

2）焊接质量检查措施到位，确保焊接处无裂缝、锈蚀。

3）排杆顺序、拼装方法、螺栓连接及穿向、螺栓紧固措施详细可行。

4）钢管杆垂直度、倾斜度、弯曲度、法兰盘缝隙满足要求。

（8）安全风险分析到位，安全管理措施针对性强。

1）起重机机械的就位，支腿承点土质、地面要求应明确，与沟、坑洞的距离应明确，在土质松软的地方采取措施应明确。

2）吊车作业前发动机、油路、起重机各结构、支腿、钢丝绳、吊索、防脱落装置、限位器等检查措施全面细致。

3）吊装设备吊臂的最大仰角及起重设备、吊索具的工作负荷应明确，不应超过制造厂铭牌规定，方案中起重设备的限重和被吊物重量需明确。

4）吊装过程步骤详细，各步骤安全管理措施针对性强，吊点位置选择、绑扎措施、防脱措施、限位措施、试吊措施、起吊移动、上升或下降措施等满足规范要求。

5）信号指挥可行、有效。

6）在邻近带电线路吊装，起重机接地措施应明确，与带电体的最小安全距离及管理措施满足相关规定。

7）可能影响毗邻建（构）筑物、道路的吊装，安全保证措施内容完整，满足现场要求。

8）涉及夜间、人口密集、重要交通区域的吊装，现场安全保证措施内容完整，符合现场要求。

9）文明施工措施可行。组吊装区域安全围栏设施、警示标识齐全，工器具及材料摆放整齐。

（9）吊装计算书内容齐全，支承面承载能力被吊物钢管杆受力吊索具受力等验算准确。

（10）防雨、防风、防高坠、防物体打击、防触电等应急管理措施可行，应急物资储备满足需要。

六、常见一般施工方案审查

（一）土石方开挖施工方案审查

1. 土石方开挖施工特点

电网工程土石方开挖施工分为土方开挖或岩质基坑开挖、土石方堆放与运输、土石方回填等工序，主要有场地平整工程，深度小于 3m 房屋建筑基础、设备基础、构筑物基础、杆塔基础等基坑开挖，电缆沟、雨水管等管沟基槽开挖。

2. 审查技术要点

（1）应明确支护结构、地面排水、地下水控制、基坑及周边环境监测、施工条件验收和应急预案等内容。

（2）土石方开挖的顺序、方法必须与设计工况和施工方案相一致，并应遵循“开槽支撑，先撑后挖，分层开挖，严禁超挖”的原则。

（3）土石方工程开挖应定期测量和校核设计平面位置、边坡坡率和水平标高。平面控制桩和水准控制点应采取可靠措施加以保护，并应定期检查和复测。

（4）应对土石方平衡进行计算。土石方堆放位置、堆放的安全距离、堆土的高度、边坡坡率、排水系统、边坡稳定、防扬尘措施等内容与运输应满足规范及相关要求。

（5）在基坑（槽）、管沟等周边堆土的堆载限值和堆载范围应符合基坑围护设计要求。

1）严禁在基坑（槽）、管沟、地铁及建构（筑）物周边影响范围内堆土。

2）对于临时性堆土，应视挖方边坡处的土质情况、边坡坡率和高度，检查堆放的安全距离，确保边坡稳定。

3）在挖方下侧堆土时应将土堆表面平整，其顶面高程应低于相邻挖方场地设计标高，保持排水畅通，堆土边坡坡率不宜大于 1∶1.5。

4）在河岸处堆土时，不得影响河堤的稳定和排水，不得阻塞污染河道。

5）土石方不应堆在基坑影响范围内。

6）基坑边坡防雨水冲刷措施完善。

（6）方案中涉及土石方回填时，应明确基底的垃圾、树根等杂物清除，测量基底标高、边坡坡率。

1）回填料应符合设计要求，并应确定回填料含水量控制范围、铺土厚度、压实遍数等施工参数。

2）应明确每层填筑厚度、辗迹重叠程度、含水量控制、回填土有机质含量、压实系数等质量控制措施。

3）回填施工的压实系数应满足设计要求。

4）当采用分层回填时，应在下层的压实系数经试验合格后进行上层施工。

5）填筑厚度及压实遍数应根据土质、压实系数及压实机具确定。

（7）平整后的场地表面坡率应符合设计要求，设计无要求时，沿排水沟方向的坡率不应小于 2‰，平整后的场地表面应逐点检查，检查要求如下：

1）土石方工程的标高、平面检查点为每 $100m^2$ 取 1 点，且不应少于 10 点。

2）土石方工程的平面几何尺寸（长度、宽度等）应全数检查。

3）土石方工程的边坡为每 20m 取 1 点，且每边不应少于 1 点。

（二）机械成孔灌注桩基础施工方案审查

1. 机械成孔施工特点

机械成孔灌注桩基础在电网工程应用比较广泛，持力层土质松软的深基础均可采用机械成孔灌注桩，按照成孔方法分类有泥浆护壁灌注桩、干作业沉孔灌注桩、长螺旋孔灌注桩、沉管灌注。机械成孔灌注桩基础施工机械化程度高、操作简单、安全风险低，但孔底沉渣、混凝土离析、断桩等质量问题控制难度大。

2. 审查技术要点

（1）工程概况应重点描述地质结构、地下水、建筑场地和邻近区域内的地下管线、地下构筑物等情况；桩基的类型、数量、长度及相关要求。

（2）钻孔机具及工艺的选择，根据桩型、钻孔深度、土质情况、泥浆排放及处理条件综合确定。

（3）采用的主要施工机械及其配套设备的技术性能资料、设计荷载、施工方法、施工工艺流程、施工工艺的试验资料应明确。

（4）灌注桩施工前，水泥、砂、石、钢筋等原材料的质量检验报告应合格。

（5）灌注混凝土前，应按照规范质量验收要求，对已成孔的中心位置、孔深、孔径、垂直度、孔底沉渣厚度进行检验。

（6）干作业条件下成孔后应对大直径桩桩端持力层进行检验。

（7）灌注桩钢筋笼制作、安装质量允许偏差应符合规范要求。

（8）钢筋笼安放的实际位置等质量检查措施可行，相应质量检测、检查记录明确。

（9）工程桩承载力和桩身质量检验标准和检查方法明确，符合规范要求。

（10）对专用抗拔桩和对水平承载力有特殊要求的桩基工程，应进行单桩抗拔静载试验和水平静载试验检测。

（三）挡土墙施工方案审查

1. 挡土墙施工特点

电网工程挡土墙主要设置在进站道路路基、站址场地边坡、高差大的输电线路基础等部位，按结构形式分为重力式挡土墙、悬臂式挡土墙、扶壁式挡土墙、锚杆锚定板式挡土墙等，按使用材料分为浆砌石挡土墙、毛石混凝土挡土墙、钢筋混凝土挡土墙等。挡土墙一般分为基础、墙身、墙顶以及泄水孔、反滤包等附件设施，如图 3-29 所示。

2. 审查技术要点

（1）明确挡土墙基槽开挖、基础施工、墙体施工、泄水孔、变形缝等施工方法及措施，质量要求、验收流程等内容。

（2）基槽开挖顺序布置应合理、方法必须与设计工况和施工组织设计相一致。

（3）挡土墙基础地基承载力必须符合设计要求，且经检测验收合格后方可进行后续工序施工。

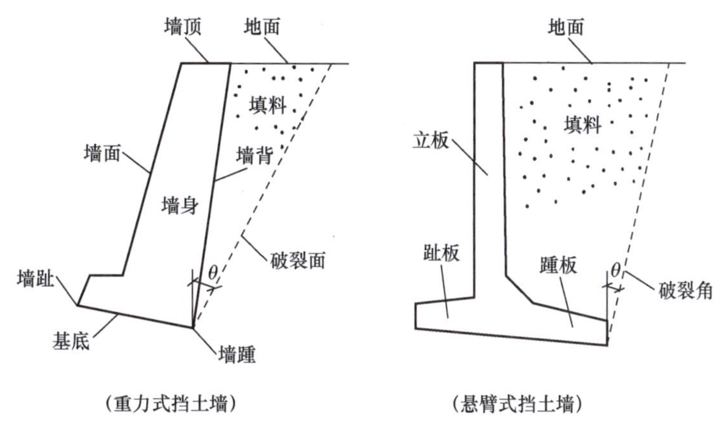

图 3-29　挡土墙示意图

（4）石砌体采用的石材应质地坚实，表面的泥垢、水锈等杂质，无裂纹和无明显风化剥落。

（5）明确保障挡土墙的排水系统、泄水孔、反滤层和结构变形缝的施工措施。挡土墙的泄水孔当设计无规定时，施工应符合下列规定：

1）泄水孔应均匀设置，在每米高度上间隔 2m 左右设置一个泄水孔。

2）泄水孔与土体间铺设长宽各为 300mm、厚 200mm 的卵石或碎石作疏水层。

（6）石砌筑时，对石块间存在较大的缝隙，应先向缝内填灌砂浆并捣实，然后再用小石块嵌填，不得先填小石块后填灌砂浆，石块间不得出现无砂浆相互接触现象。

（7）石砌筑挡土墙应按分层高度砌筑，并应符合下列规定：

1）每砌 3～4 皮为一个分层高度，每个分层高度应将顶层石块砌平。

2）两个分层高度间分层处的错缝不得小于 80mm。

（8）挡土墙内侧回填土必须分层夯填，分层松土厚度不宜大于 300mm，墙顶土面应有适当坡度使流水流向挡土墙外侧。

（9）现浇钢筋混凝土挡土墙施工时，混凝土材料、浇筑、养护等质量控制措施符合要求。

（四）主变压器安装施工方案审查

1. 主变压器安装施工特点

电力变压器是电力网的核心设备之一，因而其稳定、可靠运行将对电力系统安全起到非常重要的作用。它是一种静止的电气设备，利用电磁感应原理将一种电压、电流的交流电能转换成同频率的另一种电压、电流的电能。变压器安装包含设备就位、本体安装、附件安装、注油等工作内容。变压器重量重、体积大、部件多，属于带油气的设备，运输困难，安装存在高坠、窒息、设备损坏、物体打击、环境污染等安全风险。

2. 审查技术要点

（1）安装施工计划满足整体进度要求，施工计划按天细化到本体安装、附件吊装、油气试验、注油静置等内容，充分考虑滤油及处理的时间需求，人员、材料、施工机械、工器具配置满足施工计划要求。

（2）人员分工明确、职责清晰，高空作业人员、电气安装人员、起重司机等应按规定持证上岗。

（3）本体到达现场后外观变形检查、气体压力检查、运输冲撞记录仪检查措施明确。

（4）安装工序合理，主要施工方法和工艺要求符合厂家技术文件及规范规定。本体移动就位措施可行，冷却器、套管及升高座、有载调压装置、储油柜、连接管及配件吊装工艺可行，安装质量管理措施符合规定；安装环境、天气温度湿度管理措施满足要求。

（5）本体内部检查天气湿度、暴露空气时间、含氧量、工器具管理等安全技术措施可行，检查项目齐全，检查方法正确。

（6）本体、中性点及铁芯接地措施可行，接地工艺符合规范要求。

（7）各部件连接牢固、接触良好工艺措施满足要求，密封无渗漏措施可行。

（8）继电器、压力表、油气取样试验措施满足规范要求。

（9）油处理、抽真空、注油、热油循环、整体密封程序符合要求，质量管理措施可行。

（10）配线组装及连接牢固、工艺美观措施可行；感温线安装措施可行。

（11）安全风险辨析清晰，起重吊装、施工临时用电、焊接、内部检查、高处作业等安全管理措施针对性强。

（12）油保管、滤油处理等防火措施有效。

（13）窒息、高处坠落、起重伤害、机械伤害、火灾等应急管理措施可行，应急物资储备满足需要。

（五）一次设备安装施工方案审查

1. 一次设备安装施工特点

变电站一次设备类型多，形状各异，重量重、体积大、安装精度要求高、设备易损害，场地空间有限，安装技术要求高，存在设备损坏、人员伤亡、触电、环境污染等风险。

2. 审查技术要点

（1）安装施工计划满足整体进度计划要求，各类电气设备的安装顺序和时间安排应合理。

（2）安装前条件检查和验收内容应明确，基础、预埋件、支架安装满足电气设备安装的要求。

（3）施工机械选择合理，与电气设备安装技术要求匹配，吊装流程及安全技术措施符合要求。

（4）GIS 组合电器、断路器、隔离开关、互感器、开关柜、电抗器、电容器等主要电气设备安装步骤和工艺措施描述详细，质量关键点控制措施可行。

（5）设备安装位置、间距、精度满足设计文件及规范要求。

（6）连接部位牢固、电气转动部分灵活，安装工艺可行。

（7）螺栓穿向和紧固安装及检验措施可行。

（8）焊接工艺和技术措施满足要求。

（9）设备接地措施满足规范要求，工艺美观。

（10）计量、检测仪器、仪表检定合格有效。

（11）油气试验符合规定，满足设备运行要求。

（12）检测及试验内容、验收内容和验收标准明确。

（13）风险分析明确，安全管理措施有效。起重伤害、物体打击、触电、机械伤害、高处坠落等预防措施针对性强。

（六）调试方案审查

1. 工程调试特点

调试工作隐蔽性、专业性极强，调试项目和调试要求多样，主要分为一次设备单体调试、二次设备调试、设备联调等；调试数据真实性、有效性与调试人员技能有较大关系。调试工作存在人身触电、设备误动、设备损坏等风险。

2. 审查技术要点

（1）工程概况应重点描述工程规模、调试设备名称、范围和内容。

（2）编制依据应包括《电气装置安装工程　电气设备交接试验标准》（GB 50150—2016）等规程规范、厂家技术文件、设计文件、合同等。

（3）调试计划应满足工程进度计划要求，细化到各设备单体调试、五防、监控、继保、自动化、联调等各项内容。

（4）调试资质满足要求，需第三方检测的仪器仪表、油气、特殊试验等委托单位资质及人员资格有效。

（5）调试组织机构人员安排合理，专业性强，满足调试进度安排的需要，试验人员应持高压电工证等特种作业资格。

（6）调试设备配置满足各项调试工作的要求，设备检测合格、有效。

（7）各设备单体调试、五防、监控、继保、自动化、联调等试验项目描述清晰，满足规范及技术文件要求。

（8）调试条件描述清晰，调试方法可行，调试步骤及注意事项符合规定，调试项目前后顺序安排合理，合格标准符合规程规范及事故反措要求。

（9）调试记录及调试报告格式规范，结论明确，内容齐全。

（10）各调试项目风险分析清晰，安全管理措施可行。

（11）安全文明施工及环境保护可行，应急处置方案符合实际。

（七）基础施工方案审查

1. 基础施工特点

电网工程基础分为建筑物基础、构筑物（管沟）基础、设备基础等。变电（换流）站工程基础主要有桩基、独立柱基、条形基础、筏板基础、箱型基础等，输电线路基础工程基础主要有掏挖基础和大开挖基础等。基础施工比较复杂，涉及放线、挖掘、排水、混凝土浇筑、地基加固等方面的技术和方法，施工质量和安全管理有一定难度。

2. 审查技术要点

（1）基坑开挖前，施工单位根据现场控制网、高程和设计图纸要求对基础轴线、基础尺寸要求进行定位放线。

（2）查看地质勘测报告，选择合适的地基处理方法，且符合设计要求，确保地基的承载能力和稳定性。

（3）基坑开挖措施科学、安全，开挖的顺序、方法必须与设计要求相一致，并遵循“开槽支撑、先撑后挖、分层开挖、严禁超挖”的原则，保证基坑周围的建筑物和地下管线的安全，还要采取相应的支护措施。开挖土方堆放符合相关规定。

（4）基坑（槽）挖至基底标高并清理后，施工单位必须会同勘察、设计、建设、监理等单位共同进行验槽，合格后方可进行基础工程施工。

（5）混凝土基础模板选用按照批准的施工方案执行，模板制作尺寸应符合设计要求，模板安装固定牢固可靠。

（6）混凝土基础前，对基础按设计标高和轴线进行校正，并应清除淤泥和杂物；同时，注意基坑降水和排水。混凝土施工按照施工规范要求控制施工工艺和振捣质量。

（7）施工缝留设是否满足规范、设计要求。

（8）大体积底板混凝土施工应采取特殊措施，防止混凝土开裂。

（9）基础施工完成后按照批准的施工方案对基础进行养护、养护方法、养护时间应符合要求。

（10）基础施工环保、水保措施是否满足设计文件，采取有效措施减少施工对周围环境的影响，如控制噪声、防止扬尘等是否符合环保、水保批复方案。

（八）导地线高空压接施工方案审查

1. 高空压接施工特点

导地线高空压接施工由于处于高空状态，搭建高空作业平台操作空间有限，质量验收人员难以旁站及到场验收，压接质量控制难度较大。高空作业平台悬挂于锚线钢丝绳上，施工安全风险高，存在机械伤害、物体打击、高坠等风险。

2. 审查技术要点

（1）人员安排应满足工期要求，高处作业人员、压接人员应持证上岗。

（2）压接设备、高处作业平台型号及设备编号符合导线压接技术及型号参数要求。

（3）压接管型号、压模型号应与导地线型号一致。

（4）明确压接前压接管飞边、毛刺、表明不光滑处的处理方法，明确导线压接管内壁清洗方法及要求。

（5）明确导线压接部位清洁及清除氧化层的处理措施。

（6）压前材料检查、剥线及绑扎方法、插入深度、压接顺序、压力值、压后外观检查、压后尺寸测量、涂抹电力脂等步骤清晰，正压、顺压和倒压正确，主要压接方法可行，压接防弯曲、散股等工艺控制措施详细，符合规程规范要求，必要时附图标准。

（7）压后尺寸测量应满足规程规范对边距的允许最大值。

（8）绑扎工艺可行，散股工艺控制措施可行。

（9）压接管压后弯曲度超过 2%的校直方法不应对压接管造成损伤，并明确无法校直后应开断重新压接。

（10）压接质量验证的方法应满足验证质量的要求且方法可行，记录详细、规范，并留存相应压接影像资料。

（11）钢印号与压接人员备案相符。

（12）高处作业做好个人防护措施，严禁高处作业移动失去保护。

（13）导、地线锚固措施符合施工工艺导则及电力建设安全工作规程要求，高空锚线必须有二道保护措施。

（14）高空作业平台应经过检测合格后方允许使用。

（15）明确高空抛物、高处坠落等安全防控措施。

（16）当存在感应电伤害时，明确个人保安线使用方法及挂接位置。

（九）架线工程施工方案审查

1. 架线工程施工特点

架线工程由导地线展放、导地线连接、紧线、附件安装、交叉跨越等组成，架线工程施工环境条件差、施工战线长、通信不方便、高空作业多、交叉跨越多、安全风险高等施工特点。

2. 审查技术要点

（1）架线分部工程进度计划安排满足工期要求，充分考虑天气、路径、跨越等外部因素的影响，综合考虑停电计划和跨越施工的时间安排。

（2）放线流程应安排合理，与进度计划、施工资源配置、材料供应计划相匹配。

（3）张力放线区段的长度应根据现场情况合理划分，张力放线区段的长度不宜超过 20 个放线滑轮，当难以满足规定时应当采取防护措施。

（4）有下列情况之一，不宜选作张力场、牵引场：

1）须以直线换位塔或直线转角塔作过轮临锚。

2）档内有重要交叉跨越或交叉跨越次数较多。

3）档内不允许导线、地线接头。

4）牵引机、张力机进出口仰角大于 15°。

5）相邻杆塔不允许临锚。

（5）张力机、牵引机、液压机、放线滑车、卡线器、导引绳、牵引绳等施工工器具配置的规格型号应符合规范要求，定期检查、维护保养制度可行。

（6）导地线握着强度试验的试件规格、数量、试验结果应符合以下要求：

1）握着强度试验的试件不得少于 3 组。导线采用螺栓式耐张线夹及钳压管连接时，其试件应分别制作。

2）液压握着强度不得小于的导线设计使用拉断力的 95%，螺栓式耐张线夹的握着强度不得小于导线设计使用拉断力的 90%，钳压管直线连接的握着强度不得小于导线设计使用断力的 95%。架空地线的连接强度应与导线相对应。

（7）导线或架空地线在跨越档内接头处应设计规定。当无设计规定时，应符合《电气装置安装工程 66kV 及以下架空电力线路施工及验收规范》（GB 50173）、《110kV～750kV 架空输电线路施工及验收规范》（GB 50233）等规程规范的要求。

（8）导线或架空地线应使用合格的电力金具配套接续管及耐张线夹进行连接。

（9）导线或架空地线接续管、耐张线夹及补修管采用液压连接时，应符合《输变电工程架空导线（800mm^2 以下）及地线液压压接工艺规程》（DL/T 5285）、《大截面导线压接工艺导则》（DL/T 2540）的规定。

（10）弧垂观测档和弧垂偏差应符合《电气装置安装工程 66kV 及以下架空电力线路施工及验收规范》（GB 50173）、《110kV～750kV 架空输电线路施工及验收规范》（GB 50233）等规程规范的要求。

（11）对架线工程进行安全风险辨识、评估，对主要风险点拟采取安全技术措施。

（12）杆塔、牵引机、张力机、钢丝绳卷车、导线线轴架等临时锚固措施是否可行。

（13）施工过程采取的防雷电、感应电以及触电伤害的安全防护措施是否可行。

（14）高空锚线是否采取二道保护措施。

（15）林区、草地施工现场的防火措施是否有针对性、可行性。

（16）高空作业人员、压接人员、牵引机张力机操作人员配置是否满足工程施工需要，是否持证上岗。

七、施工方案审查常见问题

（一）程序性审查常见问题

常见问题：专项施工方案编制、审核、批准的层级错误，时间逻辑关系混乱。并且专项施工方案封面或报审表签盖施工项目部印章，签字扉页无专项施工方案名称等问题。

案例：220kV ××变电站新建工程专项施工方案由资料员吴某某编制，项目总工李某某审核，项目经理张某某批准，批准日期在审核日期之前，签字扉页只有项目名称无施工方案名称。程序性审查常见问题如图 3-30 所示。

监理审查注意事项：专项施工方案应由施工项目负责人组织编制，施工单位质量安全技术职能部门审核，施工单位技术负责人审批，时间逻辑必须先编、后审、再批，签字扉页应有专项施工方案名称。并且专项施工方案封面或报审表应签盖施工单位印章。

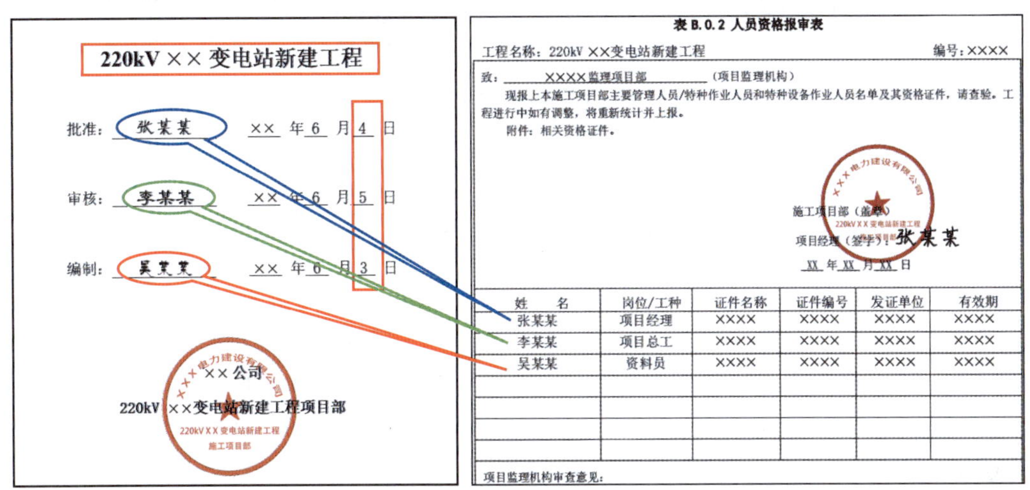

220kV ×× 变电站新建工程

批准：张某某　×× 年 6 月 4 日

审核：李某某　×× 年 6 月 5 日

编制：吴某某　×× 年 6 月 3 日

220kV ××变电站新建工程项目部

表 B.0.2 人员资格报审表

工程名称：220kV ××变电站新建工程　　编号：××××

致：××××监理项目部（项目监理机构）

现报上本施工项目部主要管理人员/特种作业人员和特种设备作业人员名单及其资格证件，请查验。工程进行中如有调整，将重新统计并上报。

附件：相关资格证件。

施工项目部（盖章）

项目经理（签字）：张某某

XX 年 XX 月 XX 日

姓　名	岗位/工种	证件名称	证件编号	发证单位	有效期
张某某	项目经理	××××	××××	××××	××××
李某某	项目总工	××××	××××	××××	××××
吴某某	资料员	××××	××××	××××	××××

项目监理机构审查意见：

图 3-30　程序性审查常见问题一

（二）内容完整性审查常见问题

（1）**常见问题一：**工程特点、难点分析不透彻，施工方案针对性不强。

案例：35kV ××送出工程人工挖孔桩专项施工方案中，内容不齐全，工程概况中未描述工程特点、难点分析，施工方案针对性不强。内容完整性审查常见问题如图 3-31 所示。

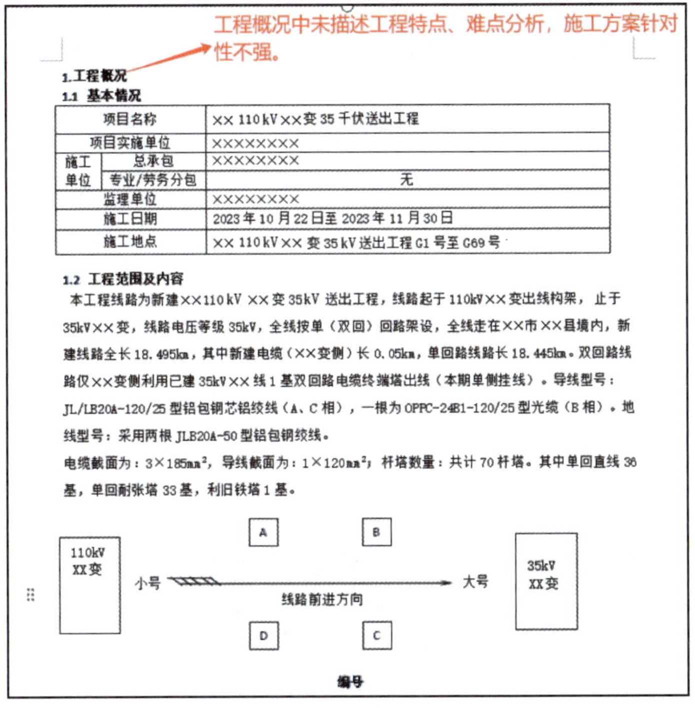

1.工程概况

1.1 基本情况

项目名称		×× 110kV××变 35 千伏送出工程
项目实施单位		××××××××
施工单位	总承包	××××××××
	专业/劳务分包	无
监理单位		××××××××
施工日期		2023 年 10 月 22 日至 2023 年 11 月 30 日
施工地点		×× 110kV×× 变 35kV 送出工程 G1 号至 G69 号

1.2 工程范围及内容

本工程线路为新建××110kV ××变 35kV 送出工程，线路起于 110kV××变出线构架，止于 35kV××变，线路电压等级 35kV，全线按单（双回）回路架设，全线走在××市××县境内，新建线路全长 18.495km，其中新建电缆（××变侧）长 0.05km，单回路线路长 18.445km。双回路线路仅××变侧利用已建 35kV××线 1 基双回路电缆终端塔出线（本期单侧挂线）。导线型号：JL/LB20A-120/25 型铝包钢芯铝绞线（A、C 相），一根为 OPPC-24B1-120/25 型光缆（B 相）。地线型号：采用两根 JLB20A-50 型铝包钢绞线。

电缆截面为：3×185mm²，导线截面为：1×120mm²；杆塔数量：共计 70 杆塔。其中单回直线 36 基，单回耐张塔 33 基，利旧铁塔 1 基。

图 3-31　内容完整性审查常见问题一

监理审查注意事项：工程概况应描述清晰、信息基本齐全。

（2）**常见问题二：**施工方案安全措施未根据实际情况编制，辨识的风险缺失安全管控措施。

案例：220kV ××输电线路工程邻近带电方案中，未针对具体安全风险部位编写安全措施。内容完整性审查常见问题如图 3-32 所示。

监理审查注意事项：施工方案应根据具体安全风险点编写对应的安全措施。

（3）**常见问题三：**安全保证措施、质量技术保证措施、文明施工保证措施、环境保护措施、季节性施工保证措施等不齐全。

案例：220kV ××输电线路工程基础开挖专项施工方案中，缺少安全保证措施、环境保护措施、季节性施工保证措施等。内容完整性审查常见问题如图 3-33 所示。

XXX公司 临近带电吊装施工方案

五、安全控制

5.1 施工风险评估与控制

表 9 风险辨析表

作业措施	风险名称	风险的描述	现有控制措施
设备吊装	高空跌落的物件	高空抛扔传递物件跌落造成人受伤	作业前加强技术交底，过程中加强监护，上下传递物件必须用吊绳传递，严禁高空抛扔。
	指挥信号不清晰	指挥人员与吊机人员间的指挥信号混乱，造成误碰受伤	吊装作业各工作面分工及职责必须明确，司索人员持证上岗。
	脱落的设备	1. 起吊时吊绳夹角过大造成脱落伤人 2. 吊起设备下方站人容易发生人员受伤	1. 起吊时应该由专人检查各绑扎受力点是否有异常且吊绳夹角小于120°，确认无误后方可起吊 2. 吊起设备下方 15m 范围内且吊车臂旋转半径范围内人员未全部撤离，设备起吊应响警哨，起吊作业要有专人监护。
	未佩带安全带的高空作业	高空作业未正确佩戴安全带及未穿防滑鞋，容易坠落受伤	高空作业人员登高前由安全员检查是否正确佩戴安全带及穿防滑鞋，确认后再进行登高作业。
	非安装人员进入施工区域	吊装施工有无关人员误闯作业区域导致人员受伤	吊装施工作业场地周围设置足够数量的警示标语、警示绳，警示牌，每天由安全员检查核实后方能开工，吊装期间应增设监护人。
	沉陷松动地面	吊机工作地面有沉陷松动造成吊车倾倒人员受伤	吊车支撑腿加垫板，起吊前进行试吊，试吊时起重高度不应超过 10cm，如发现支脚沉陷，应放下重物，重新调整吊车到严实位置或对支脚点进行加固。
	超负载起吊	负载过重，吊车支脚下陷，造成倾倒压伤人员	作业前进行技术交底，作前过程中应加强监护。

图 3-32 内容完整性审查常见问题二

XX公司 XXX220KV输电线路工程 专项施工方案

五、质量管理……24
5.1 质量目标……24
5.2 质量保证体系……24
5.2.1 思想体系……24
5.2.2 组织体系……24
5.2.3 检验体系……25
5.3 质量检验依据及检验分工……26
5.3.1 质量管理制度与检验评级依据……26
5.3.2 原材料、器材检验要求……26
5.4 工程质量管理规定……27
5.4.1 严格按设计图纸和说明书及技术措施施工……27
5.4.2 坚持"技术交底"、"站队三交"、"三级教育"制度……28
5.4.3 本工程设置质量管理点，加强质量控制……28
5.4.4 施工过程中的记录、检验及签证……29
5.4.5 施工工序检查及中间验收，由项目经理部统一要求按如下规定执行……29
5.4.6 工程质量奖罚规定……30
5.4.7 工程资料归档及移交……30
六、安全管理及文明施工……31
6.1 安全管理……31
6.2 文明施工……32
6.3 职业健康安全和环境整合体系管理……33
6.3.1 安全管理组织机构及主要职责……34
6.3.2 职业健康安全和环境管理整合体系的制度与措施……36

图 3-33 内容完整性审查常见问题三

监理审查注意事项：审查施工方案管理措施的完整性。

（4）**常见问题四：**各工序检验内容及检验标准不详，重要结构部位检验缺失。

案例：220kV ××输电线路工程铁塔组立施工方案中原材料检验要求不明确。内容完整性审查常见问题如图 3-34 所示。

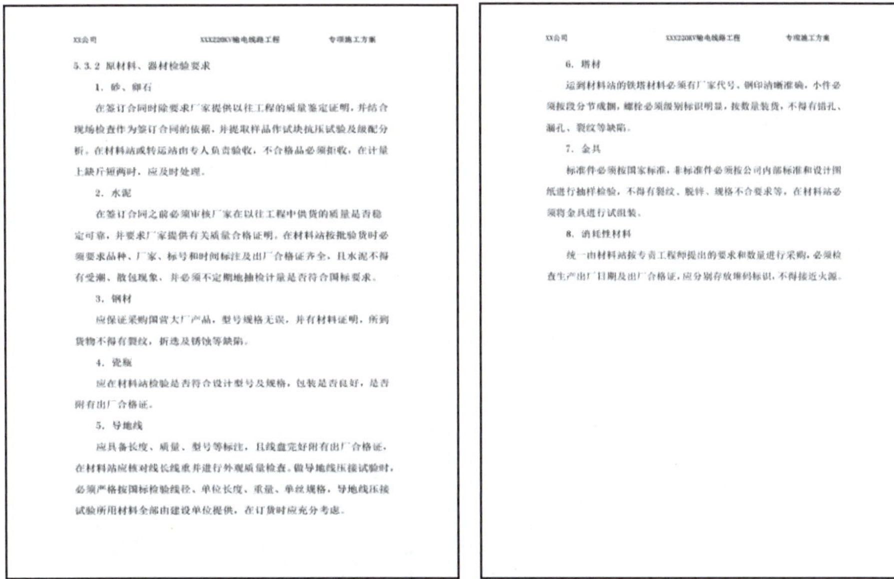

XX公司　XXX220KV输电线路工程　专项施工方案

5.3.2 原材料、器材检验要求

1. 砂、卵石

在签订合同时除要求厂家提供以往工程的质量鉴定证明，并结合现场检查作为签订合同的依据，并提取样品作试块抗压试验及级配分析。在材料站或转运站由专人负责验收，不合格品必须拒收，在计量上缺斤短两时，应及时处理。

2. 水泥

在签订合同之前必须审核厂家在以往工程中供货的质量是否稳定可靠，并要求厂家提供有关质量合格证明。在材料站按批验货时必须要求品种、厂家、标号和时间标注及出厂合格证齐全，且水泥不得有受潮、散包现象，并必须不定期地抽检计量是否符合国标要求。

3. 钢材

应保证采购国营大厂产品，型号规格无误，并有材料证明，所到货物不得有裂纹，折迭及锈蚀等缺陷。

4. 瓷瓶

应在材料站检验是否符合设计型号及规格，包装是否良好，是否附有出厂合格证。

5. 导地线

应具备长度、质量、型号等标注，且线盘完好附有出厂合格证，在材料站应核对线长线重并进行外观质量检查。做导地线压接试验时，必须严格按国标检验线径、单位长度、重量、单丝规格，导地线压接试验所用材料全部由建设单位提供，在订货时应充分考虑。

XX公司　XXX220KV输电线路工程　专项施工方案

6. 塔材

运到材料站的铁塔材料必须有厂家代号，钢印清晰准确，小件必须按段分节成捆，螺栓必须级别标识明显，按数量装货，不得有错孔、漏孔、裂纹等缺陷。

7. 金具

标准件必须按国家标准，非标准件必须按公司内部标准和设计图纸进行抽样检验，不得有裂纹、脱锌、规格不合要求等，在材料站必须将金具进行试组装。

8. 消耗性材料

统一由材料站按专责工程师提出的要求和数量进行采购，必须检查生产出厂日期及出厂合格证，应分别存放堆码标识，不得接近火源。

图 3-34　内容完整性审查常见问题四

监理审查注意事项：审核各工序检验内容及检验标准的完整性。

（三）符合性及可行性审查常见问题

（1）**常见问题一：**施工方案进度计划脱节，不满足施工组织设计总体进度计划。并且施工方案中劳动力、材料、设备配置计划等与工程进度不匹配，不能满足进度正常需要。

案例：220kV ××输电线路工程施工组织设计总体进度计划中铁塔组立开始时间为 3 月 21 日，但铁塔组立专项施工方案中，开始组塔时间为 4 月 21 日。符合性及可行性审查常见问题如图 3-35 所示。

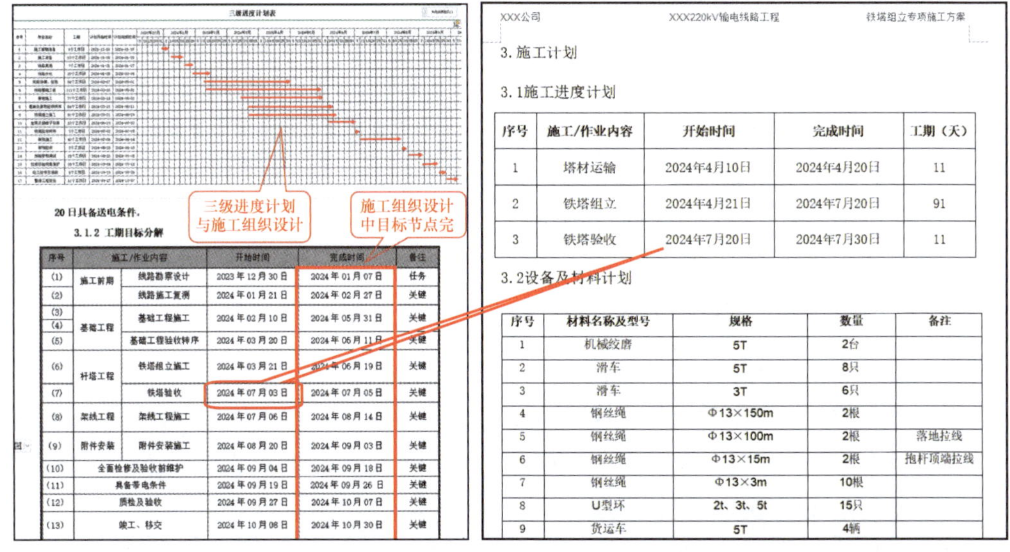

20 日具备送电条件。

3.1.2 工期目标分解

序号	施工/作业内容		开始时间	完成时间	备注
(1)	施工前期	线路勘察设计	2023 年 12 月 30 日	2024 年 01 月 07 日	任务
(2)		线路施工复测	2024 年 01 月 21 日	2024 年 02 月 27 日	关键
(3) (4)	基础工程	基础工程施工	2024 年 02 月 10 日	2024 年 05 月 31 日	关键
(5)		基础工程验收转序	2024 年 03 月 20 日	2024 年 06 月 11 日	关键
(6)	杆塔工程	铁塔组立施工	2024 年 03 月 21 日	2024 年 06 月 19 日	关键
(7)		铁塔验收	2024 年 07 月 03 日	2024 年 07 月 05 日	关键
(8)	架线工程	架线工程施工	2024 年 07 月 06 日	2024 年 08 月 14 日	关键
(9)	附件安装	附件安装施工	2024 年 08 月 20 日	2024 年 09 月 03 日	关键
(10)	全面检修及验收前维护		2024 年 09 月 04 日	2024 年 09 月 18 日	关键
(11)	具备带电条件		2024 年 09 月 19 日	2024 年 09 月 26 日	关键
(12)	质检及验收		2024 年 09 月 27 日	2024 年 10 月 07 日	关键
(13)	竣工、移交		2024 年 10 月 08 日	2024 年 10 月 30 日	关键

XXX公司　XXX220kV输电线路工程　铁塔组立专项施工方案

3. 施工计划

3.1施工进度计划

序号	施工/作业内容	开始时间	完成时间	工期（天）
1	塔材运输	2024年4月10日	2024年4月20日	11
2	铁塔组立	2024年4月21日	2024年7月20日	91
3	铁塔验收	2024年7月20日	2024年7月30日	11

3.2设备及材料计划

序号	材料名称及型号	规格	数量	备注
1	机械绞磨	5T	2台	
2	滑车	5T	8只	
3	滑车	3T	6只	
4	钢丝绳	Φ13×150m	2根	
5	钢丝绳	Φ13×100m	2根	落地拉线
6	钢丝绳	Φ13×15m	2根	抱杆顶端拉线
7	钢丝绳	Φ13×3m	10根	
8	U型环	2t、3t、5t	15只	
9	货运车	5T	4辆	

图 3-35　符合性及可行性审查常见问题一

监理审查注意事项：施工方案进度计划应满足施工组织设计总体进度计划，并且材料、设备等配置计划应与工程进度匹配。

（2）**常见问题二**：技术参数选取、计算错误。

案例：××输电线路工程放线过程中，发生牵引绳断裂，铲断下方多根安全网绳，导致下穿不停电线路停运，造成不良影响。后经对该项目《××输电线路工程不停电封网专项施工方案》深入分析，封网失效与施工方案主要参数、数据错误计算直接相关，是该事件发生主要原因之一，监理方案审查不严，未核查相关算计算书。符合性及可行性审查常见问题如图 3-36 所示。

图 3-36 符合性及可行性审查常见问题二

不停电封网专项施工方案按照《架空输电线路无跨越架不停电跨越架线施工工艺导则》（DL/T 5301—2013），主要应对网桥的长度、宽度以及网索进行计算，并附相应计算书。复核风偏计算时，发现新建线路跨越档档距在代入公式时明显错误，导致结果数据错误。详见如下：

1）数据带入错误。风偏计算新建线路导线为 JL/LB20A-400/50 型铝包钢芯铝绞线，放线时光缆滑车悬挂在导线滑车位置的有效保护范围以内。风偏距离公式为：

$$Z_x=W_4\times[x(L\sim x)/(2H)+\lambda/W_1]$$

式中：Z_x——施工线路导线或地线等安装气象条件下在跨越点处的风偏距离，12.3m；

x——跨越点与新建线路最近杆塔距离，取 270m；

H——新建线路放线张力，取 19088N；

L——新建线路跨越档档距，取 640m；

λ——新建线路悬垂串，取 2m。

W_1——新建线路导线单位长度重量，取 14.486N/m；

W_4——在最大风速下导线单位长度风荷重，其计算公式如下（根据当地历年气象情况，按 10m/s 考虑）W_4（10）=$0.0613Kd$=0.0613×1.1×27.6=1.861（N/m）；

d——新建线路导线直径，取 27.6mm；

K——风载体型系数；导线 d 大于 17mm，K 取 1.1。

风偏计算：$Z_x=W_4\times[x(L-x)/(2H)+(\lambda/W_1)]=1.861\times[270\times(1188-270)/(2\times19088)+(2/14.486)]\approx 12.3$（m）。新建线路跨越档档距 L 数据明显带错。

2）未按规范取值。索桥宽度计算：

参照索桥的有效遮护宽度，计算本工程索桥搭设宽度。本工程跨越角度 79°，采用整体搭设保护。

$$B\geqslant 2\times Z_x+b$$

式中：b——索桥所遮护的最外侧导地线在横线路方向的水平距离，1m，按《架空输电线路无跨越架不停电跨越架线施工工艺导则》，应取新建线路两侧边导线间距，本工程为 18m；

B——索桥宽度=2×12.3+1=25.6m，取 26m。

监理审查注意事项：监理应根据规范要求核实各项数据计算结果。

（3）**常见问题三：**施工方法、措施、工艺等违反强制性标准，存在事故隐患。

案例：220kV ××扩建变电站专项施工方案未明确注油速度，主变压器开始注油后，施工单位临时接到停电通知要求，原定三天注油、热油循环的时间需在两天之内完成，施工项目部擅自改变注油速度，实际注油速度达到 9500L/h，严重违反《电气装置安装工程 电力变压器、油浸电抗器、互感器施工及验收规范》（GB 50148—2010）规定的注油速度不得大于 6000L/h 的规定，致使散热片不能承受该压力膨胀破坏，导致工期延误甚至易造成环境污染的事件。符合性及可行性审查常见问题如图 3-37 所示。

（a）

（b）

图 3-37 符合性及可行性审查常见问题三

（a）滤油机显示达到 9500L/h 速度进行注油；（b）已经拆除膨胀破坏的散热片

监理审查注意事项：审核方案内容，符合强制性标准。

（4）**常见问题四：**工艺流程不合理，施工方法及操作要求针对性不强，不能实施。

案例：220kV ××变电站新建工程桩基成孔施工方案工艺流程中检测桩孔工作未放在完成浇筑以后，清孔工作未放在钻孔以后，工艺流程不合理。符合性及可行性审查常见问题如图 3-38 所示。

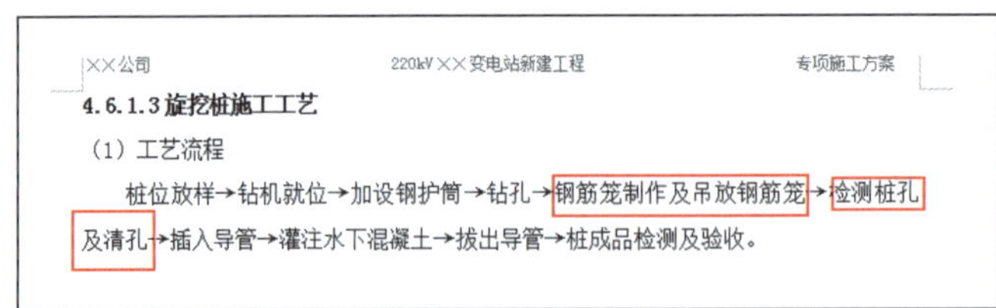

××公司　　220kV××变电站新建工程　　专项施工方案

4.6.1.3 旋挖桩施工工艺

（1）工艺流程

桩位放样→钻机就位→加设钢护筒→钻孔→钢筋笼制作及吊放钢筋笼→检测桩孔及清孔→插入导管→灌注水下混凝土→拔出导管→桩成品检测及验收。

图 3-38　符合性及可行性审查常见问题四

监理审查注意事项： 工艺流程、施工方法及操作要求应结合施工现场具体情况编制。

（5）**常见问题五：** 安全组织机构、安全保证体系及相应人员配置不齐全，安全职责不清。

案例：220kV ××输电线路工程铁塔组织专项施工方案中各岗位人员安全职责未划分清楚。符合性及可行性审查常见问题如图 3-39 所示。

监理审查注意事项： 审查施工管理及作业人员配备和分工内容的完整性。

（6）**常见问题六：** 管理人员、特种作业人员未按规定持证上岗，或配置计划不能满足工程进度需要。

案例：220kV ××变电站新建工程桩基成孔施工方案，安全员岗位与证书不符。符合性及可行性审查常见问题如图 3-40 所示。

××公司　　220kV××输电线路工程　　铁塔组立专项施工方案

15.3 现场应急组织机构

15.3.1 现场应急领导小组

姓名	电话	备注
陈××	××××××	组长
龙××	××××××	副组长
刘××	××××××	通信
范××	××××××	抢救
罗××	××××××	抢救
张××	××××××	抢救
周××	××××××	后勤
应急救护医院：××医院 急救电话：××××××		

15.3.2应急领导小组职责

建设工地发生安全事故时，负责指挥工地抢救工作，向各抢救小组下达抢救指令任务，协调各组之间的抢救工作，随时掌握各组最新动态并做出最新决策，第一时间向 110、119、120、公司救援指挥部、当地政府安监部门、公安部门求援或报告灾情。平时应急领导小组成员轮流值班，值班者必须住在工地现场，手机 24h开通，发生紧急事故时，在项目部应急组长抵达工地前，值班者即为临时救援组长。

图 3-39　符合性及可行性审查常见问题五

××公司　　220kV××变电站新建工程　　专项施工方案

2.3.1.2 主要岗位负责人

姓名	岗位/工种	证件名称	证件编号	发证单位	有效期截止日期
李××	项目总工	一级建造师	×××××××	×××××××	×××××××
周××	技术员	二级建造师	×××××××	×××××××	×××××××
刘××	专职安全员	二级建造师	×××××××	×××××××	×××××××
苏××	质量员	质量员证	×××××××	×××××××	×××××××

图 3-40　符合性及可行性审查常见问题六

监理审查注意事项： 通过网站审查施工方案中管理及特种作业人员持证情况。

（7）**常见问题七：**主要原材料、隐蔽工程验收内容缺项，验收标准，流程不合理。

案例：220kV ××变电站新建工程砖墙砌筑施工方案中，缺失主要原材料见证取样控制内容，隐蔽工程验收内容不完整。符合性及可行性审查常见问题如图 3-41 所示。

监理审查注意事项：审查质量措施内容的完整性、合理性。

（8）**常见问题八：**对潜在的或可能发生的突发事件类别评估分析不全，现场应急处置措施缺失针对性，操作性不强。并且应急组织架构不全，职责分工不明确。

案例：220kV ××变电站新建工程混凝土模板支撑工程专项施工方案中，应急救援措施为“当发生坍塌事故后，第一时间报项目部统一指挥”，“由项目部组织现场的人力、物力、设备进行抢救”，措施不合理。符合性及可行性审查常见问题如图 3-42 所示。

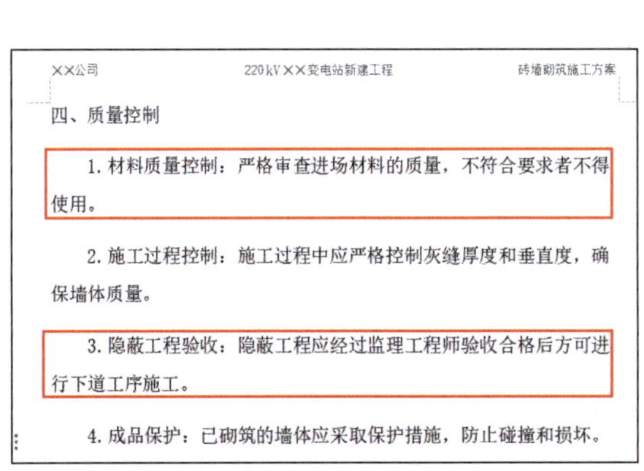

××公司　220kV××变电站新建工程　砖墙砌筑施工方案

四、质量控制

1. 材料质量控制：严格审查进场材料的质量，不符合要求者不得使用。

2. 施工过程控制：施工过程中应严格控制灰缝厚度和垂直度，确保墙体质量。

3. 隐蔽工程验收：隐蔽工程应经过监理工程师验收合格后方可进行下道工序施工。

4. 成品保护：已砌筑的墙体应采取保护措施，防止碰撞和损坏。

图 3-41　符合性及可行性审查常见问题七

××公司　220kV××变电站新建工程　混凝土模板支撑工程专项施工方案

（六）应急救援措施

1　架体坍塌应急救援措施

1）当发生坍塌事故后，第一时间报项目部统一指挥。

2）由项目部组织现场的人力、物力、设备进行抢救，尽快把压在人上面的土方、构件搬离，受伤者抬出来并立即抢救。

3）如伤员发生休克，应先处理休克。处于休克状态的伤员要让其安静、保暖、平卧，少动，并将下肢抬高 20cm 左右，尽快送医院进行抢救治疗。遇呼吸、心跳停止者，应立即进行人工呼吸，胸外心脏挤压。出现颅脑损伤，必须维持呼吸道通畅。昏迷者应平卧，面部转向一侧，以防舌根下坠或分泌物、呕吐物吸入，发生喉阻塞。有骨折者，应初步固定后再搬运。遇有凹陷骨折，严重的颅骶骨及严重的脑损伤症状出现，创伤处用消毒的纱布或清洁布等覆盖伤口，用绷带或布条包扎后，及时送往就近有条件的医院治疗。

图 3-42　符合性及可行性审查常见问题八

监理审查注意事项：审查应急处置措施的合理性、完整性。

第四章　工程测量管理

精准的工程测量是确保高质量施工的基础。施工前，通过工程测量将施工图纸上的建（构）筑物精确定位放样在实地并控制高程，这直接关系到工程质量的好坏。在电网工程中，测量管理贯穿施工全过程，通过加强测量各环节的监理管理工作，督促施工单位提高测量工作的准确性和可靠性，为电网工程的顺利推进提供的有力支撑。

本章内容涵盖了工程测量简介、变电（换流）站工程测量管理、输电线路工程测量管理、变形测量管理、竣工测量管理和测量成果管理六个方面，主要阐述工程测量基本知识要点以及监理管理主要工作要点。

第一节　工程测量简介

一、基本知识

工程测量是指在工程技术领域中，运用测量学原理和方法，对工程对象进行空间位置的确定和描述，以指导工程的设计、施工和运营管理。它是连接数学、物理、工程技术和工程实践的桥梁，是电网工程建设不可或缺的基础工作。

工程测量管理涉及多个方面，包括测量准备、实施过程、质量控制和安全管理等。在测量准备阶段，需要确定测量原点、选择测量设备、组织测量人员等；在实施过程中，要注重地面地形测量和建筑测量的准确性和可靠性；同时，还需加强质量控制和安全管理，确保测量数据的准确性和人员安全。

工程施工测量的主要工作涉及地面地形测量、建筑物测量、线路测量、设备测量、变形监测、竣工测量以及测量数据处理等多个方面，这些工作为电网工程的规划设计、施工和后期运维提供了重要的数据支持和保障。主要工作内容如下：

（1）地面地形测量：这是电网工程实施的第一步，主要目的是了解工程的具体地理环境。在地形测量中，常用的测量方法包括全站仪法、全球定位系统（GPS）定位法以及激光测距法。通过这些方法，可以获取地面的高程、坡度、地物分布等信息，为电网工程的规划设计提供依据。

（2）建筑物测量：这是电网工程施工的重要环节，主要包括建筑结构的测量和建筑物的定位。在建筑测量中，常用的测量仪器有测距仪、水准仪、全站仪等。通过这些仪器的应用，可以测量建筑物的尺寸、形状以及位置，确保建筑的准确度和稳定性。

（3）线路测量：对于电力线路、管道等线性设施，需要进行线路的走向、长度、高程等测量。这有助于确保线路布置合理、符合设计要求。

（4）设备测量：对于电网工程中的建筑安装设备、机械、电气设备等，需要进行设备的位置、尺寸、布置等测量。以确保设备安装符合设计要求，为电力系统的安全、稳定运行提供保障。

（5）变形监测：对监控数据进行定期分析，监测关键部位的变形情况，及时发现和处理潜在的安全隐患。

（6）竣工测量：是在工程竣工验收时，为获得工程建成后的各建筑物和构筑物以及地下管网、杆塔组立、设备（导地线）安装的平面位置和高程等资料而进行的测量工作。它不仅是验收和评价工程是否按图施工的基本依据，更是工程交付使用后进行管理、维修、改建及扩建的重要依据。

（7）测量数据处理：对于通过测量获得的数据，需要进行数据处理和分析，生成测量报告和图纸，为工程设计和施工提供参考。

综上所述，工程测量是确保工程项目准确实施的基础工作，对于提高工程质量、保障工程安全具有重要作用。随着科技的进步和新技术的应用，工程测量将继续在工程建设领域发挥不可或缺的作用。

二、电网工程主要测量仪器及配置

1. 主要测量仪器

工程测量仪器是工程建设的规划设计、施工及运行管理阶段进行测量工作所需用的各种定向、测距、测角、测高、测图、测接地电阻值以及摄影测量等方面的仪器。电网工程建设过程中主要应用的测量仪器有水准仪、经纬仪、全站仪、测距仪、全球导航卫星系统（GNSS）测量仪器、接地电阻表（接地电阻测试仪）、平板仪、速测仪、陀螺经纬仪、激光摄影仪、量测仪、测图仪和投影仪等，相关仪器及其功能详见表 4-1。

表 4-1　常见仪器及其功能

序号	仪器名称	功能
1	水准仪	测量两点间的高差 h（不直接测高程），测量标高和高程，控制网标高基准点的测设、基础沉降观察
2	经纬仪	测量水平角、竖直角、测量纵向、横轴线中心线，也可以测距离
3	全站仪	角度测量、距离（斜距、平距、高差）测量、三维坐标测量、导线测量，可以代替水准仪和经纬仪
4	测距仪	应用电磁波运载测距信号测量两点间距离的仪器
5	GNSS 测量仪器	GNSS 是一种基于卫星的定位和导航技术，它通过测量卫星和地面接收器之间的距离来计算接收器的位置
6	接地电阻表（接地电阻测试仪）	用来测量保护接地、工作接地、防过电压接地、防静电接地及防雷接地等接地装置的接地电阻

（1）水准仪。用来测量物体的水平或垂直位置，基于物理平衡原理，通过测量水平气泡或垂线，计算出目标物体的高度或水平位置。自动安平水准仪和电子水准仪（数字水准仪）如图 4-1 所示，水准仪结构如图 4-2 所示。

（a）

（b）

图 4-1 自动安平水准仪和电子水准仪（数字水准仪）

（a）自动安平水准仪；（b）电子水准仪（数字水准仪）

图 4-2 水准仪结构

1—望远镜；2—水准器；3—基座

计算方法主要包括以下两种：

1）高差法计算公式：两点高差=后视－前视，已知高程+高差=待测高程。

2）等高法计算公式：已知高程+已知高程点读数=H；H－待测点读数=待测高程。

常见的水准仪测量有单一水准仪测量（如图 4-3 所示）和连续水准仪测量（如图 4-4 所示）。

（2）经纬仪。用于测量地球表面上各点经度、纬度和海拔。经纬仪的构成如图 4-5 所示，测量操作如图 4-6 所示。

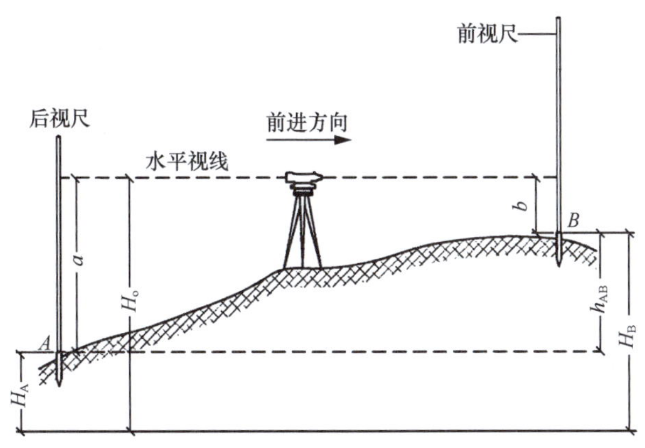

图 4-3　单一水准仪测量示意图

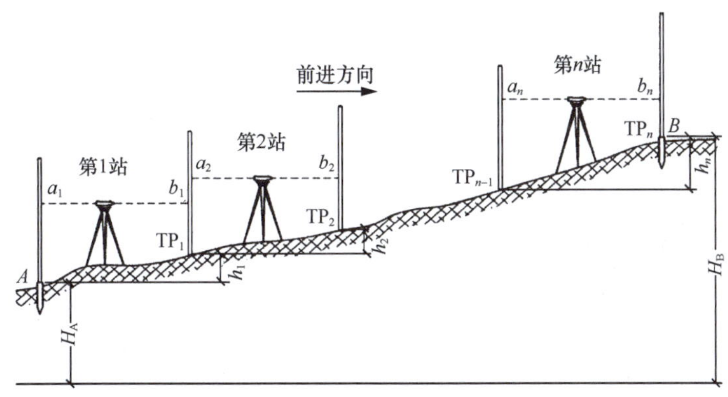

图 4-4　连续水准仪测量示意图

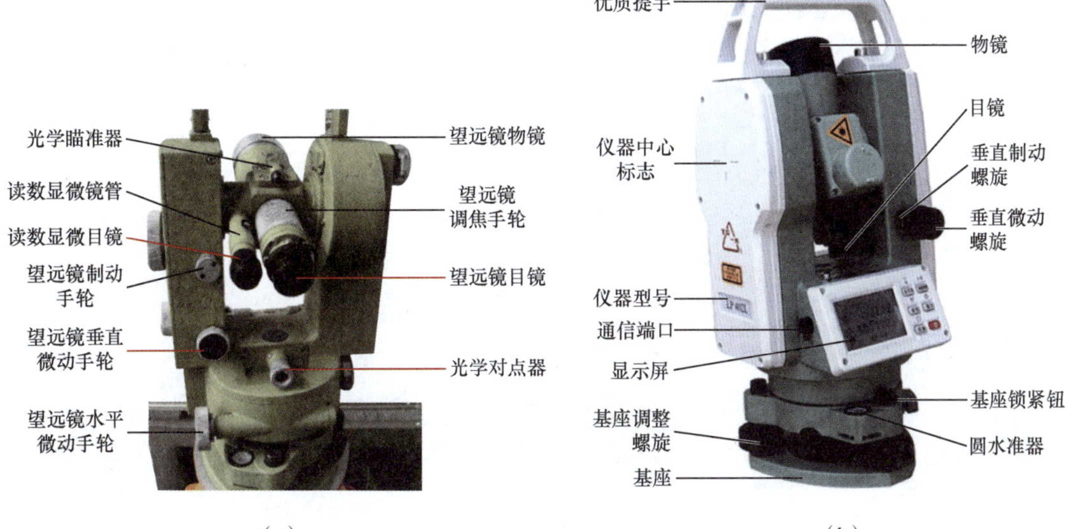

图 4-5　经纬仪构成

(a) 光学经纬仪；(b) 电子激光经纬仪

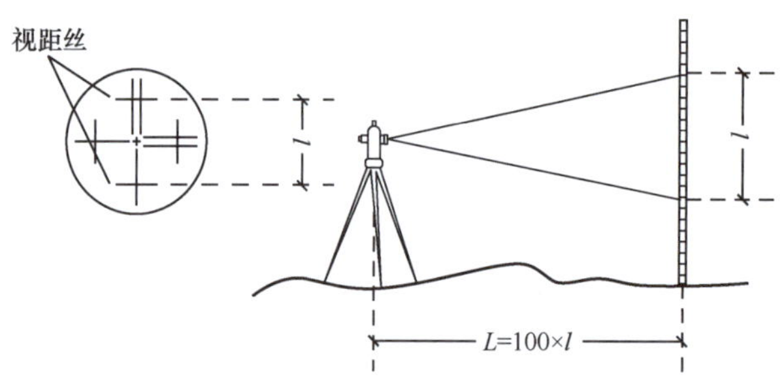

图 4-6 经纬仪测量示意图

（3）全站仪。全站仪是一种高精度、多功能的定位测量仪器，能够同时测量水平角、垂直角和斜距，并根据测站坐标计算出目标点的坐标，全站仪结构如图 4-7 所示，全站仪测量示意图如图 4-8 所示，全站仪测量坐标如图 4-9 所示。

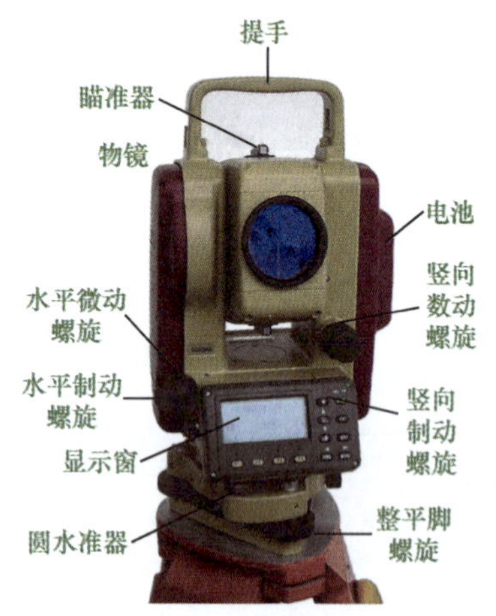

图 4-7 全站仪结构

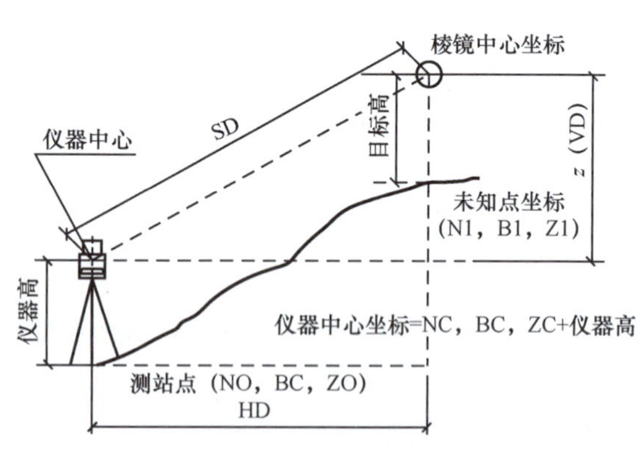

图 4-8 全站仪测量示意图

图 4-9 全站仪测量坐标

（4）激光测距仪。通过激光束反射计算距离，具有测量速度快、精度高、可靠性强等优点，并可以在室内、室外等复杂环境下使用。激光测距仪如图 4-10 所示。

图 4-10　激光测距仪

（5）GNSS 测量仪器。通过接收 GNSS（全球导航卫星系统）卫星信号，实现 GNSS 坐标定位、RTK（利用载波相位差分的实时动态定位）测量、卫星定位等功能，完成测量地面点坐标，具有覆盖全球、精度高、速度快等优点，并可通过组网方式提高定位精度。GNSS 测量仪器如图 4-11 所示。

图 4-11　GNSS 测量仪器

（6）其他。如测深仪，测深仪用于测量水深度，可以通过探头测量水下物体的高度，并将其转换为深度显示。限于篇幅，其他仪器不再叙述。

2. 主要测量仪器的配置

各工程类别常配置的主要测量仪器，见表 4-2。

表 4-2　各项目工程主要测量仪器配置表

序号	工程类别	主要测量仪器名称
1	变电站、换流站土建工程	水准仪、全站仪、测距仪、钢卷尺
2	变电站、换流站电气工程	水准仪、全站仪、测距仪、钢卷尺、接地电阻表
3	架空线路工程	水准仪、全站仪、卫星定位设备、测距仪、钢卷尺、弦线、钢尺弛度板、接地电阻表表
4	电缆线路工程	水准仪、经纬仪、钢卷尺、接地电阻表
5	35kV 以下电网工程	全站仪、测距仪、钢卷尺、接地电阻表

注　表中各工程类别的主要测量仪器包括但不限于以上列举，应根据实际需要配置。

三、平面控制测量

测量工作一般先建立控制网。在一定区域内，为大地测量、地形测量或工程测量控制网所进行的测量工作，称为控制测量。其具体任务是在测区内按设计要求的精度测定一系列控制点的平面位置和高程，作为各种测量工作的基础，如图 4-12 所示。

图 4-12　引入站内的测量控制点

平面控制测量，就是确定控制点的平面坐标（x，y）的测量工作。平面控制网的类型包括国家控制网、城市（厂矿）控制网和工程控制网。直接为某项建设工程（如变电站、输电线路等）专门布设的测量控制网称为工程控制网。一般电网工程多用工程控制网。

平面控制网的形式和实测方法主要有三种：

（1）三角网与三角测量。

（2）导线网与导线测量。

（3）GPS 控制网。

施工平面控制测量完成后，应提交测量技术报告、控制测量成果及其移交资料等。三角测量网及导线测量网如图 4-13 所示。

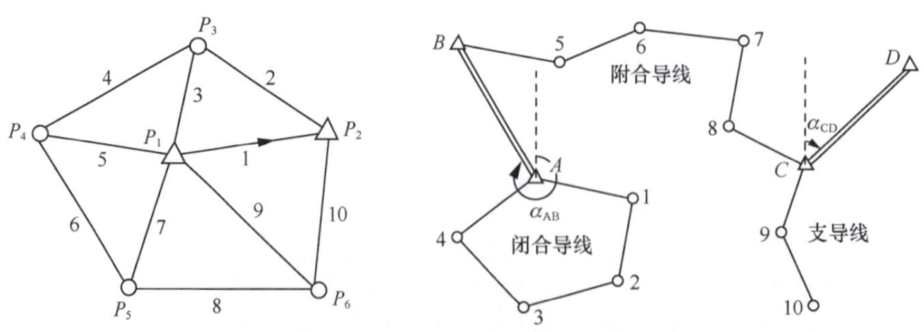

图 4-13　三角测量网及导线测量网示意图

1. 地面平面控制测量

（1）导线测量法。

1）各等级导线测量主要技术要求应符合相关规范规定。

2）导线网的布设应符合下列规定：导线网等级应根据测区面积、已知控制点资料和精度要求等条件进行合理选择；导线网用作测区首级控制时，应布设成环形网，且宜联测 2 个已知方向；加密网可采用单一附合导线或结点导线网形式；相邻导线边长宜大致相等，相邻边长之比不应超过 1 : 3；导线网内不同环节上的点相距不宜过近。

3）水平角观测宜采用方向观测法，方向观测法的技术要求应符合相关规范规定。

（2）卫星定位测量法。

1）卫星定位测量的一般原理。用户使用 GNSS（全球导航卫星系统）接收机在某一时刻同时接收三颗以上的 GNSS 卫星信号，得到测站点 P 到 GNSS 卫星的距离和 GNSS 卫星的空间位置，利用距离交会的方法解算出测站点 P 的位置，如图 4-14 和图 4-15 所示。

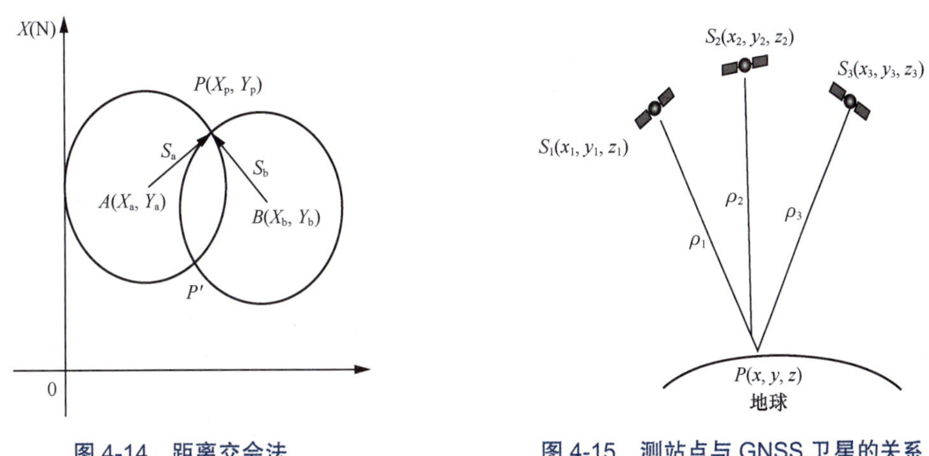

图 4-14　距离交会法　　　图 4-15　测站点与 GNSS 卫星的关系

2）卫星定位平面控制网的布设和卫星定位控制点位的选定应符合相关规范的规定。

2. 地下平面控制测量

（1）地下平面控制测量，应包括从地面向地下传递坐标与方位角的平面联系测量和地下平面控制测量。其中，平面联系测量应以地面首级或加密平面控制点为起算点，地下平面控制测量以平面联系测量传递到地下的近井定向边为起算基准；每次平面联系测量应独立进行 3 次，取 3 次平均值为定向成果。地下近井定向边方位角中误差不应超过±8"；地下近井定向边应大于 120m，且不应少于 2 条；地下平面控制测量前，应对地下定向边进行检核，其不符值应小于 6"。

（2）平面联系测量，应将地面的平面坐标和方位角传递到地下经纬仪导线的起始点和起始边上，使地上地下采用同一坐标系统。

采用地面近井导线测量时，应符合下列规定：①地面近井导线点应埋设在井口附近便于观测和保护的位置，并应标识清楚；②地面近井导线点应与首级或加密平面控制点构成附合导线、闭合导线；③地面近井导线测量应按四等导线测量技术要求施测，近井导线点的点位中误差不应超过 10mm。

（3）地下平面控制测量的测量方法，应采用导线测量方法，导线测量主要技术要求应符合相关规定。

3. 海域平面控制测量

海域平面控制测量时，应采用卫星定位测量、卫星定位实时动态测量和导线测量等不同方法的测量成果。远海海域施工平面控制测量宜采用星站差分方法或信标差分卫星定位方法。

四、高程控制测量

高程是指由高程基准面起算的高度，按选用的基准面不同而有不同的高程系统，如图4-16所示。在工程勘察测量中，主要使用的高程系统有国家高程基准和假设高程系统。

高程控制测量是建立垂直方向控制网的控制测量工作。它的任务是在测区范围内以统一的高程基准，精确测定所设一系列地面控制点的高程，为地形测图和工程测量提供高程控制依据，高程水准点如图4-17所示。

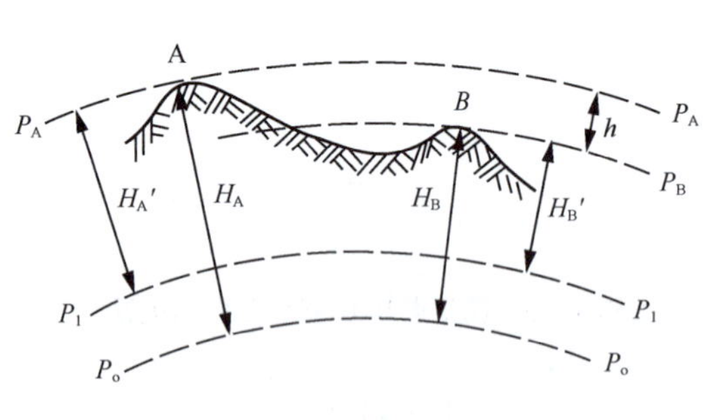

图4-16 高程示意图

图4-17 高程水准点

高程控制测量其核心任务是准确测定地面控制点的高程。在实际应用中，高程控制测量主要采用水准测量和三角高程测量两种方法。常用的水准测量法见前面所述。

施工高程控制测量精度等级可分为二等、三等、四等和五等。各等级高程控制宜采用水准测量；四等、五等高程控制可采用电磁波测距三角高程测量，五等还可采用卫星定位高程测量。在满足标准精度指标的前提下，可向下越等级布设或同等级扩展。

施工高程系统应与勘测设计阶段所采用的高程系统保持一致。初次高程联测应采用国家高程系统或地方高程系统。

水准测量是一种基于水平视线原理的测量方法。通过水准仪提供的水平视线，结合前后两把竖直标尺的读数差异，可以精确测定两点间的高差。水准测量的起始点通常是已知高程的水准点，通过连续测量和传递各点间的高差，最终求得其他水准点的高程，如图4-18所示。在此过程中，由水准仪和前后视标尺构成的组合关系被称为一个测站，而由多个水准测站组成的高差观测路线则称为水准路线。根据工程需要，水准网被划分为二等、三等、四等和五等四个等级，各等级的水准测量每公里高差中数的全中误差分别为 2、6、10mm 和 15mm，这些标准确保了测量结果的准确性和可靠性。

根据需要，可以通过钢尺导入法传递高程，如图 4-19 所示。

图 4-18　水准仪测量

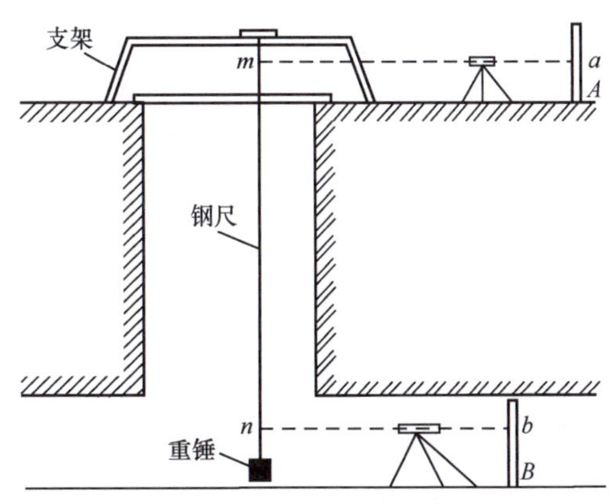

图 4-19　钢尺导入法传递高程

三角高程测量是一种基于三角函数原理的测量方法。通过测量两点间的平距（或斜距）及其垂直角，可以推算出测站点与目标点之间的高差。三角高程测量主要分为电磁波测距三角高程测量和视距三角高程测量两种方法。电磁波测距三角高程测量具有较高的精度，可以达到四等甚至三等水准的要求。而视距三角高程测量的精度相对较低，主要应用于碎部测量。两者的主要区别在于斜距测量方法和精度不同。在实际应用中，三角高程测量分为一、二两级，分别对应于四等和五等水准测量。为确保测量结果的准确性和可靠性，三角高程测量路线应尽可能形成附合或闭合图形，以减小误差累积。

施工高程控制测量完成后，应提交测量技术报告、施工高程控制测量成果及其移交资料等。

监理审查高程控制测量时，应注意以下内容：

1. 地面高程

（1）审查水准测量的主要技术要求和应所使用的仪器及水准尺，各等级水准观测照准标尺顺序应符合相关规定。

（2）审查水准观测读数和记录的取位，应符合下列规定：DSI 型水准仪使用铟瓦水准标尺时，读数及记录均应取至 0.05mm 或 0.1mm；DS3 型水准仪使用木质水准尺时，读数及记录均应取至 1mm；采用电子记录时，应根据使用的仪器精度等级和水准尺，应将电子文档中的原始数据和各项限差打印出来。

（3）审查水准测量数据处理，应符合：①计算水准网中各测段往返测高差不符值，每千米水准测量高差偶然中误差，其绝对值不应超过相应等级每千米水准测量高差全中误差的 1/2；②每千米水准测量高差全中误差，其绝对值应符合相应等级的规定；③各等级水准网应按最小二乘法进行平差，并计算每千米水准测量全中误差。

（4）审查电磁波测距三角高程测量的数据处理，应符合：①直返觇的高差应进行地球曲率和折光差改正计算；②采用电子记录方式时，应打印出原始观测数据检查校对；③各等级高程网应计算每千米高差测量的偶然中误差和全中误差。

2. 地下高程

（1）审查高程联系测量时，应包括地面近井水准测量和高程传递测量，通过高程联系测量传递到地下的近井高程点不应少于 2 个，每次高程联系测量应独立进行三次，地下近井高程点高程中误差不应超过±5mm，符合要求后，取两次测量成果的平均值作为最终成果。

（2）审查地下高程控制测量时，若采用水准测量方法，则水准测量等级不应低于三等，地下高程控制测量前，应对地下近井高程点之间的高差进行检测，其不符值应小于 2mm。地下高程控制点可与地下平面控制点共用，单独埋设时宜每 200m 埋设 1 个。

3. 海域高程

审查海域施工高程控制测量时，跨水面水准测量的，两岸测站和立尺点应对称布设。当跨越距离小于 200m 时，可采用单线过水面，跨越距离在 200～400m 时，应采用双线过水面并组成四边形闭合环。跨水面距离大于 3.5km 时，应根据测区具体条件和精度要求进行专项设计。采用电磁波测距三角高程测量代替四等水准跨水面测量时，宜在阴天进行观测；对向观测时的气象等外界条件宜相同；两岸跨水面对向观测位置应基本等高。在潮汐性质基本相同海域，海水面传递高程可采用同步期平均海面法。

五、工程测量监理主要工作要点

1. 监理准备与计划制定

在电网工程施工测量开始前，监理项目部应深入了解工程项目的特点和要求，制定详细的监理计划和方案，包括明确监理目标、范围、方法和步骤，以及制定合理的时间表和人员分工。同时，监理项目部还应熟悉相关的测量标准和规范，为后续的监理工作提供指导。

2. 测量设备与人员资质审核

监理项目部应对施工单位的测量设备和人员资质进行严格审核。确保测量设备符合精度要求，并具备有效的检定证书；同时，核实测量人员的资质证书和从业经历，确保其具备相应的专业知识和技能。

3. 测量过程监督与记录

在电网工程施工测量过程中，监理项目部应全程参与并监督测量工作。包括对测量点的选取、测量方法的运用、测量数据的记录和处理等进行实时监督。同时，监理项目部应记录测量过程中的关键信息和数据，为后续的验收和评定提供依据。

4. 测量数据审核与验收

监理项目部应对施工单位提交的测量数据进行认真审核和比对。确保测量数据准确、完整、可靠，并符合设计规范标准要求。对于存在问题的测量数据，监理项目部应要求施工单位进行整改和补充，直至符合要求。在验收阶段，监理项目部应参与对测量成果的验收工作，确保测量工作满足工程需要。

5. 沟通协调与问题处理

监理项目部应加强与施工单位、设计单位等相关方的沟通与协调。及时了解工程进展和测量工作的实际情况，对存在的问题进行及时分析和处理。同时，监理项目部还应积极向业主方反馈测量工作的进展和成果，确保各方对测量工作的满意度。

第二节　变电（换流）站工程测量管理

一、建（构）筑物定位放线及基础工程

建（构）筑物定位放线和基础施工测量管理是变电（换流）站施工测量的首要环节，其核心目的在于精确控制建（构）筑物及其基础在施工过程中的位置，以确保工程质量和安全。

监理主要工作要点：

（1）审查施工放样、轴线投测和标高传递的偏差是否在允许范围内。施工层标高的传递应采用悬挂钢尺代替水准尺的水准测量方法，并进行必要的温度、尺长和拉力改正。

（2）审查测量人员应在施工层的轴线投测使用不低于6"级经纬仪，且应在结构平面上按闭合图形对投测轴线进行校核，确保测量结果的准确性。其测量误差应符合《电力工程施工测量标准》的规定。

（3）审查桩基的偏差，应在允许范围内，桩基施工结束后应提交桩基测量放线图和桩位图。

（4）审查基槽、基坑开挖测量时，应注意：

1）条形基础放线应以轴线控制桩为准测设基槽边线，两灰线外侧槽宽的允许偏差为−10～20mm。

2）杯形基础放线应以轴线控制桩为准测设柱中心桩，再以柱中心桩及其轴线方向定出柱基开挖边线，中心桩的允许偏差为3mm。

3）整体开挖基础放线、地下连续墙施工时，应以轴线控制桩为准测设连续墙中线，中线横向允许误差为10mm。混凝土灌注桩施工时，应以轴线控制桩为准测设灌注桩中线，中线横向允许误差为20mm。大开挖施工时，应根据轴线控制桩分别测设出基槽上、下口位置桩，并标定开挖边界线，上口桩允许偏差为−20～50mm，下口桩允许偏差为−10～20mm。

4）在条形基础与杯形基础开挖中，应在槽壁上每隔3m距离测设距槽底设计标高

500mm 或 1000mm 的水平桩，允许偏差为 5mm。

（5）在垫层或地基上进行基础放线前，应以建（构）筑物平面控制网为准，检测建（构）筑物外廓轴线控制桩无误后投测主轴线，允许偏差为 3mm。

二、管线、沟道及道路施工放样

在变电（换流）站建设的施工过程中，对于站内管线、沟道及道路的施工测量定位放样，应严格依据定线图或设计平面图进行，也可以依据与站内已有的主要建（构）筑物之间的相互关系进行测设，以确保定位的准确性。

监理主要工作要点：

（1）在管线安装过程中，对于起点、交点、井位及终点等关键位置的测量，需特别注意其相对于邻近定位控制点的平面测量允许偏差。

（2）需特别关注与已建保护小室、所用变相衔接时的处理，应以附属建（构）筑物内电缆竖井的位置为准，调整连接线中线，确保衔接顺畅。与已建原沟道相衔接时，应以原沟道中线为准，保持沟道的整体顺直，并按原沟道底部的坡度进行标高测量。

（3）基槽内的高程和坡度控制桩的间距不宜超过 10m，基槽上定位沟道中心线的间距宜为 10m，最长不得超过 20m。

（4）道路施工测量内容应包括测设中线桩、线路坡度放样和路基边桩测设等。

三、水工构筑物

水工构筑物应包括现浇钢筋混凝土水池、水泵房下部结构、用于沉井法施工的地下结构等。

监理主要工作要点：水工构筑物施工放样定位测量和高程放样允许偏差应符合《电力工程施工测量标准》的规定。

四、设备安装

为确保设备安装质量，施工前的准确定位和放线工作显得尤为关键。应精确测定设备的位置和尺寸，确保其与设计要求高度一致。放线的线条应清晰明了，以便于后续的安装与维护工作。

监理主要工作要点：

（1）在设备基础浇筑阶段，监理项目部应进行旁站，特别是预埋螺栓、预埋件及基础模板的位置和标高。监理项目部在旁站过程中一旦发现这些关键要素的位置或标高与设计和施工规范要求存在偏差，应立即通知施工人员，并采取必要的纠正措施，确保基础浇筑质量。

（2）设备基础浇筑完成后，设备安装前，监理项目部应组织基础交付安装工作。

五、构支架

在构支架基础施工的过程中，应确保平面放样测量和高程放样测量的准确性，这对后续的设备安装及整体工程质量具有决定性影响。

监理主要工作要点：

（1）构支架基础各部位平面及高程放样测量，在设备基础浇筑过程中，发现预埋螺栓、预埋件及基础模板的位置及标高不符合设计图纸和施工规范要求时，应立即通知施工人员及时处理。

（2）构支架基础完成后，构支架安装前的基础纵、横轴线、预埋地脚螺栓中心线及标高以及基础外形尺寸应符合设计要求，任何超出允许范围的偏差都必须及时要求施工单位进行调整和处理。

第三节　输电线路工程测量管理

一、架空输电线路工程

（一）架空输电线路工程测量

主要涉及铁路、公路、索道、输电线路及管道等线路工程在勘测设计、施工建造和运营管理各个阶段的测量工作。这一过程旨在按照设计意图和要求，精确地将线路的空间位置测设于实地，以指导线路施工。包括以下主要方面：

（1）选线测量。根据批准的地形图上初步选择的路径方案进行现场实地踏勘或局部测量，以确定最合理的路径方案，为架空线路的初步设计提供必要的测绘资料。

（2）定线测量。实地测定线路中线和转角的位置，一般采用直接定线法或间接定线法，以确定线路的精确位置。

（3）桩间距离及高差测量。通过视距法测距和光电测距等方法测量桩间距离，通过视距高程法或光电测距三角高程法测量高差。

（4）平面及高程联系测量。在架空线路通过城市规划区、工矿区、军事设施区及文物保护区等地段时，进行统一的坐标系统下的联系测量。

（5）平断面测量。测量架空线路中心线两侧范围内的建筑物、道路、管线、河流、水库、地下电缆、斜交或平行接近的梯田等地形地貌，为设计排杆位提供重要依据。

（6）交叉跨越测量。当架空线与输配电线路、铁路及主要公路、架空管索道、通航河流以及其他建筑设施交叉跨越时，进行的测量工作，以确定线路中导线与被跨物交叉点的被跨物标高，作为线路档距和弧垂设计的参考依据。

这些测量工作不仅为架空线路的设计提供了必要的数据支持，而且在施工阶段通过精确的测设指导施工，确保线路的准确架设。在运营管理阶段，通过对线路工程的危险地段进行定期和不定期的变形监测，可以掌握工程的安全状态，便于必要时采取永久性或应急性措施，或为线路工程的维修和局部改线提供测量服务，如图 4-20 所示。

“分角桩”分内角桩和外分角桩两种；图 4-20 中“分角桩”属于“外分角桩”。

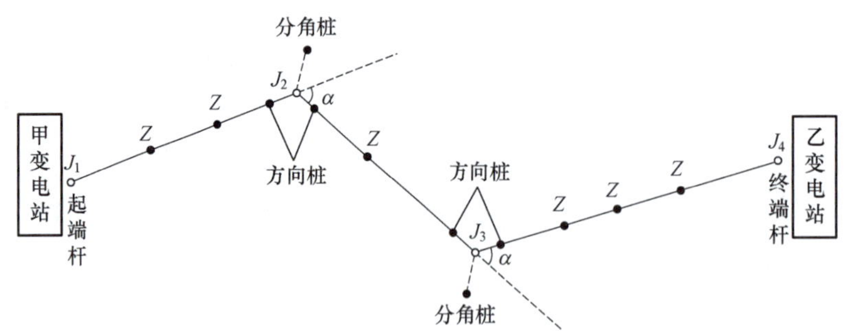

图 4-20 定线测量应标定的各种桩位

监理主要工作要点：

（1）应在线路施工前，督促施工单位执行线路复测工作，并确保施工精确度。

（2）应复核线路复测结果，如转角桩度数的复测与设计转角度数的差值限差应控制在特定范围内；杆塔位档距的复测限差不得大于档距的百分比限定；直线杆塔位桩的直线角偏差和高程复测也应符合规定的限差要求。对于危险点、交叉跨越及主要建筑或拆迁房屋的复测，其高程与设计高程的差值限差以及距离限差同样需满足应满足设计要求。

（3）在复测过程中，发现直线桩、转角桩及控制桩移动或丢失的，应要求施工单位对相应桩位进行补桩测量。

（4）当线路杆塔复测及丢桩补测完毕后，应及时要求施工单位在杆塔的正面（纵向）及侧面（横向）钉辅助桩，目的是当基础施工或其他原因杆塔中心桩被覆盖、移动或丢失时，可利用辅助桩恢复中心桩，同时可用辅助桩检查基础跟开和杆塔组立质量。

（二）施工基面及电气开方

输电线路施工基面及电气开方应严格依据设计图纸和施工方案进行。施工基面测量需包括桩位高程和每条腿的高程测量，而电气开方测量则需测量开方处的高程和挖方范围。常见的转角塔基脚位置定位如图 4-21 所示，施工基面的设定如图 4-22 所示，普通铁塔基坑操平如图 4-23 所示，高低腿基础坑操平如图 4-24 所示。

监理主要工作要点：

（1）应审查施工基面及电气开方测量结果。施工基面及电气开方的高程应进行至少两次测量并取其平均值，其允许偏差应满足设计要求。

（2）应审查施工基面及电气开方是否按设计要求进行，尽量减少对开挖以外地面的破坏，并合理选择弃土堆放点。铁塔基础施工基面的开挖应遵循设计图纸要求，并根据不同地质条件规定开挖边坡。开挖后，基面应平整且无积水，边坡应稳定，不得出现坍塌现象。

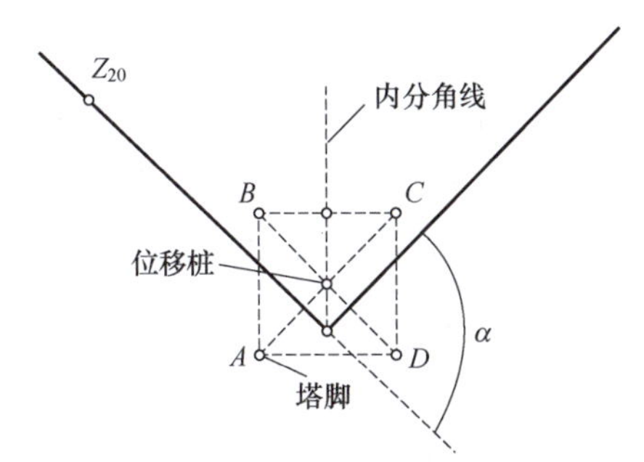

图 4-21　转角塔基脚位置定位

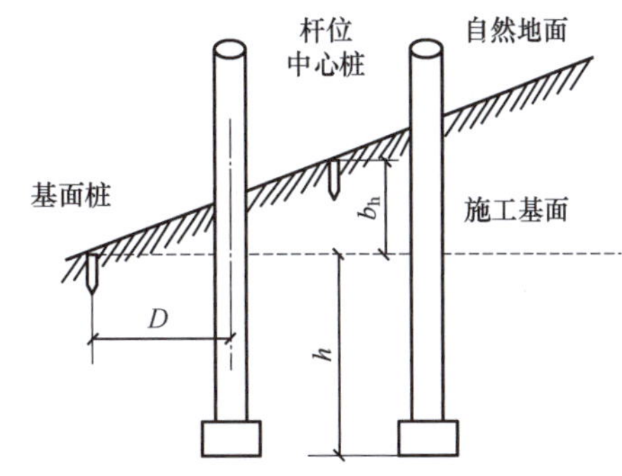

图 4-22　施工基面的设定

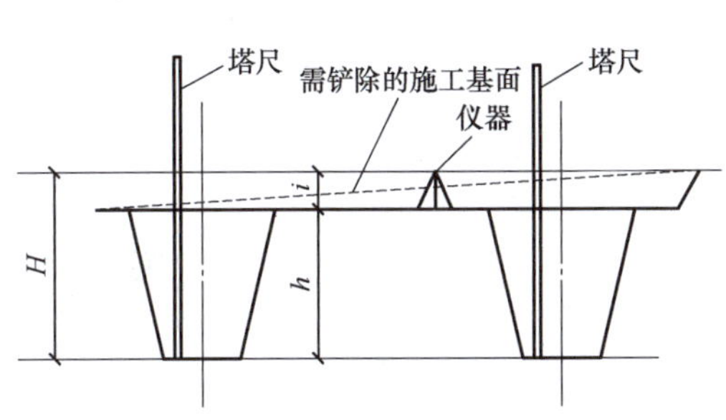

图 4-23　普通铁塔基坑操平示意图

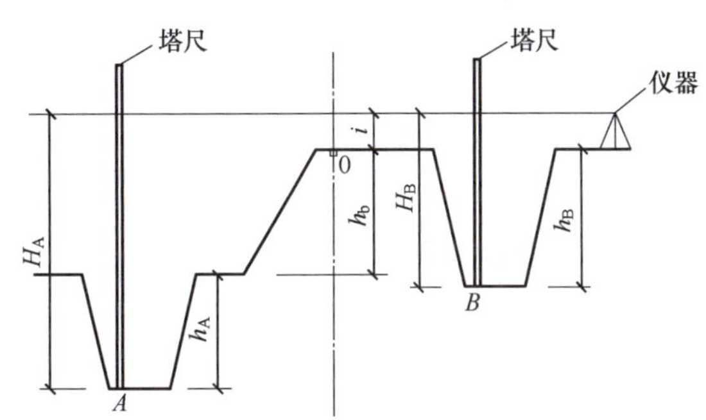

图 4-24　高低腿基础坑操平示意图

（三）基础工程

基础工程施工测量应严格遵循设计图纸和施工方案。测量内容主要包括分坑与坑深测量以及基础几何尺寸的测量。

监理工作要点：

（1）应在分坑前，审查施工单位施工桩位和施工基面的校核结果，确保其符合设计图纸要求及现行国家标准规定。

（2）应审查普通基础分坑和开挖测量的偏差值应满足设计要求。同样，拉线基础坑分坑和开挖的允许偏差及测量方法也应遵循相关标准。

（3）进行混凝土基础浇筑旁站。基础浇筑前应对支模尺寸和主要原材料进行检查和校核，应严格遵守现行国家标准规定。要求施工测量人员实时观测浇筑过程，一旦发现根开、对角线、高差出现偏差，应立即通知施工人员及时处理。现浇混凝土铁塔基础的测量允许偏差也应满足设计要求。

（4）审查基础施工测量项目及允许偏差时，应满足设计要求。

（四）杆塔和接地工程

杆塔组立前应确保混凝土的抗压强度达到设计要求后方可进行施工。铁塔基础应经过中间检查并验收合格后方可进行后续施工。杆塔施工测量可根据杆塔类型分为自立式铁塔施工测量、拉线铁塔施工测量和混凝土杆施工测量。

监理主要工作要点：

（1）在检查电杆组立时，应注意观察拉线转角杆、终端杆以及导线不对称布置的拉线直线单杆，在架线后拉线点处的杆身不应向受力侧挠倾，其偏斜应控制在规定范围内。

（2）在检查自立式转角塔和终端塔组立时，应注意检查铁塔是否组立在倾斜平面的基础上，并向受力反方向预倾斜。且架线后，铁塔的挠曲度应满足设计要求，若超过规定限值，应与设计单位共同处理。

（3）应检查电杆施工测量的结果，内容主要包括焊接弯曲、结构倾斜、横担高差、根开、迈步等内容的测量，其允许偏差同样需满足相应标准。钢管电杆施工测量的内容及允许偏差也应满足设计要求。

（4）应检查自立塔施工测量的结果，内容主要包括主材弯曲、结构倾斜等，其允许偏差应满足设计要求。

（5）应检查杆塔和接地施工测量项目及允许偏差值，应满足设计要求。

（五）架线工程

架线施工测量应涵盖紧线测量和附件安装测量。紧线施工测量应关注交叉跨越、导地线弧垂、导地线相间弧垂以及子导线弧垂的测量，其允许偏差应满足设计要求。常见的导线弧垂放样与观测方法有平行四边形法（如图 4-25 所示）、异长法（如图 4-26 所示）、角度法（如图 4-27 所示）和平视法（如图 4-28 所示）。

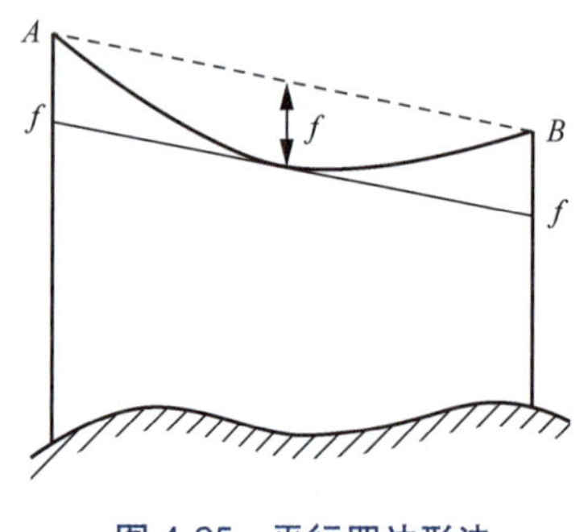

图 4-25　平行四边形法

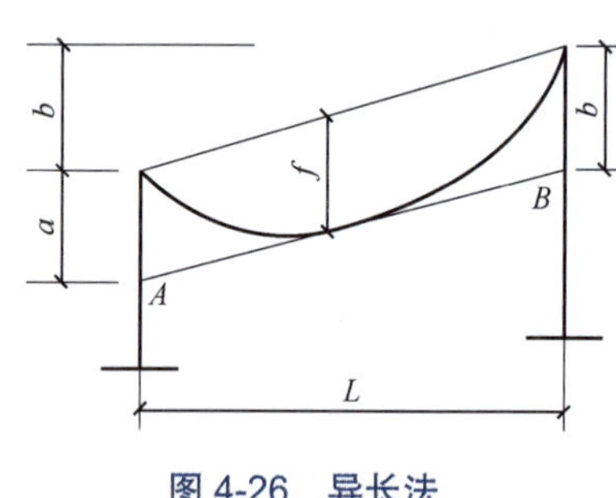

图 4-26　异长法

监理主要工作要点：

（1）应检查弧垂观测结果，观测值一般进行两次测量并取其平均值，观测时的温度应真实反映导线、避雷线的实际情况。附件安装施工测量则包括跳线间隙、悬垂绝缘子串倾斜、防振锤及阻尼线安装距离、绝缘避雷线放电间隙、间隔棒安装、屏蔽环、均压环绝缘间隙的测量，其允许偏差也应满足设计要求。

（2）应在架线完成后，检查施工单位测量导线对被跨越物的净空距离，考虑导线蠕变伸长的影响，换算到最大弧垂时是否符合设计要求。

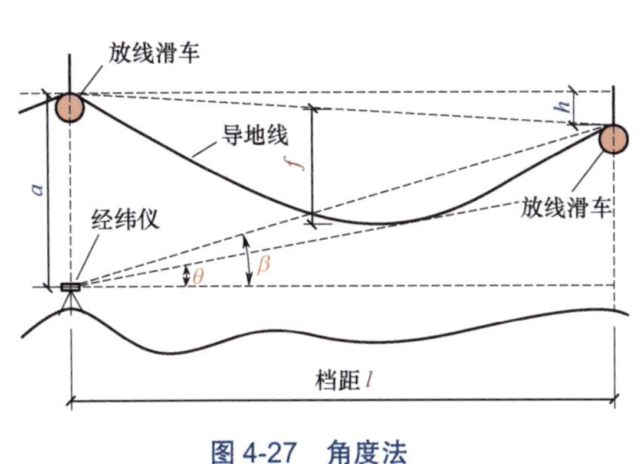

图 4-27　角度法

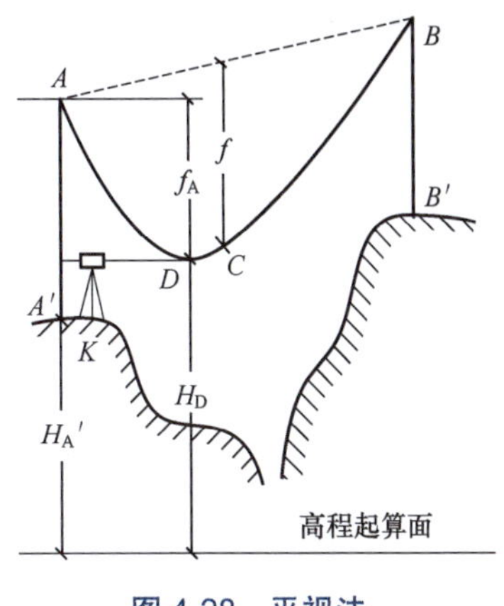

图 4-28　平视法

（3）应检查紧线施工测量项目及允许偏差，应满足设计要求。

二、地下电力电缆工程

地下电力电缆工程包括盾构法隧道工程测量、顶管法隧道工程测量和明挖法管廊工程测量。

（一）盾构法隧道工程

施工测量工作涉及盾构始发、掘进和接收三个关键阶段。在盾构始发阶段，盾构始发井建设完成后，需要利用联系测量成果加密测量控制点。在盾构掘进阶段，施工测量工作主要包括施工导线测量、施工高程测量、盾构机姿态测量和衬砌环姿态测量。随着盾构隧道的延伸，地下施工导线和施工高程测量应以建立的地下平面控制点和地下高程控制点为依据（如图 4-29 所示），以确保测量的连续性和准确性。地下施工导线测量的导线点应设置在隧道顶部（如图 4-30 所示），便于测量和观察。

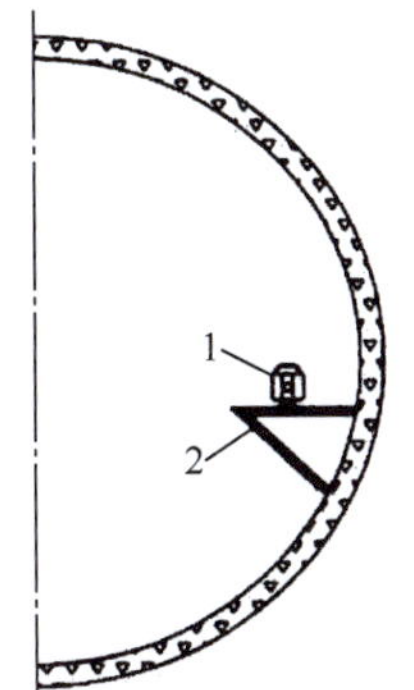

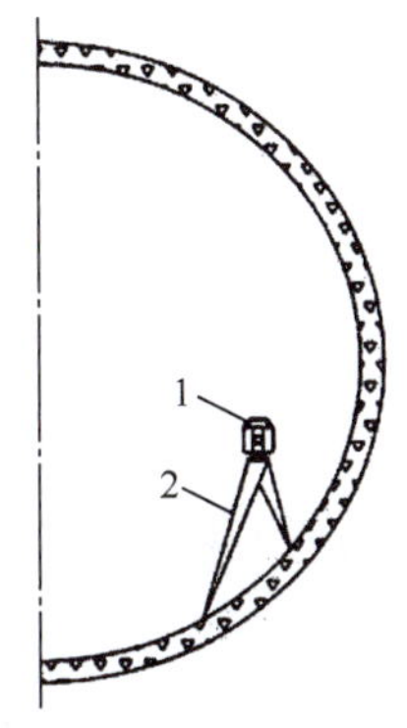

图 4-29　隧道内平面控制点标志

1—仪器；2—测量支架/仪器架设平台

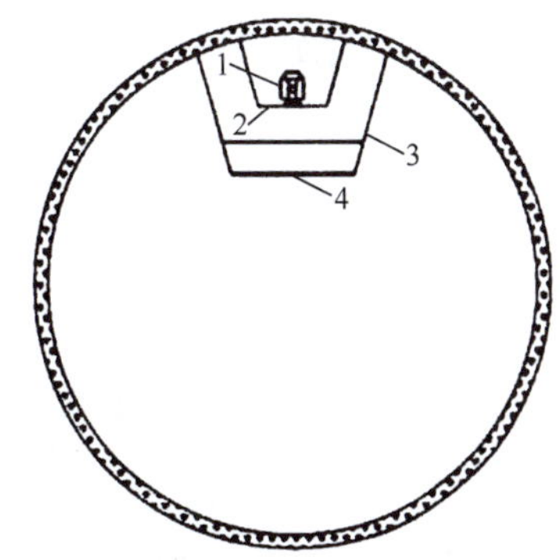

图 4-30　隧道内施工导线点“吊篮”标志

1—仪器；2—测量支架/仪器架设平台；3—护栏；4—观测站人平台

盾构机姿态测量方面，分为初始姿态测量和实时姿态测量。盾构机拼装完成后，应进行初始姿态测量；掘进中应进行实时姿态测量。盾构机姿态测量内容应包括平面偏差、高程偏差、俯仰角、方位角、滚转角及切口里程。

监理主要工作要点：

（1）审查盾构始发井建后的洞门圈中心三维坐标复测、隧道中心线与导轨位置的测设、反力架的安装测量结果，应满足设计要求。

（2）审查地下施工导线测量的导线点的埋设形式和测量技术要求，应满足设计要求。

（3）审查地下施工高程测量水准点的埋设密度和测量仪器的精度，应满足设计要求。

（4）审查盾构测量标志点的设置及测量结果（人工测量方法或自动导向测量系统），应满足设计要求。

（5）审查衬砌环姿态测量结果，应满足设计要求。

（6）审查盾构接收井建成后，洞门圈中心三维坐标复测和隧道中心线与导轨位置的测设结果，应满足设计要求。

（二）顶管法隧道工程

施工测量工作包括顶管始发测量、顶管导向测量和顶管接收测量。顶管导向测量一般采用人工测量方法，长距离顶管和曲线顶管宜采用自动导向系统。

监理主要工作要点：

（1）审查顶管始发井建成后，利用联系测量成果加密测量控制点，进行始发井洞门中心三维坐标复测、导轨平面位置与坡度测设以及顶管后座安装测量的结果，应满足设计要求。

（2）审查采用人工测量方法和自动导向系统进行顶管导向测量的结果，应满足设计要求。

（3）审查顶管接收井洞门中心三维坐标复测和导轨平面位置与坡度测设的结果，应满足设计要求。

（三）明挖法管廊工程

施工测量包括基坑围护结构、基坑开挖以及管廊主体结构测量。

监理主要工作要点：审查基坑围护结构、基坑开挖以及管廊主体结构测量的结果，应满足设计要求。

第四节　变形测量管理

变形测量，也称变形观测、变形监测，是指对监视对象或物体（变形体）的变形进行测量，从中了解变形的大小、空间分布及随时间发展的情况，并做出正确的分析与预报。

变形测量的主要内容包括沉降、水平位移、裂缝、倾斜、挠度和振动等观测。其中最基本的是建（构）筑物的沉降和水平位移观测。

变电（换流）站和输电线路等电网工程宜对建（构）筑物的水平位移、竖向位移、倾斜、收敛、裂缝、挠度等，以及建筑场地、地基土、边坡、基坑等进行变形监测。

变形监测基准网应由基准点和工作基点组成，变形监测网应由基准点、工作基点、监测点组成，如图 4-31 所示。基准点、工作基点、监测点布设应满足设计要求。

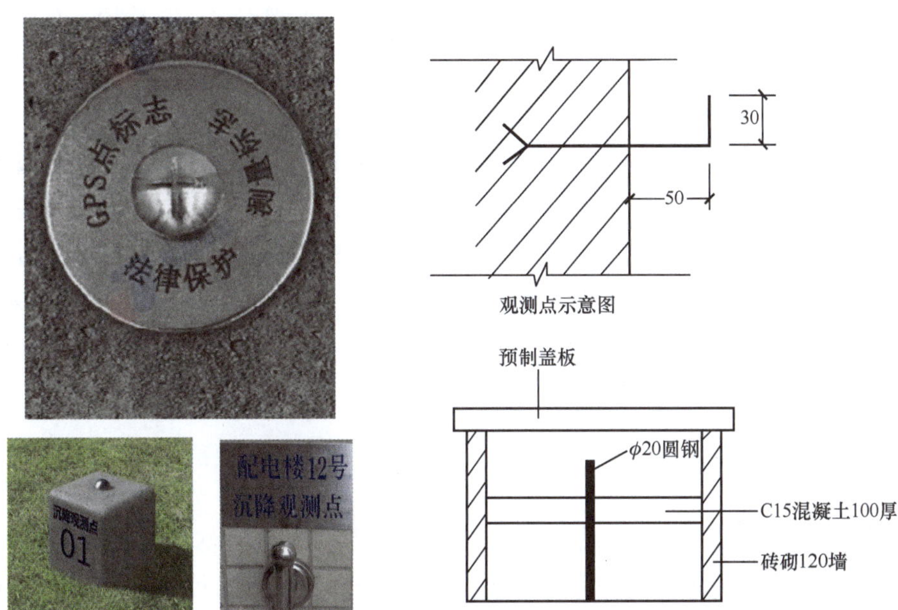

图 4-31　沉降观测点标识示意图

变形监测的各项原始记录应完整，并应及时整理、检查。数据处理的平差计算方法应正确，应对监测成果可靠性进行分析和反馈。当出现下列情况时，应立即报告建设单位和有关部门采取相应措施，并增加监测频次：

（1）变形量或变形速率出现异常变化。

（2）变形量达到预警值或接近极限值。

（3）建（构）筑物或地表的裂缝快速扩大。

（4）支护结构变形过大或出现明显的受力裂缝，且不断发展。

沉降观测的原理：定期测量观测点相对于稳定的水准点间的高差 h，并计算观测点的高程 H；将不同时间所得同一观测点的高程加以比较，从而求得观测点在该时间段内的高程变化量，即沉降量。

绘制沉降曲线：沉降曲线分为两部分，即时间（t）与沉降量（S）关系曲线和时间（t）与荷载（F）关系曲线，如图 4-32 和图 4-33 所示。

常用的沉降观测方法：水准测量方法、液体静力水准测量、电磁波测距三角高程测量方法（适宜高差较大，精度低，固定测站点测量）。

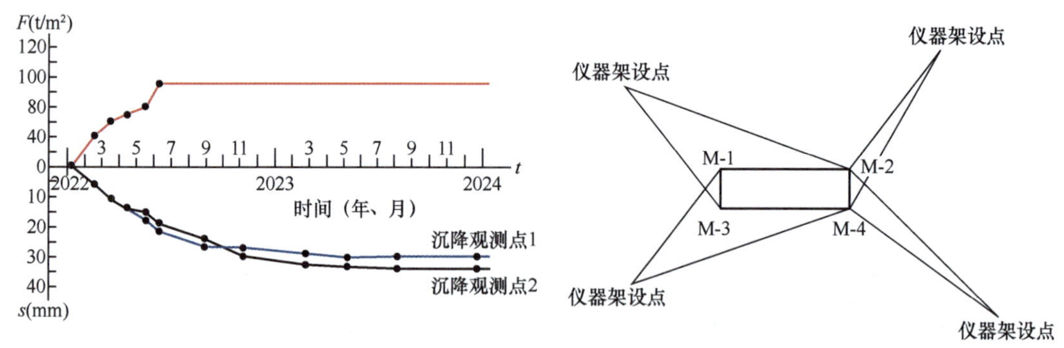

图 4-32　沉降曲线图

图 4-33　沉降观测点及水准基点平面示意图

M—沉降观测点

水平位移监测基准网可采用三角形网、导线网、卫星定位网和视准轴线等形式，宜采用建筑坐标系统，且一次布网。当采用视准轴线时，轴线上或轴线两端应设立检核点。

竖向位移监测基准网测量应采用水准测量方法。基准网形应布设成闭合环、结点网或附合水准路线等形式。

一、建（构）筑物

建筑物变形监测包括建筑物进行水平位移和竖向位移监测。水平位移包括横向水平位移、纵向水平位移和特定方向的水平位移。水平位移可以通过测量监测点的坐标或直接测定来获取。水平位移观测可以采用全站仪测量、卫星导航定位测量、激光测量或摄影测量等方法。

监理主要工作要点：

（1）审查监测点的布置，应符合设计要求。

（2）审查施工单位的测量成果资料，包括监测基准点分布图、监测点布置图、监测成果表、水平位移图或时间—荷载—竖向位移量曲线和监测技术报告。

（3）根据业主的要求，审查第三方检测单位的检测成果。

二、基坑

基坑变形监测作为保障基坑安全稳定的关键措施，主要涵盖支护结构变形监测和基坑回弹监测。基坑变形监测应采用仪器观测和巡视检查相结合的方法，基坑变形监测点的布置应能反映观测对象的实际状态及其变化趋势。

监测方法多样：基坑变形水平位移监测可采用视准线法、测小角法、前方交会法、极坐标法、方向线偏移法、卫星定位测量法、自由设站法和测斜仪法等监测方法；基坑变形竖向位移监测可采用几何水准、液体静力水准和三角高程等监测方法；基坑回弹监测宜采用水准测量方法。

监理主要工作要点：

（1）审查监测点的布置，应符合设计要求。

（2）监理巡视检查过程中发现异常情况，应要求施工单位加强监测并提高监测频率，或要求对基坑支护结构和周边环境中的保护对象采取应急措施。

（3）审查施工单位的测量成果资料，包括基坑支护结构变形监测应提交监测点及控制点位置分布图、监测成果表和变形曲线图；基坑回弹监测应提交监测点位布置平面图、监测成果表和回弹纵、横断面图。

三、边坡

边坡位移监测内容需依据滑移危害程度或工程等级确定，遵循《建筑边坡工程技术规范》标准。监测内容应涵盖水平、竖向位移、深部钻孔测斜、裂缝等，全面反映边坡变形情况。

监理主要工作要点：审查施工单位提交的边坡监测报告。报告应包含自然地理概况、边坡特征、监测点布置图、观测成果表、监测点位移综合曲线等内容。同时，还需对变形动态特征和发展趋势进行分析，做出边坡滑移预报，并及时发出预警。

四、倾斜

倾斜检测可根据现场条件灵活选用全站仪投点法、前方交会法、激光扫描技术等，以全面准确反映建筑物倾斜情况。在施工过程中及竣工验收前，应对建筑物上部结构、墙面和柱进行倾斜观测，发现安全隐患及时处理，确保施工安全和质量。

倾斜观测的方法：根据倾斜观测原理，可采用经纬仪观测法或铅垂观测法，测量出建（构）筑物顶部或底部的倾斜位移值，再计算出其倾斜度。

监理主要工作要点：应审查施工单位提交的监测资料，包括监测点布置图、监测成果表、倾斜曲线和监测报告等，为后续分析和决策提供有力支持，确保建筑物的安全稳定运行。

五、裂缝

裂缝是指结构体表面或内部出现的断裂或裂纹，如图 4-34 所示。裂缝可以根据不同的分类标准进行多种划分。混凝土中的裂缝，常见类型包括塑性收缩裂缝、干缩裂缝、温度裂缝、水化热裂缝、地基沉陷裂缝等。

图 4-34　裂缝示意图

建筑结构中的裂缝，常见类型包括荷载裂缝和变形裂缝，还有原生裂缝和次生裂缝；

早期构造裂缝、中期构造裂缝等。

在裂缝监测过程中，首要任务是测定裂缝的分布位置、走向、长度、宽度及其变化情况。监测点需具代表性，统一编号便于分析。每条裂缝至少设三组监测标志，涵盖最宽处和末端，使用明晰标志并垂直裂缝布置。深度观测选最宽处进行。监测方法依裂缝数量和量测条件定，可用工具、摄影或自动化方法。精度要求严格，确保数据可靠。每次观测记录裂缝情况并拍照，采用自动测记法要确保数据可靠并与人工监测数据比对。裂缝观测周期应根据裂缝变化速率调整，发现裂缝加大时提高观测频率。

监理主要工作要点：审查施工单位提交的测量成果资料，如裂缝位置分布图、裂缝监测成果表、裂缝变化曲线和裂缝监测报告等。

六、挠度

挠度监测管理重点关注基础和上部结构、大跨度构件、墙、柱等关键部位的挠度变形。一旦这些关键部位发生挠度变形或工程要求监测时，应立即启动监测程序。

挠度值测量误差一般不得超过变形允许值的 1/20。确定挠度监测周期时，需综合考虑荷载、设计和施工要求。在不同施工阶段或荷载变化大时，应增加监测频率，以便及时捕捉结构变形情况。同时，监测过程中需密切关注结构变化趋势，一旦发现异常，应及时调整监测方案并采取相应的应对措施。

监理主要工作要点：审查施工单位提交的监测资料，包括观测点布置图、观测成果表、挠度曲线和技术报告等。

第五节 竣工测量管理

竣工测量是电网工程测量工作的最后一环，它不仅是工程质量的检验手段，更是工程资料完善、后续维护的重要依据。电网工程施工完成后应进行竣工测量和竣工图绘编。

监理项目部在审查竣工图时，应注意核对原有设计施工图、设计变更通知单、工程联系单、施工跟踪测量记录、竣工测量成果以及其他相关资料。当上述资料与实际情况不符时，必须要求施工测量人员进行实测，以获取准确的现场数据，确保竣工图的真实性和准确性。

一、变电（换流）站

监理主要工作要点如下：

（1）在竣工测量前，应审查下列资料：总平面布置图、施工设计图、设计变更文件、施工测量记录、竣工测量质量文件和其他相关资料。

（2）应审查竣工测量控制点、地形点高程注记位数以及等高距按相应比例尺地形图是否按要求执行。比如：图纸中所注细部点坐标及标高成果，是否精确到1cm；其他如图幅、图例式样等，应与原有施工图纸一致。竣工测量应在原有施工控制点上进行。竣工测量实施前，应进行原有施工控制点检核测量，如图4-35所示。

图4-35 变电站竣工室外测量

（3）应审查竣工测量是否包括常规地形测量、细部点坐标高程测量等内容。

（4）应审查细部坐标及高程测量的内容是否符合表4-3的规定，可抽样检测其平面和高程精度。

表4-3 细部坐标及高程测量内容

类别		细部坐标	细部高程
建（构）筑物	矩形	主要棱角，大型的不少于3点	主厂房墙角散水及室内外地坪标高
	圆形	中心	基础面或散水地面
冷却池、贮灰池		池堤顶内侧	池堤顶面及池底
地下管线		起讫、转、交点以及主要井位中心	地面、井面、上水管顶、下水管底、地沟底
电力线		铁塔中心及起讫、转点	地面
道路		干线的交点及起迄点	变坡处及直线段在图上每隔5～10cm测1点
桥梁、涌洞		大型的测四角、中小型的测中心线两端	测细部坐标的，涵洞需测进、出口的底高和顶高
构架		主要构架两端	地坪标高
变电、配电装置		基础中心	基础顶面
避雷针		中心	地坪标高

二、输电线路

1. 架空输电线路

监理主要工作要点如下：

（1）在竣工测量前，应审查下列资料：施工图设计阶段形成的施工图及设计说明；设计变更文件；输电线路路径图、塔位图、杆塔一览表及相关塔位信息资料；平断面图、明细表、交叉跨越一览表；电厂、变电站或换流站进出线平面图；施工检测记录；工程验收记录；其他相关资料。

（2）应审查经施工单位竣工测量后绘制的竣工图，并注意以下事项：

1）对线路中心线两侧各50m或特高压线路两侧各75m范围内有影响的建（构）筑物、道路、管线、河流、水库、水塘、水沟、渠道、坟地、悬岩、陡壁等平面图上均应表述。

2）线路通过森林、一般林区、果园、苗圃、农作物及经济作物区时，应标注边界、名称、树种、树高及密度。

3）线路跨越的地上、地下通信及电力电缆应标注，线路平行已有电力线、通信线、地下电缆时，也应详细标注。

4）边线及风偏断面数据应翔实。

（3）施工过程中发生较大变更或资料缺失较多时，应进行实测。测量应在施工图设计阶段的测量控制点上进行；当测量控制点被破坏时，应进行恢复。对已有资料进行必要的校测，若满足要求方可使用，否则应重新测量。

2. 地下电力电缆

监理主要工作要点如下：

（1）在竣工测量前，应审查下列资料：施工图设计阶段形成的施工图及设计说明；设计变更文件；测量控制点、地下电力电缆路径带状地形图等信息资料；地下电力电缆平断面图、地下管线报批红线图；施工检测记录；工程验收记录；其他相关资料。

（2）施工过程中，发现发生较大变更或编绘资料缺失较多时，应要求施工单位进行实测；地下电力电缆竣工测量，应在施工图设计阶段的测量控制点上进行，当测量控制点被破坏时，应进行恢复；对已有资料应进行必要的校测，满足要求方可使用，否则应重新测量。

3. 海底电力电缆

监理主要工作要点如下：

（1）在竣工测量前，应审查下列资料：施工图设计阶段形成的施工图及设计说明；设计变更文件；水下地形图、电缆路由，登陆段送端与受端的地形图等信息资料；海底电力电缆中心线各相平断面图；施工测量记录；工程验收记录；其他相关资料。

（2）应审查海缆竣工图，查看是否已标注海缆登陆点、路由拐点、路由中与其他海底管线交越点的实际坐标，以及海缆路由的实际水深数据。查看竣工图是否标注海缆实际路由坐标和埋深，标注点的间距可按照设计方和建设方的要求确定，或在 10～500m 范围内选定。

第六节 测量成果管理

一、测量成果清单及记录表格

控制测量成果包括控制点平面布置图，水准测量记录及计算结果，导线坐标测量记录及计算结果、平差结果，测量计算结果报告等。电网工程控制测量成果记录参见表 4-4。

表 4-4 电网工程控制测量成果记录

序号	测量记录内容	
1	变电（换流）站工程	工程定位测量记录
2		建筑物垂直度、标高测量记录
3		建（构）筑物沉降（变形）观测记录
4		沉降观测示意图
5		基坑支护结构顶部水平位移结果记录
6		地基验槽（坑）测量记录
7		构架横梁测量记录
8		构支架立柱测量记录
9	输电线路工程	路径复测记录
10		基础分坑与开挖测量记录
11		施工基面及电气开方测量记录
12		铁塔基础测量记录
13		混凝土电杆基础测量记录
14		铁塔组立测量记录
15		混凝土电杆组立测量记录
16		导地线紧线施工测量记录
17		导地线附件安装施工测量记录
18		对地、风偏开方对地距离测量记录
19		交叉跨越测量记录

二、测量成果报验及归档要求

1. 测量成果报验管理

施工单位在工程开工前，应将测量放线的专业测量人员资格（测量人员的资格证书）及测量设备资料（施工测量放线使用测量仪器的名称、型号、编号、校验资料等）向监理项目部报审确认。

施工单位在施工准备和施工过程中，应使用表 4-5，将工程控制网测量记录、线路复测记录、地形测量成果、土石分界成果、放样测量记录、竣工测量成果向监理项目部报审。其中，测量依据资料及测量成果应包括以下内容：

（1）平面和高程控制测量。需报送控制测量依据资料、控制测量成果表及附图。

（2）定位放样。需报送放样依据、放样成果表及附图。

（3）现场勘察图纸、设计图纸等相关图纸资料。

（4）现场相片。

专业监理工程师应按标准规范有关要求，对测量依据资料及测量成果进行审查并签署意见，符合要求的及时报送业主项目部审批。监理主要审查要点有：

（1）工程控制网测量记录、线路复测记录、地形测量成果、土石分界成果、放样测量记录、竣工测量成果是否符合设计和规程、规范和标准要求。

（2）数据记录是否准确。

（3）测量依据是否有效。

（4）复测记录是否齐全。

2. 测量成果归档要求

施工测量成果文件资料应依据《建设工程文件归档规范》《电力建设工程监理规范》《电网工程监理导则》的管理规定进行收集、整理、归档和移交。

施工测量成果的归档文件资料包括工程定位测量记录、基槽验线记录、楼层平面放线记录、楼层标高抄测记录、建筑物垂直度标高观测记录、沉降观测记录、基坑支护水平位移监测记录、桩基支护测量放线记录、地基验槽记录和地基钎探记录，以及表 4-5 所列内容等，应符合归档文件及其质量要求、工程文件立卷、归档、工程档案验收与移交的管理规定。

表 4-5　　电网工程控制测量成果报验表

致：__________（监理项目部） 我方已完成 ____________________ 的施工控制测量，经自检合格，请予以查验。 附件：□工程控制网测量记录　□线路复测记录　□地形测量成果　□土石分界成果　□放样测量记录　□竣工测量成果 承包单位（盖章） 项目技术负责人（签字）：__________ 日　期：__________
监理项目部审查意见： 监理项目部（盖章） 专业监理工程师（签字）：__________ 日　期：__________
建设单位（业主项目部）审批意见： 建设单位（业主项目部）（盖章） 项目负责人（签字）：__________ 日　期：__________

第五章 质 量 控 制

电网工程可分为变电（换流）站、架空线路、电缆线路、配网等工程。变电（换流）站工程建设地点较为集中，但涉及土建、电气、自动化、消防、通信等多个专业，工序复杂、技术要求高、质量控制难度大。架空线路工程占线长、专业相对单一、野外施工多、机械化水平低、高处作业频繁，质量保障较难。电缆线路、配网工程点多面广，质量影响因素多，对地下施工技术要求较高。总体来看，电网工程管理有以下特点：

一是质量影响因素多。由于电网工程技术复杂，涉及专业多，影响工程质量的因素也较多，如使用材料的差异、操作步骤的先后、环境的变化以及施工工具和设备的损坏，都会造成质量变异，累计而成就是质量问题，从而影响电网工程的整体质量水平。

二是质量具有一定的波动性。电网工程参建单位和人员较多，设备类型丰富，受外界施工环境影响等，工程质量容易产生波动。

三是质量具有一定的隐蔽性。在电网工程建设过程中，有大量的隐蔽工程如地下穿线、混凝土浇筑预埋件等，还有各专业施工交叉作业情况较多，也存在一定的隐蔽性。

四是验收具有一定的局限性。电网工程项目投入运行后，很难像产品一样开展二次检验。另外电网工程整体性强，整体投入运行后很难对其中某个分项进行分解检查，哪怕有内部质量问题只有全停时才方便修复。因此，电网工程不能仅通过最终的验收来确定项目的质量，还应更关注施工过程的质量控制。

本章依据《电力建设工程监理规范》（DL/T 5434—2021）、《电力建设工程监理文件管理导则》（T/CEC 324—2020）、《电网工程监理导则》（T/CEC 5089—2023）等标准，结合各大电网公司的质量管理要求及电网工程监理实际情况，阐述质量控制措施。

本章重点描述质量控制点的设置、检查、验收等监理过程，以及对检测报告、试验报告等质量技术文件的监理审核。考虑到不同质量控制方法和对象存在重复的监理技术内容，本章重点针对材料进场审查、主要设备构配件开箱验收、专业工程质量控制点检查、主要试验报告审查等进行监理技术描述，其中专业工程质量控制点按照变电（换流）站、架空线路、电缆线路、配网四类工程分别介绍。

考虑电网工程监理质量控制经验总结和转型发展的需要，利用质量通病及控制要点、数字化监理质量控制技术两节，为读者提供更加直观立体的质量控制实践感受和质量控制数字化转型思路。

第一节 质量控制方法

质量控制是工程监理的主要任务之一，常见的质量控制方法有审查、检查及验收，涉及电网工程施工准备阶段、施工阶段、调试阶段、工程竣工验收与移交阶段、工程保修阶段。本节内容主要介绍工程实体质量控制方法，施工阶段和调试阶段是工程实体质量形成阶段，十分关键，因此工程实体质量控制关键是施工阶段和调试阶段的质量控制。

施工阶段和调试阶段质量控制的审查内容主要包括设备材料构配件合格证明文件、电气调试试验报告，检查重点为各专业工程控制点的施工质量，验收范围主要包括设备开箱、隐蔽工程、检验批、分项工程、分部工程及单位工程等。质量控制方法如图 5-1 所示。

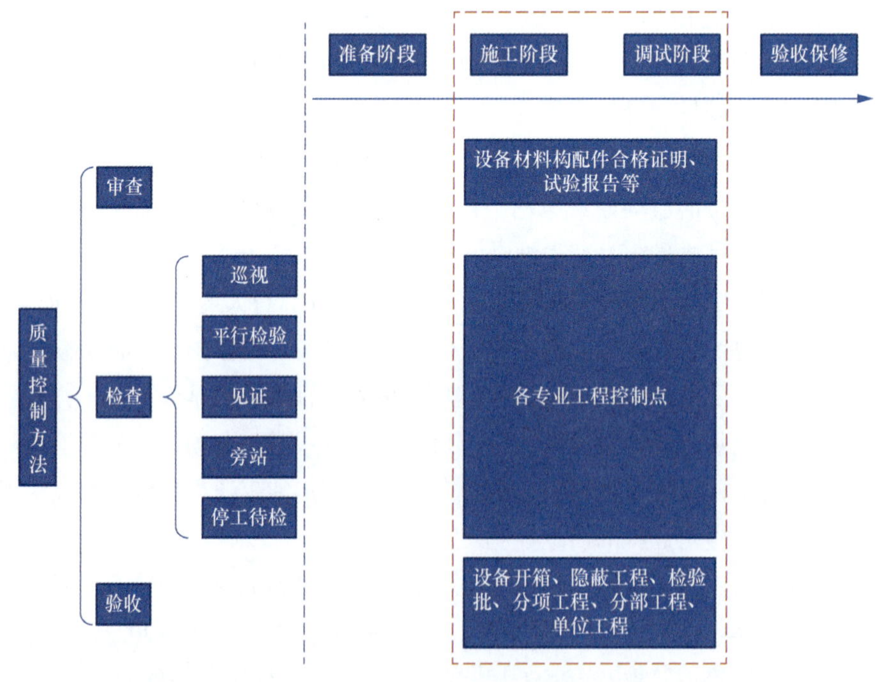

图 5-1 质量控制方法

一、审查

审查是监理人员对施工单位报审的各类资料文件进行仔细、详尽的检查、评估和审视的过程。

二、巡视

巡视检查是监理人员对现场施工过程和施工结果进行的定期以及随机的检查。巡视检查内容包括工程质量及现场的施工安全。巡视检查中发现问题，应采取相应处理措施及时处理。监理员无法解决的问题，应及时向监理工程师报告。

三、平行检验

平行检验是指监理项目部在施工单位自检的同时，按有关规定、建设工程监理合同约定对同一检验项目进行的检测试验活动。

四、见证（W）

监理项目部对涉及工程结构安全的试块试件、主要工程材料及构配件的取样送样环节，工程现场试验检验过程，以及工序施工作业过程进行的现场检查、监督活动。

五、旁站（S）

旁站是指工程关键部位或工序进行施工时监理人员对工程现场监督管理的活动。监理人员对旁站点进行旁站，并记录旁站情况。监理人员在旁站期间发现的问题，应以口头或书面形式要求施工单位及时整改。对拒不整改或存在严重质量隐患的，旁站人员应先行提出停工要求，并立即向总监理工程师报告，总监理工程师签发工程暂停令应事先征得建设单位同意，在紧急情况下未能事先报告的，应在事后向建设单位作出书面报告。

六、停工待检（H）

针对工程关键工序或关键部位，在施工项目部自检合格的基础上，监理项目部、施工项目部、勘察设计单位（必要时）等相关方在约定的时间到工程现场进行检查验收的质量控制方法。未经检查验收或检查验收不合格，不得进入下一道工序施工。

七、验收

验收是监理项目部对施工单位报验已完工且自检合格的隐蔽工程、检验批、分项工程、分部工程以及单位工程等现场核验施工质量是否满足相关设计及标准规范的过程。

第二节 材料进场审查

一、审查流程

监理人员应审查施工单位报送的用于工程的设备、材料和构配件的质量证明文件，按有关规定进行见证取样送检，按建设工程监理合同的约定进行平行检验，经审查合格后签署同意进场意见。未经审查通过的不得用于工程，检验不合格的应签发监理通知单要求施工单位限期撤出工程现场。

二、审查主要内容

（1）报审资料审查。监理人员应审核施工单位报送的设备、材料和构配件的数量清单、自检结果、质量证明文件。质量证明文件包括出厂合格证、出厂检验报告、进口材料商检证明。

（2）复试报告审查。监理人员应审核施工单位报送的设备、材料和构配件复试报告、试品试件试验报告，审查要点如下：

1）报告中的试验项目、试验参数、委托编号、送检日期、材料数量、型号规格、生产厂家与试验委托单一致。

2）报告中的试验依据有效、报告日期合理、报告单编号规范。

3）报告经试验人、审核人、批准人签署，并加盖试验报告专用章及计量认证章，多页试验报告加盖骑缝章。

4）报告为原件，不得涂改。

5）报告结论明确。

（3）监理人员应按建设工程监理合同约定，对已进场的设备、材料和构配件进行平行检验；对质量有怀疑时，在征得建设单位同意后，按施工合同约定检验的项目、数量、频率、费用，对存在异议的委托第三方进行检验。

（4）常用设备、材料和构配件进场监理审查要点如下：

1）钢筋：按炉批号进场，型号、规格、数量、材质与出厂合格证相符并符合设计要求。进场后对钢筋进行见证取样，钢筋的屈服强度、抗拉强度、伸长率、弯曲性能、质量偏差符合规范要求。

2）碎石、砂：含泥量、氯离子含量、泥块含量、片状颗粒含量、有机物含量、坚固性、表观密度指标符合规范要求，且做颗粒级配分析。对于长期处于潮湿环境的重要混凝土结构所用砂、石，根据《普通混凝土用砂、石质量及检验方法标准》（JGJ 52—2006）进行碱活性检验。

3）水泥：细度、凝结时间、安定性、抗折强度、抗压强度指标符合规范要求。

4）水、外加剂：水有水质化验报告；外加剂有合格证，技术指标符合设计要求。

5）预拌混凝土、砂浆：强度等级符合设计要求，所用水泥强度等级与混凝土的设计强度相适应，细骨科颗粒级配、细度模数及有害杂质和碱活性符合标准，粗骨科的颗粒级配及最大粒径满足工程需要，拌和水、矿物掺合料、外加剂符合国家现行标准的规定。

6）砌体材料：砖的强度等级符合设计要求；蒸压加气混凝土砌块养护期、干体积密度符合规范要求；砌体材料进场检测符合设计要求。

7）防水卷材：抗拉强度、延伸率、不透水性、低温弯折性等技术指标符合设计要求。

8）门窗：气密性、抗风压性能、水密性、外窗传热系数、外窗隔声性能符合设计要求。

9）保温材料：抗压强度、热导率、含湿率、吸湿率、相对密度、阻燃性能、使用温度符合设计及规范要求。

10）防火涂料：老化测试、性能检测、漆膜打磨性、化学性能、有毒有害物质限量、防火测试、颜色符合设计及规范要求。

11）管材/消防管道：材质、规格符合设计要求。

12）墙砖、地面砖：材质、规格、颜色符合设计要求，大理石、花岗石面层所用板块有放射性限量合格的检测报告。外墙干挂石材抗折、抗拉及抗压强度性能指标符合规范要求，膨胀螺栓、连接件和嵌缝密封胶质量符合规范要求。

13）建筑电气材料：规格、型号、颜色、材质、强度、绝缘等级符合设计要求。

14）防火门：规格、型号、耐火等级符合设计要求，无形变和倒翘，符合《消防产品现场检查判定规则》（XF 588—2012）要求。

15）灭火器：规格、型号符合设计要求，标识齐全，部件功能正常，符合《消防产品现场检查判定规则》（XF 588—2012）要求。

16）消火栓：规格、型号符合设计要求，外观、质量、标志、结构参数、功能、材质符合《消防产品现场检查判定规则》（XF 588—2012）要求。

第三节 主要设备、构配件开箱验收

一、验收流程

监理项目部应参与主要设备、材料和构配件的开箱验收，施工单位在主要设备、材料、构配件到场后，填报开箱申请表，监理项目部应组织或参与开箱，验收通过后予以签认，对开箱验收中发现的质量缺陷，形成设备、材料、构配件开箱缺陷通知单，由相关单位处理，缺陷处理完毕后，施工单位填报缺陷处理报验表，并经监理项目部、施工项目部、建设单位、物资供应单位（供应商）共同确认。

二、验收主要内容

（1）开箱验收监理应检查下列主要内容。

1）设备外包装完好，密封良好。

2）出厂合格证、质保书、出厂试验报告、安装使用说明书、设备图纸、设备材料清单等质量证明文件和厂家技术资料齐全，进口设备提供商检证明文件。

3）检查设备外观无缺陷，设备、附件、备品备件和专用工具的数量、规格、型号、技术参数符合技术协议和设计要求，并与设备材料清单一致。

（2）设备构支架、钢结构配件开箱检查要点。

1）质量证明文件和试验报告与进场批次的一致性。

2）无残损、缺件。

3）镀锌层表面光滑，无毛刺、流挂、滴瘤、多余结块或漏镀、漏铁。

（3）变压器、换流变压器、电抗器开箱检查要点：

1）无锈蚀及机械损伤，密封良好，冷却器、连通管密封良好、无损伤。

2）充油套管油位正常、无渗漏、瓷体无损伤，充干燥气体运输的变压器、换流变压器、电抗器，油箱内为正压，其压力为 0.01～0.03MPa。

3）冲击记录仪记录数据符合规范要求。

（4）GIS（气体绝缘封闭式组合电器）/HGIS（复合式组合电器）开箱检查要点。

1）元件、附件无损伤变形及锈蚀，瓷件及绝缘件无裂纹及破损。

2）充有干燥气体的运输单元或部位，其压力符合厂家技术文件要求，按厂家技术文件要求安装冲击记录仪元件，冲击记录仪记录数据符合规范要求。

3）支架无变形、损伤、锈蚀和锌层脱落。500kV GIS 设备开箱验收如图 5-2 所示。

（5）断路器开箱检查要点。

1）设备零件无锈蚀、损伤、变形，绝缘件无变形、受潮、裂纹、剥落，绝缘拉杆端部连接部件牢固可靠。

2）瓷件表面光滑、无裂纹、无缺损，铸件无砂眼，瓷套与法兰接合牢固，支架无变形、损伤、锈蚀、锌层脱落，地脚螺栓底部加装锚固。

3）操动机构及传动部分无损伤、锈蚀，传动轴承光滑无毛刺，铸件无裂纹、焊接不良，液压机构油路、油箱本体无渗漏，电磁机构分、合闸线圈无受潮、损伤。35kV 断路器开箱验收如图 5-3 所示。

图 5-2　500kV GIS 设备开箱验收

图 5-3　35kV 断路器开箱验收

（6）隔离开关、负荷开关、避雷器、电压互感器、电流互感器、电容器、高低压盘柜开箱检查要点。附件齐全，设备外观符合《电气装置安装工程高压电器施工及验收规范》（GB 50147—2010）要求。500kV 避雷器开箱验收如图 5-4 所示，500kV 电压互感器开箱验收如图 5-5 所示。

图 5-4　500kV 避雷器开箱验收

图 5-5　500kV 电压互感器开箱验收

（7）二次盘柜开箱检查要点。附件齐全，设备外观符合《电气装置安装工程盘、柜及二次回路接线施工及验收规范》（GB 50171—2012）要求。屏柜开箱验收如图 5-6 所示。

（8）蓄电池组开箱检查要点。附件齐全，设备外观符合《电气装置安装工程　蓄电池施工及验收规范》（GB 50172—2012）要求。蓄电池开箱验收如图 5-7 所示。

图 5-6　屏柜开箱验收

图 5-7　蓄电池开箱验收

（9）电缆桥架开箱检查要点。壁厚均匀，无锈蚀、弯折现象，表面镀层均匀，无毛刺、损伤、局部未镀层，螺纹镀层光滑，螺栓连接件与螺纹匹配。

（10）电力电缆开箱检查要点。附件齐全，外观无损伤，封端严密，当外观检查过程中有怀疑时，进行受潮判断或试验。

（11）换流阀开箱检查要点。附件齐全，设备外观符合《±800kV 及以下换流站换流阀施工及验收规范》（GB/T 50775—2012）的要求。换流站换流阀晶闸管开箱验收如图 5-8 所示。

（12）阀冷设备的开箱检查要点。附件齐全，设备外观符合《高压直流输电换流阀水冷却设备》（GB/T 30425—2013）的要求。阀冷设备开箱验收如图 5-9 所示。

图 5-8　换流站换流阀晶闸管开箱验收

图 5-9　阀冷设备开箱验收

（13）平波电抗器、直流断路器、直流穿墙套管开箱检查要点。附件齐全，设备外观符合《直流换流站电气装置施工质量检验及评定规程》（DL/T 5233—2019）的要求。阀厅穿墙套管开箱验收如图 5-10 所示。

（14）监理人员应组织或参加架空线路工程地脚螺栓、铁塔、导线、避雷线、OPGW 光缆（光纤架空复合地线）、金具、绝缘子、间隔棒、防振锤开箱验收。开箱验收应检查下列主要内容。

1）地脚螺栓：型号、规格、数量、材质符合设计要求。地脚螺栓开箱验收如图 5-11 所示。

2）铁塔：型号、规格、数量与合同一致，塔材无残损、缺件，镀锌表面光滑、无毛刺、滴瘤、多余结块、漏铁。铁塔进场开箱验收如图 5-12 所示。

3）导线、避雷线：型号、规格、数量与合同一致，绞线表面光洁，不得有过量润滑油脂，无断股、缺股和松股，外层铝股不得有接头，镀锌钢绞线单股不得有焊接接头。导线开箱验收如图 5-13 所示。

4）OPGW 光缆（光纤架空复合地线）：规格、型号符合设计要求。

5）金具：型号、规格符合设计要求，标志清晰，外观无裂纹、缩孔、缩松、疏松、夹渣、砂眼及飞边，热镀锌钢制件表面光洁、平整，无毛刺、锌瘤、开裂、迭层，金具铜、铝件与电气接触面无碰伤、划伤、斑点、凹坑、压痕。进场金具开箱验收如图 5-14 所示。

图 5-10　阀厅穿墙套管开箱验收

图 5-11　地脚螺栓开箱验收

图 5-12　铁塔进场开箱验收

图 5-13　导线开箱验收

6）绝缘子、间隔棒、防振锤：型号、规格、数量与装箱清单一致，外露釉面光滑，无色调不均匀及氧化起泡。绝缘子开箱验收如图 5-15 所示。

图 5-14　进场金具开箱验收

图 5-15　绝缘子开箱验收

（15）监理人员应组织或参加电缆线路工程电力电缆、电缆附件及附属设备开箱验收。开箱验收应检查下列主要内容。

电缆型号、规格符合合同要求，电缆外观无损伤，电缆封端严密，当外观检查过程中有怀疑时，进行受潮判断或试验，应力锥、环氧套管等主要部件无瑕疵、无破损，充油电缆的压力油箱、油管、阀门和压力表符合规范要求。

（16）监理人员应组织或参加 35kV 以下电网工程环网柜、配电变压器、JP 柜、柱上断路器、隔离开关、架空导线、电缆分支箱、电力电缆、电缆附件、避雷器、金具、电杆、绝缘子的开箱验收，检查外观无缺陷。

第四节　变电（换流）站工程质量控制点管理

一、质量控制点设置

（1）变电站工程质量控制点一般分通用要求及工程部位进行设置，工程部位可分为地基及桩基、结构、屋面、装饰装修、建筑安装、电气安装、保护调试及通信等工程，具体参照表 5-1 设置。

表 5-1　变电站工程质量控制点设置表

序号	工程部位	控制点名称	类型	备注
1	通用部分	原材料见证取样	W	
2		建筑物结构实体现场检验见证		
3	地基及桩基	场平工程检查*		
4		砂石换填地基工程检查*		
5		强夯地基工程检查		
6		高压喷射注浆地基工程检查		
7		静压注浆地基工程检查		
8		水泥土搅拌桩地基工程检查		
9		静力压桩工程检查		
10		先张法预应力管桩、混凝土预制桩工程检查		
11		钢桩工程检查		
12		灌注桩成孔及钢筋安装工程检查*	H	
13		预制桩工程接头焊接检查*		
14		地基验槽检查*		
15		灌注桩水下混凝土浇筑工程旁站*	S	
16	结构工程	建筑结构模板安装及拆除工程检查	W	
17		钢筋焊接工程检查*		

续表

序号	工程部位	控制点名称	类型	备注
18	结构工程	钢筋机械连接工程检查*		
19		构筑物现浇混凝土工程检查		
20		现浇混凝土冬期施工检查		
21		砖砌体结构工程检查		
22		混凝土小型空心砌块砌体工程检查		
23		石砌块砌体工程检查		
24		填充墙砌体工程检查		
25		砌体工程冬期施工检查		
26		钢结构焊接工程检查*		
27		钢结构普通螺栓连接工程检查		
28		钢结构高强度螺栓连接工程检查		
29		钢结构安装工程检查		
30		压型金属板安装工程检查		
31		金属结构涂装工程检查		
32		钢筋混凝土构架安装工程检查		
33		钢构架安装工程检查		
34		建筑楼地面工程检查		
35		混凝土路面工程检查		
36		沥青路面工程检查		
37		挖方边坡喷锚防护工程检查		
38		砌石边坡工程检查		
39		钢筋安装工程检查	H	
40		混凝土结构工程施工缝检查*		
41		地下混凝土结构工程检查*		
42		地下防水防腐工程检查*		
43		预埋件（管）检查*		
44		混凝土浇筑工程旁站	S	
45		大体积混凝土浇筑工程旁站		
46		地下结构防水工程旁站*		
47	屋面工程	屋面/地面淋水或蓄水试验见证	W	
48		屋面防水卷材、涂膜、保温层和隔热层工程检查*		
49		屋面防水找平、隔气、隔离工程检查	H	
50	装饰装修工程	建筑工程饰面砖黏结强度检验见证	W	
51		门窗工程检查		
52	建筑安装工程	给排水及消防管道系统试验见证	W	
53		建筑给排水及消防工程检查		

续表

序号	工程部位	控制点名称	类型	备注
54	电气安装工程	软母线压接检验性试件见证取样	W	
55		管母焊接试件检验性试件见证取样		
56		主变压器/高压电抗器交接检查		
57		主变压器/高压电抗器抽真空注油检查*		
58		主变压器/高压电抗器密封试验检查*		
59		软母线压接检查		
60		管母线焊接检查		
61		组合电器母线安装检查		
62		SF_6气体充注检查		
63		接地装置施工检查*	H	
64		主变压器/高压电抗器套管安装旁站	S	
65		组合电器套管安装旁站		
66		电缆附件制作旁站*		
67		电力电缆试验检查	W	
68		接地阻抗测试检查		
69		变压器耐压及局部放电试验旁站	S	
70		SF_6封闭式组合电器主回路交流耐压试验旁站		
71	保护调试	设备保护检查	W	
72		自动化设备安装及调试检查		
73	通信工程	OPGW 本体架设（引下线）检查	W	
74		导引（管道）光缆本体敷设检查		
75		光缆全程测试检查		
76		通信电源测试检查		
77		通信工程总体检查		

注 控制点名称带*标记，同为隐蔽工程验收点。

（2）换流站工程一般建设规模较大，相对于变电站工程其在电气设备安装及调试上会增加部分质量控制点，增设的质量控制点可参照表 5-2 设置。

表 5-2　　换流站工程增设的质量控制点设置表

序号	工程部位	控制点名称	类型	备注
1	电气安装工程	换流变压器/油浸式平波电抗器附件安装检查	W	
2		换流站内干式电抗器安装检查		
3		换流站内交、直流滤波器电容器安装检查		

续表

序号	工程部位	控制点名称	类型	备注
4	电气安装工程	换流阀安装检查		
5		阀厅穿墙套管安装检查		
6		换流变压器绝缘油试验见证		
7		换流变压器抽真空及注油检查*		
8		接地极埋设检查*		
9		换流变压器/油浸式平波电抗器本体就位检查	H	
10		馈电棒敷设检查		
11	单体调试	水冷系统密封性试验见证*	W	
12		平波电抗器（油浸式）试验见证		
13		换流站内干式电抗器试验见证		
14		换流变压器局部放电耐压试验旁站	S	
15	分系统调试	晶闸管阀试验见证	W	
16		交、直流滤波器组试验见证		
17		直流接地极试验见证		
18		换流变压器加阀组的低压加压试验旁站	S	
19	系统调试	系统调试检查	W	

注 控制点名称带*标记，同为隐蔽工程验收点。

二、见证点检查

（一）原材料见证取样

变电（换流）站工程原材料见证取样可分为材料、设备进场见证取样及施工过程质量检测见证取样，具体参照表5-3执行。

表5-3 见证取样参考表

序号	样品名称	取样频率	取样标准或方法	主要参考标准
（一）材料、设备进场见证取样				
1	水泥	按同一厂家、同一等级、同一品种、同一批号且连续进场的水泥，袋装不超过200t为一批，散装水泥不超过500t为一批，每批抽样数量不应少于一次	取样方法：手工取样或自动取样。 取样部位：袋装水泥堆场或散装水泥卸料处。 取样数量：袋装水泥随机从20袋取出等量样品，至少12kg；散装水泥深度不超过2m时，用取样器在适当位置插入水泥一定深度取样，至少12kg	《混凝土结构工程施工质量验收规范》（GB 50204—2015） 《砌体结构工程施工质量验收规范》（GB 50203—2011） 《通用硅酸盐水泥》（GB 175—2007） 《水泥取样方法》（GB/T 12573—2008）

续表

序号	样品名称	取样频率	取样标准或方法	主要参考标准
2	砂、石	同产地同规格分批，采用大型工具（如火车、汽车、轮船）运输的 $400m^3$ 或 600t 为一批；采用小型工具（如拖拉机）运输的 $200m^3$ 或 300t 为一批	（1）在料堆上取样时，取样部位均匀分布，取样前先将取样部位表层铲除，然后由各部位抽取大致相等的试样 8 份，石子为 16 份，组成各自一组样品。 （2）从皮带运输机上取样时，应在皮带运输机尾的出料处，用接料器定时抽取试样，并由砂 4 份、石 8 份组成各自一组样品。 （3）取样数量应满足检验项目要求(《普通混凝土用砂石质量及检验方法》JGJ 52—2006 表 5.1.3-1，表 5.1.3-2)，宜与试验单位沟通确定	《普通混凝土用砂石质量及检验方法》（JGJ 52—2006）
3	钢筋	同一牌号、同一炉罐、同一尺寸的钢筋组成一批，每批质量不超过 60t，超过 60t 的部分，每增加 40t（或不足 40t 的余数）增加 1 个拉伸试验试样和 1 个弯曲试样	拉伸试验 2 个，弯曲试验 2 个，质量偏差试验 5 个，任选钢筋距端头不小 500mm 处截取，长度一般不小于 500mm	《钢筋混凝土用钢　第 1 部分：热轧光圆钢筋》（GB/T 1499.1—2017） 《钢筋混凝土用钢　第 2 部分：热轧带肋钢筋》（GB/T 1499.2—2018） 《金属材料　拉伸试验　第 1 部分：室温试验方法》（GB/T 228.1—2010） 《金属材料　弯曲试验》（GB/T 232—2010）
4	混凝土用水	采用饮用水作为混凝土用水时，可不检验；采用中水、搅拌站清洗水、施工现场循环水等其他水源时，应对其成分进行检验同一水源检查不少于一次	水质检验水样不应少于 5L，用于测定水泥凝结时间和胶砂强度的水样不应少于 3L。 采集水样的容器应无污染，容器应用待采集水冲洗三遍	《混凝土结构工程施工质量验收规范》（GB 50204—2015） 《混凝土用水标准》（JGJ 63—2006）
5	砖	同一规格、每一生产厂家烧结普通砖、混凝土实心砖每 15 万块为一验收批；同一规格、每一生产厂家烧结多孔砖、混凝土多孔砖、蒸压灰砂砖及蒸压粉煤灰砖每 10 万块为一验收批	根据检测项目需要随机从现场砖垛中抽取，强度试验 10 块为 1 组，尺寸偏差 20 块为 1 组	《砌体结构工程施工质量验收规范》（GB 50203—2011） 《砌墙砖试验方法》（GB/T 2542—2012）
6	高聚物改性沥青防水卷材	同一品种牌号、同一交货批为一批	大于 1000 卷抽 5 卷，每 500～1000 卷抽 4 卷，100～499 卷抽 3 卷，100 卷以下抽 2 卷，进行规格尺寸和外观质量检验。 在外观质量检验合格的卷材中，任取 1 卷作物理性能检验。 试样由试验室根据试验项目在送检的卷材中截取	《屋面工程质量验收规范》（GB 50207—2012） 《建筑防水卷材试验方法　第 1 部分：沥青和高分子防水卷材　抽样规则》（GB/T 328.1—2007）
7	合成高分子防水卷材			

续表

序号	样品名称	取样频率	取样标准或方法	主要参考标准
8	高聚物改性沥青防水涂料	同一品种牌号、同一交货批，每次10t为1批，不足10t为1批	在每一批产品中随机抽取一桶，取样品放入不与涂料发生反应的干燥密闭容器中。试验样品量应能保证试验模框最终涂膜厚度（1.5±0.2）mm，由试验单位制作具体试件	《屋面工程质量验收规范》（GB 50207—2012） 《建筑防水涂料试验方法》（GB/T 16777—2008）
9	合成高分子防水涂料			
10	聚合物水泥防水涂料			
11	绝缘油	大罐应每罐取样，小桶按下列要求取样：每批油桶数1桶，取样桶数为1，2～5桶为2，6～20桶为3，21～50桶为4桶，51～100桶为7桶，101～200桶为10，201～400桶为15，401桶及以下为20	（1）油罐中取样，应从污染最严重的底部取样，必要时从上部取油样。 （2）电气设备中油样从下部油阀处取样。 （3）取样应在晴天进行	《电气装置安装工程 电力变压器、油浸电抗器、互感器施工及验收规范》（GB 50148—2010）
12	六氟化硫（SF_6）气体	每批气瓶数1瓶，取样1瓶；气瓶数2～40瓶，取样2瓶；气瓶数41～70瓶，取样3瓶；气瓶数71瓶经上，取样4瓶	电气设备用SF_6气体取样方法	《电气设备用六氟化硫（SF_6）气体取样方法》（DL/T 1032—2006）
13	钢筋电弧焊接头	在现浇混凝土结构中，应以300个同牌号钢筋、同型式接头作为一批；在房屋结构中，应在不超过二楼层中300个同牌号钢筋、同型式接头作为一批；在装配式结构中，可按生产条件制作模拟试件，每批3个	在工程开工正式焊接前，参与该项施工施焊的焊工应进行现场条件下的焊接工艺试验，并经试验合格后方可正式施焊。 现场每批随机切取3个接头，做拉伸试验。 试样尺寸根据试验项目、焊接方法、接头形式、试验设备确定	《钢筋焊接接头试验方法》（JGJ/T 27—2014） 《钢筋焊接及验收规程》（JGJ 18—2012） 《混凝土结构工程施工质量验收规范》（GB 50204—2015）
14	钢筋气压焊接头	在现浇混凝土结构中，应以300个同牌号钢筋接头作为一批；在房屋结构中，应在不超过连续二楼层中300个同牌号钢筋接头作为一批；当不足300个接头时，仍应作为一批	在工程开工正式焊接前，参与该项施工施焊的焊工应进行现场条件下的焊接工艺试验，并经试验合格后方可正式施焊。 在柱、墙的竖向钢筋连接中，应从现场每批接头中随机切取3个接头做拉伸试验；在梁、板水平钢筋连接中，应另切取3个接头做弯曲试验。 试样尺寸根据试验项目、焊接方法、接头形式、试验设备确定	《钢筋焊接接头试验方法》（JGJ/T 27—2014） 《钢筋焊接及验收规程》（JGJ 18—2012） 《混凝土结构工程施工质量验收规范》（GB 50204—2015）
15	钢筋电渣压力焊接头	在现浇混凝土结构中，应以300个同牌号钢筋接头作为一批；在房屋结构中，应在不超过连续二楼层中300个同牌号钢筋接头作为一批；当不足300个接头时，仍应作为一批	在工程开工正式焊接前，参与该项施工施焊的焊工应进行现场条件下的焊接工艺试验，并经试验合格后方可正式施焊。 现场每批随机切取3个接头试件做拉伸试验。 试样尺寸根据试验项目、焊接方法、接头形式、试验设备确定	《钢筋焊接接头试验方法》（JGJ/T 27—2014）《钢筋焊接及验收规程》（JGJ 18—2012） 《混凝土结构工程施工质量验收规范》（GB 50204—2015）

续表

序号	样品名称	取样频率	取样标准或方法	主要参考标准
16	机械连接接头	同钢筋生产厂家、同批材料的同强度等级、同类型、同型式、同规格接头以500个为一批进行检验验收。不足500个接头也作为一个验收批	每一验收批，在工程结构中随机截取3个接头试件进行极限抗拉试验；随机抽取每验收批的10%进行扭紧扭矩校核	《钢筋机械连接用套筒》(JG/T 163) 《结构用不锈钢无缝钢管》(GB/T 14975) 《钢筋机械连接技术规程》(JGJ 107—2016)
17	普通混凝土	(1) 每拌制100盘且不超过100m³的同配合比混凝土，其取样不得少于一次。 (2) 每工作班拌制的同配合比的混凝土不足100盘时，其取样不得少于一次。 (3) 当一次连续浇筑超过1000m³时，同一配合比的混凝土每200m³取样不少于一次。 (4) 对房屋建筑每一楼层、同一配合比的混凝土，其取样不得少于一次。 (5) 每次取样应至少留置一组标准养护试件。同条件养护试件留置组数，可根据规范要求及实际需要确定。 (6) 对涉及混凝土结构安全和重要部位应进行结构实体混凝土试件留置(同条件养护试块)。 (7) 对于灌注桩，每浇筑50m³必须有1组试件，小于50m³的桩，每桩须有1组试件。 (8) 输电线路工程耐张、转角塔、终端塔、换位塔及直线转角塔每基应取一组；一般直线塔基础同一施工班每5基或不足5基做一组试块；单基或基础单腿混凝土量超过100m³的桩号，须做一组试块；灌注桩基础每50 m³取样1组，不组50 m³取样1组	混凝土结构必须制作：标准养护试件、结构拆模试件和结构实体混凝土试件（边长为150mm的立方体）。 用于评定结构构件混凝土强度的试件，应以标准养护28天后进行强度试验。 用于检查结构实体检验的同条件养护试块，应达到等效养护龄期（按日平均温度逐日累计达到600℃·天）。 结构拆模试件的留置应根据实际需要确定。 每组试件（包括相对应的同条件试块）试样必须取自同一次搅拌的混凝土拌合物。 注：(1) 预拌混凝土除应在预拌混凝土厂内按规定留置试件后，应按以上规定留置试件。 (2) 首次使用的混凝土配合比应进行开盘鉴定，其工作性能应满足设计配合比的要求。开始生产时应至少留置一组标准养护试件，作为验证配合比的依据	《混凝土结构工程施工质量验收规范》(GB 50204—2015) 《110kV～750kV架空送电线路施工及验收规范》(GB 50233—2014) 《建筑地基基础工程施工质量验收标准》(GB 50202—2018) 《电力工程基桩检测技术规程》(DL/T 5493—2014) 《建筑基桩检测技术规范》(JGJ 106—2014)
18	抗渗混凝土	同一混凝土等级、同一抗渗等级、同一配合比、生产工艺基本相同，每台班不超过500m³，至少留置1组试块，且每单位工程不得少于2组	每组试件必须取自同一次搅拌的混凝土拌和物。防水混凝土抗渗性能试件，应以标准养护28天以后进行	《混凝土结构工程施工质量验收规范》(GB 50204—2015)

续表

序号	样品名称	取样频率	取样标准或方法	主要参考标准
19	砌筑砂浆	每一检验批且不超过250m^{3}砌体的各类、各强度等级的普通砌筑砂浆，每台搅拌机应至少抽检一次；验收批的预拌砂浆、蒸汽加气混凝土砌块专用砂浆，抽检可为3组	在砂浆搅拌机出料口或在湿拌砂浆的储存容器出料口随机取样制作砂浆试块1组	《砌体结构工程施工质量验收规范》（GB 50203—2011）
20	耐张线夹及接续管液压	（1）变电站工程每种规格导线取试件2件。 （2）输电线路工程每种规格导地线不少于3件	接续管与耐张线夹可同时进行，线夹与线夹或线夹与接续管之间的导地线净长度应符合《电力金具试验方法　第1部分：机械试验》（GB/T 2317.1—2008）中7.1.1规定	《输变电工程架空导线（800mm^{2}以下）及地线液压压接工艺规程》（DL/T 5285—2018） 《电力金具试验方法　第1部分：机械试验》（GB/T 2317.1—2008）
21	铝镁合金管形母线焊接	每个厂家每种型号至少取1件	参考《母线焊接技术规程》（DL/T 754—2013）	《母线焊接技术规程》（DL/T 754—2013）
（二）施工过程质量检测见证取样				
22	回填土	基坑和室内土方回填，每层按100～500m^{2}取样1组，且不应少于1组，柱基回填，每层抽样柱基总数的10%，且不应少于5组，基槽和管沟回填，每层按20～50m取1组，且不应少于1组，场地平整填方，每层按400～900m^{2}取样1组，且不应少于1组	环刀法（适用细粒土）； 蜡封法（适用于易破裂土和开挖不规则的坚硬土）； 灌水法、灌沙法（适用于现场测定粗粒土）	《土工试验方法标准》（GB/T 50123—2019） 《建筑地基基础工程施工规范》（GB 51004—2015） 《建筑地基基础工程施工质量验收标准》（GB 50202—2018）
23	钢筋闪光对焊接头	在同一台班内，由同一焊工完成的300个同牌号、同直径钢筋焊接接头应作为一批。当同一台班内焊接的接头数量较少，可在一周之内累计计算；累计仍不足300个接头的按一批计算	在工程开工正式焊接前，参与该项施工施焊的焊工应进行现场条件下的焊接工艺试验，并经试验合格后方可正式施焊。 力学性能试验时，应从每批接头中现场随机切取6个接头，每组数量拉伸3个，冷弯3个。 试样尺寸根据试验项目、焊接方法、接头形式、试验设备确定	《钢筋焊接接头试验方法》（JGJ/T 27—2014） 《钢筋焊接及验收规程》（JGJ 18—2012） 《混凝土结构工程施工质量验收规范》（GB 50204—2015）
24	箍筋闪光对焊接头	在同一台班内，由同一焊工完成的600个同牌号、同直径箍筋接头作业一批；如超出600个接头，基超出部分可以与下一台班完成接头累计计算	在工程开工正式焊接前，参与该项施工施焊的焊工应进行现场条件下的焊接工艺试验，并经试验合格后方可正式施焊。 现场每个检验批随机切取3个焊接接头做拉伸试验。 试样尺寸根据试验项目、焊接方法、接头形式、试验设备确定	《钢筋焊接接头试验方法》（JGJ/T 27—2014） 《钢筋焊接及验收规程》（JGJ 18—2012） 《混凝土结构工程施工质量验收规范》（GB 50204—2015）

注　1．以上参考技术标准来源于相应的专业规程规范，如有更新以最新版规定为准。

2．施工合同规定高于标准规定的，按合同执行。

（二）建筑物结构实体现场检验见证检查要点

（1）监理人员应对建筑物结构实体现场检测工作进行监督。

（2）施工单位编制“结构实体检验专项方案”，并经监理单位审查。

（3）同条件养护试件强度检验评定结果合格。

（4）结构实体钢筋保护层厚度检验结论合格。

（5）结构实体位置及尺寸偏差检验结论合格。

（三）场地平整工程检查要点

（1）挖方前，应做好地面排水和降低地下水位工作。

（2）施工过程中，应经常测量和校核平面位置、水平标高和边坡坡度，注意定期复测和检查平面及水准控制桩的保护措施。

（3）临时性挖方边坡值符合经审批的方案要求。

（4）土方回填前应清除地表垃圾、树根等杂物，抽除坑穴积水、淤泥，满足设计及施工要求。基坑底层清理如图 5-16 所示。

（5）填方所用土料应符合设计要求，应完成填方所用土料的击实试验，取得试验报告。

（6）土方回填前，应通过现场试验，取得包括：压实机具、分层厚度、压实遍数、含水率控制等施工参数。回填分层厚度检查如图 5-17 所示。

图 5-16　基坑底层清理

图 5-17　回填分层厚度检查

（7）填方施工时，应检查填筑厚度（松铺厚度）、含水量控制、压实遍数、搭接处碾压、边角处夯实等，符合正式施工前确定的施工参数。回填数据记录如图 5-18 所示，压实度取样检测如图 5-19 所示。

（四）砂石换填地基工程检查要点

（1）换填砂石需选用质地坚硬、抗风化和抗浸水软化的砂石料，换填砂石料中不得含有根植土、淤泥质土等杂质，换填砂石料的最大粒径符合设计及规范要求。砂石换填如图 5-20 所示。

图 5-18　回填数据记录

图 5-19　压实度取样检测

（2）换填砂石料需进行级配设计，级配设计值符合要求。

（3）压实用机械应满足不同换填料的需求，其夯实效果应能达到设计要求。

（五）强夯地基工程检查要点

（1）在正式夯前需进行原体试夯，确定强夯能级、夯锤重量、单点锤击数、夯点布置形式与间距、夯击遍数、相邻夯击间隙时间、地面夯沉量、检测方法与检测工作量等施工工艺与设计参数。

图 5-20　砂石换填

（2）夯基时，夯击遍数及顺序应符合设计或试夯要求（是否先主夯、再间夯），夯击范围（超出基础范围距离）应符合设计要求，每个夯点的夯击数、夯坑深度应达到设计试夯要求，前后两遍夯击的间隔时间应符合设计要求，每次夯坑内倾斜较大时应回填后重夯。机械强夯如图 5-21 所示，人工分层夯实如图 5-22 所示。

图 5-21　机械强夯

图 5-22　人工分层夯实

（3）强夯工艺指标应符合规范要求，最后两击的平均夯沉量应符合设计要求。

（六）高压喷射注浆地基工程检查要点

（1）在正式注浆施工前，需现场进行试验性施工，合格后方可正式施工，并通过试验性施工确定工艺与施工参数。

（2）内注浆应由下而上进行，均匀提升，注浆管分段提升的搭接长度不得小于100mm。

（3）注浆孔中心偏差不大于50mm，注浆孔深不小于设计要求，注浆压力应符合试验性施工和设计要求确定的参数。

（4）喷浆管的提升速度0.1～0.3m/min，并符合试验性施工确定的参数，喷浆管的旋转速度20～40r/min，符合试验性施工确定的参数。

（七）静压注浆地基工程检查要点

（1）在正式注浆施工前，需现场进行试验性施工，合格后方可正式施工，并通过试验性施工确定工艺与施工参数。

（2）注浆液配比符合试验性施工确定的参数，注浆孔孔位偏差不大于±50mm，注浆孔间距符合试验性施工确定的参数。

（3）注浆顺序应符合确定的施工参数要求。应采用跳孔间隔注浆，且先外围后中间的注浆顺序。当地下水流速较大时，应从水头高的一端开始注浆。对渗透系数相同的土层，应先注浆封顶，后由下而上进行注浆，防止浆液上冒。如土层的渗透系数随深度而增大，则应自下而上注浆。对互层地层，应先对渗透性或孔隙率大的地层进行注浆。注浆顺序符合规范要求。

（八）水泥土搅拌桩地基工程检查要点

（1）搅拌桩施工场地应事先平整，必须清除地上和地下的障碍。

（2）水泥搅拌桩施工前，根据设计进行工艺性试桩，应对工艺试桩的质量进行检验，确定施工参数。

（3）孔内喷浆应由下而上进行，均匀提升，搅拌头的提升速度应根据工艺性试桩参数和设计要求进行确定，全桩必须注浆均匀，注浆管分段提升的搭接长度不得小于200mm。

（4）注浆和搅拌次数满足设计要求和工艺性试桩结果。因故停浆，应将搅拌桩头下沉至停浆点以下0.5m处，待恢复供浆时，再喷浆搅拌提升。

（5）停浆面应高于桩顶设计标高500mm。注浆孔位置、桩顶标高应符合规范要求。

（九）静力压桩工程检查要点

（1）施工前应通过试桩确定设计、施工艺参数。

（2）成品桩应有出厂合格证，并进行进场后的外观检验，表面应平整，颜色均匀，蜂窝面积小于总面积0.5%。

（3）桩体连接质量满足要求，接桩用焊条、硫磺胶泥应有产品合格证书，压桩用压力表检验应合格，完成报审。

（4）压桩顺序符合施工方案及相关规范规程要求。压桩压力符合设计要求，符合试桩后确定的参数。

（5）桩身垂直度偏差实测值第一节桩垂直度偏差小于 0.5%，其他节桩身垂直度偏差小于 1.0%。

（6）终压标准：

1）应根据试压桩的试验结果确定终压标准。

2）终压连续复压次数应根据桩长及地质条件等因素确定。对于入土深度大于或等于 8m 的桩，复压次数可为 2～3 次，对于入土深度小于 8m 的桩，复压次数可为 3～5 次。

3）稳压压桩力不得小于终压力，稳定压桩时间宜为 5～10s。

（7）送桩应采用专制钢质送桩器，不得将工程桩用作送桩器。

（十）先张法预应力管桩、混凝土预制桩工程检查要点

（1）成品桩应有出厂合格证，并进行进场后的外观检验：表面应无蜂窝、露筋、裂缝，色感均匀、桩顶处无孔隙；尺寸偏差符合规范要求。预制桩堆放如图 5-23 所示。

（2）桩体连接质量符合规范和设计要求，接桩用焊条应有产品合格证书，焊条型号与桩体钢材匹配。

图 5-23　预制桩堆放

（3）打桩顺序：

1）密集桩群，自中间向两个方向或四周对称施压。

2）当一侧毗邻建筑物时，由毗邻建筑物处向另一方向施压。

3）根据基础设计标高，先深后浅。

4）根据桩的规格，先大后小，先长后短。

（4）桩身垂直度偏差实测值、送桩符合要求。

（5）终止锤击：

1）当桩端位于一般土层时，应以控制桩端设计标准为主，贯入度为辅。

2）桩端达到坚硬、硬塑的黏性土、中密以上粉土、砂土、碎石类及风化岩时，应以贯入度为主，桩端标高为辅。

3）贯入度已达到设计要求而桩端标高未达到时，应继续锤击 3 阵，并按每阵 10 击的贯入度不应大于设计规定的数值确认。

（十一）钢桩工程检查要点

（1）成品桩应有出厂合格证，并在进场后进行外观检查。

（2）打桩顺序：

1）对于密集桩群，自中间向两个方向或四周对称施压。

2）当一侧毗邻建筑物时，由毗邻建筑物处向另一方向施压。

3）根据基础设计标高，先深后浅。

4）根据桩的规格，先大后小，先长后短。

（3）桩身垂直度偏差实测值、送桩符合要求。

（4）桩体连接质量符合规范要求，接桩用焊条应有产品合格证书，焊条型号与桩体钢材匹配。

（5）锤击停锤标准：

1）当桩端位于一般土层时，应以控制桩端设计标准为主，贯入度为辅。

2）桩端达到坚硬、硬塑的黏性土、中密以上粉土、砂土、碎石类及风化岩时，应以贯入度为主，桩端标高为辅。

3）贯入度已达到设计要求而桩端标高未达到时，应继续锤击 3 阵，并按每阵 10 击的贯入度不应大于设计规定的数值确认。

（6）静压终压标准：

1）应根据试压桩的试验结果确定终压标准。

2）终压连续复压次数应根据桩长及地质条件等因素确定。对于入土深度大于或等于 8m 的桩，复压次数可为 2～3 次，对于入土深度小于 8m 的桩，复压次数可为 3～5 次。

3）稳压压桩力不得小于终压力，稳定压桩时间宜为 5～10s。

（十二）建筑结构模板安装及拆除工程检查要点

（1）模板及其支架应按照批准的施工方案进行搭设。模板及其支架所用材料应合格。

（2）上、下层支架的支柱应对准，并铺设垫板。

（3）隔离剂不得沾污钢筋和混凝土接槎处。

（4）模板安装要求：

1）模板的接缝严密浆，木模板应浇水湿润，但模板内不应有积水。

2）模板与混凝土的接触面应清理干净并涂刷隔离剂。

3）模板内的杂物应清理干净。

4）对清水混凝土及装饰混凝土工程，应使用能达到设计效果的模板。

（5）预埋件、预留孔（洞）齐全、正确、牢固。

（6）轴线位移、底模上表面标高偏差、截面尺寸偏差应符合规范要求。

（7）模板拆除顺序应按照先支的后拆，后支的先拆，先拆非承重模板、后拆承重模板，从上而下拆除。

（8）混凝土强度达到设计要求时，方可拆除底模及支架；设计无要求时，执行《混凝土结构工程施工规范》（GB 50666—2011）第 4.5.2 条规定。

（十三）钢筋焊接工程检查要点

（1）从事钢筋焊接施工的焊工必须持有熔化焊接与热切割作业证，并应按照合格证规定的范围上岗操作。

（2）钢筋工程焊接开工前，焊接工艺试验及检验要求。

1）焊工必须进行现场条件下的焊接工艺试验，经试验合格后，方准于焊接生产。

2）焊接工艺试验的检验报告已通过报审。

（3）焊条、焊剂的品种、性能、牌号符合规定。

（4）接头外观质量符合要求。

（5）接头处钢筋轴线偏移不大于 0.1 倍钢筋直径，且不大于 1mm。

（6）焊接件拉伸及弯曲试验取样，应从工程实体的每一检验批接头中随机切取三个接头进行试验。

（十四）钢筋机械连接工程检查要点

（1）连接接头型式检验及连接件产品合格证，应提供连接接头型式检验报告，及连接件产品合格证，应报审并通过监理审查。

（2）校核用扭力扳手应处于校核有效期内，准确度级别应符合要求，应报审并通过监理审查。

（3）钢筋连接工程开始前，应对不同钢筋生产厂的钢筋进行连接头工艺检验，工艺检验应合格。

（4）操作工人应经专业技术人员培训合格后上岗，人员应相对稳定。

（5）钢筋接头的现场加工、安装应符合要求。

（6）连接接头现场取样应从工程实体的每一检验批接头中随机切取三个接头进行试验。

（十五）构筑物现浇混凝土工程检查要点

（1）混凝土原材料已经见证取样送检，并复试合格。

（2）钢筋制作安装规格、品种、数量与设计一致，位置正确。

（3）模板轴线、标高应正确，浇筑前模板内侧清理、处置应已完成。

（4）浇筑前及浇筑过程中检查支撑系统有否松动，模板、支撑杆件有否位移。

（5）混凝土搅拌应符合《混凝土结构工程施工规范》（GB 50666—2011）第 7.4.4 条规定。

（6）预拌混凝土按分部工程提供同一配合比混凝土的出厂合格证，随每一辆运输车提供该车混凝土发货单。

（7）混凝土工作性满足施工要求。

（8）混凝土试件取样留置要求：

1）每个工作班或每拌制 100 盘但不超过 100m^3 的同配合比的混凝土，取样次数不得少于一次。

2）有抗渗要求的，试件除正常取样外，还需另取一组 6 块防渗试件。

（9）混凝土养护应符合规范要求。

（十六）现浇混凝土冬期施工检查要点

（1）必须编制混凝土冬期施工专项方案并报审通过。

（2）混凝土测温仪器有合格证，且在检定有效期内，并报审通过。

（3）混凝土冬期施工配合比及外加剂已报审并通过审查。其中：

1）宜选用硅酸盐水泥或普通硅酸盐水泥。

2）最小水泥用量不宜低于 280kg/m^3，水胶比不应大于 0.55。

3）选用的外加剂符合《混凝土外加剂应用技术规范》（GB 50119—2013）的规定。

4）严格控制外加剂中氯盐的掺量。

（4）水、骨料及水泥加热混凝土入模温度要求：

1）水泥强度等级小于 42.5，水泥与水接触时，水温不得超过 80℃，骨料不得超过 60℃。

2）水泥强度等级大于或等于 42.5，水泥与水接触时，水温不得超过 60℃，骨料不得超过 40℃。

3）水泥不得直接加热，袋装水泥使用前宜运入暖棚内存放。

4）混凝土入模温度不应低于 5℃。

（5）模板外和混凝土表面覆盖的保温层，不应采用潮湿状态的材料，也不应将保温材料直接铺盖在潮湿的混凝土表面，新浇筑混凝土表面应铺一层塑料薄膜。

（6）混凝土浇筑结束，表面覆盖保温材料完成后的起始温度，不宜低于 5℃，不得低于 2℃。

（7）养护期间测温记录要求：

1）采用蓄热法或综合蓄热法时，在达到受冻临界强度之前应每隔 4～6h 测量一次。

2）采用负温养护法时，在达到受冻临界强度之前应每隔 2h 测量一次。

3）采用加热法时，升温和降温阶段应每隔 1h 测量一次，恒温阶段每隔 2h 测量一次。

4）混凝土在达到受冻临界强度后，可停止测温。

（8）受冻临界强度应符合《建筑工程冬期施工规程》（JGJ/T 104—2011）第 6.1.1 条规定。

（9）拆模及拆除保温层前混凝土应达到要求强度并冷却至 5℃后方可拆除。

（10）拆模时混凝土表面与环境温差不宜大于 20℃。

（十七）砖砌体结构工程检查要点

（1）砌体强度、养护时间、砌体尺寸符合要求。

（2）砂浆标号、配合比、搅拌计量、搅拌时间、强度符合要求。

（3）砌筑工艺及组砌方法符合要求，每日砌筑高度符合要求。

（4）轴线位移、垂直度、标高控制符合设计要求。

（5）斜槎留置、直槎拉结筋及接槎处理符合设计要求。墙体直槎留置如图 5-24 所示，马牙槎拉结筋如图 5-25 所示。

图 5-24 墙体直槎留置

图 5-25 马牙槎拉结筋

（6）水平灰缝厚度、砂浆饱满度、表面平整度符合规范要求。砂浆饱满如图 5-26 所示，墙体灰缝平均、表面平整如图 5-27 所示。

图 5-26 砂浆饱满

图 5-27 墙体灰缝平均、表面平整

（十八）混凝土小型空心砌块砌体工程检查要点

（1）施工前，应按房屋设计图编绘小砌块平、立面排块图，施工中应安排块图施工。

（2）小砌块的产品龄期不应小于 28 天。

（3）砌筑砂浆应符合设计要求。

（4）在厨房、卫生间、浴室等处采用轻骨料混凝土小型空心砌块、蒸压加气混凝土砌块砌筑墙体时，墙底部宜现浇混凝土坎台，其高度宜为 150mm；应采用强度等级不低于 C20、与墙体等宽的混凝土翻边，高度不应小于 200mm。

（5）砌筑前湿润要求：

1）砌筑混凝土小型空心砌块，不需进行湿润，如天气干燥炎热，宜在砌筑前喷水湿润。

2）轻骨料混凝土小砌块，应提前浇水湿润。

3）雨天及小砌块表面有浮水时，不得施工。

（6）小砌块应完整、无破损、无裂缝，小砌块墙体孔对孔、肋对肋错缝搭砌。

（7）小砌块应将生产时的底面朝上反砌于墙上，竖向及水平灰缝砂浆饱满度不得低于90%。

（8）墙体转角处、纵横交接处应同时砌筑。临时间断处应砌成斜槎，斜搓水平投影长度不小于斜槎高度。施工洞口可留成直槎，但在洞口砌筑和补砌时，应在直槎上下搭砌的小砌块孔洞内用不低于C20的混凝土灌实。

（9）临时施工洞口留置、脚手架眼留置及洞口、沟槽、管道留设或预埋应符合设计要求。

（10）现场拌制的砂浆应随拌随用，拌制的砂浆应在3h内用完；施工期间最高气温超过30℃时，应在2h内用完，砂浆在储存过程中严禁随意加水。

（11）同一类型、强度等级的砂浆试块不应少于3组，每一检验批砌体的各类、各强度等级的普通砌筑砂浆，每台搅拌机至少抽检一次。

（十九）石砌块砌体工程检查要点

（1）石材表面的泥垢、水锈等杂质，砌筑前应清除干净。

（2）砌筑毛石基础的第一皮石块应坐浆，并将大面向下，砌筑料石基础的第一皮石块应用丁砌层坐浆砌筑。

（3）毛石砌筑时对石块间存在较大的缝隙应先向缝内填灌砂浆并捣实，然后再用小石块嵌填，不得先填小石块后填灌砂浆，石块间不得出现无砂浆相互接触现象。

（4）毛石挡土墙按分层高度砌筑，每砌3～4皮为一个分层高度，每个分层高度应将顶层石块砌平；两个分层高度间分层处的错缝不得小于80mm。

（5）灰缝厚度应均匀，符合下列规定：

1）毛石砌体外露面的灰缝厚度不宜大于40mm。

2）毛料石和粗料石的灰缝厚度不宜大于20mm。

3）细料石的灰缝厚度不宜大于5mm。

（6）泄水孔应符合设计规定。

（7）挡土墙内侧回填土必须分层夯填，分层松土厚度宜为300mm。

（8）砂浆试块留置同（十八）中的（11）。

（二十）填充墙砌体工程检查要点

（1）蒸压加气混凝土砌块、轻骨料混凝土小型空心砌块产品龄期不小于28天，蒸压加气混凝土砌块含水率宜小于30%。

（2）砌筑前湿润应符合《砌体结构工程施工质量验收规范》（GB 50203—2011）第9.1.3及9.1.4条规定。

（3）在厨房、卫生间、浴室等处做法同（十八）中的（4）。

（4）填充墙拉结筋位置、数量、长度符合设计规定。

（5）蒸压加气混凝土砌块、轻骨料混凝土小型空心砌块不应与其他块体混砌，不同强度等级的同类块体也不得混砌。

（6）在窗台、门窗洞口两侧填充墙上、中、下部可采用其他块体嵌砌；对与框架柱、梁不脱开的填充墙，填塞填充墙顶部及梁之间缝隙可采用其他块体。

（7）填充墙与承重主体结构间的空隙部位施工，应在填充墙砌筑 14 天后进行。

（8）填充墙与承重墙、柱、梁的连接钢筋，当采用化学植筋连接时，应进行实体检测。检测结果符合要求。

（9）临时施工洞口留置、脚手架眼留置及洞口、沟槽、管道留设或预埋应符合设计要求。

（10）现场拌制的砂浆要求同（十八）中的（10）。

（11）砂浆试块留置同（十八）中的（11）。

（二十一）砌体工程冬期施工检查要点

（1）编制有完整的冬期施工方案，并报审通过。

（2）工程材料要求：

1）石灰膏、电石膏等应防止受冻，如遇冻结，应融化后使用。

2）拌制砂浆用砂，不得含冰块和大于 10mm 的冻结块。

3）不得遭水浸，受冻后表面结冰、污染的砖或砌块。

（3）冬期施工砂浆试块留置，除应按常温规定要求外，尚应增加 1 组与砌体同条件养护试块。

（4）砌筑前湿润符合《砌体结构工程施工质量验收规范》（GB 50203—2011）第 10.0.7 条规定。

（5）拌合砂浆时水温、砂的温度应符合规范要求。

（6）暖棚内养护时间，暖棚内温度 5℃，养护时间大于或等于 6 天；暖棚内温度 10℃，养护时间大于或等于 5 天；暖棚内温度 15℃，养护时间大于或等于 4 天；暖棚内温度 20℃，养护时间大于或等于 3 天。

（二十二）钢结构焊接工程检查要点

（1）钢材、焊接材料应符合现行国家产品标准和设计要求，应完成报审并通过。焊接材料与母材的匹配应符合设计要求及国家现行行业标准。

（2）承担钢结构焊接的施工单位应具备相应资质，焊工必须经考试合格并取得合格证书。必须在考试合格项目及其认可范围内施焊。

（3）焊接工艺评定要求：

1）施工单位首次采用的钢材、焊接材料、焊接方法、接头形式、焊接位置、焊后热处理制度以及焊接工艺参数、预热和后热措施等各种参数的组合条件，应在钢结构构件制作及安装施工前进行焊接工艺评定。并应根据评定报告拟订焊接工艺。

2）由具有相应资质的检查单位根据检测结果对拟订的焊接工艺进行评定，并出具焊接工艺评定报告。

3）免予评定的焊接工艺必须由该施工单位焊接工程师和单位技术负责人签发书面文件。

（4）焊缝表面不得有裂纹、焊瘤等缺陷。一级、二级焊缝不得有表面气孔、夹渣、弧坑裂纹、电弧擦伤等缺陷，且一级焊缝不得有咬边、未焊满、根部收缩等缺陷。

（二十三）钢结构普通螺栓连接工程检查要点

（1）原材料应符合现行国家产品标准和设计要求，应完成报审并通过。设计文件有要求或对其质量有疑义时，应进行螺栓实物最小拉力载荷复验。

（2）螺栓紧固要求：

1）螺栓紧固应从中间开始，对称向两边进行。

2）螺栓头和螺母侧应分别放置平垫圈，螺栓头侧不多于 2 个，螺母侧不多于 1 个。

3）同一连接接头螺栓数量不少于 2 个。

4）设计有防松动要求时，应采取防松动装置的螺母或弹簧垫圈，弹簧垫圈应放置在螺母侧。

图 5-28　钢结构地脚螺栓安装隐蔽验收

5）螺栓紧固应牢固、可靠，应使被连接件接触面、螺栓头和螺母与构件表面密贴。

6）螺栓紧固后外露螺纹不应少于 2 扣，采用小锤敲击检查紧固程度，无漏拧。钢结构地脚螺栓安装隐蔽验收如图 5-28 所示。

（二十四）钢结构高强度螺栓连接工程检查要点

（1）原材料进场检验要求：

1）高强度大六角头螺栓连接副和扭剪型高强度螺栓连接副应分别有扭矩系数和紧固轴力的出厂合格检验报告，并随箱带。

2）当高强度螺栓连接副保管时间超过 6 个月后使用时，应按相关要求重新进行扭矩系数和紧固轴力试验，并报审通过。

3）高强度大六角头螺栓连接副和扭剪型高强度螺栓连接副应分别进行扭矩系数和紧固轴力复验，并报审通过。

4）高强度螺栓连接摩擦面的抗滑移系数复验，并报审通过。

5）现场处理的构件摩擦面应单独进行摩擦面抗滑移系数试验，并报审通过。

（2）高强度螺栓安装时应先使用安装螺栓和冲钉，每个节点上穿入的安装螺栓和冲钉数据，应计算确定，并符合以下规定：

1）不应少于安装孔总数的 1/3。

2）安装螺栓不应少于 2 个。

3）冲钉穿入数量不宜多于安装螺栓数量的 30%。

4）不得使用高强度螺栓兼做安装螺栓。

（3）高强度螺栓穿入及修、扩孔要求：

1）高强度螺栓在现场安装时应能自由穿入螺栓孔，不得强行穿入。其穿入方向应以施工方便为准，并力求一致。

2）螺栓不能自由穿入时，可采用铰刀或锉刀修整螺栓孔，修孔数量不应超过该节点螺栓数量的 25%；不得采用气割扩孔，扩孔数量应征得设计单位同意。整后或扩孔后的孔径不得超过螺栓直径的 1.2 倍。

3）安装高强度螺栓时，构件的摩擦面应保持干燥，不得在雨中作业。

（4）高强度大六角头螺栓施工所用的扭矩扳手，班前必须校正，其扭矩相对误差应为±5%，合格方准使用；校正用的扭矩扳手，其扭矩相对误差应为±3%；终拧扭矩符合要求。

（5）高强度大六角头螺栓连接副施扭要求：

1）高强度大六角头螺栓连接副的拧紧应分为初拧、终拧，对于大型节点应分为初拧、复拧、终拧。初拧和复拧扭矩为终拧扭矩的 50%左右。

2）初拧、复拧和终拧后的高强度螺栓应用不同颜色在螺母在标记。

3）高强度大六角头螺栓连接副的初拧、复拧、终拧宜在 24h 内完成。

4）高强度大六角头螺栓拧紧时，应只在螺母上施加扭矩。

（6）扭剪型高强度螺栓连接副施扭要求：

1）扭剪型高强度螺栓连接副的拧紧分为初拧、终拧，对于大型节点应分为初拧、复拧、终拧。

2）初拧、复拧扭矩值符合要求。

3）初拧和复后的高强度螺栓应用不同颜色在螺母在标记，用专用扳手进行终拧，直至拧掉螺栓尾部的梅花头。

（7）紧固质量检验时，使用转角法或扭矩法检查，紧固力矩符合要求，需要注意的是，抽查工作必须在螺栓终拧 1h 以后，24h 之前完成，检查用扭矩扳手，其相对误差应为±3%。

（二十五）钢结构安装工程检查要点

（1）按构件明细表核对进场构件，查验产品合格证；工厂预拼装过的构件在现场组装时，应根据预拼装记录进行。成品钢构件堆放如图 5-29 所示。

图 5-29 成品钢构件堆放

（2）编制专项施工方案，经审批后执行。

（3）钢结构安装前，应对建筑物的定位轴线、基础轴线、标高、地脚螺栓位置、支承面等进行检查，并办理交接验收。

（4）钢柱安装前，应在柱身四面分别画出中线或安装线，弹线允许误差为1mm。

（5）竖直钢柱安装时，应在相互垂直的两轴线方向上采用经纬仪，同时校测钢柱垂直度；支撑安装符合规定要求。

（6）钢屋架（桁架）安装的垂直度、直线度、标高、挠度（起拱）应符合要求。

（二十六）压型金属板安装工程检查要点

（1）压型金属板有出厂合格证，并报审通过。

（2）压型金属板应采用专用吊具装卸和转运，严禁直接采用钢丝绳绑扎吊装。

（3）压型金属板与主体结构的锚固支承长度应符合设计要求，且不小于50mm；端部锚固可采用点焊、贴角焊或射钉连接。

（4）支承压型金属板的钢梁表面应保持清洁，压型金属板与钢梁顶面的间隙应控制在1mm以内。

（5）安装边模封口板时，应与压型金属板波距对齐，偏差不大于3mm。

（6）压型金属板安装应平整、顺直，板面不得有施工残留物和污物。

（7）压型金属板需预留设备孔洞时，应在混凝土浇筑完毕后使用等离子切割或空心钻开孔，不得采用火焰切割。

（二十七）金属结构涂装工程检查要点

（1）防腐、防火涂料必须完成原材料报审。

（2）涂装时的环境温度和相对湿度应符合涂料产品说明书的要求，当产品说明书无要求时，环境温度宜在5～38℃之间，相对湿度不应大于85%。涂装时构件表面不应有结露；涂装后4h内应保护免受雨淋。

（3）防腐涂装施工宜在构件组装和预拼装工程质量验收合格后进行；防火涂料涂装施工应在钢结构安装工程和防腐涂装工程验收合格后进行。

（4）防火涂料涂装前钢材应表面除锈及涂装防锈底漆，底漆无漏刷。构件连接处的缝隙应采用防火涂料或其他防火材料填平。

（5）防火涂料应分层施工，在上层涂层干燥或固化后，再进行下道涂料施工。

（6）涂层厚度防腐大于或等于25μm；薄涂型防火涂料的涂层厚度应符合有关耐火极限的设计要求。厚涂型防火涂料涂层的厚度，80%及以上面积应符合有关耐火极限的设计要求，且最薄处厚度不应低于设计要求的85%。

（7）薄涂型防火涂料涂层表面裂纹宽度不应大于0.5mm；厚涂型防火涂料涂层表面裂纹宽度不应大于1mm。

（二十八）钢筋混凝土构架安装工程检查要点

（1）钢筋混凝土电杆必须完成产品合格证及检验报告报审。

（2）外观质量上纵横向不得有裂纹、不得露筋、不得有蜂窝麻面。

（3）电杆组吊装用的螺栓连接、焊接质量符合设计要求。

（4）混凝土杆组装、钢梁组装符合规范要求。

（5）垂直偏差小于 3/2000 混凝土杆长，且不大于 25mm。

（二十九）钢构架安装工程检查要点

（1）钢构件原材料必须完成产品合格证及检验报告报，构架镀锌层不得有黄锈、锌瘤、毛刺及漏锌现象。

（2）垫铁、地脚螺栓位置正确，底面与基础面紧贴，平稳牢固；地脚螺栓紧固。

（3）结构表面应干净，不应有疤痕、泥沙等污垢。

（4）钢柱组装、钢梁组装符合规范要求。钢构件连接如图 5-30 所示。

（5）起吊时，应短暂停留进行喷锌处理。

图 5-30 钢构件连接

（三十）建筑楼地面工程检查要点

（1）建筑地面材料材质、规格、型号及性能检测报告符合设计及规范要求，其中厕浴间材料和有防滑要求的地面材料（包括露天楼梯等）要具有防滑性能。

（2）配置水泥砂浆应采用硅酸盐水泥、普通硅酸盐水泥或矿渣硅酸盐水泥；其水泥强度等级不宜小于 32.5。

（3）厕浴间及防水地面结构应采用现浇混凝土或整块预制混凝土板、混凝土翻边高度大于 200mm，其标高和预留洞位置应正确。

（4）防水隔离层严禁渗漏，坡向正确，排水通畅，应进行蓄水检验试验。

（5）厕浴间标高与相连面层标高差应符合设计要求。

（6）有防水要求的建筑地面，与楼板间密封处理和排水坡度符合设计要求。

（7）穿墙及穿楼地面管道应设置套管，并封堵。

（三十一）混凝土路面工程检查要点

（1）混凝土拌合物摊铺要求：

1）混凝土拌合物摊铺前，应对基层清扫、洒水湿润情况、模板的位置及支撑稳定情况等进行全面检查。要求基层的宽度应比混凝土面层每侧至少宽出 300mm。

2）混凝土摊铺时，应从坡底向坡顶方向进行。

3）混凝土面板厚度不大于 220mm 时，可一次摊铺，大于 220mm 时，应分二次摊铺，下部厚度宜为总厚的 3/5。

（2）混凝土初凝前应进行二次抹面。为防止路面起皮、跳壳，采用原浆收面，禁止加浆或撒干水泥收面。

（3）胀缝设置要求：

1）缩缝应垂直板面，宽度宜为4～6mm。切缝深度：设传力杆时，不得小于面层厚1/3，且不得小于70mm；不设传力杆时不得小于面层厚1/4，且不得小于60mm。

2）道路遇过路电缆沟处，电缆沟两侧应设变形缝。

（4）伸缩缝、变形缝施工宜在混凝土强度达到设计强度25%～30%时进行。

（5）填缝要求：

1）混凝土板养护期满后应及时填缝，缝内遗留的砂石、灰浆等杂物，应剔除干净。

2）应按设计要求选择填缝料，并根据填料品种制定工艺技术措施。

3）浇注填缝料必须在缝槽干燥状态下进行，填缝料应与混凝土缝壁黏附紧密，不渗水。

4）填缝料的充满度应根据施工季节而定，常温施工应与路面平，冬期施工，宜略低于板面。

（6）选用湿治养护或塑料薄膜养护等方法，养护时间及养护方法应符合规定。

（三十二）沥青路面工程检查要点

（1）沥青混合料配合比试验结果应完成报审，并经监理工程师审查同意。

（2）沥青摊铺前应对基层进行检查，基层因平整无杂物，基层的宽度应比混凝土面层每侧至少宽出300mm。

（3）沥青面层不得在雨天施工，当施工中遇雨时，应停止施工，不同类型的沥青保存、洒布温度控制应符合规定。

（4）摊铺沥青混合料应均匀、连续不间断，不得随意变换摊铺速度或中途停顿。摊铺速度宜为2～6m/min。摊铺时螺旋送料器应不停顿地转动，两侧应保持有不少于送料器高度2/3的混合料，并保证在摊铺机全宽度断面上不发生离析。

（5）压实应按初压、复压、终压（包括成形）三个阶段进行。压实度应符合设计要求，无设计要求时应大于或等于95%。

（6）填缝要求：

1）沥青混合料面层的施工接缝应紧密、平顺。

2）上、下层的纵向热接缝应错开15cm；冷接缝应错开30～40cm。相邻两幅及上、下层的横向接缝均应错开1m以上。

3）表面层接缝应采用直茬，以下各层可采用斜接茬，层较厚时也可做阶梯形接茬。

4）对冷接茬施作前，应在对茬面涂少量沥青并预热。

（7）表面应平整、坚实，接缝紧密，无枯焦；不得有明显轮迹、推挤裂缝、脱落、烂边、油斑、掉渣等现象，不得污染其他构筑物。面层与路缘石、平石及其他构筑物应接顺，不得有积水现象。

（三十三）挖方边坡喷锚防护工程检查要点

（1）锚杆、钢筋的规格应完成原材料报审，并经审查通过。

（2）必须完成水泥、砂、掺合剂等原材料，以及砂浆配合比、混凝土试验报审，并经审查通过。

（3）边坡塌滑区有重要建构筑物的一级边坡工程施工时必须对坡顶位移、垂直位移、地表裂缝和坡顶建构筑物变形进行监测。

（4）边坡开挖前必须完成截洪沟的施工。土方开挖必须分层、分段进行开挖，严格控制施工坡比，严禁超挖。自上而下边坡分层开挖高度为 5m 左右，分段长度控制在 20m 左右。分段长度也可根据开挖后实际地质情况做必要调整。

（5）边坡坡度应符合设计要求。坡面应无风化、无浮石。

（6）必须按设计要求设置泄水孔。

（7）锚杆拉力设计值必须符合设计要求。

（8）孔径、孔深、钻孔角度应符合设计要求，孔内积水和岩粉应吹洗干净。

（9）注浆时注浆管应插至距孔底 50～100mm 随砂浆的注入缓慢匀速拔出杆体插入后若孔口无砂浆溢出应及时补注。

（10）全长黏接型锚杆插入长度不小于设计长度的 95%，预应力锚杆插入长度不小于设计长度的 98%。

（11）喷射混凝土表面密实、平整、无裂缝、脱落、漏喷、露筋、空鼓和渗漏水。

（三十四）砌石边坡工程检查要点

（1）必须完成砌石、砂浆等原材料、配合比报审，并经监理工程师审查同意。

（2）边坡开挖前必须完成截洪沟的施工。土方开挖必须分层、分段进行开挖，严格控制施工坡比，严禁超挖。自上而下边坡分层开挖高度为 5m 左右，分段长度控制在 20m 左右。分段长度也可根据开挖后实际地质情况做必要调整。

（3）边坡坡度应符合设计要求。坡面应无风化、无浮石。

（4）必须按设计要求设置泄水孔。

（5）石料规格大小均匀、质地坚硬，不得使用风化石料。排紧填严，无淤泥杂质。禁止使用小石块，不得出现通缝、浮石、空洞。

（6）砂浆饱满度不小于 80%。

（三十五）屋面/地面淋水或蓄水试验见证检查要点

（1）屋面淋水或蓄水试验要求：

1）在雨后或持续淋水 2h 后进行。有可能作蓄水检验的屋面，其蓄水时间不应小于 24h。（一般的，对于坡屋面，有出屋面管道、孔道的屋面，不宜做蓄水检验）。

2）蓄水高度为：高出屋面最高点 2～3cm。

3）淋水或蓄水后，应检验屋面有无渗漏和积水、排水系统是否通畅。

（2）有防水要求楼地面蓄水试验要求：

1）在防水材料铺设后，应进行蓄水检验。必要时，在面层施工完毕后，可再进行一次蓄水检验。

2）蓄水深度应为20～30mm，蓄水时间不应小于24h。

3）蓄水后，应检查有无渗漏。

（三十六）屋面防水卷材、涂膜、保温层和隔热层工程检查要点

（1）屋面工程施工符合《电力建设施工质量验收规程　第1部分：土建工程》（DL/T 5210.1—2021）和《屋面工程施工验收规范》（GB 50207—2012）规定。

（2）基层牢固，表面平整、密实，无裂纹、蜂窝、麻面、起皮和起砂现象。屋面防水基层处理如图5-31所示。

（3）找坡层和找平层所用材料质量和配合比符合设计要求。

（4）找平层抹平、压光，无酥松、起砂、起皮现象。屋面找平层混凝土平整、收光处理如图5-32所示。

图5-31　屋面防水基层处理

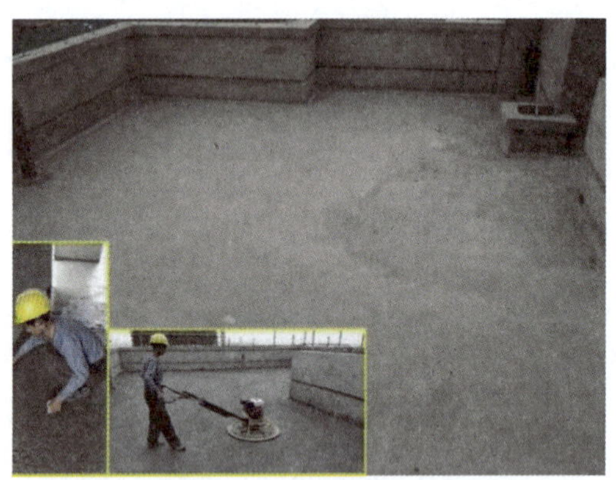

图5-32　屋面找平层混凝土平整、收光处理

（5）找坡层和找平层坡度符合设计排水坡度要求。

（6）隔气层基层平整、干净、干燥，所用材料符合设计要求。

（7）卷材隔汽层铺设平整，卷材搭接缝黏接牢固，无破损现象，密封严密，无扭曲、皱折和起泡。

（8）涂膜隔汽层黏接牢固，表面平整，涂布均匀，无堆积、起泡和露底。

（9）隔离层所用材料和配合比符合设计要求，无破损和漏铺现象。

（10）隔离层塑料膜、土工布、卷材铺设平整，搭接宽度大于或等于50mm，无皱折。

（11）保温层材料、材质符合设计要求，施工质量符合规范要求。屋面保温层验收如图5-33所示。

（12）保护层所用材料质量及配合比、块体材料、水泥砂浆或细石混凝土保护层强度等级、保护层排水坡度符合设计要求。

（13）块体材料保护层表面干净、接缝平整、周边顺直、镶嵌正确，无空鼓现象。

（14）水泥砂浆、细石混凝土保护层无裂纹、脱皮、麻面和起砂现象。

（15）防水卷材、复合防水层所用材料及其配套材料质量符合设计要求。

（16）卷材防水层、涂膜防水层、复合防水层无渗漏和积水现象。屋面防水卷材验收如图 5-34 所示。

图 5-33　屋面保温层验收

图 5-34　屋面防水卷材验收

（17）卷材防水层、涂膜防水层、复合防水层在檐口、檐沟、天沟、水落口、泛水、变形缝和伸出屋面管道的防水构造符合设计要求。屋面阴角防水卷材做法如图 5-35 所示。

（18）涂膜防水层防水涂料和胎体增强材料的质量符合设计要求。

（19）涂膜防水层平均厚度符合设计要求，且最小厚度不小于设计厚度的 80%。屋面涂膜防水层如图 5-36 所示。

图 5-35　屋面阴角防水卷材做法

图 5-36　屋面涂膜防水层

（20）复合防水层总厚度符合设计要求。

（21）接缝密封防水部位的基层处理符合规范要求，密封材料嵌填密实、连续、饱满、黏接牢固，无气泡、开裂。

（三十七）建筑工程饰面砖黏结强度检验见证检查要点

（1）饰面砖样板件黏结强度满足设计、规范要求。

（2）样板件材料、配合比、施工作业方法等能用于正式施工。

（3）现场饰面砖黏结强度满足设计、规范要求。

（三十八）门窗工程检查要点

（1）门窗材料检查要求。

1）铝合金门用主型材主要受力部位基材截面最小实测壁厚不应小于 2.0mm，窗用主型材主要受力部位基材截面最小实测壁厚不应小于 1.4mm。

2）塑料门窗拼樘料内衬增加型钢的规格、壁厚必须符合设计要求，型钢应与型材内腔紧密吻合。

3）其他门窗材料符合设计要求。

（2）门窗框的安装必须牢固。金属门窗框预埋件的数量、位置、埋设方式、与框的连接方式必须符合设计要求；塑料门窗框与墙体之间的固定点距窗角、中横框、中竖框 150～200mm，固定点间距不大于 600mm。

（3）门窗扇必须安装牢固，并应开关灵活、关闭严密，无倒翘。推拉门窗必须有防脱落措施。

（4）木门窗与墙体间缝隙的填嵌材料应符合设计要求，填嵌应饱满。金属门窗与墙体之间的缝隙填嵌饱满，并采用密封胶密封。塑料门窗框与墙体间缝隙应采用闭孔弹性材料填嵌饱满，表面应采用密封胶密封。

（5）应进行门窗的开启，关闭检查，观察安装是否牢固，其中推拉铝合金门窗开关力不应大于 60N。

（6）外门窗台窗檐部位应做滴水线（槽），滴水线（槽）应顺直，流水坡向正确（内高外低），坡度应符合设计要求，窗台窗檐冲水试验，应无渗漏水现象。排水孔的金属门窗，排水孔应畅通，位置和数量应符合设计要求。

（三十九）给排水及消防管道系统试验见证检查要点

（1）试验压力应按设计要求，设计无要求时应为工作压力的 1.5 倍且不小于 0.6MPa。金属及复合管给水管道试验压力下观测 10min，压降不大于 0.02MPa；然后降到工作压力后不渗不漏。塑料给水管理道试验下力下稳压 1h，压降不大于 0.05MPa；然后降到工作压力的 1.15 倍状态下稳压 2h，压力降不大于 0.05MPa，各连接处不得渗漏。

（2）灌水试验要求。

1）室内排水管道灌水高度不低于底层卫生器具的上边缘或底层地面高度，灌满水 15min 后再灌满水，液面不降，管道及接口无渗漏为合格。

2）室外排水管网试验水头以试验段上游管顶加 1m，时间不少于 30min，管接口无渗漏为合格。

3）室内雨水管灌水达到稳定水面后观察 1h，无渗漏为合格。

（3）排水主立管及水平干管应进行通球试验，通球直径不小于排水管径的 2/3，100%

通球率。

（4）消火栓试射实验范围应为屋顶 1 处，首层两处，出水流量和压力及喷射到达最远点的能力符合设计要求。

（5）排水管道、雨水管道均应进行试验，流水通畅，不渗不漏为合格。

（四十）建筑给排水及消防工程检查要点

（1）给排水工程。给排水管道外观质量、安装平直度符合要求，卫生器具及排水管道通畅，卫生器具标高偏差、生活污水系统坡度符合设计要求，给排水主立管和水平干管道支架、管道穿墙（楼板）套管安装符合要求。给排水管道主立管和水平干管安装平直度如图 5-37，管道穿墙及支架如图 5-38 所示。

图 5-37　给排水管道主立管和水平干管安装平直度

图 5-38　管道穿墙及支架

（2）消防工程。消防管道在竣工前，必须对管道进行冲洗。室内消火栓系统安装完成后必须进行试射试验。

（四十一）软母线压接检验性试件见证取样检查要点

（1）压接机无漏油、渗油，液压系统无卡阻，运行平稳，压接模具与导线、线夹相匹配，具有永久性规格标志，标明所适用的压接管材质和外径。

（2）导线、耐张线夹符合设计要求，无损伤。

（3）金具与金具及金具与夹具之间导线长度不小于导线外径 100 倍，且不小于 2.5m。

（4）压后对边尺寸不大于 $0.866D+0.2$mm（D 为接续管外径）。

（5）试件数量，每种规格导线、耐张线夹不少于 2 个，不同厂家的材料应分别取样。

（6）试件外观，导线无松股、变形及表面损伤，直径不应有明显的变形，压接管端部导线无缩径现象；压接管无扭曲变形，弯曲变形小于压接管长度的 2%，且有明显弯曲时应校直，校直过程中应无裂纹和应力集中。

（四十二）管母焊接试件检验性试件见证取样检查要点

（1）管母线焊接时应通风良好，施工作业人员应穿戴个人防护准。经焊接人员培训考试合格，取得相应资质证书，持证上岗，与报审一致。

（2）铝合金管规格尺寸符合设计要求，平直无损伤无裂纹。

（3）铝合金管口平整，且与轴线垂直。

（4）焊接方式选择氩弧焊，焊接场所防风、防雨、防雪、防火、防冻。

（5）焊接材料与母材匹配，且与拟定的焊接工艺相符。

（6）坡口两侧 50mm 范围内表面清洁，无氧化膜；坡口加工面无毛刺、飞边，角度合理。

（7）焊接对口中心线偏不大于 0.5mm。

（8）衬管纵向轴线位置位于焊口中央，与管母线间隙不大于 0.5mm。

（9）焊缝高度 2～4mm，焊缝外观无夹渣、气孔、裂纹、未熔合等。

（四十三）主变压器/高压电抗器交接检查要点

（1）本体外观无锈蚀及机械损伤，连接螺栓齐全，紧固良好。

（2）密封性能，带油运输无渗漏，顶盖螺栓紧固；充气运输装有压力监视表，压力 0.01～0.03MPa，配置有可以随时补气且符合要求的气体瓶，压力监视记录齐全并移交，始终为正压力。

（3）电压 220kV 及以上且容量在 150MVA 以上变压器及 330kV 及以上电抗器应装设三维冲击记录仪；冲击允许值符合制造厂规定及合同规定，无规定时不应大于 3g；冲击记录齐全并办理移交签证手续。

（4）安装使用说明书、出厂试验报告、合格证齐全，符合合同技术协议规定。

（四十四）主变压器/高压电抗器抽真空注油检查要点

（1）绝缘油合格，并提供实验报告。

（2）气候环境符合制造厂技术文件规定，变压器真空注油工作不宜在雨雪或雾天进行。

（3）220～500kV 的真空度不应大于 133Pa，500kV 以上不应大于 13Pa 并符合产品技术条件要求。

（4）注油前真空保持时间符合制造厂规定。

（5）真空泄漏检查符合产品技术条件要求。

（6）注油（循环）速度符合制造厂规定或不大于 100L/min，油位指示检查正确，热油循环时间不少于 3×油总量/通过滤油机每小时的油量，热油循环时间不少于 48h。

（7）热油循环，滤油机加热脱水缸温度符合制造厂规定或 65℃±5℃。

（8）变压器、电抗器在放油及滤油过程中外壳、铁芯、夹件及各侧线圈应可靠接地；储油柜和油处理设备应可靠接地。

（四十五）主变压器/高压电抗器密封试验检查要点

（1）试验介质油柱或氮气符合要求。

（2）加压部位在油箱顶部，试验压力 0.03MPa 或符合设备制造厂规定，试验时间不少于 24h 或符合产品技术条件规定。

（3）焊缝及结合面密封无渗漏及损伤。

（四十六）软母线压接检查要点

（1）检验性试件试验合格，报告齐全。

（2）压接人员持证上岗，与报审一致。

（3）导线外观检查无断股、松散及损伤，导线及连接线夹接触面清洁，无氧化，并涂有电力复合脂。

（4）导线、金具符合设计要求，与连接导线相匹配。

（5）压接机无漏油、渗油，液压系统无卡阻，运行平稳；压接模具具有永久性规格标志，标明所适用的压接管材质和外径，并与导线、线夹相匹配。

（6）导线切割应做好标记，切割严禁伤及钢芯。

（7）导线插入线夹深度等于线夹长度，并预留压接长度。

（8）液压系统额定工作压力铝管不低于 63MPa，钢管不低于 80MPa；达到额定压力后维持 3～5s。相邻两模重叠不小于 5mm。

（9）压后对边尺寸不大于 $0.866D+0.2$mm（D 为接续管外径），压接管表面无扭曲变形，弯曲度小于 2%，无裂纹，管端导线外观清洁、无断股、松散及损伤，扩径导线无凹陷、变形，线夹管口打上钢印，室外易积水的线夹应设置排水孔。

（四十七）管母线焊接检查要点

（1）管母线焊接时应通风良好，施工作业人员应穿戴个人防护装备。焊接人员资质经培训考试合格，取得相应资质证书，持证上岗，与报审一致。

（2）检验试件试验合格，报告齐全。

（3）铝合金管规格尺寸符合设计要求，平直无损伤无裂纹；铝合金管口平整，且与轴线垂直。

（4）焊接方式选择氩弧焊，焊接场所防风、防雨、防雪、防火、防冻。

（5）焊接材料与母材匹配，且与拟定的焊接工艺相符。

（6）坡口两侧 50mm 范围内表面清洁，无氧化膜；坡口加工面无毛刺、飞边，角度合理。

（7）焊接对口中心线偏不大于 0.5mm。

（8）衬管纵向轴线位置位于焊口中央，与管母线间隙不大于 0.5mm。

（9）焊缝高度 2～4mm，焊缝外观无夹渣、气孔、裂纹、未熔合等。

（四十八）组合电器母线安装检查要点

（1）安装环境无风沙、无风雪、空气相对湿度小于 80%的条件下进行，并采取防尘、防潮措施。

（2）元件表面洁净，无杂物，盆式绝缘子清洁，无裂纹。

（3）母线安装，气室筒内壁平整，无毛刺，母线外观清洁，无氧化物、划痕及凸凹不平，条状触指光洁，无锈蚀、划痕，触头座清洁，无划痕，连接插件的触头应对准插口，无卡阻，插入深度符合产品技术要求，母线内部连接及内检人员着装符合产品技术文件要求，吸附剂保持干燥。

（4）法兰连接，元件内部清洁，无杂物，完好，密封垫（圈）清洁，无变形，不得重复使用或按制造厂规定，密封槽及法兰面光洁、无伤痕，法兰连接导销无卡阻、螺栓紧固、均匀用力，伸缩节的安装按制造厂规定，连接螺栓紧固力矩按制造厂规定。

（四十九）SF_6气体充注检查要点

（1）SF_6气体质量证明文件齐全，抽样检测合格。

（2）充气前充气设备及管路洁净，无水分、油污并预冲洗管路，管路连接部分应无渗漏。

（3）充气前内部真空度符合制造厂真空度规定。

（4）密度继电器报警、闭锁压力值按制造厂规定整定。

（5）SF_6气体压力符合制造厂压力值规定。

（五十）电力电缆试验检查要点

（1）护层绝缘电阻，每千米绝缘电阻值不低于 0.5MΩ。

（2）护层直流耐压，施加直流电压 10kV，持续时间 1min；不击穿。

（3）泄漏电流应符合相关规范要求。

（4）交流耐压试验要求。电力电缆交流耐压试验旁站如图 5-39 所示。

图 5-39　电力电缆交流耐压试验旁站

35～110kV：试验电压 $2U_0$、试验时间 60min。

220kV：试验电压 1.7 U_0（或 1.4 U_0）、试验时间 60min。

330kV：试验电压 1.7 U_0（或 1.3 U_0）、试验时间 60min。

500kV：试验电压 1.7 U_0（或 1.1 U_0）、试验时间 60min。

（5）两端相序一致，应与电网相位一致。

（6）交叉互联系统连接方式与设计相一致。

（五十一）接地阻抗测试检查要点

（1）在干燥季节进行，不应在雷、雨、雪或雨、雪后进行。

（2）工频电流测试，采用独立电源或隔离变压器供电。

（3）测试回路符合要求。

（4）对测试造成影响的架空线路、电缆等应与主接地网断开。

（5）试验电流注入宜选择单相接地短路电流大的场区里，电气导通测试中结果良好的设备接地引下线处。

（6）应测量同一接地网的各相邻设备接地线之间的电气导通情况，以直流电阻表示不宜大于 0.05Ω。

（7）接地阻抗值应符合设计要求。

（五十二）设备保护调试检查要点

（1）调试单位编制调试技术文件，报监理审核、业主单位批准，现场按方案作业。

（2）试验环境工作温度 20℃±5℃；相对湿度 45%～75%。

（3）配备与调试项目相适应的设备，应保证其在有效期内，进场时报监理审查。

（4）检查保护装置型号、电源电压、输入电流等铭牌参数与设计图纸参数是否一致。

（5）盘内配线导线绝缘完好，无接头；接线牢固，电流回路大于或等于 $2.5mm^2$，信号、电压回路大于或等于 $1.5mm^2$。

（6）控制电源与保护电源回路分开设置，名称正确。

（7）二次回路绝缘检查用 1000V 绝缘电阻表测量绝缘电阻，各回路对地、各回路相互间，其绝缘电阻值应大于 10MΩ。

（8）保护传动试验动作可靠正确。

（9）检查保护之间的配合、装置动作行为、断路器动作行为保护启动信号及监控信息等正确无误。

（五十三）自动化设备安装及调试检查要点

（1）调试单位编制调试技术文件，报监理审核、业主单位批准，现场按方案作业。

（2）试验环境工作温度 20℃±5℃；相对湿度 45%～75%。

（3）配备与调试项目相适应的设备，应保证其在有效期内，进场时报监理审查。

（4）盘内配线导线绝缘完好，无接头；接线牢固、电流回路大于或等于 $2.5mm^2$，信号、电压回路大于或等于 $1.5mm^2$。

（5）自动化装置型号符合设计要求。

（6）遥信测试系统正确记录，无漏发、误发。

（7）遥控断路器、隔离开关核对操作把手“就地”“远方”位置开入与现场相符。

（8）后台机及五防机主接线图及图上的设备编号、设备命名等要与实物一致。

（五十四）OPGW 本体架设（引下线）检查要点

（1）架设前检查光缆出厂质量资料，光缆型号、规格应符合设计要求；光缆单盘测试记录齐全，测试结果符合规范、合同要求；采用专用张力机具设备。

（2）光缆外观：无单丝损伤、扭曲、折弯、挤压、松股、鸟笼、回缩等现象。

（3）光缆跳线弧垂：下跳线为 300～500mm；上跳线为 150～200mm。

（4）OPGW（ADSS）光缆引下路径及接地符合设计要求，引下及固定顺直美观，每隔 1.5～2m 安装 1 个固定卡具，弯曲半径：大于或等于 40 倍光缆直径。

（5）OPGW 光缆引下接地专用接地线连接部位应接触良好。

（五十五）导引（管道）光缆本体敷设检查要点

（1）敷设前检查光缆出厂质量资料，光缆型号、规格，应符合设计要求。

（2）余缆架应固定可靠，余缆盘绕整齐有序、不得交叉扭曲和受力，捆绑点不应少于4处。

（3）接头盒安装规定可靠，无松动，防水措施良好，安装高度宜为1.5～2m。

（4）导引（管道）光缆弯曲半径不小于25倍缆径；光缆线路编号、型号、规格及起止地点字迹清晰、不易脱落。

（5）由接续盒引线的导引光缆至电缆沟地埋部分应穿热镀锌钢管保护，光缆在电缆沟内部分应穿保护管，并分段固定，保护管外径应大于35mm。

（6）光缆保护管两端做防水封堵。

（五十六）光缆全程测试检查要点

（1）检查光缆线路全程综合情况一览表，应满足设计要求。

（2）检查光缆线路结构表，应满足设计要求。

（3）光缆接续点衰耗全程检测，资料齐全，测试结果合格。

（4）光缆单向全程测试，资料齐全，测试结果合格。

（5）光缆双向全程测试，资料齐全，测试结果合格。

（五十七）通信电源测试检查要点

（1）检查交流配电设备是否满足来自两个不同变压器两路交流输入，电缆和开关是否满足系统容量要求，电源切换试验是否满足任意一路交流输入电源失电或缺相后，自动切换到另一路交流输入电源输出。

（2）检查交直流的绝缘电阻是否符合规范要求，切换试验检查高频开关的两路交流输入装置在两路同时供电，或任一路供电另一路失电的情况下，整流器是否能正常工作。

（3）通信蓄电池：检查蓄电池充放电试验记录，型号规格符合设计要求，电瓶编号正确、字迹工整。

（4）检查控制面板上所有指示灯工作正常、显示正确及面板上所有表计显示正常、测量准确。

（5）通信 UPS（不间断电源）：检查交流回路、直流回路对地、交流回路与直流回路之间绝缘电阻是否合格；上电检查 V_{ac} 测量交流输入电源电压在$(1-15\%)U_e$～$(1+10\%)U_e$范围内；检查切换功能是否正常、表计显示是否正确，监控器中定值设置满足系统要求；告警功能检查当交流输出或输入出现过压、失压、缺相时应有告警发出和遥信信息送出，双机并机检查双机并机时应能正常带载工作。

（五十八）通信工程总体检查要点

（1）设备安装及机房平面布置图、地线连接及实际走向资料、室内电缆布放资料、配线架资料、通信线缆布放资料齐全。

（2）语音交换系统检查：初验及试运行中出现问题的测试和复核，设备完好，配置与合同一致，系统功能复测，满足语音交换技术规范和项目设计要求。

（3）视频会议系统检查：初验及试运行中出现问题的测试和复核，设备完好，配置与合同一致，系统功能复测，设备在断电后重新加电能正常启动以及能进行热启动。

（4）机房接地母线与接地网连接点数量为 2。

（5）各台设备与接地母线单独直接连接。

（五十九）换流变压器/油浸式平波电抗器附件安装检查要点

（1）安装时无风沙、雨雪，相对空气湿度 80%以下。

（2）充氮设备未经充分排氮，器身含氧密度未达到 18%及以上时，禁止施工作业人员入内。

（3）高压套管安装。套管及电流互感器试验合格，法兰连接螺栓齐全紧固，螺栓受力均匀，出扣 2～3 扣。

（4）中性点套管安装。套管及电流互感器试验合格，法兰面平整清洁，密封垫清洁无扭曲变形并放在中间，结合面无渗油，螺栓紧固受力均匀，出扣 2～3 扣。

（5）冷却器安装。密封性试验按制造厂规定，支座及拉杆调整，法兰面平行、密封垫居中不偏心受压。

（六十）换流站内干式电抗器安装检查要点

（1）基础预埋件、槽钢、接地线等金属件不得形成闭合回路。

（2）支架标高允许偏差符合设计要求。

（3）单柱绝缘子的垂直偏差不大于 5mm，各支柱绝缘子顶面水平误差不大于 2mm/m，电抗器支撑平台水平误差不大于 2mm。

（4）连接螺栓非磁性材料、齐全、紧固。

（5）在距离平波电抗器本体中心 2 倍直径的范围内不得形成金属闭合回路。

（6）电抗器用玻璃钢或环氧支架上下法兰的短接导体应连接可靠，上下法兰连接可靠。

（7）主体吊装吊具必须使用产品专用起吊工具。

（六十一）换流站内交、直流滤波器电容器安装检查要点

（1）电容器无损坏、渗漏、锈蚀现象，并试验合格。

（2）电容器组的垂直度误差不大于 $H/1000$（H 为电容器高度）。

（3）电容器支架安装水平允许偏差为 3mm；支架立柱间距允许偏差为 5mm；构件间垫片不得多于 1 片，厚度不应大于 3mm。

（4）网门与本体应有可靠跨接。

（六十二）换流阀安装检查要点

（1）换流阀组安装之前阀厅要求全密封，套管伸入阀厅入口处可以采用临时封闭措施。

（2）换流阀组安装期间应保持阀厅微正压，阀厅内空气温度、湿度、洁净度应满足产品安装技术条件要求。

（3）对于阀结构：检查阀底部到地面的距离，尺寸符合要求；检查天花板与顶部之间的距离，尺寸符合要求；进行顶部悬挂处的水平检查，误差符合要求；检查阀架安装在正确位置，层压螺母紧固等。

（六十三）阀厅穿墙套管安装检查要点

（1）安装板厚度满足设计图纸要求。

（2）穿墙套管固定螺栓齐全，紧固。

（3）套管周围导体无闭合磁环路。

（4）套管弯曲度、安装偏差满足产品的技术要求。

（5）大型套管应采用起吊专用工具进行起吊，起吊工具要稳妥吊装，起吊前要进行检查。严禁用硅橡胶绝缘子起吊套管。

（六十四）换流变压器绝缘油试验见证检查要点

（1）经过油处理准备注入油箱应达到的标准：±500kV 击穿电压不小于 60kV/2.5mm，±800kV 击穿电压不小于 70kV/2.5mm；90℃时的 tanδ 不大于 0.5%；气体体积含量小于 1%；底部油样的水分体积含量小于 5×10^{-6}。

（2）注油后底部和顶部油样：±500kV 击穿电压不小于 60kV/2.5mm，±800kV 击穿电压不小于 70kV/2.5mm；90℃时的 tanδ 不大于 0.7%；气体体积含量小于 1%；底部油样的水分体积含量小于 5×10^{-6}。

（3）油色谱分析，应在升压或冲击合闸前及额定电压下运行 24h，各进行一次器身油色谱分析，两次测得的氢、乙炔、总烃含量应符合规范要求，且无明显变化。

（六十五）换流变压器抽真空及注油检查要点

（1）绝缘油按现行国家标准《电气装置安装工程　电气设备交接试验标准》（GB 50150—2016）试验合格。

（2）气候环境符合制造厂技术文件规定。

（3）注油前真空保持时间符合制造厂规定。

（4）注油（循环）速度按制造厂规定或不大于 100L/min，油位指示检查正确。

（5）热油循环时间不少于 3×油总量/通过滤油机每小时的油量，主变压器时间不少于 48h，主变压器时间不少于 48h。

（6）热油循环，滤油机加热脱水缸温度按制造厂规定或 65℃±5℃。

（7）变压器、电抗器在放油及滤油过程中外壳、铁芯、夹件及各侧线圈应可靠接地；储油柜和油处理设备应可靠接地。

（六十六）接地极埋设检查要点

（1）接地装置材料选择要求：

1）除临时接地装置外，接地装置采用热镀锌时均应热镀锌，水平敷设的应采用热镀锌的圆钢和扁钢，垂直敷设的应采用热镀锌的角钢、钢管或圆钢。

2）当采用扁铜带、铜绞线、铜棒、铜覆钢（圆线、绞线）、锌覆钢等材料作为接地装置时，其选择应符合设计要求。

3）不应采用铝导体作为接地体或接地极。

（2）接地网的埋设深度与间距应符合设计要求。当无具体规定时，接地极顶面埋设深度不宜小于 0.8m；水平接地极的间距不宜小于 5m，垂直接地极的间距不宜小于其长度的 2 倍。

（六十七）水冷系统密封性试验见证检查要点

（1）试验压力、试验时间符合制造厂规定。

（2）所有焊缝及结合面密封无渗漏。

（六十八）平波电抗器（油浸式）试验见证检查要点

（1）绕组连同套管的直流电阻，实测直流电阻与同温下出厂值相比，变化幅度不应大于 2%。

（2）电感测量实测值与出厂试验值相比，应无明显差别。

（3）铁芯绝缘电阻测量值不应小于 500MΩ。

（4）绕组连同套管的绝缘电阻及极化指数测量，实测绝缘电阻值与出厂绝缘电阻值相比，同温下不应小于出厂值的 70%。

（5）绕组连同套管的介质因数（tanδ）测量，被试绕组介质损耗与同温度下出厂试验数据相比无明显差异。

（6）绕组连同套管的直流耐压试验，按照出厂试验电压的 85%加压，持续时间为 60s。

（7）换流变压器安装完毕并充满绝缘油后，用压缩空气施加 50kPa 恒定压力，持续 18h，油箱及附件不应出现可见的油泄漏。

（8）套管应进行绝缘电阻测量，介质损耗及电容量测量，对充油套管进行油的色谱分析试验。

（9）实测噪声水平应符合订货合同的规定。

（六十九）换流站内干式电抗器试验见证检查要点

（1）绕组的直流电阻测量实测直流电阻与同温下出厂值相比，变化幅度不应大于 2%。

（2）电感测量实测值与出厂试验值相比，应无明显差别。

（3）用万用表测量金属附件与电抗器本体间的电阻，电阻值应小于 1Ω。

（七十）晶闸管阀试验见证检查要点

（1）每个晶闸管级的正常触发和闭锁试验、晶闸管级的保护触发和闭锁抽查试验、每个模块中晶闸管级和阀电抗器的均压试验结果符合设计要求。

（2）阀基电子设备及光缆的试验符合要求。

（3）水冷系统压力试验：施加压力为额定压力，持续时间按照厂家技术文件中规定的时间进行，测量结果应符合要求，水质应符合规定要求。

（七十一）交、直流滤波器组试验见证检查要点

（1）对每一台耦合电容器的电容量和介质损耗因数（$\tan\delta$）进行测量，测量值与出厂值相比应无明显差别。

（2）对每一台电抗器的频率特性测量，测量结果与出厂值相比应无明显差别。

（3）对已组装的滤波器进行衰减特性测量，测量结果应满足规范要求。

（4）滤波器组空载调谐频率与设计调谐频率的误差应控制在1%以内。

（5）采用低压加压方法测量高压电容器组不平衡电流，通常当此不平衡电流折算到额定工作电压下的不平衡电流大于50%不平衡电流报警时，应对臂电容进行调整，直至满足要求。

（七十二）直流接地极试验见证检查要点

（1）实测接地电阻应符合设计要求。

（2）试验电流下测量的跨步电位差和接触电位差，换算到最大短时过负荷电流下的值，不应超过设计要求。

（七十三）系统调试检查要点

（1）启动试运行按照启动试运方案和系统调试大纲进行，系统调试完成后经连续带电试运行时间不应少于24h，按照审批的试验大纲，系统试验项目合格，满足设计的性能指标要求。

（2）换流站以下系统试验项目符合要求。

1）不带电顺序操作试验。

2）出口跳闸试验。

3）交流场充电。

4）换流变压器及换流器充电试验。

5）开路试验（不带直流线路）。

6）抗干扰试验。

7）站用电系统切换试验。

8）远动系统测试。

9）零功率试验。

（3）换流站端对端系统试验符合要求：

1）单极低功率（直流电流为额定值的1/3及以下）试验。

2）单极大功率（直流电流为额定值的1/3及以上）试验。

3）双极低功率（双极直流额定功率1/5及以下）试验。

4）双极大功率（双极直流额定功率1/2及以上）试验。

（4）整组试验检查保护之间的配合、装置动作行为、断路器动作行为保护启动信号及

监控信息等正确无误。

三、停工待检点检查

（一）灌注桩成孔及钢筋安装工程检查要点

（1）桩孔深度、桩径及沉渣厚度符合要求。

（2）桩基轴线位移偏差符合要求。桩基轴线位移偏差检查如图 5-40 所示。

（3）钢筋的品种、级别、规格、数量符合要求。

（4）钢筋笼焊接质量符合规范要求，焊接方式、焊接长度、焊缝和焊渣处理符合要求。钢筋笼焊接质量检查如图 5-41 所示。

图 5-40　桩基轴线位移偏差检查

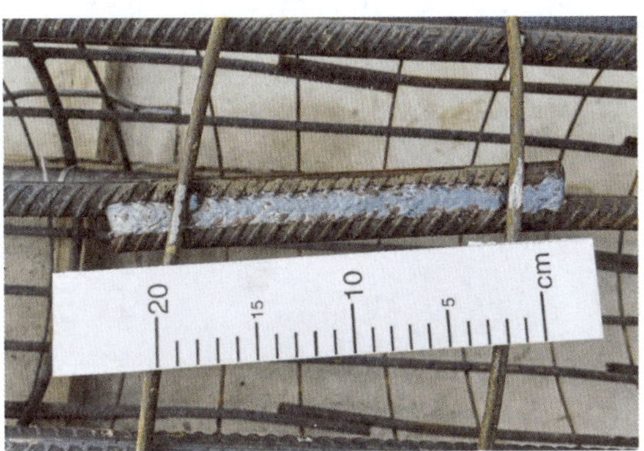

图 5-41　钢筋笼焊接质量检查

（5）钢筋主筋间距偏差、螺旋箍筋间距偏差符合要求。

（6）钢筋笼长度偏差、直径偏差符合要求。

（二）预制桩工程接头焊接检查要点

预制混凝土桩接头施工焊接满焊，焊接完成后，防腐合格。预制桩接头焊缝验收如图 5-42 所示，预制桩接头防腐验收如图 5-43 所示。

图 5-42　预制桩接头焊缝验收

图 5-43　预制桩接头防腐验收

（三）地基验槽检查要点

（1）基槽底设计标高、槽宽、放坡、轴线尺寸符合设计要求。地基验槽隐蔽验收如图 5-44 所示。

（2）地基土层承载力符合设计要求。

（3）签证、附图齐全。

（四）钢筋安装工程检查要点

（1）钢筋品种、级别、规格和数量符合设计要求。钢筋规格检查如图 5-45 所示。

图 5-44　地基验槽隐蔽验收

图 5-45　钢筋规格检查

（2）焊接（机械连接）接头质量符合《电力建设施工质量验收规程　第 1 部分：土建工程》（DL/T 5210.1—2021）附录 C 规定。

（3）纵向受力钢筋连接方式符合设计要求。

（4）接头位置宜设在受力较小处。

（5）受力钢筋焊接（机械连接）接头设置宜相互错开，在连接区段长度符合要求，接头面积百分率符合《混凝土结构工程施工质量验收规范》（GB 50204—2015）要求。

（6）绑扎搭接接头。同一构件中相邻纵向受力钢筋绑扎搭接接头宜相互错开。

（7）钢筋配置在梁、柱类构件的纵向受力钢筋搭接长度范围内，按设计要求配置箍筋，当设计无具体要求时，符合《混凝土结构工程施工质量验收规范》（GB 50204—2015）要求。箍筋配置检查如图 5-46 所示。

（8）钢筋网。网片长、宽偏差符合要求，网眼尺寸偏差符合要求，网片对角线差符合要求。钢筋网尺寸偏差检查如图 5-47 所示。

（9）钢筋骨架。长度偏差符合要求，宽、高度偏差符合要求。钢筋骨架偏差检查如图 5-48 所示。

（10）受力钢筋保护层厚度符合要求。钢筋保护层厚度检查如图 5-49 所示。

图 5-46　箍筋配置检查

图 5-47　钢筋网尺寸偏差检查

图 5-48　钢筋骨架偏差检查

图 5-49　钢筋保护层厚度检查

图 5-50　预埋件位移偏差检查

（11）箍筋、横向钢筋间距偏差符合要求。

（12）钢筋弯起点位移符合要求。

（13）预埋件。中心位移符合要求，水平高差符合要求。预埋件位移偏差检查如图 5-50 所示。

（14）插筋。中心位移符合要求，外露长度偏差符合要求。

（五）混凝土工程结构施工缝检查要点

（1）柱的施工缝宜留置在基础、楼板、梁顶面或梁、吊车梁牛腿下方、无梁楼板柱帽的下方。柱的施工缝隐蔽验收如图 5-51 所示。

（2）与板连成整体的大截面梁（高超过 1m），留置在底板面以下 20～30mm 处。

（3）单向板留置在平行于板的短边位置。

（4）有主次梁的楼板，施工缝留置在次梁跨中 1/3 范围内。

图 5-51 柱的施工缝隐蔽验收

（5）墙的施工缝留置在门洞口过梁跨中 1/3 范围内或纵横墙的交界处。

（6）双向受力板、大体积混凝土结构、拱、穹拱、薄壳、蓄水池、斗仓、多层钢架及其他结构复杂的工程，施工缝的位置按设计要求留置。

（7）后浇带的留置宽度、后浇带的接缝形式、钢筋搭接方式、后浇带混凝土的配合比及强度符合规范要求。

（六）地下混凝土结构工程检查要点

（1）混凝土强度等级符合设计要求。

（2）试验单编号、日期、检测单位、检测人员签字齐全。

（3）施工缝留设及处理符合《电力建设施工质量验收规程　第 1 部分：土建工程》（DL/T 5210.1—2021）要求。

（4）混凝土表面质量无缺陷。混凝土表面光滑平整如图 5-52 所示。

图 5-52 混凝土表面光滑平整

（5）混凝土表面缺陷处理后符合《电力建设施工质量验收规程　第 1 部分：土建工程》（DL/T 5210.1—2021）要求。混凝土表面缺陷处理前、后如图 5-53 所示。

（6）混凝土外表面防腐、防水涂刷、止水带设置符合设计。混凝土外表面防腐、防水涂刷如图 5-54 所示。

图 5-53 混凝土表面缺陷处理前、后

图 5-54 混凝土外表面防腐、防水涂刷

（七）地下防水防腐工程检查要点

（1）防腐施工方式符合施工工艺技术要求。地下防水防腐工程隐蔽验收如图 5-55 所示。

（2）基层处理无松散、尘土、油污情况。

（3）面层无流坠、均匀。

（4）边角、套管、埋件等细部处理符合《电力建设施工质量验收规程 第 1 部分：土建工程》（DL/T 5210.1—2021）要求。

（八）预埋件（管）检查要点

（1）规格、数量、位置、标高、垂直度符合设计要求。

（2）埋件大小、厚度、锚爪长度符合设计要求。

（3）埋件安装牢固。预埋件隐蔽验收如图 5-56 所示。

图 5-55 地下防水防腐工程隐蔽验收

图 5-56 预埋件隐蔽验收

（4）有防水要求的构筑物安装防水套管。

（5）地埋管垫层符合设计要求，回填分层碾压，压实系数符合设计要求。

（6）对口无错口、折扣现象，焊口饱满，无夹渣、咬边、气孔，焊接完成后进行防腐处理，防腐材料、遍数和防腐质量符合设计要求。

（7）地埋管安装、焊接完成后，进行水压试验，水压试验压力符合设计及规范要求。

（8）螺栓螺纹完好，长度符合厂家技术文件要求，螺纹未生锈，保护措施合理。

（九）屋面防水找平、隔气、隔离工程检查要点

（1）防水、隔气、隔离层材料符合要求。

（2）防水、隔气、隔离层铺设质量符合规范要求，厚度、平整度、坡度、铺贴方向、搭接宽度及覆盖范围符合要求。

（3）天沟、檐沟、檐口、水落口、泛水、变形缝和伸出屋面管道的防水构造等细部结

构的卷材防水层符合要求。

（4）排气孔设置符合要求。

（十）接地装置施工检查检查要点

（1）垂直接地极材料规格、接地极（顶面）埋深、接地极间距符合设计要求。设计无明确要求时，接地极（顶面）埋深不小于 800mm，接地极间距不小于 2 倍接地极长度。

（2）水平接地线材料规格、接地线（埋深）、相邻两接地线间距离符合设计要求。设计无明确要求时，接地极（顶面）埋深不小于 800mm，相邻两接地线间距不小于 5m。

（3）电弧焊搭接长度：扁钢与扁钢不小于 2 倍宽度，且焊接面不小于 3 面；扁钢与圆钢或圆钢与扁钢不小于 6 倍圆钢直径，两侧焊接；扁钢与钢管（角钢）焊以加固卡子、固定可靠，接触部位两侧焊接；焊接部位检查牢固，焊缝饱满；焊接部位防腐焊痕外 100mm 范围内刷沥青漆均匀。接地装置隐蔽验收如图 5-57 所示。

（4）放热焊接连接导体截面完全包裹在接头内；放热焊接部位检查导体接头表面完全融合；放热焊接接头表面及外观接头表面平滑，无贯穿性气孔；放热焊接接头表面存在夹渣覆盖面积不大于放热焊接点表面积的 10%；放热焊接点的截面积和长度焊接点的截面积不小于 2 倍母材截面积，接点长度不小于 60mm；放热焊接点接头抗拉强度不小于导体抗拉强度下限值的 90%。

（十一）换流变压器/油浸式平波电抗器本体就位检查要点

（1）冲击记录仪记录数据、氮气压力值、油绝缘性能、渗漏油情况符合要求，顶盖螺栓紧固。

（2）套管对地高度、间距符合要求。

（3）变压器与基础预埋件连接牢固，焊缝饱满，防腐齐全，无凹凸不平。

（4）本体接地牢固，导通良好，接地线高度、方向一致，工艺美观，油漆整齐。换流变压器本体就位检查如图 5-58 所示。

图 5-57 接地装置隐蔽验收

图 5-58 换流变压器本体就位检查

（十二）馈电棒敷设检查要点

（1）馈电棒规格数量、碳床中心至中心塔距离、碳床尺寸、焦炭密实度、馈电棒在碳床的位置符合设计要求。馈电棒敷设停工检查如图 5-59 所示。

（2）馈电棒焊接焊口均匀饱满，无气泡、裂纹。

（3）馈电棒外层表面无污染、锈蚀。

（4）回填土无沉陷、防沉陷完好或缺陷不影响运行。

图 5-59　馈电棒敷设停工检查

四、旁站点检查

（一）灌注桩水下混凝土浇筑工程旁站检查要点

（1）基坑/桩坑及钢筋工程已通过检查，并符合要求。

（2）二次清渣后，沉渣厚度实测值符合要求。

（3）混凝土首盘初灌量是否能保证导管埋入不小于 80cm，混凝土能连续不间断浇筑。

（4）浇筑过程中，导管埋入深度实测次数及实测值符合要求，钢筋笼上浮时，需采取有效的措施。

（5）混凝土坍落度设计值及实测值符合要求。

（6）实际灌注桩桩顶（或基顶）标高与设计标高桩顶标高的差值符合要求。

（二）混凝土浇筑工程旁站检查要点

（1）采用自拌混凝土的，按试验室出具的配合比进行拌制，混凝土拌合物质量符合设计及规范要求，现场原材料满足连续浇制要求。

（2）采用商品混凝土的，检查到场商品混凝土质量证明文件，混凝土标号与设计一致，混凝土出厂时间、运输时间在有效时限内。

（3）混凝土浇筑前，督促施工单位及时检测混凝土坍落度，坍落度应满足设计和混凝土配合比报告要求。当混凝土方量较大时，根据事先确定的检测频率，对后续进场的混凝土进行坍落度检测。混凝土坍落度检测如图 5-60 所示。

（4）混凝土浇筑过程中，检查下料高度，避免混凝土离析，检查导管的提升速度，确保导管在混凝土中的埋置深度。混凝土施工过程中，动态检查施工方法和浇筑顺序与施工方案一致，混凝土下料采取防离析措施，确保混凝土振捣充分。混凝土浇筑旁站如图 5-61 所示。

（5）施工缝的留置和处理符合施工方案及设计要求。施工缝留置检查如图 5-62 所示。

（6）按规定留置混凝土试块，见证取样并做好标记和记录，试块养护条件符合要求。

混凝土试块见证取样如图 5-63 所示。

图 5-60　混凝土坍落度检测

图 5-61　混凝土浇筑旁站

图 5-62　施工缝留置检查

图 5-63　混凝土试块见证取样

（7）记录混凝土浇筑开始和结束时间、混凝土实际浇筑量，对超灌高度进行检查。

（8）混凝土浇筑完成后的养护措施符合要求。

（三）大体积混凝土浇筑工程旁站检查要点

（1）包括混凝土浇筑工程检查内容。

（2）大体积混凝土浇筑方案组织合理，大体积混凝土分段或分层浇筑时间差控制在初凝之前。大体积混凝土浇筑旁站如图 5-64 所示。

（3）外加剂符合大体积混凝土施工要求。

（4）混凝土浇筑分段分层合理，利于热量散发，温度分布均匀，温度控制方案有效，测温点布置合理，预测温度变化并监测。大体积混凝土测温记录如图 5-65 所示。

（5）大体积混凝土内外温差不超过 25℃，温度陡降不超过 10℃，有效控制温差，防止裂缝。

图 5-64　大体积混凝土浇筑旁站

图 5-65　大体积混凝土测温记录

（四）地下结构防水工程旁站检查要点

（1）防水层材料符合设计要求。

（2）防水层的基层必须坚固、平整、干净、不起砂、不起皮。涂膜防水层及嵌填密封材料的基层必须干燥。

（3）变形缝、施工缝、后浇带、穿墙埋管、埋设件等细部构造做法均需符合设计要求，严禁有渗漏。

（4）防水涂料层厚度符合设计要求。

（5）已做好的卷材防水层，应加强成品保护，及时采取措施，不得损坏。

（6）防水混凝土结构粉刷前和填土前，必须检查防水混凝土的外观质量应符合施工规范的规定，否则应进行缺陷修整，验收合格后，办理隐蔽工程验收签证。沥青胶结材料防水层的质量必须符合设计要求和施工规范的规定，验收合格后，办理隐蔽工程验收签证。

（五）主变压器/高压电抗器套管安装旁站检查要点

（1）核查器身空气相对湿度和露空时间，做好附件安装、芯部检查时温湿度和露空时间记录。

（2）器身外观无损伤、无变形。套管安装和器身检查旁站如图 5-66 所示。

图 5-66　套管安装和器身检查旁站

（3）套管质量符合要求，表面清洁、无裂纹、损伤，无渗漏油。

（4）连接质量符合要求，法兰面清洁、密封圈平整无损伤、螺栓紧固。

（5）如厂家人员进入器身内部检查，核查检查记录。

（六）组合电器套管安装旁站检查要点

（1）施工现场条件清洁无尘、相对湿度小于 80%，或按照厂家技术文件要求执行。组合电器套管安装旁站如图 5-67 所示。

（2）安装元件无破损、清洁、内部无杂物。

（3）导电杆装配：导电杆及触头座光洁、无氧化物、无划痕、无毛刺。连接插件触头中心对准插口，不得卡阻，插入深度符合产品技术规定，并确认导电杆安装牢固。

（4）法兰连接：法兰面与密封槽光洁、无损伤，密封圈完好、无变形，法兰面连接紧密，螺栓紧固力矩符合要求。

（5）主导体、伸缩节：位置和数量准确，外观不应有明显缺陷或变形，伸缩节的调节量满足要求。

（6）接地线连接完整、牢固，导通良好。

（7）相色标志正确、齐全、清晰。

（七）电缆附件制作旁站检查要点

（1）电缆型号、规格符合设计要求，外观无损伤，绝缘良好。电缆附件制作旁站如图 5-68 所示。

图 5-67　组合电器套管安装旁站

图 5-68　电缆附件制作旁站

（2）施工环境干净整洁无尘，温度 0～35℃，湿度不超过 70%。

（3）电缆附件规格与电缆一致，零部件齐全无损伤。

（4）切割电缆及电缆护套按要求剥除电缆外护层，表面半导电层处理干净，用 2500V 绝缘电阻表测量绝缘电阻大于或等于 50MΩ，按要求剥除金属套，金属套断口处理光滑。

（5）主绝缘处理：去除电缆绝缘屏蔽，不得在主绝缘上留下刻痕，绝缘屏蔽断口峰谷差小于 5mm。

（6）打磨抛光处理 110kV 电压等级不大于 300μm，220kV 电压等级不大于 100μm。

（7）出线杆套入电缆线芯压接后，压接面处理光滑。

（8）应力锥安装与图纸相符，套入过程涂抹硅油，外观无损伤。

（9）带材包扎层次、厚度、搭接长度符合工艺要求。

（10）环氧套管、金属屏蔽罩、瓷（复合）套管安装情况及安装位置与图纸相符。

（11）互联箱内接线统一，接地线安装质量良好。

（12）在剥切线芯绝缘、屏蔽、金属护套时，线芯沿绝缘表面至最近接地点（屏蔽或金属护套端部）的最小距离符合规范要求，接地线截面积符合要求。

（13）线鼻子规格符合要求，芯线连接符合工艺要求。

（14）热缩或冷缩电缆头制作符合规范及设备技术文件要求。

（八）变压器耐压及局部放电试验旁站检查要点

（1）变压器 TA 绕组短接并接地。

（2）变压器绕组连同套管的交流耐压试验：试验后绝缘电阻与试验前绝缘电阻比较没有明显变化。试验电压符合《电气装置安装工程 电气设备交接试验标准》（GB 50150—2016）附录 D 中表 D.0.1、表 D.0.3 的要求。感应电压试验时，当试验电压频率小于或等于 2 倍额定频率时，全电压下试验时间为 60s；当试验电压频率大于 2 倍额定频率时，全电压下试验时间为：120×额定频率/试验频率（s），但不少于 15s。

（3）交流耐压试验结果按上述试验要求完成试验，并如实记录。

（4）设备已完成常规试验项目，试验接线正确。

（5）试验程序和加压值符合规范要求，试验方案由各相关方共同确认。

（6）局部放电试验过程放电量符合要求，核对并记录试验结果。

（7）试验结束后拆除试验接线，被试设备恢复试验前状态。主变压器（换流变压器）耐压及局部放电试验如图 5-69 所示。

图 5-69 主变压器（换流变压器）耐压及局部放电试验

（九）SF_6 封闭式组合电器主回路交流耐压试验旁站检查要点

（1）封闭式组合电器 TA 绕组短接并接地。

（2）出厂试验电压符合厂家技术文件要求。

（3）试验前绝缘电阻符合厂家技术文件要求，试验后绝缘电阻与试验前绝缘电阻比较没有明显变化。试验电压在 SF_6 气压为额定值时进行，试验电压为出厂试验电压的 80%。试验频率与试验时间当试验电压频率大于 2 倍额定频率时，全电压下试验时间为：120×额定频率/试验频率（s），但不少于 15s。

（4）交流耐压试验结果按上述试验要求完成试验，并如实记录。SF_6 封闭式组合电器主回路交流耐压试验旁站如图 5-70 所示。

图 5-70　SF_6封闭式组合电器主回路交流耐压试验旁站

(3) 试验装置外壳应可靠接地。

(十) 换流变压器局部放电耐压试验旁站检查要点

(1) 绕组连同套管外施工频电压按出厂试验电压的 80%（或合同规定值）加压，持续时间 60s，无闪络，无击穿现象，加压过程中进行局部放电测量，局部放电量不应超过 300pC。

(2) 绕组连同套管感应耐压试验，试验电压和持续时间满足《±800kV 高压直流设备交接试验》（DL/T 274—2012）规定，在规定电压下进行局部放电测量，局部放电量不应大于 300pC。

(十一) 换流变压器加阀组的低压加压试验旁站检查要点

(1) 现场已设置安全警示围栏，被试设备、试验装置外壳已可靠接地。

(2) 试验条件符合要求。

(3) 试验接线正确。

(4) 试验程序符合规范要求，试验方案已由各相关方共同确认。

(5) 核对并记录试验结果。

(6) 试验结束后拆除试验接线，被试设备恢复试验前状态。换流变压器加阀组的低压加压试验旁站如图 5-71 所示。

图 5-71　换流变压器加阀组的低压加压试验旁站

第五节　架空线路工程质量控制点管理

一、质量控制点设置

架空线路工程质量控制点一般分通用要求及工程部位进行设置，工程部位可分为土石方及基础、线路防护、杆塔、架线、接地等工程，具体参考表 5-4 设置。

表 5-4　架空线路工程控制点设置表

序号	工程部位	控制点名称	类型	备注
1	通用部分	原材料见证取样	W	参考变电（换流）站工程执行

续表

序号	工程部位	控制点名称	类型	备注
2	土石方及基础工程、线路防护工程	普通基础/承台/连梁基坑、钢筋及模板工程检查*	H	参考变电（换流）站工程执行
3		掏挖/挖孔桩/灌注桩基础成孔、钢筋及模板工程检查*		参考变电（换流）站工程执行
4		拉线基础基坑检查*		
5		岩石基础检查		
6		基础拆模检查		参考变电（换流）站工程执行
7		混凝土浇筑旁站	S	参考变电（换流）站工程执行
8		灌注桩水下混凝土浇筑旁站*		参考变电（换流）站工程执行
9	杆塔工程	自立式钢管铁塔组立工程检查	W	
10	架线工程、接地工程	导地线压接检验性试件见证取样		参考变电（换流）站工程执行
11		导地线压接旁站*	S	
12		光缆熔接检查*	W	
13		接地装置施工检查*	H	参考变电（换流）站工程执行

注 控制点名称带*标记，同为隐蔽工程验收点。

二、见证点检查

（一）原材料见证取样

架空线路工程原材料见证取样可参考变电（换流）站工程执行。

（二）自立式铁塔（钢管）组立工程检查要点

（1）分解组立铁塔时，基础混凝土的抗压强度必须达到设计强度 70%；整体立塔时，基础混凝土的抗压强度应达到设计强度的 100%。基础实体混凝土强度检测如图 5-72 所示。

（2）现场应按照批准的方案执行。

（3）钢管部件的运输应保证在运输过程中具有可靠的稳定性，部件之间或部件与车体之间应有防止构件损坏、锌层磨损和防止产品变形的措施。钢管塔构件运输、到货检查如图 5-73 所示。

（4）钢管塔焊接质符合规范要求。

（5）地锚坑检查：

1）采用埋土地锚时，地锚绳套引出位置应开挖马道，马道与受力方向应一致；临时地锚应采取避免被雨水浸泡的措施。

2）地锚设置、马道角度及坑深应符合方案要求。

图 5-72　基础实体混凝土强度检测

图 5-73　角钢塔材运输、到货检查

（6）抱杆检查：

1）抱杆搬运、使用中不得抛掷或碰撞；抱杆连接螺栓应按规定使用，不得以小代大；金属抱杆的整体弯曲不应超过杆长的 1/600，局部弯曲严重、磕瘪变形、表面腐蚀、裂纹或脱焊不得使用；抱杆帽和其他配件表面有裂纹、螺纹变形或螺栓缺少不得使用。

2）组立杆塔前应检查抱杆正直、焊接、铆固、连接螺栓紧固等情况，判定合格后再使用。

（7）钢丝绳有下列情况之一者应报废或截除：钢丝绳的断丝数超过规程规定；绳芯损坏或绳股挤出，断裂；笼状畸形、严重扭结或金钩弯折；压扁严重，断面缩小，实测相对公称直径减小 10%（防扭钢丝绳的 3%）时，未发现断丝也应予以报废；受过火烧或电灼，化学介质的腐蚀外表出现颜色变化时；钢丝绳的弹性显著降低，不易弯曲，单丝易折断时。

（8）钢丝绳端部用绳卡固定连接时，绳卡压板应在钢丝绳主要受力的一边，并不得正反交叉设置；绳卡间距不应小于钢丝绳直径的 6 倍。

（9）钢丝绳套插接段长度不应小于钢丝绳直径的 15 倍，且不得小于 300mm。

（10）绞磨应放置平稳，锚固应可靠，并有防滑动措施，受力前方不得有人；拉磨尾绳不应少于 2 人，且应位于锚桩后面、绳圈外侧，不得站在绳圈内；机动绞磨宜设置过载保护装置，不得采用松尾绳的方法卸荷；卷筒应与牵引绳保持垂直，牵引绳应从卷筒下方卷入，且排列整齐，通过磨心时不得重叠或相互缠绕，在卷筒或磨心上缠绕不得小于 5 圈，绞磨卷筒与牵引绳最近的转向滑车应保持 5m 以上的距离。

（11）滑车检查：滑车需经常检查及加润滑油，其边缘有裂纹或严重磨损、轴承变形者、吊钩外观检查有裂纹或明显变形者均不得使用。

（12）葫芦使用前检查吊钩及封口部件、链条应良好，转动装置及刹车装置应可靠，转动灵活正常；起重用链环等部件出现裂纹、明显变形或严重磨损时应予报废。

（13）杆塔组立过程中，吊件垂直下方不得有人，在受力钢丝绳内角侧不得有人。杆塔组立前，吊件螺栓应全部紧固，吊点绳、承托绳、控制绳及内拉线等绑扎处受力部位，不得缺少构件。

（14）临时拉线检查。

1）用于组立杆塔或抱杆的临时拉线均应用钢丝绳。

2）组立的杆塔不得用临时拉线固定过夜，需要过夜时，应对临时拉线采取安全措施。

3）杆塔的临时拉线应在永久拉线全部安装完毕后方可拆除，拆除时应由现场指挥人员统一指挥。不得采用安装一根永久拉线随即拆除一根临时拉线的做法。

4）严禁在杆塔上有人时，通过调整临时拉线来校正杆塔倾斜或弯曲。

（15）杆塔各构件的组装应牢固，交叉处有空隙时应装设相应厚度的垫圈或垫板；螺栓加垫时，每端不宜超过 2 个垫圈；垫圈、垫块严禁混用。

（16）钢管塔法兰的连接螺栓紧固时应均匀受力且对称循环进行。监理检查螺栓安装，紧固如图 5-74 所示。

（17）铁塔组立过程中及电杆组立后，应及时与接地装置连接。

（18）铁塔组立后，地脚螺栓应随即加垫板并拧紧螺母及打毛螺纹；地脚螺栓的螺杆与螺母相匹配。

（三）光缆熔接检查要点

（1）主要材料及熔接设备符合设计要求。

（2）施工企业现场管理人员到岗及施工人员持证上岗情况符合方案要求。

（3）剥离光纤的外层套管、骨架时检查是否损伤光纤。

（4）应防止光纤接续盒内有潮气或水分进入。

（5）安装接线盒时螺栓应紧固，橡皮封条应安装到位。

（6）光纤清洁检查：熔接前应清洁光纤。

（7）光纤布局合理，美观整齐。

（8）盘纤次数检查：符合设计要求。

（9）光纤熔接后应进行接头光纤衰耗值测试，不合格者应重接。

监理现场检查光缆熔接情况如图 5-75 所示。

图 5-74 监理检查螺栓安装，紧固

图 5-75 监理现场检查光缆熔接情况

三、停工待检点检查

（一）拉线基础基坑检查要点

（1）检查杆塔号、基础型式、杆塔型式与图纸是否一致。

（2）测量仪器经过检定并在有效期内，通过审批。

（3）测量人员经培训合格上岗。

（4）检查拉线基础坑深实测值与设计值的偏差，坑深允许偏差为-50～+100mm。

（5）拉线基础位置符合规范规定和设计要求。

（6）马道坡度及方向符合设计要求。

（二）岩石基础检查要点

（1）检查杆塔号、基础型式、杆塔型式、施工基面与图纸是否一致。

（2）测量仪器经过检定并在有效期内，通过审批。

（3）测量人员经培训合格上岗。

（4）杆塔基础中心桩检查：无位移，无沉降，保护良好。

（5）岩石土质核对：核实土质描述与设计要求是否一致。

（6）基础根开及对角线尺寸（mm）检查：按照等高腿及不等高腿，核实 AB、BC、CD、DA、AC、BD 的实测值与设计值偏差，地脚螺栓式允许偏差为±2‰，主角钢（钢管）插入式允许偏差为±1‰，高塔基础为±0.7‰。

（7）孔径（mm）检查：核实 ABCD 腿的实测值与设计值偏差，嵌固式：大于设计值；钻孔式：正偏差 20mm，不得有负偏差。

（8）孔深（mm）检查：核实 ABCD 腿的实测值与设计值偏差，孔深不应小于设计深度。

（9）基础锚筋/地脚螺栓埋入深度检查：核实 ABCD 腿的实测值与设计值偏差，不得小于设计值，安装后应有可靠的固定措施。

（10）模板及支架的安装质量检查：模板规格符合设计图纸要求，表面平整、光滑，模板接缝严密，支撑架安装牢固。

（11）防风化层检查：符合设计要求。

四、旁站点检查

导地线压接旁站检查要点如下：

（1）主要材料检查确认：核对图纸与实际到货物资形式一致，确认导线型号、地线型号、接续管（导线）规格型号、接续管（地线）规格型号、耐张线夹（导线）规格型号、耐张线夹（地线）规格型号。

（2）核对液压机型号，确认是否满足施工需求。

（3）施工管理人员到岗及施工人员持证上岗符合要求。

（4）检查记录导地线压接方式符合方案要求。监理旁站检查导线压接情况如图 5-76 所示。

（5）压接尺寸检查：

1）检查记录压接部位的相别及送/受侧、线别。

2）检查压前尺寸：钢管外径、钢管需压长度、铝管外径、铝管需压长度。

3）检查压后尺寸：钢管对边距、钢管压接长度、铝管对边距、铝管压接长度。

4）压后弯曲度不大于 2%。导线尺寸复核如图 5-77 所示。

图 5-76 监理旁站检查导线接续管钢管压接情况

图 5-77 导线压接铝管压后对边距尺寸复核

（6）防锈及电力脂涂刷检查：

1）检查压后钢管防锈处理情况。

2）检查铝管穿管前是否涂刷电力脂。

第六节 电缆工程质量控制点管理

一、质量控制点设置

电缆工程质量控制点一般分通用要求及工程部位进行设置，工程部位可分为土建工程、电气安装工程，具体参考表 5-5 设置。

表 5-5 电缆线路工程质量控制点

序号	工程部位	控制点名称	类型	备注
1	通用部分	见证取样统计	W	参考变电（换流）站工程执行
2	土建工程	始发井土体加固效果检查	W	
3		盾构机及后配套设备组装与调试检查		
4		盾构试掘进检查		
5		盾构掘进姿态控制检查		
6		管片吊装及洞内运输检查		

续表

序号	工程部位	控制点名称	类型	备注
7	土建工程	管片拼装质量检查	W	
8		盾构注浆检查		
9		隧道防水质量检查*		
10		洞口止水装置检查*		
11		顶管机吊装检查		
12		顶管机调试检查		
13		钻进、扩孔检查		
14		管道疏通检查*		
15		管线回拖检查		
16		电缆敷设检查		
17		工作井支护及主体结构施工检查，隐蔽工程	H	
18		始发井基座及反力架安装检查、盾构隧道轴线控制、端头加固检查		
19		盾构管片拼装及隧道成型质量检查		
20		顶管隧道轴线控制、端头加固、始发井导轨及后靠板安装检查		
21		顶管管材接口及隧道成型质量检查		
22		基槽开挖及平整检查		
23		沉管焊接及管道成型质量检查*		
24		沉管就位下沉检查		
25		工作井支护及主体结构混凝土浇筑旁站	S	
26		盾构机始发及接收旁站		
27		顶管机始发及接收旁站		
28	电气安装工程	电缆敷设检查	W	
29		电缆支架安装检查	H	
30		接地装置施工检查*		参考变电（换流）站工程执行
31		接地网测试旁站	S	
32		电力电缆终端及中间接头制作旁站		
33		高压电缆试验旁站		

注 控制点名称带*标记，同为隐蔽工程验收点。

二、见证点检查

（一）原材料见证取样

电缆工程原材料见证取样除参考变电（换流）站工程执行外，尚应对盾构管片、顶管管材进行见证取样。

（二）始发井土体加固效果检查要点

出洞区域洞口土体经过加固后均须达到设计强度，为了防止端头井加固效果不好，或者端头井加固长度不足，监理人员必须对土体加固效果进行检验。

（1）土体加固效果检查的内容包括土体加固范围、加固体的止水效果和强度。土体强度提高值和止水效果应达到设计要求。

（2）现场监理人员应要求施工单位必须现场取芯做强度、抗渗的土工试验，验证加固效果。在确保加固效果满足设计要求前提下，同意盾构始发；如不能满足设计要求时，应分析原因并采用补强措施。

（3）要求施工单位制定始发洞门拆除方案，采取适当密封措施。

（三）盾构机及后配套设备组装与调试检查要点

（1）盾构及配套设备由专业厂家制造完成后应经过总装调试合格后出厂，监理单位应要求施工单位应提供盾构质量保证书。土压平衡盾构机如图 5-78 所示。

（2）监理单位应对编写后的盾构组装方案进行审批。

（3）监理人员需审查进场大件吊装作业专业队伍资质，组装现场应配备消防设备，明火、电焊作业时，必须有专人负责。

（4）监理在井下验收工作中的重点是对盾构机及后配套设备主要部件和系统检查和核对，并对试运转情况进行见证，验收合格后方可批准盾构机及配套设备投入使用。

（5）审查盾构机吊装专项施工方案。对非常规起重设备、方法，且单件起吊重量在 100kN 及以上的起重吊装工程，专项施工方案需附安全验算结果，并组织专家论证会。

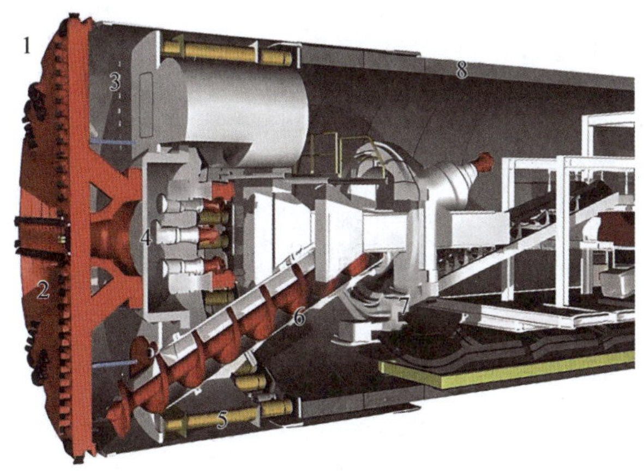

图 5-78　土压平衡盾构机

1—开挖面；2—刀盘；3—土舱；4—主轴承；5—推进千斤顶；6—螺旋输送机；7—管片拼装器；8—管片

（四）盾构试掘进检查要点

盾构始发前 50～100m 作为掘进试验段。盾构始发后，在这段推进中监理应要求施工单位做好以下工作：

（1）施工中通过对盾构掘进速度、出土量、平衡压力设定、浆液配比、注浆量等关键施工参数的调整，结合地面变形情况的分析，总结出各施工参数设定的规律，完善施工工艺。

（2）用最短的时间掌握盾构机的操作方法，机械性能，改进盾构的不完善部分。

（3）了解和认识隧道穿越的土层的地质条件，掌握不同地质条件、不同地层段的掘进参数的控制。

（4）通过本段施工，加强对地面变形情况的监测分析，掌握盾构推进参数及同步注浆量。

（五）盾构掘进姿态控制检查要点

（1）盾构姿态测量数据。监理人员应做到及时根据盾构姿态测量数据，分析盾构姿态，督促施工单位控制好掘进方向，平稳地控制盾构推进的轴线。

（2）盾构纠偏控制。监理工程师在每环管片拼装前对盾构姿态进行复查，发现偏差，按照经审批的施工方案及时采取纠偏措施，避免误差累积，且纠偏速度不宜过大，宜勤调、慢调。盾构施工纠偏示意图如图 5-79 所示。

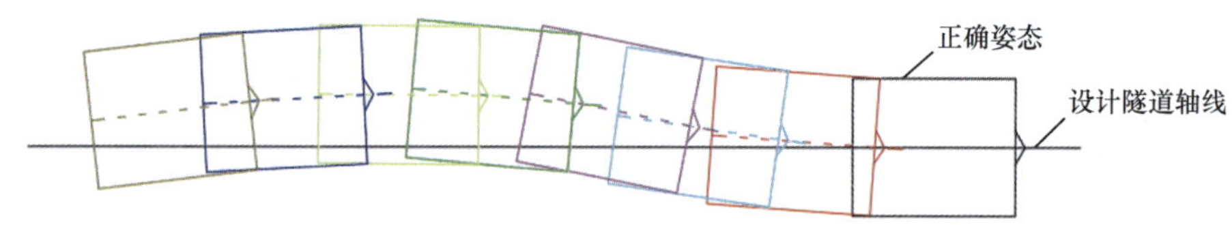

图 5-79 盾构施工纠偏示意图

（六）管片吊装及洞内运输检查要点

（1）经验收合格的管片，方可吊装运输。

（2）因管片结构的特殊性，吊装时施工单位应使用专门的吊具，不得随意起吊。

（3）洞内运输时应将管片放置平稳，不可挤压或与其他材料混装。

（七）管片拼装质量检查要点

盾构掘进至一个管片宽度时，应停止掘进，进行管片拼装。管片拼装时应采取措施保持土仓内压力，防止盾构后退。

（1）管片拼装前检查：

1）盾构掘进完成后要将安装的管片就位并清理干净。

2）检查运至作业面的管片是否和工程师下达的本环管片指令类型相同。

3）管片是否有破损、掉角、脱边以及裂缝。

4）止水条、衬垫和自黏性橡胶薄板等是否有起鼓、隆起、断裂、破损和脱落等现象，止水条是否部分已失效。

（2）管片拼装作业检查：

1）在管片拼装过程中，应保持盾构位置不变，管片安装到位后，应及时伸出相应位置的推进油缸顶紧管片，其顶推力应大于稳定管片所需力，然后方可移开管片安装机。

2）管片连接螺栓紧固质量应符合设计要求。

3）对已拼装成环的管片环做椭圆度的抽查，确保拼装精度。

4）曲线段管片拼装时，应注意使各种管片在环向定位准确，注意楔形环的位置，保证隧道轴线符合设计要求。

5）同步注浆压力必须得到有效控制，注浆压力不得超过限值。

（3）管片成环后检查：监理在进行检查中应重点检查高程和平面偏差，纵、环向相邻管片高差和纵、环向缝隙宽度，纵、环向相邻管片螺栓连接。

（八）盾构注浆检查要点

（1）全面检查压浆所需要使用的设备器具是否运转正常，并应在盾构推进前检查完毕。

（2）采用同步注浆工艺时，按选择好的压浆口位置，调整好浆液分配系统，并必须保证各压浆管路畅通。

（3）压浆原材料的选用要按照高差位置的地质条件和施工条件、材料来源等合理选定。

（4）无论采用什么压浆工艺，压浆作业与盾构掘进同步进行，其压入量与掘进深度相适应，使压出浆液在地层产生变形前填充建筑孔隙。

（九）隧道防水质量检查要点

（1）监理人员应检查管片防水密封胶条的粘贴质量。防水胶条的粘贴应牢固、平整且位置正确，不得有起鼓、超长和缺口现象。

（2）监理人员应严格控制拼装中管片间缝宽来保证防水胶条的压缩量，起到防水效果。

（3）监理应巡视管片螺栓孔防水质量，预紧螺栓时应正确放置防水胶圈，并均匀受力不得损坏。

（4）监理应检查管片注浆孔防水，封闭注浆孔时，应及时安装防水胶圈，在外力作用下不得受损。

（5）对管片裂缝，监理对裂缝防水质量进行巡视检查。

（6）监理工程师要全面调查衬砌是否有渗漏现象，对渗漏点进行统计，凡是不能达到设计及规范要求的，督促承包单位及时进行治理，直到达到标准。

（十）洞口止水装置检查要点

（1）水装置由预埋钢环、压板、橡胶圈和安装钢环四大部分组成。止水装置示意图如图 5-80 所示。

（2）止水装置中心应与洞口中心一致。

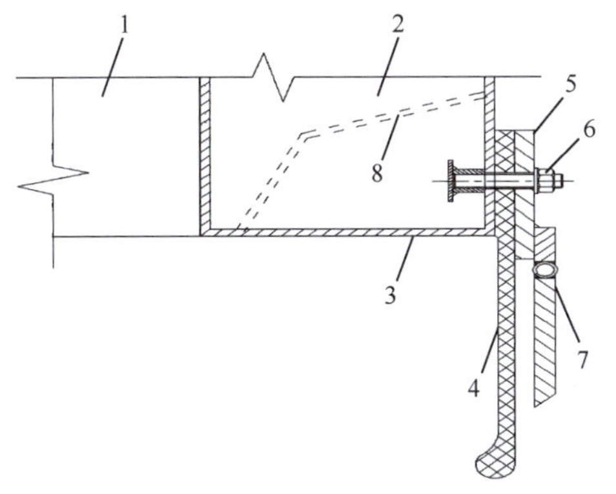

图 5-80　止水装置示意图

1—井壁侧墙；2—锚固钢筋；3—止水橡胶帘布；4—压板；5—翻板；6—中间止水钢环；7—固定螺栓；8—预埋洞口钢环

（3）压板上应开有长槽。

（4）橡胶圈拉伸量大于 300%，肖氏硬度 50 度±5 度范围内，还要具有一定的耐磨性和较大的扯断拉力。

（十一）顶管机吊装检查要点

（1）根据通过专家论证的方案，检查顶管机吊装前的准备工作是否满足要求，如满足同意进入下道工序作业，如不满足则整改。

（2）全过程跟踪顶管机吊装作业，对关键部位进行检查，杜绝闲杂人员进入吊装作业现场。

（3）在吊装顶管机时应平稳、缓慢、避免任何冲击和碰撞。

（4）顶管机下坑后，要求刀盘离开封门 1m 左右，放置平稳后二次检测导轨标高，高程误差不超过 5mm。

（十二）顶管机调试检查要点

（1）液压泵组中的液压油是否充分。

（2）液压油软管和泥浆管路每一接头可靠，接口对号。

（3）所有电缆和电器配线应连接牢靠。

（4）操纵台所有控制开关都应处于空挡或停止状态。

（5）供电电源符合规定。

（6）电动机回转方向正确无误。

（7）连接液压动力组和主顶千斤顶的液压软管牢固、无松动。

（8）液压动力组内液压油已到油尺红线位置。

（9）液压油泵排气工作应完成。

（10）主顶油缸油路和油缸的排气工作应完成。

（11）操纵台控制箱接线盒报警信号接线应完成。

（十三）钻进、扩孔检查要点

（1）出入土角宜控制在入土角为 8°～20°，出土角 4°～12°。

（2）为保证管段有足够的强度安全裕量，曲率半径应按规范要求不宜小于 1500*D*（*D* 为钢管直径），且不得小于 1200*D*。

（3）对入土点基坑进行检查，是否满足设计要求。

（4）在管道入土端和出土端外侧各预留不宜少于 10m 的直管段。

（5）督促施工单位按审定的平面图的导向轨迹进行测量放线。

（6）在正式开钻前，应督促操作人员按导向仪说明要求校准控向系统的探棒向导向仪发出的钻头深度、导向铲面向角等数据信息是否准确。

（7）检查泥浆配比符合设计及规范要求。

（8）控向操作应由经过培训合格的人员操作，控向系统的功能应满足工程的需要。

（9）导向孔实际曲线与设计穿越曲线的偏差不应大于 1%。导向孔工作示意如图 5-81 所示。

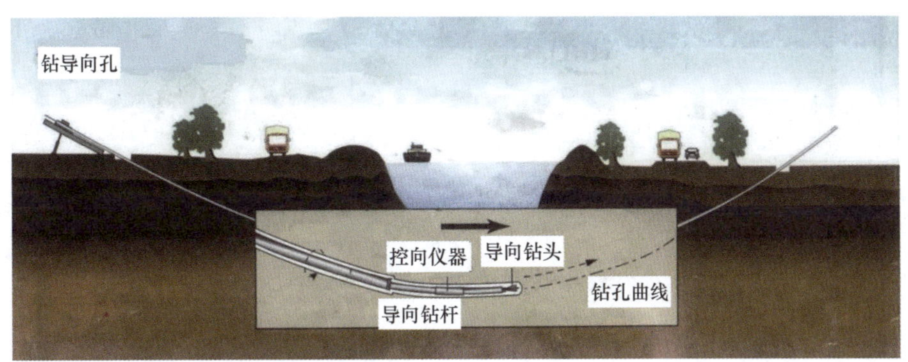

图 5-81 导向孔工作示意图

（10）扩孔过程中，如发现扭矩、拉力较大，可采取洗孔作业；应在洗孔结束后，再继续进行扩孔；扩孔结束后，如发现扭矩、拉力仍较大，可再进行洗孔作业。扩孔示意图如图 5-82 所示。

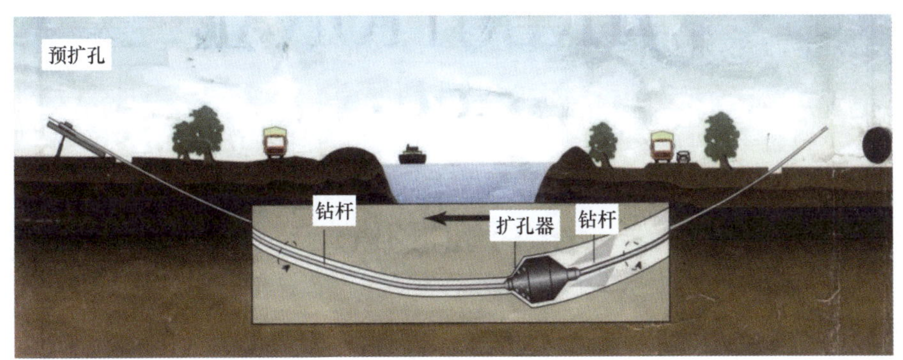

图 5-82 扩孔示意图

（十四）管道疏通检查要点

管道畅通、无积水、无杂物。

（十五）管线回拖检查要点

（1）当采用发送道或托管架方式时，应根据穿越管段的长度和重量确定托管架的跨度和数目；托管架的高度、强度、刚度和稳定性应满足要求。

（2）回拖时宜连续作业。特殊情况下，停止回拖时间不宜超过 4h。

（3）泥浆配方应根据地质条件，在泥浆实验室试配并确定。

（4）在整个施工过程中，泥浆宜回收、处理和循环使用。回拖管线示意如图 5-83 所示。

（5）钻机退场时监理应注意将水平定向钻机及时清运出场，其次审查施工单位是否按要求回填工作坑并清理现场。

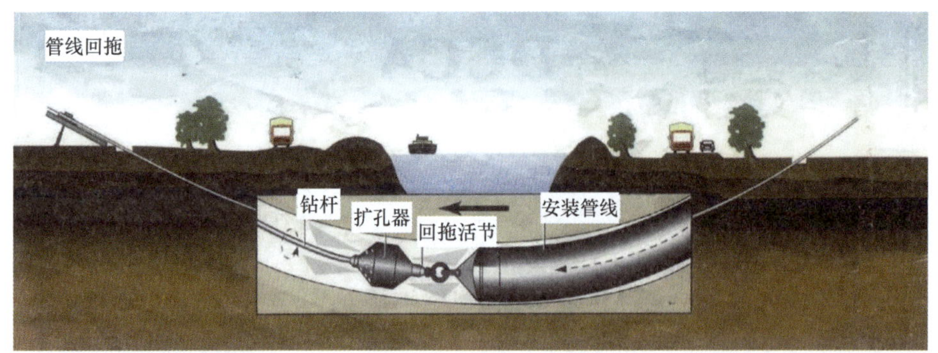

图 5-83 回拖管线示意图

(十六)电缆敷设检查要点

(1)电缆穿管敷设检查:

1)电缆型号、电压、规格及长度符合设计规定。

2)电缆外观应无机械损伤且平滑。

3)抱箍外观光滑、眼距与支架留设相符。

4)电缆外护套耐压试验应合格(厂家、监理均派人员参加)。

5)穿管敷设时,管道内部应无积水,且无杂物堵塞。穿入管中电缆的数量应符合设计要求;交流单芯电缆不得单独穿入钢管内。穿电缆时,不得损伤保护层,可采用无腐蚀性的润滑剂(粉)。

6)穿管进口处加设铝质领口保护器,防止电缆受到摩擦。

7)穿管进口处 1m 摆放第一台输送机,然后间隔 30m 摆放一台输送机,3~4m 摆放一台支撑滑轮。

8)接收井内摆放一台 8t 的牵引机,牵引机、输送机同步实施,速度不超过 6m/min。

9)在进口处专人负责检查电缆摩擦情况,专人负责输送机管理,采取在电缆端头涂抹一层黄油的电缆防摩擦措施。

10)进出口 2.0m 处安装第一个抱箍,电缆应位于穿管中心。

(2)电缆隧道(沟道)敷设检查:

1)电缆敷设时,电缆应从盘的上端引出,不应使电缆在支架上及地面摩擦拖拉。电缆本身不得有压扁、绞拧、护层折裂等机械损伤。

2)电缆敷设时应排列整齐,不宜交叉,及时加以固定,并装设标志牌。

3)电缆线路路径上有可能使电缆受到机械性损伤、化学作用、地下电流、振动、热影响、腐殖物质、虫鼠等危害的地段,应采取保护措施。

4)电缆终端头和接头处应有一定的备用长度;电缆接头处应互相错开,电缆敷设整齐不宜交叉，单芯的三相动力电缆宜放置成品字形。

5）高压电缆敷设后，电缆头应悬空放置，并应及时制作电缆终端，如不能及时制作电缆终端，电缆头必须采取措施进行密封，防止受潮。

6）敷设时人员应站在拐弯口外侧。所有直线电缆沟的电缆必须拉直，不允许直线沟内支架上有电缆弯曲或下垂现象。

三、停工待检点检查

（一）工作井支护及主体结构检查要点

（1）钢筋安装质量符合要求。

（2）模板安装质量符合要求。

（3）预埋件及预留孔洞尺寸符合要求。

（二）始发井基座及反力架安装检查、盾构隧道轴线控制、端头加固检查要点

（1）始发井内基座及后靠背安装符合要求。

（2）盾构机始发前对盾构机平面位置及高程复核符合要求。

（3）端头加固进行水平探孔检查符合要求。

（三）盾构管片拼装及隧道成型质量检查要点

（1）管片拼装质量符合要求。

（2）盾构隧道成型外观质量符合要求。

（四）顶管隧道轴线控制、端头加固、始发井导轨及后靠板安装检查要点

（1）工作井内导轨及后靠板安装符合要求。

（2）顶管机顶进前对顶管机平面位置及高程复核符合要求。

（3）进出洞口端头土体加固水平探孔检查符合要求。

（五）顶管管材接口及隧道成型质量检查要点

（1）顶管管材接口拼装质量符合要求。

（2）顶管隧道成型外观质量符合要求。

（六）基槽开挖及平整检查要点

管槽开挖深度、宽度、两侧坡度符合要求。

（七）沉管焊接及管道成型质量检查要点

（1）钢管焊接质量、钢管除锈、防腐、焊缝探伤符合要求。

（2）管道气密性试验合格。

（八）沉管就位下沉检查要点

沉管下沉就位、配重块安装要求位置准确，无悬空、扭曲、变形。

（九）电缆支架安装检查要点

（1）支架安装牢固、无变形符合要求。

（2）支架水平偏差、垂直偏差符合要求。

（3）电缆支架的层间允许最小距离符合要求。

四、旁站点检查

（一）盾构机始发及接收旁站检查要点

（1）观测洞门附近、工作井和周围环境情况。

（2）检查基座框架结构的强度和刚度，满足始发和接收穿越加固土体所产生的承载推力。

（3）盾构基座底面与始发井底板之间要垫平垫实。

（4）对接收洞门位置进行复测，根据盾构机的贯通姿态，并结合顶管机轴线与隧道设计轴线偏差和接收洞门位置偏差，制订纠偏计划。

（5）检查通信系统，确保盾构施工过程中作业面与井上通信畅通。

（二）接地网测试旁站检查要点

（1）试验所需仪器、仪表、工器具、测试线及接地桩等相关设备完好，试验设备具备有效的检定合格证书。

（2）测量点的布点与数量需满足要求。

（3）采用夹角法测试，要求电流-电位线长度相近。

（4）试验程序和试验参数符合规程。

（5）接地电阻值符合设计要求。

（三）电力电缆终端及中间接头制作旁站检查要点

（1）电缆支撑定位时两端电缆支撑并调直搁平重叠；确定中心点锯除多余电缆，切面应平整。

（2）剥除外护套时剥切尺寸应符合图纸要求，切割时断口应平整不得伤及铝（铅）金属护套且两端外护套端部 200mm 部分石墨层应刮除干净并加以保护。

（3）电缆铝波纹护套氧化层应用钢丝刷清除干净，铝波纹护套加温均匀，温度应控制适当。铝护套用锌锡焊料采用摩擦法分别镀一层底料应均匀到位且铝护套底铅尺寸应符合要求，操作温度应控制在 90℃及以下。

（4）锯除波纹铝护套时剥除尺寸应符合图纸要求，断口应平整，不得有尖端且端口须用专用工具做成喇叭状。

（5）加热校直电缆时加热温度和加热时间应控制在允许范围内，校直固定方法和冷却时间应符合要求。

（6）剥削外半导电屏蔽层时按图纸尺寸进行操作，不得切削和损伤绝缘层，端口应平齐，不得有凹凸不平。半导电层与绝缘应平滑过渡，坡面应均匀光洁。

（7）剥除线芯绝缘时尺寸应符合图纸要求，绝缘层断切面应平整且切时不得伤及导体。

（8）砂磨绝缘表面时注意依次先后用砂纸进行砂磨绝缘，表面应圆整光滑清洁干净，

绝缘端口应倒角成 $R2.0$ 并砂磨圆滑，两轴向任一点绝缘直径误差应小于 0.5mm 并达到图纸尺寸范围内。

（9）套入零部件和绝缘预制件时按图纸要求逐一套入零部件和绝缘预制件，顺序和方向应正确且注意套入前电缆绝缘应用塑料薄膜加以保护，套入时，不得碰及绝缘体。

（10）压接连接管时线芯和连接管应清洗干净；待清洁剂挥发后，分别将两端线芯和铜编织等位线插入连接管。压接磨具应选择正确，压膜合拢后应停留 10～15s。压接成型后接管应垂直。压接成型后半导端口、金属层端口尺寸须符合要求。

（11）绕包半导电带时在接管上缠绕半导电带，带材绕包尺寸、拉伸、平整度须符合要求。

（四）高压电缆试验旁站检查要点

检查设置的过电压保护装置过压值是否符合要求，监督施工单位现场的试验方式方法、试验项目内容及安全措施按试验方案进行操作，对安全风险较高的试验项目进行旁站并形成旁站记录。以下试验内容应符合设计及规范要求：

（1）主绝缘及外护层绝缘电阻测量。

（2）主绝缘直流耐压试验及泄漏电流测量。

（3）主绝缘交流耐压试验。

（4）外护套直流耐压试验。

（5）检查电缆线路两端的相位。

（6）充油电缆的绝缘油试验。

（7）交叉互联系统试验。

（8）电力电缆线路局部放电测量。

第七节 配网工程质量控制点管理

一、质量控制点设置

配网工程质量控制点一般分通用要求及工程部位进行设置，工程部位可分为基础及土建、杆塔、电气等工程，具体参考表 5-6 设置。

表 5-6 配网工程控制点设置

序号	工程部位	控制点名称	类型	备注
1	通用部分	原材料见证取样	W	参考变电（换流）站工程执行
2	基础及土建工程	配电房砌体工程检查	W	参考变电（换流）站工程执行
3		户外电气设备基础工程检查*		参考变电（换流）站工程执行
4		电缆沟（井）工程检查*		参考变电（换流）站工程执行
5		混凝土杆基坑、杆塔拉线坑工程检查*		

续表

序号	工程部位	控制点名称	类型	备注
6	基础及土建工程	配电房钢筋工程检查*	H	参考变电（换流）站工程执行
7		铁塔、钢管杆基础开挖、钢筋及地脚螺栓安装检查*		
8		混凝土浇筑旁站	S	参考变电（换流）站工程执行
9	杆塔工程	杆、塔组立检查	W	参考架空线路工程执行
10	电气工程	配电柜安装检查*	W	
11		干式变压器安装检查*		
12		杆上电气设备安装检查*		
13		电缆试验安装见证		参考变电（换流）站工程执行
14		接地装置施工检查*		参考变电（换流）站工程执行
15		埋管工程检查*		
16		导地线压接旁站*	S	参考架空线路工程执行
17		电缆附件制作旁站*	S	参考变电（换流）站工程执行

注　控制点名称带*标记，同为隐蔽工程验收点。

二、见证点检查

（一）原材料见证取样

配网工程原材料见证取样可参考变电（换流）站工程执行。

（二）混凝土杆基坑、杆塔拉线坑工程检查要点

（1）混凝土杆基坑深度检查：根据杆塔号复核实测值与设计值，偏差为50～100 mm。

（2）混凝土杆基坑底盘放置检查：根据杆塔号复核实测值与设计值，应满足电杆埋深度要求。电杆底盘基础尺寸检查如图5-84所示，杆组立检查如图5-85所示。

图5-84　电杆底盘基础尺寸检查

图5-85　杆组立检查

（3）拉线分坑定位检查：拉线基础坑位置，根据杆塔号复核实测值与设计值，左右偏差为±1%L（L 为拉线基础坑中心至电杆中心距离）。

（4）拉盘安装检查：

1）拉盘埋设深度及放置检查：根据杆塔号复核实测值与设计值，不应有负偏差。

2）马道开挖及基坑回填检查：根据杆塔号复核实测值与设计值，应符合设计要求；应分层夯实，每回填 300 mm 厚度应夯实一次。

（三）配电柜安装检查要点

（1）柜体接地检查：

1）底架与基础连接牢固，不少于两点可靠接地。

2）二次接地连接到等电位接地网。

（2）柜体检查：设备附件清点齐全。

（3）柜内电气设备检查：

1）触头连接紧密、可靠。

2）一次回路带电对地、相间距离规范要求。配电柜安装检查如图 5-86 所示。

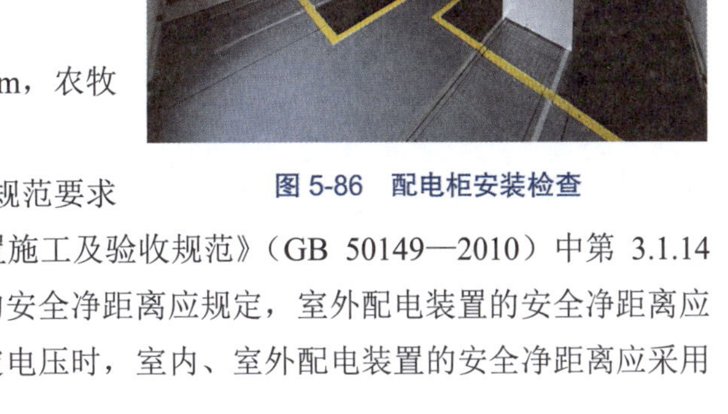

图 5-86 配电柜安装检查

（4）JP 柜安装检查：

1）设备型号及规格按设计规定。

2）JP 柜底座对地距离不得小于 2m，农牧区不得小于 1.8m。

（5）一次回路带电对地、相间距离规范要求

应符合《电气装置安装工程 母线装置施工及验收规范》（GB 50149—2010）中第 3.1.14 条的要求：母线安装、室内配电装置的安全净距离应规定，室外配电装置的安全净距离应符合规定，当实际电压值超过本级额定电压时，室内、室外配电装置的安全净距离应采用高一级额定电压对应的安全净距离值。

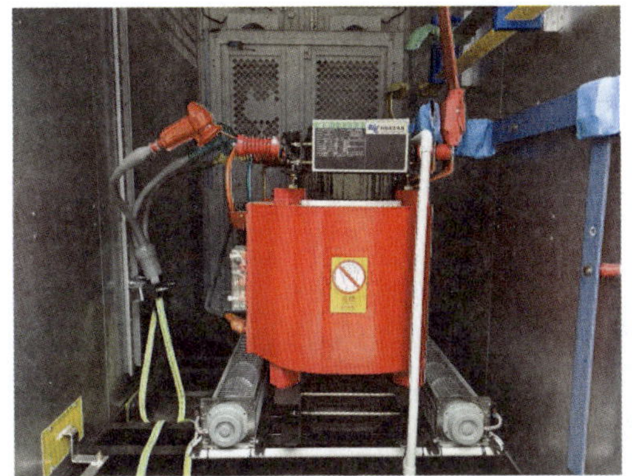

图 5-87 变压器安装

（四）干式变压器安装检查要点

（1）铁芯检查：铁芯绝缘电阻用绝缘电阻表检查，复核实测绝缘电阻值与设计值是否合格。

（2）绕组和引出线检查：

1）复核实测绝缘电阻值与厂家试验报告中绝缘电阻值、设计绝缘电阻值是否合格。

2）检查带电部分各相间距离、对接地体之间的距离符合规范要求。

（3）接地检查：本体接地采用两根引下线分别接入主网。变压器安装如图 5-87 所示。

（五）杆上电气设备安装检查要点

（1）变压器安装检查：

1）平台对地高度不低于 2.5m，牢固可靠。

2）变压器接地电阻值检查：复核实测绝缘电阻值与设计值是否符合要求。

（2）跌落式熔断器安装检查：

1）与地面垂直距离不小于 5m，郊区农田线路可降低至 4.5m。

2）熔管跌落时不伤及设备及人身安全。

（3）断路器、负荷开关安装检查：

1）带电部分各相间距离、对接地体之间的距离符合 GB 50149 中 3.1.14 的要求。

2）开关底部对地距离符合设计要求。

（4）隔离开关安装检查：裸露带电部分对地垂直距离不少于 4.5m。

（5）避雷器安装与地面垂直距离不小于 4.5m。杆上电气设备安装施工如图 5-88 所示。

图 5-88　杆上电气设备安装施工

三、停工待检点检查

（一）铁塔、钢管杆基础开挖、钢筋及地脚螺栓安装检查要点

（1）基础开挖检查：

1）基础坑深偏差：–50～100mm。

2）基础坑底板尺寸偏差：–1%设计值以内。

（2）基础钢筋及地脚螺栓检查：

1）主钢筋规格、数量：主筋规格符合设计要求，主筋数量符合设计要求。

2）钢筋保护层厚度偏差：–10～10mm。

3）地脚螺栓根开及对角线尺寸偏差：–2‰～+2‰。

4）地脚螺栓规格、数量符合设计要求。

5）基础模板尺寸偏差符合设计要求。

6）模板及其支架：安装牢固，接缝严密，可承受混凝土的侧压力。

四、旁站点检查

配网工程混凝土浇筑、电缆附件制作监理旁站要点参照本章第四节变电（换流）站工程质量控制点管理旁站点执行，导地线压接监理旁站要点参照本章第五节架空线路工程质量控制点管理旁站点执行。

第八节 主要试验报告审查

（一）钢筋实验报告监理审查要点

（1）取样人和送样人、委托单位、样品名称、检测类型核实正确。

（2）CMA（中国计量认证）章为红色章，编号清晰一致，完整，试验、审核、批准，签字齐全，字迹清楚。

（3）钢筋品种、部位、公称直径、批号及数量基本信息正确。

（4）检验依据未过期。

（5）生产单位属于合格供应商名录，并已完成报审。

（6）检测报告中力学性能、反向弯曲、重量偏差实验值符合标准要求。

（7）钢筋试验单的项目应填写齐全，要有检测结论，第一次材料复试有问题须加倍取样，合格时两次试验报告要同时保留。

（8）进口钢筋，应有机械性能试验、化学分析报告和可焊性试验报告。

（9）对有抗震设防要求的框架结构，其纵向受力钢筋的强度应满足设计要求；当设计无具体要求时，对一、二级抗震等级，检验所得的强度实测值应符合下列规定：钢筋的抗拉强度实测值与屈服强度实测值的比值不应小于 1.25，钢筋的屈服强度实测值与强度标准值的比值不应大于 1.3。监理审核钢筋复试报告时应进行核算。

（10）如选用合格单工厂集中加工的成型钢筋，应有由加工单位出具的出厂证明及钢筋出厂合格证明单，其上应注明钢筋复试试验单的序号和试验日期。钢筋检测报告如图 5-89 所示。

CMA

22110134××××

××建设工程检测有限公司

检 测 报 告

NO:C2024××××

委托编号：C24××××

共 1 页第 1 页

委托单位		工程名称	杭湾 500 kV 变电站新建工程		报告日期	2024-01-06
见证单位		见证人	×××	送样人 ×××	接样日期	2024-01-05
样品名称	热轧带肋钢筋	检测类型	委托检测	检测项目	屈服强度，抗拉强度，反向弯曲，最大力总延伸率，重量偏差	
生产单位	试件 00038/00040：盐城联鑫；试件 00039：江苏扬钢			样品状态	无弯折、无锈蚀、无起皮	
检测依据	GB/T 1499.2—2018《钢筋混凝土用钢第 2 部分：热轧带肋钢筋》、GB/T 28900—2022《钢筋混凝土用钢材试验方法》					

试样编号	钢筋品种	部位	公称直径（mm）	力学性能										弯曲性能			反向弯曲			重量偏差			批号及数量
				下屈服强度		抗拉强度		断后伸长率		最大力总延伸率		实测抗拉强度与实测屈服强度之比	实测屈服强度与屈服强度特征值之比										
				标准要求（MPa）	实测值（MPa）	标准要求（MPa）	实测值（MPa）	标准要求（%）	实测值（%）	标准要求（%）	实测值（%）			弯曲压头直径（mm）	弯曲结果	试验结果	弯芯直径（mm）	弯曲结果	试验结果	标准要求（%）	实测值（%）	检测结论	
00038	HRB 400E	钢筋混凝土结构	14	≥400	445	≥540	615	—	—	≥9.0	17.4	1.38	1.11	—	—	—	70	无裂纹	合格	±5.0	-4.1	合格	230707 ×××× 48.3t
					440		615		—		17.6	1.40	1.10			—							
00039	HRB 400E	钢筋混凝土结构	16	≥400	435	≥540	605	—	—	≥9.0	16.9	1.39	1.09	—	—	—	80	无裂纹	合格	±5.0	-4.5	合格	231033 ×××× 52.64t
					435		610		—		17.3	1.40	1.09			—							
00040	HRB 400E	钢筋混凝土结构	18	≥400	440	≥540	610	—	—	≥9.0	17.4	1.39	1.10	—	—	—	90	无裂纹	合格	±5.0	-4.3	合格	231202 ×××× 54.3t
					440		610		—		17.3	1.39	1.10			—							
检测结论	所检项目符合 GB/T 1499.2-2018《钢筋混凝土用钢第 2 部分：热轧带肋钢筋》标准要求.																						
备注	—																						
注意事项	1、报告无批准人、审核人签字无效，无本单位检验检测专用章无效。 2、报告发生任何改动或复制后，检测单位盖章有效。 3、报告仅对来样负责，结论仅对受检样品的本次检测有效。 4、如对检测结果有异议，请在收到检测报告之日起 15 天内向本公司书面提出。 联系地址：宁波市××路 268 号 电话：0574-8626×××× 邮政编码：×××××× 传真：0574-8626××××																						

批准：　　审核：　　试验：

图 5-89 钢筋检测报告

（二）砌块检测报告监理审查要点

（1）取样人和送样人、委托单位、样品名称、检测类型核实正确。

（2）CMA（中国计量认证）章为红色章，编号清晰一致，完整，试验、审核、批准，签字齐全，字迹清楚。

（3）砌块强度等级、部位、批号及数量基本信息正确。

（4）检验依据未过期。

（5）生产单位属于合格供应商名录，并已完成报审。

（6）检验报告品种规格、抗压强度平均值、强度标准差符合标准要求。

（7）砌块检测报告的项目应填写齐全，要有结论评定。砌块检测报告如图5-90所示。

××建设工程检测有限公司

检　验　报　告

NO:U2023××××

委托编号：U23××××

共1页第1页

委托单位		工程名称	××500kV变电站新建工程				
样品名称	页岩实心砖	样品状态	完整、长方体有效	检验类型	委托检验	报告日期	2023-11-24
见证单位	××有限公司	见证人	×××	送样人	×××	收样日期	2023-11-20
生产单位	××有限公司	检验项目	抗压强度				
部　位	砌体结构			批号及数量	15万块		
检验依据	GB/T 5101—2017《烧结普通砖》 GB/T 2542—2010《砌墙砖试验方法》						

试样编号	强度等级	品种规格（mm×mm×mm）	抗压强度平均值（MPa）	强度标准差（MPa）	结果评定
00253	MU15	240×115×53	37.9	30.1	符合MU15

检验结论	所检项目符合GB/T 5101—2017《烧结普通砖》标准MU15强度等级要求.
备注	—
注意事项	1、报告无批准人、审批人签字无效，无本单位检验检测专用章无效。 2、报告发生任何改动或复制后，检测单位盖章有效。 3、报告仅对来样负责，结论仅对受检样品的本次检测有效。 4、如对检测结果有异议，请在收到检测报告之日起15天内向本公司书面提出。 公司地址:宁波市××路268号 电话：0574-8626××××　邮政编码：××××××　传真：0574-8626××××

批准：　　审核：　　试验：

图5-90　砌块检测报告

（三）混凝土标养试块检测报告监理审查要点

（1）取样人和送样人、委托单位、样品名称、检测类型核实正确。

（2）CMA（中国计量认证）章为红色章，编号清晰一致，完整，试验、审核、批准，签字齐全，字迹清楚。

（3）检验依据未过期。

（4）试块报告的真实有效性、送检日期是否正确、工程部位名称与送检材料是否一致、设计强度是否满足设计图纸强度要求等信息。

（5）核对检验部位和试件尺寸是否一致合格，如抗压试块 150mm×150mm×150mm。

（6）龄期是否满足要求，报告内的时间逻辑关系是否正确。

（7）试块检测报告的项目应填写齐全，要有检测结论。混凝土标养试块检测报告如图 5-91 所示。

MA

22110134××××

委托编号：A23××××

××建设工程检测有限公司

检测报告

NO:A2024××××

共 1 页第 1 页

<table>
<tr><td>委托单位</td><td colspan="4">[illegible]</td><td colspan="2">工程名称</td><td colspan="6">×× 500kV 变电站新建工程</td></tr>
<tr><td>样品名称</td><td colspan="4">混凝土试块</td><td colspan="2">样品状态</td><td colspan="3">表面光洁、完整无破损</td><td>报告日期</td><td colspan="2">2024-01-05</td></tr>
<tr><td>见证单位</td><td colspan="4">××有限公司</td><td colspan="2">见证人</td><td>×××</td><td>送样人</td><td>×××</td><td>收样日期</td><td colspan="2">2023-12-28</td></tr>
<tr><td>生产单位</td><td colspan="4">—</td><td colspan="2">检测项目</td><td colspan="3">抗压强度</td><td>检测类型</td><td colspan="2">委托检测</td></tr>
<tr><td>检测依据</td><td colspan="12">GB/T 50081—2019《混凝土物理力学性能试验方法标准》</td></tr>
<tr><td>试样编号</td><td>设计强度等级</td><td>工程结构部位</td><td>制作日期</td><td>检测日期</td><td>龄期天</td><td>试件尺寸（mm）</td><td>破坏荷载（kN）</td><td>抗压强度（MPa）</td><td>换算系数</td><td>抗压强度评定值（MPa）</td><td>达到设计强度（%）</td><td>备注</td></tr>
<tr><td rowspan="3">11471</td><td rowspan="3">C35</td><td rowspan="3">500kV GIS 设备基础筏板</td><td rowspan="3">2023-12-08</td><td rowspan="3">24-01-05</td><td rowspan="3">28</td><td>150</td><td>1115</td><td>49.6</td><td rowspan="3">1.00</td><td rowspan="3">47.8</td><td rowspan="3">137</td><td rowspan="3">—</td></tr>
<tr><td>150</td><td>1054</td><td>46.8</td></tr>
<tr><td>150</td><td>1058</td><td>47.0</td></tr>
<tr><td rowspan="3">11472</td><td rowspan="3">C35</td><td rowspan="3">500kV GIS 设备基础筏板</td><td rowspan="3">2023-12-08</td><td rowspan="3">24-01-05</td><td rowspan="3">28</td><td>150</td><td>1055</td><td>46.9</td><td rowspan="3">1.00</td><td rowspan="3">46.5</td><td rowspan="3">133</td><td rowspan="3">—</td></tr>
<tr><td>150</td><td>1051</td><td>46.7</td></tr>
<tr><td>150</td><td>1032</td><td>45.9</td></tr>
<tr><td rowspan="3">11473</td><td rowspan="3">C35</td><td rowspan="3">500kV GIS 设备基础筏板</td><td rowspan="3">2023-12-08</td><td rowspan="3">24-01-05</td><td rowspan="3">28</td><td>150</td><td>1062</td><td>47.2</td><td rowspan="3">1.00</td><td rowspan="3">46.1</td><td rowspan="3">132</td><td rowspan="3">—</td></tr>
<tr><td>150</td><td>987</td><td>43.9</td></tr>
<tr><td>150</td><td>1059</td><td>47.1</td></tr>
<tr><td colspan="13">······以下空白·-·-·-</td></tr>
<tr><td colspan="2">检测结论</td><td colspan="11">检测结果符合设计要求。</td></tr>
<tr><td colspan="2">备注</td><td colspan="11">试块自收样日期起在本公司标养。</td></tr>
<tr><td colspan="2">注意事项</td><td colspan="11">1、报告无批准人、审核人签字无效，无本单位检验检测专用章无效。
2、报告发生任何改动或复制后，检测单位盖章有效。
3、报告仅对来样负责，结论仅对受检样品的本次检测有效。
4、如对检测结果有异议，请在收到检测报告之日起 15 天内向本公司书面提出。
联系地址：宁波市××路 268 号
电话：0574-8626××××　邮政编码：××××××　传真：0574-8626××××</td></tr>
</table>

批准：　审核：　试验：

图 5-91 混凝土标养试块检测报告

（四）钢筋机械连接检测报告监理审查要点

（1）取样人和送样人、委托单位、样品名称、检测类型核实正确。

（2）CMA（中国计量认证）章为红色章，编号清晰一致，完整，试验、审核、批准，签字齐全，字迹清楚。

（3）砌块强度等级、部位、批号及数量基本信息正确。

（4）检验依据未过期。

（5）检查进场钢筋机械连接件的产品质量合格证书、产品性能检测报告等文件。核实连接件的型号、规格是否与设计图纸和规范要求相符。

（6）检验标准是否符合要求、批号、炉号、数量是否正确。

（7）屈服强度、抗拉强度是否满足标准要求，极限抗拉强度是否达标。

（8）检测数据、结果内容是否清晰、明确。钢筋机械连接检测报告如图 5-92 所示。

（五）回填土压实度检测报告监理审查要点

（1）取样人和送样人、委托单位、样品名称、检测类型核实正确。

（2）CMA（中国计量认证）章为红色章，编号清晰一致，完整，试验、审核、批准，签字齐全，字迹清楚。

22110134××××

委托编号：D23××××

××建设工程检测有限公司

检 验 报 告

NO:D2023××××

共 3 页 第 1 页

委托单位		工程名称	××500kV变电站新建工程				
样品名称	热轧带肋钢筋机械连接	样品状态	接头完好			报告日期	2023-12-08
见证单位	××有限公司	见证人	×××	送样人	×××	收样日期	2023-12-07
生产单位	试件01941：芜湖××；01942/01943：××；01944/01945：盐城××；01946：江苏××	检验项目	极限抗拉强度			检验性质	委托检验
检验依据	JGJ 107—2016《钢筋机械连接技术规程》						

试样编号	钢筋规格品种	设计等级	工程结构部位	标准要求		试验数据				评定	批号炉号及数量
				屈服强度标准值 f_{yk}(MPa)	极限抗拉强度标准值 f_{uk}(MPa)	原材料抗拉强度实测值 f^0_{st}(MPa)	极限抗拉强度实测值 f^0_{mst}(MPa)	单项评定	破坏形态		
01963	HRB 400E 18	Ⅱ级	500kV GIS配电装置室	≥400	≥540	—	595	Ⅰ级	钢筋拉断	Ⅰ级	500个
						—	610	Ⅰ级	接头连接件破坏		
						—	595	Ⅰ级	钢筋拉断		
01964	HRB 400E 18	Ⅱ级	500kV GIS配电装置室	≥400	≥540	—	590	Ⅰ级	钢筋拉断	Ⅰ级	410个
						—	610	Ⅰ级	钢筋拉断		
						—	615	Ⅰ级	接头连接件破坏		
检验结论	所检项目符合设计要求.										
备注	—										
注意事项	1、报告无“检验检测专用章”或检验单位公章无效。 2、报告无试验、审核、批准人签字无效。报告涂改无效。 联系地址：宁波市××路268号 3、对检验报告如有异议，及时向检测单位提出。 4、委托检验系指委托者自带样品送检，委托检验仅对来样负责。 电话：0574-862××××　邮政编码：××××××　传真：0574-8626××××										

批准：　　审核：　　试验：

图 5-92 钢筋机械连接检测报告（一）

××建设工程检测有限公司

检　验　附　页

NO:D2023××××

共3页 第2页

试样编号	钢筋规格品种	设计等级	工程结构部位	标准要求		试验数据				评定	批号炉号及数量
				屈服强度标准值fyk(MPa)	极限抗拉强度标准值fuk(MPa)	原材料抗拉强度实测值f°st(MPa)	极限抗拉强度实测值f°mst(MPa)	单项评定	破坏形态		
01965	HRB 400E 18	Ⅱ级	500kVGIS配电装置室	≥400	≥540	—	590	Ⅰ级	钢筋拉断	Ⅰ级	500个
						—	610	Ⅰ级	钢筋拉断		
						—	590	Ⅰ级	钢筋拉断		
01966	HRB 400E 18	Ⅱ级	500kVGIS配电装置室	≥400	≥540	—	610	Ⅰ级	钢筋拉断	Ⅰ级	480个
						—	610	Ⅰ级	钢筋拉断		
						—	590	Ⅰ级	钢筋拉断		
01967	HRB 400E 18	Ⅱ级	500kVGIS配电装置室	≥400	≥540	—	610	Ⅰ级	钢筋拉断	Ⅰ级	500个
						—	610	Ⅰ级	钢筋拉断		
						—	615	Ⅰ级	接头连接件破坏		
01968	HRB 400E 18	Ⅱ级	500kVGIS配电装置室	≥400	≥540	—	590	Ⅰ级	钢筋拉断	Ⅰ级	460个
						—	610	Ⅰ级	钢筋拉断		
						—	610	Ⅰ级	钢筋拉断		
01969	HRB 400E 18	Ⅱ级	500kVGIS配电装置室	≥400	≥540	—	590	Ⅰ级	钢筋拉断	Ⅰ级	500个
						—	610	Ⅰ级	接头连接件破坏		
						—	610	Ⅰ级	接头连接件破坏		

图 5-92　钢筋机械连接检测报告（二）

××建设工程检测有限公司

检　验　附　页

NO:D2023××××

共3页 第3页

试样编号	钢筋规格品种	设计等级	工程结构部位	标准要求		试验数据				评定	批号炉号及数量
				屈服强度标准值fyk(MPa)	极限抗拉强度标准值fuk(MPa)	原材料抗拉强度实测值f°st(MPa)	极限抗拉强度实测值f°mst(MPa)	单项评定	破坏形态		
01970	HRB 400E 18	Ⅱ级	500kVGIS配电装置室	≥400	≥540	—	590	Ⅰ级	钢筋拉断	Ⅰ级	450个
						—	615	Ⅰ级	接头连接件破坏		
						—	615	Ⅰ级	接头连接件破坏		
01971	HRB 400E 18	Ⅱ级	500kVGIS配电装置室	≥400	≥540	—	610	Ⅰ级	接头连接件破坏	Ⅰ级	500个
						—	610	Ⅰ级	钢筋拉断		
						—	590	Ⅰ级	钢筋拉断		
01972	HRB 400E 18	Ⅱ级	500kVGIS配电装置室	≥400	≥540	—	595	Ⅰ级	钢筋拉断	Ⅰ级	420个
						—	600	Ⅰ级	钢筋拉断		
						—	615	Ⅰ级	接头连接件破坏		
						……以下空白……					

图 5-92　钢筋机械连接检测报告（三）

（3）检验依据未过期。

（4）核实报告完整性否包含所有必要的信息，如工程名称、施工部位检测日期、检测方法、检测结果等。

（5）审查报告中是否包含必要的信息，如施工单位、工程名称、试验工序、依据标准、报告编号、报告日期等。

（6）核实报告中使用的检测方法是否符合设计要求和相关规范标准如核子密度仪法、灌砂法、环刀法等。

（7）确认检测的频率和样本数量是否满足规范要求，以及是否按照施工方案进行。仔细审查检测结果，包括干密度、压实度等指标，确保它们达到设计和规范要求。

（8）检查报告中的压实度是否满足设计要求的最小压实标准，确认检测的频率和样本数量是否满足规范要求。回填土压实度检测报告如图 5-93 所示。

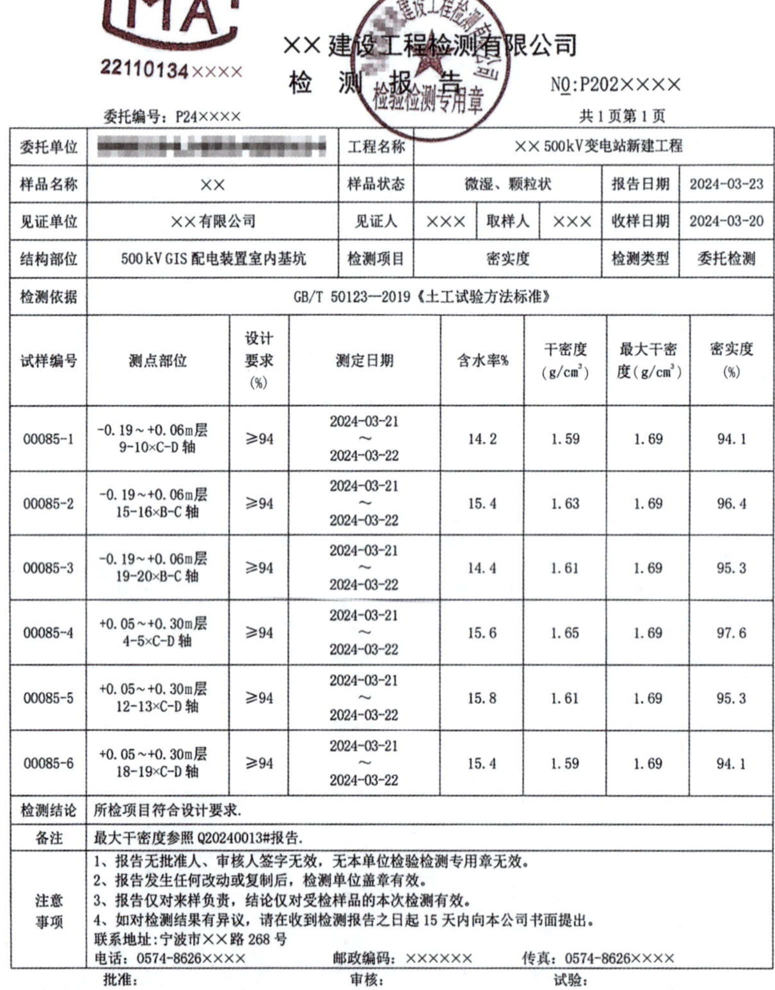

CMA 22110134××××

××建设工程检测有限公司

检 测 报 告

NO:P202××××

委托编号：P24××××　　　　共1页第1页

委托单位	[illegible]		工程名称	××500kV变电站新建工程				
样品名称	××		样品状态	微湿、颗粒状			报告日期	2024-03-23
见证单位	××有限公司		见证人	×××	取样人	×××	收样日期	2024-03-20
结构部位	500kV GIS配电装置室内基坑		检测项目	密实度			检测类型	委托检测
检测依据	GB/T 50123—2019《土工试验方法标准》							
试样编号	测点部位	设计要求（%）	测定日期	含水率%	干密度（g/cm³）	最大干密度（g/cm³）	密实度（%）	
00085-1	-0.19～+0.06m层 9-10×C-D轴	≥94	2024-03-21～2024-03-22	14.2	1.59	1.69	94.1	
00085-2	-0.19～+0.06m层 15-16×B-C轴	≥94	2024-03-21～2024-03-22	15.4	1.63	1.69	96.4	
00085-3	-0.19～+0.06m层 19-20×B-C轴	≥94	2024-03-21～2024-03-22	14.4	1.61	1.69	95.3	
00085-4	+0.05～+0.30m层 4-5×C-D轴	≥94	2024-03-21～2024-03-22	15.6	1.65	1.69	97.6	
00085-5	+0.05～+0.30m层 12-13×C-D轴	≥94	2024-03-21～2024-03-22	15.8	1.61	1.69	95.3	
00085-6	+0.05～+0.30m层 18-19×C-D轴	≥94	2024-03-21～2024-03-22	15.4	1.59	1.69	94.1	
检测结论	所检项目符合设计要求.							
备注	最大干密度参照Q20240013#报告.							
注意事项	1、报告无批准人、审核人签字无效，无本单位检验检测专用章无效。 2、报告发生任何改动或复制后，检测单位盖章有效。 3、报告仅对来样负责，结论仅对受检样品的本次检测有效。 4、如对检测结果有异议，请在收到检测报告之日起15天内向本公司书面提出。 联系地址：宁波市××路268号 电话：0574-8626××××　邮政编码：××××××　传真：0574-8626××××							

批准：　　审核：　　试验：

图 5-93　回填土压实度检测报告

（六）绝缘油试验报告监理审查要点

（1）试验工作内容完整，合格标准明确。

（2）报告中试验范围与试验方案及设计文件保持一致。

（3）进行试验需具备的温度、湿度等环境因素应满足要求，绝缘油中水分、含气量、颗粒度相关试验结果应满足相关规范要求。试验记录的数据应与现场实际数据保持一致。

（4）绝缘油各项参数指标满足规程规范要求后方可使用，若不合格应第一时间联系厂家进行过滤处理或返厂。绝缘油试验报告如图 5-94 所示。

换流变压器本体绝缘油试验报告

试验日期：2019.04.29	试验温度：20℃
试验人员：×××	试验湿度：30 %

一. 试验内容

绝缘油油质及气相色谱分析

试验仪器：济南泛华 AI-6000K 油介损及体积电阻率测试仪 NO:97102；日上 JF-3 微量水分测试仪 NO:13023-2005；凯特 KD9701 自动绝缘油耐压试验机 NO:97102；中分 2000B 气相色谱仪 NO:1001751；中惠 ZHSZ601 酸值测试仪 NO:00499；

试验依据：《输变电状态检修试验规程》(Q/GDW 1168—2013)

《变压器油中溶解气体分析和判断导则》(GB/T 7252—2001)

设备调度号	极 II 高端 Y/Y-A	极 II 高端 Y/Y-B	极 II 高端 Y/Y-C	试验标准
试验项目	试验结果			
外　观	透明、无杂质或悬浮物			
击穿电压(kV)	65.7	69.4	68.3	≥60
$\tan\delta$(%，90℃)	0.194	0.096	0.134	≤2
水分(mg/L)	5.7	4.3	3.4	≤15
油中含气量(%)	1.14	0.60	0.55	≤3
酸值（以KOH计，mg/g）	0.017	0.009	0.014	≤0.1
颗粒度（个）	540	630	740	≤3000
气体组分	气体含量（μL/L）			
二氧化碳(CO_2)	133.70	160.38	114.58	—
一氧化碳（CO）	50.76	69.60	53.04	—
氢气（H_2）	4.23	2.79	4.33	≤150
甲烷（CH_4）	1.20	1.33	1.53	—
乙烯（C_2H_4）	0.13	0.16	0.14	—
乙炔（C_2H_2）	0.00	0.00	0.00	≤1
乙烷（C_2H_6）	0.18	0.00	0.00	—
总烃含量（C_1+C_2）	1.51	1.49	1.67	≤150

结论：使用仪器合格，试验方法正确，试验数据合格。

应急检修项目部

图 5-94　绝缘油试验报告

（七）二次保护调试试验报告监理审查要点

（1）试验工作内容完整，合格标准明确。

（2）报告中试验范围与试验方案及设计文件保持一致。

（3）进行试验需具备的条件、环境因素、试验内容、试验记录样等数据符合要求，试验设备接线、接地、隔离措施应满足试验方案要求。

（4）试验所用电压、电流、升压流程应与试验方案保持一致，报告数据应与试验过程中的原始试验记录保持一致。

（5）保护版本型号、整定值、试验值满足试验方案及现场实际要求。

（6）试验过程中应对保护动作时间进行记录，动作时间应满足规范及设计文件要求。二次保护调试试验报告如图 5-95 所示。

10kV M1.3 出线柜极Ⅰ高Ⅰ段保护试验报告

一、试验日期：2022.07.1-2022.07.9

二、试验依据：

GB/T 14285—2006《继电保护和安全自动装置技术规程》

GB/T 7261—2016《继电保护和安全自动装置基本试验方法》

DL/T 995—2016《继电保护和电网安全自动装置检验规程》

《国家电网公司十八项电网重大反事故措施（修订版）》（国家电网生［2018］979 号）

三、使用仪器：计算机自动化（继电保护）测试调试系统（A460F011503）、绝缘电阻表（14100580）

四、铭牌数据：

型号	PCS-9622C	额定直流电压	220V
额定交流电压	57.7V	额定交流电流	1A
制造厂家	南瑞继保		

五、保护屏的外观、机械部分及接线检查：

对所有端子排、连接片、二次接线、标示、端子排的接地端子接地、箱体接地及所有裸露的带电元件与屏板的最小距离进行检查均满足《继电保护及电网安全自动装置检验条例》要求。

六、绝缘电阻及交流耐压试验：

试验项目及试验部位	绝缘电阻			耐压试验
	分组回路对地	整个回路对地	出口接点之间	整个回路对地
最低绝缘电阻（MΩ）	32	31	33	无击穿闪络现象
备 注	(1)绝缘电阻：回路绝缘用 1000V 档位； (2)测量分组回路对地绝缘电阻时，非测量回路接地； (3)耐压试验：用摇表 2500V 档位测试 1min 代替 1000V 交流耐压			

七、微机线路保护装置检验：

1. 工作电源检查：

（1） 直流电源缓慢上升时的自启动性能检验。

直流电源从零缓慢升至 80%额定电压值，此时逆变电源插件正常工作，逆变电源指示灯都应亮，保护装置应没有误动作或误发信号的现象。（失电告警继电器触点返回）。

（2） 拉合直流电源时的自启动性能。

直流电源调至 80%额定电压，断开、合上检验直流电源开关，逆变电源插件正常工作（失电告警继电器触点动作正确）。

（3） 工作电源稳定性检测：

保护装置所有插件均插入，分别加 80%、100%、110%的直流额定电压，电源监视指示灯、液晶显示器及保护装置均处于正常工作状态。

整定值：I02zd = 1A，T_{02} = 2s，控制字：1		
外接零序电流动作情况		1.2 倍动作时间（ms）
		T_{02}
1.05 倍整定值	动作	2022
0.95 倍整定值	不动作	

5、TA 断线检查

方法：投入 TA 断线控制字，在任一侧加入三相平衡电流，断开任一相或两相电流，发 TA 断线告警信号。

6、TA 断线闭锁差动保护检查

方法：投入 TA 断线闭锁差动保护控制字，模拟在保护装置发 TA 断线告警信号时，在任一侧加入一相大于差动定值的电流，差动保护不动作。

7、TV 断线检查：

判据如下：满足上述任一条件延时 10S 报母线 TV 断线，电压一般取自高压侧母线 TV。

（1）任一正序电压小于 30V，支路有电流。

（2）负序电压大于 8V。

8、操作回路整组试验：

回路名称	100%额定电压下检查结果	80%额定电压下检查结果
合闸回路	动作正确	动作正确
跳闸回路	动作正确	动作正确
防跳回路	动作正确	动作正确
储能闭锁回路	动作正确	动作正确

十、结论：

依据相关技术标准、规程规范和整定要求经过试验，以上所试项目全部合格。

试验人员： 审核人员：

图 5-95 二次保护调试试验报告

（八）线路参数试验报告监理审查要点

（1）试验报告编制、审查和批准程序符合要求，编制依据有效。

（2）线路参数试验测试的电阻、容抗等项目应完整齐全。

（3）报告中试验范围与试验方案及现场实际保持一致。

（4）进行试验需具备的条件、环境因素、试验内容、试验记录样等数据符合要求。

（5）试验报告数据应与试验过程的原始试验记录保持一致。

（6）线路测量所用的电压、电流及线路状态满足试验方案要求。

（7）试验报告中导线型号、长度应与现场实际及设计文件保持一致。

（8）线路阻抗、容抗等满足规范要求。线路参数测试报告如图 5-96 所示。

（九）电气传动试验报告监理审查要点

（1）试验工作内容完整，合格标准明确。

国家电网 STATE GRID

输电线路工频参数试验报告

工程名称：500kV××线 试验目的：交 接 试验日期：2024.6.2

1.线路资料

导 线 型 号	线 路 长 度（km）	测 试 端
4×JL/LB20A-630/45	44.580	500kV××变
4×JL/LHA1-465/210	6.471	
4×JNRLH60/LB1A-630/45	14.049	

2.试验数据

2.1 入地电流测量

测试端 / 线路状态	入地电流（A）		
	A 相	B 相	C 相
双端接地	0.4	0.4	0.3

2.2 线路电磁感应电压测量

测试端 / 线路状态	线路电磁感应电压（V）		
	A 相	B 相	C 相
末端接地	14	9	11

2.3 线路静电感应电压测量

测试端 / 线路状态	线路静电感应电压（V）		
	A 相	B 相	C 相
双端开路	130	70	140

2.4 核相及绝缘电阻 $t=$ 25 ℃ RH= 58 %

测试端 / 末端状态	绝 缘 电 阻（MΩ）		
	A 相	B 相	C 相
A 相开路，B、C 接地	720	0	0
B 相开路，A、C 接地	0	730	0
C 相开路，A、B 接地	0	0	680

2.5 直流电阻测量（Ω） $t=$ 25 ℃

R_A	R_B	R_C
0.76	0.75	0.76

2.6 正、负序参数

正、负序阻抗				正、负序容抗	
Z_{12}(Ω)	R_{12}(Ω)	X_{12}(Ω)	ϕ_{12}(°)	X_{C12}(Ω)	C_{12}(μF)
17.169	0.967	17.142	86.8	3420.7	0.931

2.7 零序参数

零序阻抗				零序容抗	
Z_0(Ω)	R_0(Ω)	X_0(Ω)	ϕ_0(°)	X_{C0}(Ω)	C_0(μF)
41.975	7.846	41.235	79.2	6066.1	0.525

2.8 线间互感测量

2.8.1. ×× 线与 ×× 线 线间互感

R(Ω)	X(Ω)	Z(Ω)	阻抗角(°)
6.655	20.795	21.835	72.253

3.结论：合格。

电气试验专用章

校核者________ 试验者________

图 5-96 线路参数测试报告

（2）报告中试验范围与试验方案及现场实际保持一致。

（3）进行试验需具备的条件、环境因素、试验内容、试验记录样等数据符合要求。

（4）试验模拟的故障应与出口动作及后台报文保持一致，报告中的数据应与试验过程中的原始试验记录一致。

（5）非电量试验模拟故障的开入点应与试验方案一致，传动试验的项目、试验范围满足试验方案要求。

（6）各段试验段应覆盖回路的全部范围。

（7）传动试验结果明确。电气传动试验报告如图 5-97 所示。

站用电整组传动试验报告

工程

试验单元	35kV#0 站用变保护	
序号	试验项目	结论
1	模拟故障，出口跳 35kV 进线断路器	正确
2	模拟故障，出口跳低压侧 10kV 0M 进线断路器	正确
3	模拟故障，出口闭锁低压侧备自投 1	正确
4	模拟故障，出口闭锁低压侧备自投 2	正确
5	模拟故障，出口启动故障录波器	正确
6	保护动作至接口屏 A	正确
7	过负荷至接口屏 A	正确
8	装置异常至接口屏 A	正确
9	装置故障/直流消失至接口屏 A	正确
10	继电器电源空开断开至接口屏 A	正确
11	保护动作至接口屏 B	正确
12	过负荷至接口屏 B	正确
13	装置异常至接口屏 B	正确
14	装置故障/直流消失至接口屏 B	正确
15	继电器电源空开断开至接口屏 B	正确

试验单元	35kV#0 站用变非电量保护	
序号	试验项目	结论
1	本体重瓦斯跳闸开入	正确
2	调压重瓦斯跳闸开入	正确
3	油温高跳闸开入	正确
4	绕温高跳闸开入	正确
5	出口跳 35kV 进线断路器	正确
6	出口跳低压侧 10kV 0M 进线断路器	正确
7	出口非电量动作启动故障录波器	正确
8	本体重瓦斯跳闸至接口屏 A	正确
9	调压重瓦斯跳闸至接口屏 A	正确
10	油温高跳闸至接口屏 A	正确
11	绕温高跳闸至接口屏 A	正确
12	装置故障/直流消失至接口屏 A	正确
13	本体重瓦斯跳闸至接口屏 B	正确
14	调压重瓦斯跳闸至接口屏 B	正确
15	油温高跳闸至接口屏 B	正确
16	绕温高跳闸至接口屏 B	正确
17	装置故障/直流消失至接口屏 B	正确

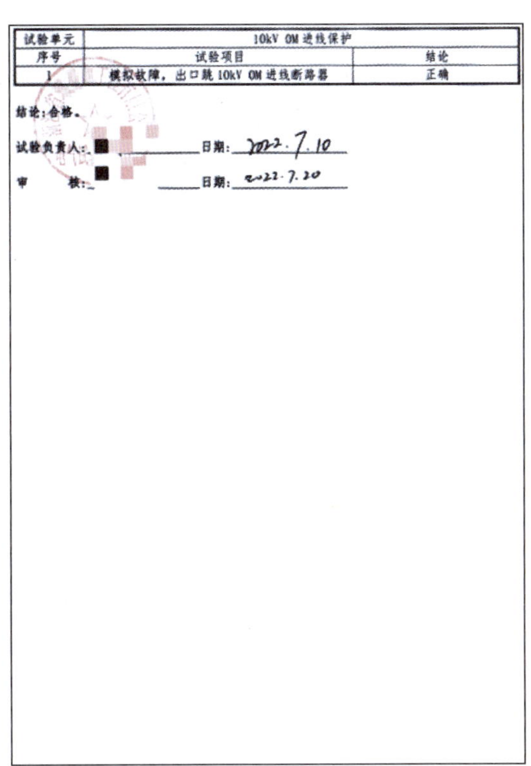

试验单元	10kV 0M 进线保护	
序号	试验项目	结论
1	模拟故障，出口跳 10kV 0M 进线断路器	正确

结论：合格。

试验负责人：＿＿＿＿＿＿ 日期：2022.7.10

审　　核：＿＿＿＿＿＿ 日期：2022.7.20

图 5-97　电气传动试验报告

（十）接口装置试验报告监理审查要点

（1）试验工作内容完整，合格标准明确。

（2）装置的额定电压、电流等参数应明确，所用仪器的规格型号应满足规范要求。

（3）试验中各回路端子间、端子对地的绝缘水平应满足规范要求。

（4）报告中试验范围与试验方案及现场实际保持一致，各压板、按钮应与设计文件一致，各端子排、装置已紧固完成，相关导通试验已完成。

（5）进行试验需具备的条件、环境因素、试验内容、试验记录样等数据符合要求，试验所用电压、电流、升压流程应与试验方案保持一致。

（6）试验报告数据应与试验过程的原始试验记录保持一致。

（7）分合闸项目与段子排号对应正确，分合闸开入开出回路正确，所涉及二次回路连接正确。

（8）装置绝缘电阻及接线工艺满足规范要求。测量接口装置试验报告如图 5-98 所示。

测量接口装置试验报告

××工程

一、铭牌及厂家

安装单元	SPT2A	型号	PCS-9559
制造厂家	南瑞继保	制造日期	—
装置额定参数	D_C=220V、U_N=57.7V、I_N=1A	仪表名称及编号	绝缘电阻表 ER1-077
试验人员	仝其丰、陈岳敏	试验日期	2022.8.1～2022.9.30

二、外观检查

检查内容	检查结果
装置的配置、型号、参数	与设计相符
主要设备、辅助设备的工艺质量	良好
压板、按钮标识	与设计相符
端子排、装置背板螺丝紧固	已紧固

三、屏内绝缘检测

检测部位	1000V绝缘电阻表检测结果（MΩ）
交流电源回路端子对其他及地	1200
直流电源回路端子对其他及地	1300
开关量输入回路端子对其他及地	530
控制输出回路端子对其他及地	420

四、装置上电及逆变电源检测

检测项目	检测结果
装置上电后应正常工作，显示正确	正常工作
逆变电源输出电压检查	符合设计
直流电源自启动性能检查	试验逆变电源由零上升至80%额定电压时逆变电源指示灯亮。固定80%直流电源，拉合直流开关，逆变电源可靠启动

五、开入量检查

本侧端子号	开入编号	对侧端子号	开入量名称	屏内校验时检查	带二次回路检查
X102:14	S015A	1PD:15	WE.W2.MCC 断路器分闸	正确	正确
X102:15	S013A	1PD:14	WE.W2.MCC 断路器合闸	正确	正确
X102:16	S023A	1PD:19	WE.W2.MCC 就地操作	正确	正确
X102:28	S015A	1PD:15	WE.W20.MCC 断路器分闸	正确	正确
X102:29	S013A	1PD:14	WE.W20.MCC 断路器合闸	正确	正确
X102:30	S021A	1PD:18	WE.W20.MCC 就地操作	正确	正确
X103:14	S015A	1PD:15	WE.Z21.MCC 断路器分闸	正确	正确
X103:15	S013A	1PD:14	WE.Z21.MCC 断路器合闸	正确	正确
X103:16	S025A	1PD:20	WE.Z21.MCC 就地操作	正确	正确
X103:28	S015A	1PD:15	WE.Z22.MCC 断路器分闸	正确	正确
X103:29	S013A	1PD:14	WE.Z22.MCC 断路器合闸	正确	正确

六、开出量检查

本侧端子号	回路编号	对侧端子号	开出量名称	屏内校验时检查	带二次回路检查
X102:7	Q0109	2-4QD:14	RC2 断路器远方分闸控制命令	正确	正确
X102:8	Q0103	2-4QD:11	RC2 断路器远方合闸控制命令	正确	正确
X102:9	Q0119	1BD:4	RC2 断路器就地控制允许命令	正确	正确
X102:21	Q0133	1QD2:29	WE.W20.MCC 断路器分闸	正确	正确
X102:22	Q0103	1QD2:27	WE.W20.MCC 断路器合闸	正确	正确
X102:23	Q0119	1QD2:8	WE.W20.MCC 断路器就地控制允许命令	正确	正确
X103:7	Q0133	1QD2:29	WE.Z21.MCC 断路器分闸	正确	正确
X103:8	Q0103	1QD2:27	WE.Z21.MCC 断路器合闸	正确	正确
X103:9	Q0119	1QD2:8	WE.Z21.MCC 断路器就地控制允许命令	正确	正确
X103:21	Q0133	1QD2:29	WE.Z22.MCC 断路器分闸	正确	正确
X103:22	Q0103	1QD2:27	WE.Z22.MCC 断路器合闸	正确	正确
X103:23	Q0119	1QD2:8	WE.Z22.MCC 断路器就地控制允许命令	正确	正确
X104:7	Q0133	1QD2:29	WE.Z23.MCC 断路器分闸	正确	正确
X104:8	Q0103	1QD2:27	WE.Z23.MCC 断路器合闸	正确	正确
X104:9	Q0119	1QD2:8	WE.Z23.MCC 断路器就地控制允许命令	正确	正确
X104:21	Q0133	1QD2:29	WE.Z24.MCC 断路器分闸	正确	正确
X104:22	Q0103	1QD2:27	WE.Z24.MCC 断路器合闸	正确	正确
X104:23	Q0119	1QD2:8	WE.Z24.MCC 断路器就地控制允许命令	正确	正确
X105:7	Q0133	1QD2:29	WE.Z25.MCC 断路器分闸	正确	正确
X105:8	Q0103	1QD2:27	WE.Z25.MCC 断路器合闸	正确	正确
X105:9	Q0119	1QD2:8	WE.Z25.MCC 断路器就地控制允许命令	正确	正确
X105:21	Q0133	1QD2:29	WE.Z26.MCC 断路器分闸	正确	正确
X105:22	Q0103	1QD2:27	WE.Z26.MCC 断路器合闸	正确	正确
X105:23	Q0119	1QD2:8	WE.Z26.MCC 断路器就地控制允许命令	正确	正确

七、结论：合格。

试验负责人：　　　　日期：2022.9.30

审　　核：　　　　日期：2022.10.3

图 5-98　测量接口装置试验报告

第九节　质量通病及控制要点

（1）地基处理土石方回填工程质量通病：

1）回填土密实度达不到设计要求，不符合《建筑地基基础工程施工质量验收标准》（GB 50202—2018）第 9.5.4 条规定。回填土密实度不符合要求如图 5-99 所示。

2）由于场地平整面积过大、填土过深、未分层夯实，不符合《建筑地基基础工程施工规范》（GB 51004—2015）第 8.5.6 条、第 8.5.9 条规定。场地未进行分层夯实如图 5-100 所示。

监理管控要点：加强回填土质量检查、基底清理检查、回填土铺设厚度检查及碾压遍数、分区搭接部分处理、见证检测、验收。

图 5-99　回填土密实度不符合要求

图 5-100　场地未进行分层夯实

（2）钢筋安装工程质量通病：钢筋笼制作箍筋间距偏差过大，不符合《建筑地基基础工程施工规范》（GB 51004—2015）第 5.6.14 条中第 3 款规定。钢筋笼制作箍筋间距不符合要求如图 5-101 所示。

监理管控要点：钢筋笼制作满足设计要求且长度合格，验收时，监理人员应对钢筋笼的尺寸、骨架、焊缝、表面质量、记录等关键环节进行抽检，保证验收的准确性和全面性。

（3）现浇混凝土工程质量通病：混凝土局部疏松，砂浆少碎石多，碎石之间出现空隙，形成蜂窝状的孔洞，不符合《混凝土结构工程施工质量验收规范》（GB 50204—2015）第 8.1.2 条的规定。混凝土工程外观质量不符合要求如图 5-102 所示。

图 5-101　钢筋笼制作箍筋间距不符合要求

图 5-102　混凝土工程外观质量不符合要求

监理管控要点：浇筑混凝土前技术人员要填写浇筑申请，注明浇筑部位、标号、方量，现场试验人员对混凝土各项性能进行检测并制作试件见证取样，验收不符合规范和设计要求时要求整改。

（4）高强度螺栓安装质量通病：栓紧固后外露螺纹少于规范要求，高强度螺栓连接副终拧后，螺栓螺纹外露应为 2～3 扣，其中允许 10%的螺栓螺纹外露 1 扣或 4 扣。永久性普通螺栓紧固应牢固、可靠，外露螺纹不应少于 2 扣。高强度螺栓紧固后螺纹未外露如图 5-103 所示。

监理管控要点：高强度螺栓有以次充好、连接面处理达不到规范规定要求，高强度螺栓施拧不按规范规定进行凭主观估计等。监理应督促施工单位加强质量管理，并采用旁站、平行检验等工作方法进行管控。

（5）墙体砌筑质量通病：墙体顶部砌筑不符合要求，灰缝不密实，厚薄不均匀，不符合《砌体结构工程施工质量验收规范》（GB 50203—2011）第 5.1.8 条、第 5.3.2 条规定。墙体砌筑不符合要求如图 5-104 所示。

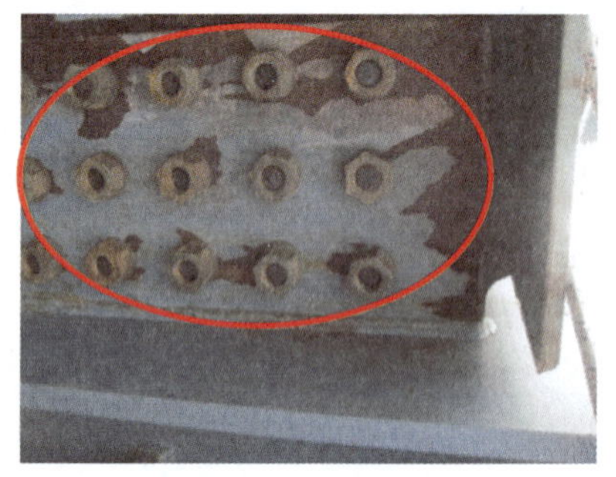

图 5-103　高强度螺栓紧固后螺纹未外露

图 5-104　墙体砌筑不符合要求

监理管控要点：监理需要对砌筑工程进行全面的检查，包括墙体的平整度、垂直度、灰缝饱满度等方面。对于不符合要求的部位，需要进行整改和处理。同时，监理还需要对工程的外观和质量进行评估，确保工程符合设计要求和使用功能。

（6）屋面工程质量通病：防水卷材原材料破损，不符合《屋面工程质量验收规范》（GB 50207—2012）第 6.2.10 条规定；屋面的管根、落水口、天沟、檐沟、泛水、屋面转角、上屋面门口等薄弱部位未设置附加层导致渗漏，不符合《屋面工程质量验收规范》（GB 50207—2012）第 6.2.12 条中第 3 款规定；防水卷材敷设出现鼓泡现象，不符合《屋面工程质量验收规范》（GB50207—2012）第 6.2.7 条中第 2 款规定；屋面找平层出现破裂、未堵实固定现象导致防水卷材不能贴合，不符合《屋面工程技术规范》（GB 50345—2012）第 5.2.2 条中第 3 款规定。防水卷材破损如图 5-105 所示，防水卷材鼓泡如图 5-106 所示，出屋面管根处未设附加层如图 5-107 所示，出屋面管根处未堵实固定如图 5-108 所示。

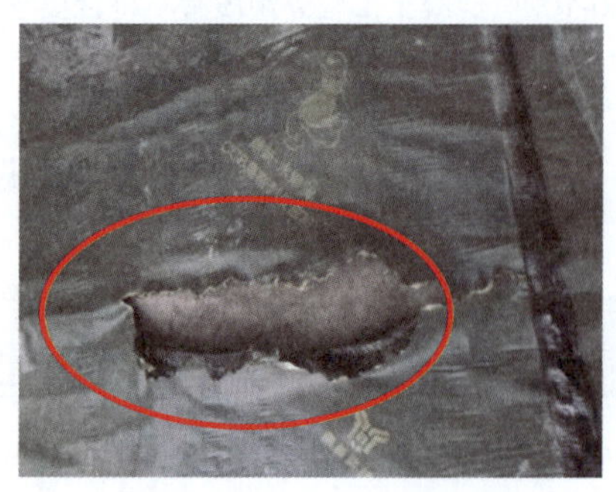

图 5-105　防水卷材破损

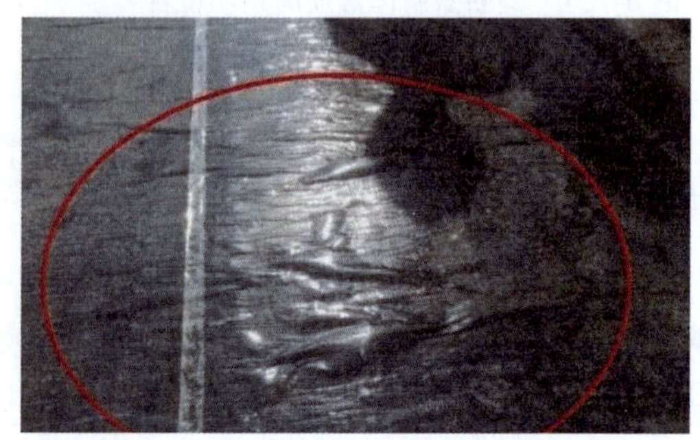

图 5-106　防水卷材鼓泡

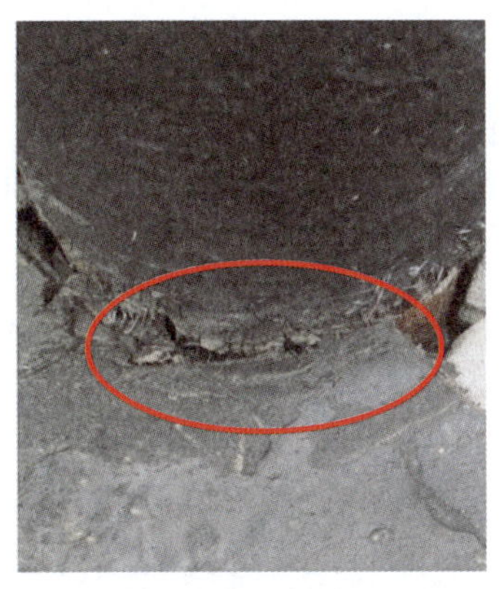

图 5-107 出屋面管根处未设附加层

图 5-108 出屋面管根处未堵实固定

监理管控要点：严格检查材料出厂合格证、质量检验报告和进场检验报告，按照确定的施工方案、技术交底对现场进行巡视检查复核。

（7）给排水安装质量通病：排水管道敷设不稳固、不平直，不符合《给水排水管道工程施工及验收规范》（GB 50268—2008）第 5.10.9 条中第 4 款规定。排水管道敷设不稳固如图 5-109 所示。

监理管控要点：管道的坡度、安装平直度必须符合设计及规范要求，巡视过程中加强质量验收。

（8）墙面抹灰质量通病：内、外墙抹灰空鼓、起壳、开裂，不符合《建筑装饰装修工程质量验收标准》（GB 50210—2018）第 4.2.4 条规定。墙面抹灰空鼓、起壳、开裂如图 5-110 所示。

图 5-109 排水管道敷设不稳固

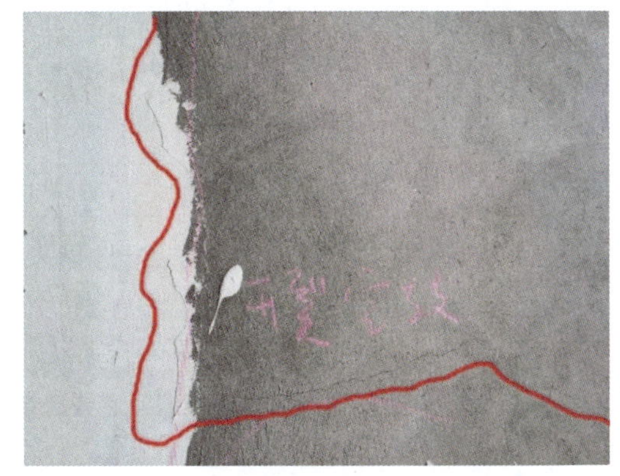

图 5-110 墙面抹灰空鼓、起壳、开裂

监理管控要点：监督施工人员严格按照规范要求进行质量验收，确保抹灰工程的质量符合要求。定期进行抹灰工程的质量抽检，并及时对出现的问题进行整改和纠正。检查施工人员的操作步骤，如灰浆的拌和比例、抹灰层的厚度、墙面垂直度等。

（9）屏柜接地质量通病：Box-in 存在接地短接线断掉、螺栓未紧固、表面有砂浆水泥的问题。违反《电气装置安装工程质量检验及评定规程　第 13 部分：电力变流设备施工质量检验》（DL/T 5161.13—2018）第 4.0.2 条规定。Box-in 接地短接线断掉如图 5-111 所示。

监理管控要点：Box-in 接地需满足规范和设计要求，验收不符合规范和设计要求时要求整改。

（10）蓄电池安装质量通病：蓄电池组电缆引出线正极、负极无颜色标识，不同蓄电池组间未采取防火隔爆措施。蓄电池组电缆引出线正极、负极无颜色标识如图 5-112 所示。

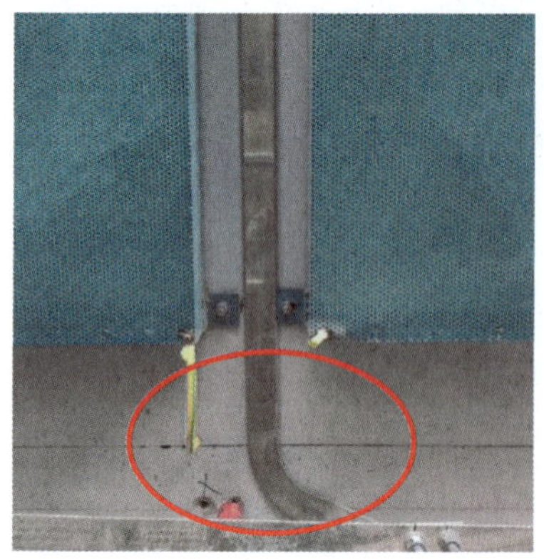

图 5-111　Box-in 接地短接线断掉

图 5-112　蓄电池组电缆引出线正极、负极无颜色标识

监理管控要点：蓄电池施工过程中，监理应加强过程检查，安装不规范时应要求整改。

（11）电流互感器绕组交接试验质量通病：某项目进行电流互感器绕组的直流电阻测量，其二次绕组 6S 绕组的直流电阻值和平均值的差异大于 10%。电流互感器绕组的直流电阻测量结果如图 5-113 所示。

4、绕组的直流电阻测量：

端子代号	1S1−1S2	2S1−2S2	3S1−3S2	4S1−4S2	5S1−5S2	6S1−6S2
1.1（A）	12.362Ω	12.339Ω	12.409Ω	12.392Ω	12.217Ω	5.252Ω
1.1（B）	12.049Ω	12.338Ω	12.098Ω	12.194Ω	12.203Ω	4.240Ω
1.1（C）	11.970Ω	11.858Ω	11.895Ω	11.971Ω	11.849Ω	4.693Ω

图 5-113　电流互感器绕组的直流电阻测量结果

监理管控要点：电流互感器绕组交接试验结果需满足规范要求，根据实验报告监理审查要点，实验数据不符合规范要求时要求整改。

（12）断路器机械特性测试质量通病：某项目进行断路器机械特性测试，测量断路器主、辅触头的分、合闸时间，测量分、合闸的同期性，该项目分闸 1 时间同期性大于 3ms，不符合产品技术条件规定的同期标准：合闸不超过 5ms，分闸不超过 3ms。断路器机械特性测试结果如图 5-114 所示。

4.1 动作时间测试

试验日期	2022.09.17		测量仪器		断路器测试仪（EV-23-07）	
天气：晴			温度：28℃		湿度：51%	
相别	A1	A2	B1	B2	C1	C2	标准
合闸（ms）	58.4	58.8	60.3	60.3	59.5	59.4	60ms±4ms
分闸 1（ms）	21.1	18.3	21.4	21.4	21.5	21.8	19ms±3ms
分闸 2（ms）	18.9	18.5	19.1	19.1	19.2	19.5	19ms±3ms

同期标准：合闸不超过 5ms、分闸不超 3ms

图 5-114 断路器机械特性测试结果

监理管控要点：断路器机械特性测试结果需满足产品技术条件的规定，根据实验报告监理审查要点，实验数据不符合产品技术要求时要求整改。

（13）电力电缆交流耐压试验质量通病：某项目进行电力电缆交接试验验收时，该项目电缆耐压时间只进行了 5min，未按要求进行 60min，不符合《电气装置安装工程 电气设备交接试验标准》（GB 50150—2016）第 17.0.5 条规定。电力电缆交流耐压试验应符合以下标准：

1）30kV 及以下电缆施加 20～300Hz 交流电压 2.5U_0（2 U_0），持续 5（60）min，绝缘不发生击穿，试验前后绝缘电阻应无明显变化。

2）35～110kV 及以下电缆施加 20～300Hz 交流电压 2 U_0，持续 60min，绝缘不发生击穿，试验前后绝缘电阻应无明显变化。

3）220kV 电缆施加 20～300Hz 交流电压 1.7 U_0，持续 60min，绝缘不发生击穿，试验前后绝缘电阻应无明显变化。电力电缆交流耐压试验结果如图 5-115 所示。

2．交流耐压试验

相别	电压（kV）	时间（min）	频率（Hz）
A	52	5	59.21
B	52	5	59.18
C	52	5	59.30

图 5-115 电力电缆交流耐压试验结果

监理管控要点：电力电缆交流耐压试验结果需满足规范要求，根据实验报告监理审查要点，实验数据不符合规范要求时要求整改。

（14）铁塔组立质量通病：塔脚板与铁塔主材间有缝隙，不符合《110kV～750kV 架空输电线路施工及验收规范》（GB 50233—2014）第 8.2.11 条规定，铁塔组立后，塔脚板应与基础面接触良好，有空隙时应用铁片垫实，并应浇筑水泥砂浆。塔脚板与铁塔主材间有缝隙如图 5-116 所示，基础不平整、地脚螺栓磨损如图 5-117 所示。

监理管控要点：监理人员需要分析不平整的原因，协助施工单位制定具体的整改措施；整改过程中，监理人员应全程监督；整改完成后，监理人员应进行质量验收，确保基础质量符合设计要求。

图 5-116　塔脚板与铁塔主材间有缝隙

图 5-117　基础不平整、地脚螺栓磨损

（15）铁塔连接螺栓质量通病：铁塔螺栓紧固率不符合要求，不符合《110kV～750kV架空输电线路施工及验收规范》（GB 50233—2014）第 7.1.3 条规定，当采用螺栓连接构件时，应符合下列规定：

1）螺栓应与构件平面垂直，螺栓头与构件间的接触处不应有空隙。

2）螺母紧固后，螺栓露出螺母的长度：对单螺母，不应小于 2 个螺距；对双螺母，可与螺母相平。

铁塔连接螺栓安装不规范如图 5-118 所示。

监理管控要点：监理人员应对螺栓进行质量检查，确保其符合设计要求和相关标准；严格控制螺栓连接的工艺，确保连接过程符合规范要求；对螺栓连接的紧固度进行检查，确保连接牢固可靠；使用合适的工具和方法进行紧固力矩的测量，防止出现过紧或过松的情况。

（16）塔材安装质量通病：塔材有损伤，不符合《110kV～750kV 架空输电线路施工及验收规范》（GB 50233—2014）第 7.2.6 条规定，铁塔组立后，各相邻主材节点间弯曲度不得超过 1/750。塔材部分弯曲变形如图 5-119 所示。

图 5-118　铁塔连接螺栓安装不规范

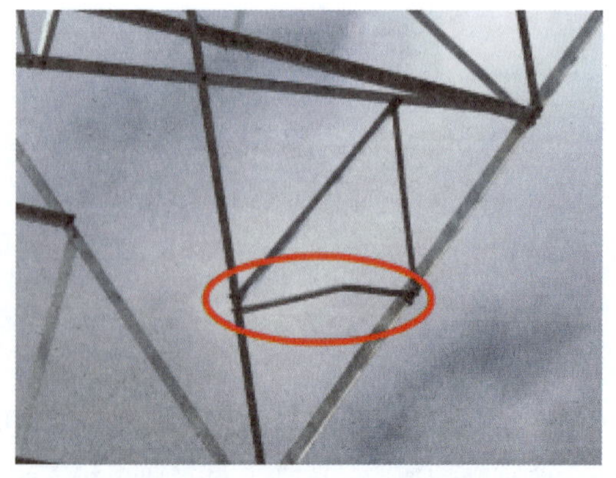

图 5-119　塔材部分弯曲变形

监理管控要点：监理人员应对弯曲变形的塔材进行详细的检查，分析塔材弯曲变形的

原因，协助施工单位制定整改措施，并监督过程整改及质量验收。

（17）塔材锈蚀质量通病：塔材有锈蚀，不符合《110kV～750kV 架空输电线路施工及验收规范》（GB 50233—2014）第 11.3 节、《输电线路铁塔制造技术条件》（GB/T 2694—2018）第 6.9.2 条、《输变电钢管结构制造技术条件》（DL/T 646—2021）第 12.2 条规定。塔材锈蚀如图 5-120 所示。

监理管控要点：监理人员应对塔材进行严格的入场检验；加强对施工环境的监控，严格督促落实施工过程中的防腐措施。

（18）导地线安装质量通病：导地线展放后松股、断股、鼓包、扭曲、损伤，不符合《110kV～750kV 架空输电线路施工及验收规范》（GB 50233—2014）第 8.2 条规定，如图 5-121 所示。

图 5-120 塔材锈蚀

图 5-121 导地线展放后松股、鼓包

监理管控要点：严格把控材料质量，加强施工工艺控制，做好施工过程检查、监督、验收工作。

（19）绝缘子安装质量通病：悬垂绝缘子串偏斜，不符合《110kV～750kV 架空输电线路施工及验收规范》（GB 50233—2014）第 8.6.1 条规定的绝缘子安装前应逐个（串）表面清理干净，并逐个（串）进行外观检查。瓷（玻璃）绝缘子安装时应检查碗头、球头与弹簧销子之间的间隙。在安装好弹簧销子的情况下球头不得自碗头中脱出。验收前应清除瓷（玻璃）表面的污垢。有机复合绝缘子表面不应有开裂、脱落、破损等现象，绝缘子的芯棒，且与端部附件不应有明显的歪斜。绝缘子串均压环安装倾斜如图 5-122 所示。

图 5-122 绝缘子串均压环安装倾斜

监理管控要点：监理人员应严格检查绝缘子串和均压环的材料质量，符合设计要求和相关标准。检查施工单位的安装工艺，确保均压环的安装位置准确、固定牢固。

（20）杆塔接地质量通病：接地体焊接及防腐不符合要求，不符合《电气装置安装工程接地装置施工及验收规范》（GB 50169—2016）第 4.7.10 条规定的接地线与杆塔的连接应可靠且接触良好，接地极的焊接长度应按本规范规定执行。接地引线未做防腐防锈、搭接长度不足如图 5-123 所示。

监理管控要点：

监理人员应对进场材料进行严格检查，包括材料的防腐性能、规格型号等，确保材料质量合格，监督施工单位按照设计要求和相关标准实施防腐措施。监理人员应使用合适的测量工具和方法，定期对接地线的搭接长度进行检查。发现问题及时要求施工单位整改。

（21）杆塔验收质量通病：杆塔偏移，不符合《110kV～750kV 架空输电线路施工及验收规范》（GB 50233—2014）第 6.3.5.11 条规定的直线杆塔组立后结构倾斜不应超出规范标准，转角杆塔向受力方向侧倾斜值应符合设计要求。杆塔偏移如图 5-124 所示。

图 5-123　接地引线未做防腐防锈、搭接长度不足

图 5-124　杆塔偏移

监理管控要点：监理人员应对塔材的整基杆塔进行全面检查；出现杆塔偏移问题，应分析偏移的原因，督促施工单位制定整改措施，根据分析结果、整改措施，做好跟踪整改闭环验收。

第十节　数字化监理质量控制技术

一、数字化监理平台概述

数字化监理质量控制一般依托数字化监理平台开展。数字化监理平台应用的硬件应具备数据采集、处理、存储及传输功能，满足稳定性和耐用性要求。硬件主要包括平台类、智能感知类、移动智能设备类、专业检测类等。

（1）平台类硬件应具备运行软件平台、人机交互及网络通信功能。可支持浏览器/服务端结构（B/S）或客户端/服务端结构（C/S）的数字化监理平台运行。

（2）智能感知类硬件应具备工程现场信息感知、记录、数据传输共享等基本功能。可包括智能安全帽、监理记录仪、视频监控设备、无人机、人脸识别闸机、智能环境监测设备等。

1）智能安全帽具备实时定位功能，宜具备实时对讲交互功能。

2）监理记录仪具备同步录音录像、实时对讲交互功能。

3）视频监控设备宜具备实时对讲交互功能。

4）无人机具备影像拍摄、数据传输等功能，可装配激光雷达进行工程项目现场激光扫描采集数据。

5）人脸识别闸机具备基于人脸等生物特征识别认证人员的功能。

6）智能环境监测设备具备对工地监测点扬尘、噪声、气象等环境监测数据的采集、传输、系统集成功能。

（3）移动智能设备类硬件应具备移动办公、视频会议、协同办公、文件交流等功能。

（4）专业检测类硬件应具备专业测量分析及数据传输功能。可包括全站型电子测距仪、混凝土无线测温仪、增强虚拟现实智能终端系统、智能监测扫描机器人等。

1）全站型电子测距仪具备测角、测距、数据处理及通信功能。

2）混凝土无线测温仪具备测温、数据处理及通信功能。

3）增强虚拟现实智能终端具备高精度定位及分析功能。

4）智能监测扫描机器人应具备工程现场智能自动化测量、扫描功能。

二、数字化监理平台质量控制技术应用

数字化监理平台质量控制一般包括施工图管理、施工组织设计/（专项）施工方案管理、资质管理、人员管理、机具管理、材料管理、设备开箱管理、质量控制点设置管理、巡视旁站、质量验收、质量事故事件管理、质量保修等模块，模块中应具备工作计划提醒、工作任务通知、执行情况检查、问题处理等功能。以下重点针对实体质量控制相关数字化技术和平台功能进行介绍。

（一）材料管理相关功能应用

材料管理宜建立或关联材料供货单位数据库、材料管理数据库、检（试）验数据库，可具备材料供货单位信息检索、材料信息检索、报审文件审查、智能感知类设备数据采集、见证取样实时监控、试验数据联网及异常预警、数据分析等功能。监理项目部应采用结构化数据对材料进行管理。结构化数据宜包括下列主要内容：

（1）材料名称。

（2）进场数量。

（3）规格/型号。

（4）供货单位名称。

（5）出厂合格证编号。

（6）进场检（试）验报告编号。

（7）进口材料商检报告编号。

监理项目部见证取样可包括下列主要工作内容：

（1）使用数字标识技术对样品及现场材料进行标识，生成唯一编码并在材料管理数据库建立材料档案，材料管理数据库宜自动关联供应商信息、质量证明文件信息、材料检验试验信息、见证取样数字化记录。

（2）模块可进行人工智能分析，推送需复试材料取样规则、方法、数量等信息。

（3）应用数字标识技术，如植入或绑定二维码、无线电射频识别标签等对样品进行取样、封样，数字化监理平台可生成见证取样记录表。

（4）使用视频监控设备、无人机、监理记录仪等智能终端设备采集取样、送样、收样过程影像信息，使用智能终端应用获取位置信息、人员认证及电子签名信息。

（5）检验试验报告不合格材料批次可推送告警信息，模块可进行人工智能分析，推送处理建议，数字化项目监理机构可按预设格式发送通知及跟踪闭环。

（6）使用语音、视频或现场处置的方式处理见证取样过程中发现问题。

监理项目部可根据数字标识，抽查工程材料使用情况，检（试）验不合格材料应在平台告警并启动处理流程，动态分析材料存续满足施工进度计划的情况。

（二）设备开箱管理相关功能应用

设备开箱宜建立或关联设备开箱管理数据库，宜具备远程开箱、设备交接办理、问题处理及闭环等功能。监理项目部应采用结构化数据对设备开箱进行管理。设备开箱结构化数据宜包括下列主要内容：

（1）生产厂家名称。

（2）设备名称及数量。

（3）规格、型号、设备技术参数。

（4）备品备件名称及数量。

监理项目部可使用视频监控设备、无人机等智能设备参与设备开箱验收，核查外观质量、设备质量文件、备品备件数量等，留存设备开箱影像记录。可通过设备开箱模块自动生成开箱记录、设备交接记录、设备开箱管理台账。发现问题时，可通过数字化监理平台进行缺陷闭环管理，生成设备缺陷处理记录。

（三）现场检查管理相关功能应用

数字化监理平台现场检查功能主要应用在巡视和旁站工作中，智化监理平台宜建立或关联项目巡视旁站数据库，具备远程巡视功能。利用数字化监理平台可采用现场监理人员和远程监理人员协同工作模式开展巡视和旁站监理工作。采用结构化数据对巡视旁站进行管理时结构化数据宜包括下列主要内容：

（1）专业工程名称。

（2）巡视旁站部位。

（3）旁站计划。

远程监理人员可通过视频进行巡视和旁站。发现的质量问题、质量隐患应通过即时语音通信要求施工人员立即整改，或通知现场监理人员到达现场进行处理。监理项目部对发现问题及时录入数字化监理平台，系统将质量监理指令推送至责任单位项目负责人，责任单位上传整改资料，监理项目部进行远程或现场复核后闭环，在数字化监理平台形成管控记录。监理项目部在数字化监理平台填写巡视、旁站数据，数字化监理平台自动生成监理日志、见证记录表、旁站记录表。

（四）质量验收相关功能应用

质量验收宜建立质量标准数据库、质量问题数据库，宜具备 BIM（建筑信息模型）验收、数据导入、验收问题自动推送功能。监理项目部可使用数字化监理平台进行质量验收文件审查，应采用结构化数据对质量标准和质量验收问题进行管理，结构化数据宜包括下列主要内容：

（1）标准名称、标准号。

（2）条款号。

（3）标准条文。

（4）工程名称/单位工程名称/分部工程名称/分项工程名称/检验批名称。

（5）验收部位。

（6）验收人员、时间。

（7）检查项目。

（8）验收结论。

（9）质量验收合格率。

监理项目部应根据工程情况布置视频监控设备、佩戴智能安全帽、操作无人机、携带监理记录仪等进行隐蔽工程质量验收，远程监理人员可通过视频进行隐蔽工程质量验收，发现的质量问题通过语音方式要求施工单位立即整改，或通知现场监理人员到达现场进行处置，数字化监理平台应能储存隐蔽工程验收图片、视频资料。

监理项目部可使用 BIM 等技术开展验收工作，使用 AI 测量工具开展现场实测实量，系统自动比对报送、实测实量数据的符合性，自动生成监理意见。

监理项目部应使用平台通知相关单位参与分部工程验收、单位工程预验收，数字化监理平台自动比对施工单位报送资料、主要使用功能抽检数据，保存观感验收图像资料，自动生成监理意见。

第六章　安全生产管理的监理工作

安全生产是民生大事，事关人民福祉，事关经济社会发展大局。党的十八大以来，习近平总书记高度重视安全生产工作，作出了一系列关于安全生产的重要论述。习近平总书记强调："必须把安全生产摆在首要位置，坚持人民至上、生命至上，牢树安全发展理念和红线意识，严格落实安全生产责任制，强化风险管控，从根本上消除事故隐患，切实把确保人民生命安全放在第一位落到实处"。《中华人民共和国安全生产法》明确规定：生产经营单位必须加强安全生产管理，建立健全全员安全生产责任制和安全生产规章制度，加大对安全生产资金、物资、技术、人员的投入保障力度，改善安全生产条件，加强安全生产标准化、信息化建设，构建安全风险分级管控和隐患排查治理双重预防机制，健全风险防范化解机制，提高安全生产水平，确保安全生产。

电网是现代社会的血脉，是国家经济发展的基石，是民生幸福的基础保障。电网工程是国家重要基础设施之一，具有类型多、涉及专业广，安全风险和事故隐患多、安全管理难度大，发生安全事故影响大等特点，对监理正确履职和有效安全管控具有较大的挑战。

（1）涉及专业广，涵盖电气、土建、线路等众多专业领域和技术环节，专业技术要求高。

（2）风险类型多，建设过程涉及深基坑、高空作业、交叉跨越、临近带电作业、有限空间等多种安全风险类型，风险管控难。

（3）事故隐患多，建设过程涉及临边、临电、坑洞、坍塌、高坠等多种事故隐患，容易发生安全事故。

（4）事故影响大，电网工程建设发生群死群伤和电网安全事故，对社会影响大，安全责任重大。

电网工程建设应建立安全风险分级管控制度，按照安全风险分级采取相应的管控措施。应组织开展基准、基于问题风险评估和场景式持续作业风险评估，构建系统性作业风险评估方法，确保有效配置资源、立体管控风险。应加强作业计划管理，制定针对性的风险管控措施，按照到位标准开展现场风险管控，确保工程施工作业风险防控有效。

电网工程建设应建立安全生产事故隐患排查治理长效机制，依据安全生产法律法规，对人员、机械设备、作业环境和生产管理等方面逐项排查，识别和消除安全生产事故的隐患，建立重大危险源监控机制和重大隐患排查治理机制，有效防范和遏制重大事故的发生，将安全生产事故消灭在萌芽状态。

电网工程建设中要加强安全文明施工和环境保护管理，科学合理布置施工现场，加强施工通道、安全围蔽、粉尘、噪声、排污等文明施工管理，确保施工绿色、环保、有序进行。随着数智化技术的飞速发展，数智先进技术在电网工程监理工作中得到大量应用，形成监理新质生产力。数智化监理平台建设、数智直采技术、可视化监控、AI 违章识别、数据集成和驱动等数智化技术大量应用促进了监理技术的发展，为电网安全监理的提质增效提供了更多的可能。

随着电网工程建设技术的发展，机械化施工已成为常态，大大降低了工人的劳动强度，减少了安全事故的发生，机械化施工安全已成了监理工作的一项重要内容。

在实践过程中，各大电网公司对电网建设过程安全管理工作高度重视，结合电网工程安全管理的需求对安全监理工作提出了更高的要求，明确了安全监理履职和到位的具体标准，进一步落实了安全监理责任。因此，本章根据《电力建设工程监理规范》（DL/T 5434—2021）、《电网工程监理导则》（T/CEC 5089—2023），结合电网工程安全监理要求和实践，重点介绍安全风险管控、隐患管理、安全文明施工管理及环境保护、数智化安全监理、机械化施工安全监理、应急管理等内容。

第一节　安全风险管控

一、风险辨识与评估

（一）风险辨识

监理项目部要督促施工项目部勘察施工周边环境，采用不同的风险辨识方法，全面辨识施工现场的各种风险因素，进行项目作业风险辨识。对施工现场的安全作业危害辨识主要包括以下几个方面：

（1）人员方面：包括施工人员的资质、安全意识、操作技能等。如果施工人员没有相应的资质或安全意识淡薄，可能会导致安全事故的发生。

（2）设备方面：包括施工设备的完好性、安全性、操作规程等。如果施工设备存在故障或操作不规范，可能会导致安全事故的发生。

（3）环境方面：包括施工现场的地形、地貌、气候等。如果施工现场存在陡坡、悬崖、洪水等危险因素，可能会导致安全事故的发生。

（4）管理方面：包括施工单位的安全生产管理制度、组织机构和人员等。如果施工单位的安全生产管理制度不完善、组织机构不健全、管理人员不到位，可能会导致安全事故的发生。

（二）风险评估

（1）开展施工基准作业风险评估。工程开工前应督促施工单位对施工作业任务开展基本、全面的作业风险评估，形成工程施工基准作业风险数据库。

1）工程开工前，施工项目部应结合工程实际，识别可能导致风险发生的各种因素，找出风险源，分析暴露于危害因素的频率、发生后果的可能性和发生事故事件后果的严重程度，计算风险值，开展风险评估。风险值计算公式如下：

风险值 =后果（S）×暴露（E）×可能性（P）

2）确定风险等级。根据计算得出的风险值，电网工程风险等级可以分为“特高”“高”“中等”“低”“可接受”五级。

特高的风险：400≤风险值，考虑放弃、停止；

高风险：200≤风险值<400，需要立即采取纠正措施；

中等风险：70≤风险值<200，需要采取措施进行纠正；

低风险：20≤风险值<70，需要进行关注；

可接受的风险：风险值<20，容忍。

3）结合电网工程建设实际，电网工程典型中高风险评估等级可参考表 6-1。

表 6-1　电网工程典型中高风险评估等级

序号	分部分项工程	作业类型	风险等级	适用专业
1	基坑工程	燃气、输油、电力等易燃易爆管线、国防光缆等重要地下管线 2m 以内的土石方机械开挖作业	高	土建、输电、配网、隧道
2		燃气、输油、电力等易燃易爆管线、国防光缆等重要地下管线 2m 以内的土石方人工开挖作业	中	土建、输电、配网、隧道
3		开挖深度超过 3m（含 3m）的基坑（槽）的土方开挖、支护、降水工程（3m≤开挖深度<5m）	中	土建、输电、配网、隧道
4		开挖深度虽未超过 3m，但地质条件、周围环境和地下管线复杂，或影响毗邻建构筑物安全的基坑（槽）的土方开挖、支护、降水工程	中	土建、输电、配网、隧道
5		开挖深度超过 5m（含 5m）的基坑（槽）的土方开挖、支护、降水工程	高	土建、输电、配网、隧道
6		开挖深度虽未超过 5m，但地质条件、周围环境和地下管线复杂，或影响毗邻建筑（构筑物）安全基坑（槽）的土方开挖、高边坡、支护、降水工程（3m≤开挖深度<5m）	高	土建、输电、配网、隧道
7	爆破施工	常规爆破施工	中	土建、输电、配网、隧道
8		邻近交通繁忙的主干道路、人员密集区域、铁路、变电站等重要建构筑物的爆破作业	高	土建、输电、配网、隧道
9	人工挖孔桩工程	人工挖孔桩工程（3m≤开挖深度<16m）	中	土建、输电、配网、隧道
10		人工挖孔桩工程（开挖深度≥16m）	高	土建、输电、配网、隧道

续表

序号	分部分项工程	作业类型	风险等级	适用专业
11	高边坡工程（仅土方开挖时）	土质高度超过 10m 或岩质高度超过 15m 的高边坡工程	中	土建、输电
12		高度在 30m 及以上的高边坡支护工程	高	土建、输电
13	模板工程及支撑体系	各类工具式模板工程，包括滑模、爬模、飞模、隧道模等	高	土建、隧道
14		混凝土模板支撑、浇筑作业：搭设高度 5m 及以上，或搭设跨度 10m 及以上，或施工总荷载（荷载效应基本组合的设计值，以下简称设计值）10kN/m² 及以上，或集中线荷载（设计值）15kN/m 及以上，或高度大于支撑水平投影宽度且相对独立无联系构件的混凝土模板支撑工程（常见如：变电站 10kV 高压室，消防水池等）	中	土建、隧道
15		混凝土模板支撑、浇筑作业：搭设高度 8m 及以上，或搭设跨度 18m 及以上，或施工总荷载（设计值）15kN/m² 及以上，或集中线荷载（设计值）20kN/m 及以上（常见如：变电站 GIS 室、主变压器室、主变压器防火墙）	高	土建、隧道
16		承重支撑体系：用于钢结构安装等满堂支撑体系	中	土建、隧道
17		承重支撑体系：用于钢结构安装等满堂支撑体系，承受单点集中荷载 7kN 及以上	高	土建、隧道
18	脚手架工程	搭设或拆除高度 24m 及以上的落地式钢管脚手架工程（包括采光井、电梯井脚手架）	中	土建、变电电气、输电、配网、隧道
19		搭设或拆除高度 50m 及以上的落地式钢管脚手架工程	高	土建、变电电气、输电、配网、隧道
20		附着式升降脚手架、悬挑式脚手架、高处作业吊篮、卸料平台、操作平台或异型脚手架搭设作业	中	土建、变电电气、输电、配网、隧道
21		提升或降低高度在 150m 及以上的附着式升降脚手架工程或附着式升降操作平台工程	高	土建
22		分段架体搭设或拆除高度 20m 及以上的悬挑式脚手架工程	高	土建
23		作业面异形、复杂的或无法按产品说明书要求安装的高处作业吊篮工程。	高	土建、变电电气、输电、配网、隧道
24		运行变电站设备区域内高度 10m 及以上的脚手架搭设、使用及拆除	中	土建、变电电气
25	起重吊装及安装拆卸工程	起重机械的安装与拆卸施工作业（常见如：塔吊、施工升降机、物料提升机、桥式起重机、门式起重机等）	中	土建、变电电气、输电、隧道
26		采用非常规起重设备、方法，且单件起吊重量在 10kN 及以上 100kN 以下内的起重吊装工程（常见如：采用自制或改装起重设备、设施进行起重作业；两台及以上起重设备抬吊同一物件；采用滑排、滑轨、滚杠、地牛等措施进行水平位移等，常见作业有：两台及以上起重设备开展构架横梁、避雷针、管母起吊安装、高塔组立起吊安装等）	中	土建、变电电气、输电、配网、隧道

续表

<table>
<tr><th>序号</th><th>分部分项工程</th><th>作业类型</th><th>风险等级</th><th>适用专业</th></tr>
<tr><td>27</td><td rowspan="7">起重吊装及安装拆卸工程</td><td>采用非常规起重设备、方法，且单件起吊重量在 100kN 及以上的起重吊装工程（常见如：采用自制或改装起重设备、设施进行起重作业；两台及以上起重设备抬吊同一物件；采用滑排、滑轨、滚杠、地牛等措施进行水平位移等。常见作业有：主变压器就位，隧道顶管机、盾构机、挖掘机、连续墙大体积钢筋笼等吊装等大型构件吊装等）</td><td>高</td><td>土建、变电电气、输电、配网、隧道</td></tr>
<tr><td>28</td><td>采用起重机械进行安装的工程（常见如：GIS 设备、电抗器、管母及设备构支架、杆塔构件、配网台架变、配网箱变和分接箱、大型混凝土预制构件等大型设备设施起吊安装等，不含卸车）</td><td>中</td><td>土建、变电电气、输电、配网、隧道</td></tr>
<tr><td>29</td><td>起重量 300kN 及以上，或搭设总高度 200m 及以上，或搭设基础标高在 200m 及以上的起重机械安装和拆卸工程</td><td>高</td><td>土建、变电电气、输电、隧道</td></tr>
<tr><td>30</td><td>邻近电力运行设备吊装，吊机吊臂旋转半径与邻近带电体可能达到运行安全距离（规程规定的最小安全距离）临界值的吊装作业（带电作业除外）</td><td>高</td><td>土建、电气、输电、配网、隧道</td></tr>
<tr><td>31</td><td>邻近交通繁忙的主干道路、人员密集区域、铁路等重要建构筑物吊装，吊机旋转半径可能到达毗邻区域安全距离的吊装作业</td><td>高</td><td>输电、配网</td></tr>
<tr><td>32</td><td>发生严重变形或事故的起重机械的拆除工程</td><td>高</td><td>土建</td></tr>
<tr><td>33</td><td>采用高承台、钢结构平台、利用原有建筑结构的特殊基础工程；附着距离达 1.5 倍制造商的设计最大值、附着杆数量少于制造商的设计数量、附着杆均位于垂直附着面中心线的同一侧的起重机械附着工程，以及附着杆与垂直附着面中心线之间的夹角小于 15° 或大于 65° 的塔式起重机附着工程</td><td>高</td><td>土建</td></tr>
<tr><td>34</td><td rowspan="2">建筑幕墙安装工程</td><td>建筑幕墙安装工程</td><td>中</td><td>土建</td></tr>
<tr><td>35</td><td>施工高度 50m 及以上的建筑幕墙安装工程</td><td>高</td><td>土建</td></tr>
<tr><td>36</td><td rowspan="2">钢结构安装工程</td><td>钢结构、网架和索膜结构安装工程</td><td>中</td><td>土建、隧道</td></tr>
<tr><td>37</td><td>跨度 36m 及以上的钢结构安装工程，或跨度 60m 及以上的网架和索膜结构安装工程</td><td>高</td><td>土建、隧道</td></tr>
<tr><td>38</td><td rowspan="2">索道运输工程</td><td>索道运输作业</td><td>中</td><td>输电、配网</td></tr>
<tr><td>39</td><td>运输质量在 2t 及以上、牵引力在 10kN 及以上的重型索道运输作业</td><td>高</td><td>输电、配网</td></tr>
<tr><td>40</td><td rowspan="5">组立/拆除杆塔作业</td><td>作业面高度超过 80m 及以上的高塔组立/拆除工程工程</td><td>高</td><td>输电</td></tr>
<tr><td>41</td><td>复杂环境（包括夜间施工、人口密集、重要交通区域等）杆塔组立/拆除施工</td><td>高</td><td>输电、配网</td></tr>
<tr><td>42</td><td>位于陡峭边坡边缘（坡度超过 60° ）、耸立“孤岛”的杆塔组立/拆除作业</td><td>高</td><td>输电、配网</td></tr>
<tr><td>43</td><td>110kV 及以上杆塔拆除工程</td><td>中</td><td>输电</td></tr>
<tr><td>44</td><td>采用整体倒落方式或非常规方式进行的杆塔拆除作业</td><td>中</td><td>输电、配网</td></tr>
<tr><td>45</td><td rowspan="4">跨越架工程</td><td>跨越铁路、公路、航道、河流、湖泊及其他障碍物的跨越架搭拆作业</td><td>中</td><td>输电、配网</td></tr>
<tr><td>46</td><td>10kV 及以上带电运行线路跨越架搭拆作业</td><td>中</td><td>输电、配网</td></tr>
<tr><td>47</td><td>15m 及以上跨越架搭拆作业</td><td>中</td><td>输电、配网</td></tr>
<tr><td>48</td><td>110kV 及以上带电线路的封网、拆网工程</td><td>高</td><td>输电</td></tr>
</table>

续表

序号	分部分项工程	作业类型	风险等级	适用专业
49	架线/拆线施工	跨（穿）越 10kV 及以上、110kV 以下带电线路的架线（拆除）作业	中	输电、配网
50		穿越 110kV 及以上带电线路的架线（拆除）作业	中	输电、配网
51		跨越 110kV 及以上带电线路的架线（拆除）作业	高	输电
52		与 10kV 及以上带电运行线路同塔架设的线路架线（拆除）(配网带电作业除外）	高	输电、配网
53		跨越高速公路、一级公路、电气化铁路、通航航道的线路架线（拆除）作业	中	输电、配网
54		500kV 及以上停电跨越工程	中	输电
55		按大跨越设计的大跨越工程	中	输电
56		复杂环境（包括夜间施工、人口密集、重要交通区域等）架线/拆线施工	高	输电、配网
57		不通视环境 10kV 架空导线拆除、或更换新导线作业	中	输电、配网
58		110kV 及以上线路拆除工程	中	输电
59		特种导线（如：碳纤维导线、间隙型耐热导线等）架线/撤线作业	中	输电、配网
60	电缆工程	非新展放的 10kV 及以上电缆斩切作业	中	输电、配网
61		与运行电缆同管沟新敷设的 10kV 及以上电缆斩切作业（同一电缆管沟内有多回路运行电缆，且其他运行电缆未转检修）	中	输电、配网
62	邻近运行区域作业	作业期间与邻近带电体无物理隔离，且使用的工器具、机械(具)与邻近带电体的最小距离可能达到运行安全距离临界值(规程规定的最小安全距离）的施工作业（带电作业除外）	高	土建、变电电气、输电、配网、隧道
63		在运行变电站或配网运行配电房内，办理第一、第二种工作票的设备更换、改扩建、二次接线及调试作业（与运行一、二次设备无物理连接的设备转运、设备安装、电缆敷设、单体调试、常规试验、全站停电作业等不涉及运行安全风险的除外）	中	变电电气、配网
64		在运行变电站内邻近运行设备区域，应用高空作业车进行一次设备安装的作业	中	土建、变电电气
65	高压设备试验	110kV 及以上电气设备耐压（含耐压中的局放）试验	中	变电电气
66		110kV 及以上电缆线路耐压试验	中	输电
67	暗挖工程（隧道工程）	采用矿山法施工的隧道、洞室工程	高	隧道
68		采用盾构法施工的隧道、洞室工程	中	隧道
69		采用顶管法施工的隧道、洞室工程	中	隧道
70		穿（跨）越运行铁路、地铁隧道、高速公路、快速公路、河道、密集建筑群、重要建筑物、文物、重要管线（燃气管道、高压输油管及大体量雨水箱涵、主输水管道、高压电缆管道等)、有毒有害气体地层、高架桥等重大风险或复杂环境的非开挖（定向钻）作业	高	输电、配网、隧道
71		盾构开仓	高	隧道
72	有限空间作业	进入变电站内有限空间设施内施工（常见如：地下消防水池、事故油池、排水井、地下无通风设施的水泵房、超 3m 深的电缆井、超 20m 长度未打开电缆盖板的电缆沟等）	中	土建、变电电气

续表

序号	分部分项工程	作业类型	风险等级	适用专业
73	有限空间作业	进入输配电线路有限空间设施内施工（常见如：无永久通风设施及气体监测装置的电缆隧道、超 3m 深的电缆井、超 20m 长度未打开电缆盖板的电缆沟等）	中	输电、配网、隧道
74		进入电气、槽罐等设备设施内部检查或检修（常见如：GIS 设备、充氮变压器、充氮油浸电抗器、大型油罐、车载槽罐、水泥罐体等内部）	中	土建、变电电气
75	拆除工程	可能影响行人、交通、电力设施、通讯设施或其他建构筑物安全的拆除工程	中	土建
76		码头、桥梁、高架、烟囱、水塔或拆除中容易引起有毒有害气（液）体或粉尘扩散、易燃易爆事故发生的特殊建构筑物的拆除工程	高	土建
77		文物保护建筑、优秀历史建筑或历史文化风貌区影响范围内的拆除工程	高	土建
78	特殊施工工艺	重量 1000kN 及以上的大型结构整体顶升、平移、转体等施工工艺	高	土建、变电电气、输电、配网、隧道
79	水下作业工程	水下作业工程	高	输电、隧道
80	装配式工程	装配式建筑混凝土预制构件安装作业（专指装配式建筑物的安装）	中	土建、配网、隧道
81	四新技术应用	采用新技术、新工艺、新材料、新设备可能影响工程施工安全，尚无国家、行业及地方技术标准的分部分项工程	高	土建、变电电气、输电、配网、隧道

（2）基准风险评估完成后，施工项目部应形成“项目安全风险分析表”，经监理项目部审核、业主项目部审批后实施。

（3）开展场景式风险评估。在现场作业开始前，监理和施工班组工作负责人应根据现场勘察情况，综合考虑作业类型风险和人员能力、作业环境、作业时段等因素开展场景式持续作业风险评估，动态评估现场作业风险。场景式持续作业风险评估结果应经监理和施工班组工作负责人共同确定，原则上不低于基准风险评估的风险等级。

二、风险控制

（一）风险控制措施审查

（1）审查措施的针对性。即是否针对特定风险源和风险状况制定，能否有效应对所识别出的风险。

（2）评估措施的合理性。比如在技术上是否可行，是否符合相关标准和规范要求，是否考虑了实际操作的便利性和可行性。

（3）审查措施的全面性。是否涵盖了风险可能影响的各个方面，包括人员、设备、环境等。

（4）对措施的有效性进行分析。是否能切实降低风险发生的概率和减轻风险发生后的影响程度，是否明确了责任主体，确保每项措施都有具体的负责部门或人员来落实执行。

（5）检查措施的可行性。是否有清晰具体的操作流程和步骤。同时，要关注措施之间的协调性，避免不同措施之间相互矛盾或冲突。

此外，还要审查措施是否考虑到了动态变化情况，是否具备一定的灵活性以适应不同场景和条件的变化，是否有相应的监督和评估机制，以验证措施的实际执行效果并能及时进行调整和完善。

（二）审核作业计划

施工项目部应按要求编制月、周、日作业计划，监理项目部应审核作业计划安排的合理性、与施工资源的匹配程度、风险管控措施针对性等内容。

（1）审核作业计划中作业任务是否明确、具体、清晰。

（2）确认作业计划中对各类潜在风险的识别是否全面、准确，没有遗漏重要风险，风险等级是否准确，是否存在降低风险等级情况。

（3）审查作业任务是否有停电需求，是否需要编制专项施工方案。

（4）审查施工管理人员、作业人员、特种作业人员、主要施工机械等施工资源投入是否满足现场实际施工和工期安排的需要。

（5）评估计划中各阶段任务的时间安排是否合理，能否按时完成作业任务。

（三）审核施工作业票

（1）审核作业票上所描述的施工作业内容是否准确、清晰，与实际施工任务相符。

（2）确认参与作业的人员资质是否符合要求，是否具备相应的技能和经验。

（3）检查对作业过程中潜在风险的识别是否全面，所采取的风险控制措施是否恰当、有效。

（4）审核各项安全措施是否具体明确，是否在作业票中有详细体现，且能够确保有效执行。

（5）核实作业票对作业现场环境条件的描述是否正确，包括场地状况、气候条件等是否符合施工要求。

（6）确认所需的施工机械设备、工器具在作业票中是否有明确记载，其状态和性能是否满足作业需要。

（7）检查作业时间的规定是否合理，是否考虑到其他相关因素的影响。

（8）核实作业票的审批流程是否完整、合规，各环节的审批意见是否明确。

（9）核实是否进行了全面的安全技术交底，交底内容是否在作业票上有所体现。

（10）审核作业票是否在有效期内，是否符合相关规定和标准。

（四）检查施工班组站班会

（1）监理项目部要督促施工单位按要求召开站班会，根据工作安排适当参加，跟踪站班会的召开情况。

（2）对站班会的参与人员进行核实，确保相关施工人员都能按时参加，保证信息传递到位。

（3）核查站班会“三交”（交任务、交技术、交安全）、“三查”（查衣着、查三宝、查精神面貌）情况是否满足要求，分工是否合理，是否按照岗位针对性地进行交底。

（4）督促施工班组在站班会中对当天作业可能遇到的风险进行充分讨论和识别，督促其按岗位和工序落实相应的安全风险防控措施。

（5）对站班会中存在的不足和问题，督促施工班组进行整改。

（五）安全风险监理到位管控

（1）作业前到位管控要求：

1）核查作业文件的符合情况。对作业文件进行检查，包括工作内容、作业计划与作业文件的一致性，组织、技术、安全等措施的可行性，审批流程的符合性。

2）核查安全防护措施落实情况。核查临边、临电、有限空间作业、高坠、接地线挂接、跨越架搭设等安全防护措施设置满足要求。

3）核查作业人员配置情况。管理人员按要求到场履职，特种作业人员按要求持证上岗，作业人员配置满足要求、分工合理。

4）核查施工机具情况。施工机械、安全工器具按要求检测、维护，使用完好，无明显缺陷。

（2）作业中到位管控要求：

1）检查施工方案、作业指导书中的安全技术措施落实情况。

2）根据安全风险管控要求和到位标准，开展巡视、驻点、旁站等安全监理工作。

3）开展违章纠察，发现违章现象及时制止纠正。

（六）安全问题整改闭环

（1）通过检查、监测等方式发现存在的安全问题，立即制止并下发书面整改通知单。

（2）明确整改措施的责任单位，督促责任单位整改，并将整改闭环资料录入相关系统。

（3）对发现的安全问题进行深入分析，举一反三找出导致问题产生的根本原因，督促施工项目部制定针对性的组织、技术、管理等措施。

（4）对整改过程进行详细记录，包括问题描述、原因分析、措施制定与实施、验收结果等，并进行归档保存，以便后续查阅和追溯。

（5）对已整改的问题进行一段时间的持续跟踪观察，防止问题反弹或出现新的类似问题。

三、危大工程管理

（一）电网工程典型危险性较大分部分项工程范围

危大工程是指在施工过程中存在的、可能导致作业人员群死群伤或造成重大不良社会影响的分部分项工程，包括危险性较大的分部分项工程和超过一定规模的危险性较大的分部分项工程。电网工程中的危大工程范围除应符合《危险性较大的分部分项工程安全管理规定》（住房和城乡建设部令第 37 号）外，还应结合电网工程建设特点进行分析补充，变电、线路、电缆、配网等各类工程危险性较大的分部分项工程范围可参考表 6-2～表 6-5。

1）变电（流）换站工程危险性较大的分部分项工程范围见表 6-2。

表 6-2　　变电（换流）站工程危险性较大的分部分项工程范围

<table>
<tr><th>工程名称</th><th>危险性较大的分部分项工程</th><th>超过一定规模的危险性较大的分部分项工程</th></tr>
<tr><td rowspan="2">深基坑工程</td><td>开挖深度大于或等于 3m 的基坑的土方开挖工程</td><td>开挖深度大于或等于 5m 的基坑土方开挖、支护、降水工程</td></tr>
<tr><td>开挖深度大于或等于 3m 或虽未超过 3m，但地质条件、周围环境和地下管线复杂，或影响毗邻建构筑物安全的基坑的土方开挖、支护、降水工程</td><td>开挖深度虽未超过 5m，但地质条件、周围环境和地下管线复杂，或影响毗邻建构筑物安全的基坑的土方开挖、支护、降水工程</td></tr>
<tr><td>边坡支护工程</td><td>边坡支护工程</td><td>高度在 30m 及以上的高边坡支护工程</td></tr>
<tr><td rowspan="5">模板工程及支撑体系</td><td>搭设高度在 5m 及以上的混凝土模板支撑工程</td><td>搭设高度在 8m 及以上的混凝土模板支撑工程</td></tr>
<tr><td>搭设跨度在 10m 及以上的混凝土模板支撑工程</td><td>搭设跨度在 18m 及以上的混凝土模板支撑工程</td></tr>
<tr><td>施工总荷载在 10kN/m^2 及以上的混凝土模板支撑工程</td><td>施工总荷载在 15kN/m^2 及以上的混凝土模板支撑工程</td></tr>
<tr><td>集中线荷载在 15kN/m 及以上的混凝土模板支撑工程</td><td>集中线荷载在 20kN/m 及以上的混凝土模板支撑工程</td></tr>
<tr><td>高度大于支撑水平投影宽度，其独立无联系构件的混凝土模板支撑工程</td><td>—</td></tr>
<tr><td rowspan="3">起重吊装及安装拆卸工程</td><td>采用非常规起重设备、方法，且单件起重量在 10kN 及以上的起重吊装工程</td><td>采用非常规起重设备、方法，单件起吊重量在 100kN 及以上的起重吊装工程</td></tr>
<tr><td>采用起重机械进行安装的工程</td><td>—</td></tr>
<tr><td>起重机械设备自身的安装、拆卸</td><td>—</td></tr>
<tr><td rowspan="6">脚手架工程</td><td>搭设高度在24m及以上的落地式钢管脚手架工程</td><td>—</td></tr>
<tr><td>附着式整体和分片提升脚手架工程</td><td>—</td></tr>
<tr><td>悬挑式脚手架工程</td><td>—</td></tr>
<tr><td>吊篮脚手架工程</td><td>—</td></tr>
<tr><td>自制卸料平台、移动操作平台工程</td><td>—</td></tr>
<tr><td>新型及异型脚手架工程</td><td>—</td></tr>
<tr><td rowspan="7">其他</td><td>钢结构安装工程</td><td>跨度大于 36m 及以上的钢结构安装工程</td></tr>
<tr><td>用电设备在 5 台及以上或设备总容量在 50kW 及以上的临时用电工程</td><td>—</td></tr>
<tr><td>主变压器就位、安装</td><td>—</td></tr>
<tr><td>邻近带电体作业</td><td>—</td></tr>
<tr><td>高压设备试验</td><td>—</td></tr>
<tr><td>设备整套启动试运行</td><td>—</td></tr>
<tr><td>—</td><td>采用新技术、新工艺、新材料、新设备可能影响工程施工安全，尚无国家、行业及地方技术标准的分部分项工程</td></tr>
</table>

2）架空线路工程危险性较大的分部分项工程范围见表 6-3。

表 6-3 架空线路工程危险性较大的分部分项工程范围

<table>
<tr><th>分部工程</th><th>危险性较大的分部分项工程</th><th>超过一定规模危险性较大的分部分项工程</th></tr>
<tr><td rowspan="2">深基坑工程</td><td>开挖深度大于或等于 3m 的基坑的土方开挖工程</td><td>开挖深度大于或等于 5m 的基坑土方开挖、支护、降水工程</td></tr>
<tr><td>开挖深度大于或等于 3m 或虽未超过 3m，但地质条件、周围环境和地下管线复杂，或影响毗邻建构筑物安全的基坑的土方开挖、支护、降水工程</td><td>开挖深度虽未超过 5m，但地质条件、周围环境和地下管线复杂，或影响毗邻建构筑物安全的基坑的土方开挖、支护、降水工程</td></tr>
<tr><td>边坡支护工程</td><td>边坡支护工程</td><td>高度在 30m 及以上的高边坡支护工程</td></tr>
<tr><td rowspan="5">模板工程及支撑体系</td><td>搭设高度在 5m 及以上的混凝土模板支撑工程</td><td>搭设高度在 8m 及以上的混凝土模板支撑工程</td></tr>
<tr><td>搭设跨度在 10m 及以上的混凝土模板支撑工程</td><td>搭设跨度在 18m 及以上的混凝土模板支撑工程</td></tr>
<tr><td>施工总荷载在 $10kN/m^2$ 及以上的混凝土模板支撑工程</td><td>施工总荷载在 $15kN/m^2$ 及以上的混凝土模板支撑工程</td></tr>
<tr><td>集中线荷载在 15kN/m 及以上的混凝土模板支撑工程</td><td>集中线荷载在 20kN/m 及以上的混凝土模板支撑工程</td></tr>
<tr><td>高度大于支撑水平投影宽度其独立无联系构件的混凝土模板支撑工程</td><td>—</td></tr>
<tr><td rowspan="3">杆塔组立工程</td><td>铁塔组立作业工程</td><td>高度在 80m 及以上的高塔组立工程</td></tr>
<tr><td>采用非常规起重设备、方法，且单件起吊重量在 10kN 及以上的起重吊装工程；采用起重机械进行安装的工程；起重机械安装和拆卸工程</td><td>采用非常规起重设备、方法，单件起吊重量在 100kN 及以上的起重吊装工程；采用常规起重机械起重量在 600kN 及以上的起重设备安装工程</td></tr>
<tr><td>邻近带电体作业</td><td>—</td></tr>
<tr><td rowspan="5">放紧线工程</td><td>15m 及以上跨越架搭拆作业工程</td><td>—</td></tr>
<tr><td>张力放线及紧线作业工程</td><td>—</td></tr>
<tr><td>10kV 及以上带电跨越、穿越工程</td><td>—</td></tr>
<tr><td>跨越重要铁路、公路、城市轨道交通、航道、通信线路、河流、湖泊及其他障碍物的作业工程</td><td>—</td></tr>
<tr><td>邻近带电体作业</td><td>—</td></tr>
<tr><td rowspan="6">其他</td><td>铁塔、线路拆除工程</td><td>—</td></tr>
<tr><td>采用无人机、飞艇、动力伞等特殊方式作业工程</td><td>—</td></tr>
<tr><td>运行电力线路下方的线路基础开挖工程</td><td>—</td></tr>
<tr><td>人工挖孔桩工程</td><td>开挖深度超过 8m 的人工挖孔桩工程</td></tr>
<tr><td>索道运输作业工程</td><td>运输质量在 2000kg 及以上、牵引力在 10kN 及以上的重型索道运输作业工程</td></tr>
<tr><td>—</td><td>采用新技术、新工艺、新材料、新设备可能影响工程施工安全，尚无国家、行业及地方技术标准的分部分项工程</td></tr>
</table>

3）电缆线路工程危险性较大的分部分项工程范围见表 6-4。

表 6-4　电缆线路工程危险性较大的分部分项工程范围

分部工程	危险性较大的分部分项工程	超过一定规模危险性较大的分部分项工程
深基坑工程	开挖深度大于或等于 3m 的基坑的土方开挖工程	开挖深度大于或等于 5m 的基坑土方开挖、支护、降水工程
	开挖深度大于或等于 3m 或虽未超过 3m，但地质条件、周围环境和地下管线复杂，或影响毗邻建构筑物安全的基坑的土方开挖、支护、降水工程	开挖深度虽未超过 5m，但地质条件、周围环境和地下管线复杂，或影响毗邻建构筑物安全的基坑的土方开挖、支护、降水工程
起重吊装工程	—	采用常规起重机械起重量在 600kN 及以上的起重设备安装工程
盾构隧道工程	—	盾构掘进
顶管隧道工程	—	顶管顶进
沉管工程	—	沉管施工作业
其他	高压电缆耐压试验	—

4）35kV 以下电网工程危险性较大的分部分项工程范围见表 6-5。

表 6-5　35kV 以下电网工程危险性较大的分部分项工程范围

分部工程	危险性较大的分部分项工程	超过一定规模危险性较大的 分部分项工程
深基坑工程	开挖深度大于或等于 3m 的基坑的土方开挖工程	开挖深度大于或等于 5m 的基坑土方开挖、支护、降水工程
	开挖深度大于或等于 3m 或虽未超过 3m，但地质条件、周围环境和地下管线复杂，或影响毗邻建构筑物安全的基坑的土方开挖、支护、降水工程	开挖深度虽未超过 5m，但地质条件、周围环境和地下管线复杂，或影响毗邻建构筑物安全的基坑的土方开挖、支护、降水工程
杆塔组立工程	钢管杆吊装组立或采取整体立塔施工的作业	—
	邻近电力运行设备、交通道路、人员密集区域、铁路等重要建（构）筑 物的组立安装作业	—
架线工程	跨越房屋、主要街道、人口密集区 架线作业	—
	10kV 及以上带电跨越、穿越工程	—
其他	铁塔、线路拆除工程	—
	运行电力线路下方的线路基础开挖工程	—

（二）危大工程管理

（1）设计单位应在施工图设计文件中列出危大工程清单，并在开工前进行设计交底。

（2）监理项目部应审查施工单位报送的危大工程清单，报建设单位批准后，要求施工单位依据清单编制相应的专项施工方案。

（3）监理项目部应审查危险性较大的分部分项工程专项施工方案，审查流程及要点详见第三章。

（4）监理项目部应对危大工程实施专项检查或旁站监理。专项检查和旁站应包括下列主要内容：

1）危大工程名称、施工时间和具体责任人公告牌设置情况。

2）安全警示标志、安全防护设施布置情况。

3）项目技术负责人对施工现场管理人员进行方案交底情况。

4）施工现场管理人员向作业人员进行安全技术交底情况。

5）危大工程施工作业人员登记情况。

6）特种作业人员持证上岗情况。

7）作业人员个人防护用品佩戴情况。

8）安全施工作业票办理情况。

9）施工单位项目负责人施工现场履职情况。

10）项目专职安全生产管理人员现场监督情况。

11）专项施工方案安全技术措施落实情况。

（三）电网典型危大工程专项检查要点

（1）深基坑工程检查的主要内容：

1）基坑开挖情况。

2）基坑排水、降水情况。

3）边坡支护、渗水情况。

4）基坑周边堆载情况。基坑顶部悬空放置钢筋如图 6-1 所示，基坑围蔽不规范做法如图 6-2 所示。

图 6-1 基坑顶部悬空放置钢筋

图 6-2 基坑围蔽不规范

5）基坑内气体含量检测及通风情况。

6）基坑支护拆除顺序。

7）机械施工作业时，注意安全停机地点和距离。钢板桩压入有专人指挥如图 6-3 所示，深基坑开挖无人指挥如图 6-4 所示。

图 6-3 钢板桩压入有专人指挥

图 6-4 深基坑开挖无人指挥

8）基坑支护结构变形监测情况。

9）深基坑上下爬梯设置情况。深基坑上下爬梯不规范如图 6-5 所示。

10）深基坑临时用电情况。深基坑降水临时用电不规范如图 6-6 所示。

图 6-5 深基坑上下爬梯不规范

图 6-6 深基坑降水临时用电不规范

（2）模板工程及支撑体系检查的主要内容：

1）钢管、扣件、木枋等材料进场。

2）架体地基基础沉降及周边排水情况。

3）影响支撑架地基安全的范围内无挖掘作业。

4）架体变形情况，立杆、水平杆、斜撑杆、剪刀撑、连墙件及安全防护设施情况。

5）现浇混凝土施工时，安全人员及监护人员到岗情况。

6）框架结构中连续浇筑顺序。

7）浇筑施工过程中，模板支撑系统的变形情况。

8）在模板及支撑体系上进行焊接、切割作业时，防火措施及专人监护情况。

9）拆除顺序和方法。

10）高支模工程的监测情况。规范搭设如图 6-7 所示，不规范做法如图 6-8～图 6-12 所示。

图 6-7　规范搭设

图 6-8　高支模端部未设置连续竖向剪刀撑且端部支顶（抱柱措施）缺失

图 6-9　可调顶托外露长度大于 300mm

图 6-10　横杆插头未插入扣盘内，与立杆连接不牢固

图 6-11　高支模顶部未设置水平剪刀撑

图 6-12　钢管锈蚀、开裂

（3）塔式起重机安装、拆卸作业检查的主要内容：

1）审核起重机械特种设备制造许可证、产品合格证、制造监督检验证明、备案证明等文件。核查起重机械安装单位资质证书、安全生产许可证及特种作业人员的特种作业操作资格证书。

2）监督安拆单位执行起重机械安装、拆卸工程专项施工方案情况。

3）基础及其地基承载力应符合使用说明书和设计图纸的要求。

4）安装、拆卸作业警戒、隔离区设置情况。

5）塔式起重机安装、拆卸作业顺序和方法。

6）多台塔式起重机在同一施工现场交叉作业时，防碰撞、限位装置等安全技术措施落实情况。

7）塔式起重机的主要受力构件变形磨损情况、钢丝绳损伤程度、安全装置齐全情况。

8）附着式塔式起重机塔附着装置的设置，必须符合使用说明书的规定。附着装置的拆卸顺序和方法。

9）塔式起重机必须经检测合格后方可使用。塔式起重机塔身安装如图 6-13 所示，塔式起重机臂架安装如图 6-14 所示。

图 6-13　塔式起重机塔身安装

图 6-14　塔式起重机臂架安装

（4）塔式起重机起重吊装作业检查的主要内容：

1）核查起重机械上的各种安全防护装置及监测、自动报警信号装置等应齐全完好，安全防护装置不完整或已失效的起重机械不得使用。

2）起重吊装作业现场警戒及安全警示标志。

3）使用过程中，应严格执行规定，严格遵守操作规程。

4）起吊重物时应绑扎平稳、牢固，不得在重物上堆放或悬挂零星物件。零星材料和物件，必须用吊笼或钢丝绳绑扎牢固后，方可起吊。标有绑扎位置或记号的物件，应按标明位置绑扎。起吊砌筑材料如图 6-15 所示，起吊商品混凝土如图 6-16 所示。

图 6-15 起吊砌筑材料

图 6-16 起吊商品混凝土

5）钢丝绳与物件的夹角。

6）用两台或多台起重机吊运同一重物时，钢丝绳保持垂直。各台起重机的升降、运行应保持同步，各台起重机所承受的载荷均不得超过各自的额定起重能力。如达不到上述要求，每台起重机的起重量应降低至额定起重量的 80%，并进行合理的载荷分配。

（5）流动式起重机起重吊装作业检查的主要内容：

1）起重重量限制器、力矩限制器、起升高度限制器、幅度限位器、支腿回缩锁定装置、防止起重臂后倾等安全装置可靠有效。

2）行驶的道路必须平整、坚实、可靠，停放地点必须平坦。

3）起重机支腿展开情况，支腿撑脚板下的枕木或钢板情况。起重机支腿展开距离不足及其支撑不规范如图 6-17 所示，支腿架设在钢筋原材上，稳定性差如图 6-18 所示。

图 6-17 起重机支腿展开距离不足及其支撑不规范

图 6-18 支腿架设在钢筋原材上，稳定性差

4）钢丝绳与物件的夹角。

5）用两台或多台起重机吊运同一重物时，钢丝绳保持垂直。

6）不明重量、埋在地下或冻结在地面上的物件，不得起吊。

7）严禁在被运输、吊装的构件上站人指挥和放置材料工具。

8）吊装作业应遵循制造厂家规定的最大负荷能力，以及最大吊臂长度限定要求。

9）起重机吊臂回转范围内应采用警戒带或其他方式隔离，无关人员不得进入该区域内。吊车作业下方有人员逗留、无任何隔离措施如图 6-19 所示。

图 6-19 吊车作业下方有人员逗留、无任何隔离措施

10）可拆卸物件吊装时必须完全拆开，分体吊装。严禁单点吊装（除有固定吊耳）。不规范做法如图 6-20 和图 6-21 所示。

（6）脚手架工程检查的主要内容：

1）搭设前材料检查，包括脚手管、扣件、可调托撑、脚手板。

图 6-20 吊带破损

图 6-21 钢丝绳末端散股、绳夹数量不足且反装

2）脚手架的地基与基础施工。

3）底部底座或垫板、扫地杆设置情况。

4）立杆、横杆间距及连墙件、剪刀撑设置情况。

5）扣件螺栓拧紧力矩控制情况。

6）脚手板设置情况。不规范做法如图 6-22～图 6-27 所示。

图 6-22　架体立杆基础排水不畅、有积水

图 6-23　剪刀撑未连续设置到顶

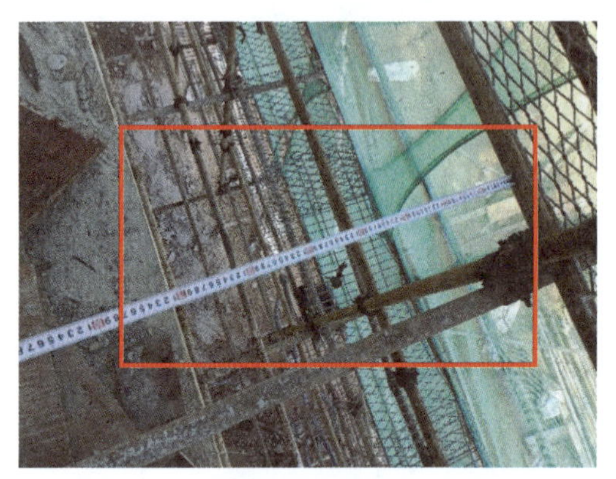

图 6-24　架体内立杆距墙体间隙超过规范要求且无防护措施

图 6-25　转角立杆缺失

图 6-26　架体立杆钢管开裂

图 6-27　两根相邻纵向水平杆的接头设置在同步或同跨内

7）架体防护及通道设置情况。

8）安全通道、临时防护及防雷情况。

9）脚手架外侧必须用建设主管部门认证的合格的密目式安全网封闭，且应将安全网固

定在脚手架外立杆里侧，用铅丝张持严密。

10）拆除顺序和安全措施。

（7）钢结构安装工程检查的主要内容：

1）材料构配件卸货及搬运吊装过程中绑扎、卸货情况。

2）钢结构构件堆放情况。

3）吊装临时固定情况。钢结构构件堆放无木垫块如图 6-28 所示，钢结构吊装如图 6-29 所示，钢结构高强螺栓紧固如图 6-30 所示，楼层承板安装如图 6-31 所示。

图 6-28　钢结构构件堆放无木垫块

图 6-29　钢结构吊装

图 6-30　钢结构高强螺栓紧固

图 6-31　楼层承板安装

4）吊装机械安全装置情况。

5）吊装时吊索的夹角。

6）高空作业使用的小型手持工具和小型零部件防坠落措施。

7）钢结构吊装后临时防雷接地情况。

（8）邻近带电体作业检查的主要内容：

1）邻近带电体作业许可情况。

2）作业负责人、监护人到岗情况。

3）特种作业人员持证情况。

4）作业区域警戒、隔离区设置情况。严禁超出施工围栏进行工作或其他活动。邻近高压线路吊装作业保持足够安全距离如图 6-32 所示，挖机作业离带电母线距离不足如图 6-33 所示。

图 6-32 邻近高压线路吊装作业保持足够安全距离

图 6-33 挖机作业离带电母线距离不足

5）邻近设备设施的接地情况。

6）作业人员、施工机具与带电体安全距离。

7）触电伤人的应急措施落实。

（9）高压设备试验检查的主要内容：

1）试验场所接地情况。试验设备接地如图 6-34 所示，接地变电缆试验单人操作，监管人员缺位如图 6-35 所示。

2）试验台及地面绝缘垫设置情况。

3）高压设备金属外壳接地情况。

图 6-34 试验设备接地

图 6-35 接地变电缆试验单人操作，监管人员缺位

4）试验前后放电情况。试验前后放电如图 6-36 所示，试验区域环境温度、湿度检测如图 6-37 所示。

图 6-36　试验前后放电

图 6-37　试验区域环境温度、湿度检测

5）试验区域环境温度、湿度及围蔽情况。

（10）高度在 80m 及以上的高塔组立工程检查的主要内容：

1）施工方案的执行情况，施工前仔细核对施工图纸的吊段参数（杆塔型、段别组合、段重）。

2）吊装铁塔前，应对已组塔段（片）进行全面检查。起重臂及吊件下方划定作业区，地面设安全监护人，吊件垂直下方不得有人。吊装铁塔前全面检查组塔段（片）如图 6-38 所示，组塔过程中必须临时接地如图 6-39 所示。

图 6-38　吊装铁塔前全面检查组塔段（片）

图 6-39　组塔过程中必须临时接地

3）组塔过程中临时接地情况。

4）作业人员、牵引绳索和拉线与带电体安全距离。

5）分段吊装铁塔时，上下段间有任一处连接后，不得用旋转起重臂的方法进行移位找正。分段分片吊装铁塔时，控制绳应随吊件同步调整。

6）高塔作业应增设水平移动保护绳。分段吊装铁塔时控制绳随吊件同步调整如图 6-40 所示，高塔作业增设水平移动保护绳如图 6-41 所示。

图 6-40　分段吊装铁塔时控制绳随吊件同步调整

图 6-41　高塔作业增设水平移动保护绳

（11）人工挖孔桩工程检查的主要内容：

1）核实施工图纸和工程地质、水文地质勘察报告资料。组织施工单位详细调查场地地上、下的障碍物，如地下电缆、上下水管道、旧墙基、旧人防工程等分布情况以及场地附近建筑物的上部结构、地基基础等情况。审核人工挖孔桩施工技术及安全方案。

2）要求施工单位配备足够的安全管理人员，当孔内有人作业时，地面必须有专人进行监督。

3）施工现场应督促施工单位配备有毒有害气体检测仪、量测混凝土强度的回弹仪以及与孔径相匹配的作应急时用的钢护筒，简易卫生箱等安全防护设施。人工挖孔桩施工如图 6-42 所示，人工挖孔桩水磨钻施工如图 6-43 所示。

图 6-42　人工挖孔桩施工

图 6-43　人工挖孔桩水磨钻施工

4）当孔深开挖深度超过 10m 或在有毒有害气体较多的地质条件下施工，应督促施工单位配备风量足够的通风机和长度能伸至桩孔底的风管。作业前先通风处理，再应用有毒有害气体检测仪对孔内气体进行检测，孔内空气检测正常后再入孔作业。孔口设专人监护，监护人要坚守岗位，不可擅自离开。

5）挖桩孔时如遇透水应及时排水、及时护壁，以防止 1.2m 水润土质变软而造成塌方。

6）为防止孔口地面作业人员掉入桩孔内，可在孔口设高的护栏，护栏上留作业出入口，在作业口旁，地面作业人员须系好安全带。配置安全可靠的升降设备，并由培训合格的操作人员操作，运送作业人员上下孔应使用专用乘人吊笼或软爬梯。暂不施工的孔口都应加盖可靠的封闭，设置警示标识。

7）防坠安全装置配置情况。

8）上下爬梯设置情况。未做混凝土护壁、未装逃生爬梯如图 6-44 所示，未做混凝土护壁、孔内坍塌如图 6-45 所示。

图 6-44　未做混凝土护壁、未装逃生爬梯

图 6-45　未做混凝土护壁、孔内坍塌

（12）索道运输作业工程检查的主要内容：

1）施工方案的执行情况。

2）各支点、设备设施接地情况。

3）索道设施的监护情况。

4）索道负荷使用情况，货运索道不得载人。

5）索道设施维护保养情况。

6）拆除施工顺序。

（13）放紧线工程检查的主要内容：

1）重要跨越施工方案的执行情况。跨越高速公路按施工方案施工如图 6-46 所示，跨越架整体结构稳定如图 6-47 所示。

图 6-46 跨越高速公路按施工方案施工

图 6-47 跨越架整体结构稳定

2）跨越架整体结构的稳定情况。

3）作业人员的持证情况。

4）施工机械、设备、安全工器具运行状态。张力放线如图 6-48 所示，作业人员与带电体保持足够安全距离如图 6-49 所示。

图 6-48 张力放线

图 6-49 作业人员与带电体保持足够安全距离

5）作业人员、施工机具与带电体安全距离。

（14）拆除工程检查的主要内容：

1）组织措施、技术措施和安全措施落实情况。

2）拆除施工顺序。

3）拆除线路前应查清本施工段下方交叉跨越物。

4）作业面孔洞封闭情况。

5）拆除过程结构状态。拆除作业如图 6-50 和图 6-51 所示。

图 6-50　深基坑工程腰梁拆除

图 6-51　铁塔拆除吊装作业

（15）盾构隧道工程检查的主要内容：

1）施工方案的执行情况。

2）盾构机吊装时吊车支撑位置坚实。

3）盾构机吊装监测情况。

4）始发时检查反力架及洞口加固情况。

5）施工机械使用情况。

6）隧道内用电符合安全电压要求情况。

7）地面沉降观测。盾构始发如图 6-52 所示，盾构机过井如图 6-53 所示。

图 6-52　盾构始发

图 6-53　盾构过井

（16）顶管顶进工程检查的主要内容：

1）施工方案的执行情况。

2）顶管机吊装时，吊车支撑位置坚实。

3）顶管机吊装时，有人员监测。

4）始发时检查后背墙、液压油缸安装及洞口加固情况。

5）泥浆循环情况。

6）隧道内用电符合安全电压要求情况。

7）地面沉降观测。顶管作业如图 6-54 所示，顶管管节吊装如图 6-55 所示。

图 6-54　顶管作业

图 6-55　顶管管节吊装

（四）危大工程验收

（1）模板工程及支撑体系、起重吊装及起重机械安装拆卸、脚手架、跨越等危大工程安装完成后应由施工单位组织验收，验收人员应当包括：

1）总承包单位和分包单位技术负责人或授权委派的专业技术人员、项目负责人、项目技术负责人、专项施工方案编制人员、项目专职安全生产管理人员及相关人员。

2）监理单位项目总监理工程师及专业监理工程师。

3）有关勘察、设计和监测单位项目技术负责人。

（2）验收合格的，经施工单位项目技术负责人及总监理工程师签字确认后，方可进入下一道工序。

（3）危大工程验收合格后，施工单位应当在施工现场明显位置设置验收标识牌，公示验收时间及责任人员。

四、危险作业管理

（一）电网工程危险作业范围

危险作业是指在特定情况下进行的具有较高危险性，容易对作业人员造成人身伤害或对设备、设施等造成重大损害的作业活动。电网工程危险作业范围主要包括以下内容：

（1）两台及以上起重机抬吊作业。

（2）移动式起重机在高压线下方及其附近作业。

（3）易燃易爆区动火作业。

（4）高压带电作业及邻近高压带电体作业。

（5）大型起重机械拆卸、组装作业。

（6）高处作业。

（7）有限空间作业。

（8）爆破作业。

（9）沉井、沉箱作业。

（10）顶管、盾构作业。

（二）危险作业主要监理方法

（1）作业前审查。对施工单位提交的危险作业专项方案进行严格审查，包括安全措施、人员资质等。

（2）现场勘查。现场查看作业环境条件、安全防护设施等是否符合要求。

（3）安全交底监督。督促施工单位对作业人员进行全面的安全技术交底。

（4）过程旁站。对于关键危险作业环节进行旁站监理，实时监督作业情况。

（5）安全措施、设施检查。定期检查作业现场的安全措施落实情况，安全防护设备、警示标识等是否完好有效。

（6）隐患排查。及时发现并指出危险作业中存在的安全隐患，督促整改。

（7）文件记录。做好危险作业相关的监理记录、验收记录等文件资料的管理。

（三）主要危险作业安全管控措施

（1）两台及以上起重机械抬吊作业主要安全管控措施。

1）吊点位置的确定，必须按各台起重机允许起重量，经计算后按比例分配负荷。

2）在抬吊过程中，各台起重机的吊钩钢丝绳应保持垂直，升降行走应保持同步。各台起重机所承受的载荷，不得超过各自的允许起重量的 80%。

3）吊装作业设专人指挥，吊臂及吊物下严禁站人或有人经过。

4）吊起的重物不得在空中长时间停留。在空中短时间停留时，操作人员和指挥人员均不得离开工作岗位。起吊前应检查起重设备及其安全装置。重物吊离地面约 100mm 时应暂停起吊并进行全面检查，确认良好后方可正式起吊。两台起重机吊装同一重物如图 6-56 和图 6-57 所示。

5）起重机在工作中如遇机械发生故障或有不正常现象时，放下重物、停止运转后进行排除，严禁在运转中进行调整或检修。

6）严禁以运行的设备、管道以及脚手架、平台等作为起吊重物的承力点。

7）夜间照明不足、指挥人员看不清工作地点、操作人员看不清指挥信号时，不得进行起重作业。

图 6-56 两台起重机吊装地连墙钢筋笼

图 6-57 两台起重机吊装构配件

8）高处作业所用的工具和材料放在工具袋内或用绳索拴在牢固的构件上，较大的工具系有保险绳。上下传递物件使用绳索，不得抛掷。

9）如起重机发生故障无法放下重物时，必须采取适当的保险措施，除专业排险人员外，严禁任何人进入危险区。

10）起重作业中，如遇有六级及以上大风或雷暴、冰雹、大雪等恶劣天气时，停止起重和露天高处作业，应做好风力等外部环境的监测措施。

（2）移动式起重机在高压线下方及其附近作业安全管控措施。

1）作业前对吊机司机、吊机指挥人员、现场管理及施工人员进行高压线附近操作的安全教育和技术交底。

2）吊机进场前必须经过检测合格，吊机司机及指挥人员必须持证上岗，并向监理报审，方可进行吊装。运行线路下方及附近吊装作业如图 6-58 所示。

图 6-58 运行线路下方及附近吊装作业

3）雨天及夜晚禁止在高压线附近进行吊装作业。

4）在高压线附近竖立警示标志，警示标志标明高压线的电压等级。

5）在高压线附近进行吊装作业，吊机及钢筋笼钢筋骨架、物件做好接地保护措施。

6）禁止酒后人员和带病人员、精神状态不佳者从事施工作业。不得使用有故障的设备机械。

7）高压线附近作业的人员要穿好绝缘鞋、绝缘手套。人员身体要干燥，不得穿湿绝缘鞋，不得戴湿绝缘手套，不得湿身作业。

8）吊装作业前必须检查吊机固定牢固以及检查钢丝绳的完好度，防吊机倾斜倒塌和钢丝绳在吊装时出现断裂、出现反弹现象造成触电事故。

9）禁止跨越高压线危险区作业。

10）高压线作业时吊机及物件要与高压线保持足够的安全操作距离。

11）吊机司机必须严格执行“十不吊”规定。

（3）易燃易爆区动火作业安全管控措施。

1）动火作业安全管理实行动火区域级别管理和动火工作票组织措施管理。

2）易燃易爆区在首次动火前，各级审批人和动火工作票签发人均应到达现场检查防火安全措施正确、完备，测定可燃气体、易燃气体的可燃蒸汽含量或粉尘浓度应符合要求，并在动火监护人监护下做明火试验，确无问题。

3）动火作业过程中应每间隔 2～4h 检测动火现场可燃性、易爆气体含量或粉尘浓度是否合格，当发现不合格或异常升高时应立即停止动火，在未查明原因或排除险情前不得重新动火。

4）核实动火执行人持允许进行焊接与热切割作业的证件有效，用于动火作业的设备、装置和工具，应符合国家相关技术标准的要求。

5）动火现场必须备足灭火器等消防设施，必须严格执行安全工作规程和制定的各项安全措施。

（4）高压带电作业及邻近高压带电体作业安全管控措施。

1）高压带电作业安全管控措施：

a．带电作业人员必须经过培训，考试合格。

b．工作票签发人和工作负责人必须经过批准。带电作业工作票签发人和工作负责人应具有带电作业实践经验，熟悉带电作业现场和作业工具，对某些不熟悉的带电作业现场，能组织现场查勘，作出判断和确定作业方法及应采取的措施。

c．带电作业必须设专人监护。监护人应由有带电作业实践经验的人员担任。监护人不得直接操作。监护的范围不得超过一个作业点。复杂的或高杆塔上的作业应增设塔上监护人。

d．应用带电作业新项目和新工具时，必须经过科学试验和领导批准。对于比较复杂、难度较大的带电作业新项目和研制的新工具必须进行科学试验，确认安全可靠，编出操作工艺方案和安全措施，并经技术负责人批准后方可使用。

e．带电作业应在良好天气下进行。如遇雷、雨、雪、雾等天气，不得进行带电作业；风力大于 5 级时，不宜进行带电作业。

f. 带电作业必须经调度同意批准。带电作业工作负责人在带电作业工作开始之前，应与调度联系，得到调度的同意后方可进行，工作结束后应向调度汇报。作业区域警戒、隔离区双重围护设置如图 6-59 所示，作业人员、施工机具与带电体保持安全距离如图 6-60 所示。

图 6-59 作业区域警戒、隔离区双重围护设置

图 6-60 作业人员、施工机具与带电体安全距离

g．带电作业时应停用重合闸。

h．严禁约时停用或恢复重合闸。

i．带电作业过程中设备突然停电不得强送电。如果在带电作业过程中设备突然停电，则作业人员仍视设备为带电设备。

j．带电作业时应设置围栏。在市区或人口稠密的地区进行带电作业时，带电作业工作现场应设置围栏，严禁非工作人员入内。

2）邻近高压带电体作业安全管控措施：

a．在邻近高压带电体作业区域工作应有保证安全的组织措施，包含作业申请、工作布置、现场勘察、安全要求、作业许可、工作监护及工作间断和终结等工作程序。

b．作业人员和工器具邻近或交叉的运行线路的安全距离应符合规定。

c．临近高压带电体（线路）起重作业场所选址应尽可能满足带电体的架空电力线路保护区的安全距离要求，如确无法满足时，在作业前进行危险源辨识，制定相应的安全技术措施，办理相关的票证。

d．在电力设备附近进行起重作业时，起重机械臂架、吊具、辅具、钢丝绳及吊物等与架空输电线及其他带电体的最小安全距离应符合规定。

e．在建工程（含脚手架）的周边与外电架空线路的边线之间的最小安全操作距离应符合规定。

f. 落实机械、人员和安全防护设施，做好现场安全封闭和交通管制。施工区域应设置围栏，严禁超出施工围栏进行工作或其他活动。

g. 临近高压线作业区域配专职安全员对施工现场不间断巡逻监控，在车辆进入高压线区域配指挥倒车人员，对施工现场倒车及卸料进行安全监控。

h. 施工现场在明显处设立警示牌，写明高压线电压、安全操作距离、防护措施及注意事项。工作期间发现异常或者检测出机械感应电集中现象，应立即停止作业，不得自行处理，必须立即上报，由专业人员进行解决。

i. 临近带电线路施工现场负责人、安全员、技术员应到岗到位并设专责监护人，高空作业人员、电工等特殊作业人员应持证上岗。

j. 现场的临时拉线不得穿越带电线路，地锚埋设点应在带电线路内侧边导线以内，靠近带电侧的揽风绳应使用绝缘绳。

k. 用绝缘绳索传递大件金属物品（包括工具、材料等）时，上方或地面上工作人员应将金属物品接地后再接触。

（5）大型起重机械拆卸、组装作业安全管控措施。

1）建筑起重机械安装（拆卸）单位办理建筑起重机械安装（拆卸）告知手续前，监理项目部应审查以下资料：

a. 审核建筑起重机械特种设备制造许可证、产品合格证、制造监督检验证明、备案证明等文件。

b. 核查建筑起重机械安装单位资质证书、安全生产许可证及特种作业人员的特种作业操作资格证书。

c. 审查建筑起重机械安装（拆卸）专项施工方案，超过一定规模的危险性较大的分部分项工程专项方案，施工单位应组织召开专家论证会。

d. 检查安装单位与使用单位签订的安装（拆卸）合同及安装单位与施工总承包单位签订的安全协议书，核查现场人员的安全技术培训、交底记录。

2）督促施工单位在起重机械安装（拆卸）前（包括实施首次检验的起重机械）向设备安装所在地的特种设备安全监督管理部门办理安装告知手续。

3）参与起重机械安装、作业前的各项检查验收。

4）监督安拆单位执行起重机械安装、拆卸工程专项施工方案情况，监督检查起重机械的使用情况。履带吊组装如图 6-61 所示，龙门式起重机组装如图 6-62 所示。

（6）高处作业安全管控措施。

1）严格审查施工单位及作业人员的高空作业资质。

2）认真审核高空作业施工方案，包括作业流程、安全措施、应急处置等内容，确保方案的科学性和可行性。

图 6-61 履带吊组装

图 6-62 龙门式起重机组装

3）监督施工单位做好安全技术交底工作，确保作业人员清楚了解作业风险和应对措施。

4）核查施工安全管理技术措施落实到位，定期检查高空作业使用的安全带、安全网、脚手板等防护设施的质量和完好性，发现问题及时督促整改。不规范做法如图 6-63～图 6-66 所示。

图 6-63 在没有栏杆的脚手架上工作无防坠落措施

图 6-64 站立在梯子顶帽作业、无人扶梯、梯子与地面斜角度过大

图 6-65 高处作业缺失临边防护措施

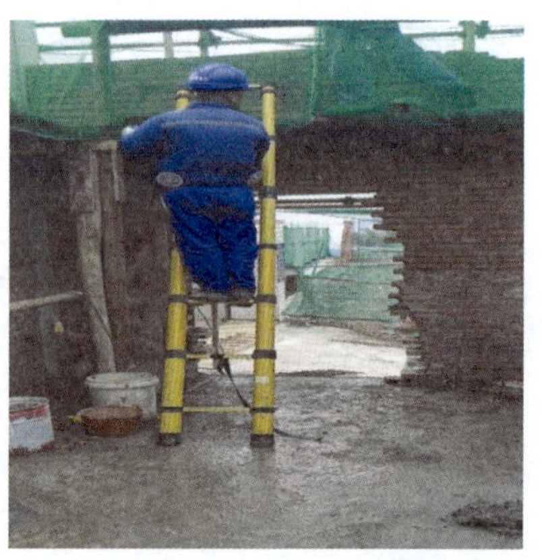

图 6-66 爬梯无人扶梯

5）对关键高空作业环节进行巡视或旁站监理，及时纠正不安全行为和操作。

6）检查设备机具及安全防护用品，确保高空作业使用的设备、机具性能良好，定期检验和维护。

7）定期组织安全检查，对发现的安全隐患下达整改通知并跟踪整改落实情况。

（7）有限空间作业安全管控措施。

1）检查作业人员均经过有限空间作业培训合格并持证上岗作业。

2）核查气体检测设备及所使用的各类电气设备是否符合要求。通信设备、气体检测设备、应急逃生设施配置到位。事故油池内如图 6-67 所示，电力隧道内如图 6-68 所示。

图 6-67　事故油池内

图 6-68　电力隧道内

3）督促施工单位对作业人员进行详细的安全交底，确保其清楚作业风险和应对措施。

4）核查施工安全管理技术措施落实到位，“六个必须”与“七个不准”满足要求。

六个必须：必须办理安全许可审批手续；必须采取可靠的隔断（隔离）措施；必须保持通风良好；必须有专人监护；必须配备必要的个人防护装备和应急救援设备；必须对作业人员进行安全培训。

七个不准：未经风险辨识不准作业；未经通风和检测合格不准作业；不佩戴劳动防护用品不准作业；没有监护不准作业；电气设备不符合规定不准作业；未经审批不准作业；未经培训演练不准作业。

5）检查专职监护人员就位情况。

6）督促施工单位在作业前、作业中定时进行气体检测，包括氧气含量、有害气体浓度等。氧气浓度监测如图 6-69 所示。

7）检查有限空间内通风设备正常运行且通风效果良好。风管的设置如图 6-70 所示。

8） 检查作业区域的照明设施满足安全要求，保证作业人员之间、与外部的通信畅通。

（8）爆破作业安全管控措施。

1）工程项目的爆破施工单位须委托给有相应资质的专业爆破公司来实施。监理项目部须将其单位资质、人员资料情况审批通过后才允许进行爆破有关作业。

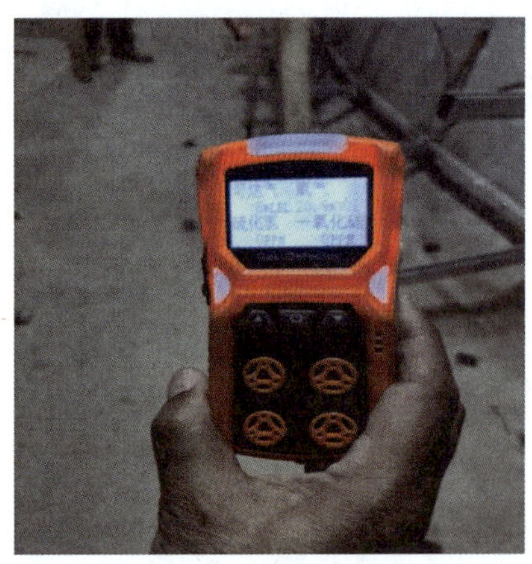

图 6-69 氧气浓度监测

图 6-70 风管的设置

2）核查爆破专业分包单位是否按照公安部门的规定，取得《民用爆破物品行政许可事项批准决定书》。爆破作业人员应当经设区的市级人民政府公安机关考核合格，取得《爆破作业人员许可证》。

3）检查爆破作业人员是否按要求进行入场前三级安全教育、安全技术交底，爆破专业分包单位和爆破安全监理项目部是否定期对爆破作业人员、安全管理人员、仓库管理人员进行专业技术培训。

4）检查“爆破施工方案”是否按要求编审，须由爆破专业分包单位编制完成后，首先经属地公安部门审批同意后再由施工总包单位技术负责人审批，报总监理工程师审核、业主审批，专家论证通过。

5）对爆破后现场爆破效果进行检查，对存在的盲炮、危石、火种，督促施工单位采取安全可靠措施予以消除。

6）对施工单位剩余爆破器材进行核实，并做好记录。

7）监护人应监督所有作业人员撤离现场。

（9）沉井、沉箱作业安全管控措施。

1）根据水文及地质条件、结构形式、周围环境保护要求，编制沉井和沉箱专项施工方案并报监理项目部审查。对环境保护要求高、施工难度大超过一定规模的沉井和沉箱等分部分项工程的专项施工方案，应通过专家评审。

2）沉箱下沉前应对所使用的机械设备、监控设备、仪器和管路等进行调试和验收。

3）下沉过程中沉井和沉箱内的各种设备应安装牢固，操作平台、脚手架、扶梯等设施均不得与井（箱）壁（墙）连接，以防沉井突然下沉时被拉倒，发生事故。

4）沉箱下沉时应保证工作室气压稳定，工作室内气压应与箱外地下水位相平衡，施工现场应有备用供气设备。

5）沉箱下沉时应配备有毒有害气体浓度、易燃易爆气体浓度、压缩空气温度监测仪和报警装置，同时应配备氧气检测仪监测沉箱内的氧气浓度。

6）不排水法下沉的沉井，下沉过程中井内水位应不低于设计控制水位。排水法下沉的沉井，下沉范围内及下部有承压水层时应进行坑底稳定性验算。

7）采用泥浆套、空气幕、压重、压沉系统或其他助沉措施时，在下沉前应检查设备、预埋管道。

8）沉井和沉箱挖土下沉应分层、均匀、对称进行，严禁掏挖刃脚底部土体。在刃脚或内隔墙附近开挖时，不得有人停留。对于有底梁或支撑梁的沉井，严禁人员在梁下穿越。机械取土时井内严禁站人。

9）下沉过程中应对影响范围内的建构筑物、道路或地下管线采取保护措施，保证下沉过程和终沉时的坑底稳定。

10）沉箱下沉结束后应对周边土体压力进行检测，并根据检测结果采取减压或加固措施。

（10）顶管、盾构作业安全管控措施。

1）监理项目部应审查承包单位资质证书、安全生产许可证、安全协议、人员的配备和特种作业人员的资格等。核查现场人员的安全技术培训、交底记录。

2）审查专项施工方案的安全技术等措施的符合性、合理性、可行性。

3）参与顶管、盾构设备选型，检查施工方主要施工机械设备的数量、性能、产品合格证及安装调试后现场验收，督促施工方定期对机械设备和操作运行情况进行检查，并形成检查记录。

4）施工前应对周边建构筑物、管线进行查勘，制定合理的监测方案，明确监测项目、监测报警值、监测方法和监测点、监测周期等。监理项目部应及时复核监测方提交的监测报告，当监测值大于所规定的报警值时，应停止施工，查明原因，采取补救措施。

5）始发前应按设计或专项施工方案要求对始发与接收井端头进行加固处理，洞门凿除前，应对端头加固改良后土体进行钻孔检测。顶管机吊装如图 6-71 所示，顶管作业如图 6-72 所示。

图 6-71 顶管机吊装

图 6-72 顶管作业

6）施工过程中，严格执行现行国家标准、规定和规程，督促施工单位做好以下安全措施：

a．工作井基坑、集水坑、泥浆池等四周应设置防护栏杆，地面井口应设置截、排水设施。

b．工作井内应设置人员上下的专用梯道，并应设置栏杆和扶手。

c．管道内应设置通风装置，通风量宜为每人 25～30m^3/h，出口空气质量应符合环保要求。

d．井内和管道内应设置有毒害气体检测报警装置及警示、通信、排水设施和消防器材。盾构机组装如图 6-73 所示，盾构机出洞如图 6-74 所示。

图 6-73　盾构机组装

图 6-74　盾构机出洞

e．起重吊装作业区域应设置作业警戒区及警示标志（牌），并设专人监护，起重臂和重物下方严禁有人停留、工作或通过；绑扎所用的吊索、卡环、绳扣等的规格应根据计算确定；吊装前，应对起重机钢丝绳及连接部位和索具进行检查。

f．施工临时用电应符合《施工现场临时用电安全技术规定》（JGJ46—2005）的规定。

g．建立独立的通信系统，保证作业过程中通信畅通。

7）废土、渣土、废泥浆的处置应符合有关部门的规定。施工过程产生的废土、渣土及废泥浆应集中堆放；废土、渣土及废泥浆外运时，外运车辆应为密封车或有遮盖自卸车，车辆车胎应保持干净，不黏带泥块等杂物，防止污染道路。

8）施工现场应设置排水系统，严禁向排水系统排放泥浆。排水沟的废水应经沉淀过滤达到标准后排入市政排水管网。

9）施工期间噪声应按《建筑施工场界环境噪声排放标准》（GB 12523—2011）的规定控制。

10）夜间施工应办理相关手续，并应采取措施减少声、光的不利影响。

第二节　隐　患　管　理

一、隐患排查

（一）排查方式

（1）日常巡检。定期对工作场所、设备设施等进行常规的巡查。

（2）专项检查。针对特定领域、特定设备或特定风险进行深入细致的检查。

（3）月度检查。在一个月的时间周期内对特定区域或项目的安全状况进行的全面、系统的检查。

（4）季节性检查。根据不同季节的特点，如夏季防暑降温、冬季防寒防冻等进行针对性检查。

（5）节假日检查。在重大节假日前后进行以确保安全的检查。

（6）定期综合性检查。全面系统地对各个方面进行周期性检查。

（二）排查主要内容

（1）个人防护装备：检查工人是否正确佩戴安全帽、安全带、安全鞋等个人防护装备。

（2）施工机械与设备：确保起重机、升降机、电焊机等施工机械和设备的安全性和可靠性。

（3）临时用电：检查临时用电线路的敷设是否规范，漏电保护器是否有效，检查电线、插座、配电箱等电气设施，确保绝缘良好，无漏电现象。

（4）高空作业：检查脚手架、吊篮等高空作业设备的稳定性，以及高空作业安全措施。

（5）动火作业：严格控制明火、焊接作业，确保易燃物品的安全存放。

（6）施工现场布置：保证施工现场通道畅通，材料堆放整齐，避免杂物堆积。

（7）安全标识与警示：检查安全标识和警示标志是否清晰、醒目。

（8）施工方案与操作规程：审查施工方案和操作规程是否符合安全要求。

（9）环境因素：考虑施工现场的天气条件、地形等环境因素对施工安全的影响。

（10）安全培训与教育：确保工人接受过充分的安全培训，了解安全操作规程和应急处理方法。

（11）交叉作业安全：协调不同工种的施工，避免交叉作业中的安全隐患。

（三）排查要点

（1）施工现场总体。

1）施工区域与办公、生活等区域划分是否合理，是否有效隔离。

2）围蔽是否完整、牢固，高度是否符合要求，有无破损或缺失。

3）施工现场道路是否平整、坚实，有无障碍物，坡度是否合理，是否满足车辆通行要求。

4）各类安全警示标识、施工标识、导向标识等是否齐全、清晰、准确。

5）物料堆放是否整齐、稳固，有无超高、超宽现象，是否侵占安全通道，易燃易爆物品存放是否符合规定。

6）施工现场卫生状况是否良好，有无垃圾、杂物堆积，排水设施是否完善，有无积水问题。

7）施工现场夜间照明是否充足，灯具布置是否合理，有无照明死角。

8）临时工棚、仓库等临时建筑结构是否安全可靠，防火、防风等措施是否到位。

9）是否对周边建筑物、道路、地下管线等造成影响，是否采取相应防护措施。

10）出入口管理是否严格，人员、车辆进出登记是否规范。

（2）人员管理。

1）所有进场人员是否都经过三级安全教育培训并考核合格。

2）特种作业人员的资格证书是否有效且与作业内容相符。

3）施工人员是否正确佩戴和使用符合要求的个人防护用品，如安全帽、安全带、绝缘手套等。防护用品的质量是否合格，是否定期检验和更换。

4）施工人员是否进行了健康体检，是否存在不适合从事高空、高压等危险作业的疾病。

5）现场作业人员的精神状态是否良好，有无疲劳作业现象。

6）是否配备了足够的安全管理人员，并切实履行职责。各工种人员数量是否满足施工进度和安全要求。

（3）施工机具。

1）检查施工机具外观是否有明显破损、变形、裂缝等；各部件连接是否牢固可靠，如螺栓、销轴等；操作手柄、按钮等控制装置是否灵敏有效；电气部分绝缘是否良好，有无漏电风险。

2）检查起重设备、提升装置等关键设备的检验检测是否合格，钢丝绳是否有断丝、磨损、变形等情况，吊钩、滑轮等是否存在缺陷，限位装置、制动装置是否正常工作（如图6-75和图6-76所示）。

图6-75　安全保险装置不灵

图6-76　被吊物下面站人

3）焊接类机具接地是否可靠，电缆线有无破损、老化，焊钳是否完好，焊接人员个人防护设施是否符合要求，如图 6-77 和图 6-78 所示。

图 6-77 焊接作业未正确佩戴护目镜

图 6-78 使用中的电焊机未接地

4）电动工具插头、插座是否匹配良好，外壳有无破损导致漏电的可能。

5）施工机具的安全防护装置检查。防护罩、防护栏等是否齐全，紧急制动、急停等装置是否有效。

6）施工机具是否定期进行维护保养和检查， 机具上的安全警示标识是否清晰完整。

（4）临时用电。

1）是否编制施工现场临时用电施工组织设计，是否按临时用电施工组织设计设置临时用电。

2）电工是否持证上岗作业，用电人员是否经安全教育培训和技术交底。

3）电工巡视维修记录是否填写，填写是否真实，无电气接线图及检查记录表如图 6-79 所示。

4）相线、N 线、PE 线颜色标记是否正确，如图 6-80 所示。

图 6-79 无电气接线图及检查记录表

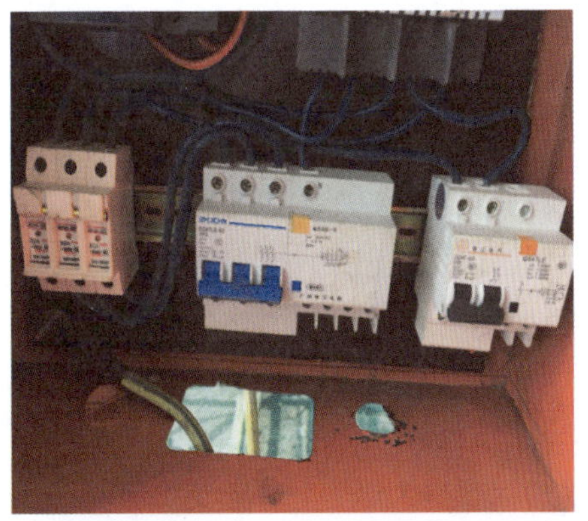

图 6-80 相线、N 线、PE 线无颜色标识

5）在建工程周边、机动车道和外电线路防护最小安全距离是否符合要求。

6）工作零线（N 线）是否通过总漏电保护器。

7）保护零线（PE 线）是否单独敷设，是否重复接地。

8）电气设备的金属外壳是否与保护零线（PE 线）连接，保护零线（PE 线）上是否装设开关或熔断器。

9）电缆线路是否随意放置地上，是否采取架空，穿管等保护措施，如图 6-81 和图 6-82 所示。电缆直接埋地深度是否符合要求。

图 6-81　临时用电电缆拖地敷设

图 6-82　临时用电电缆支架架起

10）穿越建筑物、构筑物、道路和引出地面时是否穿防护套管。

11）架空电缆沿脚手架、树木或其他设施敷设是否采取保护措施。

12）总配电箱和分配电箱漏电保护器是否匹配，用电是否符合“一箱、一机、一闸、一漏”配置要求。

（5）变电站（换流站）工程。

1）基础工程：基础开挖的放坡、支护是否合理；降水及排水是否符合要求；有限空间作业防护措施及通风是否符合要求；土方运输及堆放是否符合要求；防止坍塌措施是否有效。

2）结构工程：模板的支撑体系是否牢固，防止变形、垮塌，模板支撑间距、连接是否符合要求，监测措施是否有效。

3）建筑施工：高处作业防高坠措施是否有效。

4）深基坑工程：基坑支护结构的稳定性；基坑周边的防护栏杆设置是否规范；降水、排水措施是否有效。

5）高支模工程：高支模架体的搭设是否符合专项方案要求；所用材料选型、规格及品质要求、模架体系设计、构造措施等技术参数是否符合要求，杆件间距、连接节点等是否安全可靠。

6）脚手架工程：脚手架的立杆基础、扫地杆设置是否合理；脚手板铺设是否严密，有无探头板；连墙件的设置是否符合规定。

7）电气设备安装：起重设备选型及安装是否符合要求，设备运输、吊装过程是否满足安全要求，设备接地连接是否可靠。

8）调试与试验：调试、试验方案是否完备；操作人员是否具备相应资质和技能；试验过程中的安全防护措施是否到位。

（6）架空线路工程。

1）基础工程：人工挖孔桩应急爬梯是否满足要求；电动葫芦、吊笼等安全设施是否安全可靠，并配有自动卡紧保险装置；通风送风及气体监测是否满足要求；设置护栏是否满足要求；土方运输及堆放是否符合要求；护壁设置是否满足要求，防止坍塌措施是否有效。

2）杆塔组立：组立措施是否满足要求，组塔用的起重机械、牵引机械及抱杆规格、型号及性能及外观是否满足要求；安装位置、牵引方向或起重机械旋转半径、起升下降高度是否满足要求；临时拉线设置是否牢固，吊装、高坠、触电、打击等安全保证措施是否有效；管理人员、指挥人员、特种作业人员是否持证上岗。

3）导地线架设：牵引及张力设施、滑轮设施是否满足要求，通讯是否畅通，临时拉线是否牢固，交叉跨越、临近带电、高处作业实施防范措施是否符合要求，高空锚线是否采取二道保护措施。

4）跨越架搭设：跨越架的搭设是否符合规范，稳定性是否良好；与带电体的安全距离是否足够。

5）临时拉线与地锚：临时拉线设置是否合理、牢固；地锚的埋设深度、角度等是否符合要求。

6）防雷与接地：杆塔接地装置是否完善，接地电阻是否合格。

（7）电缆工程。

1）电缆沟/排管/隧道：顶管、隧道、暗挖施工安全保证措施是否可行，有无塌陷、积水等情况；排管是否畅通，有无堵塞、破损；隧道结构是否稳固，通风、照明等设施是否正常。

2）电缆敷设：电缆外观有无破损、划伤等；敷设路径是否正确，有无过度弯曲、扭转等不当情况；电缆固定是否牢固，间距是否符合要求。

3）防火与阻燃：防火阻燃措施是否到位，如防火隔板、防火涂料等；电缆孔洞封堵是否严密。

4）接地装置：电缆金属护套接地是否良好；接地电阻是否满足要求。

5）标识标志：沿线的标识牌、标志桩等是否清晰、齐全。

（8）配网工程。

1）架线工程：张力机、牵引机、液压机、放线滑车、卡线器、导引绳、牵引绳等配置的规格型号是否符合规范要求，无明显破损或故障；临时锚固措施是否可行；拉线设置是否合理、牢固；放线及牵引是否符合要求；同杆架设、临近带电、交叉跨越防范措施是否有效，接地线挂设是否正确、符合要求；带电作业措施是否满足要求。

2）杆塔作业：吊装措施是否符合要求，拉线及锚固是否牢固，登杆作业安全措施是否到位，如安全带使用等；杆塔上作业工具及材料放置是否安全。

3）设备安装：设备吊装措施是否符合要求，设备连接是否牢固，接地是否可靠。

（四）电网工程典型事故隐患排查

电网工程典型事故隐患排查参考表6-6，在隐患排查中应逐项一一排查，针对性地开展专项隐患排查治理。

表6-6　电网工程典型事故隐患排查表

序号	隐患现象	隐患类别
1	未按规定办理线路、配电第一、二种工作票，厂站第一、二、三种工作票，带电作业工作票，紧急抢修工作票，检修申请单，动火工作票、书面布置记录票（包括施工作业票、二次措施单）开展现场作业	两票文件类
2	未经停电、验电、接地即开展作业，未按照工作票所列“应装设的接地”要求装设接地或工作地点未装设封闭接地，擅自变更接地位置	两票文件类
3	工作票未经许可或工作票、分组工作派工单所列主要安全措施（断路器、隔离开关、接地开关）未全部落实前，工作负责人即安排作业人员作业或作业人员擅自开展作业	两票文件类
4	未开站班会，或站班会安全技术交底等“三交”“三查”工作与现场实际不符（基建领域专用）	两票文件类
5	二次措施单与现场不符合	两票文件类
6	将高风险作业定级为低风险	管理类
7	现场作业人员未经安全准入考试并合格；新进、转岗和离岗3个月以上电气作业人员，未经专门安全教育培训，并经考试合格上岗	管理类
8	安全风险管控监督平台上的作业开工状态与实际不符；作业现场未布设与平台作业计划绑定的视频监控设备，或视频监控设备未开机、未拍摄现场作业内容	管理类
9	三级及以上风险作业管理人员（含监理人员）未到岗到位进行管控	管理类
10	不具备“三种人”资格的人员担任工作票签发人、工作负责人或许可人	管理类
11	应拉断路器、应拉隔离开关、应拉熔断器、应合接地开关、作业现场装设的工作接地线未在工作票上准确登录；工作接地线未按票面要求准确登录安装位置、编号、挂拆时间等信息	管理类
12	设备无双重名称，或名称及编号不唯一、不正确、不清晰	管理类
13	链条葫芦、手扳葫芦、吊钩式滑车等装置的吊钩和起重作业使用的吊钩无防止脱钩的保险装置	管理类
14	杆塔上有人作业时，调整或拆除拉线	管理类
15	约时停、送电；带电作业约时停用或恢复重合闸	管理类
16	拉线、地锚、索道投入使用前未计算校核受力情况	管理类

续表

序号	隐患现象	隐患类别
17	拉线、地锚、索道投入使用前未开展验收；组塔架线前未对地脚螺栓开展验收；验收不合格，未整改并重新验收合格即投入使用	管理类
18	票面上设备无双重名称，或名称及编号不唯一、不正确、不清晰	管理类
19	绞磨、卷扬机放置不稳；锚固不可靠；受力前方有人；拉磨尾绳人员位于锚桩前面或站在绳圈内	管理类
20	施工总承包单位或专业承包单位未派驻项目负责人、技术负责人、质量管理负责人、安全管理负责人等主要管理人员。合同约定由承包单位负责采购的主要建筑材料、构配件及工程设备或租赁的施工机械设备，由其他单位或个人采购、租赁	管理类
21	两个及以上专业、单位参与的改造、扩建、检修等综合性作业，未成立由上级单位领导任组长，相关部门、单位参加的现场作业风险管控协调组；现场作业风险管控协调组未常驻现场督导和协调风险管控工作	管理类
22	模板支撑脚手架搭设未经验收合格即进行模板安装，模板安装未验收合格即进行混凝土浇筑；承重结构混凝土模板拆除时，对未达到混凝土龄期需提前拆模的，未能提供抗压强度报告（同条件养护）或混凝土强度回弹记录	管理类
23	承发包双方未依法签订安全协议，未明确双方应承担的安全责任	管理类
24	特种设备未依法取得使用登记证书、未经定期检验或检验不合格	管理类
25	施工方案由劳务分包单位编制	管理类
26	劳务分包单位自备施工机械设备或安全工器具	管理类
27	自制施工工器具未经检测试验合格	管理类
28	对“超过一定规模的危险性较大的分部分项工程”（含大修、技术改造等项目），未组织编制专项施工方案（含安全技术措施），未按规定论证、审核、审批、交底及现场监督实施	管理类
29	违章指挥、强令工作班人员冒险作业；未办理开工/复工手续擅自组织施工，或停工令执行不到位	信息传递类
30	现场开始工作前，工作负责人未向全体工作班人员宣读工作票，未明确交代工作任务及分工、作业地点及范围、作业环境及风险、安全措施及注意事项等	信息传递类
31	工作负责人擅自安排、指派工作票所列工作班人员之外的其他人员参与作业，工作人员变更未履行变更手续；无需变更调度或设备运维单位的安全措施增加工作内容未按规定办理变更手续	信息传递类
32	工作班成员还在工作或还未完全撤离工作现场就办理工作终结手续	信息传递类
33	存在高坠、物体打击风险的作业现场，人员未佩戴安全帽	行为类
34	倒闸操作前不核对设备名称、编号、位置，不执行监护复诵制度或操作时漏项、跳项	行为类
35	倒闸操作中不按规定检查设备实际位置，不确认设备操作到位情况	行为类
36	在电容性设备检修前未放电并接地，或结束后未充分放电；高压试验变更接线或试验结束时未将升压设备的高压部分放电、短路接地	行为类
37	在继保屏上作业时，运行设备与检修设备无明显标志隔开，或在保护盘上或附近进行振动较大的工作时，未采取防跳闸（误动）的安全措施	行为类
38	继电保护、直流控保、稳控装置等定值计算、调试错误，误动、误碰、误（漏）接线	行为类
39	重要工序、关键环节作业未按施工方案或规定程序开展作业；作业人员未经批准擅自改变已设置的安全措施	行为类
40	未按规定开展现场勘察或未留存勘察记录；工作票（作业票）签发人和工作负责人均未参加现场勘察	行为类

续表

序号	隐患现象	隐患类别
41	作业人员擅自穿、跨越安全围栏、安全警戒线	行为类
42	票面（包括作业票、工作票及分票、动火票等）缺少工作负责人、工作班成员签字等关键内容	行为类
43	链条葫芦超负荷使用	行为类
44	起吊或牵引过程中，受力钢丝绳周围、上下方、内角侧和起吊物下面，有人逗留或通过	行为类
45	使用金具U形环代替卸扣；使用普通材料的螺栓取代卸扣销轴	行为类
46	起重作业无专人指挥	行为类
47	汽车式起重机作业前未支好全部支腿；支腿未按规程要求加垫木	行为类
48	高压带电作业未穿戴绝缘手套等绝缘防护用具；高压带电断、接引线或带电断、接空载线路时未戴护目镜	行为类
49	在互感器二次回路上工作，未采取防止电流互感器二次回路开路，电压互感器二次回路短路的措施	行为类
50	脚手架、跨越架未经验收合格即投入使用	行为类
51	安全带的挂钩或绳子挂在移动或不牢固的物件上（如隔离开关支持绝缘子、CVT绝缘子、母线支柱绝缘子、避雷器支柱绝缘子等）	行为类
52	在易燃易爆或禁火区域携带火种、使用明火、吸烟；未采取防火等安全措施在易燃物品上方进行焊接，下方无监护人	行为类
53	动火作业前，未将盛有或盛过易燃易爆等化学危险物品的容器、设备、管道等生产、储存装置与生产系统隔离，未清洗置换，未检测可燃气体（蒸气）含量，或可燃气体（蒸气）含量不合格即动火作业	行为类
54	组立杆塔、撤杆、撤线或紧线前未按规定采取防倒杆塔措施；架线施工前，未紧固地脚螺栓	行为类
55	个人保安接地线代替工作接地线使用	行为类
56	平衡挂线时，在同一相邻耐张段的同相导线上进行其他作业	行为类
57	放线区段有跨越、平行输电线路时，导（地）线或牵引绳未采取接地措施	行为类
58	耐张塔挂线前，未使用导体将耐张绝缘子串短接	行为类
59	导线高空锚线未设置二道保护措施	行为类
60	对需要拆除全部或一部分接地线后才能进行的作业，未征得运维人员的许可擅自作业	行为类
61	在运行站内使用吊车、高空作业车、挖掘机等大型机械开展作业，未经设备运维单位批准即改变施工方案规定的工作内容、工作方式等	行为类
62	受力工器具（吊索具、卸扣等）超负荷使用	行为类
63	钻孔灌注桩孔顶未埋设钢护筒，或钢护筒埋深小于1m。钻孔灌注桩施工时，作业人员进入没有护筒或其他防护设施的钻孔中工作	行为类
64	跨越、邻近带电线路架设、拆除导地线施工时，未制定及落实防止导地线脱落、滑跑、反弹的保护措施	行为类
65	现场工作中，工作人员或机具与带电体不能保持规定的安全距离且未采取有效措施，如：在多回线路杆塔进行非带电作业时进入带电侧横担；被砍树木与带电运行的线路安全距离不足且未采取控制树木倾倒方向或未采用绝缘隔离等防护措施；在带电设备附近进行吊装作业时，安全距离不够且未采取有效措施；试验中的高压引线及高压带电部件与周围人员的距离小于规定的安全距离	行为类

续表

序号	隐患现象	隐患类别
66	擅自扩大工作票所列工作范围开展工作，超越绝缘隔板、安全遮拦（围栏）与临近带电体安全距离不足开展工作，或实际开展的作业与工作票内容无关，且安全措施不满足要求	行为类
67	未经许可且未落实防触电措施，即擅自打开带电开关柜的前、后盖板，静触头绝缘挡板等隔离装置	行为类
68	违规使用解锁钥匙或采用非常规解锁用具，擅自解除设备的电气闭锁装置或机械闭锁装置	行为类
69	在设备试验、检修工作中，工作班人员擅自操作未经运行人员许可或授权操作的隔离开关或接地开关（接地线）	行为类
70	带负荷断、接引线；未采取消弧措施带电断、接空载电缆线路的连接引线	行为类
71	特种作业人员、特种设备作业人员未取得或持假冒的特种作业操作证、特种设备作业人员证从事相应工作	行为类
72	杆塔线路进行机械牵引、展放作业时，安排人员登杆塔作业（铁塔调整滑车预偏除外），或线路杆塔上有人作业时，下方人员进行杆塔拉线的调整、拆除，以突然剪断导线、地线、拉线等方法撤杆撤线	行为类
73	现场作业人员（新员工、转岗未经考核合格人员、实习人员和临时作业人员除外）未经安规考试合格即上岗作业	行为类
74	使用无证、未按规定检验或检验不合格的特种设备，违规使用起重设备载人作业（合法自制设备除外），或未经计算、验证、检验、审批等程序违规使用自制高空作业平台、吊篮（吊笼）载人作业	行为类
75	带电作业人员串入电路。包括不同电位作业人员直接相互接触，作业人员同时接触两个非连通的带电体、作业人员同时接触带电体与接地体，同时安装或拆除不同电位的绝缘遮蔽，绝缘斗臂车或绝缘平台双人带电作业时，同时在不同相或不同电位作业、安全距离不足时作业人员未采取绝缘遮蔽措施等	行为类
76	全部作业结束后，作业人员布置的安全措施未拆除或未恢复至作业前状态或工作许可人指定的状态，现场未清理、人员未撤离、工作负责人未向工作许可人报告作业完工情况、未办理相应的作业终结手续；作业人员撤离现场后，擅自返回工作地点，继续工作或清理工具、遗留物	行为类
77	作业人员未经工作负责人或分组负责人或监护人同意，未参加工作负责人组织的现场安全交代，或不清楚工作任务、危险点，擅自开始或参与工作	行为类
78	现场作业人员存在未经实际技能考核合格、未持证上岗、因违章取消或暂停现场作业资质等不具备相应现场作业资格的情况	行为类
79	在变电站、发电厂等生产运行区域超速、无证驾驶机动车	行为类
80	交叉跨越各种线路、铁路、公路、河流等放线、撤线时，未采取搭设跨越架、封航、封路等安全措施	行为类
81	工作接地线、系统接地线或个人保安线接地线夹易脱落，接地体或临时接地体埋深不满足安规要求	行为类
82	在带电设备周围采用钢卷尺、皮卷尺、线尺（夹有金属丝者）进行测量工作。高压配电线路带电立、撤杆作业时，未使用绝缘绳索控制电杆起立	行为类
83	电力线路设备拆除后，带电部分未处理	行为类
84	组立杆塔、撤杆、撤线或紧线前，未按规定采取防倒杆塔措施，拉线、地锚、索道投入使用前未计算校核受力情况；杆塔组立或组塔架线前，未全面检查或超载荷使用工器具，未紧固地脚螺栓或未对地脚螺栓开展验收或验收不合格；杆塔组立中，超允许起重量起吊；杆塔组立后杆根未完全牢固或做好拉线即上杆作业	行为类

续表

序号	隐患现象	隐患类别
85	在线路杆塔发生基础松弛、塌陷，拉线失效，杆体严重歪斜，塔材变形，导线断股，金具断裂等严重问题时，未采取可靠安全措施即登杆塔开展作业	行为类
86	登杆前未核对线路名称、杆号、色标，未检查基础、杆根、拉线、爬钉等，杆号缺失的未做临时标记	行为类
87	进入水力发电机的蜗壳、尾水管等危险部位时未按规定做好关闭阀门、切断操作能源、排空积水等安全措施	行为类
88	特种作业人员未经年审或证件过期仍开展特种作业	行为类
89	对同杆塔架设的多层、同一横担多回线路验电时，未按先验低压，后验高压，先验下层，后验上层，先验近侧，后验远侧的顺序验电	行为类
90	在临近运行线路进行基础开挖施工时，未采取防止开挖对运行线路基础造成破坏的措施	行为类
91	在高速公路、一级公路等车流量较大的公路施工时，未在工作场所周围装设遮栏（围栏），未设置警示标志，夜间未设置警示光源，未派专人看守	行为类
92	醉酒、酒后等不清醒状态下开展作业	行为类
93	在可能存在交叉、间歇带电的设备上作业，或在一个电气部分进行多专业协同作业时，工作负责人未履行专职监护职责或直接参与现场作业	行为类
94	绞磨或卷扬机放置不平稳或锚固不可靠，如利用树木或外露岩石作牵引、制动等主要受力锚桩	行为类
95	直接接触运行中的架空绝缘导线、穿越未停电接地或未采取绝缘隔离措施的绝缘导线进行工作	行为类
96	采用流动式起重机、高空作业车、绝缘斗臂车、高处作业平台等作业时，未落实稳固支撑等防倾覆措施，且存在严重的倾覆隐患	行为类
97	在存在感应电、反送电触电风险的导地线等设备作业时，未使用个人保安线或接地线，或个人保安线或接地线未有效接地，丧失接地保护功能	机具防护类
98	高处作业（含高度超过 1.5m 且没有栏杆的脚手架上工作）未使用安全带等防坠落用品、装置，或安全带未挂在牢固的构件上，或攀登杆塔、转移位置时失去安全带的保护	机具防护类
99	用绝缘棒拉合隔离开关、经传动机构拉合隔离开关和断路器、高压验电，对厂站设备、配电网设备装拆接地线时未戴绝缘手套、未穿绝缘鞋；装卸高压熔断器熔管，未戴绝缘手套，未站在绝缘物上或未穿绝缘靴；雷雨天气及一次设备发生接地时，未穿绝缘靴巡视厂站内室外高压设备	机具防护类
100	低压不停电作业未穿绝缘鞋，未戴低压绝缘手套或帆布手套，未使用有绝缘柄的工具。作业前未采取绝缘隔离、遮蔽带电部分等防止相间或接地短路的有效措施	机具防护类
101	对电缆（或试验设备）进行放电及更换试验引线时，未戴绝缘手套	机具防护类
102	绞磨、汽车吊、卷扬机等起重机械、牵引设备无制动和逆止装置，或制动装置失灵、不灵敏，或受力工器具的吊钩防脱落保险装置残缺、失效	机具防护类
103	起重机械、高空作业平台、吊篮（吊笼）、牵引设备、钢丝绳等起重、起吊、牵引设备超过铭牌规定额定荷载值使用	机具防护类
104	邻近带电设备场所使用的起重机和绞车等牵引工具未接地，作业的导（地）线未在工作地点接地	机具防护类
105	在带电设备附近使用金属梯子进行作业	机具防护类
106	货运索道载人或超载使用，或使用有缺陷的载人提升设备	机具防护类
107	乘坐船舶或水上作业不使用救生装备	机具防护类
108	雨天在户外操作电气设备时，验电器、绝缘棒、操作杆无防雨罩，未穿绝缘靴、戴绝缘手套	机具防护类

续表

序号	隐患现象	隐患类别
109	作业现场使用、携带的工器具不合格（存在严重破损、裂纹、松脱、断股等明显缺陷或达到报废标准）	机具防护类
110	未使用相应电压等级且合格的验电器进行验电	机具防护类
111	脚手架未按规定搭设，材质、规格不符合规范要求，铺板不严密、牢靠，未设置扫地杆、剪刀撑、抛撑、连墙件，脚手架未采取封闭防护措施或防护措施不规范	机具防护类
112	作业现场使用的Ⅰ类绝缘防护电动工具、高压试验设备金属外壳未接地或裸露导电部分保护罩破损、缺失	机具防护类
113	起重机无限位器，或起重机械上的限制器、联锁开关等安全装置失效	装置类
114	进入主变压器等设备内部、事故油池、消防水池、电缆隧道、电缆井、综合管廊、箱涵、深基坑、风机管道等有限空间工作未严格执行“先通风、再检测、后作业”、作业过程中未执行“实时监测、持续通风”要求	作业环境类
115	带明火进入易燃易爆物品储放场所，或在易燃易爆物品储放场所动火工作未采取防火等安全措施，动火作业点10m内未清除可燃物品或作业后现场有残留火种	作业环境类
116	龙门式起重机、塔吊、模板等拆卸（安装）过程中未严格按照规定程序执行	作业环境类

二、隐患治理

（一）下达隐患整改通知单

发生以下情况监理应下达隐患整改通知单：

（1）日常检查发现隐患。在日常的安全巡查、设备点检、环境检查等过程中，发现存在明显的安全隐患或不符合规定的情况。

（2）专项检查结果。如消防安全专项检查、电气安全专项检查等发现的问题。

（3）上级部门检查指出问题。上级单位或监管部门在检查中提出的隐患问题。

（4）事故或未遂事件后。发生事故或有险些造成事故的未遂事件后，发现的相关隐患。

（5）设备故障或异常。设备出现故障或运行异常时暴露出的潜在隐患。

（6）违反安全生产管理制度。存在明显违反安全生产管理相关制度和操作规程的行为或状态。

（二）隐患整改措施审查

隐患整改的措施应整体科学合理、切实可行，能够为隐患的有效整改提供有力保障，坚持“五定”原则：

（1）定整改责任人。整改责任人要明确指定，其具备相应的专业知识和能力来承担此项整改任务，责任清晰，能够保证整改工作的有效推进。

（2）定措施。所制定的整改措施全面且具有较强的针对性，能够直击隐患问题的关键，从技术、管理等层面有效消除或降低隐患影响。

（3）定时间。明确整改起始时间和完成时间，该时间规划合理，既考虑了整改工作的实际难度和工作量，又体现了对整改及时性的要求，有利于尽快消除隐患。

（4）定资金。整改所需资金已明确，资金来源渠道稳定可靠，能够保障整改措施的顺利实施，不存在因资金问题导致整改工作受阻的情况。

（5）定预案。针对整改过程中可能出现的各类风险和意外情况，制定了详细的应急预案，预案具备较强的实用性和可操作性，能够确保整改工作安全、有序地进行。

（三）隐患整改过程检查

对正在进行的隐患整改过程进行监督和检查，确保整改工作按照既定的“五定”要求规范、有序、高效推进：

（1）检查整改责任人的履职情况。观察整改责任人是否积极投入工作，是否按照计划组织和实施整改行动。

（2）检查措施执行情况。核实所制定的整改措施是否在实际操作中得到准确执行，措施的效果是否符合预期。

（3）检查时间进度。按照规定的时间节点，检查整改工作的实际进展是否符合进度要求，是否存在拖延等情况。

（4）检查资金使用情况。审查资金的使用是否合理、合规，是否与预算相符，是否存在资金浪费或不足的情况。

（5）检查应急预案执行情况。在整改过程中模拟可能出现的意外情况，检查应急预案的启动和执行是否顺畅。

（四）隐患整改验收

（1）审查整改资料。要求施工单位提交整改完成的相关报告、证明材料等，审查其是否完整、准确。

（2）现场检查核实。到现场对整改情况进行详细检查，对照隐患清单逐一核实整改措施是否落实到位，整改效果是否达到要求。

（3）测试与检验。对于一些涉及安全性能等方面的隐患，可能需要进行相应的测试、检验，如强度测试、功能测试等，以确保整改质量。

（4）形成验收记录。将验收过程和结果详细记录下来，包括发现的问题、整改情况、验收结论等，形成书面的验收报告或记录。

（5）签署验收文件。在确认整改完全符合要求后，在相关验收文件上签署意见，表明验收通过。

第三节　安全文明施工管理及环境保护

一、日常安全管理要点

监理项目部在施工现场日常安全管理要点如下：

（一）安全生产责任制

（1）督促施工单位建立健全并落实全员安全生产责任制，检查安全生产管理体系运作情况，签订安全生产责任书，检查安全生产责任制落实情况。

（2）检查施工单位安全生产规章制度和操作规程落实情况。

（3）检查施工单位安全生产教育和培训计划落实情况，落实安全投入措施。

（二）安全交底

（1）督促施工单位做好安全交底，安全交底应延伸到施工单位全体作业人员（如图 6-83 所示）。

（2）严格审查施工单位的各项安全交底记录，安全交底内容必须具体、明确，针对性强，安全交底记录必须履行签字手续。

图 6-83　施工单位对作业人员开展安全交底

（三）安全检查

（1）建立每月安全检查制度。定期组织施工单位对现场安全文明施工进行检查，对资料和现场逐项检查，形成检查通报，对安全隐患及人员的不安全行为等采取教育、通报、罚款等手段，杜绝事故的发生。

（2）建立监理安全巡查制度。做好安全生产的监督检查工作，对不安全因素及时督促施工单位整改；发现严重违规施工和存在安全事故隐患的，要求施工单位整改，并检查整改结果，签署复查意见；情况严重的，由总监下达工程暂停施工令，要求施工单位暂时停止施工，并及时报告建设单位。施工单位拒不整改或者不停止施工的，工程监理单位应当及时向上级主管部门或工程安全监督机构报告。检查施工工器具如图 6-84 所示。

（3）督促施工单位组织安全自查工作。检查施工单位安全检查记录表，参加施工现场的安全生产检查（如图 6-85 所示）。

（四）安全培训教育

（1）检查施工单位安全培训、教育制度落实情况。施工单位从业人员应当接受安全培训，熟悉有关安全生产规章制度和安全操作规程，具备必要的安全生产知识，掌握岗位安全操作技能。督促施工单位对从业人员开展安全生产培训如图 6-86 所示。

图 6-84 检查施工工器具

图 6-85 参加施工现场的安全生产检查

图 6-86 督促施工单位对从业人员开展安全生产培训

（2）对于未经安全生产培训合格的从业人员，不得上岗作业；新进场人员未经三级安全教育或考试不合格，不得上岗作业。

（3）检查施工管理人员及专职安全员年度培训考核情况。施工管理人员及专职安全员应参加安全生产考核，履行安全生产责任，以及对其实施安全生产监督管理。

（五）应急预案

（1）督促施工单位设置安全生产应急管理机构，并配备专职或者兼职安全生产应急管理人员，建立应急管理工作制度。

（2）检查施工单位应急救援人员和必要的应急救援器材、设备配备情况。

（3）督促施工单位编制应急预案并定期组织应急救援演练。施工单位开展应急救援演练如图 6-87 所示。

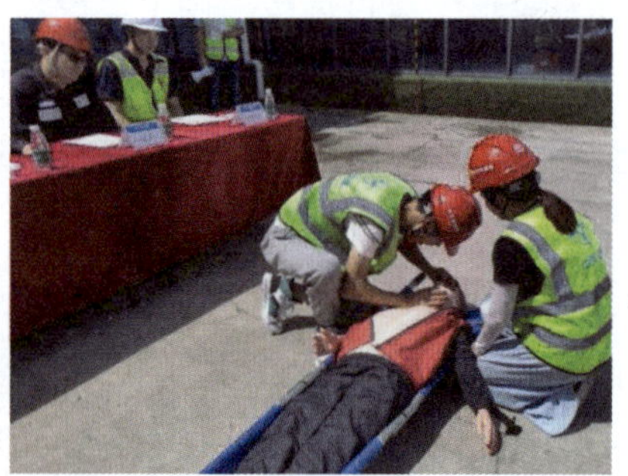

图 6-87 施工单位开展应急救援演练

（4）检查施工单位特种作业人员持证情况，特种作业人员必须按照国家有关规定经专门的安全作业培训，取得相应资格，方可上岗作业。

（5）对从事施工、安全管理人员，监理项目部应督促施工单位要求相关人员参加安全生产培训，并取得相应证书方可上岗作业。施工单位管理人员开展安全生产培训如图 6-88 所示。

图 6-88　施工单位管理人员开展安全生产培训

（六）安全标志标识

（1）督促施工单位在施工区域、危险部位设置明显的安全警示标志。隧道内设置 LED 警示灯如图 6-89 所示，人工挖孔桩安全警示如图 6-90 所示。

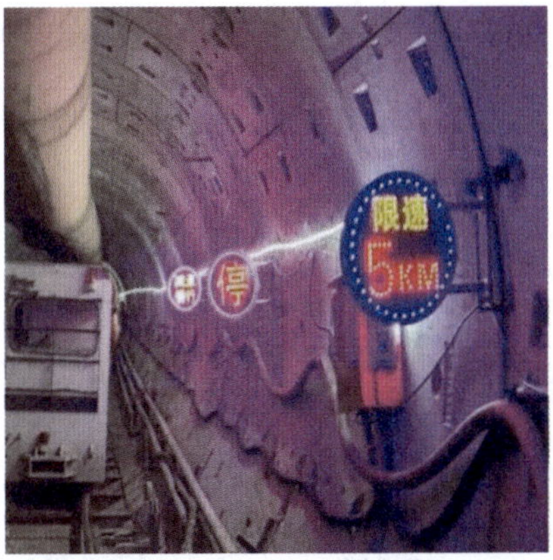

图 6-89　隧道内设置 LED 警示灯

图 6-90　人工挖孔桩安全警示

（2）督促施工单位在施工现场应绘制安全标志布置图、设置重大危险源公示牌（如图 6-91）。

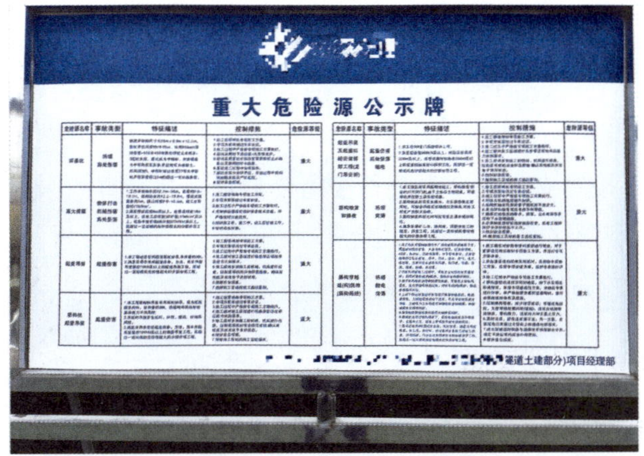

图 6-91　重大危险源公示牌

（3）督促施工单位根据工程部位和现场设施的变化，调整安全标志牌设置。根据工程部位和现场设施变化调整安全标志牌如图 6-92 所示。

图 6-92　根据工程部位和现场设施变化调整安全标志牌

（4）督促施工单位的施工现场、仓库、材料站和危险区域必须安装警告、禁止指令、提示性安全标志牌。安全标志牌的图形符号、安全色、几何形状和文字符合国家标识相关要求。起重吊装区域设置禁止进入标志牌如图 6-93 所示。

图 6-93　起重吊装区域设置禁止进入标志牌

（七）生产安全事故处理控制要点

（1）当施工现场发生生产安全事故时，监理项目部应要求施工单位立即停工，并按规定及时报告。

（2）监理项目部按照安全生产事故程序配合调查，参与事故原因分析。

（3）监理项目部应要求施工单位对生产安全事故进行调查分析，按照事故调查结果制定事故整改和防范措施，并监督检查闭环情况。

二、安全文明施工管理要点

（一）封闭管理

（1）要督促施工单位按施工现场要求进行封闭管理，进出通道应设置大门，并设置门卫值班室。大门设置如图 6-94 所示。

（2）督促施工单位建立门卫值守管理制度，并应配备门卫值守人员。

（3）检查施工区域围蔽措施落实情况，围挡应坚固、稳定、整洁、美观。施工区域设置围栏如图 6-95 所示。

图 6-94　大门设置

图 6-95　施工区域设置围栏

（4）安全通道和重要设备保护、带电区、高压试验、“四口五临边”等危险区域必须用安全围栏和临时提示栏完全隔离。安全通道设置护栏如图 6-96 所示。

（二）施工场地

（1）施工现场的主要道路及材料加工区地面应进行硬化处理。

（2）施工现场道路应畅通，路面应平整坚实。

（3）施工现场应有防止扬尘措施，如图 6-97 所示。

图 6-96　安全通道设置护栏

图 6-97　道路铺设绿网防止扬尘

（4）施工现场应设置排水设施，且排水通畅无积水。

（5）施工现场应有防止泥浆、污水、废水污染环境的措施。

（6）施工现场应建立治安保卫制度，落实治安防范措施，责任分解落实到人。

（7）制定施工总平面布置工作方案，使场内临时建筑物、安全设施、标识牌等样式，视觉达到形象统一、整洁、醒目、美观的整体效果，营造良好的安全施工氛围。施工总平面布置如图 6-98 所示。

图 6-98 施工总平面布置

（三）材料堆放

（1）材料、构件应按总平面布局进行码放，摆放整齐，码放方法和层数应符合要求，如图 6-99 所示。

（2）材料应码放整齐，并应标明名称、规格等，如图 6-100 所示。

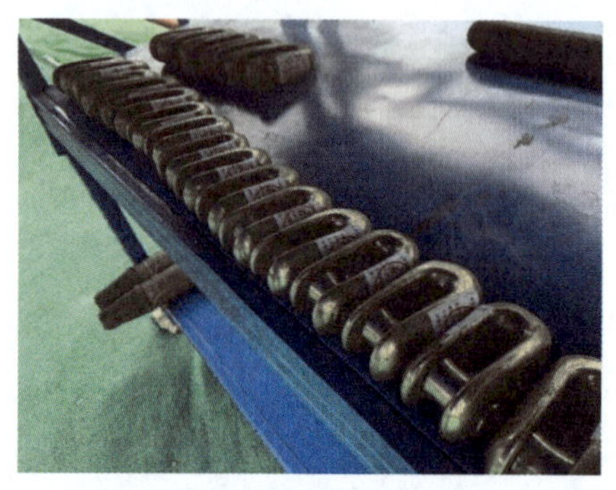

图 6-99 构配件摆放整齐

图 6-100 材料堆放设置

（3）施工现场材料码放应采取防火、防锈蚀、防雨等措施。

（4）施工垃圾的清运，应采用器具或管道运输，严禁随意抛掷。

（5）易燃易爆物品应分类储藏在专用危险品库房内，并应制定防火措施。

（四）现场办公与生活区

（1）施工作业、材料存放区与办公、生活区应划分清晰，并应采取相应的隔离措施。

（2）在建工程内、伙房、库房不得兼作宿舍。

（3）员工宿舍应布置合理，按标准搭设床铺，个人物品摆放整齐且整洁卫生、通风良好，电线布设整齐有序。宿舍设立管理制度，落实治安、防火、卫生管理责任人。

（4）督促施工单位建立卫生责任制度并落实到人。

（5）食堂与厕所、垃圾站、有毒有害场所等污染源的距离应符合规范要求。

（6）食堂的卫生环境应良好，且应配备必要的排风、冷藏、消毒设施。

（7）厕所内的设施数量和布局应符合规范要求；厕所必须符合卫生要求。

（8）生活垃圾应集中堆放，及时分类并清理，生活污水必须经过硬底硬壁沉淀及其他必要处理才能排放。

图 6-101　灭火器检查

（五）现场消防

（1）施工现场应建立消防安全管理制度，制定消防措施。

（2）施工现场临时用房和作业场所的防火设计应符合规范要求。

（3）施工现场应设置消防通道、消防水源，并应符合规范要求。

（4）施工现场灭火器材应保证可靠有效，布局配置应符合规范要求，如图 6-101 所示。

（5）明火作业应履行动火审批手续，配备动火监护人员。

（六）安全文明施工标志标识

（1）设置公示标牌，主要内容应包括：工程概况牌、消防保卫牌、安全生产牌、文明施工牌、管理人员名单及监督电话牌、施工现场总平面图。安全文明施工标志牌如图 6-102 所示。

图 6-102　安全文明施工标志牌

（2）施工现场应有安全标语，标牌应规范、整齐、统一。施工现场安全标语如图 6-103 所示。

（3）办公场所应设立醒目项目部铭牌及上墙资料，上墙资料包括安全文明实施组织机构图、安全文明施工管理目标、安全文明施工岗位责任制、工程施工进度横道图等。

图 6-103 施工现场安全标语

（七）安全工器具

（1）安全工器具宜存放干燥通风的安全工器具室内。

（2）安全工器具室内应配置适用的存放柜、架，不准存放不合格的安全工器具及其他物品。

（3）安全工器具使用前应进行外观检查并有检验合格标识；各类安全工器具应经过国家规定的型式试验、出厂试验和使用中的周期试验，并做好记录；新购进的安全工器具经试验合格后方能入库。

（4）各类绝缘安全工器具试验项目、周期和要求应按有关规定；安全工器具经试验合格后，应在不妨碍绝缘性能且醒目的部位粘贴检验合格证。

（5）安全工器具的电气试验和机械试验可由各使用单位根据试验标准和周期进行，应委托有资质的试验研究机构试验。

三、安全文明施工控制方法和措施

（一）制定并执行安全监理程序

监理项目部应制定科学、合理的安全监理工作程序，按照法律、法规和工程建设强制性标准和行业标准、电力企业标准实施安全监理，确保施工过程中的每个环节都符合安全文明施工的要求。

（二）督促施工单位建立健全安全文明施工体系

监理项目部应督促和监督施工单位严格贯彻执行国家、行业、电力企业有关安全文明施工的规定和要求，建立和制订安全文明施工方案和安全生产管理制度。包括安全生产责任制、安全技术措施计划、安全教育培训、安全检查与整改等制度。监理项目部定期检查安全文明体系的执行情况，确保其得到有效落实。

（三）严格审查施工单位的安全措施

监理项目部应对施工单位编制的安全措施进行严格审查，确保其符合相关法规和标准的要求，同时监督施工单位严格按照批准的安全技术措施落实。

（四）督促施工单位建立安全生产管理台账

监理项目部根据标准化现场和安全生产监督的要求，督促施工单位建立台账制度，逐项检查落实。安全生产管理台账包括但不限于下列主要内容：

（1）危险性较大分部分项工程管理台账。

（2）安全生产管理人员资格管理台账。

（3）特种作业人员资格管理台账。

（4）特种设备和主要施工机械管理台账。

（5）安全检查签证台账。

（6）分包管理台账。

（7）重大安全隐患台账。

（8）安全教育培训台账。

检查台账清单如图 6-104 所示。

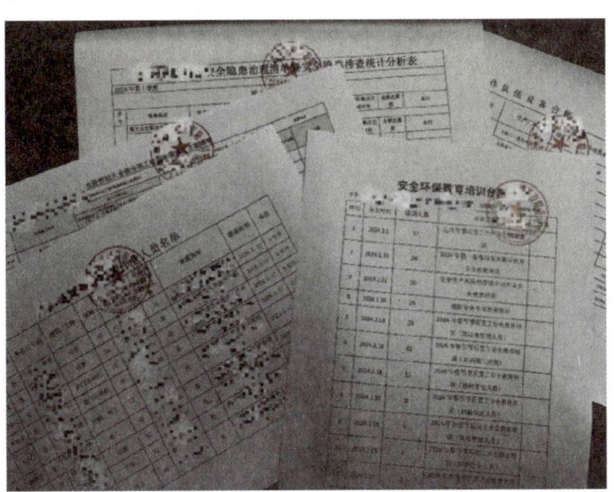

图 6-104　检查台账清单

（五）督促施工单位营造安全文明的作业环境

监理项目部应督促施工单位给施工人员创造良好、没有危险的环境和作业场所，同时要求施工单位严格控制污水、污物、扬尘、噪声和不文明行为对施工周边环境的影响。

（六）召开会议

（1）监理项目部应参加建设单位组织的第一次工地会议，会议应对施工安全管理、各方安全管理职责、安全管理工作流程等方面提出要求，并形成会议纪要。

图 6-105　组织召开安全生产专题会议

（2）监理项目部应定期或不定期地组织召开安全生产专题会议，明确提出安全生产工作要求，指出安全文明施工问题，督促施工单位采取相应的安全技术措施，如图 6-105 所示。

（3）安全例会：可与监理例会一并召开，一般至少每月一次。会上要求施工单位汇报分析上阶段安全文明施工情况，监理提出工作要求。

（4）安委会会议：至少每三个月召开一次。会上要求施工单位分析上次会议以来安全文明施工状况及存在较大问题的原因分析情况，监理提出整改要求。

（七）过程检查

（1）监理项目部对大中型起重机械、脚手架、跨越架、施工用电、危险品库房等重要施工设施投入使用前应进行安全检查；对土建交付安装、电气安装交付调试及整套电气设备启动等重大工序交接前应进行安全检查。

（2）监理项目部对工程关键部位、关键工序、特殊作业和危险作业应进行旁站监理。关键工序旁站如图 6-106 所示。

（a）主网铁塔基础旁站

（b）起重作业巡查

图 6-106　关键工序旁站

（3）监理项目部对复杂自然条件、复杂结构、技术难度大及危险性较大分部分项工程专项施工方案的实施进行现场监督。顶管机吊装下井如图 6-107 所示、顶管管节吊装下井如图 6-108 所示。

图 6-107　顶管机吊装下井

图 6-108　顶管管节吊装下井

（4）监理项目部应监督交叉作业和工序交接中的安全施工措施的落实。

（八）下达书面监理通知和指令

（1）监理项目部根据监理合同赋予的监督权限，使用工程整改或停工等书面通知或指令，责令施工单位按合同要求采取必要的保证措施。

（2）监理项目部对承包单位施工安全中存在的问题，通过发出监理工程师通知等指令和要求的书面文件，责令施工单位限期改正。

（3）监理项目部如遇下列情况，专业监理工程师报总监理工程师并经建设单位同意后由总监理工程师下达《工程暂停令》：

1）建设单位要求暂停施工且工程需要暂停施工的。

2）施工单位未经批准擅自施工或拒绝监理项目部管理的。

3）施工单位未按工程设计文件施工的。

4）施工单位违反工程建设强制性标准的。

5）施工存在重大质量、安全事故隐患或发生质量、安全事故的。

（4）如因时间紧迫情况，监理工程师来不及做出正式的书面指令，可用口头指令下达给施工单位，但随后应及时补充书面文件对口头指令予以确认。

（九）安全生产文明施工措施费审查

监理项目部应对施工单位安全生产文明施工措施费用使用情况进行现场验证、计量、审核。安全生产文明施工措施费用不得挪作他用，使用范围包括下列主要内容：

（1）完善、改造和维护安全防护设施、设备支出，包括施工现场临时用电系统、洞口、临边、施工机械设备设施、高处作业防护、交叉作业防护、防火、防爆、防尘、防毒、防雷、防台风、防地质灾害、地下工程有害气体监测、通风、临时安全防护等设施设备支出，不包括“三同时”（同时设计、同时施工、同时投产使用）要求初期投入的安全设施。

（2）配置、维护、保养应急救援器材、设备支出和应急演练支出。

（3）开展重大危险源和事故隐患评估、监控和整改支出。

（4）安全生产检查、评价、咨询和标准化建设支出，不包括新建、改建、扩建项目安全评价。

（5）配置和更新现场施工人员个人安全防护用品支出。

（6）安全生产宣传、教育、培训支出。

（7）安全生产适用的新技术、新标准、新工艺、新装备的推广应用支出。

（8）安全设施及特种设备检测检验支出。

（9）其他与安全生产直接相关的支出。

四、安全文明施工检查与评价

（一）安全文明施工检查与评价的目的

监理项目部应定期或不定期对施工现场安全生产和文明施工状况进行检查与评价，是为了排查和消除安全隐患，预防生产安全事故的发生，保障施工安全和文明施工，确保施工质量并提高施工效率；保障施工人员和周边群众的安全和健康，强化安全文明施工、环境保护、生态文明和安全意识，促进安全文明施工的管理水平不断提高，实现安全文明施工的标准化管理。

（二）安全文明施工检查

（1）检查施工单位的安全生产责任制是否已建立，是否经安全生产责任人签字确认，是否制定安全文明施工措施费保障、使用计划与使用情况报审制度，是否制定安全生产伤亡控制、安全指标、文明施工等管理目标和安全目标责任分解，以及相应的安全文明施工实施办法和考核办法。

（2）检查施工单位施工组织设计及专项施工方案、安全技术交底、安全检查、安全培训教育、应急救援等主要项目落实情况。施工现场安全技术交底如图 6-109 所示，施工现场安全专项检查如图 6-110 所示。

图 6-109　施工现场安全技术交底

图 6-110　施工现场安全专项检查

（3）检查施工单位和分包单位的现场项目管理人员、施工作业人员，特别是项目负责人、项目技术负责人、专职安全管理员和特种作业人员，是否已取得国家、行业认可的相应岗位对应的职（执）业资格证书，进场前是否经现场安全教育培训考核合格上岗，以及检查施工单位是否建立人员管理台账和档案，并落实管理。

（4）检查施工单位和分包单位各类施工机具（包括特种设备、自制设备、试验设备、常规施工机械设备等）、安全标志等一般检查项目。

（5）检查大中型起重机械（包括物料提升机、塔式起重机、施工升降机等机械）、起重吊装、各式脚手架、跨越架、施工用电、高处作业、有限空间作业、临近带电和带电作业、基坑工程、模板支架、危险品库房等，并检查、督促施工单位建立管理台账和维护保养清单。

（6）检查个人防护用品与有限空间作业、高处作业安全设施，主要检查安全帽、安全带、气体检测仪、防毒面具、绝缘手套、绝缘鞋、导电鞋、登杆脚扣、绝缘隔板（绝缘橡胶板）、绝缘操作杆、绝缘夹钳、绝缘绳、验电器等防护用品，以及安全网、通风设备、洞口防护、通道口防护、临边防护、攀登作业、悬空作业、移动操作平台、悬挑式钢平台等相对应的安全防护设施，并检查施工单位是否建立相对应的管理台账，并落实管理。安全防护用品检查如图 6-111 所示。

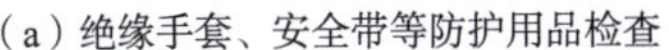

（a）绝缘手套、安全带等防护用品检查

（b）登杆脚扣、验电器等防护用品检查

图 6-111　安全防护用品检查

（7）检查施工单位的现场围挡、封闭管理、施工场地、材料管理、现场办公与住宿、现场防火等主要检查项目。

（8）检查施工单位的综合治理、公示标牌、生活设施、环境保护和社（村）区服务（包括夜间施工许可、各类废弃物处置、防扬尘、防噪声、防光污染、施工扰民安抚等）、7S（整理、整顿、清扫、清洁、素养、安全和节约）管理等一般检查项目。

（三）安全文明施工评价

（1）安全文明施工评价依据。按照国家或行业标准、企业标准和规程有关安全文明施工检查评价标准，以及相对应的检查评价表格表式执行。

（2）安全文明施工评价方法与等级。在进行安全文明施工评价时，一般采用评分方法，或采用百分比方法，根据安全文明检查项目各项指标的完成情况进行检查打分或判定合格与否，再根据总分或合格率对应评价等级，得出本次评价等级，一般分为优良、合格、不合格。

（3）安全文明施工评价周期。监理项目部每月不少于一次开展检查评价，自工程开工至竣工验收完成期间开展检查评价工作（其中配网工程可按标段为单位进行检查评价），并根据现场施工实际情况不定期进行检查评价，检查发现的问题应书面反馈给受检的施工单位。

（4）安全文明施工评价结果及整改。如施工现场经过检查评价为不合格，说明施工现场工地的安全管理上存在着重大安全隐患，这些安全隐患如不及时整改，可能诱发重大事故，直接威胁施工人员和企业的生命、财产等安全。因此对重大安全隐患采取“一票否决”的原则，评价为不合格的工地，监理项目部应立即要求施工单位暂停施工并限期完成整改，达到合格标准后方可继续施工，整改要求及整改情况需完成闭环管理。

五、环境保护

（一）监理工作内容

（1）监督施工单位履行环境保护合同条款。

（2）审查施工单位提交的环境保护措施计划。

（3）检查施工现场环境保护措施的落实情况。发现问题及时要求施工单位整改，并跟踪落实。

（4）及时发现并制止施工过程中破坏环境的行为。

（5）协调处理施工过程中的环境问题和纠纷。

（6）定期向建设单位汇报环境保护工作进展情况。

（二）施工过程中环保、水保监理工作措施

（1）环保监理措施。

1）扬尘控制：监督施工现场的防尘措施落实情况，如是否采取洒水降尘、设置围挡、物料覆盖等，确保扬尘不超标。

2）噪声监测：定期对施工噪声进行监测，确保施工噪声在规定限值内，督促施工单位采取降噪措施，如选用低噪声设备、合理安排施工时间等。

3）废弃物管理：检查施工产生的废弃物是否按规定分类收集、存放和处置，防止乱堆乱放和随意丢弃。

4）生态保护：留意施工现场及周边生态环境状况，监督施工单位避免对植被、土壤等造成破坏，对临时占地及时进行生态恢复。

（2）水保监理措施。

1）水土保持工程：检查排水沟、挡土墙等水保设施的施工进度和质量，确保其能有效发挥作用。

2）污水排放：监督施工废水和生活污水的处理及排放是否符合要求，是否经过处理达标后排放，严禁污水直排。

3）地表径流控制：确保施工过程中采取合理的措施引导地表径流，避免造成水土流失和对周边水体的影响。

4）地下水资源保护：关注施工对地下水资源的潜在影响，防止地下水污染和过度开采。

（3）日常监督与管理。

1）定期进行现场巡查，及时发现环保水保措施实施中存在的问题。

2）组织召开环保水保专题会议，强调措施落实的重要性，协调解决相关问题。

3）要求施工单位定期提交环保水保措施实施报告。

4）对违反环保水保要求的行为及时下达整改通知，并跟踪整改情况直至符合要求。

5）与建设单位、环保部门等保持密切沟通，及时汇报和反馈环保水保工作进展及问题。

第四节　数智化安全监理

一、数智化安全监理工作内容

（1）实时监控与数据采集。利用数字化系统对施工现场进行实时监控，收集安全相关数据，如人员行为、设备状态等。

（2）隐患排查与预警。运用数据分析技术，及时发现安全隐患，并发出预警信息，提醒相关人员及时处理。

（3）安全措施管理。通过数智化平台对安全管理流程进行监督和控制，确保各项安全措施落实到位。

（4）人员管理。对施工人员的信息进行数字化管理，包括资质审核、考勤记录等。

（5）设备管理。对施工设备的运行状况、维护记录等进行数字化监管，保障设备使用安全。

（6）数据分析与报告。对收集到的安全数据进行分析，形成报告，为决策提供依据。

（7）应急响应管理。在突发安全事件时，通过数字化手段协调各方资源，快速响应并采取有效措施。

（8）安全知识培训与教育。利用数字化资源开展安全培训和教育活动，提高现场人员的安全意识和技能。

二、数智化安全监理工作常见方法

（1）数据分析。利用数据分析工具对施工现场的安全数据进行实时监测和分析，及时发现安全隐患和风险趋势。

（2）可视化管理。通过可视化工具，如建筑信息模型（BIM）技术，将施工现场的安全信息以直观的方式呈现出来，帮助监理更好地理解和管理安全风险。如在项目施工阶段，运用 BIM5D 技术，监理人员通过手机 APP，把现场发现的安全问题拍摄上传至协同平台并提出整改要求，上传后施工单位相关责任人手机将会收到短信通知，按要求整改，整改完成后上传至协同平台，现场验收，形成闭环管理。BIM5D 项目管理协同平台如图 6-112 所示，创建现场发现的安全问题如图 6-113 所示，安全问题统计如图 6-114 所示。

（3）移动应用。开发移动应用程序，让监理可以随时随地查看安全相关信息，及时上报安全隐患并跟踪处理进度。通过手机 APP 及时掌握工程施工现场安全情况如图 6-115 所示。

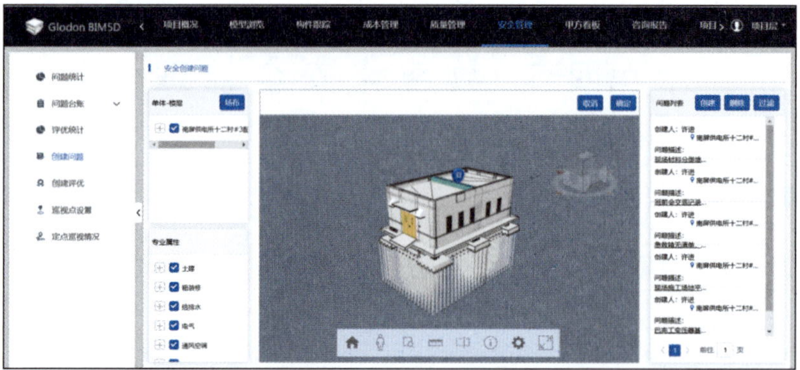

图 6-112 BIM5D 项目管理协同平台

图 6-113 创建现场发现的安全问题

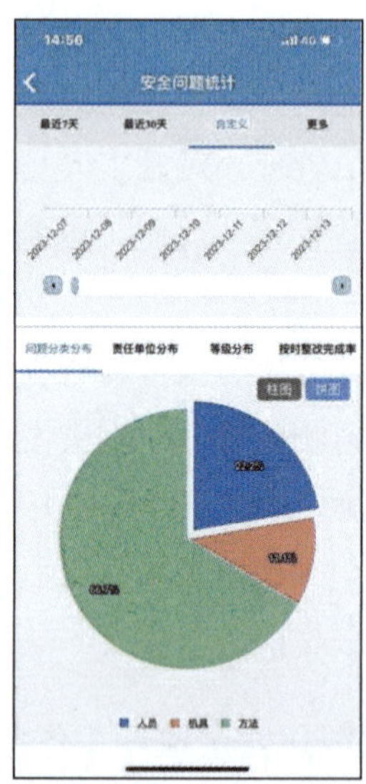

图 6-114 安全问题统计

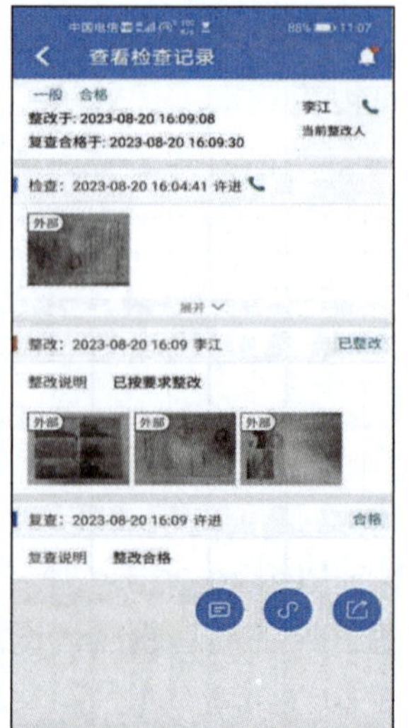

图 6-115 通过手机 APP 及时掌握工程施工现场安全情况

（4）智能监控系统。安装智能监控设备，如摄像头、传感器等，实时监测施工现场的安全状况，一旦发现异常情况及时发出警报。通过视频监控实时查看现场施工状况如图 6-116 所示。

图 6-116 通过视频监控实时查看现场施工状况

（5）风险评估模型。借助风险评估模型，对施工过程中的安全风险进行定量分析，为监理提供科学的决策依据。

（6）大数据预测。利用大数据技术对历史安全数据进行分析，预测可能出现的安全风险，提前采取预防措施。

（7）计划审批、人员派工。利用智慧工程管理信息系统风险管理模块，对施工单位提交的月计划、周计划等进行审批；利用微信小程序进行作业计划的人员派工，针对不同施工内容安排不同的监理到位方式，如图 6-117 所示。

图 6-117 利用智慧工程管理信息系统审批作业月计划、周计划，根据风险等级派工等

（8）虚拟现实与仿真技术。模拟现实技术为体验者创造输变电工程的虚拟空间，项目通过可视化展示土建模型与设备模型。利用“luminaries”进行建筑和设备的虚拟仿真和漫游，模拟项目内外部结构，通过观察建筑、电器设备的情况，提前发现问题并改进，从而减少项目可行性研究论证的投资和时间。通过虚拟现实和仿真技术，对施工过程进行模拟和演练，帮助监理和施工人员更好地理解和应对安全风险。土建及电气设备安装施工模拟如图 6-118 所示。

图 6-118　土建及电气设备安装施工模拟

（9）人工智能辅助。利用设备集成电网施工长期积累的大数据、算法和专为电网行业设计的各种深度神经网络，其中数据、算法、应用程序编程接口（API）库会以具体的行业细分技术领域为分类来进行汇聚和管理。还可以在线利用这些图片、算法和神经网络对模型进行训练，不断地优化人工智能应用模型。利用人工智能技术（如机器学习、自然语言处理等），对安全数据进行深度分析，提供更智能的安全建议和预警。如某公司研发的无人机智慧监理系统，通过无人机巡查施工现场并智能识别施工中存在的安全违章行为，实时提出警告。无人机自动识别是否规范戴安全帽、穿工作服如图 6-119 所示，无人机自动识别否正确佩戴安全带如图 6-120 所示。

图 6-119　无人机自动识别是否规范戴安全帽、穿工作服

图 6-120　无人机自动识别否正确佩戴安全带

（10）云端数据存储与共享。将安全数据存储在云端，实现跨地域、跨项目的共享和协同管理，提高安全管理效率。

（11）数据资产形成及电子化移交。合理规划项目投资，协调各个专业、不同项目阶段参建人员。搭建信息系统，共享工程数据，提供协同工作的环境，及时发现施工中存在的问题，实现全过程工程管理。为工程管理者了解工程实际状态提供数据依据，合理分析和安排工程进度，有效地提高输变电工程管理水平。最终完成数字化移交，实现工程建设过程数字化、成果数字化，赋能生产业务，实现数字电网的智能化升级。数字化移交流程如图 6-121 所示。

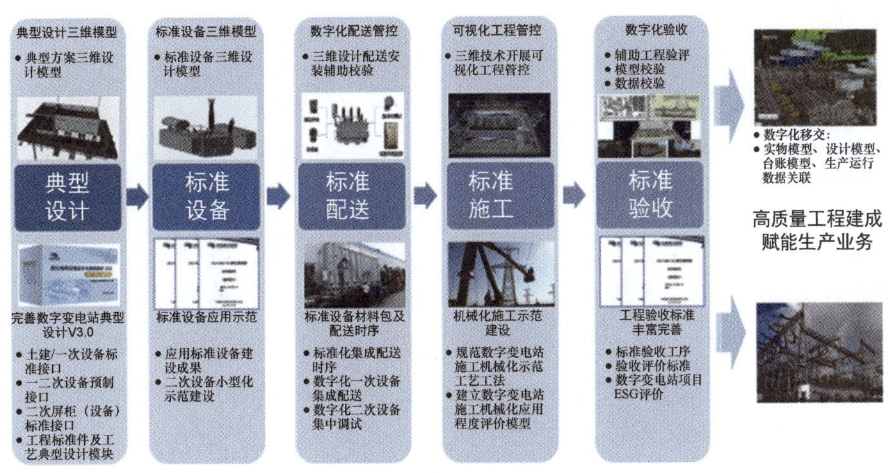

图 6-121　数字化移交流程

三、数智化安全监理工作成效

（一）监理工作标准化，规范安全管理的履职动作

监理企业高质量发展的必经之路是标准化，而数字化又是实现标准化的重要手段。要

提高企业整体综合实力，仅依靠传统的业务培训、师带徒等手段，远不足以根治一线员工业务水平参差不齐的弊病。据此现状，通过大力挖掘和提炼标准化的工作模板，同步开展企业数智化平台的研发建设，实现以标准化工作为基石、数智化平台为载体，整体提升员工的综合业务水平，从而真正意义上提升企业在安全方面的管控能力。

经过多年技术迭代和应用反馈，目前手机 APP 数智化平台已经实现了工程进展、现场问题、现场巡视、旁站、材料验收及见证、平行检验、方案审核及审批、其他工作等模块。APP 实现了项目一线员工工作履职标准化，将数智化平台前期建立的各种工作标准与各工作业务模块进行了嵌套融合。

标准化的工作，可以提升员工综合业务水平，强化其安全管理能力，也极大提升了工作效率，真正实现利用数智化平台为项目管理高效赋能。

（二）建立违章整改监理工作高效机制，及时处理现场违章

应用数字化监理工作平台视频监控中心实现以下违章整改高效机制：

（1）第一时间违章发现和制止。施工人员脚手架搭设作业未系安全带如图 6-122 所示，不停电作业吊车吊装水泥杆碰到带电线路如图 6-123 所示。

（2）第一时间违章处理或通报。

（3）第一时间违章整改与治理。

（4）第一时间违章分析与反思。

（5）第一时间违章统计和总结。

图 6-122　施工人员脚手架搭设作业未系安全带

图 6-123　不停电作业吊车吊装水泥杆碰到带电线路

在数字化监理技术的支撑下，通过视频监控平台，全面记录现场行为，量化评价监理履职，推动监理服务标准化、规范化。解决了施工现场点多面广，监理单位无法实时了解到现场每一个施工作业点的问题。

（三）结构化数据，形成监理工作统计数据图表

通过大数据的手段对数据加以分析、应用，后台将一线员工录入的各类数据进行自动分类归档，形成“人员管理台账、施工机具管理台账、违章管理台账”等数据库，并自动

生成对应的统计分类图表。监理项目部在召开周例会时，可直接将以上数据进行下载，通过简单的排版就可以形成标准化、数据化、图表化的汇报材料。监理月报也同样可以直接提取这些结构化的数据，快速形成数据完备的监理月报。

结构化数据的应用使监理单位获得大数据及算法的能力，逐步实现了大数据辅助项目管理和决策、大数据助力企业发展等一系列的算法应用。

（四）监理安全关键信息智能反馈，实现管理闭环

（1）特种设备/人员关键信息扫码录入。未采用数字化管理手段的监理项目部，在收集各施工单位提供的特种设备/人员等安全管理关键信息时，只能采用传统方法：收集相关资料复印件→手工电脑表格输入登记台账→纸质打印显示成果。因此，利用传统方法建立特种设备/人员信息台账时，录入工作量大，且特种设备/人员证件超过有效期或施工单位有特种人员进出场时，往往存在信息台账的更新困难、查询不便捷、信息与实际不对应等问题，难以对特种设备/人员进行及时有效的监控。

利用数智化监理平台手机 APP，生成相关二维码，扫码录入安全管理关键信息。监理人员在审核施工单位报审的特种设备/人员证件后，即可通过 APP 扫描各施工单位提交的纸质证件上的二维码，APP 自动识别证件相关信息后，选择需要提取的正确信息，然后确认证件关键信息存入数据库，自动生成 Excel 格式的文件台账，从而极大地减少了信息台账的录入工作。

信息保存进数据库后，可在 APP 中下载数据台账，打印存档。还可通过企业的数智化平台对数据进行分析、汇总。例如：有设备/人员证件到期，APP 会通过数智化平台向项目负责人的企业微信智能反馈，预警超期信息，提醒项目负责人及时更新数据，实现安全管理闭环。在专业分包单位退场后，也可以在 APP 上一键操作，备注特种人员已经退场的状态。

此外，监理工程师在施工现场实施质量安全巡查的时候，随时可以查询现场特种作业人员的信息及证件，现场复核人员到岗及持证情况，方便快捷，提升工作效率，提高管理质量。

（2）履职记录完整可查，对安全问题可回顾。监理工程师将日常履职的监理工作数据上传至手机 APP 后，可即时、自动生成项目级、个人级的监理日志，其中的数据信息是不可篡改的。还可以进行电子签章批阅，并可直接导出 PDF 版监理日志电子文档，可以打印存档。

监理项目部负责人、管理层和相关责任人均可对以上数据进行查询。如专业监理工程师出具了监理通知单，相关人员即可查询违章具体内容、整改时间要求等；如此操作，可及时对安全问题进行分析、整改提升，为安全监理工作提供完整的履职记录。

另外，项目总监、公司管理部门均可对其管辖的监理项目部成员的日常履职行为进行评价打分。如查询其工作是否到位、认真负责程度，上传内容是否齐全、完备，或有无缺项、漏项、错项，有无指导性意见或建议等，对员工履职履责进行监督管理。

（五）数智化平台与大数据成果为安全管理赋能

（1）工作标准样板申报。规范便捷的样板申报制度，充分挖掘一线监理人员的履职履

责能力，使样板的建立充分来源于一线项目的实践。样板的建立形式涵盖监理规划、监理月报、监理细则、监理日志、发现问题、巡视、平行检验、旁站及见证取样等。

以“发现问题”板块举例说明，监理工程师在对现场进行巡视检查时，利用 APP 发现，记录工程存在问题，不符合相关规范条款，要求施工单位在规定的时间内整改完毕报监理复查。监理复查并上传整改前后图片进行巡视问题闭环，并直接利用 APP 将此次巡视检查下方申请样板报总监理工程师审核。项目总监评定认可此项工作可以作为样板的，加入查询关键字即可推荐作为样板推广。

（2）工作标准样板关键字查询、共享和使用。数智化监理平台手机 APP 各功能板块均配置高级检索功能。如单位刚入职的见习监理员要对现场钢筋直螺纹巡视检查，不知道如何检查和发现问题，就可直接打开 APP 的巡视检查功能板块，点击“样板”，搜索关键字“钢筋直螺纹连接”，对应界面就会弹出与“钢筋直螺纹连接”相关的“发现问题”样板。通过借鉴样板库，也可以学习处理现场相应的安全问题，样板中还会指导其处理完毕后如何规范填写巡查记录。同时，APP 中还可检索出与钢筋直螺纹相关的标准、规范、图集等辅助性标准文件，充分用大数据赋能安全管理。

样板的制作、审批和检索均通过数智化平台以及大数据分析检索功能来实现。通过样板的申报甄选，再到各功能板块的样板检索，使样板共享使用更加标准化、简捷化，监理工程师无需在庞杂的知识库中去搜寻学习，再返回到功能板块中去履职，大大节省了样板使用的效率，还提高了履职履责的能力。

（六）企业级评价信息共享

（1）对项目供应商的考察评价。监理项目部有对供应商考察的责任，考察后会形成考察报告和结论。资深的项目总监理工程师或专业监理工程师，可到现场对供应商的企业规模、技术能力和管理能力进行考察打分后形成考察报告，录入信息平台后形成共享文件。其他项目部在对同一家供应商进行考察时，就可以搜索到考察报告样板，对供应商考察中发现的短板着重进行考察，或者根据项目的需求、特点进行更有针对性的重点考察。

待供应商的考察评价数据达到一定的量级，就能对供应商进行量化评级或者给出动态评价曲线，从而实现监理项目部层面对供应商的动态管理，发现供应商在品控方面的问题，如供应质量有下降的趋势，则及时提出要求，加强管理，乃至更换供应商。

（2）对参建施工单位的质量安全履责评价。参与工程建设的施工单位，在项目的施工周期内都会体现出其管理能力、组织生产能力、作业水平、技术能力及执行能力等情况，在其完成工作任务之后，监理项目部的主要负责人可以对其进行客观评价，形成完整的评价意见，根据数据的不断积累和修正，形成一定的评估模型。

监理项目部在新建项目中，通过数智化平台查询某家施工单位的评价信息时，可以对其在评估模型中体现出的短板，针对性地提出管理要求，以达到预控质量安全的目的。这些评价大数据的积累，对监理企业提升行业地位和话语权有着积极正向的作用。

四、数智化安全监理应用案例

（一）某电力工程咨询有限公司数字化应用

1. 核心业务数字化转型

深入贯彻国家数字化专业工作部署，围绕新型电力系统建设，在运营监测、业主管控、监理管控、基建无人机应用等核心业务中推进数字化转型升级。

（1）智慧运营监测。

原则：结合公司业务范围广、管理条线多的特点，建立“核心指标一级界面展示、详情、信息跳转业务板块”的两级部署方案，以数字、完成率快速直观展示总体情况。

功能：对公司综合计划指标、关键业绩指标、重点工作任务执行情况进行监控、对指标异动进行预警。一级界面分为建设管理、安全管理、业务管理、经营管理四大板块。智慧运营监测如图 6-124 所示。

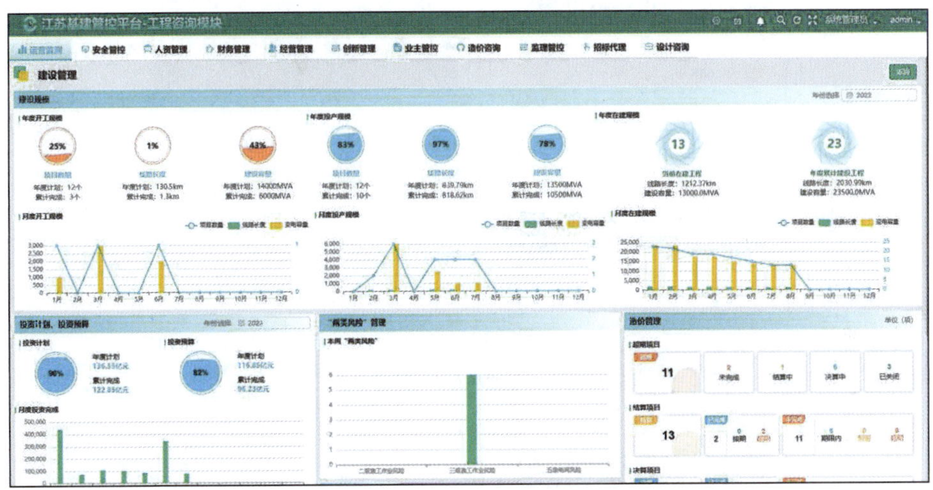

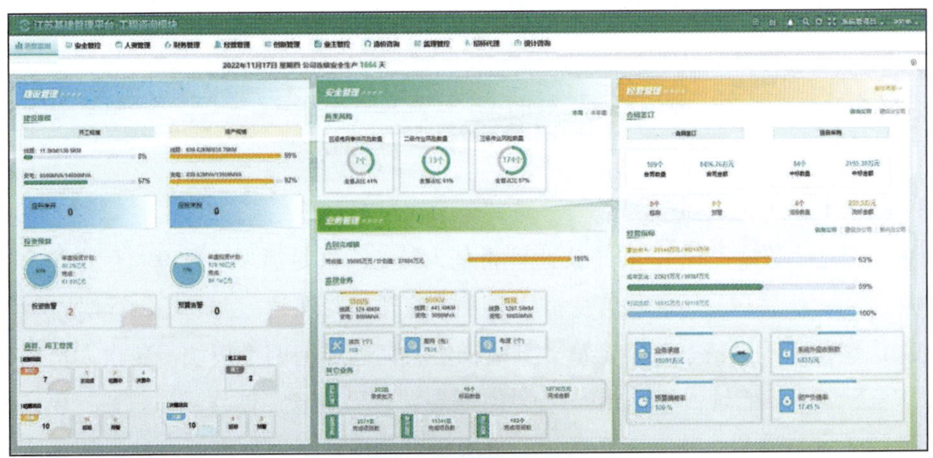

图 6-124　智慧运营监测

（2）智慧业主管控。

原则：围绕“项目经理爱用、管理专职实用、日常管理必用”目标，抓实项目管理各关键环节，量化业主日常管理工作，促进业主工作标准化、规范化、数字化，并全面整合电网公司数智化平台、风控监督平台、监理管控平台、内网ERP数据，减少数据重复录入，促进建管单位专业数字化管理水平不断提升。

功能：对所有在建输变电工程进行建设管理，主要包括：进度（施工计划、风险计划、图纸计划、物资计划）、安全（风险、作业票、安全检查）、质量（样板清单、标准工艺、质量检查）、技术（施工方案、图纸管理、设计问题清单）、队伍管理（队伍、人员管理及评价）、造价（合同管理、预算管理）的“六精”管理，以及物资、停电计划、综合、创新等专业管理功能。智慧业主管控模块如图6-125所示。

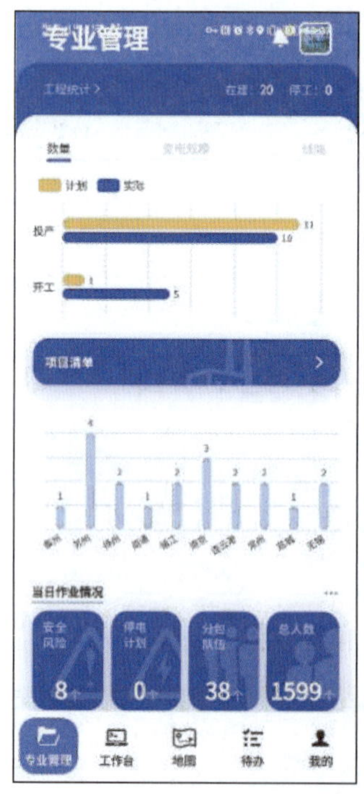

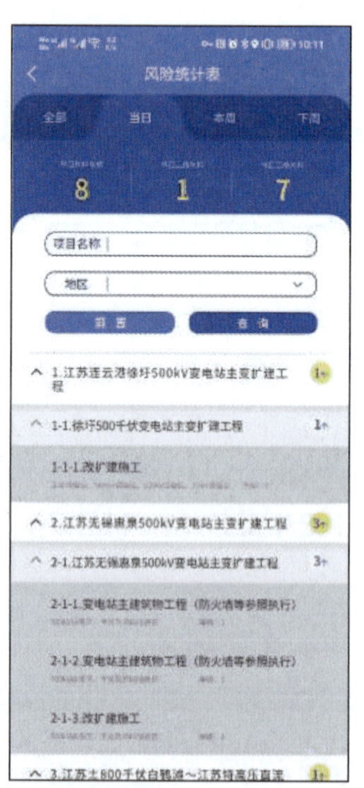

图6-125 智慧业主管控

（3）智慧监理管控。

原则：打造“数字监理”，以抓实监理责任为核心，立足抓现场管理角色定位，推动监理管理标准化、信息化、智能化转变，切实发挥监理“看现场、查现场、管现场”作用。

功能：包括工程详情、风险详情、到岗详情、问题详情四个板块，包含人员管理、工程台账、考勤管理、监理日记等10个模块，实现监理看查管职能作用发挥，提供快速、准确、全面的工程监理信息和完善、有效的分析，对监理的全过程进行管控。智慧监理管控模块如图6-126所示。

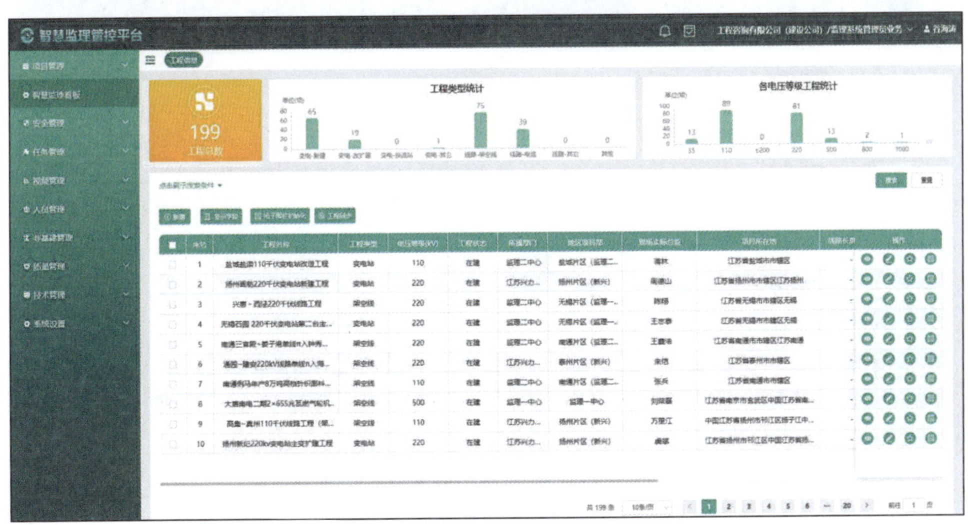

图 6-126　智慧监理管控

（4）基建无人机应用。

原则：围绕输变电工程建设全过程应用场景，优化无人机应用体系和流程，建立基建无人机全流程线上管理机制，形成有效贯通的业务管理链，实现基建无人机全过程应用管控。

功能：基于技术中台提供的共享服务获取基本信息，整合全省风险作业计划、无人机团队、空域申请等资源，线上平台统一调用，实现发布作业工单、采集作业数据、反馈检查问题、生成巡检报告的全流程管理，智能化处理现场影像资料，建立基建项目典型缺陷数据库，推动无人机在安全督查、质量验收、进度核查等方面的一体化管理。基建无人机应用模块如图 6-127 所示。

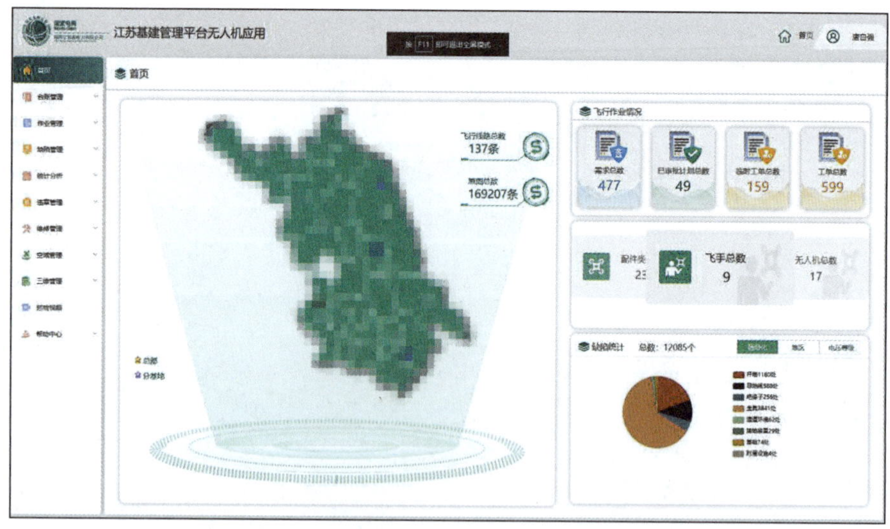

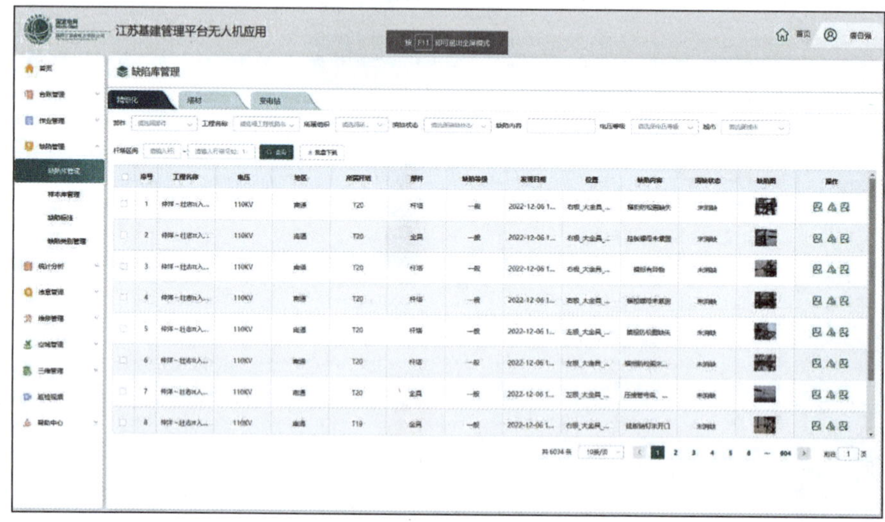

图 6-127　基建无人机应用

2. 数字化管控措施升级

在公司工程现场建设管控过程中，积极应用先进数字化手段实现管控升级，实现全时域监控、地空覆盖巡视，并加快培养专项人才，强化沟通交流。

（1）“可视化牵张设备+固定球机+移动单兵”的全时域监控网。建立“可视化牵张设备+固定球机+移动单兵”全时域监控网，线路工程应用可视化牵张设备，实现施工分散作业点视频监控；关键作业风险点布置固定球机，实现对风险作业全时段全过程精确监控；监理过程配备执法记录仪作为移动单兵设备，实现履职轨迹、违章查纠等实时记录，有力提升现场管控质效。“可视化牵张设备+固定球机+移动单兵”全时域监控网如图 6-128 所示。

（2）“无人机+实测实量移动舱”的地空巡视网。建立“无人机+实测实量移动舱”的地空巡视网，在空中通过无人机实现安全督查、质量验收、进度核查等功能，在地面通过实测实量移动舱实现实测实量、远程督查、应急指挥等功能。无人机+实测实量移动舱”的地空巡视网如图 6-129 所示。

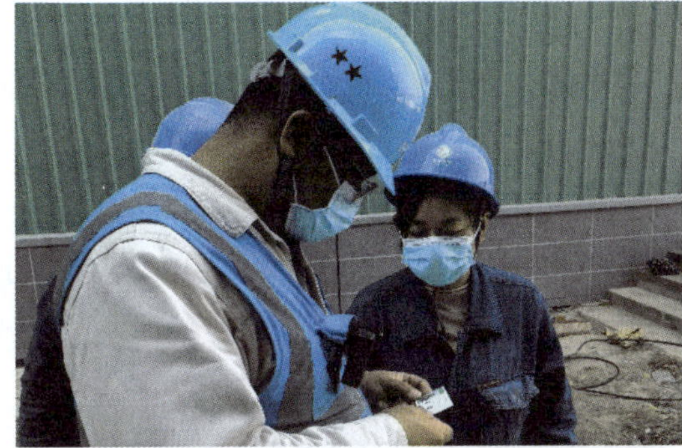

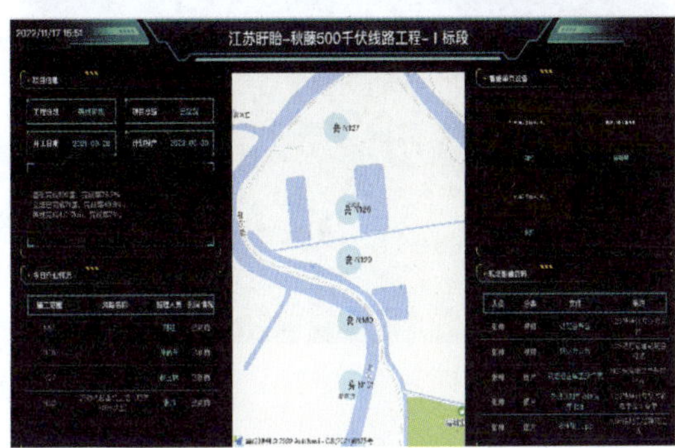

图 6-128　“可视化牵张设备+固定球机+移动单兵”全时域监控网

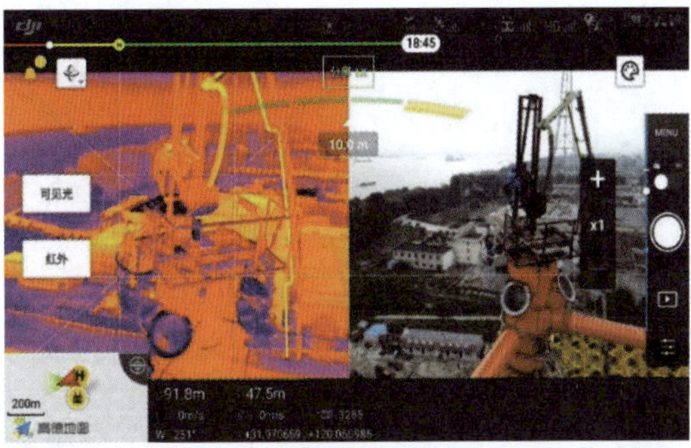

图 6-129　“无人机+实测实量移动舱”的地空巡视网

（3）电网建设智慧工地系统。建设智慧工地系统，在现场高度信息化基础上，实现施工技术全面智能、人机料法环全面感知、工作互通互联、信息协同共享、决策科学分析、风险智慧预控。智慧工地系统如图 6-130 所示。

（4）“数字化+安全”融合应用。应用“数字化+安全”融合应用手段，深化施工安全违章以及高频作业风险的大数据分析，围绕“三跨”作业、改扩建施工等管理难点，通过倾斜摄影地物提取及激光点云数据分层处理，构建精细 GIS 模型，实现“三跨”施工风险三维模拟，开展电子安全围栏应用实践，推动科技强安，实现安全违章预判预控。输电线路工程“三跨”施工风险三维模拟如图 6-131 所示。

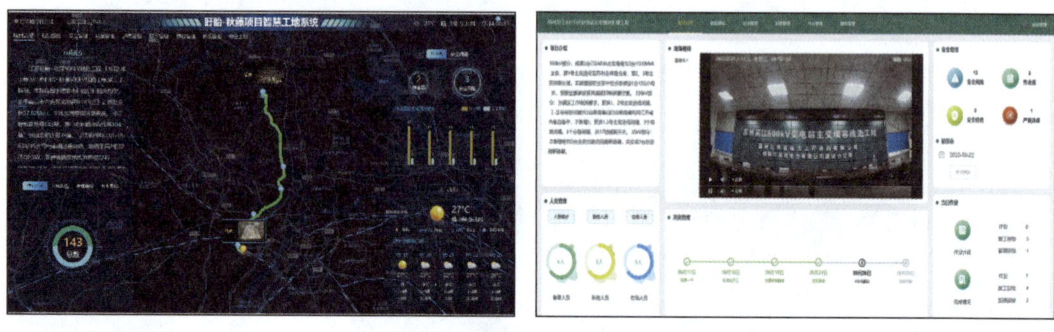

图 6-130　智慧工地系统

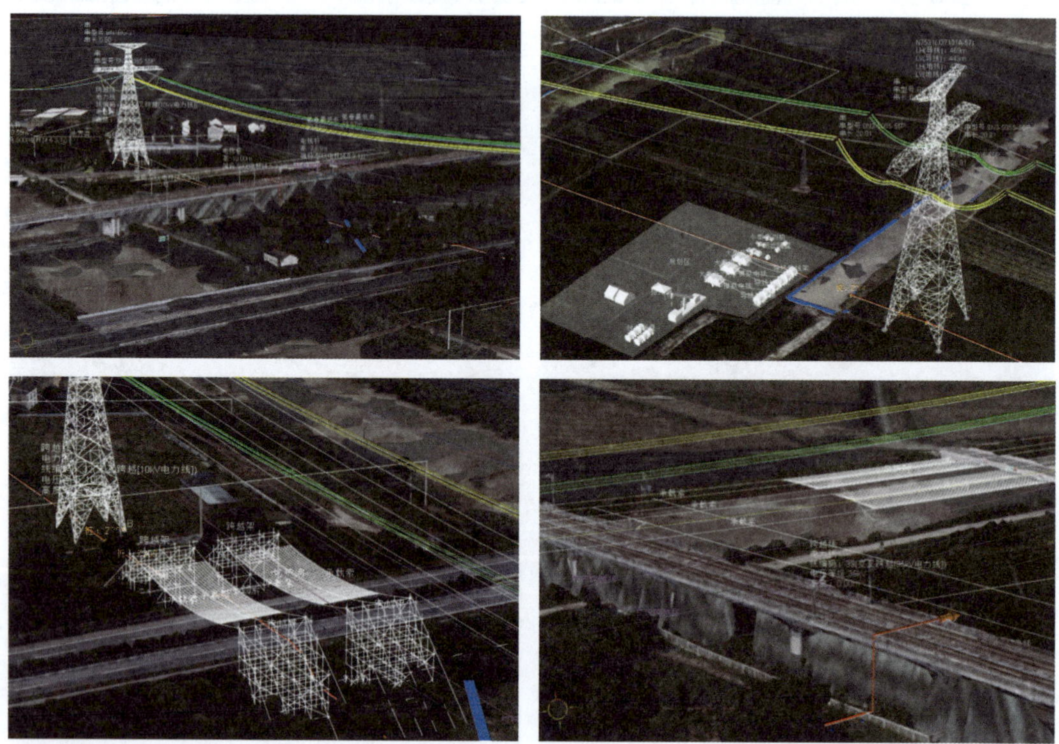

图 6-131　输电线路工程“三跨”施工风险三维模拟

（5）建立数智中心。数智中心依托全域全景可视化平台，场景元素接入电网公司资源池，实现互联互调、资源共享的可视化展示系统；同时配备内网电脑及工作站便于中心工作人员日常办公及智能算法部署；利用远程会议系统等硬件设施，承担公司内外网会议、接待、迎检、参观职责。负责对输变电工程开展全专业、全要素、全流程安全质量管控，打造基建战线的“千里眼”“顺风耳”“侦察兵”“督战队”。数智中心如图 6-132 所示。

图 6-132　数智中心

（二）某建设监理咨询有限公司数字监理移动平台

数字监理移动平台，由某建设监理咨询有限公司自主研发，是电力建设工程监理行业首创的输变电工程监理作业硬件集成平台。数字监理移动平台—移动的数字化监理项目部如图 6-133 所示。

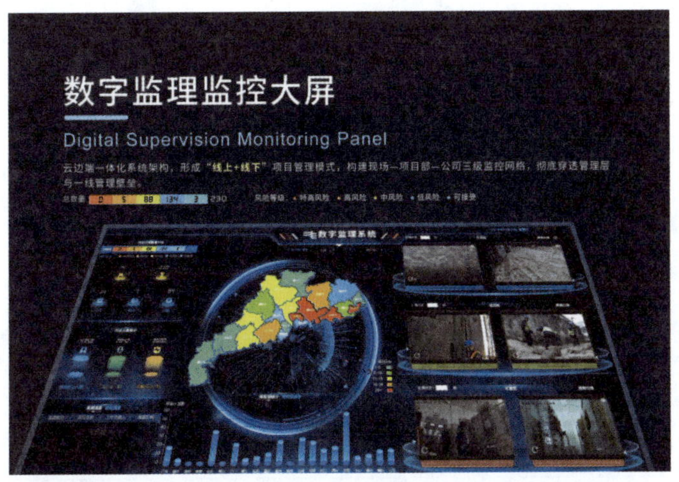

图 6-133　数字监理移动平台—移动的数字化监理项目部

平台主要由光伏发电系统、智能单兵设备及聚合通信系统、无人机自动飞行系统、数字化办公系统四大系统构成，主要用于应急指挥、安全巡视、质量管控等场景，可以实现远程超视距机动巡查，是基建安全质量管控的千里眼。数字监理作战系统界面如图 6-134 所示。

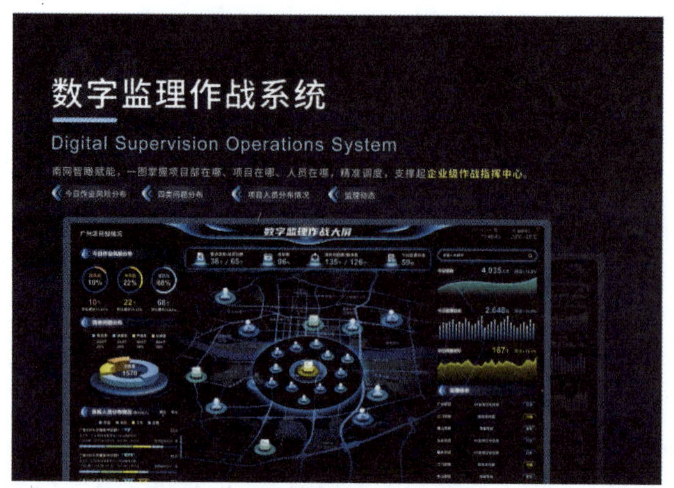

图 6-134　数字监理作战系统界面

一个平台就是一个移动的数字化监理项目部。监理人员使用平台搭载的智能单兵硬件，通过多系统协同，实现第一时间发现问题、第一时间制止问题、问题全过程留痕取证、监理资料现场闭环。通过多平台、多区域监控节点互联互通，可以构建起公司-项目部-作业现场三级监控网络。数字监理移动平台各功能模块如图 6-135 所示。

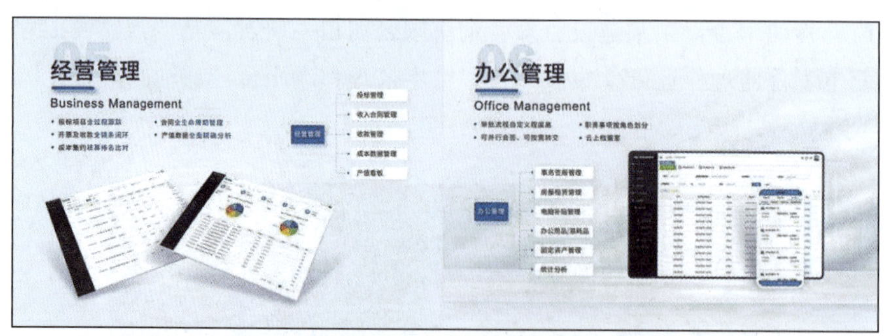

图 6-135　数字监理移动平台功能介绍（一）

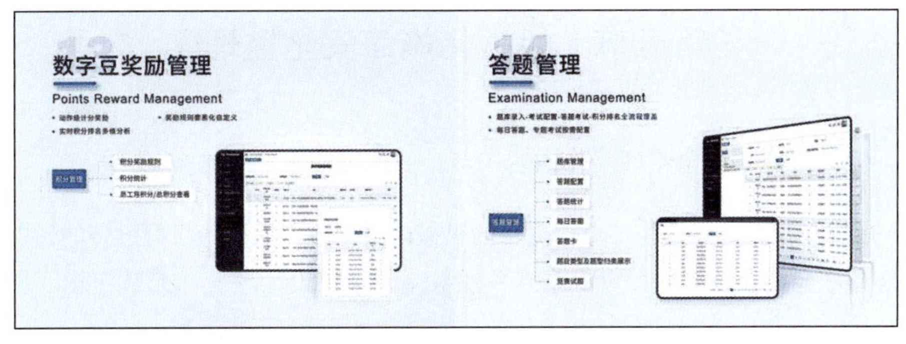

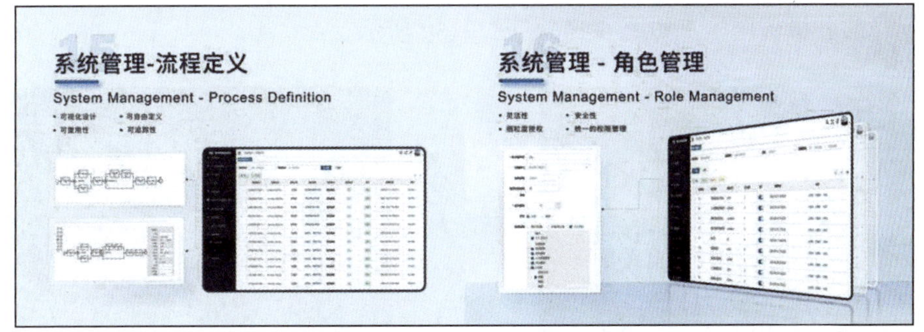

图 6-135　数字监理移动平台功能介绍（二）

该平台自 2022 年起已在多个 500kV 输变电工程等大型输电线路工程中推广应用，通过平台设备发现各类现场问题 478 项，效果十分显著。

第五节　机械化施工安全监理

一、机械化施工安全监理工作内容

（1）审查与核验。审查施工单位提交的机械化施工方案，核验机械设备的性能、安全装置等是否符合要求，图纸会审时重点关注机械化施工设计理念，尤其概算、预算费用情况。

（2）操作人员资质审核。核实操作人员的资质和培训情况，监督其操作是否符合规范。

（3）监督与检查。监督施工单位对机械设备的操作和维护，定期检查施工现场的安全状况，及时发现安全隐患。

（4）隐患排查。及时发现施工过程中的安全隐患，并督促施工单位及时整改。机械化施工中常见的安全隐患如下：

1）机械设备故障。设备老化、维护不当等可能导致故障，引发安全事故。

2）操作不当。操作人员不熟悉设备性能、违规操作等可能导致事故发生。

3）环境因素。恶劣天气、复杂地形等环境因素可能影响机械设备的稳定性和安全性。

4）交叉作业。机械化施工与其他作业同时进行时，容易发生碰撞等安全问题。

（5）指导与建议。指导施工单位采取正确的安全措施，对存在的问题提出合理的整改建议。

（6）协调与沟通。协调施工单位与其他相关方之间的关系，确保安全工作的顺利进行。

（7）记录与报告。记录监理过程中的各项工作，及时向建设单位报告安全状况及问题处理情况。部分机械化施工如图 6-136～图 6-139 所示。

图 6-136　小型模块化锚杆钻机

图 6-137　移动式可伸缩双向回转跨越架

图 6-138　电动山地双轨运输车

图 6-139　一体化索道运输 100%替代传统骡马运输

二、机械化施工安全监理工作措施

（1）审查施工方案。对机械化施工的方案进行详细审查，确保其符合安全规范和标准，安全措施合理可行。

（2）设备检验。对施工中使用的机械化设备进行严格检验，确保设备完好、性能可靠。

（3）核查操作人员资质。通过核查判断操作人员的技能，确保其具备操作机械化设备的能力。线路杆塔地网链条开沟机如图 6-140 所示，导线自动压接机如图 6-141 所示。

图 6-140　线路杆塔地网链条开沟机

图 6-141　导线自动压接机

（4）安全培训。监督施工单位组织操作人员进行安全培训，提高其安全意识和应对突发情况的能力。

（5）现场监督。加强对机械化施工现场的监督，及时发现并纠正不安全行为。

（6）定期检查。定期对机械化设备进行检查和维护，确保设备处于良好的工作状态。

（7）风险评估。对机械化施工过程中的风险进行评估，制定相应的防范措施。

（8）应急预案。制定针对机械化施工可能出现的紧急情况的应急预案，并组织演练。

（9）沟通协调。与施工单位、设备供应商等保持良好的沟通协调，共同解决安全问题。

（10）数据分析。利用数据分析手段，对机械化施工中的安全数据进行分析，发现潜在风险并及时采取措施。

通过以上措施的实施，监理可以有效地控制机械化施工中的安全风险，保障施工现场的安全和顺利进行。同时，监理还应根据具体情况，不断调整和完善安全风险控制措施，以适应不同的施工环境和要求。输电线路旋挖钻机基础施工如图 6-142 所示、履带液压绞磨机紧放线如图 6-143 所示。

图 6-142　输电线路旋挖钻机基础施工

图 6-143　履带液压绞磨机紧放线

第六节　应　急　管　理

一、应急管理监理主要内容

（一）建立健全应急管理组织机构

（1）协助建设单位项目管理机构建立健全项目应急管理组织机构，明确各单位应急小组的工作任务和责任分工。

（2）建立健全监理应急管理机构，明确总监理工程师、各专业监理工程师、安全工程监理师、监理员等岗位安全管理职责。

（3）督促施工项目部建立健全施工应急管理组织机构，明确各施工管理人员岗位职责。

（二）编制安全事故应急预案

（1）协助建设单位项目管理机构编制综合安全事故应急预案，确定物资准备及应急处理流程。

（2）根据项目综合应急预案，编制监理项目部现场处置方案。

（3）督促施工单位编制综合安全应急预案、专项应急预案及现场处置方案，并审查施工项目部现场处置方案。

1）施工项目应编制综合安全应急预案。

2）督促施工单位结合项目特点针对不同事故类型、重大危险源、重大活动，编制专项应急预案并审核其合规性、有效性。预案应包括应急组织机构、职责分工、应急响应流程、资源保障等方面，是否科学合理、完整可行，应明确各类安全事故应急处理流程及物资准备情况。

3）应急资源核查。核实施工现场应急物资、设备的储备情况，如急救药品、消防器材、抢险工具等，以及应急救援队伍的组建情况。

4）督促施工单位对于危险性较大的场所、装置和设施，项目部应编制现场应急处理卡，现场应急处置卡应放置于施工现场显眼处，以便施工作业人员熟练掌握。

（三）应急演练

督促施工单位根据应急预案的要求组织应急演练，参与建设单位及施工单位组织的各类应急演练。

（1）审核应急演练方案。

（2）检查应急物资准备情况。

（3）检查施工人员应急知识、自救互救、避险逃生技能培训情况。

（4）参与应急演练方案交底。

（5）参与应急演练方案实施。

（6）参与应急演练评估总结，通过应急演练发现应急预案存在的问题，总结经验教训，持续改善应急预案。消防演练如图 6-144 所示，应急救援演练如图 6-145 所示。

图 6-144　消防演练

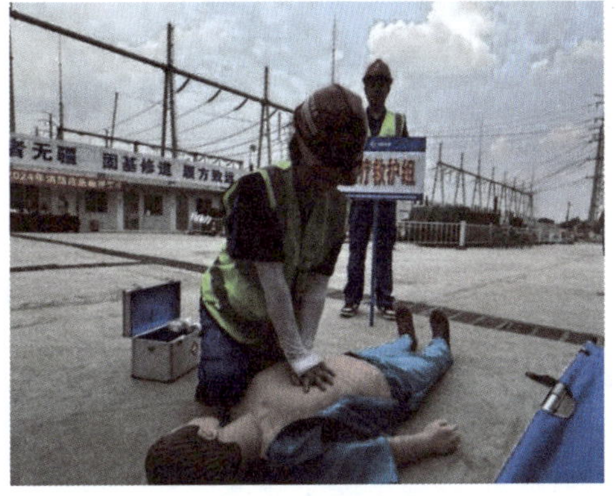

图 6-145　应急救援演练

（四）应急响应

（1）安全事故发生时应立即上报，报告事故发生的时间、地点、事故简要情况，并迅速组织救援。

（2）项目负责人在接到事故报告后，根据事故性质、严重程度、事态发展趋势启动分级响应。

1）情况特别严重，需要政府部门介入，立即向项目部所在地政府部门报告，同时报告建设单位。

2）情况较严重，需要多个参建单位联动，立即上报建设单位。

3）情况紧急，参建单位需要本部门或项目部能够应对，立即启动响应程序，并上报单位负责人。

（3）协助现场指挥部迅速组建应急领导小组，启动应急预案，组织人员抢险救援。

1）迅速组织营救受害人员，安全转移受伤人员，撤离危险区域人员。迅速联系 119、120 处理事故现场。

2）协助责任单位控制危险源，隔离危险区域，采取措施防止事故蔓延、扩大。

3）针对不同的事故类型，采取相应的措施消除危害后果，降低社会影响。

（4）保护现场，确因抢险需要移动现场物件时，必须做出详细记录，配合有关部门的调查工作。

（5）事故现场恢复。

1）由应急抢救领导小组组长根据事故的处理情况，确认无任何后遗症时，宣布终止应急，恢复正常的生产程序。

2）由应急抢救领导组讨论决定保护事故现场的方法，一般为隔离、封闭并派专人监护。

3）根据事故的性质，由应急抢救领导小组决定检测影响区域的方法，请有关部门进行检测。

二、应急管理监理主要措施

（一）预防措施

（1）严格把关。严格审核施工单位上报的应急预案，提出具体修改完善建议，确保预案的针对性和实用性。

（2）重视检查。检查施工单位对施工人员安全教育及安全交底工作落实情况。定期检查应急资源的完好性和充足性，督促施工单位及时补充和更新。

（3）动态跟踪。与施工单位共同对施工现场可能出现的各类紧急情况进行深入分析和风险评估，确定重点防范对象。持续关注施工现场的变化，及时调整风险识别与评估结果，相应调整应急管理重点。

（4）应急培训与演练监督。监督施工单位对施工人员进行应急培训，确保他们熟悉应急流程和操作，同时监督应急演练的组织实施，评估演练效果。

（5）积极参与。主动参与应急培训和演练，提供专业指导和建议，强化应急处置能力。

（6）信息沟通。建立畅通的应急信息沟通渠道，确保在紧急情况发生时能及时获取信息、传达指令。

（7）协调联动。与建设单位、施工单位及其他相关部门建立应急协调联动机制，形成合力应对突发事件。检查施工单位应急预案工作及报警制度是否完善。

（8）经验总结。在应急事件处理后，组织进行经验总结，分析存在的问题和不足，进一步完善应急管理工作。

（二）抢险救援措施

电网工程常见伤害、事故事件的主要抢险救援措施见表 6-7。

表 6-7　主要项目抢险救援措施

主要项目	抢险救援措施
火灾	①立即报警，及时切断电源和撤走易燃、易爆物品；②协助施工单位采取“先控制，后救火；救人终于救火；先重点后一般”扑救火灾，充分利用施工现场中的消防设施器材进行灭火
触电	①事故一旦发生，现场人员应当机立断地脱离电源，尽可能地立即切断电源，也可用现场得到的绝缘材料等器材使触电人员脱离带电体；②事故发生时应协助施工单位组织人员进行全力抢救，视情况拨打 120 急救电话
坍塌、掩埋	①督促施工单位立即停止施工，协助成立应急抢险指挥小组，设立警戒线，及时对坍塌、倒塌结构架体进行加固处理；②清理坍塌物，寻找被掩埋的伤员及时脱离危险区必要时尽快与 120 急救中心取得联系；③在确保人员生命安全的前提下，组织恢复正常施工秩序；④对坍塌、倒塌结构架体等施工设备倒塌事故进行原因分析，制定相应的纠正措施；⑤认真填写伤亡事故报告表、事故调查等有关处理报告，并上报应急抢险领导小组
高空坠落	①协助施工单位迅速有效地开展抢救工作，迅速将伤员脱离危险场地，移至安全地带；②视其伤情采取报警直接送往医院，或待简单处理后去医院检查，做好伤情记录
重大机械事故 重大交通事故、物体打击	①迅速将伤员脱离危险场地，移至安全地带；②根据事故现场情况，商请卫生、保险、交通、消防等部门予以配合，协同进行伤员抢救和现场勘查、施救工作；③设立明显警示标志，标明车辆通行路线，并封闭、保护现场。视其伤情采取报警直接送往医院，或待简单处理后去医院检查
洪水、台风、山体滑坡、泥石流	①根据灾情，及时向当地防汛机构报警或采取合适的措施；②疏散非应急人员，保管、保护好重要文件和重要设备及材料
动物伤害、蚊虫蛇叮咬	①迅速将受伤人员救出危险区，并采用简单的护理；②立即向急救中心 120 呼救，视其伤情采取报警直接送往医院，或待简单处理后去医院检查
食物中毒	①立即向急救中心 120 呼救。对可疑的食物禁止再食用，收集呕吐物、排泄物及血尿医院做毒物分析；②维护现场秩序，封存事故现场，对中毒事故进行原因分析，制定相应的纠正预防措施，填写事故调查报告，并上报上级部门
汛期淹溺	①迅速将溺水者救上岸后，如溺水者意识和生命均正常时，可帮助清除口腔、鼻咽腔的呕吐物和泥沙等杂物，并加强护理；②如果意识丧失生命体征存在，应立即进行人工呼吸，急救同时应迅速送往医院救治
涌水（透水）涌沙	①并立即下令停止作业，应采取加固等措施进行抢险，如果不能控制事态，应快速组织施工人员撤离到安全地点。②当发生事故后，造成人员被埋、被压的情况下，应在确认不会再次发生同类事故的前提下，立即组织人员进行抢救受伤人员
电力、给排水、燃气等管线破坏	①在进行触电人员救援时，救援人员一定要戴绝缘手套，穿绝缘鞋，防止自身受到电击。救护人不可直接用手或其他金属及潮湿的构件作为救护工具，而必须使用适当的绝缘工具，救护人要用一只手操作，以防自己触电；②防止触电者脱离电源后可能的摔伤，特别是当触电者在高处的情况下，应考虑防摔措施。即使触电者在平地，也要注意触电者倒下的方向，注意防摔；③在进行燃气人员救援时，且不可使用易产生火花的工具，防止发生火灾或爆炸。要求不能在现场打手机电话，要穿戴防静电工服，车辆要有防火帽

续表

主要项目	抢险救援措施
起重伤害	①发现如起重机械运行时卷筒或减速机有异音、起吊物品时吃力、限位失灵、钢丝绳损伤且超负荷使用、钢丝绳压板螺丝松动等征兆时，要立即上报。同时大声或通过相关指令操作通知周边人员立即疏散， 如发现都已经来不及的时候，要保护好自身的安全；②参与到伤者的搜寻工作，发现伤者后，立即对其进行包扎、止血、止痛、消毒、固定等临时措施，防止伤情恶化；③拨打 120 急救电话向当地急救中心取得联系，详细说明事故地点、严重程度、联系电话，并派人到路口接应

第七章 报审报验表

电网工程建设过程中，各参建单位应规范使用工程报审报验表。本章基本表式依据《电力建设工程监理规范》（DL/T 5434—2021）、《电力建设工程监理文件管理导则》（T/CEC 324—2020）、《电网工程监理导则》（T/CEC 5089—2023）等标准，结合工程实际制定。监理项目部在实施电网工程监理时，应准确使用监理表式，严格审查各类报审报验材料，规范监理审查用语，本章对基本表式的使用要点和内容审查要点做了描述。

基本表式分 A、B、C 三类。A 类表为监理单位用表，由监理单位或监理项目部签发；B 类表为施工单位报审、报验用表，由施工单位或施工项目部填写后报送工程建设相关方；C 类表为通用表，是工程建设相关方工作联系的通用表。

各类表的签发、报送、回复应当依照法律、法规、规范标准、合同文件等规定的程序和时限进行。

各类表应按有关规定，采用碳素墨水、蓝黑墨水书写或黑色碳素印墨打印，不得使用易褪色的书写材料。

各类表中“□”表示可选择项，以“√”表示被选中项。

填写各类表应使用规范语言，法定计量单位，公历年、月、日。各类表中相关人员的签字栏均须由本人签署。

各类表在实际使用中，应分类建立统一编码体系，各类表式应连续编号不得重号、跳号。

参考编号：表式编号可由表式编号和流水号两部分组成，按照表式类型依次编号，其含义如下所示：

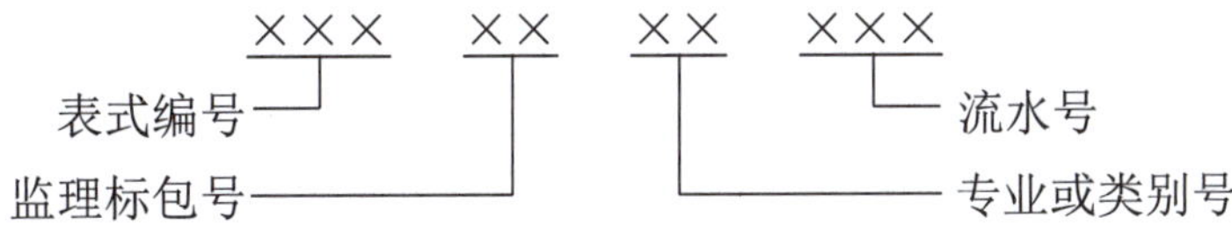

例：监理通知单：A05-JL01-AQ-001。

第一节　监理单位用表（A 表）

一、工程质量终身责任承诺书

（一）使用要点

（1）总监理工程师应在任命后、工程开工前与监理单位签署工程质量终身责任承诺书。

（2）工程质量终身责任承诺书应填写授权单位名称、授权单位法定代表人姓名，明确工程项目。

（3）工程质量终身责任承诺书应由承诺人签字，填写承诺人身份证号、注册执业资格和注册执业证号，填写签字日期。

（二）样表

工程质量终身责任承诺书见表 7-1。

表 7-1　　工程质量终身责任承诺书

工程名称：　　　　　　　　　　　　　　　　　　　　　　　　编号：

本人受__________________单位（法定代表人____________）授权，担任__________________工程的总监理工程师，对该工程的监理工作实施组织管理。本人承诺严格依据国家有关法律法规履行职责，并依法对设计使用年限内的工程质量承担相应终身责任。 承诺人签字：________________ 身份证号：__________________ 注册执业资格：______________ 注册执业证号：______________ 日期：______年______月______日

二、总监理工程师任命书

（一）使用要点

（1）总监理工程师任命书应在建设工程监理合同签订后，由监理单位法定代表人任命和签署授权，写明总监理工程师姓名、注册监理工程师执业证号、任命时间，并应加盖监理单位公章。

（2）总监理工程师任命书中应明确拟担任总监目前任职情况。

（3）监理单位应将总监理工程师的任命书与监理项目部的组织形式、人员构成书面通知建设单位，同时启用监理项目部印章。

（4）更换总监理工程师应填写总监理工程师变更申请，加盖监理单位公章后报送建设单位，建设单位应签署意见并加盖公章。

（5）填写的建设单位名称、工程名称应与建设工程监理合同一致。

（二）样表

总监理工程师任命书见表 7-2。

表 7-2 总监理工程师任命书

工程名称： 编号：

致：＿＿＿＿＿＿＿＿＿＿＿＿＿＿（建设单位） 兹任命＿＿＿＿＿＿＿＿（注册监理工程师注册号：＿＿＿＿＿＿＿＿）为我单位＿＿＿＿＿＿＿＿项目总监理工程师，负责履行建设工程监理合同，主持监理项目部工作。 监理单位（盖章） 法定代表人（签字）： 日期：＿＿＿年＿＿＿月＿＿＿日

三、总监理工程师代表授权委托书

（一）使用要点

（1）监理项目部成立后，总监理工程师代表应由总监理工程师出具授权委托书，明确总监理工程师代表的授权范围与工作职责。

（2）授权的总监理工程师代表需具备相应的人员任职资格条件。

（3）总监理工程师代表授权委托书应明确被授权人的授权事项。

（4）总监理工程师代表授权委托书应填写被授权人姓名、身份证号、执业资格证号，被授权人签名。

（5）总监理工程师代表授权委托书应由总监理工程师签字，写明授权日期，加盖监理项目部印章，并报送监理单位备案。

（6）监理项目部应将总监理工程师对总监理工程师代表授权书以及相应的授权范围以工作联系单的形式通知建设单位和施工单位。

（二）样表

总监理工程师代表授权委托书见表 7-3。

表 7-3 总监理工程师代表授权委托书

工程名称： 编号：

致：＿＿＿＿＿＿＿＿＿＿＿＿＿＿（建设单位） 兹授权本监理项目部＿＿＿＿＿＿同志担任总监理工程师代表，依据国家有关法律法规及标准规范，履行以下职责，并承担相应责任。现将下列事项授权总监理工程师代表履行： （1）确定监理项目部人员及其岗位职责。 （2）对全体监理人员进行监理规划、监理实施细则的交底和相关管理制度、标准、规程规范的培训。 （3）检查监理人员工作。 （4）组织召开监理例会。

续表

（5）组织检查施工单位现场质量、安全生产管理体系的建立及运行情况。
（6）组织进行甲供材料到场开箱验收。
（7）组织分部工程验收。
（8）参与竣工结算。
（9）组织审查和处理设计变更、现场签证。
（10）组织编写监理月报、监理工作总结，组织整理监理文件资料。
（11）组织落实基建数字化平台监理项目部应用及日常管控要求。
（12）其他总监理工程师代表可负责的工作。
本授权书自授权之日起生效。

被授权人基本情况			
姓　　名		身份证号	
执业资格			
被授权人签字：			

监理项目部（盖章）
总监理工程师（签字）：
授权日期：______年______月______日

四、工程开工令

（一）使用要点

（1）总监理工程师应组织专业监理工程师审查施工单位报送的工程开工报审表及相关文件。

（2）同时具备下列条件时，总监理工程师签署审核意见，并报送建设单位批准后，由总监理工程师签发工程开工令：

1）设计交底和图纸会审已完成。

2）施工组织设计已审定。

3）施工单位现场质量、安全生产管理体系已建立，管理及施工人员已到位并已进行安全教育，施工机械具备使用条件，主要工程材料已落实。

4）施工场地、水、电、通信及进场道路等已满足开工条件。

5）现场测量控制网已复核合格。

（3）总监理工程师应根据建设单位在工程开工报审表上的审批意见签署工程开工令。工程开工令中应明确具体的开工日期，工期自总监理工程师发出的工程开工令中载明的开工日期起计算。

（二）样表

工程开工令见表 7-4。

表 7-4 工程开工令

工程名称： 编号：

致：____________________（施工单位） 经审查，本工程已具备施工合同约定的开工条件，现同意你方开始施工，开工日期为：××××年××月××日。 附件：工程开工报审表 监理项目部（盖章） 总监理工程师（签字、加盖执业印章）： 日期：____年____月____日

五、监理通知单

（一）使用要点

（1）监理通知单是监理项目部针对施工单位出现质量、安全、进度、造价等问题而签发的指令性文件。

（2）监理工程师应视问题的影响程度和出现的频度，可先采取口头通知的形式要求施工单位进行整改，对重要问题或口头通知无果的问题应及时签发“监理通知单”，并加盖监理项目部公章作为总监理工程师审核确认的证明。

（3）监理通知单中的“事由”应简要写明具体事件及其发生的时间、部位，违反的规程规范标准名称、条款及后果，尽量避免使用“基本”“一些”“少数”等模糊用词。

（4）监理通知单中的“内容”一般应写明整改要求、时间和回复时间。

（5）必要时应附工程问题隐患部位的照片或其他影像资料。

（6）填写的工程名称应与建设工程施工合同的工程名称一致。

（二）样表

监理通知单见表 7-5。

表 7-5 监理通知单

工程名称： 编号：

致：____________________（施工项目部） 主题：关于施工现场实体施工质量相关事宜 内容： 我部监理人员现场巡视检查发现： 1. 电缆保护管对接未采用套焊工艺。不符合《电气装置安装工程电缆线路施工及验收标准》（GB 50168—2018）第 5.1.7 条规定：“电缆管的连接应符合下列规定：2 金属电缆管不应直接对焊，应采用螺纹接头连接或套管密封焊接方式；连接时应两管口对准、连接牢固、密封良好；螺纹接头或套管的长度不应小于电缆管外径的 2.2 倍。采用金属软管及合金接头作电缆保护接续管时，其两端应固定牢靠、密封良好。” 2. 母线排安装螺栓螺母未安装在维护侧。不符合《电气装置安装工程母线装置施工及验收规范》（GB 50149—2010）第 3.3.3 条规定：“母线与母线或母线与设备接线端子的连接应符合下列要求：2 母线平置时，螺栓应由下往上穿，螺母应在上方，其余情况下，螺母应置于维护侧，栓长度宜出螺母 2 扣～3 扣。”

续表

问题照片及描述详见附件 1。 请于××××年××月××日××时之前整改完成并报监理通知回复单提请复查。 监理项目部（盖章） 总监理工程师/专业监理工程师： 日期：______年______月______日

附件

1．电缆保护管对接未采用套焊工艺。	2．母线排安装螺栓螺母未安装在维护侧。

六、旁站监理记录表

（一）使用要点

（1）旁站点是指针对工程重要部位、关键工序、特殊作业、危险作业、主要试验检验项目的施工作业，监理项目部在约定的时间在工程现场进行全过程检查、监督的控制点。

（2）监理人员应检查确认旁站点，具备施工条件后同意施工。

（3）施工项目部应提前 24h 书面通知监理项目部，监理项目部应安排监理人员对旁站点进行旁站。

（4）旁站监理人员应对技术方案要点落实、人员到岗到位、施工人员实名制落实、安全文明施工设施配置、施工机具配置和风险控制措施执行等情况进行核查，填写旁站监理记录表。

（5）监理人员在旁站期间发现的问题，应口头或书面形式要求施工单位及时整改。对拒不整改或存在严重质量隐患的，旁站人员应先行提出停工要求，并立即向总监理工程师报告，总监理工程师核实后签发工程暂停令，要求施工单位停工整改。

（6）监理人员在旁站点实施旁站前应检查下列基本内容：

1）施工方案已审批，并已交底。

2）施工作业票已办理。

3）现场管理人员已到位，特种作业人员和特种设备作业人员人证相符。

4）通信畅通。

5）主要机械、测量和计量器具完好，满足使用要求并与报审一致。

6）物资材料供应满足连续施工要求。

7）上道工序已验收合格。

（7）旁站主要内容：

1）材料使用情况。

2）施工单位现场管理及施工人员到位情况。

3）特种作业人员、施工机械、工器具及施工质量的情况。

4）施工方案落实和强制性标准执行情况。

5）施工作业票及风险控制措施执行情况。

6）作业区域安全文明施工设施配置情况等。

7）发现的问题及处理意见。

（二）样表

旁站监理记录表见表 7-6。

表 7-6　　旁站监理记录表

工程名称：　　　　编号：

日期及天气：××××年××月××日　多云	施工地点：K1 始发井场地
旁站监理的部位或工序：K1 始发井洞口高压旋喷桩施工	
旁站监理开始时间：××××	旁站监理结束时间：××××
施工情况 1. 采用普通硅酸盐水泥 P.O 42.5，采用袋装水泥，施工用水、电已预先引接到位，材料运输道路通畅。 2. 现场采用 1 台 MGL150 旋喷系列钻机，桩机运转正常，施工机械到位、状态完好。 3. 喷射注浆前检查高压设备及管路系统。要求密封良好，防止漏浆和管路堵塞。 4. 钻机把带有喷嘴的注浆管钻进土层的−14.15m 位置后（共 17.39m：地面标高+3.24m，洞口加固顶面标高−4.65m+桩长 9.5m），以高压设备使浆液或水成为 2MPa 的高压射流从喷嘴中喷射出来，冲切、扰动、破坏土体，同时钻杆以一定速度逐渐提升，将浆液与土粒强制搅混合，浆液凝固后，在土中形成旋喷桩。 5. 桩长、桩位、桩身垂直度、桩顶标高符合验收标准要求。 6. 高压注浆泵压力表未存在明显异常。 7. 施工单位现场质检员到岗履职	

续表

监理工作情况： 1. 旋喷钻机，电动机转向正确；提升、制动系统正常；各种液压管路、接头无漏油现象。旋转有力、转向灵活。 2. 桩长、桩位、桩身垂直度、桩顶标高符合验收标准要求。 3. 孔径为 800mm，配桩长度 9.5m，符合设计要求。 4. 完成设计桩长为 9.5m 的高压旋喷桩 16 根
发现问题：无
处理意见：无
备注（包括处理结果）：无
监理项目部： 旁站监理人员： 日期：_____年_____月_____日

七、工程暂停令

（一）使用要点

（1）监理项目部发现下列情况之一时，总监理工程师应及时签发工程暂停令：

1）建设单位要求暂停施工且工程需要暂停施工的。

2）施工单位未经批准擅自施工或拒绝监理项目部管理的。

3）施工单位未按审查通过的工程设计文件施工的。

4）施工单位违反工程建设强制性标准的。

5）施工存在重大质量、安全事故隐患或发生质量、安全事故的。

（2）总监理工程师应根据停工原因的影响范围和影响程度，确定暂停施工的部位、范围。

（3）“工程暂停令”应写明导致工程暂停的原因、要求停工的部位（工序）、停工范围以及工作要求。并加盖监理项目部公章和总监理工程师执业印章。必要时可附停工部位或事件的影像资料。

（4）填写的建设单位名称、施工单位名称、工程名称应与建设工程施工合同一致。

（5）对于存在重大质量、安全事故隐患或发生质量、安全事故的，总监理工程师可直接签发工程暂停令。

（6）总监理工程师签发工程暂停令应事先征得建设单位同意，在紧急情况下未能事先报告时，应在事后及时向建设单位作出书面报告。

（二）样表

工程暂停令见表 7-7。

表 7-7　　工程暂停令

工程名称：　　　　编号：

<table>
<tr><td>致：________________________（施工项目部）
由于________________原因，现通知你方必须于_____年_____月_____日_____时起，暂停本工程________________部位（工序）的施工，并按下述要求做好后续工作。
要求：
监理项目部（盖章）
总监理工程师（签字、加盖执业印章）：
日期：_____年_____月_____日</td></tr>
<tr><td>建设单位意见：
建设单位（盖章）
建设单位代表（签字）：
日期：_____年_____月_____日</td></tr>
<tr><td>施工单位签收：
施工项目部（盖章）
项目经理：
日期：_____年_____月_____日</td></tr>
</table>

八、设备缺陷台账

（一）使用要点

监理项目部应建立设备缺陷台账，监督责任单位按时完成消缺，并组织消缺后的验收。

（二）样表

设备缺陷台账见表 7-8。

表 7-8　　设备缺陷台账

工程名称：　　　　编号：

序号	设备缺陷	发现时间	责任单位	整改要求	整改闭环情况	完成时间

九、工程款/竣工结算款支付证书

（一）使用要点

（1）未经监理项目部质量验收合格的工程量或不符合施工合同约定的工程量，监理项目部应拒绝计量和拒签该部分的工程款支付申请。

（2）监理项目部应按下列程序进行工作：

1）专业监理工程师审查施工单位提交的支付报审表，签署审查意见。

2）总监理工程师对专业监理工程师的审查意见进行审核，签署监理意见后报建设单位审批。

3）总监理工程师根据建设单位的审批意见，向施工单位签发支付证书。

（3）因建设管理单位原因导致施工合同解除时，监理项目部应按施工合同约定与建设管理单位和施工单位协商确定施工单位应得款项，并签发工程款支付证书。

（二）样表

工程款/竣工结算款支付证书见表7-9。

表7-9　　工程款/竣工结算款支付证书

工程名称：　　　　　　　　　　　　　　　　　　　　编号：

致：__________________（申请单位） 根据____________合同，经审核编号为______工程款/竣工结算支付报审表，扣除有关款项后，同意支付进度/竣工结算款共计（大写）____________（小写：_______）。 其中： 1．申报款为： 2．经审核应得款为： 3．本期应扣款为： 4．本期应付款为： 附件：工程款/竣工结算款支付报审表及附件 监理项目部（盖章） 总监理工程师（签字、加盖执业印章）： 日期：____年____月____日

十、监理报告

（一）使用要点

（1）施工单位拒不执行工程暂停令或监理通知单时，总监理工程师应及时编制、签发监理报告，并报送有关主管部门。

（2）监理报告中应注明已经采取的监理措施及施工单位拒不执行的情况。

（3）应附具已经采取的相关监理指令文件及工程问题隐患部位的照片或其他影像资料。

（二）样表

监理报告见表7-10。

表7-10　　监理报告

工程名称：

致：__________________（主管部门） 由________________（施工单位）施工的________________（工程部位），存在安全事故隐患。我方已于____年____月____日发出编号为____的《监理通知单》/《工程暂停令》，但施工单位未整改/停工。 特此报告。 附件：

续表

<table>
<tr><td>□监理通知单
□工程暂停令
□其他

监理项目部（盖章）
总监理工程师（签字）：
日期：_____年_____月_____日</td></tr>
</table>

十一、工程复工令

（一）使用要点

（1）当暂停施工原因消失、具备复工条件时，施工单位提出复工申请的，监理项目部应审查施工单位报送的工程复工报审表及有关材料，符合要求后，总监理工程师应及时签署审查意见，并报送建设单位批准后签发工程复工令，并加盖监理项目部公章及总监理工程师执业印章。

（2）施工单位暂停施工原因消失、具备复工条件而未提出复工申请的，总监理工程师应根据工程实际情况及时签发工程复工令，指令施工单位恢复施工。

（3）工程复工令应注明复工的部位、范围和复工时间，并与工程暂停令相对应。

（4）填写的建设单位名称、施工单位名称、工程名称应与建设工程施工合同一致。

（5）必要时，附工程复工部位（工序）的影像资料。

（二）样表

工程复工令见表7-11。

表7-11 工程复工令

工程名称： 编号：

<table>
<tr><td>致：____________________（施工项目部）
我方发出的编号____________《工程暂停令》，要求暂停____________部位施工，经查现已具备复工条件，经建设单位同意，现通知你方于_____年_____月_____日起恢复施工。
经现场检查，我方认为编号____________《工程暂停令》中暂停施工原因消失，具备复工条件，但你方未提出复工申请，现我方根据工程实际情况指令你方于_____年_____月_____日起恢复施工。
附件：复工报审表

监理项目部（盖章）
总监理工程师（签字、加盖执业印章）：
日期：_____年_____月_____日</td></tr>
</table>

十二、文件审查记录表

（一）使用要点

（1）监理项目部应审查施工组织设计，填写文件审查记录表，审查通过后报送建设单位审批。

（2）监理项目部应审查施工项目部主要管理人员、特种作业人员和特种设备操作人员资格条件，施工人员投入应满足工程管理要求。

（3）监理项目部应审查施工项目部报审的主要施工机械、工器具、安全防护用品（用具）的证明文件。

（4）监理项目部应审查施工项目部报审的主要测量、计量器具的规格、型号、数量和证明文件。主要测量/计量器具应经法定计量检定机构检定合格，测量精度应满足规范要求，数量应满足施工需要。

（5）监理项目部应审查施工项目部报审的主要材料、设备和构配件供应商的资质文件。供应商资质文件包括营业执照、工业产品生产许可证或产品质量认证证书、企业质量管理体系认证证书、产品型式试验报告、产品出厂检验报告、特种设备制造许可证等。

（6）监理项目部应核查施工项目现场质量管理体系和安全生产管理体系的建立及运行情况，施工项目现场管理体系应满足《电力建设工程监理规范》（DL/T 5434—2021）的规定。

（7）监理项目部应审查试验（检测）单位的资质等级、试验范围、计量认证、试验人员资格证书等。

（8）专业监理工程师应审核施工平面控制网、高程控制网、临时水准点和线路复测的测量成果及控制桩的保护措施。

（9）监理项目部应审查施工质量验收范围划分表和工程检测试验项目计划，填写文件审查记录表。

（10）施工项目部应按监理审查意见逐条回复，采纳监理意见应说明具体修改部位，不采纳时应说明原因。

（二）样表

文件审查记录表见表 7-12。

表 7-12　　文件审查记录表

工程名称：　　　　　　　　　　　　编号：

文件名称及编号	（写文件全称）	
送审单位	（文件编制单位）	
序号	监理项目部审查意见	施工项目部反馈意见
	总监理工程师/专业监理工程师： 日期：____年____月____日	项目总工/项目经理： 日期：____年____月____日

续表

监理复查意见	经审查，××文件已按审查意见进行修改，同意执行。 总监理工程师/专业监理工程师： 日期：_____年_____月_____日

第二节　施工单位报审报验用表（B表）

一、施工组织设计报审表

（一）审查要点

（1）施工组织设计的编制、审核、批准手续应齐全有效；由施工项目部在工程开工前报送监理项目部审查，审查通过后报送建设单位批准，未通过审查，须按监理项目部、建设单位审查意见进行修改完善后重新报审。

（2）施工组织设计应按照工程现场的实际查勘情况、设计文件等进行编制。

（3）对规模较大、工艺较复杂的工程、群体工程或分期出图的工程，可分阶段报批施工组织设计。

（4）监理项目部审查重点：施工进度、施工方案及工程质量保证措施应符合建设工程施工合同要求，资金、劳动力、材料、设备等资源供应计划满足工程施工需要，施工总平面布置合理。

（5）监理项目部应针对报审的施工组织设计进行详细审查并给出书面的审查意见，作为附件附于报审表之后。

（二）样表

施工组织设计报审表见表7-13。

表7-13　　施工组织设计报审表

工程名称：　　　　　　　　　　　　　　编号：

致：____________________（监理项目部） 我方已完成____________工程施工组织设计编制和审批，请予以审查。 附件：施工组织设计 施工项目部（盖章） 项目经理（签字）： 日期：_____年_____月_____日
专业监理工程师审查意见： 不通过：经审核，你方申报的施工组织设计不符合要求（详见××号文件审查记录表），不同意按此施工组织设计指导施工，请你方按要求补充完善重新报审。 通过：经审查，该施工组织设计编、审、批流程符合要求，本施工组织设计编制内容完整，技术方案可行，工期安排合理，施工机械、人员、材料进场满足要求，施工管理机构设置及人员分工明确，符合工程建设强制性标准

续表

<table>
<tr><td>的要求。同意上报总监理工程师审核。
专业监理工程师（签字）：
日期：______年______月______日</td></tr>
<tr><td>总监理工程师审核意见：
不通过：经审核，同意专业监理工程师审查意见，请你方按要求补充完善重新报审。
通过：经审核，同意专业监理工程师审查意见，同意报建设单位批准。施工过程中应按此施工组织设计进行控制、指导施工，根据实际偏差，及时调整施工进度计划，确保施工质量。
监理项目部（盖章）
总监理工程师（签字、加盖执业印章）：
日期：______年______月______日</td></tr>
<tr><td>建设单位审批意见：
建设单位（盖章）
建设单位代表（签字）：
日期：______年______月______日</td></tr>
</table>

附件：

文件审查记录表

工程名称：　　　　　　　　　　　　　　　　　　　　　　　　　　　　编号：

<table>
<tr><td colspan="2">文件名称及编号</td><td colspan="2">施工组织设计报审表（编号：××××）</td></tr>
<tr><td colspan="2">送审单位</td><td colspan="2">××××施工项目部</td></tr>
<tr><td>序号</td><td colspan="2">监理项目部审查意见</td><td>施工项目部反馈意见</td></tr>
<tr><td>1</td><td colspan="2">审批页中的项目经理和总工笔迹相同，疑似代签，需核实</td><td></td></tr>
<tr><td>2</td><td colspan="2">第二章中的资源配置表的机械投入与施工合同及投标文件不一致，请优化后</td><td></td></tr>
<tr><td>3</td><td colspan="2">3.2.3 中和附件总进度计划表的竣工时间晚于合同竣工时间，需重新编制</td><td></td></tr>
<tr><td>4</td><td colspan="2">第三章的第 5 节的现场简易制作钢筋保护层垫块是建设部公告 2021 第 214 号中的禁止工艺，请调整施工工艺</td><td></td></tr>
<tr><td>5</td><td colspan="2">8.4 中的脚手架施工多处有违反强制性条文规定，请核实后调整</td><td></td></tr>
<tr><td>6</td><td colspan="2">缺安全组织机构，需补充</td><td></td></tr>
<tr><td>7</td><td colspan="2">9.2 及附件平面布置图中未考虑临时设施的防火距离，需按规范要求重新布置</td><td></td></tr>
<tr><td></td><td colspan="2"></td><td></td></tr>
<tr><td></td><td colspan="2"></td><td></td></tr>
<tr><td colspan="3">请尽快完善闭环，重新报审！
总监理工程师/专业监理工程师：
日期：______年______月______日</td><td>已经逐条整改，请监理项目部复查！
项目总工/项目经理：
日期：______年______月______日</td></tr>
<tr><td colspan="2">监理复查意见</td><td colspan="2">经审查，××文件已按审查意见进行修改，同意执行。
总监理工程师/专业监理工程师：
日期：______年______月______日</td></tr>
</table>

二、人员资格报审表

（一）审查要点

（1）监理项目部应在工程开工前督促施工单位及时将施工项目部的项目经理、项目总工程师、专职质检员、专职安全员等主要管理人员资质报送监理项目部审查。

（2）在施工准备阶段或相关工程开工前，监理项目部应督促施工项目部将本工程拟选用的特殊工种/特殊作业人员名单及上岗资格证书报送监理项目部审查。

（3）施工项目部应对报审的复印件文件进行确认，并注明原件存放处。

（4）监理项目部审查要点包括：施工项目部主要管理人员是否与投标文件一致，人员资格及配置数量不得低于投标承诺；项目主要管理人员更换是否经建设单位书面同意；主要管理人员、特种作业人员数量是否满足工程施工管理需要；应持证上岗的人员所持证件是否有效等。

（二）样表

人员资格报审表见表 7-14。

表 7-14　　　　人员资格报审表

工程名称：　　　　　　　　　　　　　　　　　　　　编号：

<table>
<tr><td colspan="6">致：________________（监理项目部）
现报上本施工项目部主要管理人员/安全生产管理人员/特种作业人员和特种设备作业人员名单及其资格证件，请查验。工程进行中如有调整，将重新统计并上报。
附件：相关资格证件。

施工项目部（盖章）
项目经理（签字）：
____年____月____日</td></tr>
<tr><td>姓名</td><td>岗位/工种</td><td>证件名称</td><td>证件编号</td><td>发证单位</td><td>有效期</td></tr>
<tr><td></td><td></td><td></td><td></td><td></td><td></td></tr>
<tr><td></td><td></td><td></td><td></td><td></td><td></td></tr>
<tr><td colspan="6">监理项目部审查意见：
不通过：经审查，参加施工主要管理人员×××的资质相关证件不全，×××证件超过有效期，请完善后另行补报，详见文件审查记录表。
通过：经审查，主要管理人员/安全生产管理人员/特种作业人员和特种设备作业人员数量满足工程施工管理需要，持证上岗的人员所持证件有效，同意进场施工。

监理项目部（盖章）
专业监理工程师（签字）：
总监理工程师（签字、加盖执业印章）：
日期：____年____月____日</td></tr>
</table>

三、主要施工机械/工器具/安全用具报审表

（一）审查要点

（1）工程开工前或拟补充进场主要施工机械、工器具或安全防护用具前，监理项目部应督促施工单位及时将主要施工机械、工器具或安全防护用具的数量清单、检验试验报告、安全准用证等文件报送监理项目部审查。

（2）施工项目部应对报审的复印件文件进行确认，并注明原件存放处。

（3）监理项目部审查要点包括：主要施工机械设备/工器具/安全用具的数量、规格、型号是否满足项目施工组织设计及本阶段工程施工需要；机械设备定检报告是否合格，起重机械的安全准用证是否符合要求；安全用具的试验报告是否合格等。

（二）样表

主要施工机械/工器具/安全用具报审表见表7-15。

表7-15　　主要施工机械/工器具/安全用具报审表

工程名称：　　　　　　　　　　　　　　　　　　编号：

致：＿＿＿＿＿＿＿＿＿＿（监理项目部）

现报上拟用于本工程的主要施工机械/工器具/安全用具清单及其检验文件，请查验。工程进行中如有调整，将重新统计并上报。

附件：相关检验证明文件。

名称	编号	检验证	检验单位	检定日期/有效期

施工项目部（盖章）：

项目经理（签字）：

日期：＿＿年＿＿月＿＿日

监理项目部审查意见：

不通过：经审查，上报的施工机械设备/工器具/安全用具清单及其检验文件不符合要求，详见××号文件审查记录表。

通过：经审查，主要施工机械设备/工器具/安全用具的数量、规格、型号满足本阶段工程施工需要，定检、试验报告均在有效期内，检测合格，同意投入使用。

监理项目部（盖章）

专业监理工程师（签字）：

日期：＿＿年＿＿月＿＿日

四、主要测量/计量器具/试验设备检定报审表

（一）审查要点

（1）在工程开工前或拟补充进场主要测量器具/试验设备前，监理项目部应督促施工项

目部及时将主要测量器具或试验设备的清单及相关检验证明等文件报送监理项目部审查。

（2）施工项目部应对报审的检验证明复印件文件进行确认，并注明原件存放处。

（3）监理项目部审查审查要点包括：主要测量计量器具/试验设备是否满足工程施工需要，主要测量器具/试验设备定检报告是否合格、有效。

（二）样表

主要测量/计量器具/试验设备检定报审表见表 7-16。

表 7-16　　主要测量/计量器具/试验设备检定报审表

工程名称：　　　　　　　　　　　　　　　　　　　　　　编号：

<table>
<tr><td colspan="5">致：____________________（监理项目部）
现报上拟用于本工程的主要测量器具/计量器具/试验设备及其检定证明，请查验。工程进行中如有调整，将重新统计并上报。
附件：主要测量/计量器具/试验设备检定证明材料。

施工项目部（盖章）
项目经理（签字）：
日期：_____年_____月_____日</td></tr>
<tr><td>器具（设备）名称</td><td>编号</td><td>检验证编号</td><td>检定单位</td><td>检定日期/有效期</td></tr>
<tr><td></td><td></td><td></td><td></td><td></td></tr>
<tr><td></td><td></td><td></td><td></td><td></td></tr>
<tr><td colspan="5">监理项目部审查意见：
不通过：经审查，所报×××测量、计量器具、仪器仪表无定检时间，×××已超过定检期，请完善后另行补报，在补报前上述仪器不得使用，详见××号文件审查记录表。
通过：经审查，所报测量、计量器具、仪器仪表种类、数量和精度可满足工程施工需要，定检合格证明文件符合要求，同意在工程中使用。

监理项目部（盖章）
专业监理工程师（签字）：
日期：_____年_____月_____日</td></tr>
</table>

五、试验/供货单位资质报审表

（一）审查要点

（1）在工程开工前，监理项目部应督促试验单位资质报审，填写变质报审表并附本工程的试验项目及其要求、拟委托试验单位的资质等级及其试验范围、法定计量部门对该试验单位试验设备出具的计量检定证明、试验室管理制度、试验人员资格证书等报审资料。

（2）承包单位在进行主要材料或构配件、设备采购前，应将拟采购供货的生产厂家的资质证明文件报送监理项目部审查。主要材料或构配件、设备的范围以设计文件中的相关说明为准。资质证明文件一般包括营业执照、生产许可证、产品（典型产品）的检验报告、企业质量管理体系认证或产品质量认证证书（如果需要）等，新产品应有型式试验报告、鉴定证书等，特种设备应有安全许可证等。报审表应在附件中详列资料名称。砂、石等辅助性材料供货商资质证明文件可不需提供质量体系认证证书。

（3）试验/供货单位资质审查要点：拟委托的试验单位资质等级是否符合国家相关要求，是否通过计量认证；试验资质范围是否包括拟委托试验的项目；供货商资质证明文件是否齐全；供货商资质是否符合有关要求；试验单位资质需报建设单位审批确认，供货单位资质按施工合同约定需报建设单位批准的，应报送建设单位审批。

（二）样表

试验/供货单位资质报审表见表 7-17。

表 7-17　　试验/供货单位资质报审表

工程名称：　　　　　　　　　　编号：

致：__________（监理项目部） 经我公司审查，__________单位具备试验/供货资质，请查验。 □试验单位的资质证明文件。 （资质等级、试验范围、法定部门对试验设备出具的检定证明、管理制度和试验人员资格） □供货单位的资质证明文件。 （营业执照、生产许可证、质量管理体系认证书、产品检验报告） 施工项目部（盖章） 项目经理（签字）： 日期：____年____月____日
专业监理工程师审查意见： 不通过：经审查，所报单位资质不符合要求，详见××号文件审查记录表。 通过： （1）试验单位：经审查，试验单位资质符合要求，试验资质范围涵盖本工程试验项目，试验设备计量检定证明和试验人员资质在有效期内，同意开展相关检验试验工作。 （2）供货单位：经审查，供货商资质证明文件齐全，资质符合有关要求，同意进场。 专业监理工程师（签字）： 日期：____年____月____日
总监理工程师审核意见： 不通过：经审查，所报单位资质不符合要求，详见××号文件审查记录表。 通过： （1）试验单位：经审查，所报试验单位资质资料齐全，符合要求，请建设单位审批。 （2）供货单位：经审查，供货单位资质资料齐全，符合要求，请建设单位审批。 监理项目部（盖章） 总监理工程师（签字、加盖执业印章）： 日期：____年____月____日
建设单位审批意见： 建设单位（盖章）： 建设单位代表（签字）： 日期：____年____月____日

六、（专项）施工方案/调试方案/应急预案报审表

（一）审查要点

（1）方案或预案的编制、审核、批准手续应齐全有效；由施工项目部在相应的分部、分项工程开工前报送监理项目部审查。

（2）监理项目部审查重点：方案或预案内容是否完整，是否符合已批准施工组织设计要求；施工工艺流程是否合理、施工或调试方法是否得当并有利于保障工程质量、安全和进度；安全危险点分析或危险源辨识、环境因素识别是否准确全面，应对措施是否有效；质量保证措施是否有效并具有针对性。

（3）若方案或预案未能通过审查，施工单位须按监理项目部审查意见进行修改完善后重新报审。

（4）施工或调试方案在实施过程中需要调整时，监理项目部应督促施工单位按程序重新进行报审。

（5）在危大工程施工前施工单位应编制专项施工方案，报送监理项目部审查，经审查通过报送建设单位批准后实施。

（6）专项施工方案的编制、审核、批准签署齐全有效：专项施工方案应由项目技术负责人组织编制，项目经理审核，施工单位技术负责人审批签字并加盖施工单位公章。危大工程实行分包并由分包单位编制专项施工方案的，专项施工方案应当由总承包单位技术负责人及分包单位技术负责人共同审核签字并加盖单位公章。

（7）对超过一定规模的危大工程的专项施工方案，施工单位须组织进行专家论证并提供论证报告和安全验算结果。

（8）专项施工方案需要完善的，应根据总监理工程师审查意见、专家论证审查报告中提出的意见进行完善。

（9）监理项目部审查重点：专项施工方案内容是否完整、编审程序是否符合相关规定；方案中制定的施工工艺流程是否合理，施工方法是否得当，是否有利于保障工程质量、安全和进度；安全危险点分析或危险源辨识、环境因素识别是否准确、全面，应对措施是否有效；对超过一定规模的危险性较大的分部分项工程施工方案需审查安全验算情况、专家论证情况和专家评审意见的修改和完善情况。

（10）专项施工方案在实施过程中需做调整时，施工单位应按程序重新进行报审。

（11）应急预案重点审查事故特征（可能发生的事故）、应急组织与职责、应急处置等内容。相关应急部门、机构或人员联系方式、关键的路线、标识和图纸准确。

（二）样表

（专项）施工方案/调试方案/应急预案报审表见表7-18。

表 7-18 （专项）施工方案/调试方案/应急预案报审表

工程名称： 编号：

<table>
<tr><td>致：______________（监理项目部）
现报上______________工程（专项）施工方案/调试方案/应急预案，请予以审查。
附件：
□施工方案
□专项施工方案
□调试方案
□应急预案

施工项目部（盖章）
项目经理（签字）：
日期：____年____月____日</td></tr>
<tr><td>专业监理工程师审查意见：
不通过：经审查，你方申报的施工方案/调试方案/应急预案不符合要求（详见××号文件审查记录表），不同意按此施工方案/调试方案/应急预案实施，请按照审查意见进行补充修改完善，重新进行报审。
通过：
一般施工方案：经审查，该施工方案编审批程序符合要求，方案内容完整，具有针对性和可操作性，同意报总监理工程师审核。
专项施工方案：经审查，该专项施工方案编审批程序符合要求，方案内容完整，具有针对性和可操作性，能满足施工需要，同意报总监理工程师审核。
需专家论证的专项施工方案：本专项施工方案于××月××日通过了专家评审，经审查，本方案已根据专家评审意见进行了修改。
调试方案：该调试方案编审批程序符合要求，内容完整，调试方法可行，安全措施符合规范要求。同意报总监理工程师审核。
应急预案：该应急预案编审批程序符合要求，应急组织完整，应急处理程序、应急处置措施可行。同意报总监理工程师审核。

专业监理工程师（签字）：
日期：____年____月____日</td></tr>
<tr><td>总监理工程师审查意见：
不通过：经审查，你方申报的施工方案/调试方案/应急预案不符合要求（详见××号文件审查记录表），不同意按此施工方案/调试方案/应急预案实施，请按照审查意见进行补充修改完善，重新进行报审。
通过：
无需建设单位审批：经审查，该方案可行，同意按此方案组织实施。
需建设单位审批：经审查，同意按修改完成后的方案/应急预案实施，并请建设单位审批。

监理项目部（盖章）
总监理工程师（签字）：
日期：____年____月____日</td></tr>
<tr><td>审批意见（对达到和超过一定规模的危险性较大的分部分项工程专项施工方案/调试方案/应急预案）：

建设单位（盖章）
建设单位代表（签字）：
日期：____年____月____日</td></tr>
</table>

七、新技术/新工艺/新流程/新装备/新材料应用报审表

（一）审查要点

（1）总监理工程师应组织专业监理工程师审查施工单位报送的施工措施和质量认证文件、质量鉴定文件及相关验收标准的适用性，必要时应要求施工单位组织专题论证。

（2）当选用上述推广目录以外的新技术时，监理项目部应督促施工项目部提前开展专题论证，向建设单位汇报。

（二）样表

新技术/新工艺/新流程/新装备/新材料应用报审表见表7-19。

表7-19 新技术/新工艺/新流程/新装备/新材料应用报审表

工程名称： 编号：

致：________________（监理项目部） 经评估，我方拟选择________________新技术/新工艺/新流程/新装备/新材料应用于本工程，请予以审查。 附件： □施工措施 □质量认证文件 □质量鉴定文件 □验收标准 □其他 施工项目部（盖章） 项目经理（签字）： 日期：____年____月____日
专业监理工程师审查意见： 不通过：经审查，你方所报的文件不符合要求，详见××号文件审查记录表。 通过：经审查，新技术/新工艺/新流程/新装备/新材料措施及资料完整，同意报总监理工程师审批。 专业监理工程师（签字）： 日期：____年____月____日
总监理工程师审核意见： 不通过：经审查，你方所报的认证文件不符合要求，详见××号文件审查记录表。 通过： 推广目录内：新技术/新工艺/新流程/新装备/新材料在本工程应用满足新技术推广应用方面的有关要求，请建设单位审批。 推广目录外：施工单位已开展专题（专家）论证和按专家意见进行修订，论证文件和相关措施、标准等资料完整，新技术/新工艺/新流程/新装备/新材料应用于本工程满足新技术推广应用方面的有关要求，请建设单位审批。 监理项目部（盖章） 总监理工程师（签字）： 日期：____年____月____日
建设单位审批意见： 建设单位（盖章） 建设单位代表（签字）： 日期：____年____月____日

八、施工控制测量成果报验表

（一）审查要点

（1）专业监理工程师应检查、复核施工单位报送的施工控制测量成果及保护措施，签署意见。专业监理工程师应对施工单位在施工过程中报送的施工测量放线成果进行查验。施工控制测量成果及保护措施的检查、复核，应包括下列内容：

1）施工单位测量人员的资格证书及测量设备检定证书。

2）施工平面控制网、高程控制网和临时水准点的测量成果及控制桩的保护措施。

（2）本类报验文件是需要监理项目部核查的施工测量记录类文件，包括工程定位测量记录、基槽平面及标高实测记录、楼层平面放线及标高实测记录、建筑物垂直度及标高测量记录、沉降观测记录等。

（3）施工单位应在相应的测量工作完成后，分别填写相应的表格，施工控制测量成果报验表由专业技术负责人签字。

（4）专业监理工程师应对施工单位报送的测量成果进行复核，确定无误且满足相应的精度要求后，签字确认。

（5）对于经专业监理工程师复测不满足要求的测量成果，施工单位应重新布测，并填写测量记录重新报审。未经报审之前，相应部位不得开展施工活动。

（二）样表

施工控制测量成果报验表见表 7-20。

表 7-20　施工控制测量成果报验表

工程名称：　　　　　　　　　　　　　　　　　　　　编号：

致：________________（监理项目部） 我方已完成____________________工程的施工控制测量，经自检合格，请予以查验。 附件： 1. 施工控制测量依据文件 2. 施工控制测量成果 施工项目部（盖章） 项目技术负责人（签字）： 日期：_____年_____月_____日
监理项目部复核意见： 不通过：经复核，施工项目部上报的施工控制测量成果不符合设计图纸及规划局放线要求，不符合规范要求，放线结果存在错误，详见××号文件审查记录表。 通过：经复核，施工项目部上报的施工控制测量成果符合设计图纸及规划局放线要求，符合相关规范要求。 监理项目部（盖章） 专业监理工程师（签字）： 日期：_____年_____月_____日

九、工程施工/调试质量验收范围划分报审表

（一）审查要点

（1）在工程开工前，监理项目部应督促施工单位结合电网工程各单位、分部、分项工程、检验批的施工特点，对承包范围内的工程按单位、分部、分项、检验批等进行质量验收范围项目划分，并将划分表报送监理项目部审查。

（2）监理项目部审查要点：是否按照现行国家、电力行业现行质量验收标准进行验收项目划分；划分是否准确、合理、全面。

（3）监理项目部审查同意后，应在报审表中签署明确的审查意见并报送建设单位审批。

（二）样表

工程施工/调试质量验收范围划分报审表见表 7-21。

表 7-21　　工程施工/调试质量验收范围划分报审表

工程名称：　　　　　　　　　　　　　　　　编号：

致：________________（监理项目部） 现报上________________工程施工质量验收范围划分表，请审查。 附件：________________工程施工质量验收范围划分表 施工项目部（盖章） 项目经理（签字）： 日期：____年____月____日
专业监理工程师审查意见： 不通过：经审查，你方所报的质量验收范围划分表，详见××号文件审查记录表。 通过：经审查，所报工程施工/调试质量验收范围划分审批流程合规，内容准确、合理，所列项目完整，三级验收责任落实，请总监理工程师审核。 专业监理工程师（签字）： 日期：____年____月____日
总监理工程师审核意见： 不通过：经审查，你方所报的质量验收范围划分表，详见××号文件审查记录表。 通过：经审核，所报的工程施工/调试质量验收范围划分满足工程施工，切实可行，同意报建设单位审批。 监理项目部（盖章） 总监理工程师（签字）： 日期：____年____月____日
建设单位审批意见： 建设单位（盖章） 建设单位代表（签字）： 日期：____年____月____日

十、检测试验计划/取样计划报审表

（一）审查要点

（1）在工程开工前，监理项目部应督促施工单位根据施工质量验收规范和检测标准的

要求编制工程检测试验项目计划向监理项目部进行报审，附本工程的检测试验项目计划。

（2）监理项目部重点审查：

1）检测项目是否齐全。

2）取样数量、频率、使用部位是否符合要求。

3）是否需要见证。

（二）样表

检测试验计划/取样计划报审表见表7-22。

表7-22　检测试验计划/取样计划报审表

工程名称：　　　　　　　　　　　　　　　　　　　　　　　　　　　编号：

致：______________（监理项目部） 现报上______________工程检测试验计划/取样计划，请审查。 附件：工程检测试验计划/取样计划 施工项目部（盖章） 项目经理（签字）： 日期：____年____月____日
专业监理工程师审查意见： 不通过：经审查，你方所报的工程检测试验计划/取样计划内容不齐全，缺少××检测试验计划/取样计划，××检测试验计划/取样计划内容和实际不符，详见××号文件审查记录表。 通过：经审查，工程检测试验计划/取样计划满足本工程检测试验相关要求，同意报总监理工程师审批。 专业监理工程师（签字）： 日期：____年____月____日
总监理工程师审核意见： 不通过：经审查，你方所报的工程检测试验计划/取样计划内容不符合要求，详见××号文件审查记录表。 通过：经审查，工程检测试验计划/取样计划满足本工程检测试验相关要求，同意按此实施。 监理项目部（盖章） 总监理工程师（签字）： 日期：____年____月____日

十一、分包单位资格报审表

（一）审查要点

（1）分包工程开工前，监理项目部应审核施工单位报送的分包单位资格报审资料，经审查符合规定，由总监理工程师签认，报建设单位批准后，分包工程方可开工。

（2）分包单位资格报审材料应包括营业执照、企业资质证书、安全生产许可证书、类似工程业绩、拟分包合同及安全协议、施工单位对分包单位管理制度、分包单位质量管理体系、分包单位专职管理人员和特种作业人员的资格证和上岗证等。

（二）样表

分包单位资格报审表见表7-23。

表 7-23　　　　分包单位资格报审表

工程名称：　　　　　　　　　　　　　　　　编号：

<table>
<tr><td colspan="3">致：________________（监理项目部）
经考察，我方认为拟选择的__________（分包单位）具有承担下列工程的施工或安装资质和能力，可以保证本工程按施工合同第__________条款的约定进行施工或安装，请予以审查。</td></tr>
<tr><td>分包工程名称（部位）</td><td>分包工程量</td><td>分包工程合同额</td></tr>
<tr><td></td><td></td><td></td></tr>
<tr><td>合计</td><td></td><td></td></tr>
<tr><td colspan="3">附件：
1. 分包单位资质材料。
2. 分包单位业绩材料。
3. 分包单位专职管理人员、特种作业人员和特种设备作业人员的资格证书。
4. 分包单位法人代表授权委托书。
5. 分包合同及安全协议。
6. 主要施工机械、工器具和安全用具的配备情况。
7. 施工单位对分包单位的管理制度。
施工项目部（盖章）
项目经理（签字）：
日期：____年____月____日</td></tr>
<tr><td colspan="3">专业监理工程师审查意见：
不通过：经审查，你方所报的分包单位资格材料不符合要求，详见××号文件审查记录表。
通过：经审查，施工单位报送的分包单位资格文件齐全，分包合同、分包范围符合相关规定，请总监理工程师审核。
专业监理工程师（签字）：
日期：____年____月____日</td></tr>
<tr><td colspan="3">总监理工程师审核意见：
不通过：经审查，你方所报的分包单位资格材料不符合要求，详见××号文件审查记录表。
通过：经审核，分包资质合格，具备承担分包项目能力，分包合同及范围等合规，同意报建设单位审批。
监理项目部（盖章）
总监理工程师（签字、加盖执业印章）：
日期：____年____月____日</td></tr>
<tr><td colspan="3">建设单位审批意见：
建设单位（盖章）
建设单位代表（签字）：
日期：____年____月____日</td></tr>
</table>

十二、工程开工报审表

（一）审查要点

（1）施工单位应在自查工程具备开工条件后，及时向监理项目部进行工程开工报审。

（2）监理项目部根据工程开工报审表及相关资料，及时组织监理工程师审核并对项目现场情况进行核查，作出是否同意开工的判断。对于不同意开工的情况，应对不满足要求的事项做出审核说明，及时反馈施工单位进行完善后重新报审。

（3）总监理工程师组织进行工程开工条件的核查，主要包括：

1）设计交底完成、施工图已会审。

2）施工组织设计已审批。

3）质量管理体系、安全生产管理体系已经建立并满足要求。

4）管理及施工人员到位。

5）特殊工种/特种作业人员满足工程需要。

6）本工程机械已进场，具备使用条件。

7）物资、主要的工程材料准备能满足连续施工的需要。

8）进场道路、水、电、通信已满足要求。

（4）经审查工程具备开工条件后，监理项目部应在工程开工报审表签署同意开工的审查意见，并报送建设单位审批。建设单位审批后，总监理工程师签发工程开工令。

（二）样表

工程开工报审表见表 7-24。

表 7-24　　　　工程开工报审表

工程名称：　　　　　　　　　　　　　　编号：

致：________________（监理项目部） 我方承担的____________________工程已完成了开工前的各项准备工作，特申请于_____年_____月_____日开工，请审查。 □设计交底完成、施工图已会审。 □施工组织设计已审批。 □质量管理体系、安全生产管理体系已经建立并满足要求。 □管理及施工人员到位。 □特种作业人员满足工程需要。 □本工程机械已进场，具备使用条件。 □物资、主要的工程材料准备能满足连续施工的需要。 □进场道路、水、电、气、通信已满足要求。 □现场测量控制网已复测合格。 施工项目部（盖章） 项目经理（签字）： 日期：_____年_____月_____日
监理项目部审查意见： 不通过：经审查，你方所报的开工报审资料不符合要求，详见××号文件审查记录表。 通过：经审查，开工前各项准备工作已完成，具备开工条件，同意报建设单位审批。 监理项目部（盖章） 总监理工程师（签字、加盖执业印章）： 日期：_____年_____月_____日

续表

建设单位审批意见： 建设单位（盖章） 建设单位代表（签字）： 日期：_____年_____月_____日

十三、设备/材料/构配件报审表

（一）审查要点

（1）监理项目部应审核施工单位报送的主要工程材料、构配件、设备供货商（生产厂商）的资质，符合后予以签认。

（2）监理项目部应审查施工单位报送的用于工程的材料、构配件、设备的质量证明文件，并应按有关规定、建设工程监理合同约定，对用于工程的材料进行见证取样送检、平行检验。监理项目部对已进场经检验不合格的工程材料、构配件、设备，应要求施工单位限期将其撤出施工现场。未经检验和检验不合格的，不允许在工程上使用。

（3）用于工程的材料、构配件、设备的质量证明文件包括出厂合格证、质量检验报告、性能检测报告及施工单位的质量抽检报告等。监理项目部按建设工程监理合同约定的项目、数量、频率进行见证取样送检、平行检验。

（4）监理项目部应参与主要设备开箱验收，对开箱验收中发现的设备质量缺陷，督促相关单位处理。设备开箱时还应检查是否配齐设备出厂试验检测记录、设备厂家技术文件、设备安装使用说明书、设备及附件装箱清单等。

（5）工程材料进场，施工单位须统计数量清单、自检结果，并报请专业监理工程师验收。各种工程材料外观、质量证明文件和性能复试结果符合相关验收规范、设计文件及有关施工技术标准的要求后，专业监理工程师签署意见，并注明签署日期。工程材料应有相应的质量证明文件，并具有追溯性。质量证明文件的内容和形式应根据产品标准和产品特性确定，并应符合工程建设标准的要求。同一物资有多种质量证明文件时，宜收集齐全。质量证明文件指生产单位提供的合格证、质量证明书、性能检测报告等证明资料。进口材料、构配件、设备应有商检的证明文件，新产品、新材料、新设备应有相应资质机构的鉴定文件。如无证明文件原件，需提供复印件，但须在复印件上注明原件存放单位，并加盖证明文件报审单位项目部章或单位公章。

（6）进口材料、构配件和设备应按照合同约定，由建设单位、施工单位、供货单位、监理项目部及其他有关单位进行联合检查，检查情况及结果应形成记录，并由各方代表签字认可；进口材料和设备应有中文安装使用说明书及性能检测报告。

（7）强制认证产品应有产品基本安全性能认证标志（CCC），认证证书应在有效期内。

（8）由建设单位采购的设备、材料则由建设单位、施工单位、监理项目部进行开箱检查并由三方在开箱检查记录上签字即可，不需报审。

（9）监理项目部应注意查验实际进场的工程材料、构配件、设备是否与设计文件及合同一致，如不一致，不应同意进场使用，并在报审表记录不符合要求的具体情况。

（10）申报部分填写时，应载明工程材料、构配件、设备进场时间及使用部位。工程材料、构配件、设备数量清单中应写明“名称、规格尺寸、进场数量等”，一次申报多类时应分别列明，宜按批次、按类别、按使用部位等单独进行报审。提供的工程材料、构配件、设备“质量证明文件”要求与“数量清单”一一对应。应根据工程材料、构配件、设备种类的不同，分别提交相应的进场复试试验报告、检测记录或施工试验记录等。施工单位填写的申报日期和进场日期，不能作为材料、构配件的允许使用时间，最终材料、构配件的允许使用时间以专业监理工程签署的日期为准。

（二）样表

设备/材料/构配件报审表见表7-25。

表 7-25 设备/材料/构配件报审表

工程名称： 编号：

致：____________________（监理项目部） 我方于_____年_____月_____日进场的设备/材料/构配件数量如下（见附件）。现将质量证明文件及自检结果报上，拟用于下述____________________部位，请审查。 附件： 1. 数量清单 2. 质量证明文件 3. 自检结果 4. 复试报告 施工项目部（盖章） 项目经理（签字）： 日期：_____年_____月_____日
监理项目部审查意见： 不通过：经审查，你方所报的设备/材料/构配件资料不符合要求，详见××号文件审查记录表。 通过：经审查，上述工程材料/构配件/设备的质量证明文件齐全，符合设计文件和规范要求，准许进场，同意使用于拟定部位。 监理项目部（盖章） 专业监理工程师（签字）： 日期：_____年_____月_____日

十四、主要设备/材料/构配件开箱申请表

（一）审查要点

（1）在主要设备/材料/构配件运至指定交货地点后，监理项目部应督促施工项目部填写主要设备/材料/构配件开箱申请表，提前24h向监理项目部申请到货验收和开箱检查。

（2）到货验收和开箱检查由总监理工程师组织，建设单位、施工单位、供货商（厂家）派员参加。施工项目部应配合设备开箱检查工作，填写设备材料开箱检查记录表，参加开箱检查各方共同签署结论。重点检查：

1）设备/材料/构配件外观有无损坏。

2）设备/材料/构配件数量是否与开箱清单一致。

3）设备/材料/构配件文件资料说明书等是否齐全。

（3）若发现缺陷，督促施工项目部填报工程材料/构配件/设备缺陷通知单，待缺陷处理后，监理项目部会同各方确认。

（二）样表

主要设备/材料/构配件开箱申请表见表7-26。

表7-26　　主要设备/材料/构配件开箱申请表

工程名称：　　　　　　　　　　编号：

致：____________________（监理项目部） 现计划于_____年_____月_____日在____________________地点对设备/材料/构配件进行开箱检查验收，请予以安排。 附件：拟开箱设备/材料/构配件清单 施工项目部（盖章） 项目经理（签字）： 日期：_____年_____月_____日
监理项目部审查意见： 不通过：经审查所报××材料虽有产品合格证，缺少生产厂家资质证明文件，不同意在本工程中××部位采用，详见××号文件审查记录表。 通过：经验证，拟开箱设备已按合同供货计划进场，同意开箱。 监理项目部（盖章） 总监理工程师（签字）： 日期：_____年_____月_____日

十五、设备/材料/构配件缺陷通知单

（一）审查要点

（1）对开箱检查中存在缺陷的材料、构配件、设备，监理项目部应与建设单位、施工单位、供货商（厂家）各方确认，并签署设备（材料、构配件）缺陷处理单。

（2）监理项目部重点检查以下内容：

1）检查设备/材料/构配件缺陷是否存在。

2）现场是否将有缺陷的设备/材料/构配件做好与合格品的隔离、标识等工作。

3）有缺陷的设备/材料/构配件是否单独存放或直接清退出场。

（二）样表

设备/材料/构配件缺陷通知单见表 7-27。

表 7-27 设备/材料/构配件缺陷通知单

工程名称： 编号：

致：______________（监理项目部） 我方在________过程中，发现________设备/材料/构配件存在质量缺陷，请协调处理。 附件：设备（材料、构配件）缺陷处理单 施工项目部（盖章） 项目经理（签字）： 日期：_____年_____月_____日
监理项目部审查意见： 不通过：经审查，你方所报的设备/材料/构配件质量缺陷文件不符合要求，详见××号文件审查记录表。 通过：请施工项目部，做好与合格品的隔离、标识等工作，单独存放/直接清退出场。请供货厂家做好整改配合工作。 监理项目部（盖章） 专业监理工程师（签字）： 日期：_____年_____月_____日
设备/材料/构配件供应单位处理意见： 设备/材料/构配件供应单位（盖章） 代表（签字）： 日期：_____年_____月_____日
建设单位审批意见： 建设单位（盖章）： 日期：_____年_____月_____日

十六、设备/材料/构配件缺陷处理报验表

（一）审查要点

（1）对开箱检查中存在缺陷的材料、构配件、设备，监理项目部应督促厂家整改，待缺陷处理后，监理项目部应会同建设单位、施工、供货商（厂家）各方确认，并签署设备（材料、构配件）缺陷处理报验表。

（2）监理项目部重点检查以下内容：

1）检查设备/材料/构配件缺陷是否消除。

2）检查设备/材料/构配件是否达到产品合格标准。

（二）样表

设备/材料/构配件缺陷处理报验表见表 7-28。

表 7-28 设备/材料/构配件缺陷处理报验表

工程名称： 编号：

致：______________（监理项目部） 现报上第_____号设备/材料/构配件缺陷通知单中所述设备/材料/构配件存在质量缺陷的处理情况报告，请审查。 附件：设备/材料/构配件缺陷修复后证明材料

续表

<table>
<tr><td>设备/材料/构配件供应单位（盖章）：
代表（签字）：
______年______月______日</td><td>施工项目部（盖章）：
项目经理（签字）：
______年______月______日</td></tr>
<tr><td colspan="2">监理项目部审查意见：
不通过：经审查，你方所报的设备/材料/构配件缺陷未按照要求消除，详见××号文件审查记录表。
通过：经对处理后产品的验证和证实资料审查，设备/材料/构配件缺陷已消除，达到产品合格标准，同意报建设单位审批。
监理项目部（盖章）
专业监理工程师（签字）：
日期：______年______月______日</td></tr>
<tr><td colspan="2">建设单位审批意见：
建设单位（盖章）
建设单位代表（签字）：
日期：______年______月______日</td></tr>
</table>

十七、隐蔽工程/检验批/分项工程报验表

（一）审查要点

（1）监理项目部应对施工单位报验的隐蔽工程、检验批进行验收，对验收合格的应给予签认，对验收不合格的应拒绝签认，同时要求施工单位在指定的时间内整改并重新报验。对已同意覆盖的工程隐蔽部位质量有疑问的，或发现施工单位私自覆盖工程隐蔽部位的，监理项目部应要求施工单位对该隐蔽部位进行钻孔探测或揭开或其他方法进行重新检验。

（2）隐蔽工程、检验批验收应在施工单位自检合格的基础上进行。

（3）隐蔽工程在隐蔽前应由施工单位通知监理项目部进行验收，并形成验收文件，验收合格后方可继续施工。

（4）隐蔽工程、检验批验收记录内容填写应包含设计要求、规范要求、工程材料/构配件/设备验收结果、施工工艺检验试验情况、施工单位自检情况等。

（5）隐蔽工程验收时，应留置隐蔽前的影像资料，影像资料中应有对应工程部位的标识。

（6）验收结论由监理项目部填写，内容包括监理现场检验抽检情况，是否满足设计、规范要求。隐蔽工程应明确是否同意“隐蔽”。

（二）样表

隐蔽工程/检验批/分项工程报验表见表 7-29。

表 7-29　　隐蔽工程/检验批/分项工程报验表

工程名称：　　　　　　编号：

致：______________________（监理项目部） 我方已完成____________工作，经三级自检合格，具备验收条件，请予以审查验收。

续表

<table>
<tr><td>附件：
□隐蔽工程质量检验文件
□检验批质量检验文件
□分项工程质量检验文件
施工项目部（盖章）
项目经理/项目技术负责人（签字）：
日期：______年______月______日</td></tr>
<tr><td>专业监理机构验收意见：
不通过情况：经审查，你方所报的质量检验文件不符合要求，详见××号文件审查记录表。
通过情况：验收程序符合要求，资料齐全完整，（有检测报告）检测记录完整，检测结果均满足设计（或规范/标准）的要求，（隐蔽和检验批报验）同意进入下道工序。
监理项目部（盖章）
专业监理工程师（签字）：
日期：______年______月______日</td></tr>
</table>

十八、分部工程报验表

（一）审查要点

（1）监理项目部应对施工单位报验的分部工程进行验收，对验收合格的应给予签认；对验收不合格的应拒绝签认，同时要求施工单位在指定的时间内整改并重新报验。

（2）分部工程质量检查、验收，应做到检测数据准确、检验结论确切、文件齐全、签字齐全。

（3）分部工程质量只设“合格”，且应符合如下规定：

1）所属分项工程质量验收，应全部合格。

2）质量控制资料应完整。

3）地基与基础、主体结构和设备安装等分部工程有关安全及使用功能的检验和抽样检测结果应符合有关规定。

4）观感质量应符合要求。

5）设备、系统带电或试运分部工程中的检查项目检查结果应符合规定，带电或试运应正常。

6）各级验收人员对带电或试运结果所作的结论应确切，并应签字验收。

（二）样表

分部工程报验表见表 7-30。

表 7-30　　分部工程报验表

工程名称：　　　　编号：

<table>
<tr><td>致：________________（监理项目部）
我方已完成________________分部工程，经三级自检合格，具备验收条件，请予以审查验收。</td></tr>
</table>

续表

<table>
<tr><td>附件：分部工程质量检验文件
施工项目部（盖章）
项目经理/项目技术负责人（签字）：
日期：_____年_____月_____日</td></tr>
<tr><td>专业监理工程师验收意见：
不通过情况：经审查，××分部工程报验段，施工单位未完成三级自检验收，不同意报验申请，详见××号文件审查记录表。
通过情况：经审查××分部工程报验段，施工单位已经过三级自检验收合格，施工技术资料齐全，同意报总监理工程师审批。
专业监理工程师（签字）：
日期：_____年_____月_____日</td></tr>
<tr><td>总监理工程师验收意见：
不通过情况：详见文件审查记录表。
通过情况：同意开展验收
监理项目部（盖章）
总监理工程师（签字）：
日期：_____年_____月_____日</td></tr>
</table>

十九、单位工程竣工报验表

（一）审查要点

（1）本类报验文件属于工程竣工质量验收文件。

（2）监理项目部应参加由建设单位组织的竣工验收，对验收中提出的整改问题，应督促施工单位及时整改。工程质量符合要求的，总监理工程师应在工程竣工验收报告中签署意见。

（3）单位工程质量验收合格的判定：

1）所含分部工程的质量均应验收合格，单位工程竣工预验收合格。

2）质量控制文件应完整。

3）所含分部工程中有关安全、节能、环境保护和主要使用功能的检验文件应完整。

4）主要使用功能的抽查结果应符合相关专业验收规范的规定。

5）观感质量应符合要求。

（4）附工程质量竣工预验收报告及工程功能检验文件。

（二）样表

单位工程竣工报验表见表 7-31。

表 7-31　　单位工程竣工报验表

工程名称：　　编号：

<table>
<tr><td>致：______________________（监理项目部）
我方已按施工合同要求完成______________工程，经三级自检合格，现将有关资料报上，请予以审查验收。</td></tr>
</table>

续表

<table>
<tr><td>附件：
1. 工程质量验收报告
2. 工程功能检验文件

施工项目部（盖章）
项目经理（签字）：
日期：_____年_____月_____日</td></tr>
<tr><td>监理项目部预验收意见：
不通过：详见文件审查记录表。
通过：经监理项目部预验收，该工程合格，具备验收条件，请建设单位组织验收。
监理项目部（盖章）
总监理工程师（签字、加盖执业印章）：
日期：_____年_____月_____日</td></tr>
<tr><td>建设单位验收意见：
建设单位（盖章）
建设单位代表（签字）：
日期：_____年_____月_____日</td></tr>
</table>

二十、监理通知回复单

（一）审查要点

（1）本表为“监理通知单”的闭环回复单。

（2）监理项目部发现如下情况，应及时签发监理通知单，要求施工单位整改。整改完毕后，监理项目部应根据施工单位报送的监理通知回复单对整改情况进行复查，提出复查意见。

1）施工存在质量问题的，或施工单位采用不适当的施工工艺，或施工不当，造成工程质量不合格的。

2）施工单位未按照专项施工方案实施的，或工程存在安全事故隐患的。

3）工程实际进度严重滞后于计划进度且影响合同工期的。

（3）施工单位应对“监理通知单”中列明的问题按整改要求规定的时限内完成整改，并以“监理通知回复单”（必要时包括佐证影像资料）的形式报监理项目部审查。

（4）回复意见应根据“监理通知单”的要求，简要说明落实整改的过程、结果及自检情况，必要时应附整改相关证明资料，包括检查记录、对应部位的影像资料等。

（5）收到施工单位的“监理通知回复单”后，监理项目部应及时对整改情况和附件文件进行复查，24h 内完成复查并签署复查意见。

（6）“监理通知回复单”的监理签署人，一般为监理通知单的原签发人，重要问题由总监理工程师确认，并加盖监理项目部公章。

（二）样表

监理通知回复单见表 7-32。

表 7-32　　**监理通知回复单**

工程名称：　　　　　　　　　　　　　　　　　　　　　　　　编号：

<table>
<tr><td>致：____________________工程监理项目部
我方接到编号为××××××× 的监理通知单后，已按要求完成了________整改工作，经自检合格，请予以复查。
详细内容：
1．电缆保护管已采用套焊工艺，并对焊接部位涂刷了防腐漆。
2．母线排安装螺栓螺母已安装在维护侧。
附件：整改照片
施工项目部（盖章）
项目经理（签字）：
日期：_____年_____月_____日</td></tr>
<tr><td>监理项目部复查意见：
不通过：经核查，所报整改项目未全部整改完毕，详见**号文件审查记录表。
通过：经核查，所报整改项目已按**号监理通知单通知内容全部整改完毕。
监理项目部（盖章）
总监理工程师/专业监理工程师（签字）：
日期：_____年_____月_____日</td></tr>
</table>

附件

1．电缆保护管对接未采用套焊工艺。	整改后

2．母线排安装螺栓螺母未安装在维护侧。	整改后

二十一、工程复工报审表

（一）审查要点

（1）监理项目部组织审查施工单位整改证明文件并实地检查整改情况，对工程暂停因素消除情况进行核查，做出是否具备复工条件的判断，并签署审查意见，若经审查不具备复工条件，监理项目部应对未消除的原因作出说明，要求施工单位继续整改后重新报审。

（2）经审查复工条件满足要求后，监理项目部应在送审的工程开工报审表签署同意复工的审查意见，并报送建设单位审批。建设单位审批后，总监理工程师签发工程复工令。

（二）样表

工程复工报审表见表 7-33。

表 7-33　工程复工报审表

工程名称：　　　　编号：

致：____________________（监理项目部） 第________号工程暂停令指出的工程停工因素现已全部消除，具备复工条件。特报请审查，请予批准复工。 附件：证明文件。 施工项目部（盖章） 项目经理（签字）： 日期：____年____月____日
专业监理工程师审查意见： 不通过：经核查，工程停工因素未全部消除，不具备复工条件，详见××号文件审查记录表。 通过：停工部位的整改措施有效，证明文件齐全，工程停工因素现已消除，具备复工条件，请总监理工程师审核。 专业监理工程师（签字）： 日期：____年____月____日
总监理工程师审核意见： 不通过：经核查，工程停工因素未全部消除，不具备复工条件，详见××号文件审查记录表。 通过：工程现场已整改完毕，可以复工，请建设单位审批。 监理项目部（盖章） 总监理工程师（签字）： 日期：____年____月____日
建设单位审批意见： 建设单位（盖章） 建设单位代表（签字）： 日期：____年____月____日

二十二、施工进度计划/调整计划报审表

（一）审查要点

（1）监理项目部应督促施工单位在工程开工前完成施工总进度计划编制和报审工作，阶段性进度计划应满足总进度计划，并在相应的工程实施前完成申报工作。

（2）相关进度计划需做调整时，应编制调整计划，经审批后实施。

（3）施工进度计划/进度调整计划的编制、审核、批准签署齐全有效。

（4）监理项目部审查要点：施工进度或调整计划是否符合建设工程施工合同中工期要求，计划中主要工程项目是否存在遗漏；阶段性施工进度计划是否满足总进度计划目标要求，施工顺序的安排是否符合施工工艺的要求；施工人员和施工机械的配置、工程材料的供应计划是否满足施工进度计划的需要等。

（5）经监理项目部审查判定为"修改后重新申报"的进度计划，施工单位应根据监理项目部的审批要求认真修订、完善，并重新履行申报手续。

（二）样表

施工进度计划/调整计划报审表见表7-34。

表7-34　施工进度计划/调整计划报审表

工程名称：　　　　　　　　　　　　　　　　　　　　　　　　编号：

致：________________监理项目部 根据施工合同约定，我方已完成________________工程施工进度计划/调整计划的编制和审批，请予以审查。 附件： □施工总进度计划 □阶段性进度计划 □调试进度计划 □调整计划 施工项目部（盖章） 项目经理（签字）： 日期：____年____月____日
专业监理工程师审查意见： 不通过：经审查，所报××进度计划安排不合理，与××计划安排不相符，保证不了××进度计划要求，详见××号文件审查记录表。 通过：经审查，施工总进度计划符合工程施工进度计划要求，同意报总监理工程师审批。 专业监理工程师（签字）： 日期：____年____月____日
总监理工程师审核意见： 不通过：经审查，所报××进度计划安排不合理，与××计划安排不相符，保证不了××进度计划要求，详见××号文件审查记录表。 通过：经审查，施工进度计划满足合同工期要求，同意报建设单位项目部审批。 监理项目部（盖章） 总监理工程师（签字）： 日期：____年____月____日
建设单位审批意见： 建设单位（盖章） 建设单位代表（签字）： 日期：____年____月____日

二十三、工程款支付报审表

（一）审查要点

（1）工程款支付报审表适用于工程预付款、工程进度款、工程变更和索赔费用、竣工结算款的支付报审。

（2）监理项目部应督促施工单位按照工程项目进度和施工合同约定，及时编制工程款支付报审表，并提交已完成工程量报表及验收合格证明、变更、洽商、索赔费用批复文件等相关证明材料。

（3）监理项目部应严格按照合同约定的期限和合同条款进行审查、审核。

（4）监理项目部审核确认工程量是否完成并经验收合格，费用计算是否正确，是否符合施工合同有关规定。

（5）工程款的最终支付应经建设单位审批。建设单位审批后，总监理工程师签发工程款支付证书、竣工付款证书。

（6）工程款支付报审表由施工项目部填报。

（二）样表

工程款/竣工结算款支付报审表见表7-35。

表7-35 工程款/竣工结算款支付报审表

工程名称： 编号：

<table>
<tr><td>致：____________________（监理项目部）
我方于____年____月____日至____年____月____日共完成合同价款________元，按合同规定扣除____%预付款和____%质量保证金，特申请支付进度款/结算款________元，请审查。
附件：工程量清单及计算
施工项目部（盖章）
项目经理（签字）：
日期：____年____月____日</td></tr>
<tr><td>专业监理工程师审查意见：
不同意：经审查，你方上报的工程款/竣工结算款支付文件不符合要求，详见××号文件审查记录表。
同意：经审查，上述的进度款/结算款的工程量清单及计算与工程进度匹配，满足招投标文件及施工合同相关条款要求，证明材料齐全，同意报总监理工程师审核。
专业监理工程师（签字）：
日期：____年____月____日</td></tr>
<tr><td>总监理工程师审核意见：
不同意情况：经审查，你方上报的工程款/竣工结算款支付文件不符合要求，详见××号文件审查记录表。
同意情况：经审核，施工单位提出的进度款/结算款的进度节点、内容等与实际完成情况相符，本期间已完成工程款××万元，扣除预付款及保证金后应支付款额为××万元满足相关要求，同意支付，请建设单位审批。
监理项目部（盖章）
总监理工程师（签字、加盖执业印章）：
日期：____年____月____日</td></tr>
</table>

续表

建设单位审批意见：   建设单位（盖章）： 建设单位代表（签字）： 日期：_____年_____月_____日

二十四、安全检查签证表

（一）审查要点

（1）本表主要应用于大中型起重机械/脚手架/跨越架/施工用电/危险品库房等重要施工设施投入使用前、土建交付安装/安装交付调试/整套启动等重大工序交接前检查。

（2）监理部重点检查：

1）使用的机械规格、型号、编号与报审资料是否相符。

2）合格证和定期检测报告等资料是否齐全。

3）机械安全性能是否完好。

4）操作人员资格证书是否齐全。

5）现场安全管理人员是否已到岗到位。

6）作业人员是否已进行技术交底。

7）作业前安全状况是否符合要求。

（3）每一处重要设施填写一张表。

（二）样表

安全检查签证表见表7-36。

表 7-36　　安全检查签证表

工程名称：　　　　编号：

致：____________________监理项目部 我方已完成______________________________工程大中型起重机械/脚手架/跨越架/施工用电/危险品库房等重要施工设施投入使用前验收工作（验收文件见附件），请予以检查签证。 我方已完成______________________________工程土建交付安装/安装交付调试/整套启动等重大工序交接前检查（检查文件见附件），请予以检查签证。 附件： □大中型起重机械/脚手架/跨越架/施工用电/危险品库房验收文件 □土建交付安装/安装交付调试/整套启动等重大工序交接前检查文件   施工项目部（盖章） 项目经理（签字）： 安全管理人员（签字）： 日期：_____年_____月_____日

续表

监理项目部检查签证意见： 不通过情况：经检查，你方所报的大中型起重机械/脚手架/跨越架/施工用电/危险品库房等重要施工设施不符合要求，不同意投入使用，详见××号文件审查记录表。 通过：经检查，所使用的××机械规格、型号、编号与报审资料相符，合格证和定期检测报告等资料齐全，操作人员资格证书齐全，现场安全管理人员已到岗到位，作业人员已进行技术交底，作业前安全状况符合要求，同意投入使用。 监理项目部（盖章） 总监理工程师/专业监理工程师（签字）： 日期：______年______月______日

二十五、费用索赔报审表

（一）审查要点

（1）监理项目部处理费用索赔应严格遵循施工合同约定的期限和相关合同条款。施工单位在发生非自身过失引起的，也不应由自身承担的风险时，可按施工合同约定，进行工程索赔费用报审，并提交相关附件资料。

（2）附件资料为索赔事件证明文件和索赔金额计算文件，应包括索赔依据文件、索赔金额计算文件、现场影像资料和其他证明材料等。

（3）监理项目部批准施工单位费用索赔应同时满足下列条件：与合同相比，已造成施工单位额外费用增加；造成的额外费用增加不是由施工单位过失引起的，也不是应由施工单位承担的风险，且符合施工合同约定；施工单位在事件发生后的规定时间内提交了索赔意向通知书和索赔报告。

（4）监理项目部在处理费用索赔时，应充分与建设单位和施工单位协商。

（5）工程费用索赔报审须报经建设单位审批确认。

（二）样表

费用索赔报审表见表7-37。

表7-37　费用索赔报审表

工程名称：　　　　编号：

致：__________________（监理项目部） 根据施工合同______________条款，由于______________的原因，我方申请索赔金额（大写）______________，请予批准。索赔理由：______________ 附件： □索赔金额计算 □证明材料 施工项目部（盖章） 项目经理（签字）： 日期：______年______月______日

续表

<table>
<tr><td>专业监理工程师审查意见：
不通过：经审查，所报的证明材料不符合要求，详见××号文件审查记录表。
通过：经审查，索赔理由充分，证明材料齐全，计算方法合理，请总监理工程师审批。
专业监理工程师（签字）：
日期：_____年_____月_____日</td></tr>
<tr><td>监理项目部审核意见：
□不同意此项索赔。
□同意此项索赔，索赔金额为（大写）
同意/不同意索赔的理由：
附件：
□索赔审查报告
监理项目部（盖章）
总监理工程师（签字、加盖执业印章）：
日期：_____年_____月_____日</td></tr>
<tr><td>建设单位审批意见：
建设单位（盖章）
建设单位代表（签字）：
日期：_____年_____月_____日</td></tr>
</table>

二十六、工程临时/最终延期报审表

（一）审查要点

（1）在发生非施工单位原因造成的持续性影响工期事件后，监理项目部应督促施工单位按施工合同约定，进行工程工期延期报审，并提交相关证明资料。证明资料应包括延期事件描述、工程延期依据、申请延期时间及计算文件、有关延期的其他证明文件、记录等。

（2）监理项目部批准工程延期应同时满足 3 个条件：施工单位在施工合同约定的期限内提出工程延期；因非施工单位原因造成施工进度滞后；施工进度滞后影响到施工合同约定的工期。

（3）监理项目部处理工期延期应严格遵循施工合同约定的期限和相关合同条款。

（4）监理项目部处理工期延期索赔事件应充分与建设单位和施工单位协商。

（5）监理项目部对工程延期索赔的最终审批意见应在影响事件结束后及时签署。

（6）工程延期须报送建设单位审批。

（二）样表

工程临时/最终延期报审表见表 7-38。

表 7-38　　工程临时/最终延期报审表

工程名称：　　　　　　　　　　　　　　　　　　　　编号：

<table>
<tr><td>致：____________________（监理项目部）
根据施工合同______________（条款），由于______________原因，我方申请工程临时/最终延期______________（日历天），请予批准。</td></tr>
</table>

续表

<table>
<tr><td>附件：
1. 工程延期依据及工期计算
2. 相关证明材料
施工项目部（盖章）
项目经理（签字）：
日期：_____年_____月_____日</td></tr>
<tr><td>监理项目部审核意见：
□同意工程临时/最终延期______________（日历天）。工程竣工日期从施工合同约定的_____年_____月_____日延迟到_____年_____月_____日。
□不同意延期，请按约定竣工日期组织施工。
监理项目部（盖章）
总监理工程师（签字、加盖执业印章）：
日期：_____年_____月_____日</td></tr>
<tr><td>建设单位审批意见：
建设单位（盖章）
建设单位代表（签字）：
日期：_____年_____月_____日</td></tr>
</table>

第三节　通用表（C 表）

一、工程变更报审表

（一）审查要点

（1）工程变更提出基本要求：

1）应考虑合理的施工准备时间和施工工期。

2）工程变更的申报、审查、批准等过程与依据文件，必须是有效的书面文件。

3）在特殊情况下，如出现危及人身、工程安全或财产严重损失的紧急事件时，工程变更不受时间限制，但监理项目部仍需督促变更提出单位补办相关手续。

（2）审核工程变更文件是否齐全，具体包括工程变更的原因或依据要求、内容及范围、工程变更费用和工期、必要的附件及其他支撑材料。

（3）监理项目部对工程变更的审查、批准权限及审批程序，应根据建设工程监理合同和建设单位的授权进行，监督施工单位实施工程变更。

（4）变更费用计算方式：施工合同中约定明确或类似项目，应按照合同约定进行计价；在施工合同中没有工程变更的计价原则或计价方法时，监理项目部可在工程变更实施前与建设单位、提出单位等协商确定工程变更的计价原则、计价方法或价款；未能就工程变更费用达成协议时，监理项目部可提出一个暂定价格并经建设单位同意，作为临时支付工程款的依据；工程变更款项最终结算时，应以建设单位与施工单位达成的协议为依据。

（二）样表

工程变更报审表见表 7-39。

表 7-39　　工程变更报审表

工程名称：　　　　　　　　　　　　　　　　　　　　　　　　编号：

<table>
<tr><td colspan="2">致：__________________（监理项目部）
由于______________________________原因，兹提出工程变更，请予以审批。
附件：
□变更内容
□变更设计图
□相关会议纪要
□其他
变更提出单位（盖章）
提出单位代表（签字）：
日期：_____年_____月_____日</td></tr>
<tr><td>工程量增/减</td><td></td></tr>
<tr><td>费用增/减</td><td></td></tr>
<tr><td>工期变化</td><td></td></tr>
<tr><td>施工项目部（盖章）
项目经理（签字）：
日期：_____年_____月_____日</td><td>设计单位（盖章）
设计单位代表（签字）：
日期：_____年_____月_____日</td></tr>
<tr><td>监理项目部（盖章）
总监理工程师（签字）：
日期：_____年_____月_____日</td><td>建设单位（盖章）
建设单位代表（签字）：
日期：_____年_____月_____日</td></tr>
</table>

二、索赔意向通知书

（一）审查要点

（1）监理项目部应及时收集、整理有关工程费用、进度的原始资料，为处理费用、工期索赔提供证据。

（2）根据施工合同约定，施工单位认为有权得到追加付款和（或）延长工期的，应按以下程序向建设单位提出索赔：

1）施工单位应在知道或应当知道索赔事件发生后 28 个工作日内，向监理项目部递交索赔意向通知书，并说明发生索赔事件的事由；施工单位未在前述 28 个工作日内发出索赔意向通知书的，丧失要求追加付款和（或）延长工期的权利。

2）施工单位应在监理项目部收到索赔意向通知书后 28 个工作日内，递交正式索赔报告；索赔报告应详细说明索赔理由以及要求追加的付款金额和（或）延长的工期，并附必要的记录和证明材料。

3）索赔事件具有持续影响的，施工单位应按合理时间间隔继续递交延续索赔意向通知书，说明持续影响的实际情况和记录，列出累计的追加付款金额和（或）工期延长天数。

4）在索赔事件影响结束后28个工作日内，施工单位应向监理人员递交最终索赔报告，说明最终要求索赔的追加付款金额和（或）延长的工期，并附必要的记录和证明材料。

（3）因施工单位原因造成建设单位损失，建设单位提出索赔时，建设单位也应向监理项目部提交索赔意向通知书，监理项目部根据施工合同约定进行协商处理。

（4）监理项目部处理索赔的依据包括法律法规、勘察设计文件、施工合同文件、工程建设标准、索赔事件的证据。

（5）应按合同准确填写合同名称及编号。

（二）样表

索赔意向通知书见表7-40。

表7-40　　索赔意向通知书

工程名称：　　　　　　编号：

致：__________ 根据施工合同__________（条款）约定，由于发生了__________事件，且该事件的发生非我方原因所致。为此，我方向__________（单位）提出索赔要求。 附件：索赔事件文件 提出单位（盖章） 提出单位代表（签字）： 日期：____年____月____日
专业监理工程师意见： 不通过：经审查，所报工程索赔申请理由不够充分，证明材料不符合要求，详见××号文件审查记录表。 通过：经审查，该索赔意向书的索赔资料完整，报送时间在规定时限内，索赔依据及内容充分，同意报总监理工程师审批。 专业监理工程师（签字）： 日期：____年____月____日
总监理工程师意见： 不通过：索赔主张超过合同约定时限，已丧失索赔权利，详见文件审查记录表。 通过：索赔主张在合同约定时限之内，索赔资料完整，监理向被索赔方转达索赔意向。 监理项目部（盖章） 总监理工程师（签字、加盖执业印章）： 日期：____年____月____日

三、工作联系单

（一）审查要点

工程建设相关方之间的工作联系，除另有规定外，宜采用工作联系单形式进行。

（二）样表

工作联系单见表 7-41。

表 7-41　　　　工作联系单

工程名称：　　　　　　　　　　　　　　　　　　　　　　　　　编号：

致：××××工程施工项目部 主题：关于即将进行的投运前监理初检工作的通知 内容： 经过监理项目部细致审核，你方提交的三级自检资料已经全部审查完毕。现在，为确保本工程能够顺利、安全投入运营，我们计划于××××年××月××日组织进行投运前的监理初检工作。 本次初检是对工程建设的一次全面检验，也是确保工程质量和安全的关键一步。因此，我们特此通知您，请务必安排技术负责人、施工员、质检员等主要管理人员在初检当日到场配合，紧密合作，共同完成这次重要的检查工作。 在初检过程中，将详细记录检查情况，并及时提出整改意见。请你方能够做好相应的记录，并在检查后迅速组织相关专业进行整改，确保所有问题能够得到有效解决，形成闭环管理。 希望你方能够以最高的效率和质量完成整改任务，以便能够尽快进入下一阶段的验收工作。 是否回复：是□，请于 ×××× 年 ×× 月 ×× 日 ×× 时前回复。 否□ 提出单位（盖章） 提出单位代表（签字）： 日期：____年____月____日

第八章　监理文件编制

《电力建设工程监理规范》（DL/T 5434—2021）规定，监理项目部应对监理文件的形成、流转、收集、分类、整理、组卷、归档、移交进行全过程管理。监理文件应完整、准确、系统、规范和安全，满足项目建设、管理、监督、运行和维护等活动在证据、责任和信息等方面的需要。

根据《电力建设工程监理文件管理导则》（T/CEC 324—2020），监理文件分为编制类、签发类、审核类、验收类、检查记录类和其他类，监理文件结构如图 8-1 所示。

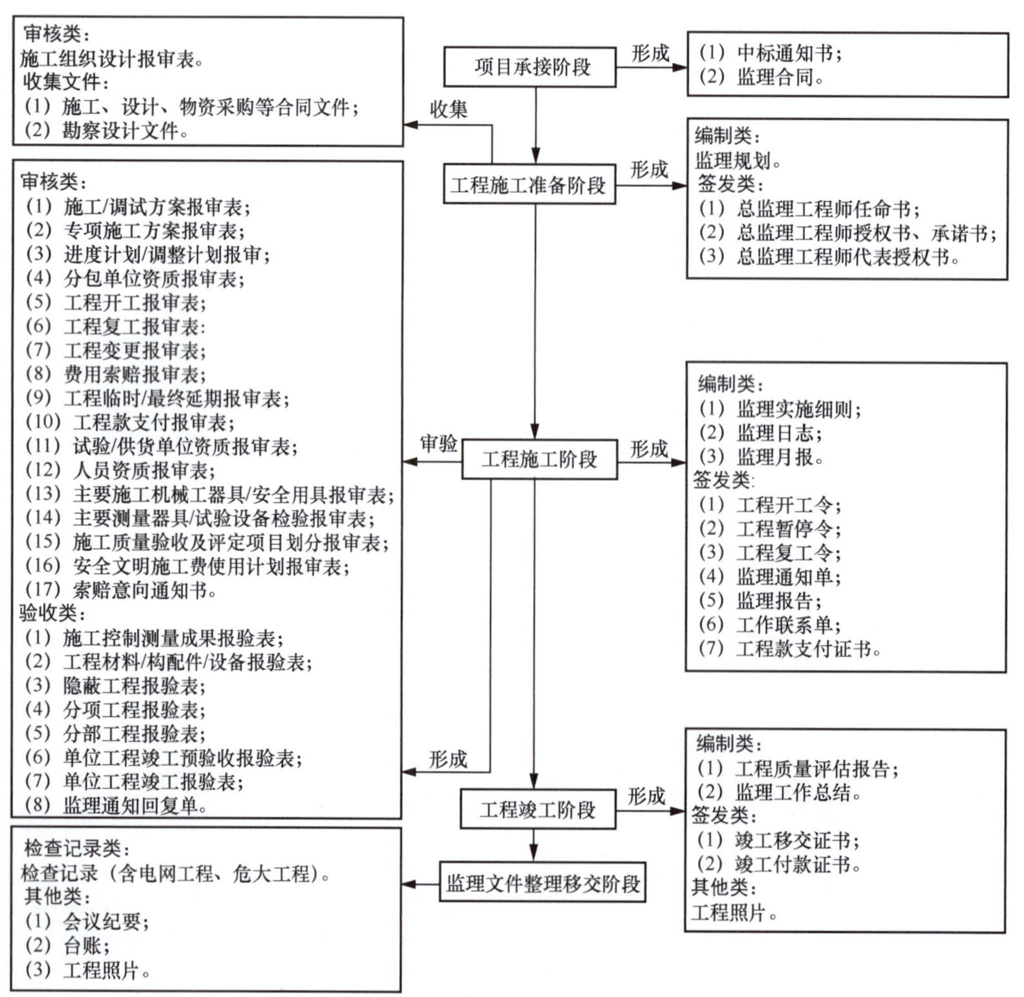

图 8-1　监理文件结构流程图

编制类的监理文件包括监理规划、监理实施细则、监理月报、监理日志、工程质量评估报告、监理工作总结六大类，本章阐述六大类监理文件的一般规定、主要内容、典型问题等。

第一节 监 理 规 划

监理规划是在监理项目部详细调查和充分研究电网工程的目标、技术、管理、环境以及工程参建各方等情况后制定的指导电网工程监理工作的策划文件，监理规划的内容应具有针对性、指导性。编制监理规划应充分考虑项目特点和监理项目部实际情况，确保监理目标与建设单位的目标一致、职责分工清楚、操作程序合理、工作制度健全、方法措施有效。监理规划中应有明确、具体、切合工程实际的监理工作内容、程序、方法和措施。

一、一般规定

（1）编制目的：为确保电网工程项目按照合同约定和相关技术规范顺利实施并达到预期的质量要求，提供一份详细的监理规划，以指导电网工程项目的施工过程，确保项目的质量、进度和安全得到有效控制。

（2）主要内容：监理规划需要对监理项目部开展的监理工作作出全面系统的组织和安排，包括确定监理目标、制定监理计划、安排目标控制、合同管理、信息管理、组织协调等各项工作，并确定各项工作的方法和手段。监理规划编制应针对电网工程项目的实际情况，明确监理项目部工作目标，确定具体的监理工作制度、程序、方法和措施。

（3）编制依据：与电网工程项目有关的法律法规、规章、规范和工程建设标准强制性条文；与电网工程项目有关的建设单位管理文件、项目审批文件、设计文件和技术资料；监理大纲、委托监理合同以及与电网工程项目相关的合同文件等。

（4）审批程序：监理规划应在签订委托监理合同及收到工程勘察设计文件后，由总监理工程师主持、专业监理工程师参加编制，经监理单位技术负责人批准、签字，并加盖单位公章后报送建设单位。

（5）修改程序：在监理工作实施过程中，建设工程的实施可能会发生较大变化，如设计方案重大修改、施工方式发生变化、工期和质量要求发生重大变化，或者当原监理规划所确定的程序、方法、措施和制度等需要做重大调整时，总监理工程师应及时组织专业监理工程师修订监理规划，并按原报审程序审核批准后报送建设单位。

（6）时间要求：监理规划应在召开第一次工地会议前完成内部审核并报送建设单位。

（7）文件数量要求：监理规划一般一式四份，监理项目部二份、监理单位一份、建设单位一份。

二、主要内容

1. 工程项目概况

（1）工程概况包括项目工程名称、建设地点、里程碑计划、规模、勘察情况及特点等。

（2）工程参建单位包括项目法人单位、建设单位、物资供应单位、勘察单位、设计单位、监理单位、施工单位、运行单位、质量监督单位等。

2. 监理工作范围、内容、目标

（1）监理工作范围，包括电网工程监理合同约定的监理服务内容及工作范围。

（2）监理工作内容。

1）质量管理工作内容，包括图纸会审、监理工作策划、测量成果复核、材料构配件检查、施工过程质量控制、工程质量验收等。

2）安全管理工作内容，包括安全监理工作策划、分包安全管理、文明施工管理、安全风险管理、安全签证、安全检查等。

3）进度管理工作内容，包括进度计划编制、检查、调整、纠偏等。

4）造价管理工作内容，包括工程计量、工程款支付审核、工程索赔、工程结算等。

5）合同管理工作内容，包括协助开展施工招标、施工策划审查、履约审查、资信管理评价等。

6）信息及资料管理工作内容，包括基础数据管理、信息收集汇总、资料审查、资料移交归档等。

7） 环境保护与水土保持工作内容，包括环水保方案审查、施工过程中的环水保控制措施、环水保配合验收等。

8）工程建设协调工作内容，包括工地例会、组织协调、专题会议等。

（3）监理工作目标包括质量目标、安全目标、文明施工目标、进度控制目标、造价控制目标、信息与档案管理目标、环境保护、水土保持目标等。

3. 监理工作依据

（1）国家和行业部门颁发的有关监理工作的法律法规、条例规定、标准规范等。

（2）国家和主管部门下达的计划通知决定。

（3）委托方按国家及行业规定制定的有关工程建设的《质量通病防治措施》《工程建设标准强制性条文》等。

（4）委托方按国家规定确认标准的有关施工验收技术规程、规范和质量评定（含国际通用标准）。

（5）委托方在监理委托前依法签订的监理有关的其他合同。

（6）本工程依法签订的监理合同（含标准条件、专用条件、附加条款及监理大纲）。

（7）本工程建设单位依法签订的其他相关合同（设计、施工、设备订货合同等）。

（8）经审批的工程初步设计图纸文件资料。

（9）制造厂提供的设备图纸和技术文件。

4. 监理组织机构的组织形式、人员配备及进退场计划、监理人员岗位职责

（1）监理组织机构的组织形式如图 8-2 所示。

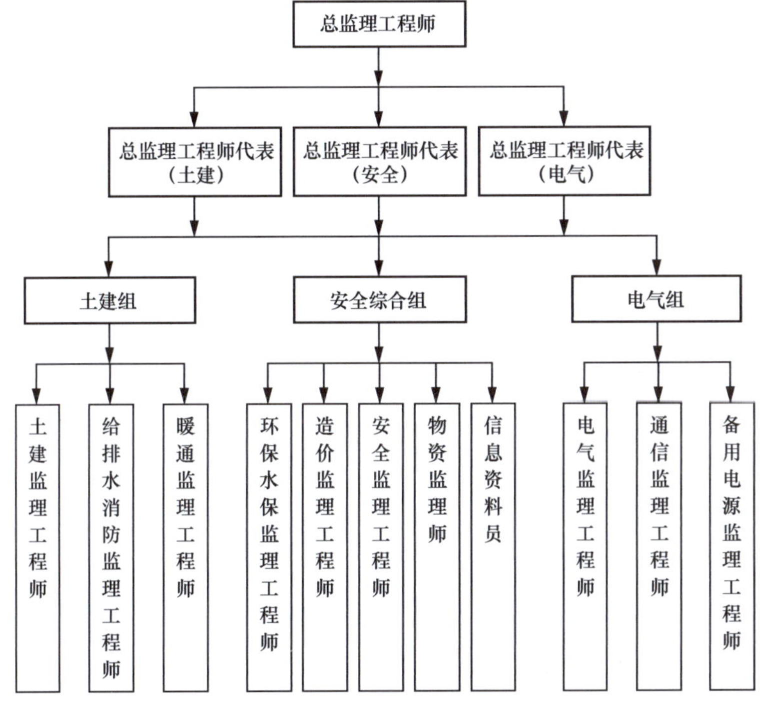

图 8-2　某大型输变电工程监理组织机构形式（示例）

（2）人员配备及进退场计划根据不同阶段（场平、土建、电气等），编制每个专业的人员需求计划，应满足工程现场实际需求和进度计划。

（3）监理人员岗位职责包括总监理工程师、总监理工程师代表、监理工程师、监理员、信息资料员等不同岗位人员的具体职责。

5. 监理工作制度

监理工作制度包括工程分包审查管理制度、安全监理工作制度、安全监理交底制度、监理安全质量例会制度、施工单位质量保证体系检查制度、设备材料构配件质量检验监理工作制度、见证取样监理工作制度、平行检验监理工作制度、重点部位旁站监理工作制度、监理项目部人员培训管理制度、工地例会及纪要签发制度、项目管理文件资料管理制度、施工图纸会审监理工作制度、造价管理监理工作制度等。

6. 工程质量控制

（1）设计质量控制内容，包括施工图会审及交底、审查设计图纸是否符合规范标准及

强条要求、明确各专业接口、审查设计变更并提出书面建议等。

（2）材料设备质量控制内容，包括材料及构配件供货商资质审查、材料进场审查（质量证明文件、合格证）、设备开箱检查等。

（3）施工质量控制内容，包括设备缺陷处理、单位工程开工条件审查制度、审查施工组织设计、对关键工序、关键部位开展质量旁站监理、检查特种作业人员持证上岗情况、督促并检查施工项目部严格按图施工、对隐蔽工程进行验收签证、开展平行检验工作、开展监理验收工作、监督质量通病防治、工程建设强制性条文执行、标准工艺应用、达标投产和工程创优工作的实施等。

7. 工程进度控制

工程进度控制包括审核施工项目部制订的施工进度计划、审核施工图交付计划、检查施工项目部资源投入情况、审查材料供应计划、组织进度协调会等。

8. 工程造价控制

工程造价控制包括制定造价管理监理工作制度、编制造价监理内容、审核工程变更、核查工程量和工程进度、加强现场签证管控、审查工程结算书及竣工决算书、督促施工承包商编制用款计划等。

9. 安全生产管理的监理工作

安全生产管理的监理工作包括健全安全监理体系、严格执行相关法律法规、审查施工单位安全技术措施、重要设施和重大工序转接进行安全检查签证、定期组织开展安全检查、工程安全管理评价、对重要工序进行安全旁站等。

10. 合同管理

合同管理包括制定工程项目合同管理制度、建立合同管理档案、对合同执行情况进行跟踪管理、履行合同义务等，同时做好合同事件记录和合同完成情况记录，适时向建设单位提出履约建议。

11. 监理文件及信息管理

监理文件及信息管理包括制定各项文件资料管理制度、现场信息传递和文件流转流程、文件分类原则等，同时督促和检查施工项目部各施工阶段资料情况，严格按照《工程档案管理标准化指导书》进行工程档案管理工作，对工程资料进行归档。

12. 组织协调

组织协调包括建立工程协调会制度、定期召开工程例会、召开专题协调会等，协调现场各参建单位之间的关系，推动工程顺利进展。

13. 监理工作设施

监理工作设施包括办公设备（计算机、打印机、扫描仪等）、检测设备（经纬仪、力矩扳手、游标卡尺、回弹仪、卷尺等）等，明确监理工作中常用的监理工作设施，应满足监理日常工作需求。

三、典型问题

（1）问题一：在监理规划安全旁站中缺少电力变压器、电抗器套管吊装旁站内容。

案例：××工程，监理实施规划如图 8-3 所示。缺少电力变压器、电抗器套管吊装旁站内容。

安全旁站	（1）梳理安全旁站点，并根据施工进度计划在监理实施细则中明确安全旁站工作计划，形成安全旁站监理工作计划表，作为监理实施细则附表。本工程安全旁站点主要包括：施工用电系统接火、基坑开挖（深度超过 5m 的深基坑）、模板安装及拆除、脚手架搭设及拆除、钢结构安装、油浸电力变压器、电抗器进场就位、油浸电力变压器吊罩检查、重要一次设备耐压试验、油浸电力变压器局放及耐压试验、高压电缆耐压试验、A 型构架及横梁吊装、施工邻近带电作业、户内设备安装等，具体见专业工程监理实施细则。

图 8-3　××工程监理规划安全旁站中缺少电力变压器、电抗器套管吊装旁站内容

注意事项：监理规划中增加电力变压器、电抗器套管吊装旁站内容，保证其完整性。

（2）问题二：监理规划缺少设计阶段强制性条文执行的监理控制措施。

案例：××工程，监理实施规划如图 8-4 所示。缺少设计阶段强条控制措施。

14　强制性条文执行控制措施

14.1 总体措施

14.1.1 制定严格执行强制性条文实施的管理制度，监理人员应熟悉、掌握强制性条文，监理项目实施前，由总监理工程师针对强制性条文对全体监理人员进行交底。

14.1.2 收集本工程相关的强制性条文标准，并形成强制性条文标准清单，对标准清单要进行动态跟踪管理，掌握新标准发布及老标准修订信息，有新标准时应及时更新清单，作废的及时删除，以保证现行有效。

14.1.3 作为实施强制性条文的原始资料，强制性条文执行计划表和执行记录表应填写规范、数据真实，记录齐全，签证有效，并按工程项目单独组卷，由设计、施工单位归档。

14.1.4 工程建设过程中，参建各单位应贯彻落实国务院令第 279 号要求，严格执行强制性条文，不符合强制性条文规定的，应及时整改，并应保存整改记录。未整改合格的，不得通过验收。

14.1.4 施工、监理、建设单位在施工过程中如发现勘察设计有不符合强制性条文规定的，应及时向勘察、设计单位或建设单位提出书面意见和建议。

14.2 施工强条执行控制措施

14.2.1 工程项目开工前，审核《施工项目部工程强制性条文实施计划》，业主项目部批准后执行。执行计划表应与“项目验收范围划分表”基本一致，并应涵盖所有单位、分部及分项工程，不得漏项。

14.2.2 工程施工阶段，监理项目部应按分项工程检查施工项目部强制性条文执行情况，落实相关资料的真实性、有效性和同步性。各阶段监理初检前，总监理工程师负责对《输变电工程施工强制性条文执行记录表》进行签证。

图 8-4　××工程监理规划中缺少设计阶段强制性条文监理控制措施

注意事项：监理规划应增加设计阶段强制性条文执行控制措施。

第二节 监 理 实 施 细 则

监理实施细则应符合监理规划的要求，结合电网工程的专业特点，明确专业工程的特点、难点，明确监理的方法、措施和控制要点，具有可操作性；应体现监理项目部对于电网工程在专业技术、目标控制方面的工作要点、方法和措施，做到详细、具体、明确。

一、常用监理实施细则

（1）土建工程主要监理实施细则，见表8-1。

表 8-1 土建工程监理实施细则清单

序号	监理实施细则名称	备注
1	地基处理工程监理实施细则	
2	桩基工程监理实施细则	
3	基础工程监理实施细则	
4	钢筋混凝土工程监理实施细则	
5	防水工程监理实施细则	
6	钢结构工程监理实施细则	
7	彩钢板安装工程监理实施细则	
8	屋面工程监理实施细则	
9	装饰装修工程监理实施细则	
10	盾构隧道工程监理实施细则	
11	顶管隧道工程监理实施细则	
12	沉管工程监理实施细则	
13	配电房工程监理实施细则	
14	台区工程监理实施细则	

（2）电气工程主要监理实施细则，见表8-2。

表 8-2 电气工程监理实施细则清单

序号	监理实施细则名称	备注
1	全站接地监理实施细则	
2	气体绝缘金属封闭开关（GIS）设备安装监理实施细则	
3	换流阀设备安装监理实施细则	
4	主（换流）变压器设备安装监理实施细则	
5	全站二次设备安装监理实施细则	

续表

序号	监理实施细则名称	备注
6	变电站（线路）调试监理实施细则	
7	杆塔组立工程监理实施细则	
8	架线工程监理实施细则	
9	电缆敷设工程监理实施细则	
10	电缆测试工程监理实施细则	

（3）专项工程主要监理实施细则，见表8-3。

表8-3 专项工程监理实施细则清单

序号	监理实施细则名称	备注
1	起重吊装及安装拆卸工程监理实施细则	
2	脚手架工程监理实施细则	
3	邻近带电体作业监理实施细则	
4	质量旁站监理实施细则	
5	环境保护工程监理实施细则	
6	水土保持工程监理实施细则	
7	深基坑工程监理实施细则	
8	边坡支护工程监理实施细则	
9	高支模工程监理实施细则	
10	其他危大工程监理实施细则	

二、一般规定

（1）编制原则：合同及监理规划中列明的需编制监理实施细则的专业工程，技术复杂、专业性较强、危险性较大的分部分项工程，采用新技术、新工艺、新流程、新装备、新材料的工程，无相关技术标准的分部分项工程应编制监理实施细则。

（2）主要内容：监理实施细则是指导监理项目部具体开展专项监理工作的操作性文件，应体现监理项目部对于建设工程在专业技术、目标控制方面的工作要点、方法和措施，做到详细、具体、明确。

（3）编制依据：已批准的监理规划，与专业工程相关的标准、规范、设计文件和技术资料，已批准的施工组织设计、施工方案、项目审批文件、工程设计文件、技术文件，相关建设单位管理文件。

（4）审批程序：监理实施细则由专业监理工程师编制，专业监理工程师签字后报总监理工程师审批，经总监理工程师签字批准并加盖监理项目部公章后实施。

（5）修改程序：在实施工程项目监理过程中，当工程发生变化导致监理实施细则所确定的工作流程、方法和措施需要调整时，专业监理工程师应根据实际情况对监理实施细则进行修订，并经总监理工程师批准后实施。

（6）时间要求：监理实施细则应在监理规划审批完成后，在相应工程施工前完成编制和报审手续。

（7）文件数量要求：监理实施细则一般一式三份，监理项目部二份，相关监理人员一份。

三、主要内容

（一）专业工程监理实施细则主要内容（以 GIS 设备安装监理实施细则为例）

1. 专业工程特点及难点

（1）专业工程特点：本工程断路器采用一字形布置，进/出线形式为瓷套管进/出线；电气主接线：交流配电装置采用户内 GIS，一个半断路器接线。

（2）设备安装难点：

1）GIS 断路器就位的精度会影响后续单元的安装，就位前仔细核对设备方向。

2）GIS 组装过程对周围环境要求很高，应根据要求严格采取防尘、防潮措施。

3）GIS 对接过程测量法兰间隙距离均匀，连接完毕相间对称拧紧螺栓，所有螺栓的紧固均应使用力矩扳手，其力矩值应符合产品技术规定。

2. 监理工作依据

监理规划、设计文件、国家和行业及企业规程或规范、企业相关管理文件及施工方案。

3. 监理工作流程

（1）质量管理监理工作流程，包括材料/构配件/设备质量控制流程、隐蔽工程质量控制流程、旁站监理工作流程、监理初检工作流程、质量验评工作流程等。

（2）安全控制监理工作流程，包括安全策划管理流程、安全风险管理流程、安全检查管理流程、安全文明施工管理流程等。

（3）进度控制监理工作流程，包括开工管理流程、进度管理流程等。

（4）造价控制监理工作流程，包括进度款审核流程、现场签证流程等。

4. 监理工作要点

（1）GIS 安装前的控制要点，包括基础尺寸位置复核、设备开箱检查、SF_6 气体抽样检验、工器具检查、施工方案审查、防尘措施检查等。

（2）GIS 安装阶段施工控制要点，包括全过程安装质量旁站、标准强制性条文执行、“标准工艺”应用、质量通病防治措施检查，以及根据相关规范、标准、技术规范书管控 GIS 设备安装质量等。

（3）GIS 安装安全控制要点，包括审查施工单位报审的“GIS 安装技术措施”、审查施工项目部的安全管理制度、参与项目安全风险交底、审查特殊作业人员资质、开展安全巡视和旁站等。

（4）GIS 安装进度控制要点，包括审查施工单位编制的施工进度计划及工器具投入情况，对 GIS 设备安装进度与拟定的计划对比、进行风险分析等。

5. 监理工作方法及措施

（1）GIS 设备安装人员控制，包括安全技术交底、审查施工项目部报审的特殊工种/特殊作业人员的资质证书等。

（2）GIS 设备配件、设备控制，包括对到货的设备进行“五方”开箱及三维冲击记录仪检查。

（3）GIS 设备安装机械设备、试验器具控制，包括检查 GIS 安装辅助设备、工具等。

（4）GIS 设备安装过程中的质量控制，包括基础检查与划线控制措施、 GIS 组合电器的安装与试验控制措施、GIS 组合电器的质量验收控制措施等。

（二）专项工程监理实施细则主要内容（质量旁站监理实施细则）

1. 工程概况特点

工程概况特点包括项目工程名称、工程建设地点、工程里程碑计划、工程规模、工程勘察情况及工程特点等。

2. 监理工作目标

为了确保本工程实体工程质量，对于隐蔽工程及下道工序完成后难以检查的关键或重点部位、关键或重要工序等，通过编制工程旁站点的设置和监理人员的旁站工作，以期达到工程质量合格的目标。

3. 编制依据

监理规划、设计文件、国家和行业及企业规程或规范、施工组织设计及企业相关管理文件。

4. 监理工作流程及要求

（1）监理旁站工作流程。

（2）监理旁站工作要求：

1）实施旁站监理的各分项工程，施工单位应提前 24h 向监理项目部申报施工申请。

2）收到施工单位的申请后，监理工程师应组织检查确认是否已具备施工条件。

3）旁站前监理人员应充分了解和掌握施工所用材料、设备的质量情况以及施工图纸、设计要求、标准、规范等。

4）旁站监理工作主要由现场监理员进行，监理员执行旁站前，专业监理工程师向其进行交底，明确交代旁站项目范围、质量标准、注意事项及突发事件处置要点，并配备必要的监理设施。

5）旁站监理如发现问题，及时提出处理意见，并监督、落实处理结果。

6）旁站监理结束后，监理人员应将旁站监理记录填写完整并交专业监理工程师（或总监理工程师）审核、签字、归档。

5. 监理旁站范围及内容

（1）监理旁站范围：

1）根据审批完成的“工程质量验收项目划分表”，明确工程的旁站监理项目。

2）如大体积混凝土浇筑、主变压器套管吊装、气体绝缘金属封闭开关（GIS）设备组装、主接地网测试等。

（2）监理旁站内容：

1）根据旁站项目明确旁站部位和旁站要点。

2）旁站部位：如全站耐张导线压接。

3）旁站要点：压接工必须由经过专门培训并经考试合格具有操作证的技术工人担任；液压模具与导线型号相匹配；压接前，导线及耐张线夹完成清洗，表面无杂物污染；压接完成后进行外观检查，耐张管无裂缝、鼓肚、变形，导线无烧伤、破损、断股等现象，耐张管六边形尺寸符合要求。

6. 监理旁站职责及工作纪律

（1）旁站职责：

1）检查施工单位现场人员到岗、特殊工种人员持证上岗以及施工机械，建设材料准备情况。

2）在现场跟班监督关键部位、关键工序的施工方案以及工程建设强行性标准执行情况。

3）核查进场材料、构配件、设备的出厂质量证明、质量检验报告等。

4）督促施工单位进行现场检查和必要的复验。

5）做好旁站监理记录和监理日记，拍摄旁站数码照片，保存原始资料。

（2）工作纪律：

1）旁站监理人员必须在规定的时间内在指定的施工地点对指定的工序实施旁站。不得无故不到，也不得擅自改变旁站内容。旁站期间不得从事与工作无关的活动。

2）对于来自施工项目部的任何违规行为必须及时予以制止，必要时第一时间报告专业监理工程师和总监理工程师。不得徇私舞弊，包庇纵容，更不得为不正当利益与施工项目部串通弄虚作假。

3）必须如实、准确地填写旁站监理记录，旁站人员在旁站监理记录表上签字。

4）旁站监理记录必须在旁站监理完成的当日记录，严禁隔日记录或做假记录。

四、典型问题

（1）问题一：监理实施细则的编制依据未包含监理规划、施工方案、设计图纸等相关针对性编制依据。

案例：××工程，监理实施细则编制依据如图 8-5 所示。编制依据不全。

二、监理依据

1、《建设工程监理规范》(GB/T 50319—2013)。

2、《电气装置安装工程 接地装置施工及验收规范》(GB 50169—2016)。

3、《国家电网公司基建质量管理规定》[国网(基建/2) 112—2021]。

4、《变电（换流）站土建工程施工质量验收规范》（Q/GDW 1183—2012）。

5、本工程有关接地、防雷工程的设计图纸。

6、监理规划、施工方案等策划文件。

图 8-5 ××工程监理实施细则编制依据不全

注意事项：编制依据应包含监理规划、施工方案、设计图纸等，确保编制依据齐全。

（2）问题二：监理实施细则的质量旁站内容中缺少旁站计划表，或者旁站部位不齐全。

案例：××工程，监理实施细则质量旁站内容如图 8-6 所示。缺少旁站计划表。

7.3.2 气体绝缘金属封闭开关安装工程质量控制点旁站计划

1.所有气体绝缘金属封闭开关设备安装，需要监理人员旁站。

7.3.3 气体绝缘金属封闭开关设备安装质量控制监理见证点（W）设定如下：

序号	分项工程	见证点（W）	预计见证日期	见证人
1	气体绝缘金属封闭开关检查安装	六氟化硫气体送检	××××年×月	×××
		六氟化硫密度继电器送检	××××年×月	×××
		六氟化硫微水测试	××××年×月	×××
		断路器机械特性试验	××××年×月	×××
		气体绝缘金属封闭开关回路电阻测试	××××年×月	×××
		气体绝缘金属封闭开关电流互感器交接试验	××××年×月	×××

图 8-6 ××工程监理实施细则质量旁站内容缺少旁站计划表

注意事项：监理实施细则中应包含相对应施工部位的旁站计划表，保证实施细则的完整性。

第三节 监 理 月 报

监理月报是电网工程监理项目部在实施电网工程监理过程中每月应形成的文件，记录当月工程进度、质量、安全、造价、环保、水保、进度款、施工过程存在的问题及处理情况、大事记和下月监理工作重点等内容，由总监理工程师组织编制，经总监理工程师审查合格后打印签字并加盖监理项目部公章后存档。监理月报是工程建设过程中可追溯检查的原始记录及归档之一，也是发生安全质量事故后，认定责任的重要的书证之一。

一、一般规定

（1）编制目的：为确保电网工程项目按照合同约定和相关技术规范顺利实施并达到预

期的各项指标，提供一份详细的监理月报，确保电网工程项目各环节得到有效控制。

（2）主要内容：记录每月工程进度、质量、安全、造价、环保、水保、进度款、施工过程存在的问题及处理情况、大事记和下月监理工作重点等。

（3）编制依据：工程现场实际情况、监理文件、会议纪要、施工文件及其他。

（4）审批程序：监理月报应由总监理工程师组织编制，各专业监理工程师负责本专业监理文件的收集、汇总及整理，总监理工程师签字并加盖监理项目部公章后报送建设单位和监理单位。

（5）时间要求：监理月报编制周期一般为上月 26 日至本月 25 日，在下月 5 日前报送建设单位及本监理单位（具体可由各方协商确定）。

（6）文件数量要求：监理月报一般一式四份，建设单位、监理单位各一份，监理项目部两份。

二、主要内容

1. 本月监理工程综述

2. 本月工程进度

记录本月土建、电气等专业施工进度。

3. 本月工程质量控制情况

记录本月监理项目部质量来往文件审查情况，重要部位、关键工序、主要试验检验项目检查情况，进场的甲、乙供设备材料进场验收情况，巡视检查、监理通知单、监理工作联系单、工程暂停令、旁站监理、试验见证、见证取样、隐蔽验收、平行检验及实测实量监理管控情况，用数据加以说明。记录本月工程质量施工亮点情况，附图加以说明。

4. 本月工程安全管理情况

记录本月监理项目部安全来往文件审查情况，安全专项活动开展次数，监理通知单、监理工作联系单、工程暂停令及考核单情况，用数据加以说明。记录本月工程安全文明施工亮点、环水保方面监理管控情况，附图加以说明。

5. 本月工程款支付管理情况

记录本月监理项目部对已完成工程量核实情况，对确已完成的工程量进行签字，对未完成的工程量进行核减。

6. 合同及其他事项管理情况

记录本月监理项目部在施工方案审查及管理、工程变更、现场签证、工程延期及费用索赔、恶劣天气及不可抗力对工期影响、施工单位合同履行情况。

7. 本月监理工作情况

记录本月监理项目部对各标包施工安全、质量、进度、造价、环水保方面采取的控制措施，对合同、信息方面采取的管理措施，对工程建设相关方协调情况。

8. 本月施工中存在的问题及处理情况

记录本月下发的监理通知单、监理工作联系单、工程暂停令内容及闭环情况，附整改前后图片加以说明。

9. 本月大事记

记录本月重要检查、土建交安、构建筑物开始浇筑及封顶、主设备开始安装及完成、各阶段带电调试成功等重要节点。

10. 下月监理工作重点

记录下月监理项目部对各标包施工安全、质量、进度、造价、环保、水保方面采取的重点控制措施。

三、典型问题

（1）问题一：监理月报中编号与期数对应不上。

案例：××工程，监理月报如图 8-7 所示。编号与期数对应不上。

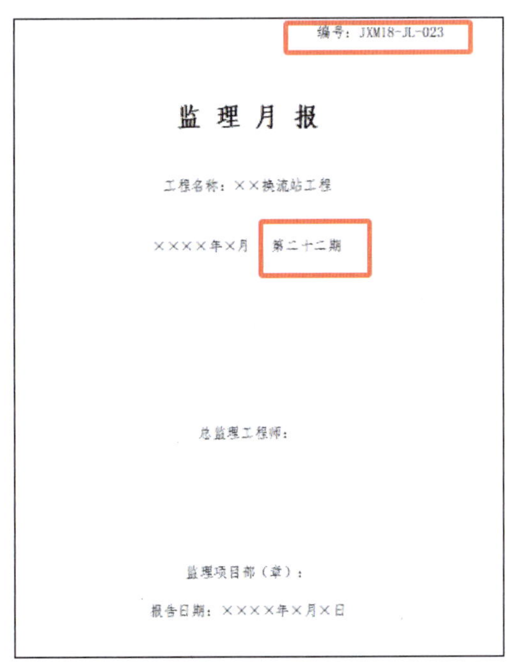

编号：JXM18-JL-023

监 理 月 报

工程名称：××换流站工程

××××年×月　第二十二期

总监理工程师：

监理项目部（章）：

报告日期：××××年×月×日

图 8-7　××工程监理月报编号与期数对应不上

注意事项：监理月报编号与期数应保持统一，确保资料一次性顺利归档移交。

（2）问题二：监理月报由监理工程师签发。

案例：××工程，监理月报如图 8-8 所示。监理月报由监理工程师签发，不满足要求。

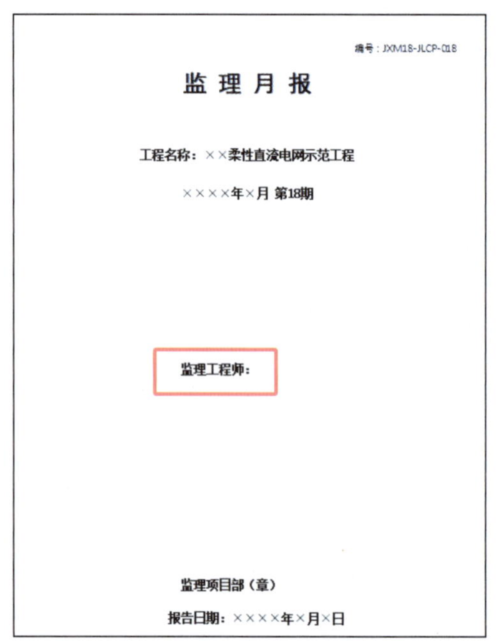

编号：JXM18-JLCP-018

监 理 月 报

工程名称：××柔性直流电网示范工程

××××年×月 第18期

监理工程师：

监理项目部（章）

报告日期：××××年×月×日

图 8-8　××工程监理月报由监理工程师签发，不满足要求

注意事项：监理月报应由总监理工程师组织编制，由总监理工程师签发。

（3）问题三：监理月报本月工程存在的问题及建议无内容。

案例：××工程，监理月报如图 8-9 所示。监理月报本月工程存在的问题及建议无内容，针对性不强。

3 工程存在问题及建议

无。

4 下月监理工作重点

4.1 工程进度控制方面工作

1. 抓好关键工作的协调管控工作。一是组织好双极高端调试值班，发现问题及时组织处理；二是梳理全站剩余缺陷，分类协调，特别是需要开票处理的，组织施工厂家全力配合开票消缺。

4.2 工程质量控制方面工作

1. 狠抓双极高端带电调试期间发现的问题处理质量工艺，确保问题一次处理验收合格。

图 8-9　××工程监理月报本月工程存在的问题及建议无内容，针对性不强

注意事项：工程存在的问题及建议应针对性填写。

第四节 监 理 日 志

监理日志是监理项目部在实施电网工程监理过程中每日应形成的文件，记录工程进展、质量检查、安全问题、变更和索赔等信息，是工程建设监理的重要原始资料之一。监理日志是监理项目部对工程项目进行监督和管理的重要工具，用于记录项目的实际情况、发现的问题和采取的措施等。监理日志可作为数字化监理成果文件之一，可由数字化监理平台自动生成，具备与数据协同关联功能，可自动生成，具备实时同步数字化监理平台中质量、安全、进度、造价、合同、组织协调等相关模块数据。

一、一般规定

（1）编制目的：为确保电网工程项目按照合同约定和相关技术规范进行顺利实施并达到预期的各项指标，记录工程每日相关情况，确保工程质量和安全，并提供后续审查、决策和法律举证的依据。

（2）主要内容：记录工程进展、质量检查、安全问题、变更和索赔等。

（3）编制依据：与电网工程项目有关的法律法规、规程规范和工程建设标准；监理规划、监理实施细则等；与电网工程项目相关的文件；工程实际建设情况。

（4）审批程序：由总监理工程师根据工作实际情况指定专人负责编制，监理日志编写完成后由总监理工程师审查并签字。

（5）时间要求：监理日志应在当天下班前完成编制。

（6）文件数量要求：监理日志一般一式一份，可使用计算机编辑并打印，编制人签字确认。

二、主要内容

（一）时间与环境

1. 时间

记录施工当天的具体日期，也可根据项目需求，记录施工开始时间和结束时间、施工阶段时间等。

2. 环境

记录施工现场的气温、湿度、天气情况，如遇特殊极端天气（雷暴、台风、大风等）应单独注明。

（二）施工/调试进展情况

1. 施工部位及完成工程量

以项目验评划分为依据，按照单位工程、分部工程、分项工程、检验批已完成百分比详细记录当天施工现场各部位完成情况。

2. 人员情况

记录当天施工项目部现场配置的管理人员、各班组人员数量、特种作业人员数量，分析能否满足施工方案及合同进度计划要求。

3. 进场材料

记录当天施工项目部在各项施工内容中投入的进场材料情况，分析是否与所报审的资料一致，能否满足施工方案及合同进度计划要求。

4. 施工机械

记录当天施工项目部在各项施工内容中投入的施工机械情况，分析是否与所报审的资料一致，能否满足施工方案及合同进度计划要求。

5. 施工方案（作业指导书）

记录当天施工项目部在各项施工过程中执行了哪些施工方案，现场是否严格按照审批的施工方案（作业指导书）开展作业。

（三）监理工作情况

1. 文件审查

记录当天工程来往文件及审查情况，具体内容可不详细填写，详见某文件审查记录表。

2. 巡视

记录当天监理项目部对施工现场进行的定期或不定期的检查活动，具体内容可不详细填写，详见某巡视检查记录表。

3. 见证（W）

结合施工质量验收及评定范围划分表中 W、S、H 设置点，记录当天监理项目部对施工现场 W 点开展的见证或见证取样情况。

4. 旁站（S）

结合施工质量验收及评定范围划分表中 W、S、H 设置点，记录当天监理项目部对施工现场 S 点开展的旁站情况。

5. 停工待检（H）

结合施工质量验收及评定范围划分表中 W、S、H 设置点，记录当天监理项目部对施工现场 H 点开展的停工待检情况。

6. 验收

记录当天监理项目部对施工现场开展的如隐蔽工程验收、监理初检、竣工预验收、参与的如质量监督、竣工验收等情况。

7. 监理通知单/回复单签发

记录当天施工项目部在各项施工内容中是否存在施工进度严重滞后于计划进度，采用不适当的施工工艺，施工质量不满足现行国家标准、行业标准的，应及时签发监理通知单。

记录监理项目部下发的监理通知单整改期限到期的，验收合格后签收整改回复单情况。

8. 工程材料/构配件/设备缺陷

记录当天进场的工程材料/构配件/设备是否存在缺陷，以及巡视检查过程是否发现已施工的工程材料/构配件/设备损坏情况。

9. 整改复查

记录当天监理项目部现场巡视检查发现的一般问题整改复查情况。记录安全文明施工、质量例行检查发现的问题整改复查情况。记录旁站过程发现的问题整改复查情况。

10. 测量复核

记录当天监理项目部开展的实测实量、预埋件位置复核、设备安装轴线复核等。

11. 工程量计量

记录当天监理项目部对工程设计变更、现场签证所涉及的工程量核实情况，对需现场计量的工程量数据见证、复核情况，按照工程量计算规则开展的旁站实测、精准计量情况。

12. 款项支付

记录当天建设单位进度款支付情况。

13. 设备开箱情况

记录当天甲乙供设备到场开箱验收情况，规格、数量、型号是否与报审的资料一致。

14. 开工令/暂停令签发

满足开工令/暂停令签发条件时，记录具体时间、暂停原因等。

15. 复工令签发

记录当天待复工施工部位的检查情况和复工令签发情况。

16. 监理报告

（1）发生安全质量事故时，填写监理报告。

（2）当天各类检查、签证发现的安全问题，施工项目部拒不整改或者不停止施工的，应按照《建设工程安全生产管理条例》（中华人民共和国国务院令第 393 号）第 14 条要求执行：工程监理单位在实施监理过程中，发现存在安全事故隐患的，应当要求施工单位整改；情况严重的，应当要求施工单位暂时停止施工，并及时报告建设单位。施工单位拒不整改或者不停止施工的，工程监理单位应当及时向有关主管部门报告执行。

17. 工作联系单

记录当天监理项目部与工程建设相关方之间的工作联系单签发情况。

（四）其他有关事项

1. 会议情况

记录当天召开的各类会议情况。

2. 建设单位及上级单位检查情况

记录当天建设单位、上级单位及当地政府到工地现场检查情况。

3. 质监情况

记录当天质量监督站到现场检查情况。

（五）存在问题及处理情况

1. 质量问题、隐患、缺陷、事故

记录当天监理项目部在施工现场发现的各类质量问题、隐患、缺陷、事故及处理情况，必要时提供监理报告。

2. 安全隐患、事件、事故

记录当天监理项目部在施工现场发现的安全隐患、事件、事故及处理情况，必要时提供监理报告。

三、典型问题

（1）问题一：监理日志中针对换流变压器耐压局部放电试验旁站未记录所加电压及放电量等数字。

案例：××工程，监理日志如图 8-10 所示。针对换流变压器耐压局部放电试验旁站未记录所加电压及放电量等数字。

监理日志

2022年10月14日 星　期:五	天气:　白天:小雨 夜间:小雨	气温:　最高:11℃ 最低:6℃

一、施工作业情况

1. 施工部位： 交流滤波器场、交流场、围墙降噪、直流场、备用变压器、GIS、双极高低端 400V、站公用 10kV 和 400V 室、水泵房、66kV 区域、降压变压器、双极高低端换流变压器 。

2. 施工内容： 电气 C 包极 2 低 LD A 相换流变压器抽真空，交流滤波器场和 66kV 区域配合验收消缺 ；电气 B 包直流场设备连线安装、螺丝紧固、极 2 高动力电缆接线、限高架制作安装、极 1 高 BOX-IN 施工、极 1 低换流变压器区域二次电缆施工、交流场设备连线制作、极 I 高端换流变压器汇控柜安装、低端换流变压器套管安装、极 I 低换流试验、配合 500kV 区域验收 。

3. 施工人员配备情况：作业人员 电气 C 包极 2 低 LD A 相换流变压器抽真空，交流滤波器场和 66kV 区域配合验收消缺 68 人；电气 B 包直流场设备连线安装、螺丝紧固、极 2 高动力电缆接线、限高架制作安装、极 1 高 Boxin 施工、极 1 低换流变压器区域二次电缆施工、交流场设备连线制作、极 I 高端换流变压器汇控柜安装、低端换流变压器套管安装、极 I 低换流试验、配合 500kV 区域验收 102 人 。

其中一般作业人员 135 人 。

特殊作业人员 25 人 。

项目安全员及工作负责人 是☑ 否☐ 在岗，（不在岗情况说明） / 。

4. 主要材料使用情况： 施工单位使用的主要材料符合施工方案及合同进度计划要求 。

5. 施工机械、工器具投入情况：吊车 9 台，升降平台车 1 台，满足合同进度计划要求 。

二、工程质量、安全情况

（一）质量情况：

1. 工程质量旁站：对 极 1 低 LYB 相换流变压器耐压局放、极 1 低 LY A 相换流变压器中性点、网侧套管和升高座安装 施工部位进行了质量旁站，旁站情况详见旁站记录，编号为 以正式归档资料编号为准 。

2. 工程质量巡视：对 白鹤滩二期换流站工程各作业面 施工部位进行了 上午、下午两 次质量巡视，检查了现场施工方案☑、操作流程☑、施工工艺☑、其他 成品保护、安全文明施工清理 ，是☑否☐符合规范要求，主要问题有 极 1 低端换流变压器汇控柜内电缆芯线接线不整齐，备用芯未引致线槽末端或顶部，要求施工单位 10 月 15 日完成整改 ，详见问题通知单编号为 详见质量问题及处理台账台账 。

图 8-10　××工程监理日志针对换流变压器耐压局部放电试验旁站未记录所加电压及放电量等数据

注意事项：监理日志应详细记录换流变压器耐压开始结束时间，该时间段温湿度数据、局部放电试验从大方波开始到升压结束所加电压及放电量等数据。

（2）问题二：××工程，监理日志如图 8-11 所示。针对 2022 年 10 月 14 日监理人员检查发现的问题要求施工单位 10 月 15 日完成整改，施工单位未及时整改闭环。

监理日志

2022年10月15日 星　期:六	天气:　白天:小雨 夜间:小雨	气温:　最高:11℃ 最低:5℃

一、施工作业情况

1. 施工部位：交流滤波器场、交流场、围墙降噪、直流场、备用变压器、GIS、双极高低端 400V、站公用 10kV 和 400V 室、水泵房、66kV 区域、降压变压器、双极高低端换流变压器。

2. 施工内容：电气 C 包极 2 低端换流变压器二次接线、防火墙接地施工，极 2 低 LD A 相换流变压器抽真空，交流滤波器场和 66kV 区域配合验收消缺；电气 B 包直流场设备连线安装、螺丝紧固、直流场设备接地制作安装、极 2 高动力电缆接线、极 1 低换流变压器区域二次电缆施工、交流场设备连线制作安装、极 I 高端换流变压器汇控柜安装、低端换流变压器安装、极 I 低换流试验、配合 500kV 区域验收。

3. 施工人员配备情况：作业人员 电气 C 包极 2 低端换流变压器二次接线、防火墙接地施工，极 2 低 LD A 相换流变压器抽真空，交流滤波器场和 66kV 区域配合验收消缺 68 人；电气 B 包直流场设备连线安装、螺丝紧固、直流场设备接地制作安装、极 2 高动力电缆接线、极 1 低换流变压器区域二次电缆施工、交流场设备连线制作安装、极 I 高端换流变压器汇控柜安装、低端换流变压器安装、极 I 低换流试验、配合 500kV 区域验收 102 人。

其中一般作业人员 135 人。

特殊作业人员 25 人。

项目安全员及工作负责人 是☑ 否☐ 在岗，（不在岗情况说明） / 。

4. 主要材料使用情况：施工单位使用的主要材料符合施工方案及合同进度计划要求。

5. 施工机械、工器具投入情况：吊车 9 台，升降平台车 1 台，满足合同进度计划要求。

二、工程质量、安全情况

（一）质量情况：

1. 工程质量旁站：对 / 施工部位进行了质量旁站，旁站情况详见旁站记录，编号为 / 。

2. 工程质量巡视：对 白鹤滩二期换流站工程各作业面 施工部位进行了 上午、下午两 次质量巡视，检查了现场施工方案☑、操作流程☑、施工工艺☑、其它 成品保护、安全文明施工清理，是☑否☐符合规范要求，主要问题有 关于昨天发现的极 1 低端换流变汇控柜内电缆芯线接线不整齐，备用芯未引致线槽末端或顶部，施工单位今天未完成整改，详见问题通知单编号为 / 。

图 8-11　××工程监理日志 2022 年 10 月 14 日监理人员检查发现的问题要求施工单位 10 月 15 日完成整改，施工单位未及时整改闭环

注意事项：监理人员现场检查发现的质量问题，施工单位应在规定时间内完成整改闭环。

第五节　工程质量评估报告

根据《电力建设工程监理规范》（DL/T 5434—2021）第 6.5.1 条规定，工程质量评估报告是在监理项目部组织工程竣工预验收合格后编制的，是工程竣工验收时监理单位必须提交的资料。但在电网工程监理实践中，往往会随《输变电工程质量监督检查大纲》规定的质量监督节点提交阶段性监理工作报告，作为质量监督时监理单位的汇报材料。

一、一般规定

（1）编制目的：监理项目部对工程质量客观、真实的评价，是质量监督站核验质量等级的重要基础性资料。

（2）主要内容：描述用于工程的材料、构配件、设备验收情况；隐蔽工程、检验批、分项工程、分部工程、单位工程质量验收情况以及竣工文件审查结果。

（3）编制依据：监理过程中形成的隐蔽及各级验收、评定文件、质量问题台账等。

（4）审批程序：由总监理工程师组织编制，经监理单位工程管理（或技术管理）部门负责人审核、监理单位技术负责人批准并加盖单位公章后报送建设单位。

（5）时间要求：不同电网工程项目，根据工程质量监督检查要求，随工程进展阶段分别编制工程质量评估报告，在最终的竣工预验收后进行汇总形成工程质量评估报告。

（6）文件数量要求：工程质量评估报告一般一式四份，建设单位一份，质监站一份，监理项目部两份。

二、主要内容

（1）工程概况根据设计文件进行编制。

（2）工程参建单位根据招标合同文件进行编制。

（3）工程质量验收情况。

1）描述监理项目部组织工程竣工预验收前的检查，对施工单位的竣工申请审查、各阶段中间验收结论及相关报告提交建设单位的情况（中间验收报告内容应包括验收依据、验收项目、验收组织及程序、验收总体描述、综合评价、限期整改期限、主要改进建议、结论及验收人员签字等）。

2）描述分部、分项工程及单位工程的验收数量、合格数量和合格率并简要描述工程质量情况，用数据加以说明。

（4）工程质量缺陷及处理情况，描述工程预验收发现的质量缺陷或问题，经监理项目部复查是否已全部整改完毕，是否达到竣工验收条件。如有特殊情况，另作说明。

（5）竣工文件审查情况，描述工程竣工资料完整性、真实性、合规性审查情况，主要包括（但不限于）：验评资料、工程材料/构配件/设备进场报审、施工质量控制措施和施工方案、分包单位及人员资质、施工图会审、隐蔽工程、质量通病防治、强制性条文执行、标准工艺执行等资料。

（6）工程质量评估结论根据工程质量验收情况，综合给出监理评估范围内的工程施工质量是否合格或达到合同要求的结论。

三、典型问题：

问题：工程质量评估报告未报送建设单位，且评估报告结论未涉及电气安装、调试等内容。

案例：××工程，工程质量评估报告如图 8-12 和图 8-13 所示。未报送建设单位，且评估报告结论未涉及电气安装、调试等内容，不符合《建设工程监理规范》（GB/T 50319—　2013）第 5.2.19 条的规定。

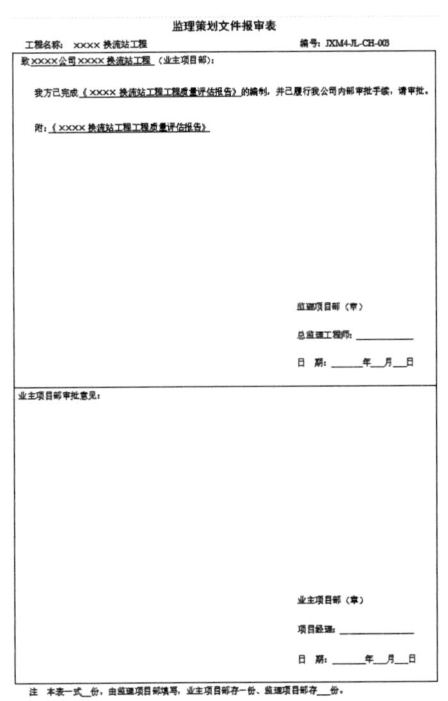

监理策划文件报审表

工程名称：　XXXX 换流站工程　　　　编号：JXM4-JL-CH-003

致XXXX公司XXXX换流站工程（业主项目部）： 我方已完成《XXXX 换流站工程工程质量评估报告》的编制，并已履行我公司内部审批手续，请审批。 附：《XXXX 换流站工程工程质量评估报告》 监理项目部（章） 总监理工程师：＿＿＿＿ 日　期：＿＿年＿月＿日
业主项目部审批意见： 业主项目部（章） 项目经理：＿＿＿＿ 日　期：＿＿年＿月＿日

注　本表一式＿份，由监理项目部填写，业主项目部存一份、监理项目部存＿份。

图 8-12　××工程质量评估报告未报送建设单位

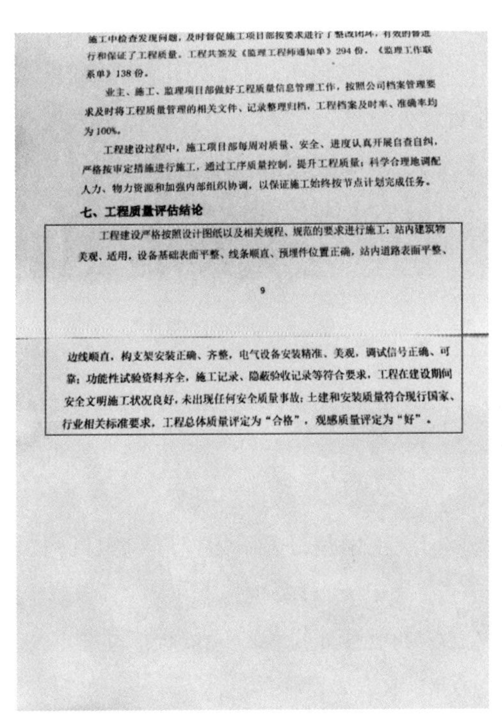

施工中检查发现问题，及时督促施工项目部按要求进行了整改闭环，有效的督进行和保证了工程质量。工程共签发《监理工程师通知单》294 份，《监理工作联系单》138 份。

业主、施工、监理项目部做好工程质量信息管理工作，按照公司档案管理要求及时将工程质量管理的相关文件、记录整理归档，工程档案及时率、准确率均为 100%。

工程建设过程中，施工项目部每周对质量、安全、进度认真开展自查自纠，严格按审定措施进行施工，通过工序质量控制，提升工程质量；科学合理地调配人力、物力资源和加强内部组织协调，以保证施工始终按节点计划完成任务。

七、工程质量评估结论

工程建设严格按照设计图纸以及相关规程、规范的要求进行施工：站内建筑物美观、适用，设备基础表面平整、线条顺直、预埋件位置正确，站内道路表面平整、

9

边线顺直，构支架安装正确、齐整，电气设备安装精准、美观，调试信号正确、可靠；功能性试验资料齐全，施工记录、隐蔽验收记录等符合要求，工程在建设期间安全文明施工状况良好，未出现任何安全质量事故；土建和安装质量符合现行国家、行业相关标准要求，工程总体质量评定为“合格”，观感质量评定为“好”。

图 8-13　××工程评估报告结论未涉及电气安装、调试等内容

注意事项：工程质量评估报告编审批完成后及时报送建设单位，评估报告结论应根据施工阶段增加电气安装、调试等内容，确保无缺项，不漏项。

第六节　监 理 工 作 总 结

监理工作总结记录工程概况、监理组织机构、监理人员和投入的监理设施、监理合同履行情况、监理工作成效、监理工作中发现的问题及其处理情况、说明和建议等，是电网工程监理的重要原始资料，也是监理成果文件。监理工作总结由总监理工程师组织编制、工程管理（或技术管理）部门负责人审核、监理单位技术负责人批准、签字并加盖单位公章。

一、一般规定

（1）编制目的：是工程建设全过程的总结，形成电网工程监理的重要资料和成果文件。

（2）主要内容：记录工程概况、监理组织机构、监理人员和投入的监理设施、监理合同履行情况、监理工作成效、监理工作中发现的问题及其处理情况、说明和建议等。

（3）编制依据：与电网工程项目有关的法律、法规、规范和工程建设标准强制性条文；与电网工程项目有关的建设单位管理文件、项目审批文件、设计文件和技术资料；监理大纲、委托监理合同以及与电网工程项目相关的合同文件；工程实际建设情况等。

（4）审批程序：监理工作总结由总监理工程师组织编制、工程管理（或技术管理）部门负责人审核、监理单位技术负责人批准、签字并加盖单位公章。

（5）时间要求：监理工作总结应在工程竣工投产后，由总监理工程师组织编制。

（6）文件数量要求：监理工作总结一般一式两份，监理单位一份，建设单位一份。

二、主要内容

1. 工程概况

（1）工程项目名称、规模及建设地点根据设计文件进行编制。

（2）工程里程碑计划根据核准或批复文件进行编制。

2. 监理组织机构、监理人员和投入的监理设施

记录工程建设各阶段监理组织机构、监理人员和设施投入情况，用数据加以说明。

3. 监理合同履行情况

记录工程建设各阶段安全、质量、进度、造价、环水保及绿色建造方面合同履行情况。

4. 监理工作成效

记录工程建设期间监理资源投入情况、各项目标完成情况、科技项目开展情况、标准工艺及强条执行情况、建设期间监理采取哪些管理手段所取得的成绩、工程建成投运后获得省公司及以上单位表扬信或感谢信情况。

5. 监理工作中发现的问题及其处理情况

记录工程建设期间安全、质量、进度、造价、环保、水保及绿色建造方面发现的问题及处理情况，附图加以说明。

6. 说明和建议

记录工程建设期间监理工作说明，对后续工程建设中能提升的地方提出建议。

三、典型问题

（1）问题一：监理工作总结落款为监理项目部，不满足要求。

案例：××工程，监理工作总结如图 8-14 所示。落款为监理项目部，不满足要求。

图 8-14　××工程监理工作总结落款为监理项目部，不满足要求

注意事项：监理工作总结落款为监理单位并加盖监理单位公章。

（2）问题二：监理工作总结工程名称与实际不一致。

案例：××工程，监理工作总结如图 8-15 所示。监理工作总结中工程参建单位缺少质量监督单位。

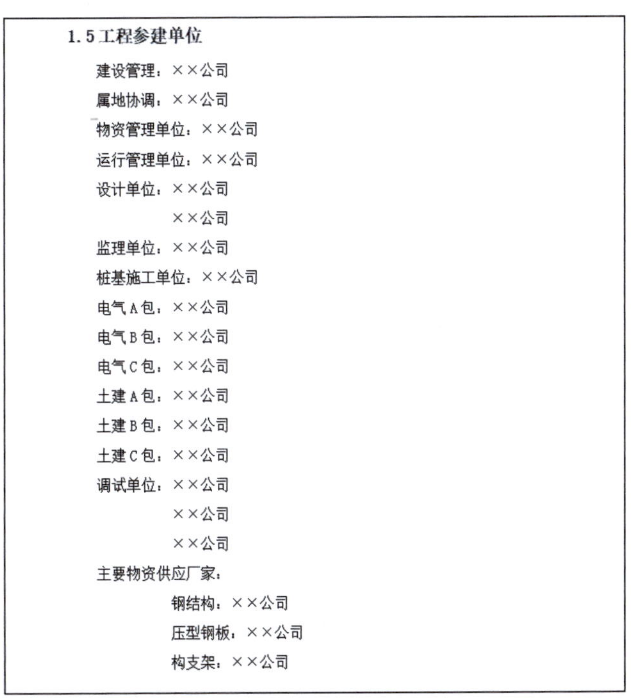

1.5 工程参建单位

建设管理：××公司
属地协调：××公司
物资管理单位：××公司
运行管理单位：××公司
设计单位：××公司
××公司
监理单位：××公司
桩基施工单位：××公司
电气 A 包：××公司
电气 B 包：××公司
电气 C 包：××公司
土建 A 包：××公司
土建 B 包：××公司
土建 C 包：××公司
调试单位：××公司
××公司
××公司
主要物资供应厂家：
钢结构：××公司
压型钢板：××公司
构支架：××公司

图 8-15　××工程监理工作中工程参建单位缺少质量监督单位

注意事项：监理工作总结中工程参建单位应包括质量监督单位，并确保不遗漏单位。

参考文献

[1] 高来先，许东方，姜继双，等. 电力建设工程监理咨询标准体系的研究与实践. 中国建设监理与咨询，2021年，总38期，2021.1：86-89.

[2] 中国南方电网有限责任公司. 中国南方电网有限责任公司监理项目部工作手册. 北京：中国电力出版社，2011.

[3] 国家电网有限公司基建部. 国家电网有限公司监理项目部标准化管理手册　变电工程分册. 北京：中国电力出版社，2021.